U0329228

国家示范性高职院校建设项目成果
高等职业教育“工学结合”课程改革教材
高等学校“十二五”规划教材

建筑给水排水工程施工

主　编　吕　君
副主编　苏德权　陈志佳
主　审　黄跃华　陈伯君

哈爾濱工業大學出版社

内 容 提 要

本书构建了以项目或任务为载体，按照工作过程系统化的工学结合模式编写。全书共有四个学习项目，十二个任务。学习项目一：建筑室内给水系统安装工程施工，主要内容包括识读建筑室内给水工程施工图；建筑室内给水管道安装；建筑室内给水工程设计训练。学习项目二：建筑室内消防给水系统安装工程施工，主要内容包括识读建筑室内消防给水工程施工图；建筑室内消防给水管道安装；建筑室内消防给水工程设计训练。学习项目三：建筑室内热水系统安装工程施工，主要内容包括识读建筑室内热水工程施工图；建筑室内热水给水系统安装；建筑室内热水给水工程设计训练。学习项目四：建筑室内排水系统安装工程施工，主要内容包括识读建筑室内排水工程施工图；建筑室内排水系统安装；建筑室内排水工程设计训练。

本书结合供热通风与空调工程技术专业培养方案和教学标准中规定要求的知识点、能力点，突出技术应用能力的培养，突出实践性和实用性。主要用于建筑类高职高专学校"供热通风与空调工程技术"、"建筑设备工程技术"、"通风空调与制冷技术"、"建筑水电技术"、"给水排水"等专业的教学用书，也可用于从事建筑给水排水设计、施工、管理等技术人员掌握专业知识的自学与培训用书。

图书在版编目(CIP)数据

建筑给水排水工程施工/吕君主编. —哈尔滨：
哈尔滨工业大学出版社，2011.12
ISBN 978-7-5603-3335-9

Ⅰ.①建… Ⅱ.①吕… Ⅲ.①城市给水-给水工程-工程施工②城市排水-排水工程-工程施工 Ⅳ.①TU82

中国版本图书馆 CIP 数据核字(2011)第 134914 号

策划编辑 贾学斌
责任编辑 张 瑞
封面设计 刘长友
出版发行 哈尔滨工业大学出版社
社 址 哈尔滨市南岗区复华四道街 10 号 邮编 150006
传 真 0451-86414749
网 址 http://hitpress.hit.edu.cn
印 刷 黑龙江省地质测绘印制中心印刷厂
开 本 787mm×1092mm 1/16 印张 26.5 字数 660 千字
版 次 2011 年 12 月第 1 版 2011 年 12 月第 1 次印刷
书 号 ISBN 978-7-5603-3335-9
定 价 48.00 元

前　言

“建筑给水排水工程施工”课程是高职院校供热通风与空调工程技术专业的核心课程之一。本教材是为适应全国示范性专业的课程体系和教学改革需要，依据供热通风与空调工程技术专业人才培养方案，按照工学结合人才培养模式的要求，以职业能力为核心，以素质为本位指导思想编写的。本教材共设有四个学习项目、十二个任务，涵盖专业培养方案和教学标准中规定要求的知识点、能力点，突出技术应用能力的培养，突出实践性和实用性。

本教材摒弃了传统学科体系的教材模式，构建了以项目或任务为载体，工作过程系统化的工学结合型教材。在编写过程中，力求知识点较快地切入主题，并考虑适当的深度，做到层次分明，重点突出，使知识易于学习和掌握；突出高等职业教育的特色，论述通俗易懂，符合专业教育标准，满足专业实用性，简练、准确、通畅，便于学习。

本教材由具有多年从事高职教育教学，同时又从事建筑给水排水工程设计、施工、预算的双师型教师合作编写。

编写分工：学习项目一由黑龙江建筑职业技术学院吕君编写；学习项目二中学习任务四和学习任务五由黑龙江建筑职业技术学院苏德权编写；学习项目二中学习任务六由黑龙江中北房地产开发集团有限公司姚晶波编写；学习项目三中学习任务七和学习任务八由黑龙江建筑职业技术学院陈志佳编写；学习项目三中学习任务九由哈尔滨投资集团有限责任公司张鹏编写；学习项目四中学习任务十由黑龙江建筑职业技术学院赵云鹏编写；学习项目四中学习任务十一和任务十二由黑龙江建筑职业技术学院倪珅编写。由吕君任主编并统稿，由苏德权、陈志佳任副主编，由黑龙江建筑职业技术学院黄跃华、中建城市建设发展有限公司陈伯君主审。

本教材除了适用于供热通风与空调工程技术专业，也适用于通风空调与制冷技术专业、建筑水电技术专业、建筑设备工程技术专业等的教学，也可作为建设单位的培养施工员、造价员、质检员、安全员、检验员的培训用书和从事给排水专业工作的高等工程技术人员自学用书。

本教材编写过程中，参考了大量文献和工程设计、施工成果，在此一并表示感谢！

由于编者水平有限，加之时间仓促，疏漏之处在所难免，恳请读者多提宝贵意见。

编　者

2011 年 3 月

目 录

学习项目一 建筑室内给水系统安装工程施工

学习项目二 建筑室内消防给水系统安装工程施工

学习项目三　建筑室内热水系统安装工程施工

学习项目四　建筑室内排水系统安装工程施工

学习项目一　建筑室内给水系统安装工程施工

学习任务一　建筑室内给水工程施工图的识读及核算

【教学目标】通过项目教学活动，培养学生具备确定建筑室内给水系统方案的能力，选择建筑室内给水系统形式的能力；具备识读建筑室内给水系统施工图的能力；培养学生良好的职业道德、自我学习能力、实践动手能力和分析、处理问题的能力，以及诚实、守信、善于沟通和合作的专业素养。

【知识目标】

1. 掌握建筑室内给水系统的分类和组成；
2. 能识读建筑室内给水工程施工图；
3. 掌握建筑室内用水量、给水设计秒流量、管网水力计算；
4. 能进行多层建筑室内给水系统水力计算。

【主要学习内容】

单元一　建筑室内给水工程施工图的识读

1.1.1　建筑室内给水系统的组成

通常情况下，建筑室内给水系统由水源、引入管、水表节点、建筑内水平干管、立管和支管、配水装置与附件、增压和贮水设备和给水局部处理设施组成，如图 1.1 所示。图中所示的生活给水与消防给水共用一根管道，现行规范已经明确规定需要各自独立的管道系统。

1. 引入管

引入管，又称进户管，是室外给水进户管与建筑室内给水干管相连接的管段。引入管一般埋地敷设，穿越建筑物外墙或基础。引入管受地面荷载、冰冻线的影响，一般埋设在室外地坪下 0.7 m。给水干管一般在室内地坪下 0.3 ~0.5 m，引入管进入建筑后立即上返到给水干管埋设深度，以避免过多开挖土方，如图 1.2 所示。

2. 水表节点

水表节点，是安装在引入管上的水表及其前后设置的阀门和泄水装置的总称。水表用于计量该建筑物的总用水量，水表前后设置的阀门用于检修、拆换水表时关闭管路，泄水装置用于检修时排泄室内管道系统中的水，也可用来检测水表精度和测定管道进户时的水压值。水表节点一般设在水表井中，如图 1.3 所示。

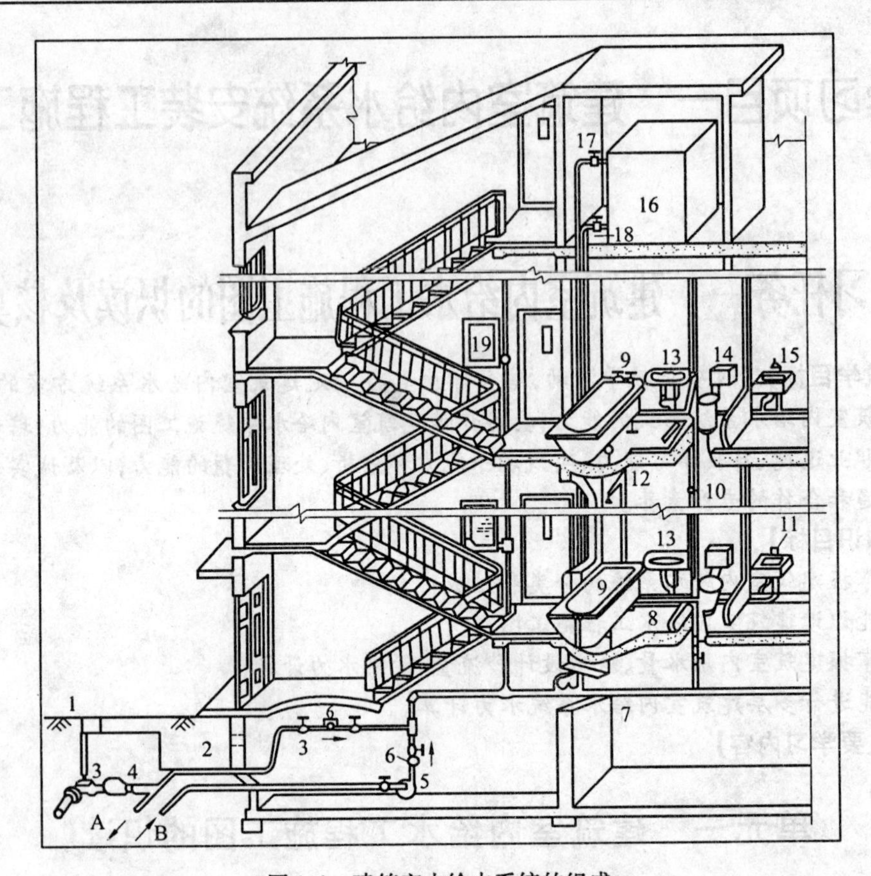

图 1.1　建筑室内给水系统的组成

1—阀门井;2—引入管;3—闸阀;4—水表;5—水泵;6—止回阀;7—干管;8—支管;9—浴盆;10—立管;11—水龙头;12—淋浴器;13—洗脸盆;14—大便器;15—洗涤盆;16—水箱;17—进水管;18—出水管;19—消火栓;A—入贮水池;B—来自贮水池

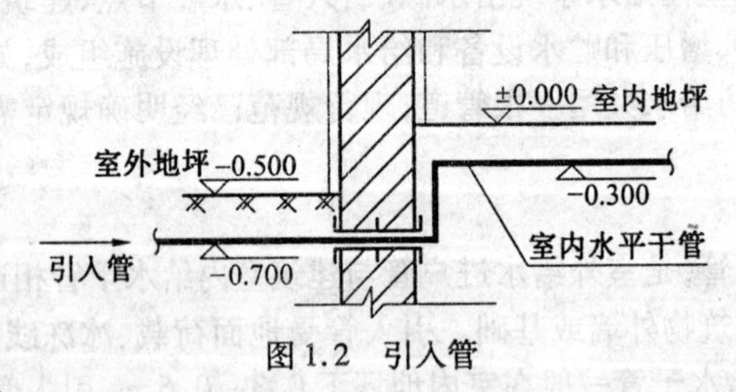

图 1.2　引入管

3. 给水管道系统

给水管道系统,指输送给建筑物内部用水的管道系统整体。由给水管、管件及管道附件组成。按所处位置和作用,分为给水干管、给水立管和给水支管,如图 1.4 所示。

从给水干管引出每一根给水立管,在出地面后设一个阀门,以便该立管检修时不影响其他立管的正常供水。

4. 管道附件

管道附件,指用以输配水、控制流量和压力的附属部件与装置。在建筑室内给水系统中,按用途可以分为配水附件和控制附件。

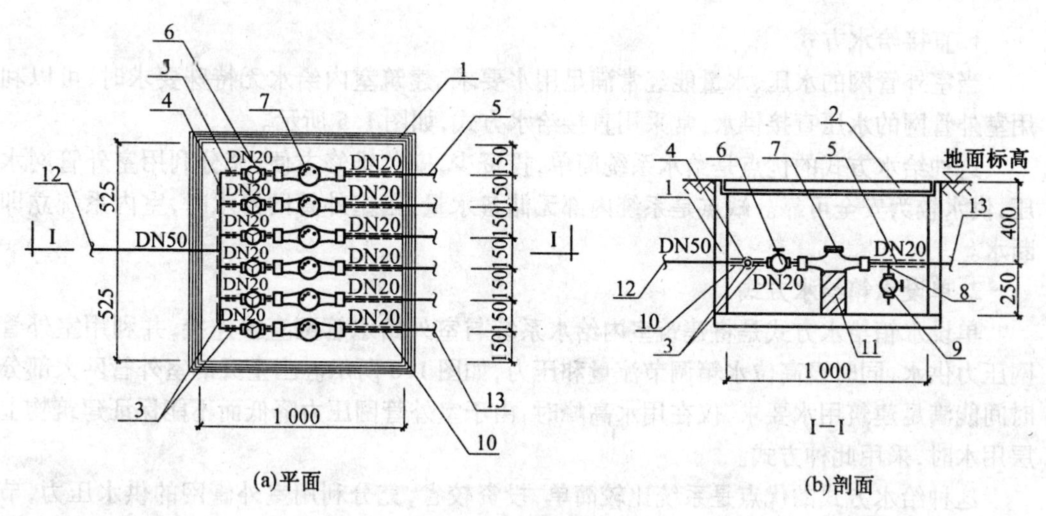

图 1.3　水表节点

1—井体;2—盖板;3—上游组合分支器;4—进户管;5—分户支管;6—分户截止阀;7—分户计量水表;8—分户泄水管;9—分户泄水阀门;10—保温层;11—固定支座;12—给水节点;13—出水节点

配水附件,即配水龙头,又称水嘴、水栓,是向卫生器具或其他用水设备配水的管道附件。

控制附件,是管道系统中用于调节水量、水压,控制水流方向,以及关断水流,便于管道、仪表和设备检修的各类阀门。

5. 增压和贮水设备

当室外给水管网的水压、水量不能满足建筑用水要求,或要求供水压力稳定、确保供水安全可靠时,应根据需要,在给水系统中设置水泵、气压给水设备和水池、水箱等增压和贮水设备。

6. 给水局部处理设施

当有些建筑对给水水质要求很高、超出我国现行生活饮用水卫生标准时,或其他原因造成水质不能满足要求时,需要设置一些设备、构筑物进行给水深度处理。

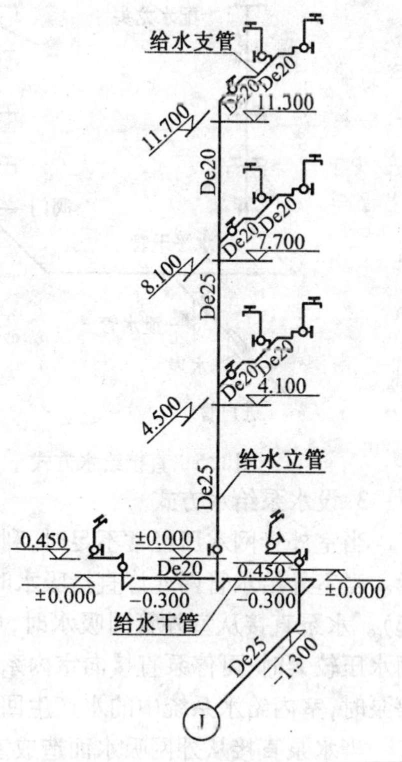

图 1.4　建筑室内给水管道系统图

1.1.2　建筑室内给水方式

给水方式是指建筑室内给水系统的给水方案。给水方式必须依据用户对水质、水压和水量的要求,结合室外管网所能提供的水质、水量和水压情况及用户对供水安全可靠性的要求等因素,经技术经济比较或综合评判来确定。

1. 直接给水方式

当室外管网的水压、水量能经常满足用水要求、建筑室内给水无特殊要求时，可以利用室外管网的水压直接供水，常采用直接给水方式，如图 1.5 所示。

这种给水方式的优点是给水系统简单，投资少，安装维修方便，充分利用室外管网水压，供水较为安全可靠。缺点是系统内部无储备水量，当室外管网停水时，室内系统立即断水。

2. 单设水箱给水方式

单设水箱给水方式是将建筑室内给水系统与室外给水管网直接连接，并利用室外管网压力供水，同时设高位水箱调节流量和压力，如图 1.6 所示。当全天的室外管网大部分时间能满足建筑用水要求，仅在用水高峰时，由于室外管网压力降低而不能保证建筑物上层用水时，采用此种方式。

这种给水方式的优点是系统比较简单，投资较省，充分利用室外管网的供水压力，节省电耗，系统具有一定的贮备水量，供水安全可靠性较好。缺点是系统需设置高位水箱，增加了建筑物的结构荷载，并给建筑物立面处理带来一定困难。

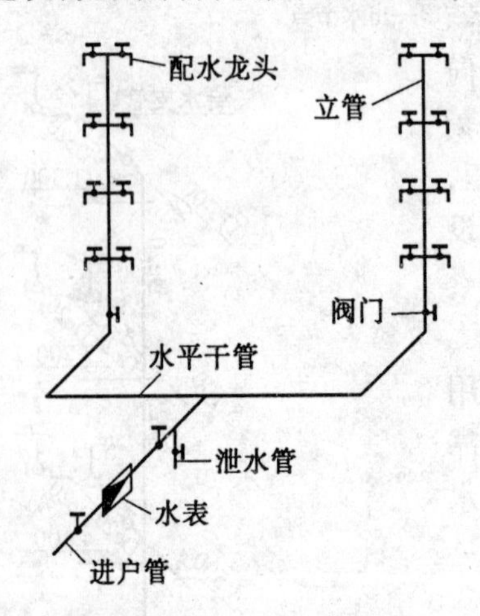

图 1.5　直接给水方式

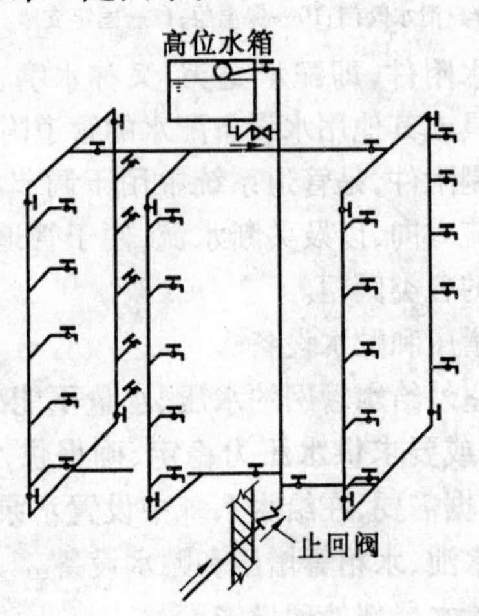

图 1.6　单设水箱给水方式

3. 设水泵给水方式

当室外管网水压经常不足时，利用水泵进行加压后向室内给水系统供水，如图 1.7 所示。当室外给水管网允许直接吸水时，室外给水管网的压力不得低于 100 kPa（从地面算起）。水泵直接从室外管网吸水时，应绕水泵设旁通管，并在旁通管上设阀门，当室外管网水压较大时，可停泵直接向室内系统供水。在水泵出口和旁通管上应设止回阀，以防止停泵时，室内给水系统中的水产生回流。

当水泵直接从外网吸水而造成室外管网压力大幅度波动，影响其他用户用水时，则不允许水泵直接从室外管网吸水，而必须设置断流水池。图 1.8 为水泵从断流水池吸水示意图。断流水池可以兼作贮水池使用，从而增加了供水的安全性。

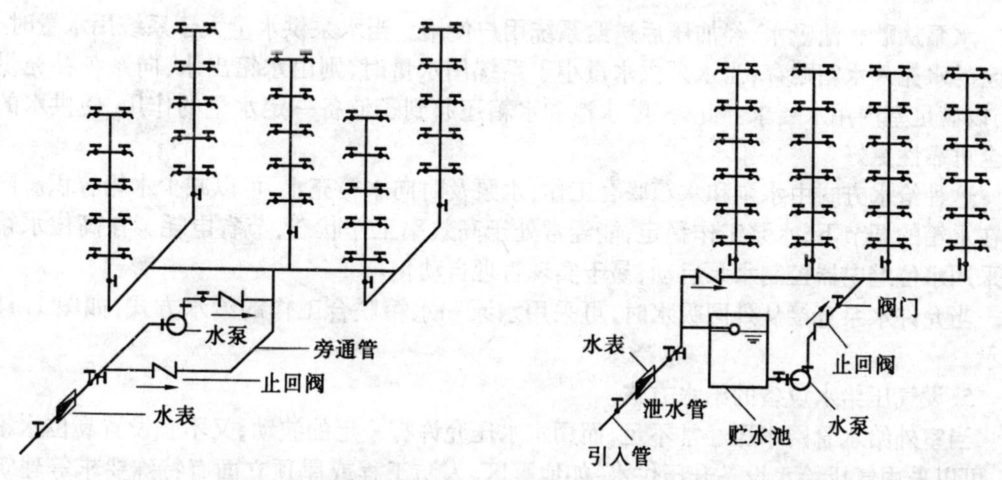

图 1.7 设水泵给水方式　　图 1.8 水泵从断流水池吸水示意图

当建筑物内用水较为均匀时,可采用恒速水泵供水;当建筑物内用水不均匀时,宜采用自动变频调速水泵供水,以提高水泵的运行效率,达到节能的目的。图 1.9 为设变频水泵给水方式。

4. 设水池、水泵和水箱的给水方式

当室外给水管网水压经常性不足,而且不允许水泵直接从室外管网吸水和室内用水不均匀时,常采用该种给水方式,如图 1.10 所示。

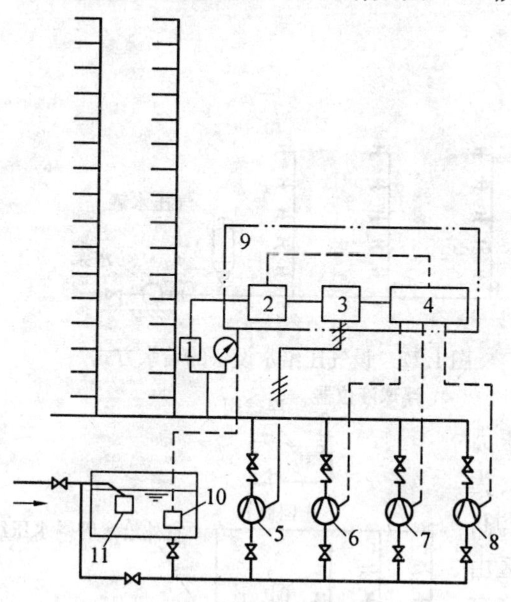

图 1.9 设变频水泵给水方式

1—压力传感器;2—微机控制器;3—变频调速器;4—恒速泵控制器;5—变速调速泵;6,7,8—恒速泵;9—电控柜;10—水位传感器;11—液位自动控制阀

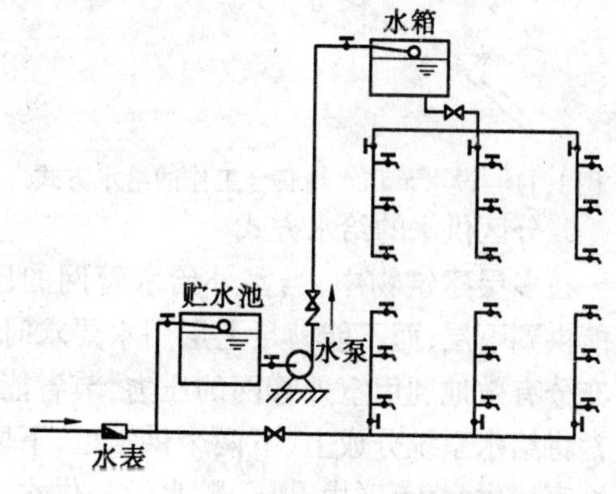

图 1.10 设水池、水泵和水箱的给水方式

水泵从贮水池吸水,经加压后送给系统用户使用。当水泵供水量大于系统用水量时,多余的水充入水箱贮存;当水泵供水量小于系统用水量时,则由水箱出水,向系统补充供水,以满足室内用水要求。此外,贮水池和水箱还起到了储备一定水量的作用,使供水的安全可靠性更好。

这种给水方式由水泵和水箱联合工作,水泵及时向水箱充水,可以减少水箱容积。同时在水箱的调节下,水泵工作稳定,能经常处于高效率工作状态,节省电耗。在高位水箱上采用水位继电器控制水泵启动,易于实现管理自动化。

当允许水泵直接从外网吸水时,可采用水泵和水箱联合工作的给水方式,如图 1.11 所示。

5. 设气压给水设备的给水方式

当室外给水管网水压经常不足,而用水水压允许有一定的波动,又不宜设置高位水箱时,可以采用气压给水设备升压供水,如地震区、人防工程或屋顶立面有特殊要求等建筑的给水系统。该方式是利用水泵从室外管网或贮水池中抽水加压,利用气压给水罐调节流量和控制水泵运行,如图 1.12 所示。

这种给水方式的优点是设备可以设在建筑物的任何高度上,便于隐蔽,安装方便,水质不易受到污染,投资省,建设周期短,便于实现自动化等。缺点是给水压力波动较大,管理及运行费用较高,且调节能力较小。

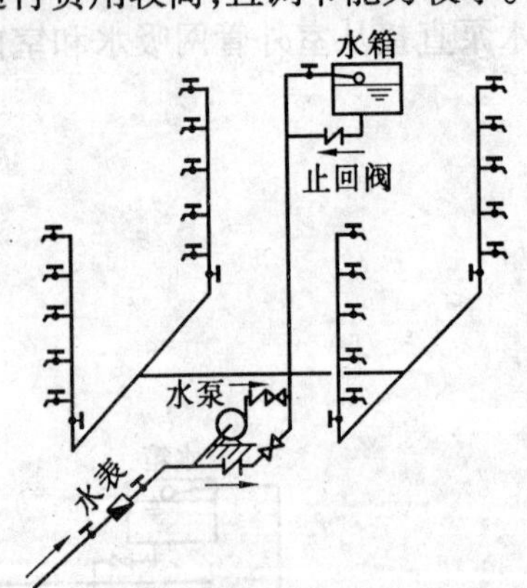

图 1.11　设水泵和水箱联合工作的给水方式

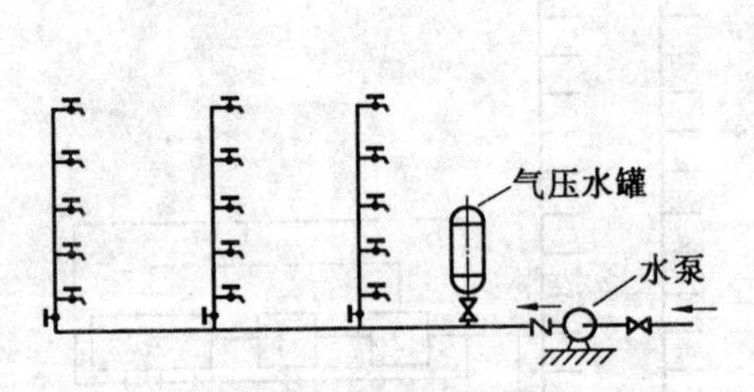

图 1.12　设气压给水设备的给水方式

6. 分区供水的给水方式

在多层建筑物中,当室外给水管网的压力仅能供到下层,而不能满足上层用水要求时,为了充分有效地利用室外管网的压力,节省能源,常常将给水系统分成上、下两个供水区,下区由外网直接供水,上区由升压、贮水设备供水。可将两区的一根或几根立管相连通,在分区处装设阀门,以备下区进水管发生故障或外网水压不足时,打开阀门由高区水箱向下供水,如图 1.13 所示。

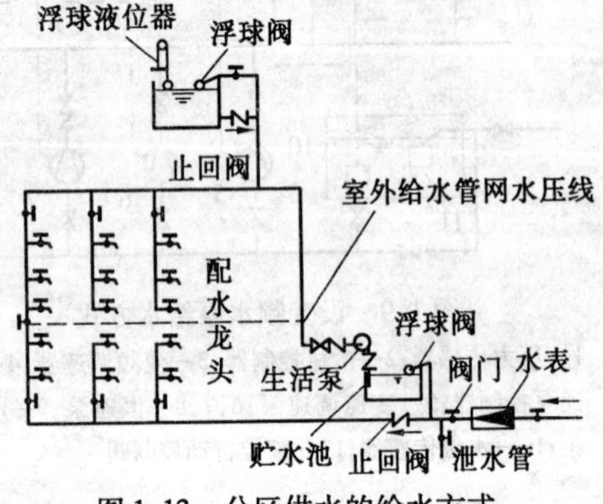

图 1.13　分区供水的给水方式

1.1.3 建筑室内给水施工图的识读

1.1.3.1 建筑室内给水施工图的组成

建筑室内给水施工图主要由图纸目录、施工说明、给水平面图、系统图和详图等组成。

1.1.3.2 建筑室内给水施工图的图示特点

(1)建筑室内给水施工图中的平面图、详图等都是用正投影法绘制,系统图用轴测投影法绘制。

(2)建筑室内给水施工图中(详图除外),各种卫生器具、管件、附件及闸门等均采用统一图例来表示,常用图例见表1.1。

(3)给水管道一般采用单线以粗线绘制,而建筑、结构的图形及有关设备均采用细线绘制。

(4)不同直径的管道以相同宽度的线条表示,管道坡度无需按比例画出(画成水平即可),管径和坡度均用数字注明。

(5)靠墙敷设管道,不必按比例准确表示出管线与墙面的微小距离,图中只需略有距离即可。暗装管道亦与明装管道一样画在墙外,只需说明哪些部分要求暗装。

(6)当在同一平面位置布置几根不同高度的管道时,若严格按正投影来画,平面图就会重叠在一起,这时可画成平行排列。

(7)有关管道的连接配件均属规格统一的定型工业产品,在图中均不予画出。

表1.1 建筑室内给水施工图常见图例

序号	名称	图例	备注
1	生活给水管	——J——	
2	热水给水管	——RJ——	
3	热水回水管	——RH——	
4	循环给水管	——XJ——	
5	循环回水管	——XH——	
6	热媒给水管	——RM——	
7	热媒回水管	——RMH——	
8	蒸汽管	——Z——	
9	凝结水管	——N——	

续表 1.1

序号	名　称	图　例	备　注
10	膨胀管	——PZ——	
11	保温管		
12	多孔管		
13	地沟管		
14	防护套管		
15	刚性防水套管		
16	柔性防水套管		
17	波纹管		
18	可曲挠橡胶接头		
19	管道固定支架		
20	法兰连接		
21	承插连接		
22	活接头		
23	管堵		
24	法兰堵盖		
25	弯折管		表示管道向后及向下弯转 90°
26	三通连接		
27	四通连接		
28	盲板		

续表 1.1

序号	名　称	图　例	备　注
29	管道丁字上接	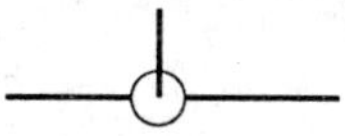	
30	管道丁字下接	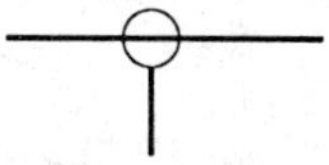	
31	管道交叉	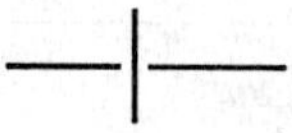	在下方和后面的管道应断开
32	偏心异径管	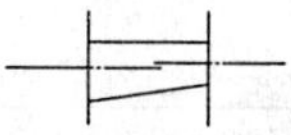	
33	异径管	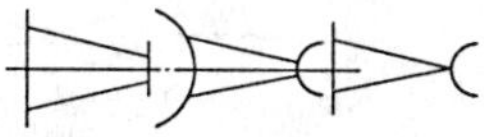	
34	乙字管	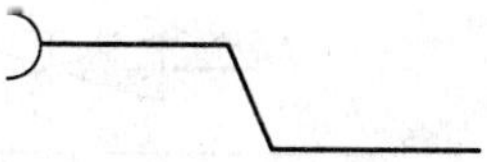	
35	喇叭口	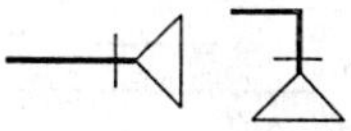	
36	转动接头	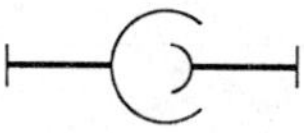	
37	短管	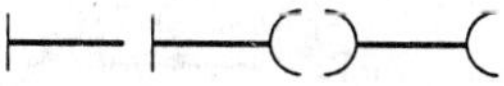	
38	闸阀	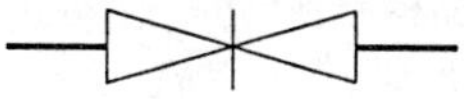	
39	角阀		
40	截止阀	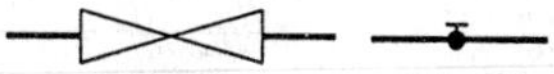 DN≥50　DN<50	
41	电动阀		

续表 1.1

序号	名称	图例	备注
42	液动阀		
43	气动阀		
44	底阀		左侧为高压端
45	球阀		
46	压力调节阀		
47	电磁阀	M	
48	止回阀		
49	消声止回阀		
50	蝶阀		
51	弹簧安全阀		
52	平衡锤安全阀		
53	自动排气阀	平面 系统	左为通用

续表 1.1

序号	名　称	图　例	备　注
54	浮球阀	平面　系统	
55	延时自闭冲洗阀		
56	放水龙头		左侧为平面，右侧为系统
57	皮带龙头		左侧为平面，右侧为系统
58	洒水(栓)龙头		
59	化验龙头		
60	肘式龙头		
61	脚踏开关		
62	混合水龙头		
63	旋转水龙头		
64	浴盆带喷头混合水龙头		
65	水泵	平面　系统	

续表 1.1

序号	名　称	图　例	备　注
66	卧式热交换器	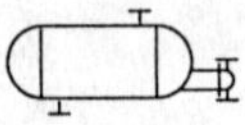	
67	立式热交换器	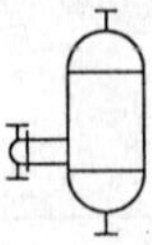	
68	温度计		
69	压力表		
70	压力控制器		
71	水表		
72	阀门井　检查井	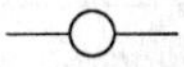 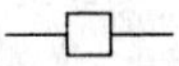	
73	水表井		

1.1.3.3　建筑室内给水施工图的图示内容和图示方法

1. 建筑室内给水平面图

(1) 图示内容

建筑室内给水平面图主要表明建筑物内给水管道及卫生器具、附件等的平面布置情况，主要包括：

1) 室内卫生设备的类型、数量及平面位置。

2) 建筑室内给水系统中各个干管、立管、支管的平面位置、走向、立管编号和管道的安装方式(明装或暗装)。

3) 建筑室内给水引入管、水表节点、走向及与室外给水管网的连接(底层平面图)。

4) 管道及设备安装预留洞的位置、预埋件、管沟等方面对土建的要求。

(2) 图示方法

1) 比例。建筑室内给水平面图的比例一般采用与建筑平面图相同的比例，常用 1∶100，必要时也可采用 1∶50、1∶150、1∶200 等。

2)建筑室内给水平面图的数量。多层建筑物的给水平面图原则上应分层绘制。如果各楼层管道系统和用水设备相同,则可以绘制一个平面图,即标准层给水平面图,但底层平面图必须单独画出。当屋顶设有水箱及管道时,应画出屋顶给水平面图;如果管道布置不复杂,可在标准层给水平面图中用双点画线画出水箱的位置。

3)建筑室内给水平面图中的房屋平面图。在建筑给水平面图中所画的房屋平面图,仅作为管道系统及用水设备等平面布置和定位的基准,因此,房屋平面图中仅画出房屋的墙、柱、门窗、楼梯等主要部分,其余细部可省略。

底层给水平面图应画出整幢房屋的建筑平面图,其余各层可仅画出布置有管道的局部平面图。

4)建筑室内给水平面图中的用水设备。用水设备中的洗脸盆、大便器、小便器等都是工业产品,不必详细表示,可按规定图例画出;而对于现场浇筑的用水设备,其详图由建筑专业人员绘制,在建筑室内给水平面图中仅画出其主要轮廓即可。

5)建筑室内给水平面图中的给水管道。

①建筑室内给水平面图是水平剖切房屋后的水平正投影图。平面图的各种管道不论在楼面(地面)之上或之下,都不考虑其可见性。即每层平面图中的管道均以连接该层用水设备的管路为准,而不是以楼层地面为分界。

②一般将建筑室内给水管道和建筑室内排水管道绘制于同一平面图上,这对于设计、施工以及识读都比较方便。

③由于管道连接一般均采用连接配件,往往另有安装详图,平面图中的管道连接均为简略表示,只具有示意性。

6)建筑室内给水平面图中给水系统的编号。

①建筑室内给水平面图中,一般给水管用字母“J”表示,热水管用“R”表示。

②在底层给水平面图中,当建筑物的给水引入管的数量多于一个时,应对每一个给水引入管进行编号。一般给水系统以每一个引入管为一个给水系统,给水系统和排水系统的编号如图1.14所示。

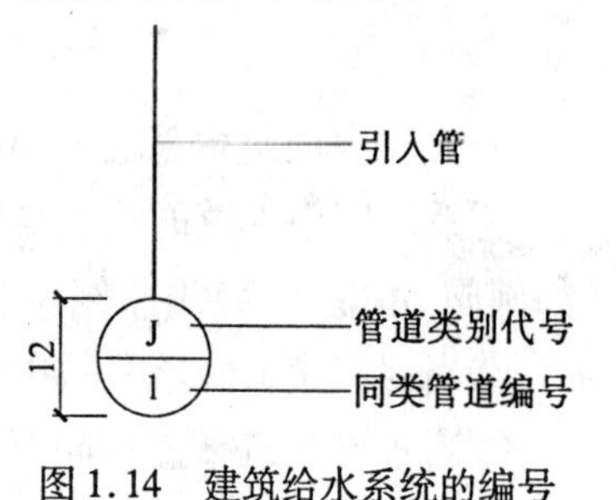

图1.14　建筑给水系统的编号

7)尺寸标注。

①在室内给水管道平面图中应标注墙或柱的轴线尺寸,以及室内外地面和各层楼面的标高。

②卫生器具和管道一般都是沿墙或靠柱设置的,不必标注定位尺寸(一般在说明中写出);必要时,以墙面或柱面为基准标注尺寸。卫生器具的规格可注在引出线上,或在施工说明中注明。

③管道的管径、坡度和标高均标注在管道的系统图中,在管道的平面图中不必标出。

④管道长度尺寸用比例尺从图中近似量出尺寸,在安装时则以实测尺寸为准,所以在管道平面图中也不标注管道的长度尺寸。

2. 建筑室内给水系统图

(1)图示内容

建筑室内给水系统图是给水工程施工图中的主要图纸,表示给水管道系统的空间走向和各管段的管径、标高以及各种附件在管道上的位置。

(2)图示方法

1)轴向选择

建筑室内给水系统图一般采用正面斜等轴测图绘制,*OX* 轴处于水平方向,*OY* 轴一般与水平线呈45°(也可以呈30°或60°),*OZ* 轴处于铅垂方向。三个轴向伸缩系数均为1。

2)比例

①建筑室内给水系统图的比例一般采用与平面图相同的比例,当系统比较复杂时也可以放大比例。

②当采用与平面图相同的比例时,*OX*、*OY* 轴方向的尺寸可直接从平面图上量取,*OZ* 轴方向的尺寸可依层高和设备安装高度量取。

③建筑室内给水系统图的数量。建筑室内给水系统图的数量按给水引入管而定,各管道系统图一般应按系统分别绘制,即每一个给水引入管对应着一个系统图。每一个管道系统图的编号都应与平面图中的系统编号相一致,系统的编号如图1.14所示。建筑物内垂直楼层的立管数量多于一个时,也用拼音字母和阿拉伯数字为管道进出口编号,如图1.15所示。

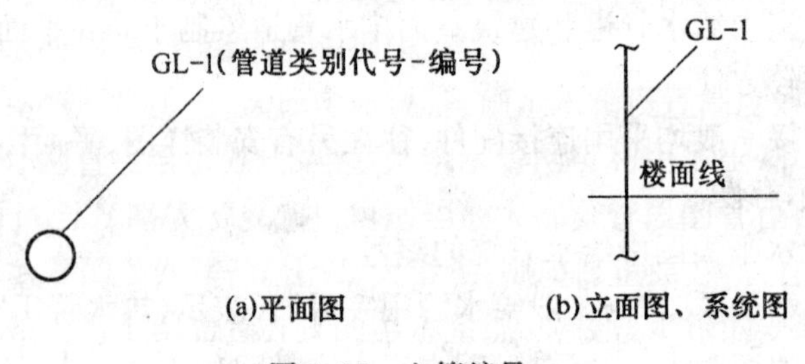

图1.15 立管编号

3)建筑室内给水系统图中的管道

①系统图中管道的画法与平面图中一样,给水管道用粗实线表示,给水管道上的附件(如闸阀、水龙头等)用图例表示;用水设备不画出。

②当空间交叉管道在图中相交时,在相交处将被挡在后面或下面的管线断开。

③当各层管道布置相同时,不必层层重复画出,只需在管道省略折断处标注"同某层"即可。各管道连接的画法具有示意性。

④当管道过于集中,无法表达清楚时,可将某些管段断开,移至别处画出,在断开处给以明确标记。

4)建筑室内给水系统图中墙和楼层地面的画法

在管道系统图中还应用细实线画出被管道穿过的墙、柱、地面、楼面和屋面,其表示方法如图1.15所示。

5)尺寸标注

①管径。管道系统中所有管段均需标注管径。当连续几段管段的管径相同时,仅标

注两端管段的管径,中间管段管径可省略不用标注,管径的单位为毫米。对于塑料管材,管径按产品标准制定的方法表示,如 PP-R 管可用公称外径“De”表示(如 De20);对于水煤气输送钢管(镀锌、非镀锌)、铸铁管等管材,管径应以公称直径“DN”表示(如 DN50);对于耐酸陶瓷管、混凝土管、钢筋混凝土管、陶土管等,管径应以内径“d”表示(如 d380);对于焊接钢管、无缝钢管等管径应以外径×壁厚表示(如 D108×4)。

管径在图纸上一般标注在以下位置:a. 管径变径处;b. 水平管道的管道上方,倾斜管道的管道斜上方,立管道的管道左侧,如图 1.16 所示,当管径无法按上述位置标注时,可另找适当位置标注;c. 多根管线的管径可用引出线进行标注,如图1.17所示。

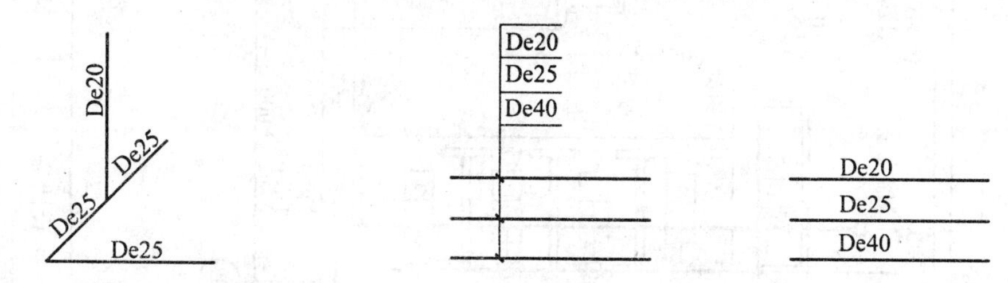

图 1.16　管径标注　　　　图 1.17　多根管线管径标注

②标高。室内管道系统图中标注的标高是相对标高。给水管道系统图中给水横管的标高均标注管中心标高,一般要注出横管、阀门、水龙头和水箱各部位的标高。此外,还要标注室内地面、室外地面、各层楼面和屋面的标高。标高的标注如图 1.18 所示。

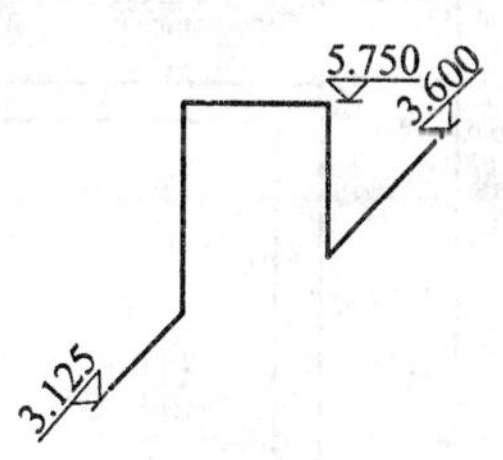

图 1.18　管道标高标注

6)图例

平面图和系统图应列出统一的图例,其大小要与平面图中的图例大小相同。

1.1.3.4　识读举例

图 1.19、图 1.20 分别为室内给水排水管道平面图和室内给水管道系统图示例。

(1)首先根据平面图了解室内卫生器具及用水设备的平面布置情况。

该建筑共有 3 层,底层是男厕所、盥洗室及男浴室。厕所内有 4 个蹲式大便器、小便池,洗涤池和盥洗槽。浴室内有 4 个淋浴喷头和盥洗槽。

二、三层卫生器具布置完全相同,分别是男、女厕所。

(2)弄清有几个给水系统和几个排水系统,分别识读。

该建筑内有一个给水系统和两个排水系统。给水系统为(J/1),排水系统为(P/1)、(P/2)。该建筑内还有消防管道系统和热水管道系统。

给水系统的引入管上安装有水表,穿越定位轴线为①的墙体进入室内,供给室内厕所、浴室和消防用水。识读给水系统图时,对照平面图,沿水流方向按引入管→立管→横支管→用水设备的顺序识读。

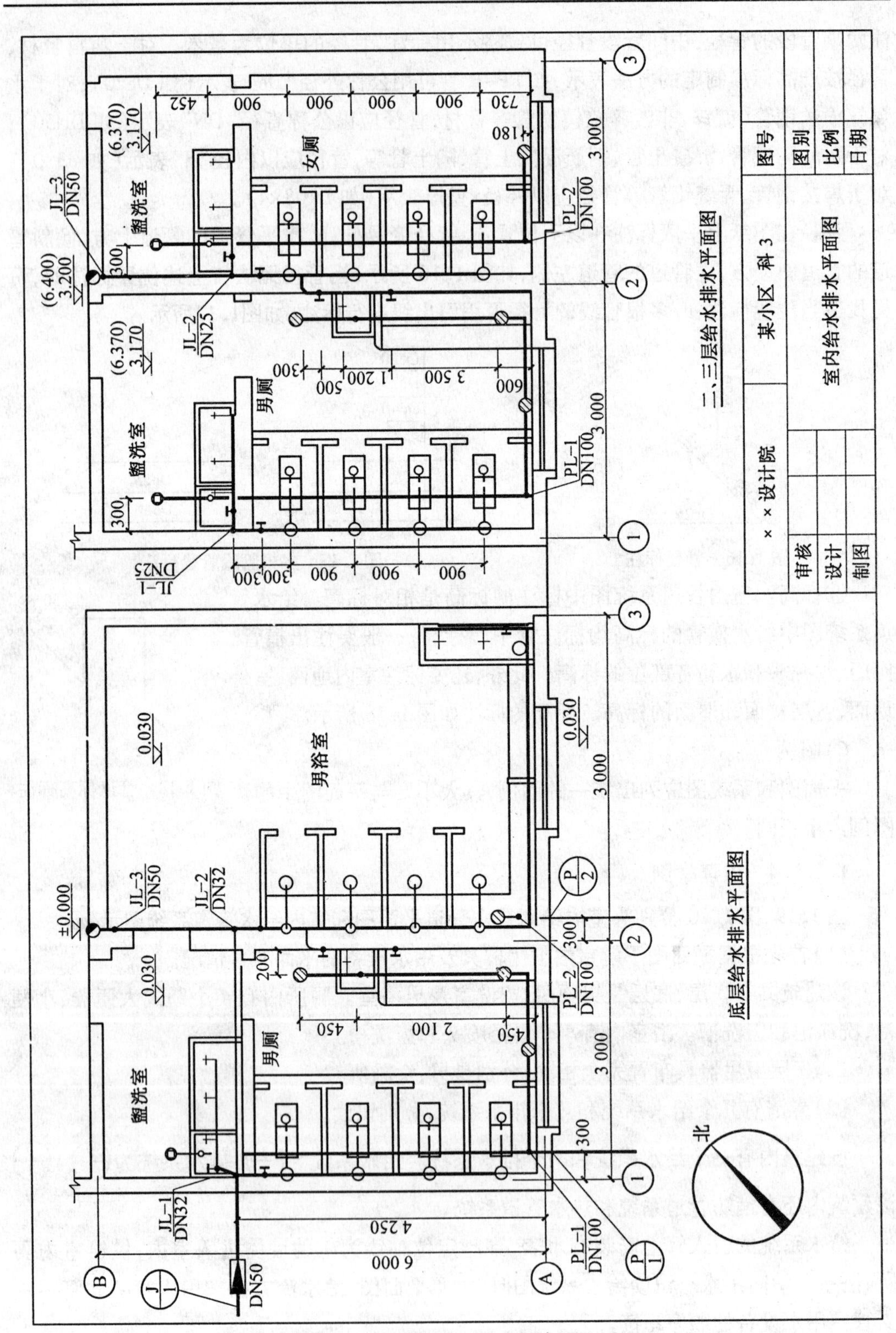

图1.19　某建筑室内给水排水平面图

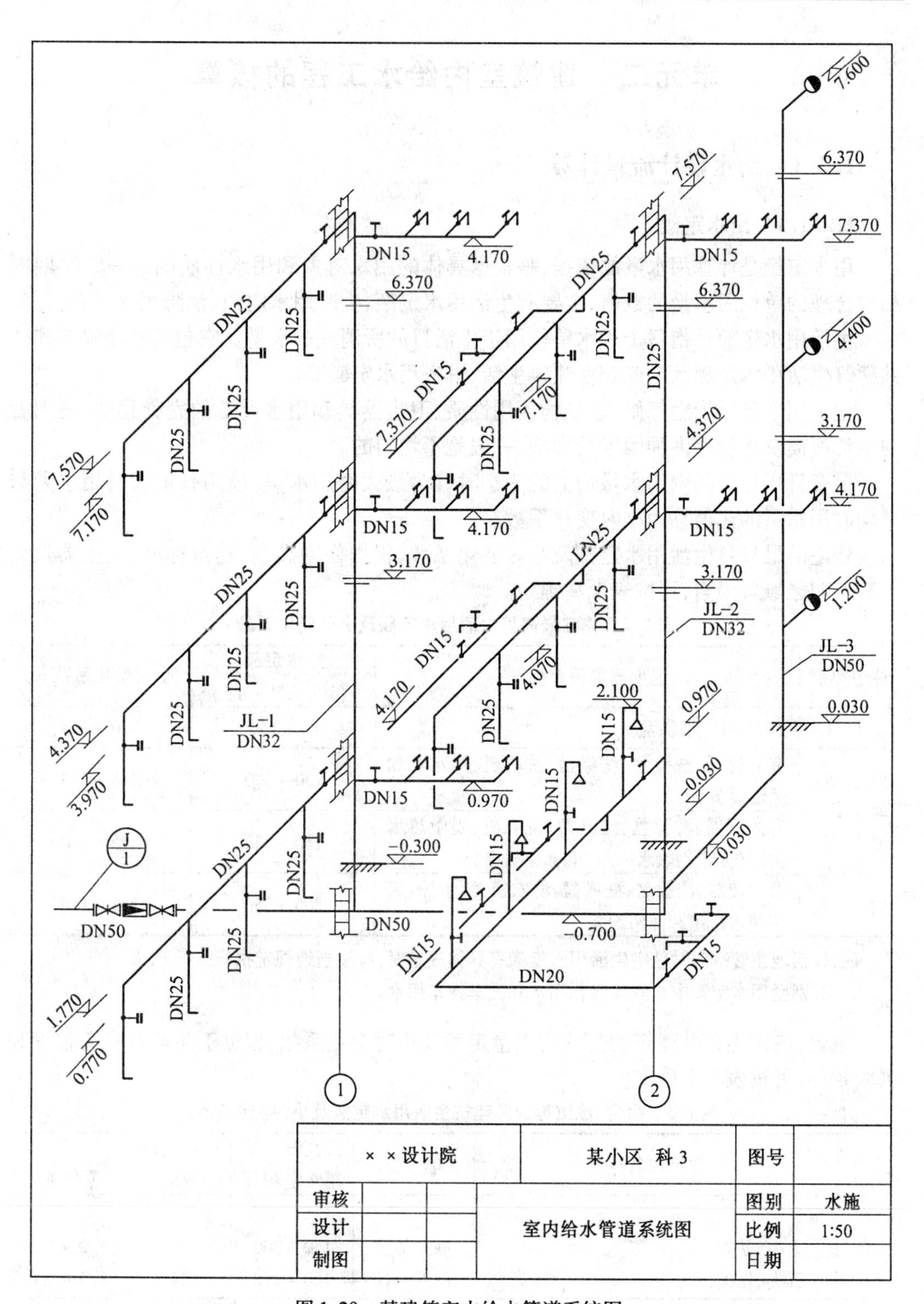

图 1.20　某建筑室内给水管道系统图

单元二　建筑室内给水工程的核算

1.2.1　给水设计流量计算

1.2.1.1　用水定额

用水定额是计算用水量的依据，是根据具体的用水对象和用水性质确定一定时期内相对合理的单位用水量的数值，主要有生活用水定额、生产用水定额、消防用水定额。

生活用水定额是指每个用水单位用于生活目的所消耗的水量。它包括居住建筑和公共建筑生活用水定额及工业企业建筑生活、淋浴用水定额等。

生活用水量受当地气候、建筑物使用性质、卫生器具和用水设备的完善程度、使用者的生活习惯及水价等多种因素的影响，一般是不均匀的。

最高日用水时间内用水量最大的一小时称为最大时用水量，最高日最大时用水量与平均时用水量的比值称为小时变化系数。

住宅的最高日生活用水定额及小时变化系数，根据住宅类别、建筑标准、卫生器具完善程度和区域等因素，可按表1.2确定。

表1.2　住宅最高日生活用水定额及小时变化系数

住宅类别		卫生器具设置标准	用水定额/(L·人$^{-1}$·d^{-1})	小时变化系数K_h
普通住宅	Ⅰ	有大便器、洗涤盆	85～150	3.0～2.5
	Ⅱ	有大便器、洗脸盆、洗涤盆、洗衣机、热水器和沐浴设备	130～300	2.8～2.3
	Ⅲ	有大便器、洗脸盆、洗涤盆、洗衣机、集中热水供应(或家用热水机组)和沐浴设备	180～320	2.5～2.0
别墅		有大便器、洗脸盆、洗涤盆、洗衣机、洒水栓、家用热水机组和沐浴设备	200～350	2.3～1.8

注：1. 当地主管部门对住宅生活用水定额有具体规定时，应按当地规定执行。

2. 别墅用水定额中含庭院绿化用水和汽车抹车用水。

宿舍、旅馆等公共建筑的生活用水量定额及小时变化系数，根据卫生器具完善程度和区域条件，可按表1.3确定。

表1.3　宿舍、旅馆等公共建筑生活用水定额及小时变化系数

序号	建筑物名称	单　位	最高日生活用水定额/L	使用时数/h	小时变化系数K_h
1	宿舍 Ⅰ类、Ⅱ类 Ⅲ类、Ⅳ类	 每人每日 每人每日	 150～200 100～150	 24 24	 3.0～2.5 3.5～3.0

续表1.3

序号	建筑物名称	单　位	最高日生活用水定额/L	使用时数/h	小时变化系数 K_h
2	招待所、培训中心、普通旅馆			24	3.0～2.5
	设公用盥洗室	每人每日	50～100		
	设公用盥洗室、淋浴室	每人每日	80～130		
	设公用盥洗室、淋浴室、洗衣室	每人每日	100～150		
	设单独卫生间、公用洗衣室	每人每日	120～200		
3	酒店式公寓	每人每日	200～300	24	2.5～2.0
4	宾馆客房			24	2.5～2.0
	旅客	每床位每日	250～400		
	员工	每人每日	80～100		
5	医院住院部				
	设公用盥洗室	每床位每日	100～200	24	2.5～2.0
	设公用盥洗室、淋浴室	每床位每日	150～250	24	2.5～2.0
	设单独卫生间	每床位每日	250～400	24	2.5～2.0
	医务人员	每人每班	150～250	8	2.0～1.5
	门诊部、诊疗所	每病人每次	10～15	8～12	1.5～1.2
	疗养院、休养所住房部	每床位每日	200～300	24	2.0～1.5
6	养老院、托老所				
	全托	每人每日	100～150	24	2.5～2.0
	日托	每人每日	50～80	10	2.0
7	幼儿园、托儿所				
	有住宿	每儿童每日	50～100	24	3.0～2.5
	无住宿	每儿童每日	30～50	10	2.0
8	公共浴室				2.0～1.5
	淋浴	每顾客每次	100	12	
	浴盆、淋浴	每顾客每次	120～150	12	
	桑拿浴（淋浴、按摩池）	每顾客每次	150～200	12	
9	理发室、美容院	每顾客每次	40～100	12	2.0～1.5
10	洗衣房	每kg干衣	40～80	8	1.5～1.2
11	餐饮业				1.5～1.2
	中餐酒楼	每顾客每次	40～60	10～12	
	快餐店、职工及学生食堂	每顾客每次	20～25	12～16	
	酒吧、咖啡馆、茶座、卡拉OK房	每顾客每次	5～15	8～18	
12	商场				
	员工及顾客	每 m^2 营业厅面积每日	5～8	12	1.5～1.2
13	图书馆	每人每次	5～10	8～10	1.5～1.2

续表 1.3

序号	建筑物名称	单　位	最高日生活用水定额/L	使用时数/h	小时变化系数 K_h
14	书店	每 m^2 营业厅面积每日	3~6	8~12	1.5~1.2
15	办公楼	每人每班	30~50	8~10	1.5~1.2
16	教学、实验楼 中小学校 高等院校	 每学生每日 每学生每日	 20~40 40~50	 8~9 8~9	 1.5~1.2 1.5~1.2
17	电影院、剧院	每观众每场	3~5	3	1.5~1.2
18	会展中心(博物馆、展览馆)	每 m^2 展厅面积每日	3~6	8~16	1.5~1.2
19	健身中心	每人每次	30~50	8~12	1.5~1.2
20	体育场(馆) 运动员淋浴 观众卫生间	 每人每次 每人每场	 30~40 3	 4 4	 3.0~2.0 1.2
21	会议厅	每座位每次	6~8	4	1.5~1.2
22	航站楼、客运站旅客	每人每次	3~6	8~16	1.5~1.2
23	菜市场地面冲洗及保鲜用水	每 m^2 每日	10~20	8~10	2.5~2.0
24	停车库地面冲洗水	每 m^2 每次	2~3	6~8	1.0

注:1. 除养老院、托儿所、幼儿园的用水定额中含食堂用水,其他均不含食堂用水。

2. 除注明外,均不含员工生活用水,员工用水定额为每人每班 40~60 L。

3. 医疗建筑用水中已含医疗用水。

4. 空调用水应另计。

工业企业建筑管理人员的生活用水定额可取 30~50 L/(人·班),车间工人用水定额应根据车间性质确定,宜采用 30~50 L/(人·班);用水时间宜取 8 h,小时变化系数宜取 2.5~1.5。

工业企业建筑淋浴用水定额,应根据现行国家标准《工业企业设计卫生标准》(GBZ1—2002)中车间的卫生特征分级确定,可采用 40~60 L/(人·次),延续供水时间宜取 1 h。

汽车冲洗用水定额应根据冲洗方式,以及车辆用途、道路路面等级和玷污程度等确定,参见表 1.4。

表 1.4　汽车冲洗用水量定额(L/(辆·次))

冲洗方式	高压水枪冲洗	循环用水冲洗补水	抹车、微水冲洗	蒸汽冲洗
轿　车	40~60	20~30	10~15	3~5
公共汽车 载重汽车	80~120	40~60	15~30	—

卫生器具的水量大小与所连接的管道直径、配水阀前的工作压力有关。为保证卫生器具能够满足使用要求,对各种卫生器具配水出口在单位时间内流出的额定水量、连接管的直径和最低工作压力进行相应规定,见表1.5。

表1.5 卫生器具的给水额定流量、当量、连接管公称管径和最低工作压力

序号	给水配件名称	额定流量/(L·s^{-1})	当量	连接管公称管径/mm	最低工作压力/MPa
1	洗涤盆、拖布盆、盥洗槽				
	单阀水嘴	0.15~0.20	0.75~1.00	15	0.050
	单阀水嘴	0.30~0.40	1.50~2.00	20	
	混合水嘴	0.15~0.20(0.14)	0.75~1.00(0.50)	15	
2	洗脸盆				
	单阀水嘴	0.15	0.75	15	0.050
	混合水嘴	0.15(0.10)	0.75(0.50)	15	
3	洗手盆				
	感应水嘴	0.10	0.50	15	0.050
	混合水嘴	0.15(0.10)	0.75(0.50)	15	
4	浴盆				
	单阀水嘴	0.20	1.00	15	0.050
	混合水嘴(含带淋浴转换器)	0.24(0.20)	1.20(1.00)	15	0.050~0.070
5	淋浴器				
	混合阀	0.15(0.10)	0.75(0.50)	15	0.050~0.100
6	大便器				
	冲洗水箱浮球阀	0.10	0.50	15	0.020
	延时自闭式冲洗阀	1.20	6.00	25	0.100~0.150
7	小便器				
	手动或自动自闭式冲洗阀	0.10	0.50	15	0.050
	自动冲洗水箱进水阀	0.10	0.50	15	0.020
8	小便槽穿孔冲洗管(每米)	0.05	0.25	15~20	0.015
9	净身盆冲洗水嘴	0.10(0.07)	0.50(0.35)	15	0.050
10	医院倒便器	0.20	1.00	15	0.050

续表 1.5

序号	给水配件名称	额定流量/(L·s^{-1})	当量	连接管公称管径/mm	最低工作压力/MPa
11	实验室化验水嘴(鹅颈)				
	单联	0.07	0.35	15	0.020
	双联	0.15	0.75	15	0.020
	三联	0.20	1.00	15	0.020
12	饮水器喷嘴	0.05	0.25	15	0.050
13	洒水栓	0.40	2.00	20	0.050~0.100
		0.70	3.50	25	0.050~0.100
14	室内地面冲洗水嘴	0.20	1.00	15	0.050
15	家用洗衣机水嘴	0.20	1.00	15	0.050

注:1. 表中括号内的数值是在有热水供应时,单独计算冷水或热水时使用。
2. 当浴盆上附设淋浴器时,或混合水嘴有淋浴器转换开关时,其额定流量和当量只计水嘴,不计淋浴器,但水压应按淋浴器计。
3. 家用燃气热水器,所需水压按产品要求和热水供应系统最不利配水点所需工作压力确定。
4. 绿地的自动喷灌应按产品要求设计。
5. 当卫生器具给水配件所需额定流量和最低工作压力有特殊要求时,其值应按产品要求确定。

1.2.1.2 给水设计流量

1. 最高日用水量

建筑物内生活用水的最高日用水量可按公式(1.1)计算:

$$Q_d = \frac{\sum m_i \cdot q_{di}}{1\,000} \tag{1.1}$$

式中 Q_d—— 最高日用水量,m^3/d;

m_i—— 用水单位数(人数、床位数等);

q_{di}—— 最高日生活用水定额,L/(人·d)、L/(床·d)。

最高日用水量一般在确定贮水池(箱)容积过程中使用。

2. 最大小时用水量

根据最高日用水量、建筑物内每天用水时间和小时变化系数,可以计算出最大小时用水量:

$$Q_h = \frac{Q_d \cdot K_h}{T} = Q_p \cdot K_h \tag{1.2}$$

式中 Q_h—— 最大小时用水量,m^3/h;

T—— 建筑物内每天用水时间,h;

Q_p—— 最高日平均小时用水量,m^3/h;

K_h—— 小时变化系数。

最大小时用水量用于确定水泵流量和高位水箱容积等。

3. 生活给水设计秒流量

为保证正常用水,生活给水管道的设计流量指的是给水管网中所负担的卫生器具按最不利情况组合出流时的最大瞬时流量，又称为设计秒流量。它是确定各管段管径、计算管路水头损失，进而确定给水系统所需压力的主要依据。

生活给水管网设计秒流量的计算方法，按建筑的性质及用水特点分为概率法、平方根法和经验法。为简化计算，将安装在污水盆上直径为 15 mm 的配水龙头的额定流量 0.2 L/s作为一个当量，其他卫生器具的给水额定流量与它的比值，即为该卫生器具的给水当量。这样，便可把某一管段上不同类型卫生器具的流量换算成当量值进行计算。

(1)住宅类建筑生活给水管道设计秒流量，按概率法进行计算。

根据住宅卫生器具给水当量、使用人数、用水定额、使用时数和小时变化系数，按公式(1.3)计算最大用水时卫生器具给水当量平均出流概率：

$$U_0 = \frac{q_0 \cdot m \cdot K_h}{0.2 \cdot N_g \cdot T \cdot 3\,600} \times 100\% \tag{1.3}$$

式中　U_0—— 生活给水管道的最大用水时卫生器具给水当量平均出流概率，%；

q_0—— 最高日生活用水定额，按表 1.2 取用；

m—— 每户用水人数；

K_h—— 小时变化系数，按表 1.2 取用；

N_g—— 每户设置的卫生器具给水当量数；

T—— 每天用水时间，h；

0.2——1 个卫生器具给水当量的额定流量。

根据计算管段上的卫生器具给水当量总数，按公式(1.4) 计算得出该管段的卫生器具给水当量的同时出流概率：

$$U = \frac{1 + \alpha_c (N_g - 1)^{0.49}}{\sqrt{N_g}} \times 100\% \tag{1.4}$$

式中　U—— 计算管段的卫生器具给水当量同时出流概率，%；

α_c—— 对应于不同 U_0 的系数，按表 1.6 取用；

N_g—— 计算管段的卫生器具给水当量总数。

表 1.6　给水管段卫生器具给水当量同时出流概率计算系数 α_c

U_0	1.0	1.5	2.0	2.5	3.0	3.5	4.0	4.5	5.0	6.0	7.0	8.0
α_c	0.032 3	0.069 7	0.010 97	0.015 12	0.019 39	0.023 74	0.028 16	0.032 63	0.037 15	0.046 29	0.055 55	0.064 89

根据计算管段上的卫生器具给水当量同时出流概率，按公式(1.5) 计算得计算管段的设计秒流量：

$$q_g = 0.2 \cdot U \cdot N_g \tag{1.5}$$

式中　q_g—— 计算管段的设计秒流量，L/s。

给水干管有两条或两条以上具有不同最大用水时卫生器具给水当量平均出流概率的给水支管时，该管段的最大时卫生器具给水当量平均出流概率按公式(1.6) 计算：

$$\overline{U_0} = \frac{\sum U_{0i} N_{gi}}{\sum N_{gi}} \tag{1.6}$$

式中　$\overline{U}_0$—— 给水干管的卫生器具给水当量平均出流概率,%;

U_{0i}—— 支管的最大用水时卫生器具给水当量平均出流概率,%;

N_{gi}—— 相应支管的卫生器具给水当量总数。

(2) 宿舍(Ⅰ类、Ⅱ类)、旅馆、宾馆、酒店式公寓、医院、疗养院、幼儿园、养老院、办公楼、商场、图书馆、书店、客运站、航站楼、会展中心、中小学教学楼、公共厕所等建筑的生活给水设计秒流量,按公式(1.7) 计算:

$$q_g = 0.2\alpha\sqrt{N_g} \tag{1.7}$$

式中　q_g—— 计算管段的给水设计秒流量,L/s;

α—— 根据建筑物用途而定的系数,按表1.7 取用;

N_g—— 计算管段的卫生器具给水当量总数。

如计算值小于该管段上1个最大卫生器具给水额定流量,则采用1个最大的卫生器具给水额定流量作为设计秒流量。

如计算值大于该管段上按卫生器具给水额定流量累加所得流量值,则采用按卫生器具给水额定流量累加所得流量值。

对大便器延时自闭冲洗阀的给水管段,大便器延时自闭冲洗阀的给水当量均以0.5 计,计算得到的 q_g 附加1.20 L/s 的流量后,为该管段的给水设计秒流量。

综合楼建筑的 α 值应按表1.7 进行加权平均计算。

表1.7　根据建筑物用途而定的系数 α 值

建筑物名称	α 值
幼儿园、托儿所、养老院	1.2
门诊部、诊疗所	1.4
办公楼、商场	1.5
图书馆	1.6
书店	1.7
学校	1.8
医院、疗养院、休养所	2.0
酒店式公寓	2.2
宿舍(Ⅰ类、Ⅱ类)、旅馆、招待所、宾馆	2.5
客运站、航站楼、会展中心、公共厕所	3.0

(3) 宿舍(Ⅲ类、Ⅳ类)、工业企业的生活间、公共浴室、职工食堂或营业餐馆的厨房、体育场馆、剧院、普通理化实验室等建筑的生活给水管道的设计秒流量,按经验法计算。根据卫生器具给水额定流量、同类型卫生器具数和卫生器具的同时给水百分数按公式(1.8) 计算:

$$q_g = \sum q_0 N_0 b \tag{1.8}$$

式中　q_g—— 计算管段的给水设计秒流量,L/s;

q_0—— 同类型的1个卫生器具给水额定流量,L/s;

N_0—— 计算管段同类型卫生器具数;

b—— 卫生器具的同时给水百分数,应按表1.8、表1.9和表1.10采用。

表1.8 宿舍(Ⅲ类、Ⅳ类)、工业企业生活间、公共浴室、影剧院、体育场馆卫生器具同时给水百分数(%)

卫生器具名称	宿舍(Ⅲ类、Ⅳ类)	工业企业生活间	公共浴室	影剧院	体育场馆
洗涤盆(池)	—	33	15	15	15
洗手盆	—	50	50	50	(70)50
洗脸盆、盥洗槽水嘴	50 ~ 100	60 ~ 100	60 ~ 100	50	80
浴盆	—	—	50	—	—
无间隔淋浴器	20 ~ 100	100	100		100
有间隔淋浴器	5 ~ 80	80	60 ~ 80	(60 ~ 80)	(60 ~ 100)
大便器冲洗水箱	5 ~ 70	30	20	20	20
大便槽自动冲洗水箱	100	100	—	100	100
大便器自闭式冲洗阀	1 ~ 2	2	2	10(2)	5(2)
小便器自闭式冲洗阀	2 ~ 10	10	10	50(10)	70(10)
小便器(槽)自动冲洗水箱	—	100	100	100	100
净身盆	—	33	—	—	—
饮水器	—	30 ~ 60	30	30	30
小卖部洗涤盆	—	—	50	50	50

注:1. 表中括号内的数值系电影院、影剧院的化妆间、体育场馆的运动员休息室使用;

2. 健身中心的卫生间,可采用本表体育场馆运动员休息室的同时给水百分率。

如计算值小于该管段上1个最大卫生器具给水额定流量,则采用1个最大的卫生器具给水额定流量作为设计秒流量。大便器自闭式冲洗阀应单列计算,当单列计算值小于1.2 L/s时,以1.2 L/s计;大于1.2 L/s时,以计算值计。

表1.9 职工食堂、营业餐馆厨房设备同时给水百分数(%)

厨房设备名称	洗涤盆(池)	煮锅	生产性洗涤机	器皿洗涤机	开水器	蒸汽发生器	灶台水嘴
同时给水百分数	70	60	40	90	50	100	30

注:职工或学生饭堂的洗碗台水嘴,按100%同时给水,但不与厨房用水叠加。

表1.10 实验室化验水嘴同时给水百分数(%)

化验水嘴名称	科学研究实验室	生产实验室
单联化验水嘴	20	30
双联或三联化验水嘴	30	50

1.2.2　给水管网水力计算的任务

给水管网水力计算的任务是：

(1) 确定给水管道各管段的管径；

(2) 求出计算管路通过设计秒流量时各管段产生的水头损失；

(3) 确定室内管网所需水压；

(4) 复核室外给水管网水压是否满足使用要求；

(5) 选定加压装置所需扬程和高位水箱设置高度。

1.2.2.1　给水管径

根据各管段设计流量，初步选定管道设计流速，按下面公式计算管道直径：

$$q_g = Av = \frac{\pi d^2}{4}v \tag{1.9}$$

$$d = \sqrt{\frac{4q_g}{\pi v}} \tag{1.10}$$

式中　d—— 管道直径，m；

q_g—— 管道设计流量，m^3/s；

v—— 管道设计流速，m/s。

由公式(1.10) 可以看出，管径和流速成反比。如流速选择大，所得管径就小，系统会引起水锤，产生噪声，易导致水击而损坏管道或附件，并将增加管网的水头损失，提高建筑内给水系统所需的压力，增大运行费用；如流速选择小，所得管径就大，又将造成管材投资偏大。

因此，设计时应综合考虑以上因素，将给水管道流速控制在适当的范围内，即所谓的经济流速，使管网系统运行平稳且不浪费。生活或生产给水管道的经济流速按表 1.11 确定，消火栓给水管道的流速不宜大于 2.5 m/s，自动喷水灭火系统给水管道的流速不宜大于 5 m/s。

表 1.11　生活与生产给水管道的流速

公称直径 /mm	15 ~ 20	25 ~ 40	50 ~ 70	≥ 80
水流速度 /($m \cdot s^{-1}$)	≤ 1.0	≤ 1.2	≤ 1.5	≤ 1.8

根据公式计算所得管道直径一般不等于标准管径，可根据计算结果取相近的标准管径，并核算流速是否符合要求。如不符合，应调整流速后重新计算。

在实际工程方案设计阶段，可以根据管道所负担的卫生器具当量数，按表 1.12 估算管径。住宅的进户管，公称直径不小于 20 mm。

表 1.12　按卫生器具当量数确定管径

管径 /mm	15	20	25	32	40	50	70
卫生器具当量数	3	6	12	20	30	50	75

1.2.2.2　管网水头损失

1.沿程水头损失

给水管道的沿程水头损失可按公式(1.11)计算:

$$h_f = i \cdot L = 105C_h^{-1.85} d_j^{-4.87} q_g^{1.85} L \tag{1.11}$$

式中　h_f——沿程水头损失,kPa;

i——单位长度管道上的水头损失,kPa/m;

L——管道长度,m;

C_h——海澄-威廉系数,按表1.13采用;

d_j——管道计算内径,m;

q_g——管道设计流量,m^3/s。

表1.13　各种管材的海澄-威廉系数

管道类别	塑料管、内衬(涂)塑管	铜管、不锈钢管	衬水泥、树脂的铸铁管	普通钢管、铸铁管
C_h	140	130	130	100

2.局部水头损失

生活给水管道的配水管的局部水头损失,宜按管道的连接方式,采用管(配)件当量长度法计算。螺纹接口的阀门及管件摩阻损失的当量长度见表1.14。

表1.14　螺纹接口的阀门及管件的摩阻损失当量长度

管件内径/mm	各种管件的折算管道长度/m						
	90°弯头	45°弯头	三通90°转角	三通直向流	闸阀	球阀	角阀
9.5	0.3	0.2	0.5	0.1	0.1	2.4	1.2
12.7	0.6	0.4	0.9	0.2	0.1	4.6	2.4
19.1	0.8	0.5	1.2	0.2	0.2	6.1	3.6
25.4	0.9	0.5	1.5	0.3	0.2	7.6	4.6
31.8	1.2	0.7	1.8	0.4	0.2	10.6	5.5
38.1	1.5	0.9	2.1	0.5	0.3	13.7	6.7
50.8	2.1	1.2	3.0	0.6	0.4	16.7	8.5
63.5	2.4	1.5	3.6	0.8	0.5	19.8	10.3
76.2	3.0	1.8	4.6	0.9	0.6	24.3	12.2
101.6	4.3	2.4	6.4	1.2	0.8	38.0	16.7
127.0	5.2	3	7.6	1.5	1.0	42.6	21.3
152.4	6.1	3.6	9.1	1.8	1.2	50.2	24.3

注:本表的螺纹接口是指管件无凹口的螺纹,即管件与管道在连接点内径有突变,管件内径大于管道内径。当管件为凹口螺纹或管件与管道为等径焊接,其当量长度取本表值的一半。

(1) 水表的局部水头损失,应按选用产品所给定的压力损失值计算。在未确定具体产品时,可按下列情况选用:住宅进户管上的水表,宜取0.01 MPa;建筑物或小区引入管上的水表,在生活用水工况时宜取0.03 MPa,在校核消防工况时宜取0.05 MPa。

(2) 比例式减压阀的水头损失,阀后动水压宜按阀后静水压的80% ~ 90% 采用。

(3) 管道过滤器的局部水头损失,宜取0.01 MPa。

(4) 管道倒流防止器的局部水头损失,宜取0.025 ~ 0.04 MPa。

过去为了简化计算,管道的局部水头损失之和,一般可以根据经验采用沿程水头损失的百分数进行估算。不同用途的室内给水管网,其局部水头损失占沿程水头损失的百分数如下:

① 生活给水管网为25% ~ 30%。

② 生产给水管网为20%。

③ 消防给水管网为10%。

④ 自动喷淋给水管网为20%。

⑤ 生活、消防共用的给水管网为25%。

⑥ 生活、生产、消防共用的给水管网为20%。

为了使用方便,可以根据管段的设计秒流量、控制流速,查水力计算表,得出管径和单位长度水头损失,然后计算沿程水头损失。

1.2.2.3 建筑室内给水系统所需压力

建筑室内给水系统必须保证将需要的水量输送到建筑物内部最不利的配水点,并保证有足够的流出压力。距给水系统水源点最高最远的配水点称为最不利点,最不利点可能是直接给水方式的进户管、增压给水方式的水泵吸水管、高位水箱的出水管。要保证最不利点的压力需求,必须进行不同给水方式下的压力计算。

1. 直接给水方式

对于图1.21 所示的直接给水方式,系统所需水压可按公式(1.12) 计算:

$$H = H_1 + H_2 + H_3 + H_4 \tag{1.12}$$

式中 H—— 引入管接管处应该保证的最低水压,kPa;

H_1—— 由最不利配水点与引入管起点的高程差产生的静压差,kPa;

H_2—— 设计流量通过水表时产生的水头损失,kPa;

H_3—— 设计流量下引入管起点至最不利配水点的总水头损失,kPa;

H_4—— 最不利点配水附件所需最低工作压力,kPa。

在进行方案的初步设计时,对层高不超过3.5 m的民用建筑,给水系统所需的水压可根据建筑物层数估算(自室外地面算起) 其最小水压值:一层建筑物为100 kPa;二层建筑物为120 kPa;三层及三层以上建筑物,每增加一层,水压增加40 kPa。对采用竖向分区供水方案的高层建筑,也可根据已知的室外给水管网能够保证的最低水压,按上述标准初步确定由市政管网直接供水的范围。

【例1.1】 一栋6 层居住建筑,层高3 m,试估算所需要供水压力。如果城市管网压力为300 kPa,是否需要加压设备?

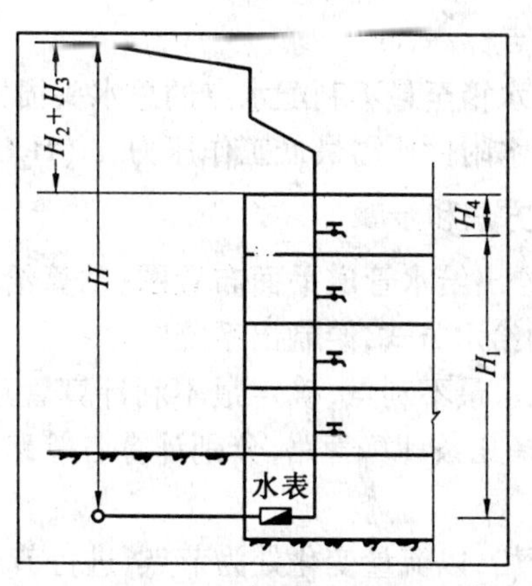

图 1.21　给水系统所需要压力

解　根据经验，二层为 120 kPa，三层以上每增加一层，水压增加 40 kPa，共增加了 4 层，则水压增加 160 kPa。

这栋 6 层居住建筑所需要供水压力应为：

$$H/\text{kPa} - 120 + 40 \times 4 = 280 < 300$$

即系统所需要压力小于城市管网压力，可以不另设加压设备。

2. 分区给水方式

竖向分区的高层建筑生活给水系统，各分区最不利配水点的水压，都应满足用水水压要求；并且各分区最低卫生器具配水点处的静水压不宜大于 0.45 MPa，特殊情况下不宜大于 0.55 MPa；对于水压大于 0.35 MPa 的入户管（或配水横管），宜设减压或调压设施。

3. 水泵增压给水方式

水泵直接由室外管网吸水时，水泵扬程按公式(1.13)确定。

$$H_b = H_1 + H_2 + H_3 + H_4 - H_0 \tag{1.13}$$

式中　H_b——水泵扬程，kPa；

H_1——最不利配水点与引入管起点的静压差，kPa；

H_2——设计流量下计算管路的总水头损失，kPa；

H_3——最不利点配水附件的最低工作压力，kPa；

H_4——水表的水头损失，kPa；

H_0——室外给水管网所能提供的最小压力，kPa。

最后，应以室外管网的最大水压校核系统是否超压。

水泵从贮水池吸水时，总扬程按公式(1.14)确定：

$$H_b = H_1 + H_2 + H_3 \tag{1.14}$$

式中　H_1——最不利配水点与贮水池最低工作水位的静压差，kPa。

其他符号意义同上式。

4. 水箱供水方式

由高位水箱供水的系统，水箱设置高度可由公式(1.15)确定：

$$Z = Z_1 + H_1 + H_2 \tag{1.15}$$

式中　Z——水箱最低动水位标高，m；

Z_1—— 最不利配水点标高,m;

H_1—— 设计流量下水箱至最不利配水点的总水头损失,m(H_2O);

H_2—— 最不利点配水附件所需最低工作压力,m(H_2O)。

1.2.2.4 水力计算的方法和步骤

(1) 根据建筑平面图,绘出给水管道平面布置图;估算给水系统所需压力,并根据市政管网提供的压力所确定的给水方式,绘制出系统图。

(2) 根据系统图选择配水最不利点,确定最不利计算管路。若在系统图中难以判定配水最不利点,则应同时选择几条计算管路,分别计算各管路所需压力,取计算结果最大的作为给水系统所需压力。

(3) 从配水最不利点开始,以流量变化处为节点,进行节点编号。两个节点之间的管路作为计算管段,将计算管路划分成若干计算管段,并标出两节点间计算管段的长度。列出水力计算表,将每步计算结果填入表内。

(4) 根据建筑的性质选用设计秒流量公式,计算各管段的设计秒流量。

(5) 根据各设计管段的设计流量和允许流速,查水力计算表确定出各管段的管径、管道单位长度的压力损失、管段的沿程压力损失值。

查水力计算表时,一定要明确选用的管材,查相应管材的水力计算表。

(6) 计算局部水头损失、管路总水头损失。

(7) 确定给水系统所需压力,选择增压设备,确定水箱设置高度。

(8) 若初定为外网直接给水方式,当室外给水管网可利用水压 $H_0 \geqslant$ 给水系统所需压力 H 时,原方案可行;当 H 略大于 H_0 时,可适当放大部分管段的管径,减小管道系统的水头损失,以满足 $H_0 \geqslant H$ 的条件;若 H 比 H_0 大很多,则应修正原方案,在给水系统中增设升压设备。对采用水箱上行下给布置方式的给水系统,应校核水箱的安装高度,若水箱高度不能满足供水要求,可采用提高水箱高度、放大管径、设置管道泵或选用其他供水方式来解决。

(9) 确定非计算管路各管段的管径。

【例 1.2】 已知室外给水管网供水压力为 250 kPa。引入管起端标高为 -2.30 m(以室内一层地坪为 ±0.00 m),试进行某集体宿舍盥洗间给水管道水力计算。盥洗间给水系统,如图 1.22 所示。

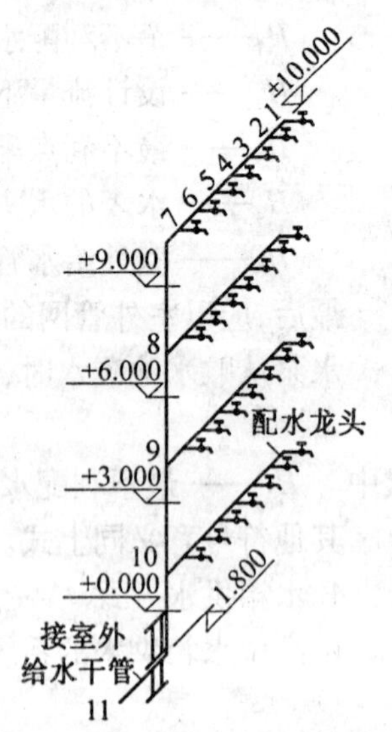

图 1.22 盥洗间给水系统图

解 (1) 根据给水系统图,确定最不利配水点为最顶层管网末端配水龙头,即图中1点;确定1点至引入管起端11点之间管路作为计算管路。

(2) 对计算管段进行节点编号,如图 1.22 所示。

(3) 查表 1.5 算出各管段卫生器具给水当量总数,1个盥洗槽普通水龙头的给水当量数为 1.0。

(4) 选用设计流量计算公式(1.7),计算各管段给水设计流量,即

$$q_g = 0.2\alpha\sqrt{N_g}$$

对于集体宿舍 $\alpha = 2.5$。

管段1—2,给水当量总数为1.0,该管段设计流量按公式(1.7)计算为

$$q_g/(\mathrm{L \cdot s^{-1}}) = 0.2 \times 2.5 \times \sqrt{1.0} = 0.5$$

其值大于该管段上卫生器具给水额定流量累加所得的流量值,按规定,应以该管段上盥洗槽普通水龙头的给水额定流量0.2 L/s作为管段1—2的设计流量。

同理可得:

管段2—3　$N_g = 2.0$　q_g 取0.4 L/s

管段3—4　$N_g = 3.0$　q_g 取0.6 L/s

管段4—5　$N_g = 4.0$　q_g 取0.8 L/s

管段5—6　$N_g = 5.0$　q_g 取1.0 L/s

管段6—7　$N_g = 6.0$　q_g 取1.2 L/s

管段7—8　$N_g = 7.0$　q_g 取1.32 L/s

管段8—9　$N_g = 14.0$　q_g 取1.87 L/s

管段9—10　$N_g = 21.0$　q_g 取2.29 L/s

管段10—11　$N_g = 28.0$　q_g 取2.65 L/s

(5) 从系统图中按比例量出各设计管段长度 L。

(6) 根据各管段设计流量 q_g 和正常流速 v,查附录2,确定各管段管径DN、管段单位长度的沿程压力损失 i 值。

(7) 按公式 $h_f = iL$ 计算各管段的沿程压力损失值,以及计算管路沿程压力损失值。

(8) 将各种计算数据列于表1.15中。

(9) 计算室内给水系统所需总压 H,按式(1.12)计算。

$$H = H_1 + H_2 + H_3 + H_4$$

式中　H—— 给水系统所需的设计压力,kPa;

H_1—— 计算配水点1与引入管起点11的静压差,kPa,$H_1/\mathrm{kPa} = 9.81 \times 12.30 = 120.66$;

H_2—— 水表压力损失,kPa,本管路中无水表,故 $H_2 = 0$ kPa;

H_3—— 计算管路沿程压力损失及局部压力损失之和,kPa,计算中取局部压力损失为沿程压力损失30%,$H_3/\mathrm{kPa} = 8.89 \times 1.30 = 11.56$;

H_4—— 计算最不利配水点1所需的流出压力,kPa。从表1.5查得,水龙头流出压力为15 kPa,所以 $H/\mathrm{kPa} = 120.66 + 0 + 11.56 + 15 = 147.22$。

室外管网供给压力为200 kPa,稍大于室内给水系统所需压力147.22 kPa,因相差不多,故可以不调整管径。

表1.15 室内给水管网水力计算(塑料管)

序号	管段编号		管段所负担的卫生器具数及当量数	卫生器具名称及其当量值		当量总数 N	流量 Q /(L·s^{-1})	管径 DN /mm	流速 v /(m·s^{-1})	管道单位长度压力损失 i /(kPa·m^{-1})	管长 L /m	管段沿程压力损失 $h_f=iL$ /kPa	备注
	自	至		污水盆 1	盥洗槽 1								
1	1	2	n		1	1	0.2	15	0.99	0.94	0.7	0.658 0	
			N_g		1								
2	2	3	n		2	2	0.4	20	1.05	0.703	0.7	0.492 1	
			N_g		2								
3	3	4	n		3	3	0.6	25	0.91	0.386	0.7	0.270 2	
			N_g		3								
4	4	5	n		4	4	0.8	25	1.21	0.643	0.7	0.450 1	
			N_g		4								
5	5	6	n		5	5	1.0	32	0.98	0.340	0.7	0.238 0	
			N_g		5								
6	6	7	n		6	6	1.2	32	1.176	0.483	0.7	0.338 1	
			N_g		6								
7	7	8	n		7	7	1.32	32	1.294	0.569	3.7	2.105 3	
			N_g		7								
8	8	9	n		14	14	1.87	40	1.242	0.324	3.0	0.972 0	
			N_g		14								
9	9	10	n		21	21	2.29	50	1.374	0.463	3.0	1.389 0	
			N_g		21								
10	10	11	n		28	28	2.65	50	1.593	0.598	3.3	1.973 4	
			N_g		28								
										合计		$\sum h_f=8.886\ 2$	

学习任务二　建筑室内给水管道安装

【教学目标】通过项目教学活动，培养学生具有建筑室内给水管道安装的能力；具有主要施工机具的使用能力；具有选择给水设备与安装的能力；具有建筑室内给水系统的质量验收能力；培养学生良好的职业道德、自我学习能力、实践动手能力和分析、处理问题的能力，以及诚实、守信、善于沟通和合作的专业素养。

【知识目标】

1. 了解室内给水系统常用的管材、配件和附件；
2. 掌握室内给水系统的布置与敷设原则；
3. 掌握室内给水管道系统及附件的安装规则；
4. 掌握室内给水系统安装时的注意事项；
5. 掌握室内给水管道试压与验收原则。

【主要学习内容】

单元一　建筑室内给水管道材料

2.1.1　常用建筑给水管道材料

2.1.1.1　管材的标准

为了使用和交流的方便，每种技术标准都用标准代号表示，由统一格式的标准类别代号、标准顺序号和颁发年号三部分组成，如 GB/T 1047—1995。标准类别一般为其标准汉语拼音字母首位拼音字母的缩写，如“GB”表示国家标准，“GB/T”表示推荐性国家标准。

1. 公称直径

为了便于管道工程施工，就必须使管子、管件、法兰、阀门等部件的尺寸统一起来以便于连接，这一统一尺寸称为公称直径，用符号 DN 表示，单位为 mm。例如，表示公称直径 125 mm 的管子或管件，即写为 DN125。

我国现行管材及其附件的公称直径标准，按表 2.1 规定。

表 2.1　管材公称直径

mm

1	8	40	150	350	800	1 400	2 400	3 600
2	10	50	175	400	900	1 500	2 600	3 800
3	15	65	200	450	1 000	1 600	2 800	4 000
4	20	80	225	500	1 100	1 800	3 000	
5	25	100	250	600	1 200	2 000	3 200	
6	32	125	300	700	1 300	2 200	3 400	

公称直径从1～4 000 mm 共分51个级别，其中15 mm、20 mm、25 mm、32 mm、40 mm、50 mm、65 mm、80 mm、100 mm、125 mm、150 mm、200 mm、250 mm、300 mm、400 mm、500 mm、600 mm、700 mm 共18个规格是工程上常用的公称直径规格，管材及其管件的实际生产制造规格如下：

(1)阀门等附件，其公称直径等于其实际内径。

(2)内螺纹管件，公称直径等于其内径。

(3)各种管材，公称直径既不等于其实际的内径，也不等于其实际外径，只是个名义直径，但无论管材的实际内径和外径的数值是多少，只要其公称直径相同，就可用相同公称直径的管件相连接，具有通用性和互换性。

2. 公称压力、试验压力、工作压力

工程上常以基准温度(200℃)下制件所允许承受的工作压力作为该制件的耐压强度标准，称为公称压力，用符号“PN”表示，后面的数字表示公称压力数值，单位为 MPa。例如，PN10 表示公称压力为 10 MPa。通常将压力分为低、中、高三级：低压是 2.5 MPa 以下；中压是 2. 6～10 MPa；高压是 10.1～32 MPa。

试验压力是在常温下检验管子和附件机械强度及严密性能的压力标准。试验压力以 p_s 表示。水压试验采用常温下的自来水，试验压力为公称压力的 1.5～2 倍，即 p_s = (1.5～2)PN，公称压力 PN 较大时倍数值取小的，PN 值较小时倍数值取大的，当公称压力达到 20～100 MPa 时，试验压力取公称压力的 1.25～1.4 倍。

工作压力是指管道内流动介质的工作压力，用字母 p 表示，右下角附加的数字为输送介质最高温度 1/10 的整数值，后面的数字表示工作压力数值。例如，介质最高温度为 300 ℃，工作压力为 10 MPa，用 $p_{30}10$ 表示；介质最高温度为 425 ℃，工作压力为 10 MPa，用 $p_{42}10$ 表示。

2.1.1.2　常用给水管材

根据制造工艺和材质的不同，管材有很多品种。按材质分为黑色金属管(钢管、铸铁管)、有色金属管(铜管、铝管)、非金属管(混凝土管、钢筋混凝土管、塑料管)、复合管(钢塑管、铝塑管)等。给水排水管道需要连接、分支、转弯、变径时，对不同管道就要采取不同材质的管件。管件根据材质不同，分为钢制管件、铸铁制管件、铜制管件、塑料管件等。

黑色金属管包括碳素钢管和铸铁管。碳素钢管按制造方法不同分为无缝钢管、有缝钢管、铸造管等。

非金属管包括混凝土管、钢筋混凝土管、塑料管等。在建筑给水中，非金属管的主流是塑料管，包括聚丙烯管(PP)、硬聚氯乙烯管(UPVC)、聚丁烯管(PB)、聚乙烯管(PE)、交联聚乙烯(PEX)、丙烯腈-丁二烯-苯乙烯管(ABS)等。

1. 聚丙烯管(PP)

普通聚丙烯材质耐低温性差，通过共聚合的方式可以使聚丙烯性能得到改善。改性聚丙烯管有三种：均聚聚丙烯(PP-H，一型)管、嵌段共聚聚丙烯(PP-B，二型)管、无规共聚聚丙烯(PP-R，三型)管。由于 PP-B、PP-R 的适用范围涵盖了 PP-H，故 PP-H 逐步退出了管材市场。PP-B、PP-R 的物理特性基本相似，应用范围基本相同，不同温度下管材允许的最大压力见表 2.2。常用 PP-R 管材管系列和规格尺寸见表 2.3。

表 2.2　不同温度下管材允许的最大压力

使用温度/℃	预测使用年限/年	管系列S									
		S5		S4		S3.2		S2.5		S2	
		PP-R	PP-B	PP-R	PP-B	PP-R	PP-B	PP-R	PP-B	PP-R	PP-B
20	50	1.30	1.16	1.62	1.45	2.03	1.82	2.60	2.33	3.24	2.91
40	50	0.92	0.80	1.16	1.00	1.44	1.25	1.85	1.59	2.31	1.99
60	50	0.65	0.35	0.81	0.43	1.02	0.54	1.30	0.70	1.63	0.87
70	50	0.43	0.24	0.54	0.30	0.67	0.38	0.86	0.48	1.08	0.60
80	50	0.28	0.17	0.35	0.21	0.43	0.27	0.56	0.34	0.69	0.43
95	50	0.15	0.10	0.19	0.13	0.23	0.16	0.30	0.21	0.38	0.26

注:表中数值为管材理论推算的允许压力。实际选用时应根据使用条件和管道质量等因素,留有适当安全余量。

表 2.3　常用 PP-R 管材管系列和规格尺寸表

公称外径 De	平均外径		管系列				
			S5	S4	S3.2	S2.5	S2
	最大	最小	公称壁厚				
20	20.3	20.0	—	2.3	2.8	3.4	4.1
25	25.3	25.0	2.3	2.8	3.5	4.2	5.1
32	32.3	32.0	2.9	3.6	4.4	5.4	6.5
40	40.4	40.0	3.7	4.5	5.5	6.7	8.1
50	50.5	50.0	4.6	5.6	6.9	8.3	10.1
63	63.6	63.0	5.8	7.1	8.6	10.5	12.7
75	75.7	75.0	6.8	8.4	10.3	12.5	15.1
90	90.9	90.0	8.2	10.1	12.3	15.0	18.1
110	111.0	110.0	10.0	12.3	15.1	18.3	22.1

PP-R 管的优点是强度高、韧性好、无毒、温度适应范围广(5 ~ 95 ℃)、耐腐蚀、抗老化、保温效果好、不结垢、沿程阻力小、施工安装方便。目前国内产品规格在 De20 ~ De110 之间,广泛用于冷水、热水、纯净饮用水系统。管道之间采用热熔连接,管道与金属管件通过带金属嵌件的聚丙烯管件采用丝扣或法兰连接,常用 PP-R 管件如图 2.1 所示。

2. 硬聚氯乙烯管(UPVC)

UPVC 给水管材质为聚氯乙烯,使用温度为 5 ~ 45 ℃,不适用于热水输送,常见规格为 De20 ~ De315,工作压力 1.6 MPa。优点是耐腐蚀性好、抗衰老性强、粘接方便、价格低、产品规格全、质地坚硬,符合输送纯净饮用水标准。缺点是维修麻烦,无韧性,环境温度低于 5 ℃时脆化,高于 45 ℃时软化,长期使用有 UPVC 单体和添加剂渗出。该管材为早期替代镀锌钢管的管材,现已不推广使用。硬聚氯乙烯管通常采用承插粘接,也可采用橡胶密封圈柔性连接、螺纹连接或法兰连接。硬聚氯乙烯给水管规格见表2.4。

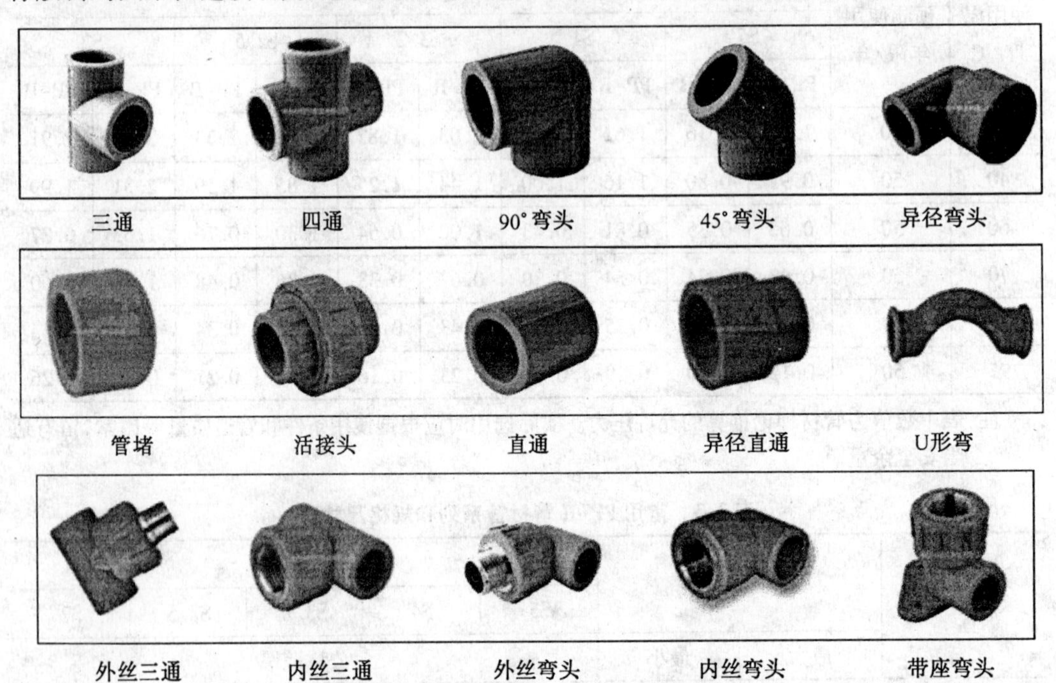

图2.1 常用PP-R管件

表2.4 硬聚氯乙烯管(UPVC)规格

公称外径 d/mm		壁厚 δ/mm			
		公称压力0.63 MPa		公称压力1.00 MPa	
基本尺寸	允许偏差	基本尺寸	允许偏差	基本尺寸	允许偏差
20	0.3	1.6	0.4	1.9	0.4
25	0.3	1.6	0.4	1.9	0.4
32	0.3	1.6	0.4	1.9	0.4
40	0.3	1.6	0.4	1.9	0.4
50	0.3	1.6	0.4	2.4	0.5
65	0.3	2.0	0.4	3.0	0.5
75	0.3	2.3	0.5	3.6	0.6
90	0.3	2.8	0.5	4.3	0.7
110	0.4	3.4	0.6	5.3	0.8
125	0.4	3.9	0.6	6.0	0.8
140	0.5	4.3	0.7	6.7	0.9
160	0.5	4.9	0.7	7.7	1.0
180	0.6	5.5	0.8	8.6	1.1
200	0.6	6.2	0.9	9.6	1.2
225	0.7	6.9	0.9	10.8	1.3
250	0.8	7.7	1.0	11.9	1.4
280	0.9	8.6	1.1	13.4	1.6
315	1.0	9.7	1.2	15.0	1.7

注:1.壁厚是以20 ℃时环向应力为10 MPa确定。

2.公称压力是管材在20 ℃下输送水的工作压力。

3.管材长度为4 m、6 m、10 m、12 m。

3. 聚丁烯管(PB)

聚丁烯管是用高分子树脂制成的高密度塑料管,优点是管材质软、耐磨、耐热、抗冻、无毒无害、耐久性好、质量轻、施工安装简单。冷水管工作压力为1.6~2.5 MPa,热水管工作压力为1.0 MPa。能在-20~95 ℃之间安全使用,适用于冷、热水系统。聚丁烯管与管件的连接方式有三种,即铜接头夹紧式连接、热熔插接、电熔连接。

4. 聚乙烯管(PE)

聚乙烯管包括高密度聚乙烯管(HDPE)和低密度聚乙烯管(LDPE)。聚乙烯管的优点是质量轻、韧性好、耐腐蚀、可盘绕、耐低温性能好、运输及施工方便、具有良好的柔性和抗蠕变性能,在建筑给水中得到广泛应用。聚乙烯管道的连接可采用电熔、热熔、橡胶圈柔性连接,工程上主要采用熔接。

5. 交联聚乙烯管(PEX)

交联聚乙烯是通过化学方法,使普通聚乙烯的线性分子结构改性成三维交联网状结构。交联聚乙烯管的优点是强度高、韧性好、抗老化(使用寿命达50年以上)、温度适应范围广(-70~110 ℃)、无毒、不滋生细菌、安装维修方便、价格适中。目前国内产品常用规格在De16~De63,主要用于建筑室内热水给水系统上。管径小于等于25 mm的管道与管件采用卡套式连接,管径大于等于32 mm的管道与管件采用卡箍式连接。

6. 丙烯腈-丁二烯-苯乙烯管(ABS)

ABS管材是丙烯腈、丁二烯、苯乙烯的三元共聚物,丙烯腈提供了良好的耐蚀性、表面硬度;丁二烯作为一种橡胶体提供了韧性;苯乙烯提供了优良的加工性能。三种组合的共同作用使ABS管强度大、韧性高、能承受冲击。ABS管材的工作压力为1.6 MPa,常用规格为De15~De300,使用温度为-40~60 ℃;热水管规格不全,使用温度为-40~95 ℃。管材连接方式为粘接。

7. 钢塑复合管

钢塑复合管是在钢管内壁衬(涂)一定厚度的塑料层复合而成,依据复合管基材不同,可分为衬塑复合管和涂塑复合管两种。衬塑钢管是在传统的输水钢管内插入一根薄壁的PVC管,使二者紧密结合,就成了PVC衬塑钢管;涂塑钢管是以普通碳素钢管为基材,将高分子PE粉末融熔后均匀地涂敷在钢管内壁,经塑化后,形成光滑、致密的塑料涂层。

钢塑复合管兼备了金属管材的强度高、耐高压、能承受较强的外来冲击力和塑料管材的耐腐蚀、不结垢、导热系数低、流体阻力小等优点。钢塑复合管可采用沟槽式、法兰式或螺纹式连接方式,同原有的镀锌管系统完全相容,应用方便,但需在工厂预制,不宜在施工现场切割。

8. 铝塑复合管(PE-AL-PE或PEX-AL-PEX)

铝塑复合管是通过挤出成型工艺而制造出的新型复合管材,它由外层聚乙烯层、胶合层、铝合金层、胶合层、内层聚乙烯层五层结构构成,铝塑复合管内部结构如图2.2所示,铝塑复合管规格性能见表2.5。

铝塑复合管可以分为三种型号:A型,耐温≤60 ℃;B型,耐温≤95 ℃;C型,输送燃气用。管件连接主要采用厂家专用夹紧式铜接头和部分专用工具。铝塑复合管安装方便,暗装时可用弯管代替弯头。

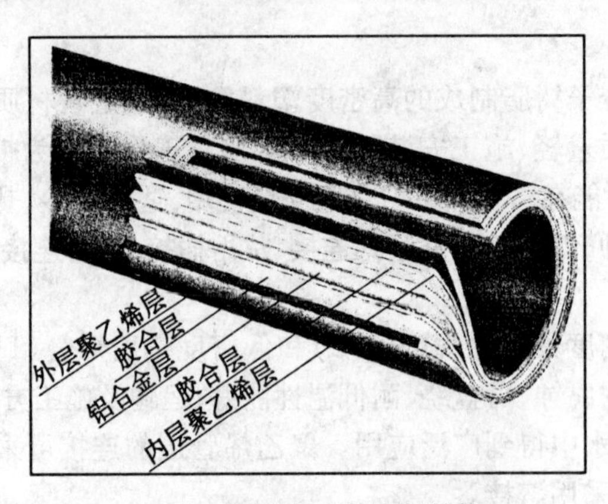

图 2.2　铝塑复合管内部结构

表 2.5　铝塑复合管规格性能表

规格	外径/mm	内径/mm	壁厚/mm	工作温度/ ℃			工作压力/MPa	
				A 型管	B 型管	C 型管	A、B 型管	C 型管
1014	14	10	2					
1216	16	12	2					
1418	18	14	2					
1620	20	16	2					
2025	25	20	2.5					
2632	32	26	3	40 ~ 60	40 ~ 95	-20 ~ 40	1.0	0.4
3240	40	32	4					
4150	50	41	4.5					
5163	63	51	6					
6075	75	60	7.5					

常用几种新型管材的主要特性综合比较见表 2.6。

9. 无缝钢管

按用途不同,无缝钢管分为普通和专用两种。其中普通无缝钢管又可按材质不同,分为碳素钢管、优质碳素钢管、低合金钢管和合金钢管,常用的无缝钢管为碳素钢管,一般采用 10 号、20 号、35 号、45 号钢制造;按制造工艺不同,可以分为冷扎(拔)和热扎两种,冷扎管包括外径 5 ~ 200 mm 的各种规格,单根长度 1.5 ~ 9 m,热扎管有外径 32 ~ 630 mm 的各种规格,单根长度 3 ~ 12.5 m。

表 2.6　常用几种新型管材的主要特性综合比较表

项目＼管材	UPVC	PB	PP-R	PEX	ABS	铝塑复合管	塑复铜管	铜塑复合管	涂塑钢管	孔网钢带复合管
温度/℃（长期使用）	≤45	≤90	≤70	≤90	≤60	HDPE≤60 XIPE≤90	≤80	≤50	≤50	≤60
压力/MPa（工作压力）	1.6	1.6~2.5（冷水）1.0（热水）	22.0（冷水）1.0（热水）	1.6（冷水）1.0（热水）	1.6	2.0~3.0	2.0	2.5	2.5	1.6（冷水）1.0（热水）
膨胀系数/$(m \cdot m^{-1} \cdot ℃^{-1})$	7×10^{-5}	13×10^{-5}	11×10^{-5}	15×10^{-5}	11×10^{-5}	2.5×10^{-5}	1.18×10^{-5}	1.4×10^{-5}	1.4×10^{-5}	2.5×10^{-5}
导热率/$(W \cdot m^{-1} \cdot K^{-1})$	0.16	0.22	0.24	0.41	0.26	0.45	视塑复材料定	接近钢管	接近钢管	视塑复材料定
弹性模量/$(N \cdot cm^{-2})$	3.5×10^{5}	3.5×10^{5}	1.1×10^{5}	0.6×10^{5}	—	—	—	206×10^{5}	206×10^{5}	—
膨胀力/kg（D=32 mm，T=50 ℃，L=10 m）	310	48	178	253	—	—	815	2 050	2 050	—
管壁厚度	中间	最薄	最厚	中间	中间	厚	薄			薄
单　价	便宜	贵	贵	较贵	较贵	较贵	贵	比涂塑管贵	是镀锌管的1.3倍	便宜
规格范围（外径 D/mm）	20~315	16~110	20~110	16~63	15~300	16~32	15~55	15~300	15~300	15~200
寿命/年	50	50	50	50	—	50	50	30	30	30
连接方式	弹性密封或粘接	夹紧式，热熔式，插接电熔合连接	热熔式连接	夹紧式，采用金属管件	粘接	夹紧式，采用金属管件	焊接式，夹紧式	管螺纹及法兰连接	管螺纹及法兰连接	电热熔式

无缝钢管的管件不多，有无缝冲压弯头和无缝异径管两种，材质与相应的无缝钢管材质相同。无缝冲压弯头分为90°和45°两种角度。无缝异径管又称无缝大小头，分为同心大小头和偏心大小头两种。

无缝钢管的强度大，品种和规格较多，广泛用于压力较高的工业管道工程，如热力管道、压缩空气管道、氧气管道、各种化工管道等。在民用安装工程中，无缝钢管一般用于采暖主干管道和煤气主干管道等。给水排水工程使用较少。在排水系统中用于检修困难地方的管段、机器设备振动较大地方的管段及管道内压力较高的非腐蚀性排水管，焊接或法兰连接。

10. 焊接钢管

焊接钢管又称有缝钢管，分为水煤气钢管和卷板焊接钢管两种。

水煤气钢管,由扁钢管坯卷成管线并沿缝焊接而成。按有无螺纹分为带螺纹(锥形或圆形螺纹)和不带螺纹(光管)钢管两种;按壁厚不同分为普通钢管、加厚钢管和薄壁钢管三种,普通钢管规定的水压试验压力为2 MPa,加厚钢管为3 MPa;按表面处理的不同分为普通焊接钢管(黑铁管)和镀锌焊接钢管(白铁管),其中镀锌焊接钢管又分为电镀锌和热浸锌两种。镀锌钢管比普通焊接钢管重3%~6%,热浸锌焊接钢管广泛用于生活、消防给水管道和煤气管道,故又称为水煤气管。在排水系统中用作卫生器具排水支管及生产设备的非腐蚀性排水支管上管径小于或等于50 mm的管道。普通焊接钢管规格标准见表2.7。

表2.7　普通焊接钢管规格标准

公称直径/mm	外径/mm	普通焊接钢管质量/($kg \cdot m^{-1}$)	镀锌焊接钢管质量/($kg \cdot m^{-1}$)
15	21.25	1.26	1.34
20	26.25	1.63	1.73
25	33.5	2.42	2.57
32	42.25	3.13	3.32
40	48	3.84	4.07
50	60	4.88	5.17
70	75.5	6.64	7.04
80	88.5	8.34	8.84
100	114	10.85	11.50
125	140	15.04	15.94
150	165	17.81	18.88

镀锌钢管一度是我国生活饮用水采用的主要管材,长期使用证明,其内壁易生锈,结垢,滋生细菌、微生物等有害杂质,使自来水在输送途中造成“二次污染”。根据国家有关规定,从2000年6月1日起,在城镇新建住宅生活给水系统禁用镀锌钢管,并根据当地实际情况逐步限时禁用热浸锌管;目前镀锌钢管主要用于水消防系统。镀锌钢管强度高、抗震性能好。

钢管的连接方法有螺纹连接、焊接、法兰连接和卡箍连接。

(1)螺纹连接是利用配件连接,连接配件的形式及其应用如图2.3所示。配件用可由锻铸铁制成,抗蚀性及机械强度均较大,分镀锌和不镀锌两种,钢制配件较少。室内给水管道应用镀锌配件,镀锌钢管必须用螺纹连接。多用于明装管道。

(2)焊接后的管道接头紧密、不漏水,施工迅速,不需要配件;但无法像螺纹连接那样方便拆卸。焊接只能用于非镀锌钢管。因为镀锌钢管焊接时锌层遭到破坏,会加速锈蚀。多用于暗装管道。

(3)法兰连接

一般在管径大于DN50的管道上,将法兰盘焊接或用螺纹连接在管端,再以螺栓连接,法兰盘如图2.4所示。法兰连接一般用于闸阀、止回阀、水泵、水表等连接处,以及需要经常拆卸、检修的管段上。

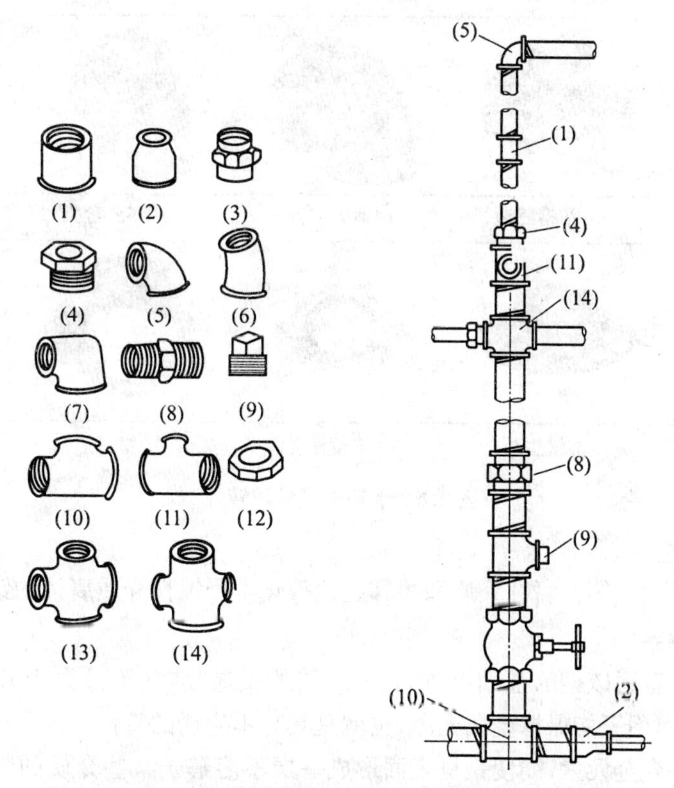

图 2.3　钢管螺纹连接配件及连接方法

1—管箍;2—异径管箍;3—活接头;4—补心;5—90°弯头;6—45°弯头; 7—异径弯头;8—外丝;9—堵头;10—等径三通;11—异径三通;12—根母;13—等径四通;14—异径四通

(4)卡箍连接

对于较大管径用丝扣连接较困难,且不允许焊接时,一般采用卡箍连接。连接时两管口端应平整无缝隙,沟槽应均匀,卡紧螺栓后,管道应平直,卡箍安装方式应一致,如图2.5所示,卡箍连接常用管件如图 2.6 所示。

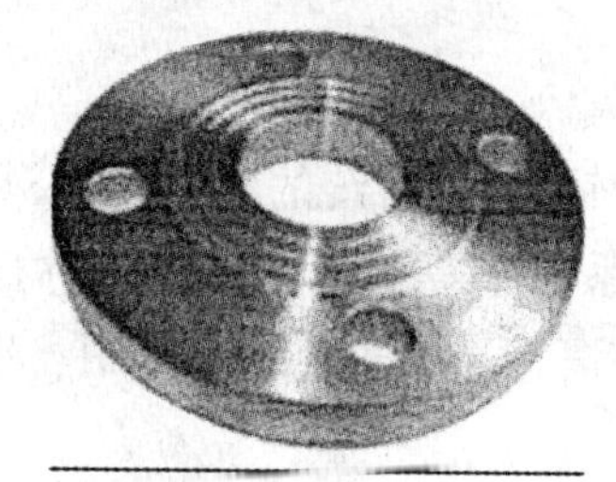

图 2.4　法兰盘

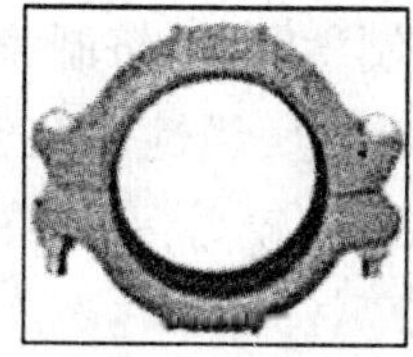

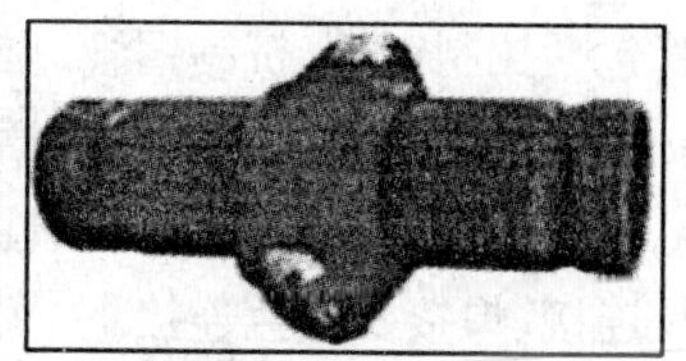

图 2.5　卡箍连接

承插铸铁管的承插连接接口有以下三种:青铅接口、石棉水泥接口、膨胀性填料接口等。

塑料管可采用螺纹连接(配件为注塑制品)、焊接(热空气焊)、法兰连接、粘接等方法。

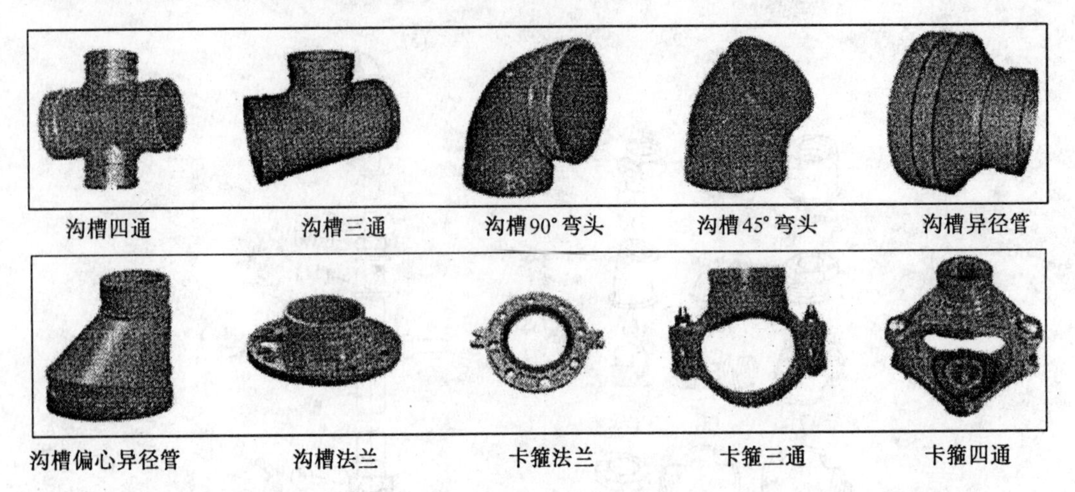

图2.6 卡箍连接常用管件

11. 不锈钢管

耐空气、蒸汽、水等弱腐蚀介质和酸、碱、盐等化学侵蚀性介质腐蚀的钢,称为不锈钢,又称不锈耐酸钢。

不锈钢是在普通碳钢的基础上,加入一组铬的质量分数(W_{Cr})大于12%合金元素的钢材,它在空气作用下能保持金属光泽,也就是具有不生锈的特性。这是由于在这类钢中含有一定量的铬合金元素,能使钢材表面形成一层不溶解于某些介质的坚固的氧化薄膜(钝化膜),使金属与外界介质隔离而不发生化学作用。在这类钢中,有些除含较多的铬(Cr)外,还匹配加入较多的其他合金元素,如镍(Ni),使之在空气中、水中、蒸气中都具有很好的化学稳定性,而且在许多种酸、碱、盐的水溶液中也有足够的稳定性,甚至在高温或低温环境中,仍能保持其耐腐蚀的优点。

不锈钢管具有化学稳定性强、机械强度高、坚固、韧性好、耐腐蚀性好、热膨胀系数低、卫生性能好、可回收利用、外表靓丽大方、安装维护方便、经久耐用等优点,适用于建筑给水特别是管道直饮水及热水系统中,规格为D6~630×1~50。管道可采用焊接、螺纹连接、卡压式、卡套式等多种连接方式。

12. 铜管

铜管包括拉制铜管、挤制铜管、拉制黄铜管、挤制黄铜管,是传统的给水管材,具有耐温、延展性好、承压能力强、化学性质稳定、线性膨胀系数小等优点。铜管公称压力为2.0 MPa,冷、热水均适用,因为一次性投入较高,一般在高档宾馆等建筑中采用。铜管可采用螺纹连接、焊接及法兰连接。

2.1.2 管子的切断与连接

2.1.2.1 管子的切断

在管道安装和维修工程中,往往需要切断管子以得到合适的长度。常用的切断方法有:锯割、磨割、刀割、气割、錾割等。

1. 锯割

锯割是用钢锯将管子锯断，用于切断钢管、有色金属管及塑料管，有手工锯割和机械锯割两种方法。

手工锯割是用装有粗齿或细齿的钢锯将管子锯断，如图2.7所示，方法简便易行，可在任何施工地点进行。且劳动强度大、但切割速度慢，适用于切断DN≤50 mm的管子。

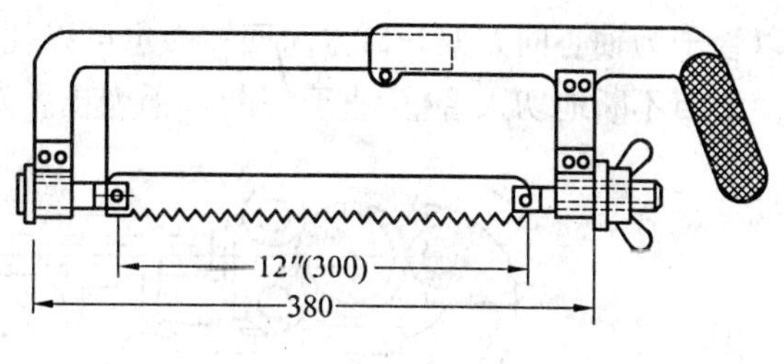

图2.7　钢锯

机械割断方法是将管子固定在锯床上，锯条对准切割线，切割即可。此方法速度快，切割质量好，适用于切断管径较大的管子。

给水工程中的塑料管和铝塑管也可使用专用剪刀切断，但应在安装前用整圆器插入管口，按顺时针方向转动，将管口整圆。

2. 磨割

磨割是用高速旋转的砂轮片将管子切断，又称无齿切割，用于切断各种金属管和塑料管。

管道施工中，常用的磨割设备有便携式金刚砂锯片机、G2230卧式砂轮切割机及金刚砂轮片切割机等。

便携式金刚砂锯片机由工作台面、夹管器、金刚砂锯片及电动机等组成，如图2.8所示。切割前，先将画好切割线的管子装到台面上的夹管器2内，调整管子，使其切割线对准金刚砂锯片4，然后放下摇臂3，使金刚砂锯片与管壁相接触。当再一次确认锯片刃口与管子切割线对准无误后，轻轻地压下摇臂上的手柄5，就可以进刀切割管子。切割时，压手柄不可用力过猛，否则会因割片进给过量而打碎锯片。当管子即将被切断时，应逐渐减少压力或不再施加压力，直至将管子切断为止。最后松开手柄关闭电源。

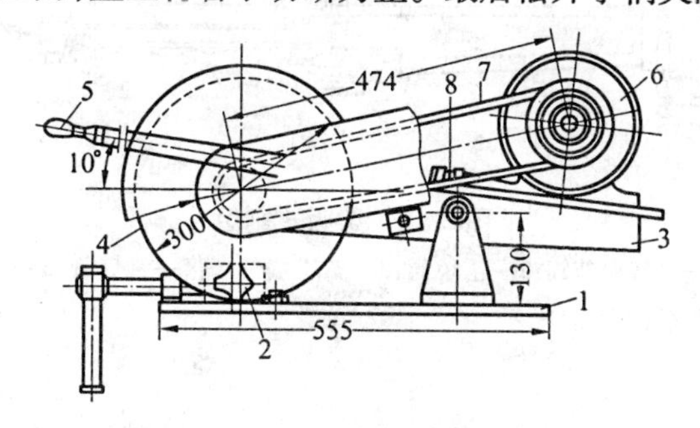

图2.8　砂轮切割机

1—工作台面；2—夹管器；3—摇臂；4—金刚砂锯片；5—手柄；6—电动机；7—传动装置；8—紧张装置

3. 刀割

刀割是用管子切割刀切断管子，其优点是操作简单、速度快，切口断面平整，但管子切口断面会因受刀刃挤压而使切口内径变小，多用于切断DN≤80 mm的钢管。

切管时,先将管子固定在管压钳上,然后将管子套进割管器的两个压紧滚轮与切割滚刀之间,刀刃对准管子上的切断线,再沿顺时针方向拧紧手柄,使两个滚轮压紧管子。割管时,为减少刀刃磨损,可在切割部位及刀刃上涂抹机油,然后用力将丝杆压下,使割管器以管子为轴心向刀架开口方向回转。也可以往复转动120°,边转动螺纹杆,边拧动手轮,使滚刀不断地切入管壁,直至切断管子为止。刀割管子操作如图2.9所示。

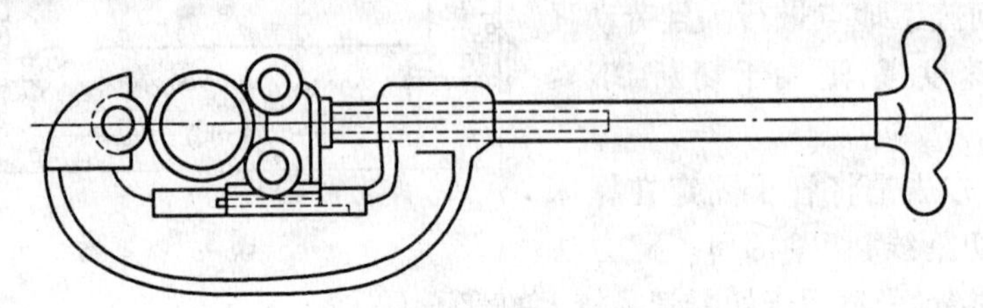

图2.9 滚刀切管器

使用割管器时应注意:割管器规格应与管径大小一致;割管时刀片应垂直于管子轴线;每圈进刀量不宜过大,以免管口明显缩小或损坏刀片;操作时用力要均匀,不要左右摆动;切断后的管口若出现缩口应铣去边缘部分,以保证管子的内径。

4. 气割

气割是利用氧气和乙炔混合燃烧的高温火焰将被切割的铁熔化,产生氧气金属熔渣,然后用高压氧气气流将熔渣吹离切口,将管子切断,如图2.10所示。气割一般适用于切割DN≥100 mm的普通钢管和低合金钢管,不适用于不锈钢管、铜管和铝管。

气割的切口应用砂轮机磨口,除去熔渣,以便于焊接。

气割结束后,应立即关闭切割氧气阀,再关闭乙炔阀和预热氧气阀。如停止工作时间较长,应旋松氧气减压调节杆,再关闭氧气阀和乙炔阀。

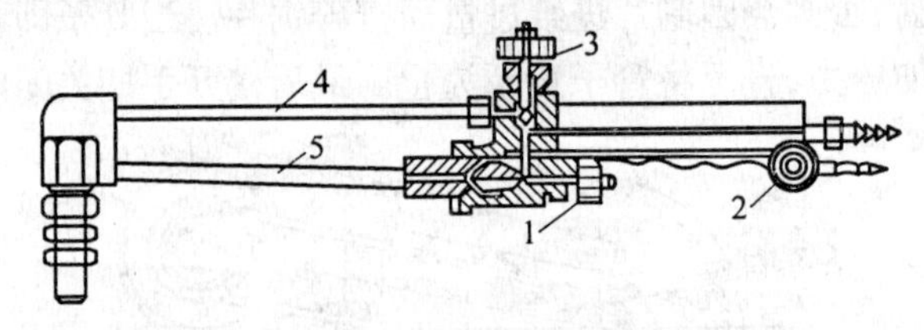

图2.10 射吸式割炬

1—氧气调节阀;2—乙炔阀;3—高压氧气阀;4—氧气管;5—混合气管

5. 錾割

錾割又称錾切,是用錾子及锤子将管子切断,主要用于铸铁管、陶土管及混凝土管的切断,如图2.11所示。

2.1.2.2 管道连接

管道连接是按照设计图样的要求,将管子连接成一个严密的整体以便使用。

不同材质、用途的管道,其连接方法也不同。管道的连接方法有螺纹连接、法兰连接、焊接连接、承插口连接、卡套式连接等。

(a)錾切小管　(b)錾切大管

图2.11　錾切

镀锌钢管 DN≤100 mm 时应采用螺纹连接；DN>100 mm 时应采用法兰或卡套式连接。镀锌钢管外露螺纹部分应做防腐处理，与法兰焊接处应二次镀锌。

给水铸铁管采用承插口连接时，其接口用水泥捻口或橡胶圈接口方式进行连接，给水铸铁管也可采用法兰连接。

铜管连接可采用专用接头或焊接，d<22 mm 时宜采用承插或套管焊接；d≥22 mm 时宜采用对口焊接。

给水塑料管和复合管也可以粘接连接、热熔连接、专用管件连接及法兰连接等形式。塑料管和复合管与金属管件、阀门等的连接应使用专用管径连接，不得在塑料管上套螺纹。

2.1.3　建筑室内给水管材的选用

选用给水管材时，首先应了解各类管材的特性指标，如耐温耐压能力、线性膨胀系数、抗冲击能力、热传导系数及保温性能、管径范围、卫生性能等，然后根据建筑装饰标准、输送水的温度及水质要求、使用场合、敷设方式等进行技术经济比较后确定，需要遵循的原则是：安全可靠、卫生环保、经济合理、水力条件好、便于施工维护。

安全可靠性是指管材本身的承压能力，包括管件连接的可靠性。要有足够的刚度和机械强度，做到在工作压力范围内不渗漏、不破裂；卫生环保要求管材的原材料、改性剂、助剂和添加剂等保证饮用水水质不受污染；管材内外表面光滑，水力条件好；容易加工，且有一定的耐腐蚀能力。在保证管材质量的前提下，尽可能选择价格低廉、货源充足、供货方便的管材。

埋地给水管道采用的管材，应具有耐腐蚀和能承受相应地面荷载的能力。可采用塑料给水管、有衬里的铸铁给水管、经可靠防腐处理的钢管。室内的给水管道，应选用耐腐蚀和安装连接方便可靠的管材，可采用塑料给水管、塑料和金属复合管、铜管、不锈钢管及经可靠防腐处理的钢管。

2.1.4 建筑室内给水管道安装

2.1.4.1 建筑室内给水管道安装工艺流程

安装准备──→预制加工──→干管安装──→立管安装──→支管安装──→管道试压──→管道冲洗──→管道防腐。

2.1.4.2 安装前的准备工作

(1)建筑室内给水管道安装应按照设计图纸进行,因此施工前要认真熟悉图纸,根据施工方案决定的施工方法和技术交底的具体措施做好准备工作。参看有关专业设备图和装修建筑图,核对各种管道的坐标、标高是否有交叉,管道排列所用空间是否合理。有问题及时与设计和有关人员研究解决,作好变更洽商记录。

(2)配合土建预留、预埋。安装图上有的而土建图上未设计的,由安装单位负责配合土建预留、预埋,但开工前应与土建协商划分清楚,明确各自的范围与责任,以免发生错误和遗漏。在配合土建预埋作业中,要进一步核对位置和尺寸,确认无误后,经土建、安装双方施工人员(必要时还要请建设单位参加)办理签证手续后,再进入下一道工序。在浇灌混凝土过程中,安装单位要有专人监护,以防预埋件移位或损坏。

(3)确定管道位置。确定管道位置要先了解和确定干管的标高、位置、坡度、管径等,正确地按图纸(或标准图)要求的几何尺寸制作并埋好支架或挖好地沟。待支架牢固(或地沟开挖合格)后,方可以安装。

准备工作就绪,正式安装之前还应具备下列条件:

①地下管道铺设前管沟挖到管底标高,沿管线铺设位置将管沟清理干净。管道穿墙处已预留管洞或安装好套管,其洞口尺寸和套管规格符合要求,坐标、标高正确。

②暗装管道应在地沟盖板前或吊顶封闭前进行安装。

③明装托、吊干管安装必须在安装层的结构顶板完成后进行。沿管线安装位置的模板及杂物要清理干净,托吊卡件均已安装牢固,位置正确。

④立管安装宜在主体结构完成后进行。高层建筑在主体结构达到安装条件后,适当插入进行。每层均应有明确的标高线,暗装竖井管道,应把竖井内的模板及杂物清除干净,并有防坠落措施。

⑤支管安装应在墙体砌筑完毕且墙面未装修前进行。

2.1.4.3 管道预制加工

管道安装一般采用就地加工安装。如果是几何尺寸相同的成批的管段,场地加工困难时,也可采用先集中加工再到位安装。

管道安装中,要预先对管段长度进行测量,并计算出管子加工时下料尺寸。按设计图纸画出管道分支、管径、变径、预留管口、阀门位置等施工草图,在实际安装的结构位置上做上标记,按标记分段量出实际安装的准确尺寸,记录在施工草图上,然后按草图测得的尺寸算出管段的下料长度,之后进行断管、套丝、上管件、调直、校对和按管段分组编号。管子下料长度要除去阀门和管件的占用长度,并加上螺纹拧入配件内或插入法兰内的长度。

镀锌的给水管道尽量预制。在地面预制、调直后在接口做好标记,编号码放。立管预制时不编号,经调直只套一头丝扣,其长度比实际尺寸长 20 ~ 30 mm,顺序安装时可保证立管甩口位置标高的准确性。

2.1.4.4　建筑给水管道的安装

给水管道安装时一般从总进入口开始操作,总进口端头加好临时丝堵以备试压。安装的原则为:先地下后地上,先大管后小管,先主管后支管。当管道交叉发生矛盾时,应小管让大管,给水管让排水管,支管让主管。

1. 干管安装

埋地干管安装时,首先确定干管的位置、标高、管径等,正确地按设计图纸规定的位置开挖土(石)方至所需深度,若未留墙洞,则需按图纸的标高和位置在工作面上画好打眼位置的十字线,然后打洞;十字线的长度应大于孔径,以便打洞后按剩余线迹来检验所定管道的位置正确与否。埋地总管一般应坡向室外,以保证检查维修时能排尽管内余水。

地上干管安装时,首先确定干管的位置、标高、管径、坡度、坡向等。正确地按施工图设计的位置、间距和标高确定支架的安装位置。

干管安装,一般在支架安装完毕后进行。可先在主干管中心线上定出各分支主管的位置,标出主管的中心线,然后将各主管间的管段长度测量记录并在地面进行预制和预组装(组装的长度应以方便吊装为宜),预制时同一方向的主管管头应保证在同一直线上,且管道的变径应在分出支管之后进行。组装好的管子,应在地面检查有无歪斜扭曲,如有则应调直。

上管时,应将管道滚落在支架上,随即用预先准备好的 U 形卡将管子固定,防止管道滚落伤人。干管安装后,还应进行最后的校正调直,保证整根管子水平面和垂直面都在同一直线上,最后将管道固定。

(1)塑料管

1)塑料管粘接

将管材切割为所需长度,两端必须平整,最好使用割管机进行切割。用中号钢锉刀将毛刺去掉并倒成 2×45°角,并在管子表面根据插口长度作出标识。

用干净的布清洁管材表面及承插口内壁,选用浓度适宜的粘合剂,使用前搅拌均匀,涂刷粘合剂时动作迅速,涂抹均匀。涂抹粘合剂后,立即将管子旋转推入管件,旋转角度不大于 90°,要避免中断,一直推入到底,根据管材规格的大小轴向推力保持数秒到数分钟,然后用棉纱蘸丙酮擦掉多余的粘合剂,把盖子盖好,防止渗漏和挥发,用丙酮或其他溶剂清洗刷子。

立管和横管按规定设置伸缩节,横管伸缩节应采用锁紧式橡胶管件,当管径大于或等于 100 mm 时,横干管宜采用弹性橡胶密封圈连接形式,当设计对伸缩节无规定时,管端插入伸缩节处。预留的间隙:夏季为 5 ~ 10 mm,冬季为 15 ~ 20 mm。

塑料管粘接时注意事项:

①粘接面必须保持干净,严禁在下雨或潮湿的环境下进行粘接;不能使用脏的刷子或不同材料使用过的刷子来进行粘接操作。

②不能用脏的或有油的棉纱擦拭管子和管件接口部分。

③不能在接近火源或有明火的地方进行操作。

2)塑料给水管道热熔连接

将热熔工具接通电源,到达工作温度指示灯亮后方能开始操作。

切割管材时,必须使端面垂直于管轴线。管材切断一般使用管子或管道切割机,必要时可使用锋利的钢锯,但切割后管材断面应去除毛边和毛刺。

管材与管件连接端面必须清洁、干燥无油。用卡尺和合适的笔在管端测量并标绘出热熔深度,热熔深度应符合表2.8的规定。

表2.8 热熔连接技术要求

公称直径/mm	热熔深度/mm	加热时间/s	加工时间/s	冷却时间/s
20	14	5	4	3
25	16	7	4	3
32	20	8	4	4
40	21	12	6	4
50	22	18	6	5
63	24	24	6	6
75	26	30	10	8
90	32	40	10	8
110	38.5	50	15	10

熔接弯头或三通时,按设计图纸要求,应注意其方向,在管件和管材的直线方向上用辅助标志标出位置。

连接时,应旋转地把管端导入加热套内,插入到所标志的深度,同时无旋转地把管件推到加热头上,达到规定标志处。加热时间必须满足上表的规定(也可按热熔工具生产厂家的规定)。

达到加热时间后,立即把管材与管件从加热套的加热头上同时取下,迅速地、无旋转地、直线均匀地插入到所标深度,使接头处形成均匀凸缘。在表2.8所规定的加工时间内,刚熔接好的接头还可校正,但严禁旋转。

热熔连接注意事项:

①在整个熔接区周围,必须有均匀环绕的溶液瘤。

②熔接过程中,管子和管件平行移动。

③所有熔接连接部位必须完全冷却。正常情况下规定最后一个熔接过程结束1 h后才能进行压力试验。

④熔接管工必须经过培训。

⑤严格控制加热时间、冷却时间、插入深度、加热温度。

⑥管道和管件必须应用有吸附能力的、没有纤维的含乙醇基的清洗剂,比如酒精(质量分数至94%无油脂)进行彻底清洗。

(2)给水镀锌钢管安装

给水镀锌水平干管与墙、柱表面的距离见表2.9。

表2.9　水平干管与墙、柱表面的距离

公称直径/mm	25	32	40	50	65	80	100	125	150
保温管中心/mm	150	150	150	180	180	200	210	220	240
不保温管中心/mm	100	100	120	120	140	140	160	160	180

给水镀锌钢管螺纹连接时，一般均加填料，填料的种类有铅油麻丝、铅油、聚四氟乙烯生料带和一氧化铅甘油调合剂等几种，可根据介质的种类进行选择。螺纹加工和连接的方法要正确，不论是手工或机械加工，加工后管螺纹都应端正、清楚、完整、光滑。断丝和缺丝总长不得超过全螺纹长度的10%。

管螺纹连接要点：把预制完的管道运到安装部位按编号依次排开。安装前清扫管膛，螺纹连接时，应在管端螺纹外面敷上填料，用手拧入2~3扣，再用管子钳一次装紧，不得倒回，装紧后丝扣应外露2~3扣。管道连接后找直找正，复核甩口的位置、方向，把挤到螺栓外面的填料清除掉。填料不得挤入管道，以免阻塞管路；一氧化铅与甘油混合后，需在10 min内完成，否则就会硬化，不得再用。各种填料在螺纹里只能使用一次，若螺纹拆卸，重新装紧时，应更换新填料。螺纹连接应选用合适的管钳，不得在管钳的手柄上加套管增长手柄来拧紧管子。

设计要求埋地的钢管涂沥青防腐或加强防腐时，应在预制后、安装前做好防腐。

(3)铜管安装技术要求

铜管在安装过程中，应轻拿轻放，防止碰撞及表面被硬物划伤。

铜管弯管的管口至起弯点的距离应不小于管径，且不小于30 mm。采用螺纹连接时，螺纹应涂石墨甘油。法兰连接时，垫片采用橡胶制品等软垫片。采用翻边松套法兰连接时，应保持同轴。DN≤50 mm时，其偏差≤1 mm；DN>50 mm时，其偏差≤2 mm。除此之外，还应遵循镀锌钢管安装的有关规定。

铜管焊接时在焊前必须清除焊丝表面和焊件坡口两侧约30 mm范围内的油污、水分、氧化物及其他杂物。常用汽油或乙醇擦拭。焊丝清洗后，置于含硝酸35%~40%或含硫酸10%~15%的水溶液中，浸蚀2~3 min后用钢丝刷清除氧化皮，并露出金属光泽。

坡口制备时，当δ<3 mm时，采用卷边接头，卷口高度1.5~2 mm；当δ为3~6 mm时，纯铜可不开坡口；当δ>6 mm时，采用V形坡口；当δ≥14 mm时，采用U形坡口或X形坡口。对接接头坡口尺寸见表2.10。

表2.10　铜管接头坡口尺寸

管壁厚δ/mm	间隙b/mm	填充焊线直径/mm	错边允许	备注
1.5~3	0	不用	不小于壁厚8%	
3~6	3~6	ϕ2~ϕ3		
6~10	1.5	ϕ3~ϕ5	不小于壁厚8%	钝边1.5 mm
≥14	1.5	ϕ6	不小于壁厚8% 且不大于15 mm	钝边1.5 mm

2. 立管安装

首先根据图纸要求或给水配件及卫生器具的种类确定支管的高度，在墙面上画出横线;再用铅垂线坠吊在立管的位置上,在墙上弹出或画出垂直线,并根据立管卡的高度在垂直线上确定出立管卡的位置并画好横线,然后再根据所画横线和垂直线的交点打洞栽管卡。立管管卡的安装:当层高小于或等于4 m时,每层须安装一个,管卡距地面为1.5~1.8 m;层高大于4 m时,每层不少于两个,管卡应均匀安装。成排管道或同一房间的立管卡和阀门等的安装高度应保持一致。

管卡埋好后,再根据干管和支管横线,测出各立管的实际尺寸进行编号记录,在地面统一进行预制和组装,检查和调直后方可进行安装。上立管时,应两人配合,一个人在下端托管,另一人在上端上管。

立管明装:将预制好的立管按编号分层排开,按顺序安装,对好调直时的印记,丝扣外露2~3扣,清除麻头,校核预留甩口的高度、方向是否正确。外露丝扣和镀锌层破损处刷好防锈漆。支管甩口均加好临时丝堵。立管阀门安装朝向应便于操作和修理。安装完后用线坠吊直找正,配合土建堵好楼板洞。

立管暗装:安装在墙内的立管应在结构施工中预留管槽,立管安装后吊直找正,用卡件固定。支管的甩口应露明并加好临时丝堵。

立管安装注意事项:

(1)调直后管道上的配件如有松动,必须重新上紧。

(2)上管要注意安全,且应保护好管端螺纹,不得碰坏。

(3)多层及高层建筑,每隔一层在立管上安装一个活接头,以便检修。

(4)使用膨胀螺栓时,应先在安装支架的位置上用冲击电钻钻孔,孔的直径与螺栓外套外径相等,深度与螺栓长度相等。然后将套管套在螺栓上,带上螺母一起打入孔内,到螺母接触孔口时,用扳手拧紧螺母,使螺栓的锥形尾部将开口的套管尾部胀开,螺栓便和套管一起固定在孔内。这样就可在螺栓上固定支架或管卡。

3. 支管安装

安装支管前,先按立管上预留的管口在墙上画出或弹出水平支管安装位置的横线,并在横线上按图纸要求画出各分支线或给水配件的位置中心线,再根据横线中心线测出各支管段的实际尺寸并进行编号记录,根据尺寸进行预制和组装(组装长度以方便上管为宜),检查调直后进行安装。

当冷热水管或冷、热水龙头并行安装时,上下平行安装,热水管应在冷水管上方,间距为100~150 mm;垂直安装时,热水管应在冷水管面向的左侧;在卫生器具上安装冷、热水龙头,热水龙头应安装在左侧。

支管上有3个或3个以上配水点的始端,以及给水阀门后面按水流方向均应设可装拆的连接件(活接头)。

支管明装:将预制好的支管从立管甩口依次逐段进行安装,根据管道长度适当加临时固定卡,核定不同卫生器具的冷热水预留口高度、位置是否正确,找平找正后栽支管卡件,去掉临时固定卡,上临时丝堵。支管如装有水表则先装上连接管,试压后在交工前拆下连接管,安装水表。

支管距墙净距20~25 mm,有防结露要求的管道适当加大距墙净距。厨房、卫生间的给水支管安装所在的墙面如有贴砖,应先由土建画出排砖位置。安装临时卡架,临时固定，待土建贴砖到相应位置时预留几块砖，画十字线保证卡架在砖缝上。支管水平安装时采用角钢托架 L25×3，镀锌 U 形卡固定。

支管暗装：应先定出管位后画线，剔出管槽，将预制好的支管敷设在槽内，找平找正定位后用钩钉固定。卫生器具的冷、热水预留口要做在明处，并加好丝堵。

支管安装还应注意以下事项：

(1)支架位置应正确，木楔或砂浆不得凸出墙面；木楔孔洞不宜过大，在瓷砖或其他饰面上的墙壁上打洞，要小心轻敲，尽可能避免破坏饰面。

(2)支管口在同一方向开出的配水点管头，应在同一轴线上，以保证配水附件安装美观、整齐划一。

(3)支管安装好后，应最后检查所有的支架和管头，清除残丝和污物，并应随即用堵头或管帽将各管口堵好，以防污物进入并为充水试压做好准备。

2.1.4.5　建筑给水管道安装的一般规定

1.引入管

(1)室外埋地引入管要防止地面活荷载和冰冻的影响，车行道下管顶覆土厚度不宜小于 0.7 m，并应敷设在冰冻线以下 0.15 m 处。建筑内埋地管在无活荷载和冰冻影响时，其管顶离地面不宜小于 0.3 m。

(2)给水引入管与排水排出管的水平净距宜小于 1.0 m；建筑内给水管与排水管之间的最小净距：平行埋设时水平净距应为 0.5 m，交叉埋设时垂直净距应为 0.15 m。给水管应铺设在排水管的上面；当地下管道较多，敷设困难时，可在给水管上加钢套管，其长度不应小于排水管管径的 3 倍。

(3)给水引入管道穿过承重墙或基础时，配合土建应预留洞口。表 2.11 为《建筑给水排水及采暖工程施工质量验收规范》(GB 50242—2002)给出的各类管道穿越基础、墙体和楼板预留孔洞尺寸。

表 2.11　建筑给水排水预留孔洞尺寸　mm

项次	管道名称	明管	暗管
		留洞尺寸长(高×宽)	墙槽尺寸(宽×长)
1	采暖或给水立管(管径≤25 mm) (管径 32～50 mm) (管径 65～100 mm)	100×100 150×150 200×200	130×130 150×150 200×200
2	一根排水立管(管径≤50 mm) (管径 65～100 mm)	150×150 200×200	200×130 250×200
3	一根给水立管(管径≤50 mm)和 一根排水立管一起(管径≤65～100 mm)	200×150 250×200	200×130 250×200
4	两根采暖或给水立管(管径≤32 mm)	150×100	200×130
5	两根给水立管(管径≤50 mm)和 一根排水立管一起(管径≤65～100 mm)	200×150 350×200	250×130 380×200

续表 2.11

项次	管道名称	明管	暗管
		留洞尺寸长(高×宽)	墙槽尺寸(宽×长)
6	给水横支管或散热器(管径≤25 mm) 横支管(管径≤32～40 mm)	100×100 150×130	60×60 150×100
7	排水横支管(管径≤80 mm) (管径 100 mm)	250×200 300×250	—
8	采暖或排水主干管(管径≤80 mm) (管径 100～125 mm)	300×250 350×300	—
9	给水引入管(管径≤100 mm)	300×200	—
10	排水排出管穿基础(管径≤80 mm) (管径 100～150 mm)	300×300 (管径+300)×(管径+200)	—

注:1. 给水引入管,管顶上部净空一般不小于 100 mm;

2. 排水排出管,管顶上部净空一般不小于 150 mm。

当给水管道穿过建筑物的沉降缝时,有可能在墙体沉陷时折剪管道而发生漏水或断裂等,此时给水管道需做防剪切破坏处理。

原则上管道应尽量避免通过沉降缝,当必须通过时,有以下几种处理方法。

①丝扣弯头法。不使管道直穿沉降缝,而是利用丝扣弯头把管道做成门形管,利用丝扣弯头的可移性缓解墙体沉降不均的剪切力。这样,在建筑物沉降过程中,两边的沉降差就可由丝扣弯头的旋转来补偿。这种方法适用于小管径的管道,如图 2.12 所示。

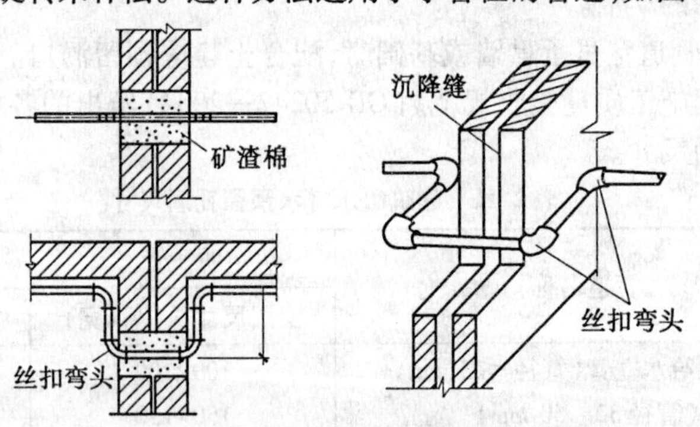

图 2.12　丝扣弯头法

②橡胶软管法。用橡胶软管连接沉降缝两端的管道,这种做法只适用于冷水管道(t≤20 ℃),如图 2.13 所示。

③活动支架法。沉降缝两侧的支架使管道能垂直位移而不能水平位移,以适应沉降缝伸缩的变化,如图 2.14 所示。

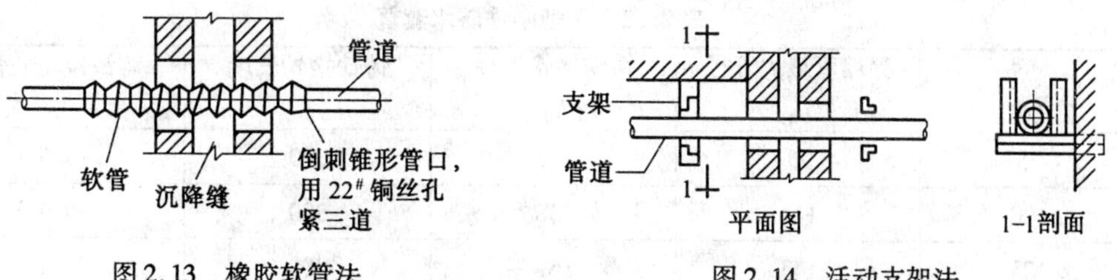

图2.13　橡胶软管法　　图2.14　活动支架法

(4)引入管及其他管道穿越地下室或地下构筑物外墙时应采取防水措施加设套管。防水套管有两种，即刚性防水套管和柔性防水套管。

1)防水套管的构造型式和结构尺寸

①刚性防水套管

刚性防水套管的构造型式和结构尺寸见图2.15、2.16、2.17、2.18和表2.12、2.13、2.14、2.15。

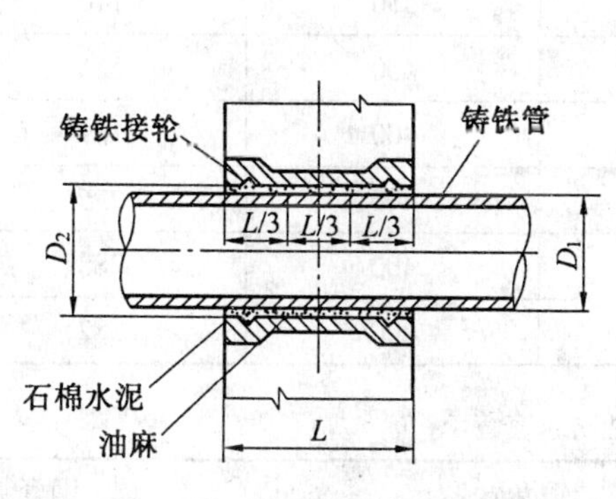

图2.15　Ⅰ型刚性防水套管

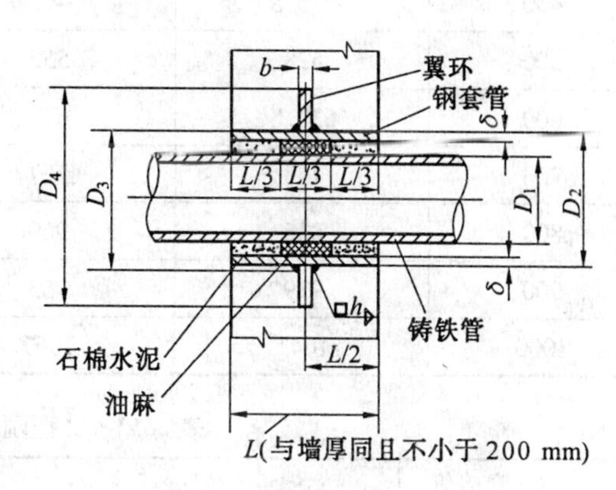

图2.16　Ⅱ型刚性防水套管

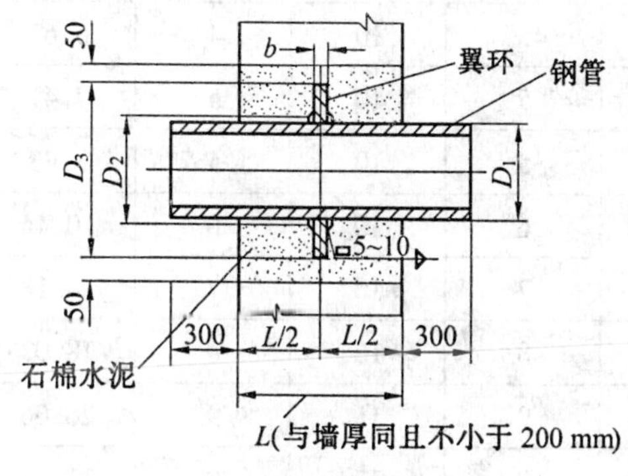

图2.17　Ⅲ型刚性防水套管

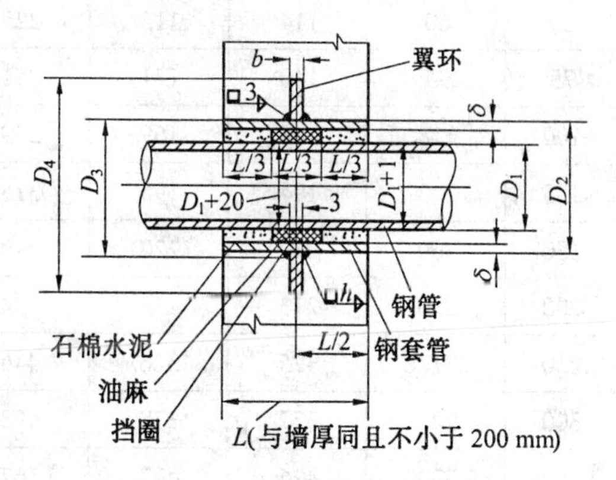

图2.18　Ⅳ型刚性防水套管

表2.12 Ⅰ型刚性防水套管 mm

规格 DN	穿墙管最大管径 D_1	铸铁接轮内径 D_2	铸铁接轮长度 L	铸铁接轮质量 /kg
75	93	113	300	15.9
100	118	138	300	19.1
125	143	169	300	22.1
150	169	189	300	25.4
200	220	240	300	34.3
250	271.6	294	300	43.0
300	322.8	345	350	59.1
350	374	396	350	71.8
400	425.6	448	350	85.6
450	476.8	499	350	100
500	528	552	350	110
600	630.8	655	400	156
700	733	757	400	189
800	836	960	400	236
900	939	963	400	288
1000	1041	1067	400	382

表2.13 Ⅱ型刚性防水套管 mm

规格 DN	穿墙管最大管径 D_1	钢套管外径 D_2	D_3	翼环直径 D_4	钢套管壁厚 δ	翼环壁厚 b	h	钢套管质量 /kg
50	60	114	115	225	4	10	4	4.48
75	93	140	141	251	4.5	10	4	5.67
100	118	168	169	289	5	10	5	7.41
125	143	194	195	315	5	10	5	8.43
150	169	219	220	340	6	10	6	10.44
200	220	273	274	394	7	10	7	14.18
250	271.6	325	326	446	8	10	8	18.02
300	322.8	377	378	498	9	15	9	26.06
350	374	426	427	567	9	15	9	31.38
400	425.6	480	481	621	9	15	9	35.17

续表 2.13

规格 D_g	穿墙管最大管径 D_1	钢套管外径 D_2	D_3	翼环直径 D_4	钢套管壁厚 δ	翼环壁厚 b	h	钢套管质量 /kg
450	476.8	530	531	671	9	15	9	38.03
500	528	579	580	720	9	15	9	42.14
600	630.8	681	682	822	9	15	9	49.31
700	733	783	784	924	9	15	9	56.47
800	836	886	887	1 027	9	15	9	63.71
900	939	991	992	1 132	9	15	9	71.10
1 000	1 041	1 093	1 094	1 234	9	15	9	78.21

注：1. Ⅰ型和Ⅱ型刚性防水套管，适用于铸铁管，也适用于非金属管，但要根据实际管材厚度修正各有关尺寸。

2. Ⅰ型防水套管仅在墙厚等于铸铁接轮长度，或墙壁一边或两边加厚等于所需铸铁接轮长度时采用。

3. Ⅲ型防水套管表内所列材料质量为钢套管（套管长度 L 值按 200 mm 计算）。

表 2.14　Ⅲ型刚性防水套管

mm

规格 DN	穿墙套管最大管径 D_1	D_2	翼环直径 D_3	翼环壁厚 D_4	钢套管质量 /kg
25	33.5	35	95	5	0.24
32	38	39	99	5	0.26
40	50	51	111	5	0.30
50	60	61	121	5	0.34
70	73	74	134	5	0.38
80	89	90	150	5	0.44
100	108	109	209	5	0.98
125	133	134	234	5	1.13
150	154	160	260	5	1.29
200	219	220	320	8	2.66
250	273	274	374	8	3.20
300	325	326	476	8	5.93
350	377	378	528	8	6.71
400	426	427	577	8	7.42

续表 2.14

规格 DN	穿墙套管最大管径 D_1	D_2	翼环直径 D_3	翼环壁厚 D_4	钢套管质量 /kg
450	480	481	631	8	8.22
500	530	531	681	8	8.97
600	630	631	831	9	16.21
700	720	721	921	9	18.27
800	820	821	1 021	9	20.43
900	920	921	1 121	10	25.19
1 000	1 020	1 021	1 221	10	27.65

表 2.15 Ⅳ型刚性防水套管

mm

规格 DN	穿墙管最大管径 D_1	钢套管外径 D_2	D_3	翼环直径 D_4	钢套管壁厚 δ	翼环壁厚 b	h	钢套管质量 /kg
50	60	114	115	225	4	10	4	4.98
80	89	140	141	251	4.5	10	4	6.37
100	108	159	160	280	4.5	10	4	7.52
125	133	180	181	301	5	10	5	8.90
150	159	203	204	324	6	10	6	10.93
200	219	273	274	394	7	10	7	15.73
250	273	325	326	446	8	10	8	20.22
300	325	377	378	498	9	15	9	27.42
350	377	426	427	567	9	15	9	34.11
400	426	480	487	621	9	15	9	38.24
450	480	530	531	671	9	15	9	42.13
500	530	579	580	720	9	15	9	45.88
600	630	681	682	722	9	15	9	53.81
700	720	770	771	911	9	15	9	60.76
800	820	870	871	1 011	9	15	9	68.43
900	920	972	973	1 113	9	15	9	76.30
1 000	1 020	1 072	1 073	1 213	9	15	9	83.96

②柔性防水套管

图 2.19 为柔性防水套管的安装型及零件图。

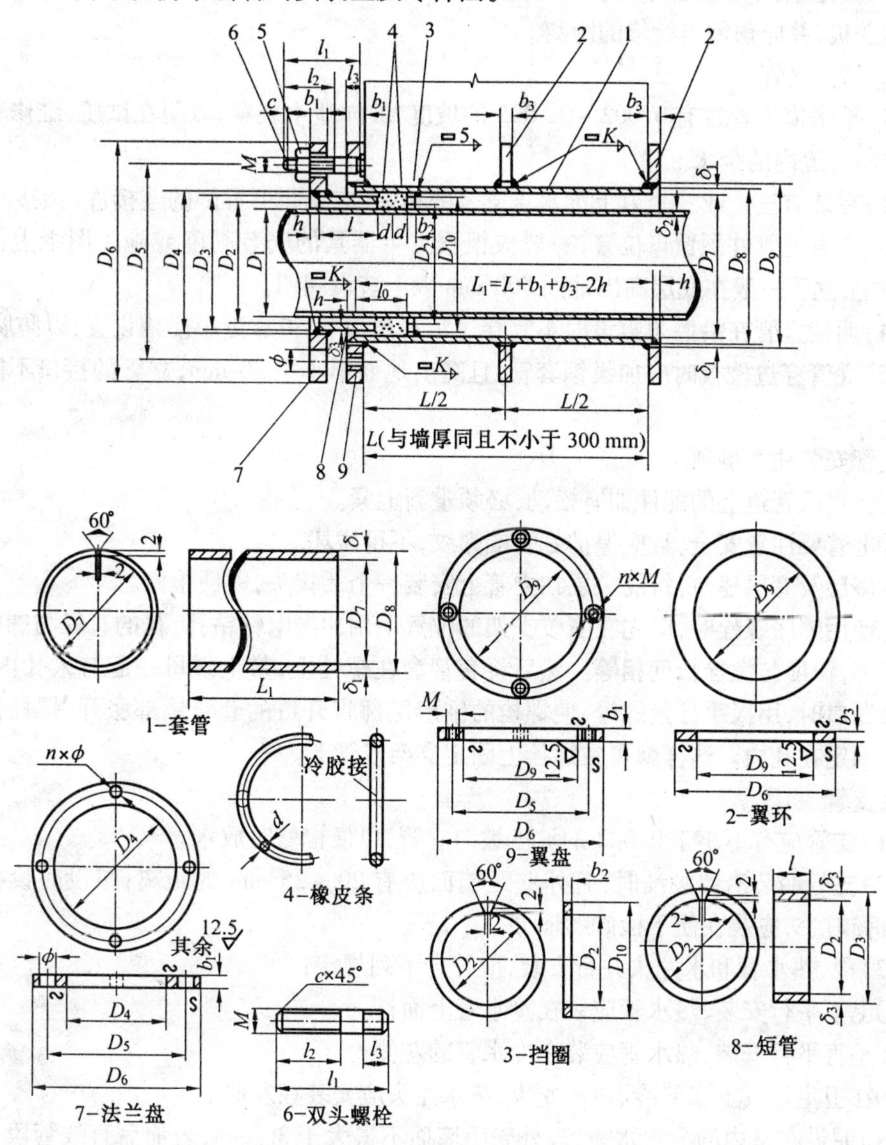

图 2.19　柔性防水套管的安装形式及零件图

2）套管安装的要求

①设预埋穿墙防水套管时，必须在浇筑水泥前将套管加以固定，然后用混凝土一次浇固于墙内，套管的填料应紧密捣实。

②预埋套管设翼环（也叫止水环）时，环数应符合设计要求，且翼环必须满焊严密。

③套管及翼环表面必须清除污垢及铁锈，加工完成以后，其外壁均需刷底漆（包括樟丹和冷底子油）一遍。

(5)给水引入管应有不小于 0.003 的坡度坡向室外给水管网，并在每条引入管上装设阀门,必要时还应装设泄水装置。

(6)给水引入管在地沟内敷设时,应位于供热管道的下面或另一侧,在检修的地方应设活动盖板,并应预留出检修的距离。

2. 干管、立管

(1)给水横干管宜有0.002~0.005的坡度,坡向泄水装置,以便在试压、维修和冲洗时能排净管道内的余水。

(2)在装有三个或三个以上配水点支管的始端,应安装可拆卸的连接件(活接)。

(3)立管上管件预留口位置,一般应根据卫生器具的安装高度或施工图纸上注明的标高确定,立管一般在底层高出地面500 mm以上装设阀门。

(4)明装立管在沿墙角敷设时不宜穿过污水池,并不得靠近小便槽设置,以防腐蚀。

(5)立管穿过楼板时应加设钢套管,且高出地面不小于30 mm,立管的接口不能置于楼板内。

立管安装注意事项:

①调直后管道上的配件如有松动,必须重新上紧。

②上管要注意安全,且应保护好管端螺纹,不得碰坏。

③多层及高层建筑,每隔一层在立管上安装一个活接头,以便检修。

④使用膨胀螺栓时,应先在安装支架的位置上用冲击电钻钻孔,孔的直径与螺栓外套外径相等,深度与螺栓长度相等。然后将套管套在螺栓上,带上螺母一起打入孔内,到螺母接触孔口时,用扳手拧紧螺母,使螺栓的锥形尾部将开口的套管尾部胀开,螺栓便和套管一起固定在孔内。这样就可在螺栓上固定支架或管卡。

3. 支管

(1)支管应有不小于0.002的坡度坡向立管,以便检修时放水。

(2)支管明装沿墙敷设时,管外壁距墙面应有20~25 mm的距离;暗设时设在管槽中,可拆卸接头应装在便于检修的地方。

(3)冷、热水管和水龙头并行安装,应符合下列规定:

①上下平行安装,热水管应装在冷水管上面;

②垂直平行安装,热水管应装在冷水管的左侧;

③在卫生器具上安装冷、热水龙头,热水龙头应安装在左侧。

(4)明设在室内的分户水表,表外壳距墙面不得大于30 mm;表前后直线管段长度大于300 mm时,其超出管段应煨弯沿墙敷设。

2.1.5 管道支架的安装

管道支架的作用是支撑管道,同时还有限制管道的变形和位移的作用。管道支架的制作与安装是管道安装的首要工序,是重要的安装环节。支架结构多为标准设计,可按国家标准图集《给水排水标准图集》S160的要求集中预制。

2.1.5.1 管道支架种类

管道支架种类很多,根据管道支架对管道的制约情况,可分为固定支架和活动支架。

1. 固定支架

管道被牢牢地固定住，不允许有任何位移的地方，应设固定支架。固定支架有以下几种类型：

(1)卡环式固定支架

①普通卡环式固定支架。用圆钢煨弯制U形管卡，管卡与管壁接触并与管壁焊接，两端套丝紧固如图2.20(a)所示。适用于DN15～DN150的室内不保温管道上。

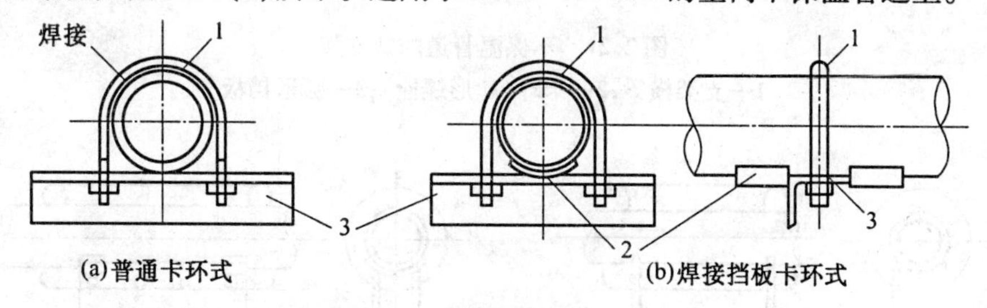

图2.20　卡环式固定支架

1—固定管卡；2—弧形挡板；3—支架横梁

②焊接挡板卡环式固定支架。U形管卡紧固管不与管壁接触，靠横梁两侧焊在管道上的弧形板或角钢挡板固定管道，如图2.20(b)所示。适用于DN25～DN400的室外不保温管道上。

(2)挡板式固定支架

挡板式固定支架由挡板、肋板、立柱(或横梁)及支座组成。主要用于室外DN150～DN700的保温管道。

2. 活动支架

允许管道有位移的支架称为活动支架。活动支架的类型较多，有滑动支架、导向支架、吊架、滚动支架及托钩与管卡。

(1)滑动支架

滑动支架的主要承重构件是横梁，管道在横梁上可以自由移动。不保温管道用低支架安装，保温管道用高支架安装。

1)低支架

低支架用于不保温管道上，按其结构形式可分为卡环式和弧形滑板式两种，如图2.21所示。

①卡环式。用圆钢煨弯制U形管卡，管卡不与管壁接触，一端套丝固定，另一端不套丝，如图2.21(a)所示。

②弧形滑板式。在管壁与支承结构间垫上弧形板，并与管壁焊接，当管子伸缩时，弧形板在支承结构上来回滑动，如图2.21(b)所示。

2)高支架

高支架用于保温管道上，由焊在管道上的高支座在支承结构上滑动，以防止管道移动摩擦损坏保温层，保温管道的高支座安装如图2.22所示。当高支座在横梁上滑动时，横梁上应焊有钢板防滑板，以保证支座不致滑落到横梁下，预埋件焊接法安装支架如图2.23所示。

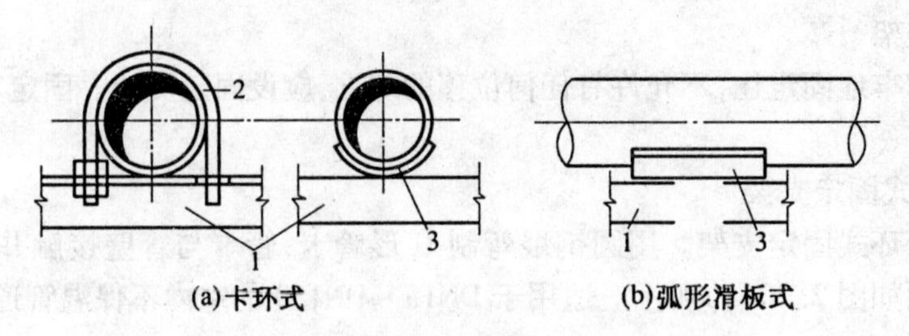

2
3
1
3
1
(a)卡环式
(b)弧形滑板式

图2.21　不保温管道的低支架

1—支架横梁;2—卡环(U形螺栓);3—弧形挡板

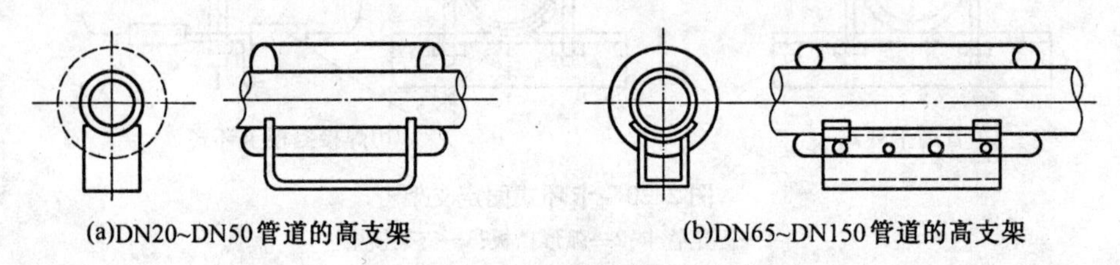

(a)DN20~DN50管道的高支架
(b)DN65~DN150管道的高支架

图2.22　保温管道的高支架

活动支架的各部分构造尺寸、型钢规格可参照标准图集或施工安装图册进行加工和安装。

(2)导向支架

导向支架是为了使管子在支架上滑动时不致偏移管子轴线而设置的。它一般设置在补偿器两侧、铸铁阀门的两侧或其他只允许管道有轴向移动的地方。

导向支架是以滑动支架为基础,在滑动支架两侧的横梁上,每侧焊上一块导向板,如图2.24所示。导向板通常采用扁钢或角钢,扁钢规格为30 mm×10 mm,角钢为L36 mm×5 mm;导向板长度与支架横梁的宽度相等,导向板与滑动支座间应有3 mm的空隙。

4
3
2
H
E
1
A
C

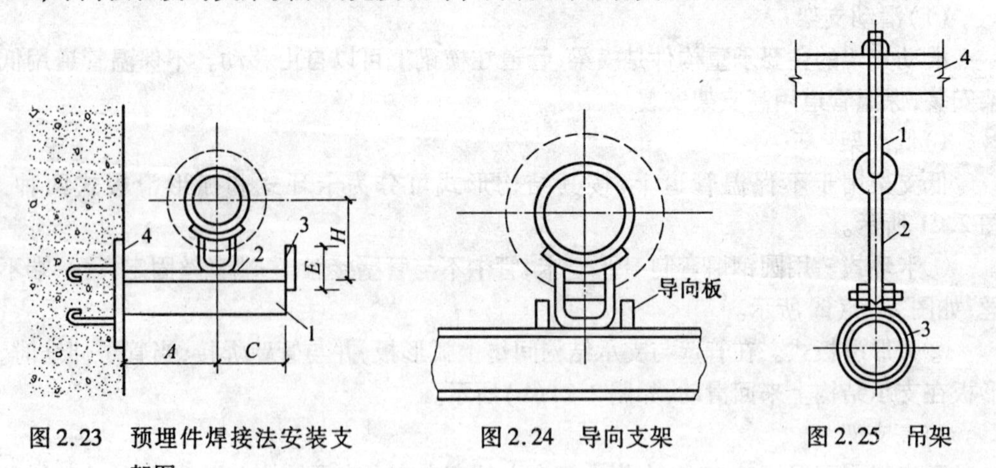

图2.23　预埋件焊接法安装支架图

1—支架横梁;2—高支架;3—防滑板;4—预埋件

导向板

图2.24　导向支架

4
1
2
3

图2.25　吊架

(3)吊架

吊架由吊杆、吊环及升降螺栓等部分组成,如图 2.25 所示。吊架的支承体可为型钢横梁,也可为楼板、屋面等建筑物构体,或者用如图 2.26 所示吊架根部的固定方法。

(4)滚动支架

滚动支架是以滚动摩擦代替滑动摩擦,以减小管道热伸缩时摩擦力的支架,如图2.27所示。滚动支架主要用在管径较大而无横向位移的管道上。

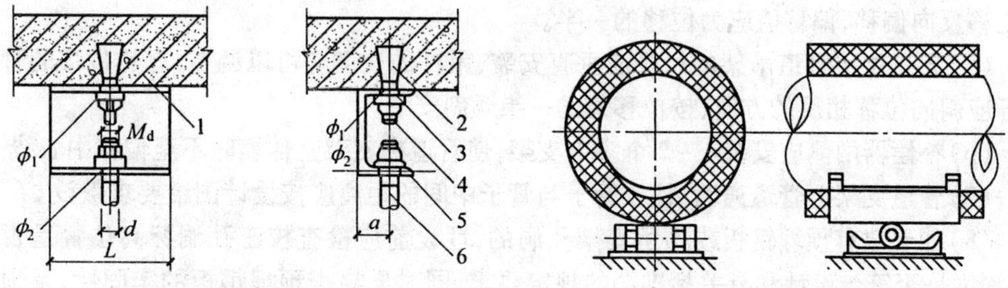

图 2.26　吊架根部的固定方法

1—楼板或梁;2—膨胀螺栓;3—垫圈;4—螺母;5—槽钢;6—吊杆

图 2.27　滚动支架

(5)托钩与管卡

托钩:也叫钩钉,用于室内横支管、支管等较小管径管道的固定,规格为 DN15、DN20。

管卡:也叫立管卡,有单、双立管卡两种,分别用于单根立管、并行的两根立管的固定。规格为 DN15、DN20。

托钩及单双立管卡,如图 2.28 所示。

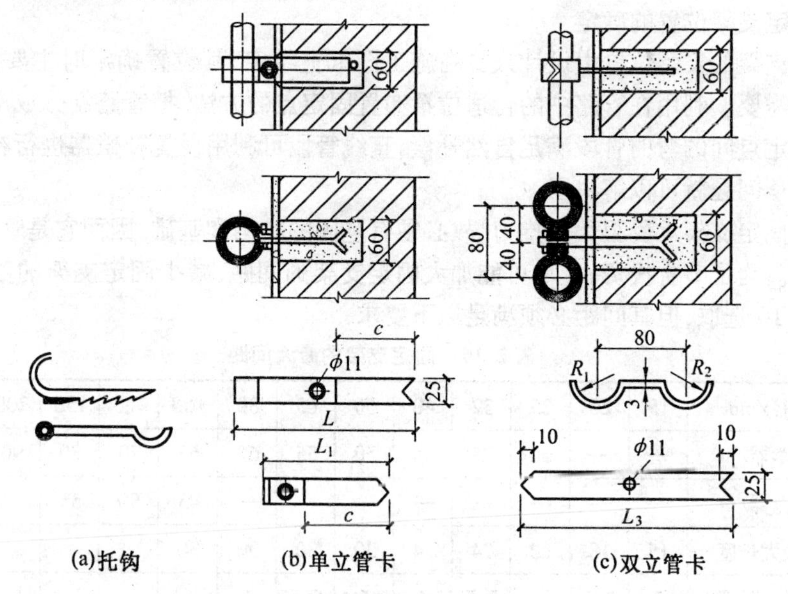

(a)托钩　(b)单立管卡　(c)双立管卡

图 2.28　托钩及单双立管卡

2.1.5.2　管道支吊架安装的技术要求

(1)支架安装前应对所要安装的支架进行外观检查,外形尺寸应符合设计要求,不得有漏焊,管道与托架焊接时不得有咬肉、烧穿等现象。

(2)支架横梁应牢固地固定在墙、柱或其他结构物上,横梁长度方向应水平,顶面应与管中心线平行。

(3)固定支架必须严格地安装在设计规定位置,并使管子牢固地固定在支架上。在无补偿器有位移的直管段上,不得安装一个以上的固定支架。

(4)活动支架不应妨碍管道由于热膨胀所引起的移动,其安装位置应从支承面中心向位移反向偏移,偏移值应为位移的一半。

(5)无热位移管道吊架的吊杆应垂直安装,吊杆的长度应可以调节;有热位移的管道吊杆应斜向位移相反的方向,按位移值的一半倾斜安装。

(6)补偿器两侧应安装1~2个多向支架,使管道在支架上伸缩时不至偏移中心线。

(7)管道支架上管道离墙、柱及管子与管子中间的距离应按设计图纸要求敷设。

(8)如土建有预埋钢板或预留支架孔洞的,埋设前应检查校正孔洞标高位置是否正确,深度是否符合设计和有关标准图的规定要求,同时要检查预埋钢板的牢固性,及预埋钢板与墙面是否平整,并清除预埋钢板上的砂浆或油漆。无误后,清除孔洞内的杂物及灰尘,并用水将洞周围浇湿,将支架埋入填实,用1∶3水泥砂浆填充饱满。

(9)在钢筋混凝土构件预埋钢板上焊接支架时,先校正支架焊接的标高位置,清除预埋钢板上的杂物,校正后施焊。焊缝必须满焊,焊缝高度不得少于焊接件最小厚度。

2.1.5.3　管道支架安装位置的确定

支架的安装位置要依据管道的安装位置确定,首先根据设计要求定出固定支架和补偿器的位置,然后再确定活动支架的位置。

1.固定支架位置的确定

固定支架的安装位置由设计人员在施工图纸上给定,其位置确定时主要是考虑管道热补偿的需要。利用在管路中的合适位置布置固定点的方法,把管路划分成不同的区段,使两个固定点间的弯曲管段满足自然补偿,直线管段可利用设置补偿器进行补偿,则整个管路的补偿问题就可以解决了。

由于固定支架承受很大的推力,故必须有坚固的结构和基础,因而它是管道中造价较大的构件。为了节省投资,应尽可能加大固定支架的间距,减少固定支架的数量,其间距可按表2.16选取,但其间距必须满足以下要求:

表2.16　固定支架的最大间距

公称直径/mm		15	20	25	32	40	50	65	80	100	125	150	200	250	300
方形补偿器/m		—	—	30	35	45	50	55	60	65	70	80	90	100	115
套筒补偿器/m		—	—	—	—	—	—	—	—	45	50	55	60	70	80
L形	长臂最大长度/m	15	18	20	24	24	30	30	30	30					
	短臂最小长度/m	2	2.5	3	3.5	4	5	5.5	6	6					

(1)管段的热变形量不得超过补偿器的热补偿值的总和。

(2)管段因变形对固定支架所产生的推力不得超过支架所承受的允许推力值。

(3)不应使管道产生横向弯曲。

2. 活动支架位置的确定

活动支架的安装在设计图纸上不予给定,必须在施工现场根据实际情况并参照表2.17活动支架的最大间距确定。

表2.17　活动支架的最大间距确定

公称直径/mm	15	20	25	32	40	50	65	80	100	125	150	200	250	300
保温管/m	1.5	2.0	2.0	2.5	3.0	3.0	4.0	4.0	4.5	5.0	6.0	7.0	8.0	8.5
不保温管/m	2.5	3.0	3.5	4.0	4.5	5.0	6.0	6.0	6.5	7.0	8.0	9.5	11.0	12.0

活动支架最大间距的确定,是考虑管道、管件、管内介质及保温材料的质量对所形成的应力和应变不得超过外部荷载允许应力范围,经计算得出的。其中管内介质是按液态水考虑的,如管内介质为气体,也应按水压试验时管内液态水的质量作为介质质量,由表2.17中可以看出,随着管径的增大,活动支架的间距也增大。

活动支架位置的确定方法如下:

(1)依据施工图要求的管道走向、位置和标高,测出同一水平直管段两端管道中心位置,标定在墙或构体表面上,在两点拉一根直线。

(2)在管中心下方,分别量取管道中心至支架横梁表面的高差,标定在墙上,并用粉笔根据管径在墙上逐段画出支架标高线。

(3)按设计要求的固定支架位置和“墙不做架、托稳转角、中间等分、不超最大”的原则,在支架标高线上画出每个活动支架的安装位置,即可进行安装。

墙不做架:指管道穿越墙体时,不能用墙体作活动支架,应按表2.18活动支架的最大间距来确定墙两侧的两个活动支架位置。

托稳转角:在管道的转弯处,包括方形补偿器的弯管,由于弯管的抗弯曲能力较直管有所下降,因此弯管两侧的两个活动支架间的管道长度应小于表2.18中的数值。在确定两支架位置时,表中数值可作为参考,最终使得两个支架间的弯管不出现“低头”的现象。

中间等分、不超最大:指在墙体、转弯等处两侧活动支架确定后的其他直线管段上,按照不超过表2.18中活动支架最大间距的原则,均匀布置活动支架。

(4)如果土建施工时,已在墙上预留出埋设支架的孔洞,或在承重结构上预埋了钢板,应检查预留孔洞和预埋钢板的标高及位置是否符合要求,并用十字线标出支架横梁的安装位置。塑料管及复合管管道支架的最大间距见表2.18。

表2.18　塑料管及复合管的支撑最大间距

公称直径/mm		12	14	16	18	20	25	32	40	50	63	75	90	110
支撑的最大间距/mm	立管	0.5	0.6	0.7	0.8	0.9	1.0	1.1	1.3	1.6	1.8	2.0	2.2	2.4
	水平管	0.4	0.4	0.5	0.5	0.6	0.7	0.8	0.9	1.0	1.1	1.2	1.35	1.55

3. 管道支架安装

支架的安装方法主要是指支架的横梁在墙体或构体上的固定方法,俗称“支架生根”。常用方法有栽埋法、预埋件焊接法、膨胀螺栓或射钉法及抱柱法等。

(1)栽埋法

栽埋法适用于直型横梁在墙上的栽埋固定。栽埋横梁的孔洞可在现场打洞,也可在土建施工时预留。图2.29所示为不保温单管支架栽埋法安装,其安装尺寸见表2.19。

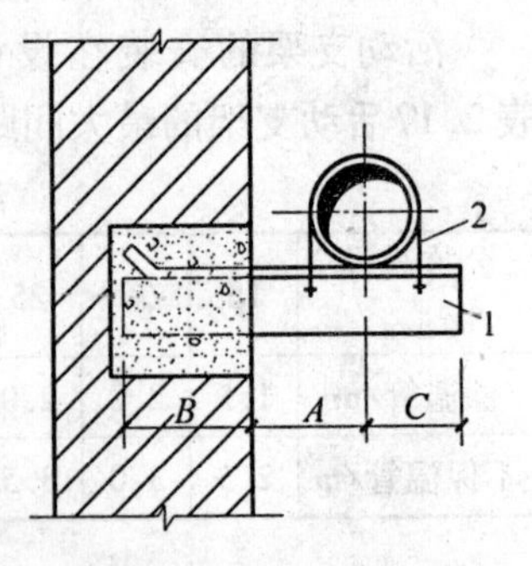

图2.29　不保温单管支架栽埋法

1—支座;2—支架

采用栽埋法安装时,先在支架安装线上画出支架中心的定位十字线及打洞尺寸的方块线,即可进行打洞。洞要打得里外尺寸一样,深度符合要求。洞打好后将洞内清理干净,用水充分润湿,浇水时可将壶嘴顶住洞口上边沿,浇至水从洞下口流出,即为浇透。然后将洞内填满细石混凝土砂浆,填塞要密实饱满,再将加工好的支架栽入洞内。支架横梁的栽埋应保证平正,不发生偏斜或扭曲,栽埋深度应符合设计要求或有关图集规定。横梁栽埋后应抹平洞口处灰浆,不使之突出墙面。当混凝土强度未达到有效强度的75%时,不得安装管道。

表2.19　单管托架尺寸表　(mm)

公称直径 DN	不保温管			保温管			
	A	*B*	*C*	*A*	*C*	*E*	*H*
15	70	75	15	120	15	60	101
20	70	75	18	120	18	60	106
25	80	75	21	140	21	60	117
32	80	75	27	140	27	80	121
40	80	75	30	140	30	80	124
50	90	105	36	150	36	80	130
65	100	105	44	160	44	80	158
80	100	105	50	160	50	80	165
100	110	130	61	180	61	120	174
125	130	130	73	200	73	150	187
150	140	145	88	210	88	150	230

(2)预埋件焊接法

在混凝土内先预埋钢板,再将支架横梁焊接在钢板上,如图2.30所示。单管支架预埋钢板厚度为4~6 mm,对DN15~DN80的单管,钢板规格为150 mm×90 mm×4 mm;DN100~DN150的单管,钢板规格为230 mm×140 mm×6 mm。钢板的埋入面可焊接2~4根圆钢弯钩,也可焊接直圆钢后再与混凝土主筋焊在一起。

支架横梁与预埋钢板焊接时,应先挂线确定横梁的焊接位置和标高,焊接应端正牢固,其安装尺寸见表2.19。

(3)膨胀螺栓法及射钉法

这两种方法适用于没有预留孔洞,又不能现场打洞,也没有预埋钢板的情况下,用角型横梁在混凝土结构上安装,如图2.31所示。两种方法的区别仅在于角型横梁的紧固方法不同。目前,在安装施工中得到越来越多的应用。

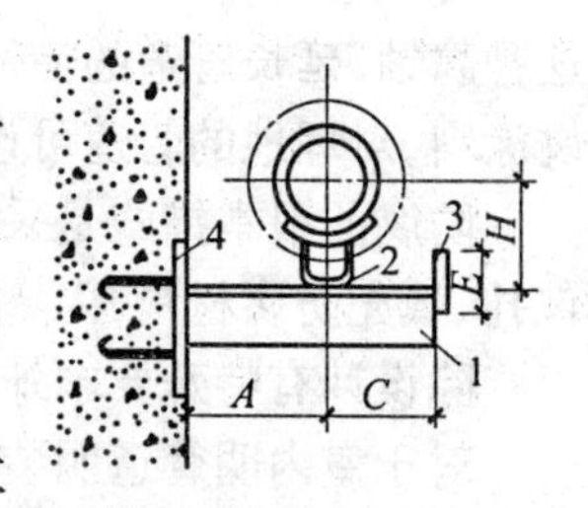

图2.30　预埋件焊接法安装支架

1—横梁;2—托架;3—限位板;4—预埋件

用膨胀螺栓固定支架横梁时,先挂线确定横梁的安装位置及标高,再用已加工好的角型横梁比量,并在墙上画出膨胀螺栓的钻孔位置,经打钻孔后,轻轻打入膨胀螺栓,套入横梁底部孔眼,将横梁用膨胀螺栓的螺母紧固。膨胀螺栓规格及钻头直径的选用见表2.20,钻孔要用手电钻进行。

表2.20　膨胀螺栓规格及钻头直径的选用　(mm)

公称直径 DN	≤80	80~100	125	150
膨胀螺栓规格	M8	M10	M12	M14
钻头直径	10.5	13.5	17	19

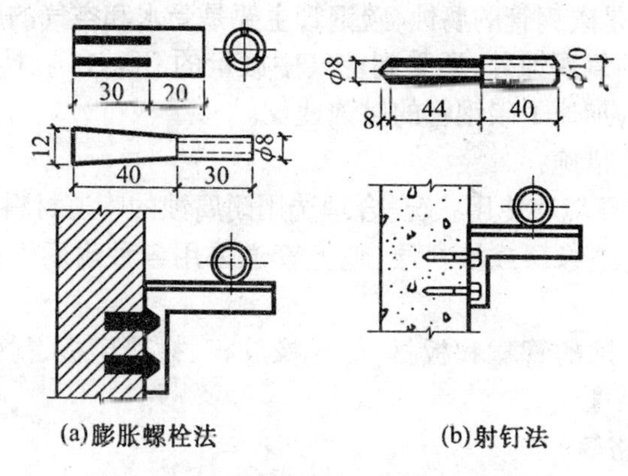

图2.31　膨胀螺栓法及射钉法安装支架

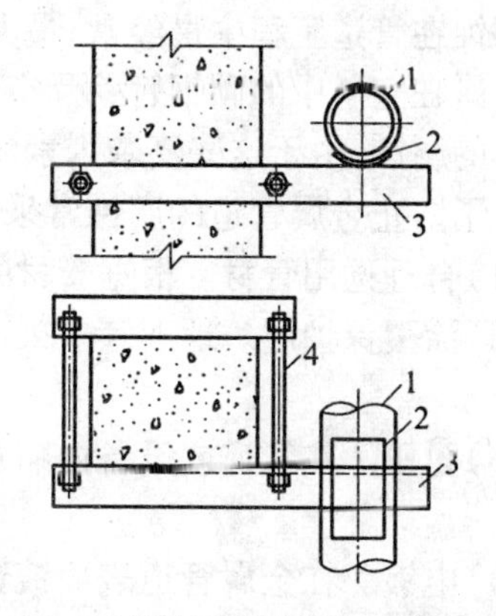

图2.32　单管抱柱法安装支架

1—管子;2—弧形滑板;3—支架横梁;4—拉紧螺栓

射钉法固定支架的方法基本上同膨胀螺栓法,即在定出紧固螺栓位置后,用射钉枪打带螺纹的射钉,最后用螺母将角型横梁紧固,射钉规格为8~12 mm,操纵射钉枪时,应按操作要领进行,注意安全。

(4)抱柱法

管道沿柱安装时,支架横梁可用角钢、双头螺栓夹装在柱子上固定,单管抱柱法安装支架如图2.32所示。安装时也用拉通线方法确定各支架横梁在柱上的安装位置及安装标高。角钢横梁和拉紧螺栓在柱上紧固安装后,应保持平正无扭曲状态。

2.1.6　管道的防腐

管道外部直接与大气或土壤接触,将产生化学腐蚀和电化学腐蚀。为了避免和减少这种腐蚀，延长管道的使用寿命，对与空气接触的管道外部和保温结构外表面，可涂刷防腐涂料，对埋地的管道可设置绝缘防腐层。

防腐的根本措施是采用耐腐蚀材料。金属设备和管道防腐一般做法是在外壁涂刷、包扎、填充防腐材料，内壁加耐防腐蚀衬里或涂刷防腐材料。

除设计有特殊要求外，管子外壁涂料防腐层施工的一般要求如下。

对于室内明管道明装镀锌钢管刷银粉漆1道或不刷漆；明装黑铁管及其支架刷红丹底漆1道，银粉漆2道；暗装黑铁管刷红丹底漆2道；潮湿房间（如浴室、蒸煮间等）内明装黑铁管及其支架和散热器等均刷红丹底漆2道，银粉面漆2道；对明装各种水箱及设备刷红丹底漆2道，面漆2道。

对于室外管道：明装室外管道，刷底漆或防锈漆1道，再刷2道面漆；装在通行和半通行地沟里的管道，刷防锈漆2道，再刷2道面漆。

金属管道的防腐施工一般由表面处理、喷涂（或涂刷）两道工序组成。每道工序都很重要，都应按规范的规定施工；否则涂料将不能和被涂物表面结合良好，时间稍长就会自行脱落。

2.1.6.1　腐蚀及防腐

腐蚀在管道工程中最经常、最大量的是碳钢管的腐蚀，碳钢管主要是受水和空气的腐蚀。暴露在空气中的碳钢管除受空气中的氧腐蚀外，还受到空气中微量的CO_2、SO_2、H_2S等气体的腐蚀，由于这些复杂因素的作用，加速了碳钢管的腐蚀速度。

为了防止金属管道的腐蚀常采取以下措施：

(1)合理选用管材。根据管材的使用环境和使用状况，合理选用耐腐蚀的管道材料。

(2)涂覆保护层。地下管道采用防腐绝缘层或涂料层，地上管道采用各种耐腐蚀的涂料。

(3)衬里。在管道或设备内贴衬耐腐蚀的管材和板材，如衬橡胶板、衬玻璃板、衬铅等。

(4)电镀。在金属管道表面镀锡、镀铬等。

(5)电化学保护。牺牲阳极法，即用电极电位较低的金属与被保护的金属接触，使被保护的金属成为阴极而不被腐蚀。牺牲阳极法广泛用于防止在海水及地下的金属设施的腐蚀。

在管道及设备的防腐方法中，采用最多的是涂料工艺，对于放置在地面上的管道和设备，一般采用油漆涂料；对于设置在地下的管道，则多采用沥青涂料。

2.1.6.2　管道及设备表面的除污

一般钢管（或薄钢板）和设备表面总有各种污物，如灰尘、污垢、油渍、锈斑等，这些会影响防腐涂料对金属表面的附着力，如果铁锈没除尽，涂料涂刷到金属表面后，漆膜下被封闭的空气继续氧化金属，即继续生锈，以致使漆膜被破坏，使锈蚀加剧。为了增加涂料的附着力和防腐效果，在涂刷底漆前，必须将管道或设备表面的污物清除干净，并保持干燥。常用的除污方法有人工除污和喷砂除污两种。

1. 人工除污

人工除污一般使用钢丝刷、砂布、砂轮片等摩擦外表面。对于钢管的内表面除锈，可用圆形钢丝刷来回拉擦。内、外表面除锈必须彻底，应露出金属光泽为合格，再用干净棉纱或废布擦干净，最后用压缩空气吹洗。

这种方法劳动强度大、效率低、质量差，但在劳动力充足、机械设备不足时，尤其是安装工程中还常采用人工除污。

2. 喷砂除污

喷砂除污是采用0.4～0.6 MPa的压缩空气，把粒度为0.5～2.0 mm的砂子喷射到有锈污的金属表面上，靠砂子的打击使金属表面的污物去掉，露出金属的质地光泽，喷砂除污的装置如图2.33所示。用这种方法除污的金属表面变得粗糙而均匀，使涂料能与金属表面良好结合，并且能将金属表面凹处的锈除尽，是加工厂或预制厂常用的一种除污方法。

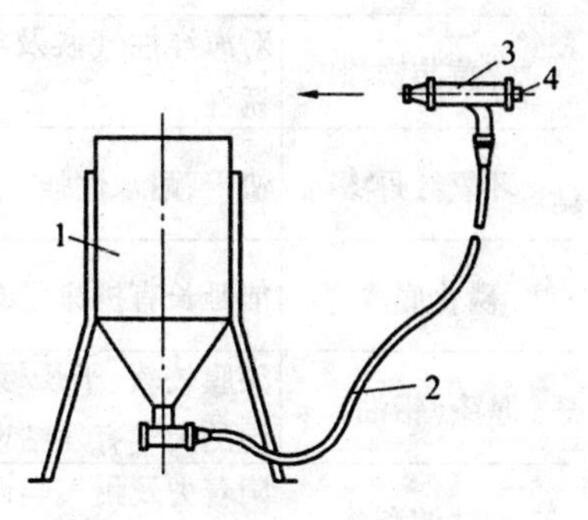

图2.33　喷砂装置

1—贮砂罐；2—橡胶管；3—喷枪；4—空气接管

喷砂除污效率高、质量好，但喷砂过程中产生大量的灰尘，污染环境，影响人们的身体健康。为避免于喷砂的缺点，减少尘埃的飞扬，可用喷湿砂的方法来除污。为防止喷湿砂除污后的金属表面易生锈，需在水中加入一定量（1%～15%）的缓蚀剂（如磷酸三钠、亚硝酸钠），使除污后的金属表面形成一层牢固而密实的膜（即钝化）。实践证明，加有缓蚀剂的湿砂除污后，金属表面可保持短时间不生锈。喷湿砂除污的砂子和水一般在贮砂罐内混合，然后沿管道至喷嘴高速喷出以除去金属表面的污物，一次使用后的湿砂再收集起来倒入贮砂罐内继续使用。

2.1.6.3　管道及设备刷油

1. 涂料

油漆是一种有机高分子胶体混合物的溶液，实际上是一种有机涂料。将它称为油漆，是由于从前人们制漆时，多采用天然的植物油为主要原料。现在的人造漆已经很少用油，而改用有机合成的各种树脂，仍将它们称为油漆是沿用习惯的叫法。

防腐油漆是由合成树脂熬炼而成，也称有机涂料。油漆是由漆基和稀释剂、防潮剂、催干剂、脱漆剂、固化剂等辅助材料组成。按油漆和被涂膜面的关系分为底漆和面漆两类，常用的油漆性能和用途见表2.21。

表2.21　常用油漆列举

油漆名称	主要性能	耐温/℃	用　　途
红丹防锈漆	与钢铁表面附着力强，隔潮、防水、防锈力强	150	钢铁表面打底，不应暴露于大气中，必须用适当面漆覆盖
铁红防锈漆	覆盖性强，薄膜坚韧，涂漆方便，防锈能力较红丹防锈漆差些	150	钢铁表面打底或盖面
铁红醇酸底漆	附着力强，防锈性能和耐气候性较好	200	高温条件下黑色金属打底

续表 2.21

油漆名称	主要性能	耐温/ ℃	用　途
灰色防锈漆	耐气候性较调和漆强	—	做室内外钢铁表面上的防锈底漆的罩面漆
锌黄防锈漆	对海洋性气候及海水侵蚀有防锈性	—	适用于铝金属或其他金属上的防锈
环氧红丹漆	快干,耐水性强	—	用于经常与水接触的钢铁表面
磷化底漆	能延长有机涂层寿命	60	有色及黑色金属的底层防锈漆
厚漆(铅油)	漆膜较软、干燥慢、在炎热而潮湿的天气有发粘现象	60	用清油稀释后,用于室内钢、木表面打底或盖面
油性调和漆	附着力及耐气候性均好,在室外使用优于磁性调和漆	60	做室内外金属、木材、砖墙面漆
铝粉漆		150	专供采暖管道、散热器做面漆
耐温铝粉漆	防锈不防腐	≯300	黑色金属表面漆
有机硅耐高温漆		400 ~ 500	黑色金属表面
生漆(大漆)	漆层机械强度高、耐酸力强、有毒、施工困难	200	用于钢、木表面防腐
过氯乙烯漆	抗酸性强,耐浓度不大的碱性,不易燃烧,防水绝缘性好	60	用于钢、木表面,以喷涂为佳
耐碱漆	耐碱腐蚀	≯60	用于金属表面
耐酸树脂磁漆	漆膜保光性、耐气候性和耐汽油性好	150	适用于金属、木材及玻璃布的涂刷
沥青漆(以沥青为基础)	干燥快、涂膜硬,但附着力及机械强度差。具有良好的耐水、防潮、防腐及抗化学侵蚀性,但耐气候、保光性差,不宜暴露在阳光下,户外容易收缩龟裂	—	主要用于水下、地下钢铁构件、管道、木材、水泥面的防潮、防水、防腐

2. 管道及设备刷油

涂料防腐的原理就是靠漆膜将空气、水分、腐蚀介质等隔离起来,以保护金属表面不受腐蚀。涂料的漆膜一般由底层(漆)和面层(漆)构成:底漆打底,面漆罩面。底层应采用附着力强,并具有良好防腐性能的漆料涂刷。面层的作用主要是保护底层不受损伤。每层漆膜的厚度视需要而定,施工时可涂刷一遍或多遍。

刷漆方法很多,这里介绍安装工程中常用的两种方法。

(1)涂刷法

主要是手工涂刷。这种方法操作简单,适应性强,可用于各种涂料的施工。但人工涂刷效率低,质量受操作者技术水平影响较大。手工涂刷应自上而下,从左至右,先里后外,先斜后直,先难后易,漆膜厚薄均匀一致,无漏刷处。

(2)空气喷涂

所用的工具为喷枪(图2.34)。其原理是压缩空气通过喷嘴时产生高速气流,将漆罐内漆液引射混合成雾状,喷涂于物体的表面。这种方法的特点是漆膜厚薄均匀,表面平整,效率高。只要调整好涂料的黏度和压缩空气的工作压力,并保持喷嘴距被涂物表面一定的距离和一定的移动速度,均能达到满意的效果。

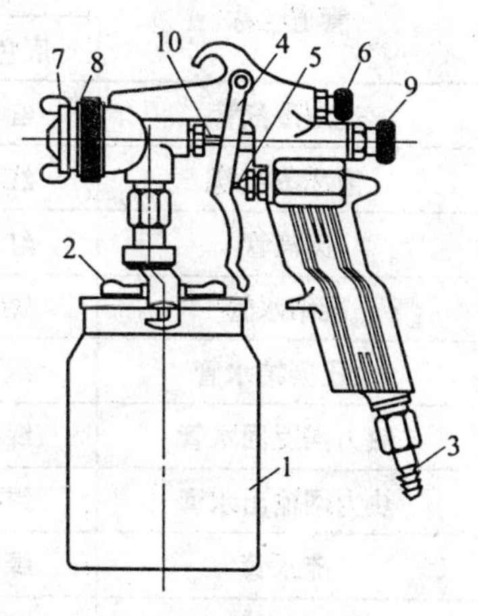

图2.34　油漆喷枪

1—漆罐;2—轧蓝螺栓;3—空气接头;4—扳机;5—空气阀杆;6—控制阀;7—空气喷嘴;8—螺母;9—螺栓;10—针塞

喷枪所用的空气压力一般为0.2~0.4 MPa。喷嘴距被涂物件的距离,视被涂物件的形状而定:如被涂物件表面为平面,一般在250~350 mm的范围为宜;如被涂物件表面为圆弧面,一般在400 mm左右为宜。喷嘴移动的速度一般为10~15 m/min。空气喷漆的漆膜较薄,往往需要喷涂几次才能达到需要的厚度,为提高一次喷涂的漆膜厚度,减少稀释剂的消耗量,提高工作效率,可采用热喷涂施工。热喷涂施工就是将涂料加热,用提高涂料温度的方法来代替稀释剂使涂料的黏度降低,以满足喷涂的需要。涂料加热温度一般为70 ℃。采用热喷涂法比一般空气喷除法可节省2/3左右的稀释剂,并提高近一倍的工作效率,同时还能改变涂膜的流平性。

为保证施工质量,均要求被涂物表面清洁干燥,并避免在低温和潮湿环境下工作。当气温低于5 ℃时,应采取适当的防冻措施。需要多遍涂刷时,必须在上一遍涂膜干燥后,方可涂刷第二遍。

3.管道的涂色标志

为方便管理、操作与维护工作,常将管道表面或防腐层、绝热管道的保护层表面涂以不同颜色的涂料、色环、箭头,以区别管道内流动介质的种类和流动方向。管道涂色规定见表2.22公称直径小于150 mm的管道,色环宽度为30 mm,间距为1.5~2 m;公称直径为150~300 mm的管道,色环宽度为50 mm,间距为2~2.5 m;公称直径大于300 mm的管道,色环的宽度、间距可适当加大。用箭头表明介质流动方向。当介质有两个方向流动可能时,应标出双向流动箭头。箭头一般涂成白色或黄色,在浅底的情况下,也可将箭头涂成红色或其他颜色,以指示鲜明。管道支架如设计未明确可一律涂成灰色。

2.1.6.4　埋地管道的防腐

埋地管道的腐蚀是由于土壤的酸性、碱性、潮湿、空气渗透以及地下杂散电流作用等因素所引起的,其中主要是电化学作用。防止腐蚀的方法主要是采用沥青涂料。

埋地敷设的管道主要有铸铁管和碳钢管两种,铸铁管只需涂刷1~2道沥青漆或热沥青即可,而碳钢管由于腐蚀因素多,因此必须在钢管外壁采取特殊的防腐措施。

表 2.22　管道涂色规定

管道名称	颜色		管道名称	颜色	
	底色	色环		底色	色环
过热蒸汽管	红	黄	液化石油气管	黄	绿
饱和蒸汽管	红		压缩空气管	浅蓝	
废汽管	红	绿	净化压缩空气管	浅蓝	黄
凝结水管	绿	红	乙炔管	白	
余压凝结水管	绿	白	氧气管	深蓝	
热力网返回水管	绿	褐	氮气管	棕色	
热力网输出水管	绿	黄	氢气管	白	红
疏水管	绿	黑	排油	棕色	
高热值煤气管	黄		排气管	绿	蓝
低热值煤气管	黄	褐	天然气管	黄	黑
生活饮用水管	蓝				

1. 沥青

沥青是一种有机胶结构，主要成分是复杂的高分子烃类混合物及含硫、含氮的衍生物。它具有良好的黏结性、不透水和不导电性，能抵抗稀酸、稀碱、盐、水和土壤的侵蚀，但不耐氧化剂和有机溶液的腐蚀，耐气候性也不强。它价格低廉，是地下管道最主要的防腐涂料。

2. 防腐层结构及施工方法

由前述可知，埋地管道腐蚀的强弱主要取决于土壤的性质，见表 2.23。根据土壤腐蚀性质的不同可将防腐层结构分为三种类型：普通防腐层、加强防腐层和特加强防腐层，其结构见表 2.24。普通防腐层适用于腐蚀性轻微的土壤；加强防腐层适用于腐蚀性较剧烈的土壤；特加强防腐层适用于腐蚀性极为剧烈的土壤。

埋地钢管的防腐主要是采用沥青绝缘防腐，沥青是一种有机胶合材料，具有良好的粘结性、塑性、耐水性、耐腐蚀性，其制品在建筑给水排水工程中主要用做管道的防锈、防腐涂料，常用的品种有管道防腐沥青、冷底子油、沥青胶等。根据土壤腐蚀特性及防腐等级（见表 2.23）不同，选用防腐层结构（见表 2.24）。

表 2.23　土壤腐蚀性及防腐等级

土壤腐蚀性能	土壤电阻/($\Omega \cdot m^{-1}$)	含盐量/%	含水量/%	防腐等级
一般土壤	>20	<0.05	<5	普强
高腐蚀土壤	5～20	0.05～0.75	5～12	加强
特高腐蚀土壤	<5	>0.75	>12	特加强

表 2.24 埋地钢管沥青防腐层结构

mm

防腐等级	防腐层结构	每层沥青厚度	防腐层最小厚度
普强	沥青底漆-沥青 3 层-玻璃布 2 层-塑料布	2	6
加强	沥青底漆-沥青 4 层-玻璃布 3 层-塑料布	2	8
特加强	沥青底漆-沥青 5 层-玻璃布 4、5 层-塑料布	2	10 或 12

目前各种埋地管道的防腐层主要有石油沥青防腐层、环氧煤沥青防腐层、聚乙烯胶松节防腐层、塑料防腐层等。这里主要介绍石油沥青防腐层及施工方法，主要步骤如下：

（1）冷底子油。在钢管表面涂沥青之前，为增加钢管和沥青的黏结力，应刷一层冷底子油。冷底子油是用沥青 30 号甲、30 号乙或 10 号建筑石油沥青，也可用 65 号普通石油沥青，汽油采用无铅汽油，沥青和汽油的配比（体积比）为 1：(2.25～2.5)。调配时先将沥青加热至 170～220 ℃进行脱水，然后再降温至 70～80 ℃，将沥青慢慢地倒入按上述配比备好的汽油容器中，一边倒一边搅拌，严禁把汽油倒入沥青中。

施工时，冷底子油应涂刷在洁净、干燥的管子表面上，涂刷要均匀、无气泡、无滴落和流痕等缺陷，表面不得有油污和灰尘，涂抹厚度一般为 0.1～0.2 mm。

（2）浇涂热沥青。用于防腐的石油沥青，一般采用建筑石油沥青或改性石油沥青。熬制前，宜将沥青破碎成粒径为 100～200 mm 的块状，并清除纸屑、泥土及其他杂物。熬制开始时应缓慢加热，熬制温度控制在 230 ℃左右，最高不超过 2 500 ℃，熬制中应经常搅拌，并清除熔化沥青面上的漂浮物。每锅沥青的熬制时间宜控制在 4～5 h 左右。施工时，底漆（冷底子油）干燥后，方可浇涂热沥青。沥青的浇涂温度为 200～220 ℃，浇涂时最低温度不得低于 180 ℃。若环境温度高于 30 ℃，则允许沥青降低至 150 ℃，浇涂时不得有气孔、裂纹、凸瘤等缺陷，并避免落入杂物。每层沥青的浇涂厚度为 1.5～2 mm。

（3）缠加强包扎层。加强包扎层的作用是提高防腐层的强度整体性和热稳定性，一般采用玻璃丝布。

施工时，浇涂热沥青后，应立即缠玻璃丝布。玻璃丝布必须干燥、清洁，缠绕时应紧密无皱褶，搭接应均匀，搭接宽度为 30～50 mm。玻璃丝布的沥青渗透率应达 95% 以上。

（4）包外保护层。通常包一层透明的聚氯乙烯薄膜，其作用是增强防腐性能，通常规格为厚度 0.2 mm，比玻璃丝布宽 10～15 mm。

施工时，待沥青层冷却到 100 ℃以下时，方可包扎聚氯乙烯工业膜外保护层，包扎时应紧密适宜，无皱褶、脱壳等现象。搭接应均匀，搭接宽度为 30～50 mm。

（5）当管道的特殊防腐层为集中预制时，在单根管子两端应留出逐层收缩成 80～100 mm的阶梯形接茬，并将接茬处封好以防污染，待管道连接并试压合格后，补做加强或特加强防腐层接头。补做的防腐层应不降低质量要求，并应注意使接头处无粗细不均匀缺陷。

沥青防腐层的施工，宜在环境温度高于 5 ℃的常温下进行。当管子表面结有冰霜时，应先将管子加热干燥后，才能进行防腐层施工，当温度降到-5 ℃以下时，应采取冬季施工措施，严禁在雨、雾、风、雪中进行防腐层的施工。

防腐层的厚度应符合设计要求。

单元二 建筑室内给水设备施工安装

2.2.1 水表

2.2.1.1 水表的类型和性能参数

水表是一种计量用户累计用水量的仪表。它主要由外壳、翼轮和减速指示机构组成。水表分为流速式水表和容积式水表两类,在建筑室内给水系统中,广泛采用流速式水表。该种水表是根据管径一定时,通过水表的水流速与流量成正比的原理来测量的。

1. 流速式水表的类型

流速式水表按翼轮构造不同可分为旋翼式(LXS 型)水表和螺翼式(LXL 型)水表两种,如图 2.35 所示。旋翼式水表的翼轮转轴和水流方向垂直,如图 2.35(a)所示。螺翼式水表的转轴与水流方向平行,如图 2.35(b)所示。流速式水表又按计数机件浸在水中或与水隔离,分为干式水表和湿式水表。

干式水表的计数机件用金属圆盘将水隔开,其构件复杂一些;湿式水表的计数机件浸在水中,在计数盘上装一块厚玻璃(或钢化玻璃)用以承受水压。湿式水表机件简单、计量准确、密封性能好,但只能用在水中不含杂质的管道上。

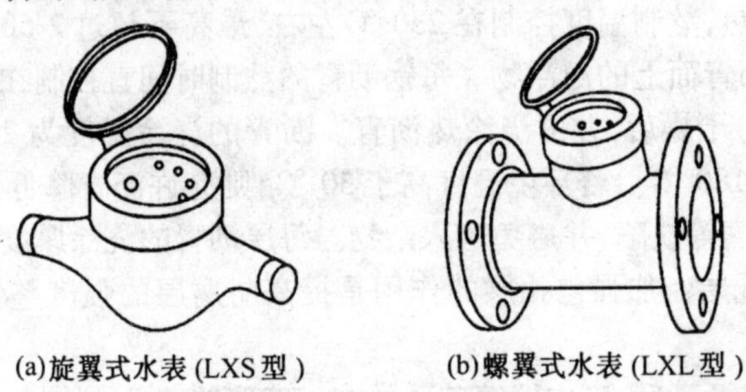

(a)旋翼式水表 (LXS 型)　(b)螺翼式水表 (LXL 型)

图 2.35 流速式水表

工程中常用的水表的主要技术特性和适用范围见表 2.25 所列。

表 2.25 水表的技术特性及适用范围

类型	公称直径/mm	介质条件			主要技术特性	适用范围
		温度/℃	压力/MPa	性质		
旋翼式冷水水表	15~50	0~40	≤1.0	清洁的水	最小起步流量及计量范围较小,水流阻力较大。其中干式的计量机构不受水中杂质污损,但精度较低;湿式构造简单,精度较高。	适用于用水量及逐时变化幅度小的用户,只限于计量单向水流。

续表 2.25

类型	公称直径/mm	介质条件			主要技术特性	适用范围
		温度/℃	压力/MPa	性质		
旋翼式热水水表	15~50	0~90	≤1.0	清洁的水	仅有干式,其余同旋翼式冷水水表。	适用于用水量及逐时变化幅度小的用户,只限于计量单向水流。
螺翼式冷水水表	50~400	0~40	≤1.0	清洁的水	最小起步流量及计量范围较大,水流阻力小。	适用于用水量大的用户,只限于计量单向水流。
螺翼式热水水表	50~250	0~90	≤1.0	清洁的水	最小起步流量及计量范围较大,水流阻力小。	适用于用水量大的用户,只限于计量单向水流。
复式水表	主表:50~400 复表:15~40	0~40	≤1.0	清洁的水	水表由主表及副表组成,用水量较小时,仅由副表计量;用水量大时,则由主表及副表同时计量。	适用于用水量变化幅度大的用户,且只限计量单向水流。
正逆流水表	50~150	0~30	≤3.2	海水	可计量管内正、逆两向流量总和。	主要用于计量海水的正、逆方向流量
容积式活塞式水表	15~20	0~40	≤1.0	清洁的水	为容积式流量仪表;精度较高,表型体积小,采用数码显示,可水平或垂直安装。	适用于工矿企业及家庭计量水量,只限计量单向水流。

旋翼式水表和螺翼式水表的技术参数分别见表 2.26、表 2.27。

表 2.26　LXS 旋翼湿式和 LXSL 旋翼立式水表技术参数

型号	公称口径/mm	计量等级	最大流量/($m^3\cdot h^{-1}$)	公称流量/($m^3\cdot h^{-1}$)	分界流量/($m^3\cdot h^{-1}$)	最小流量/($L\cdot h^{-1}$)	始动流量/($L\cdot h^{-1}$)	最小读数/m^3	最大读数/m^3
LXS-15C LXSL-15C	15	A	3	1.5	0.15	45	14	0.000 1	9 999
		B			0.12	30	10		
LXS-20C LXSL-20C	20	A	5	2.5	0.25	75	19	0.000 1	9 999
		B			0.20	50	14		
LXS-25C	25	A	7	3.5	0.35	105	23	0.001	99 999
		B			0.28	70	17		

续表 2.26

型号	公称口径/mm	计量等级	最大流量/($m^3·h^{-1}$)	公称流量/($m^3·h^{-1}$)	分界流量/($m^3·h^{-1}$)	最小流量/($L·h^{-1}$)	始动流量/($L·h^{-1}$)	最小读数/m^3	最大读数/m^3
LXS-32C	32	A	12	6	0.60	180	32	0.001	99 999
		B			4.80	120	27		
LXS-40C	40	A	20	10	1.00	300	56	0.001	99 999
		B			0.80	200	46		
LXS-50C	50	A	30	15	1.50	450	75	0.001	99 999
		B							

表 2.27 LXL 螺翼湿式水表技术参数

型号	公称口径/mm	计量等级	最大流量/($m^3·h^{-1}$)	公称流量/($m^3·h^{-1}$)	分界流量/($m^3·h^{-1}$)	最小流量/($m^3·h^{-1}$)	最小读数/m^3	最大读数/m^3
LXL-50N	50	A	30	15	4.5	1.2	0.01	999 999
		B			3.0	0.45		
LXL-80N	80	A	80	40	12	3.2	0.01	999 999
		B			8.0	1.2		
LXL-100N	100	A	120	60	18	4.8	0.01	999 999
		B			12	1.8		
LXL-150N	150	A	300	150	45	12	0.01	999 999
		B			30	4.5		
LXL-200N	200	A	500	250	75	20	0.1	9 999 999
		B			50	7.5		
LXL-250N	250	A	800	400	120	32	0.1	9 999 999
		B			80	12		

注:表 2.26、2.27 适用条件是水温不超过 50 ℃,水压不大于 1 MPa 的洁净冷水。

2. 水表各项技术参数

(1)最大流量

只允许短时间使用的流量,为水表使用的上限值,旋翼式水表通过最大流量时水头损失为 100 kPa,螺翼式水表通过最大流量时,水头损失为 10 kPa。

$$h_B = \frac{q_B^2}{K_B} \tag{2.1}$$

$$K_B = \frac{Q_{max·S}^2}{100} \text{ 或 } K_B = \frac{Q_{max·L}^2}{10}$$

式中　h_B—— 水流通过水表产生的压力损失,kPa;

K_B—— 水表的特性系数;

q_B—— 通过水表流量,即计算管段的给水设计流量,m^3/h;

$Q_{max·S}$—— 旋翼式水表的最大流量,m^3/h;

100—— 旋翼式水表通过最大流量时的水头损失,kPa;

$Q_{max·L}$—— 螺翼式水表的最大流量,m^3/h;

10—— 螺翼式水表通过最大流量时的水头损失,kPa。

(2) 公称流量

水表允许长期使用的流量。

(3) 分界流量

水表误差限改变时的流量。

(4) 最小流量

水表在规定误差限内,使用的下限流量。

(5) 始动流量

水表开始连续指示时的流量。

2.2.1.2　水表的选用

水表的规格性能见表 2.26、2.27,选择时要考虑其工作性质、工作压力、工作时间、计量范围、水质情况,并应满足以下要求:

1. 一般情况下,公称直径小于或等于 50 mm 时,应采用旋翼式水表;公称直径大于 50 mm 时,应采用螺翼式水表;当通过流量变化幅度很大时,应采用复式水表。在干式和湿式水表中,应优先采用湿式水表。

2. 确定水表的公称直径时,应考虑以下原则:

(1) 当用水均匀时,应按设计流量不超过水表的公称流量来决定水表的公称直径。生活(生产) 与消防共用的给水系统,水表额定流量不包括消防流量,但应加上消防流量复核,使其总流量不超过水表的最大流量限值,同时,应按表 2.28 复核水表压力损失。

(2) 当生活(生产) 用水为不均匀用水,且其连续高峰负荷每昼夜不超过 2 ~ 3 h,设计中可按设计秒流量不大于水表最大流量来决定水表的公称直径,同时,亦应按表 2.28 复核水表的压力损失。

(3) 住宅的分户水表,其公称直径一般可采用 15 mm,但如住宅中装有自闭式大便器冲洗阀时,为保证必要的冲洗强度,水表公称直径不宜小于 20 mm。

表 2.28　按最大小时流量选用水表时的允许压力损失值　kPa

表　型	正常用水时	消防时
旋翼式	< 25	< 50
螺翼式	< 13	< 30

3. 管道优质饮用水系统宜选用专用水表,如 LYH 和 LYHY 系列饮用水计量仪。

【例 2.1】　某栋住宅的给水系统,总进水管及各分户支管均安装水表。经计算总水表通过的设计流量为 50 m^3/h,分户支管通过水表的设计流量为 1.67 m^3/h。试确定水表口径并计算水头损失,以及当消防水量为 5 L/s 时,试对总水表进行校核。

解 (1) 分户水表选择。由于住宅用水不均匀性较大,应以设计流量不大于水表的最大流量来确定水表公称直径。由表 2.25 查得,LXS - 20C 水表最大流量为 5.0 m^3/h > 1.67 m^3/h,故满足流量要求。

水表的特性系数

$$K_B = \frac{Q_{max \cdot S}^2}{100} = \frac{5^2}{100} = 0.25$$

水流通过水表的压力损失

$$h_B/\text{kPa} = \frac{q_B^2}{K_B} = \frac{(1.67)^2}{0.25} = 11.16$$

小于表 2.28 中规定,满足要求,分户水表选用 LXS - 20C 型。

(2) 总水表选择。正常通过总表的设计流量为 50 m^3/h;如消防时,通过水表的总流量为 $50 + 5 \times 3.6 = 68(m^3/h)$。从表 2.27 中查得:LXL - 100N 的水平螺翼式水表的最大流量为 120 m^3/h,大于水表的设计流量 50 m^3/h,也大于消防时通过总流量 68 m^3/h,满足流量要求。

正常用水时水表压力损失为

$$K_B = \frac{Q_{max \cdot L}^2}{10} = \frac{120^2}{10} = 1\,440$$

$$h_B/\text{kPa} = \frac{q_B^2}{K_B} = \frac{50^2}{1\,440} = 1.74$$

消防时水表压力损失为

$$h_B/\text{kPa} = \frac{q_B^2}{K_B} = \frac{68^2}{1\,440} = 3.21$$

从以上计算可以看出,正常供水及消防供水时水表的压力损失均小于表 2.28 的规定。

2.2.1.3 电控自动流量计(TM 卡智能水表)

TM 卡智能水表内部置有微电脑测控系统,通过传感器检测水量,用 TM 卡传递水量数据,主要用来计量(定量)经自来水管道供给用户的饮用冷水,适于家庭使用。主要技术参数见表 2.29。

表 2.29 TM 卡智能水表性能技术参数

公称直径/mm	计量等级	过载流量/($m^3 \cdot h^{-1}$)	常用流量/($m^3 \cdot h^{-1}$)	分界流量/($m^3 \cdot h^{-1}$)	最小流量/($m^3 \cdot h^{-1}$)	水温/℃	最高压力/MPa
15	A	3	1.5	0.15	0.06	≤60	1.0

TM 卡智能水表的安装位置要避免曝晒、冰冻、污染、水淹以及砂石等杂物进入管道,水表要水平安装,字面朝上,水流方向应与表壳上的箭头一致。使用时,表内需装入 5 号锂电池 1 节(正常条件下可用 3 ~5 年)。用户持 TM 卡(有三重密码)先到供水管理部门购买一定的水量,持 TM 卡插入水表的读写口(将数据输入水表)即可用水。用户用去一

部分水,水表内存储器的用水余额自动减少,新输入的水量能与剩余水量自动叠加。表面上有累计计数显示,供水部门和用户可核查用水总量。插卡后可显示剩余水量,当用水余额只有 1 m^3时,水表有提醒用户再次购水的功能。

2.2.1.4　水表安装

(1)水表应安装在查看方便、不受曝晒、不受污染和不易损坏的地方,引入管上的水表应装在室外水表井、地下室或专用的房间内,装设水表部位的气温应在 2 ℃以上,以免冻坏水表。

(2)水表装到管道上之前,应先清除管道中的污物(用水冲洗),以免污物堵塞水表。

(3)水表应水平安装,并使水表外壳上的箭头方向与水流方向一致,不得装反;水表前后应装阀门;对于不允许停水或设有消防管道的建筑,还应设旁通管,此时水表后侧应装止回阀,旁通管上的阀门应设有铅封。为了保证水表计量准确,螺翼式水表的上游端应有 8~10 倍水表接口公称直径的直线管段;其他型水表的前后亦应有不小于 300 mm 的直线管段。

(4)家庭用小水表,明装于每户进水总管上,水表前应装有阀门。水表外壳距墙面净距为 10~30 mm,水表中心距另一墙面(端面)的距离为 450~500 mm,水表的安装高度为 600~1 200 mm,允许偏差为±10 mm。水表前后直管长度大于 300 mm 时,其超出管段应用弯头(或把管段煨弯)引靠至墙面,沿墙面敷设,管中心距离墙面 20~30 mm。

(5)一般工业企业与民用建筑的室内、外水表,在工作压力≤1.0 MPa,温度不超过 40 ℃,水质为不含杂质的饮用水或清洁水的条件下,可按照国标图 S145 进行安装。

2.2.2　阀门的安装

阀门的类型繁多,其结构形式、制造材料、驱动方式及连接形式都不同。本专业工程所用阀门有:闸阀、截止阀、止回阀、旋塞阀、球阀、蝶阀、减压阀、疏水阀、安全阀、节流阀、电磁阀等。

2.2.2.1　阀门安装的一般规定

(1)阀门安装的位置不应妨碍设备、管道及阀体本身的操作、拆装和检修,同时要考虑到组装外形的美观。

(2)在水平管道上安装阀门时,阀杆应垂直向上,或者倾斜某一角度。如果阀门安装在难于接近的地方或者较高的地方,为了便于操作,可以将阀杆装成水平,同时再装一个带有传动装置的手轮或远距离操作装置。装置在操作时要求灵活,指示准确,也可设操作平台。阀门的阀杆在任何情况下都不得位于水平线以下。

(3)在同一房间内、同一设备上安装的阀门,应使其排列对称,整齐美观;立管上的阀门,在工艺允许的前提下,阀门手轮以齐胸高最适宜操作,一般以距地面 1.0~1.2 m 为宜,且阀杆必须顺着操作者方向安装。

(4)并排立管上的阀门,其中心线标高最好一致,且手轮之间净距不小于 100 mm;并排水平管道上的阀门应错开安装,以减小管道间距。

(5)在水泵、换热器等设备上安装较重的阀门时,应设阀门支架;在操作频繁且又安装在距操作面 1.8 m 以上的阀门时,应设固定的操作平台。

(6)阀门的阀体上有箭头标志的,箭头的指向即为介质的流动方向。安装阀门时,应注意使箭头指向与管道内介质流向相同,止回阀、截止阀、减压阀、疏水阀、节流阀、安全阀等均不得反装。

(7)安装法兰阀门时,应保证两法兰端面互相平行和同心,不得使用双垫片。

(8)安装螺纹阀门时,为便于拆卸,一个螺纹阀门应配用一个活接。活接的设置应考虑检修方便,通常是水流先经阀门后经活接。

2.2.2.2 阀门安装注意事项

(1)阀门的阀体材料多采用铸铁制作,性脆,故不得受重物撞击。搬运阀门时,不允许随手抛掷;吊运、吊装阀门时,绳索应系在阀体上,严禁拴在手轮、阀杆及法兰螺栓孔上。

(2)阀门应安装在操作、维护和检修最方便的地方,严禁埋于地下。直埋和地沟内管道上的阀门,应设检查井室,以便于阀门的启闭和调节。

(3)阀门安装前应仔细核对所用阀门的型号、规格、是否符合设计要求;还应检查填料及压盖螺栓是否有足够的调节余量,并要检查阀杆是否灵活,有无卡涩和歪斜现象,不合格的阀门不能进行安装。

(4)安装螺纹阀门时,应保证螺纹完整无损,并在螺纹上缠麻、抹铅油或缠上聚四氟乙烯生料带,注意不得把麻丝挤到阀门里去。旋扣时,需用扳手卡住拧入管子一端的六角阀体,以保证阀体不致变形或胀裂。

(5)安装法兰阀门时,注意沿对角线方向拧紧连接螺栓,拧动时用力要均匀,以防垫片跑偏或引起阀体变形与损坏。

(6)阀门在安装时应保持关闭状态。对靠墙较近的螺纹阀门,安装时常需要卸去阀杆阀瓣和手轮,才能拧转。在拆卸时,应在拧动手轮使阀门保持开启状态后,再进行拆卸,否则易拧断阀杆。

(7)架空管道,口径较大的阀门下须设支墩(架),以免管道受力过大。

(8)阀门安装前要做强度和严密性试验。

2.2.2.3 阀门的强度和严密性试验

施工使用的阀门应有合格证,对无合格证或发现某些损伤时,应进行水压试验。此外《工业金属管道工程施工及验收规范》(GB 50235—97)规定:低压阀门应从每批(同厂家、同型号、同批出厂)产品中抽查 10%,且不少于一个阀门,进行强度和严密性试验,若有不合格,再抽查 20%,如仍有不合格,则需逐个进行检查;高、中压和有毒、剧毒及甲、乙类火灾危险物质的阀门应逐个进行强度和严密性试验。合金钢阀门还应逐个对壳体进行光谱分析,复查材质。

1. 阀门的强度试验

阀门的强度试验是在阀门开启状态下进行试验,检查阀门外表面的渗漏情况。公称压力≤32 MPa 的阀门,其试验压力为公称压力的 1.5 倍,试验时间不少于 5 min,壳体、填料压盖处无渗漏为合格;PN>32 MPa 的阀门,强度试验压力见表 2.30。

表 2.30　阀门强度试验压力　MPa

公称压力	试验压力	公称压力	试验压力	公称压力	试验压力
40	60	64	90	100	130
50	70	80	110		

做闸阀和截止阀强度试验时,应把闸板或阀瓣打开,压力从通路一端引入,另一端封堵;试验止回阀时,应从进口端引入压力,出口端堵塞;试验直通旋塞阀时,旋塞应调整到全开状态,压力从通路一端引入,另一端堵塞;试验三通旋塞阀时,应把旋塞调整到全开的各个工作位置进行试验。带有旁通附件的,试验时旁通附件也应打开。

2. 阀门的严密性试验

阀门的严密性试验是在阀门完全关闭状态下进行的试验,检查阀门密封面是否有渗漏,其试验压力,除了蝶阀、止回阀、底阀、节流阀外,其余阀门一般应以公称压力进行,当能够确定工作压力时,也可用 1.25 倍的工作压力进行试验,以阀瓣密封面不渗漏为合格。公称压力小于或等于 2.5 MPa 的水用闸阀允许有不超过表 2.31 的渗漏量。

表 2.31　闸阀密封面允许渗漏量

公称直径 DN/mm	允许渗漏量/($cm^3 \cdot min^{-1}$)	公称直径 DN/mm	允许渗漏量/($cm^3 \cdot min^{-1}$)
≤40	0.05	600	10
50 ~ 80	0.10	700	15
100 ~ 150	0.20	800	20
200	0.30	900	25
250	0.50	1 000	30
300	1.5	1 200	50
350	2.0	1 400	75
400	3.0	≥1 600	100
500	5.0		

试验闸阀时,应将闸板紧闭,从阀的一端引入压力,在另一端检查其严密性。检查合格后,再从阀的另一端引入压力,反方向的一端检查其严密性。对双闸板的闸阀,是通过两闸板之间阀盖上的螺孔引入压力,而在阀的两端检查其严密性;试验截止阀时,阀瓣应紧闭,压力从阀孔低的一端引入,在阀的另一端检查其严密性;试验止回阀时,压力从介质出口一端引入,在进口一端检查其严密性;试验直通旋塞阀时,将旋塞调整到全关位置,压力从一端引入,一端检查其严密性;对于三通旋塞阀,应将塞子轮流调整到各个关闭位置,引入压力后在另一端检查其各关闭位置的严密性。

试验合格的阀门,应及时排尽内部积水。密封面应涂防锈油(需脱脂的阀门除外),关闭阀门,封闭进出口,填写阀门试验记录表。

2.2.2.4　阀门的安装

1. 闸阀

闸阀又称闸板阀,是利用闸板来控制启闭的阀门,如图 2.37 所示。通过改变横断面来调节管路流量和启闭管路。闸阀多用于对流体介质做全启或全闭操作的管路。闸阀安装一般无方向性要求,但不能倒装。倒装时,操作和检修都不方便。明杆闸阀适用于地面上或管道上方有足够空间的地方;暗杆闸阀多用于地下管道或管道上方没有足够空间的地方。为了防止阀杆锈蚀,明杆闸阀不许装在地下。

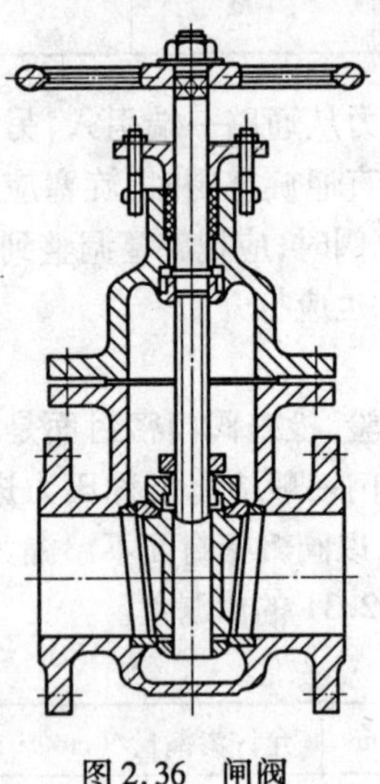

图 2.36 闸阀

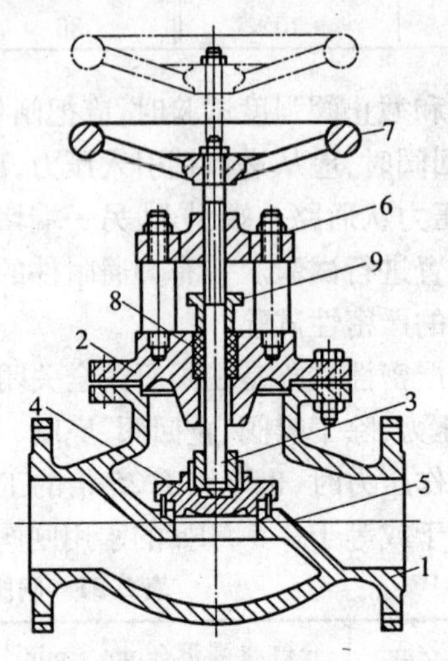

图 2.37 截止阀

1—阀体;2—阀盖;3—阀杆;4—阀瓣;5—阀座;6—阀杆螺母;7—操作手轮;8—填料;9—填料压盖

2. 截止阀

截止阀是利用阀瓣来控制启闭的阀门,其结构如图 2.37 所示。通过改变阀瓣与阀座的间隙来调节介质流量的大小或截断介质通路。安装截止阀必须注意流体的流向。安装截止阀必须遵守的原则是:管道中的流体由下而上通过阀孔,俗称"低进高出",不许装反,只有这样安装,流体通过阀孔的阻力才最小,开启阀门才省力,且阀门关闭时,因填料不与介质接触,既方便了检修,又不使填料和阀杆受损坏,从而延长了阀门的使用寿命。

3. 蝶阀

蝶阀的蝶板安装于管道的直径方向。在蝶阀阀体圆柱形通道内,圆盘形蝶板绕着轴线旋转,旋转角度为0°~90°之间,旋转到90°时,阀门则处于全开状态,其结构如图 2.38 所示。

蝶阀结构简单、体积小、重量轻,只由少数几个零件组成。而且只需旋转 90°即可快速启闭,操作简单,同时该阀门具有良好的流体控制特性。蝶阀处于完全开启位置时,蝶板厚度是介质流经阀体时唯一的阻力,因此通过该阀门所产生的压力降很小,故具有较好的流量控制特性。蝶阀有弹性密封和金属密封两种密封形式。弹性密封阀门,密封圈可以镶嵌在阀体上或附在蝶板周边。

常用的蝶阀有对夹式蝶阀和法兰式蝶阀两种。对夹式蝶阀是用双头螺栓将阀门连接在两管道法兰之间,法兰式蝶阀是阀门上带有法兰,用螺栓将阀门上两端法兰连接在管道法兰上。

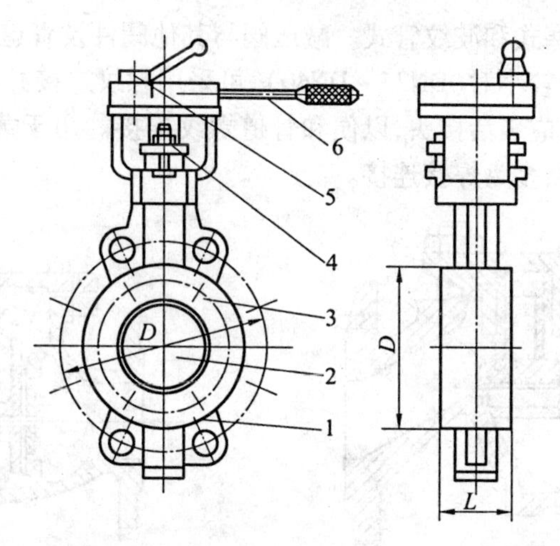

图2.38　手动蝶阀

1—阀体;2—蝶板;3—盖板;4—填料压盖;5—定位锁紧螺母;6—手柄

4. 球阀

球阀是由旋塞阀演变而来,它具有相同的旋转90°提动作,不同的是旋塞体是球体,有圆形通孔或通道通过其轴线。球面和通道口的比例应该是:当球旋转90°时,在进、出口处应全部呈现球面,从而截断流动,如图2.39所示。球阀只需要用旋转90°的操作和很小的转动力矩就能关闭严密。完全平等的阀体内腔为介质提供了阻力很小、直通的流道。通常认为球阀最适宜直接做开闭使用,但近来的发展已将球阀设计成使它具有节流和控制流量之用。球阀的主要特点是本身结构紧凑,易于操作和维修。球阀阀体可以是整体的,也可以是组合式的。

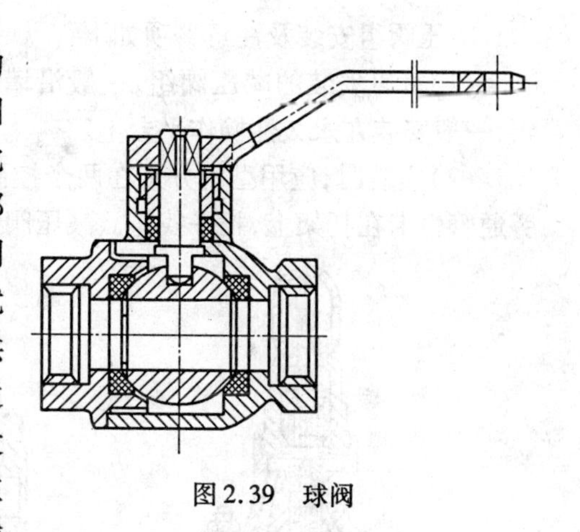

图2.39　球阀

5. 止回阀

止回阀又称逆止阀、单向阀,是一种在阀门前后压力差作用下自动启闭的阀门,如图2.40所示。其作用是使介质只做一个方向的流动,而阻止介质逆向往回流动。止回阀按其结构不同,有升降式和旋启式。升降式止回阀又有卧式与立式之分。安装止回阀时,也应注意介质的流向,不能装反。卧式升降式止回阀应水平安装,要求阀体中心线与水平面相垂直。立式升降式止回阀,只能安装在介质由下向上流动的垂直管道上。旋启式止回阀有单瓣、双瓣和多瓣之分,安装时摇板的旋转枢轴必须水平,所以旋启式止回阀既可以安装在水平管道上,也可以安装在介质由下向上流动的垂直管道上。

6. 减压阀

减压阀是靠阀内敏感元件(如薄膜、活塞、波纹管等)改变阀瓣与阀座间隙,使介质节流降压,并使阀后压力保持稳定,使用压力不超过允许限度的阀门,如图2.41所示。按其结构不同有薄膜式、活塞式和波纹管式。减压阀与其他阀件及管道组合成减压阀组，称为减压器。减压器的直径较小时（DN25～DN40），可采用螺纹连接并可进行预组装，组装后的阀组两侧直线管道上应装活接头，以便和管道螺纹连接。用于蒸汽系统或介质压力较高的其他系统的减压器，多为焊接连接。

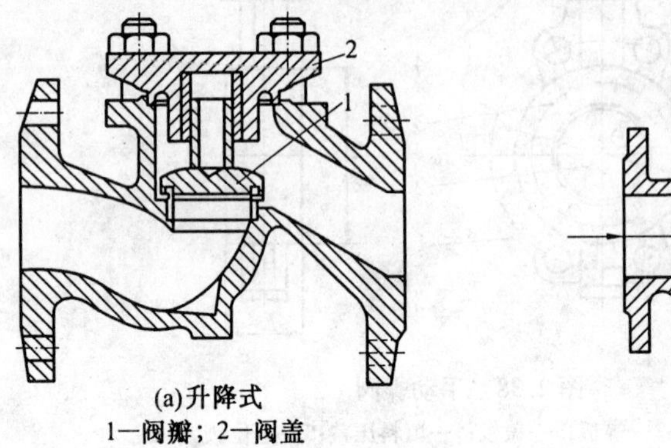

(a)升降式
1—阀瓣；2—阀盖

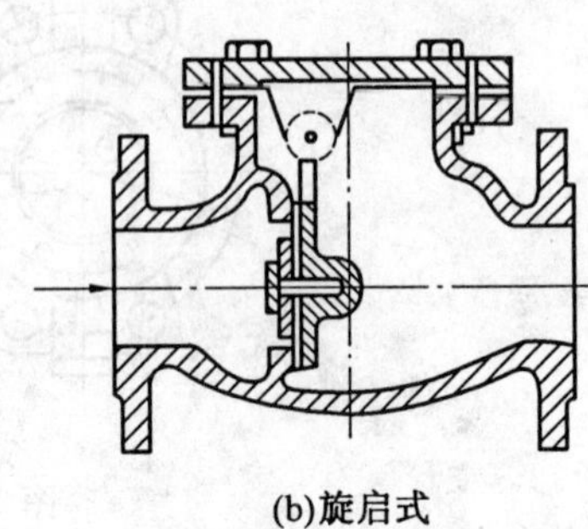

(b)旋启式

图 2.40　止回阀

减压阀组安装及注意事项如下：

(1)垂直安装的减压阀组，一般沿墙设置在距地面适宜的高度；水平安装的减压阀组，一般安装在永久性操作平台上。

(2)安装时，应用型钢分别在两个控制阀（常用截止阀）的外侧栽入墙内，构成托架，旁通管也卡在托架上，找平找正。减压阀中心距墙面不应小于 200 mm。

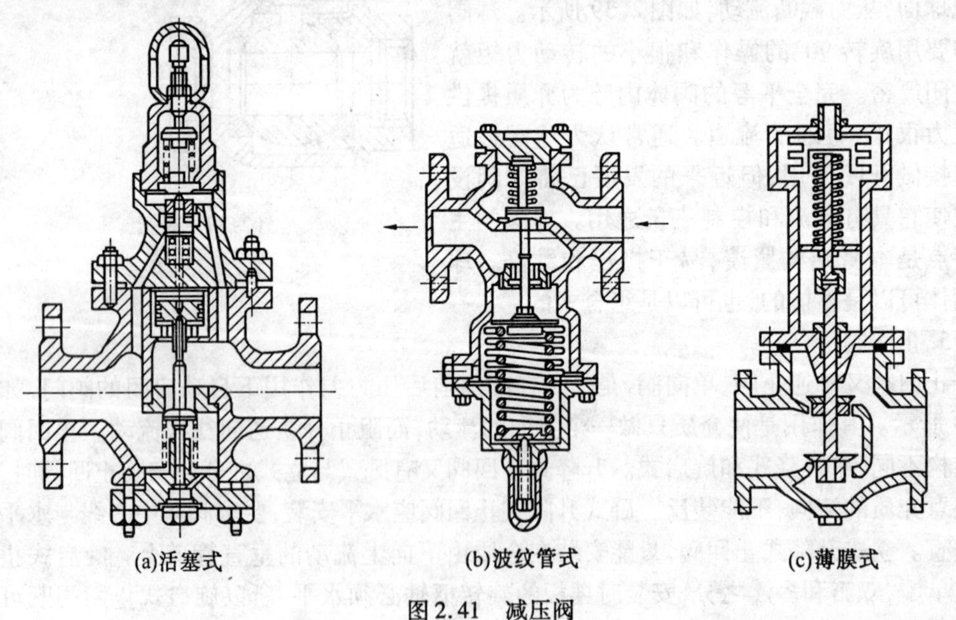

(a)活塞式　(b)波纹管式　(c)薄膜式

图 2.41　减压阀

(3)减压阀应直立地安装在水平管道上，不得倾斜，阀体上的箭头应指向介质流动方向，不得装反。

(4)减压阀的前后应装设截止阀和高、低压压力表，以便观察阀前后的压力变化。减压阀后的管道直径应比阀前进口管径大2~3号,并装上旁通管以便检修。旁通管管径比减压阀公称直径小1~2号。

(5)薄膜式减压阀的均压管,应连接在低压管道上。低压管道应设置安全阀,以保证系统的安全运行。安全阀的公称直径一般比减压阀的公称直径小2号管径。

(6)用于蒸汽减压时,要设置泄水管。对净化程度要求较高的管道系统,在减压阀前设置过滤器。

(7)减压阀组安装结束后,应按设计要求对减压阀、安全阀进行试压、冲洗和调整,并做出调整后的标志。

(8)对减压阀进行冲洗时,关闭减压器进口阀,打开冲洗阀进行冲洗。系统送蒸汽前,应打开旁通阀,关闭减压阀前的控制阀,

7. 阀门的成品保护

(1)阀门安装好后可将手轮拆下,待验交时再装上,以免过早安装时,容易损坏和丢失。对系统进行暖管并冲走残余污物,暖管正常后,再关闭旁通阀,使介质通过减压阀正常运行。

(2)安装阀门的建筑物必须能加锁,并要建立严格的钥匙交接制度,尤其是多一个单位在内施工的安装项目,一定要建立值班交接制度。

8. 阀门检修

阀门在使用过程中,由于制造质量和磨损等原因,使阀门容易产生泄漏和关闭不严等现象。为此需要对阀门进行检查与检修。

(1)压盖泄漏检修

填料涵中的填料受压盖压力的密封作用,经过一段时间运行后,填料会老化变硬,特别是启闭频繁的阀门,因阀杆与填料之间摩擦力减小,易造成压盖漏气、漏水。为此必须更换填料。

1)小型阀盖泄漏检修

小规格阀门采用螺母式盖母4与阀体盖1外螺纹相连接,通过旋紧盖母达到压实填料2的目的。更换填料时,首先将盖母卸下,然后用螺丝刀将填料压盖撬下来,把填料函中旧填料清理干净,用细棉绳按顺时针方向,围绕阀杆缠上3~4圈装入填料函,放上填料压盖3并压实,旋紧盖母即可。小型阀门更换填料的操作,如图2.42所示。操作中需注意,旋紧盖母时不要过分用力,防止盖母脱扣或造成阀门破裂;如更换后仍然泄漏,可再拧紧盖母,直至不渗漏为止。

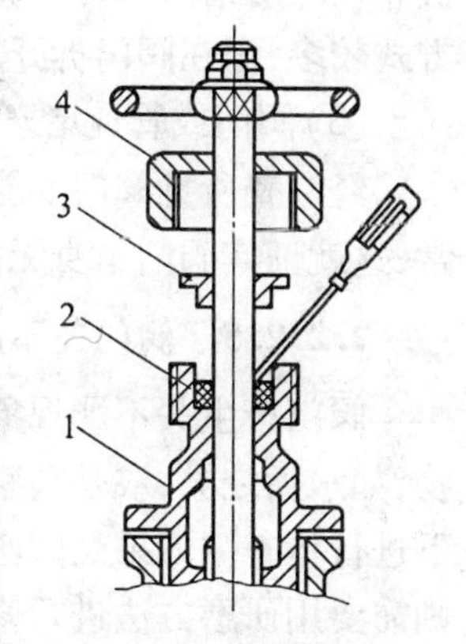

图2.42　小型阀门更换填料操作

1—阀体盖;2—压实填料;3—压盖;4—螺母式盖母

对于不经常启闭的阀门,一经使用易产生泄漏,原因是填料变硬,阀门转动后阀杆与填料间产生了间隙。修理时首先按松扣方向将盖母转动,然后按旋紧的方向旋紧盖母即可。如用上述方法不见效果,说明填料已失去了应有弹性,应更换填料。

2)较大阀门压盖泄露检修

较大规格(一般大于DN50)的阀门,采用一组螺栓夹紧法兰压盖来压紧填料。更换

填料时,首先拆卸螺栓,卸下法兰压盖,取出填料函中的旧填料并清理干净。填料前,用成型的石墨石套棉绳或盘根绳(方形或圆形均可),按需要的长度剪成小段,并预先做好填料圈。放入填料圈时,注意各层填料接缝要错开,并同时转动阀杆,以便检查填料紧固阀杆的松紧程度。更换填料时,除应保证良好的密封性外,尚需使阀杆转动灵活。

(2)不能开启或开启不通气、不通水

阀门长期关闭,由于锈蚀而不能开启。开启这类阀门时可用振打方法,使阀杆与盖母(或法兰压盖)之间产生微量的间隙。如仍不能开启时,可用扳手或管钳转动手轮,转动时应缓慢地加力,不得用力过猛,以免将阀杆扳弯或扭断。

阀门开启后不通气、不通水,可能有以下几种情况:

1)闸阀

在检查中发现,阀门开启不能到头,关闭时也关不到底。这种现象表明阀杆已经滑扣,由于阀杆不能将闸板提上来,俗称吊板现象,导致阀门不通。遇到这种情况时,需拆卸阀门,更换阀杆或更换整个阀门。

2)截止阀

如有开启不能到头或关闭不能到底现象,属于阀杆滑扣,需更换阀杆或阀门。如能开到头和关到底,是阀芯(阀瓣)与阀杆相脱节,采取下述方法修理:小于或等于 DN50 的阀门,将阀盖卸下,将阀芯取出,阀芯的侧面有一个明槽,其内侧有一个环形的暗槽与阀杆上的环槽相对应。修理时,将阀芯顶到阀杆上,然后从阀芯明槽将直径与环形槽直径相同的铜丝插入阀杆上的小孔(不透孔),当用于使阀杆与阀芯作相对转动时,铜丝就会自然地被卷入环形槽内,如此阀芯就被连在阀杆上了。大于 DN50 的阀门,因其阀芯与阀杆连接方式较多,需在阀门拆开后,根据其连接方式和特点进行修理。

(3)阀门或管道堵塞

经检查所见阀门既能开启到头,又能关闭到底,且拆开阀门见阀杆与阀芯间连接正常,这就证实阀门本身无故障,需要检查与阀门连接的管道有无堵塞现象。

2.2.2.5 阀门关不严

阀门产生关不严现象,对于闸阀和截止阀来说,可能是由于阀座与阀芯之间卡有脏物,如水垢之类,或是阀座、阀芯有被划伤之处,致使阀门无法关严。修理时,需将阀盖拆下进行检查。如果是阀座与阀芯之间卡住了脏物,应清理干净,如属阀座或阀芯被划伤,则需要用研磨方法进行修理。对于经常开启着的阀门,由于阀杆螺纹上积存着铁锈,当偶然关闭时也会产生关不严的现象。关闭这类阀门时,需采取将阀门关了再开,开了再关的方法,反复多次地进行后,即可将阀门关严。对于少数垫有软垫圈的阀门,关不严多属垫圈被磨损,应拆开阀盖,更换软垫圈即可。

2.2.2.6 阀门关不住

所谓关不住,是指明杆闸阀在关闭时,虽转动手轮,阀杆却不再向下移动,且部分阀杆仍留在手轮上面。遇到这种现象,需检查手轮与带有阴螺纹的铜套之间的连接情况,若前者为键连接,一般是因为键失去了作用,键与键槽咬合得松,或是键质量不符合要求。为此,需修理键槽或重新配键。

阀杆与带有阴螺纹的铜套间非键连接的闸阀,易产生阀杆与铜套螺纹间的“咬死”现象,而导致手轮、铜套和阀杆连轴转。产生这种现象的原因,是在开启阀门时,用力过猛而开过了头。修理时,可用管钳咬住阀杆无螺纹处,用手按顺时针方向扳动手轮,即可将“咬”在一起的螺纹松脱开来,从而恢复阀杆的正常工作。

2.2.3　水泵的安装

水泵的种类很多,在建筑给水系统中一般采用离心式水泵。就其安装形式可分成两类,即带底座水泵和不带底座水泵。带底座水泵是指水泵与电动机一起固定于一个底座上,又称整体式水泵,泵与电动机通过联轴器(靠背轮)传动,传动效率较高;不带底座水泵是指水泵与电动机分别设基础,传动靠皮带间接传动,传动效率低,又称分体式水泵。

工程上所安装使用的水泵,多为带底座的水泵,本节以带混凝土基础底座水泵的安装为例,进行介绍。IS 型水泵(不减振)安装如图 2.43 所示。

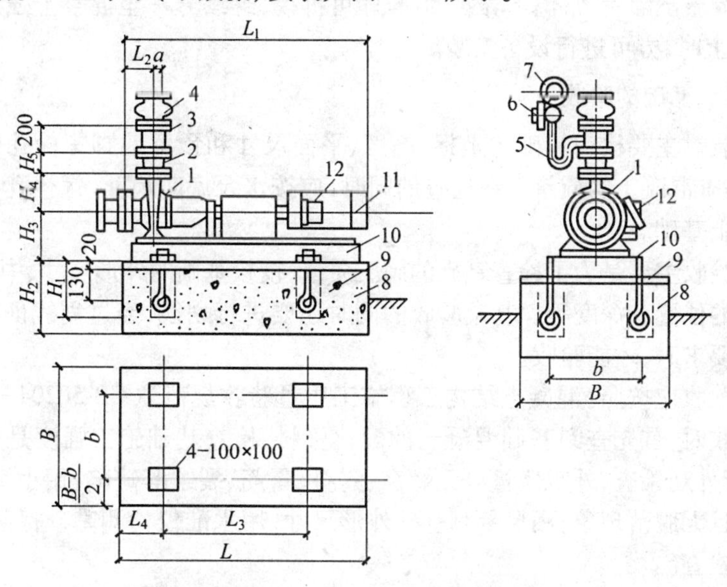

图 2.43　IS 型水泵(不减振)安装

1—水泵;2—吐出管;3—短管;4—可曲挠接头;5—弯管;6—旋塞;7—压力表;8—混凝土基础;9—地脚螺栓;10—底座;11—电动机;12—接线盒

水泵安装的工艺流程为:基础的放线定位──→基础施工──→水泵安装──→配管及安装附件──→试运转──→故障排除。

2.2.3.1　基础的放线定位

基础的放线定位就是确定设备的安装位置,是与支基础混凝土模板同时进行的。设备的安装位置是由设计确定的,放线时以设备平面布置图上拟定的尺寸为准,然后在设备间内找到平面图上所给定的尺寸基准。一般多选择纵、横两方向的墙面作为基准面,用皮尺或钢卷尺定出设备的中心线位置,即混凝土基础的中心线。再以中心线为准,按设备基础的外形轮廓尺寸支好模板。

对有部分基础埋于地下的,应先进行土方开挖。达到基础深度后,对于土质软弱的场合,还应对地基进行夯实,再按基础外形尺寸支好模板。支好模板后,还应认真进行尺寸的校核。对于多台设备的安装,应一次将基础模板支好。

水泵基础要求顶面应高于地面 100 ~ 150 mm,基础平面尺寸比设备底座长度和宽度各长 100 mm、150 mm。

2.2.3.2 基础混凝土的施工

基础混凝土的施工采用浇灌法,就是将搅拌好的混凝土砂浆浇灌于支好的模板内并捣实。浇筑混凝土前,对需预埋地脚螺栓和预埋铁件的,应按地脚螺栓和铁件的位置及标高将其摆放好,需预留地脚螺栓孔的,按地脚螺栓孔的位置和深度,摆好 100 mm×100 mm 的方木,预留地脚螺栓孔,并注意在混凝土硬化前拔出。预留地脚螺栓孔的基础浇灌后,上表面不必抹平,即将混凝土的粗糙表面原样保留,待设备就位,经二次灌浆后再用细石混凝土连同基础一道抹平压光。

基础混凝土浇灌后,常温下养护 48 h 即可拆模,继续养护至混凝土强度达到设计要求的 75% 以上时,方可进行设备安装。

2.2.3.3 基础的验收

水泵安装时主要检查基础的坐标、高度、平面尺寸和预留地脚螺栓孔位置、大小、深度,同时应检查混凝土的质量。在检查的同时,应按水泵底座尺寸、螺栓孔中心距等尺寸来核对混凝土基础。

基础的验收主要是为了检查基础的施工质量,校核基础的外形尺寸、中心线偏差以及地脚螺栓孔的位置和深度等。基础验收的同时还要进行划线,经过划线证明基础的施工能满足安装要求时,才能验收。

基础的验收应按照《混凝土结构工程施工质量验收规范》(GB 50204—2002)有关规定进行。验收时,首先查阅基础混凝土的配比资料,检查基础施工强度是否符合设计要求;其次进行外观检查,外观质量应无蜂窝、露石、露筋、裂纹等缺陷;用小锤轻轻敲击,声音应清脆而且无脱落现象;用尺量测基础外形尺寸,用水准仪检测基础标高,并经过在基础面上划线检查。

设备基础检查验收时要填写水泵安装验收记录。

2.2.3.4 水泵安装

水泵安装前应对水泵进行以下检查:

(1)按水泵铭牌检查水泵性能参数,即水泵规格型号、电动机型号、功率、转速等。

(2)设备不应有损坏和锈蚀等情况,管口保护物和堵盖应完整。

(3)用手盘车应灵活,无阻滞、卡住现象,无异常声音。

在对水泵进行检查的同时,在设备底座四边画出中心点,并在基础上也画出水泵安装纵横中心线。灌浆处的基础表面应凿成麻面,被油玷污的混凝土应凿除。最后把预留孔中的杂物除去。

对铸铁底座上已安装好水泵和电动机的小型水泵机组,可不做拆卸而直接投入安装,其安装程序如下。

1. 吊装就位

将泵连同底座吊起，除去底座底面油污、泥土等脏物，穿入地脚螺栓并把螺母拧满扣，对准预留孔将泵放在基础上，在底座与基础之间放上垫铁。吊装时绳索要系在泵及电动机的吊环上，且绳索应垂直于吊环，如图 2.44 所示。

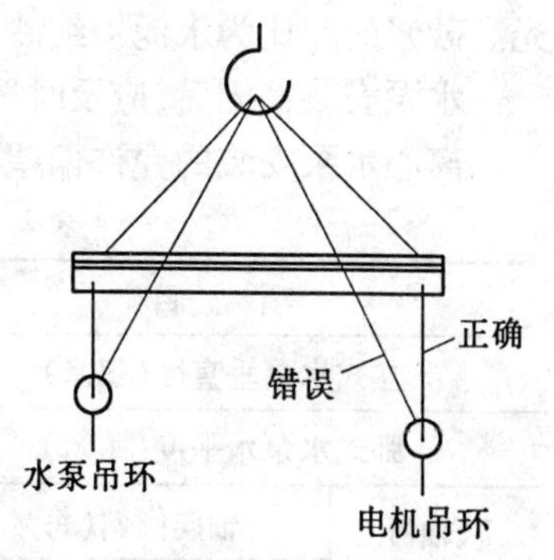

图 2.44　水泵吊装

2. 位置调整

调整底座位置，使底座上的中心点与基础上的中心线重合。

3. 水平调整

把水平尺放在水泵底座加工面上检查是否水平，不平时用垫铁找平。找平同时应使底座标高满足安装要求。泵的水平度不得超过 0.1 mm/m。

4. 同心度调整

水泵和电动机同心度的检测，可用钢角尺检测其径向间隙，也可用塞尺检测其轴向间隙，如图 2.45 所示。把直角尺放在联轴器上，沿轮缘周围移动，若两个联轴器的表面均与角尺相靠紧，则表示联轴器同心，四处间隙的任何两处误差应保持在 3 mm/100 mm 以内，且最大值不应超过 0.08 mm。如图 2.46 所示，用塞尺在联轴器间的上下左右对称四点测量，若四处间隙相等，则表示两轴同心，图中 *bb′* 的误差值保持在 5 mm/100 mm 以下，且不超过 2 ~4 mm。当两个联轴器的径向和轴向均符合要求后，将联轴器的螺栓拧紧。

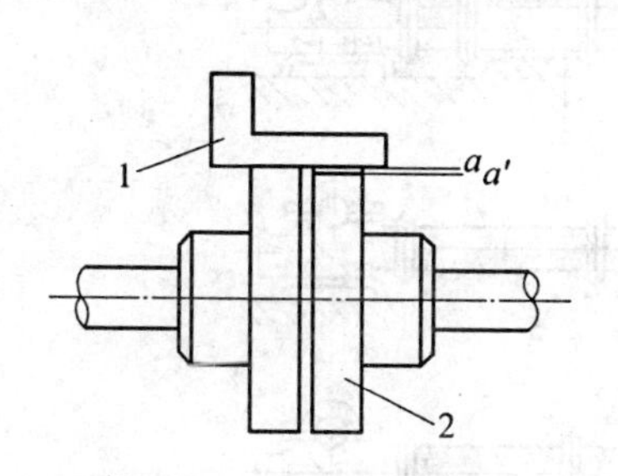

图 2.45　径向间隙的测定

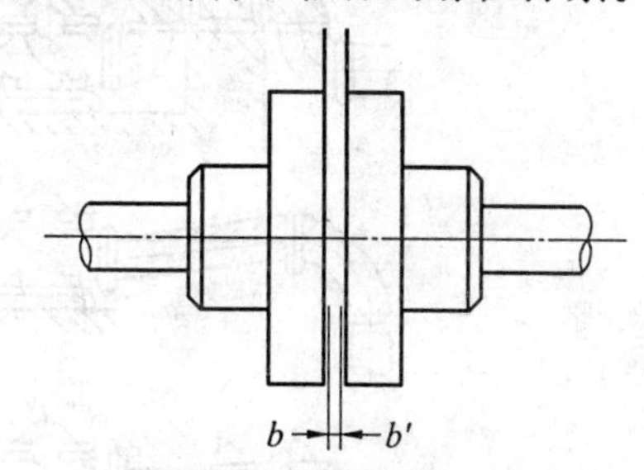

图 2.46　轴向间隙的测定

5. 二次浇灌

在水泵就位后的各项调整合格后，将地脚螺栓上的螺母拧好，然后把细石混凝土捣入基础螺栓孔内，浇灌地脚螺栓孔的混凝土应比基础混凝土强度等级高一号。

二次浇灌应保证使地脚螺栓与基础结为一体。待混凝土强度达到规定强度的 75% 后，对底座的水平度和水泵与电动机的同心度再进行一次复测并拧紧地脚螺栓。安装地脚螺栓时应达到以下要求：

(1) 地脚螺栓的铅垂度不应超过 10 mm/1 000 mm；螺栓与孔壁的距离应大于 15 mm。

(2) 地脚螺栓底端不应触及孔底。

(3) 地脚螺栓上的油脂和污垢应清除干净，其螺纹部分应涂油脂。

(4) 螺母与垫圈间和垫圈与设备底座间的接触均应良好。

(5) 拧紧螺母后，螺栓必须露出螺母 1.5 ~5 个螺距。

(6) 基础抹面：将底座与基础面之间的缝隙填满砂浆，并和基础面一道用抹子抹平压光。砂浆的配比为水泥：细砂=1：2。

水泵安装稳固后,应及时填写“水泵安装验收记录”。

离心水泵安装的允许偏差和检验方法见表2.32。

表2.32　离心水泵的允许偏差和检验方法

项目		允许偏差/mm	检验方法
立式水泵垂直度(每米)		0.1	水平尺和塞尺检查
卧式水泵水平度(每米)		0.1	水平尺和塞尺检查
联轴器同心度	轴向倾斜(每米)	0.8	在联轴器相互垂直的四个位置上用水平仪、百分表或测微螺钉和塞尺检查
	径向位移	0.1	

2.2.3.5　配管及附件的安装

水泵管路由吸入管和压出管两部分组成,吸入管上应装闸阀(非自灌式应在管端装吸水底阀),压出管上应装止回阀和闸阀,以控制关断水流,调节水泵的出水流量和阻止压出管路中的水倒流,这就是俗称的“一泵三阀”。水泵配管的安装要求如下:

(1)自灌式水泵吸水管的底阀在安装前应认真检查其是否灵活,且应有足够的淹没深度。

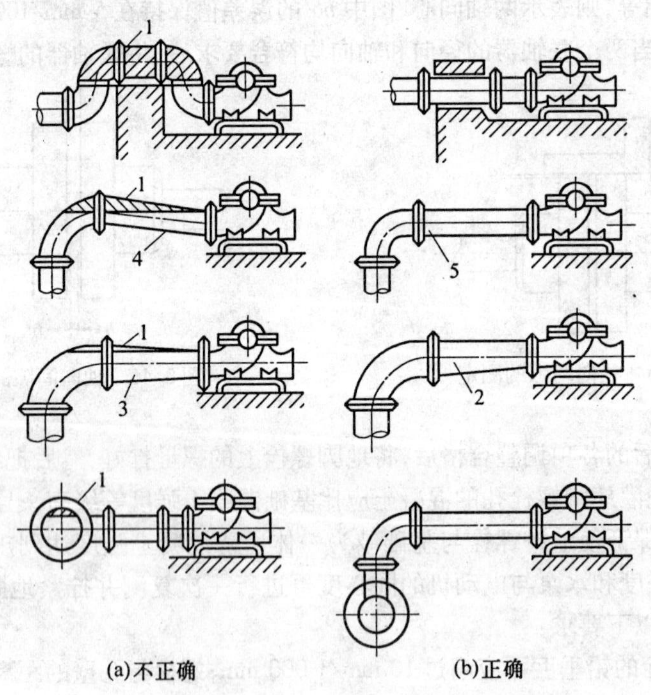

图2.47　水泵吸水管安装

1—空气团;2—偏心减缩管;3—同心减缩管;4—水泵接管向水泵下降;5—水泵接管向水泵上升

(2)吸水管的弯曲部位尽可能做得平缓,并尽量减少弯头个数,弯头应避免靠近泵的进口部位。

(3)水泵的吸水管与压出管管径一般与吸水口口径相同,而水泵本身的压水口要比其进水口口径小1号,因此,压水管一般以锥形变径管和水泵连接,如图2.47所示。

(4)从图2.47中还可看出,水泵与进、出水管的连接多为柔性连接,即通过可挠曲接头与管路连接,以防止泵的振动和噪声传播。

(5)与水泵连接的水平吸水管段,应有0.01~0.02的坡度,使泵体处于吸水管的最高部位,以保证吸水管内不积存空气。

(6)为避免水泵吸水时相互干扰或影响,水泵吸水管之间或吸水管与池壁、池底之间在安装时应满足一定尺寸要求,如图2.48所示。

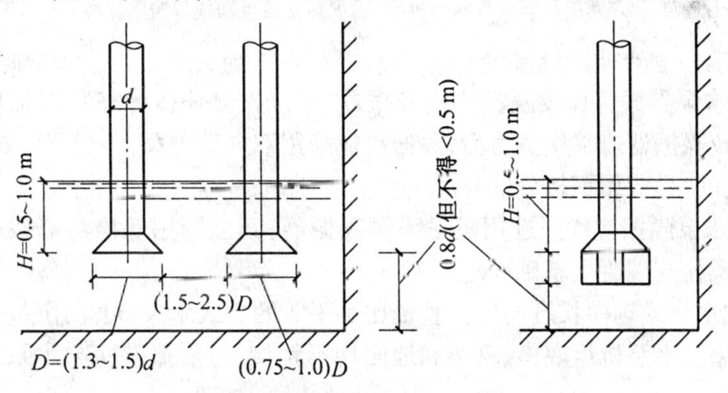

图2.48 吸水管进水口在吸水池中的位置

(7)水泵的吸水口与大直径管道连接,应采用偏心异径管件。且偏心异径管件的斜部在下,以防止积存空气,如图2.47所示。

2.2.3.6 水泵隔振降噪措施及其系统安装

1.水泵机组隔振的主要方式

(1)综合治理。水泵机组的振动和噪声是由多种因素造成的,需要综合治理才能有效地降低振动产生的影响。

(2)区分主次。隔振以振源的选择和控制为主,防治为辅;隔振以机组隔振为主,隔声吸声为辅;隔振技术以设备隔振为主,管道和支架隔振为辅。

(3)技术配套。水泵机组隔振包括机组隔振、管道安装可曲挠接头、管道支架采用弹性吊架及管道穿墙处的隔振等方式。

2.水泵机组隔振

(1)选用低噪声和高品质的水泵,这是降低噪声和控制振源的最好办法。

(2)水泵机组的隔振方法主要由隔振基座(惰性块)、隔振垫(隔振器)及固定螺栓等组成,卧式水泵、立式水泵减振方法如图2.49和图2.50所示。

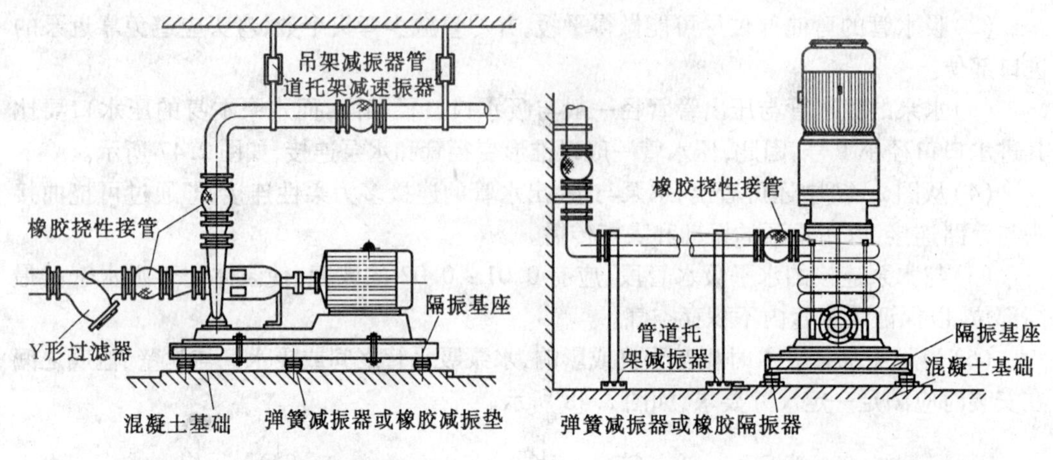

图 2.49 卧式水泵减振方法

图 2.50 立式水泵减振方法

(3)卧式水泵隔振宜加设隔振垫或隔振器、设隔振基座。弹簧隔振器应采用阻尼弹簧隔振器,橡胶隔振器应采用剪力型,隔振垫应采用双向剪力型。隔振垫放在隔振基座和混凝土基础之间,且应用钢板分隔开。

(4)立式水泵隔振应优先选用阻尼弹簧隔振器,其上端用螺栓与隔振基座和钢垫板固定,下端用螺栓与混凝土基础固定。

小型立式水泵或轴向长度与轴向直径比小于3的立式水泵,可采用硬度为40的橡胶隔振垫,隔振垫与水泵机组底座、钢垫和地面均不粘接,但隔振基座与水泵底座间应用螺栓固定。

3. 隔振垫

目前常见的SD型橡胶隔振垫(如图2.51所示),可按全国通用建筑标准图集《水泵隔振及其安装》选用。

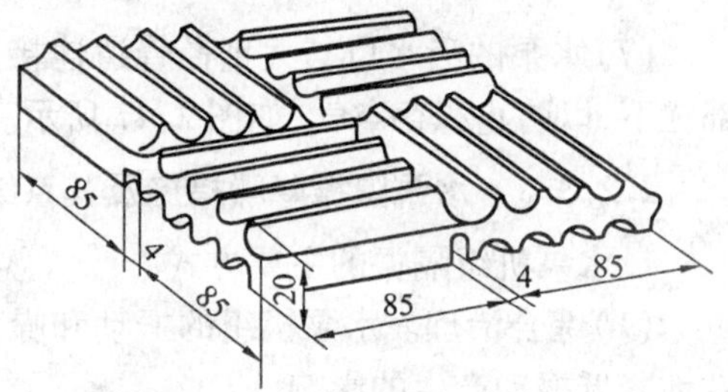

图 2.51 SD型橡胶隔振垫

隔振垫的安装要求如下:

(1)按水泵机组的中轴线对称布置。

(2)设6个支撑点时,4个应在混凝土惰性块或钢机座的四角,另2个在边线上;并调整其位置,使隔振元件的压缩变形量尽可能保持一致。

(3)隔振垫的边线不得超过惰性块的边线,型钢机座的支承面积应不小于隔振元件顶部的支承面积。

(4)如隔振垫单层布置不能满足要求时,可多层叠放,但不宜多于5层,且型号、块数、面积、硬度等应一致。

(5)橡胶隔振垫多层串联设置时,每层隔振垫之间用厚度不小于4 mm的镀锌钢板隔开,钢板应平整。隔振垫与钢板应用氯丁-酚醛型或丁腈型粘合剂粘接,粘接后加压固化24 h。镀锌钢板的平面尺寸应比橡胶隔振垫各个端部大10 mm。镀锌钢板上、下层粘接的橡胶隔振垫应交错设置。

(6)同一台水泵机组的各个支撑点的隔振元件,其型号、规格和性能应一致。支撑点数应为偶数，且不小于4个。

(7)施工安装前，应检查隔振元件，支装时应使隔振元件的静态压缩变形量不超过最大允许值。

(8)水泵机组隔振元件应避免与酸、碱和有机溶剂等物质接触。

(9)水泵机组安装时，安装水泵机组的支承地面要平整，且应具备足够的承载能力。

4. 隔振器

目前广泛使用的隔振器有橡胶隔振器、阻尼弹簧隔振器等。

橡胶隔振器是由金属框架和外包橡胶复合而成的隔振器，能耐油、海水、盐和日照等。具有承受垂直力、剪力的功能。阻尼比 D 约为0.08，额定荷载下的静变形小于5 mm。

阻尼弹簧隔振器是由金属弹簧隔振器和外包橡胶复合而成。具有钢弹簧隔振器的低频率和橡胶隔振器的大阻尼的双重优点。它能消除弹簧隔振器存在的共振时振幅激增的现象，并能解决橡胶隔振器固有频率较高应用范围狭窄的问题，是较好的隔振器。阻尼比 D 约为0.07，工作温度为-30～+100 ℃，固有频率为2.0～5.0 Hz，荷载范围为110～35 000 N。

2.2.3.7　管道及管道支架隔振

1. 管道隔振的基本要求

(1)当水泵机组采取隔振措施时，水泵吸水管和出水管上均应采用管道隔振元件。

(2)管道隔振元件应具有隔振和位移补偿双重功能。一般宜采用以橡胶为原料的可曲挠管道配件。

(3)当水泵机组采取隔振措施时，在管道穿墙和楼板处，均应采取防固体传声措施。主要办法是在管道穿过墙体和楼板处填充或缠绕弹性材料。

2. 可曲挠橡胶接头的安装要求

(1)管道安装应在水泵机组元件安装24 h后进行。

(2)安装在水泵进、出水管上的可曲挠橡胶接头，必须设在阀门和止回阀的内侧，即靠近水泵的一侧，以防止接头被水泵在停泵时产生的水锤压力所破坏（在吸水管上的可曲挠橡胶接头应便于检修和更换），其安装示意图如图2.52所示。

(3)可曲挠橡胶管道配件应在不受力的自然状态下进行安装，严禁使其处于极限偏差状态。

与可曲挠橡胶管道配件连接的管道均应固定在支架、吊架、托架或锚架上，以避免管道的重量由可曲挠橡胶管道配件承担。

(4)法兰连接的可曲挠橡胶配件，其特制法兰与普通法兰连接时，螺栓的螺杆应朝向普通法兰一侧。每一端面的螺栓应对称逐步均匀加压拧紧，所有螺栓的松紧程度应保持一致。

(5)法兰连接的可曲挠橡胶管道配件串联安装时，在两个可曲挠橡胶管道配件的松套法兰中间应加设一个用于连接的平焊钢法兰，以平焊钢法兰为支柱体，同时使橡胶管道配件的橡胶端部压在平焊钢法兰面上，做到接口处严密。

(6)当对可曲挠橡胶管道配件的压缩或伸长的位移量有控制时，应在可曲挠橡胶管道配件的两个法兰间设限位控制杆。

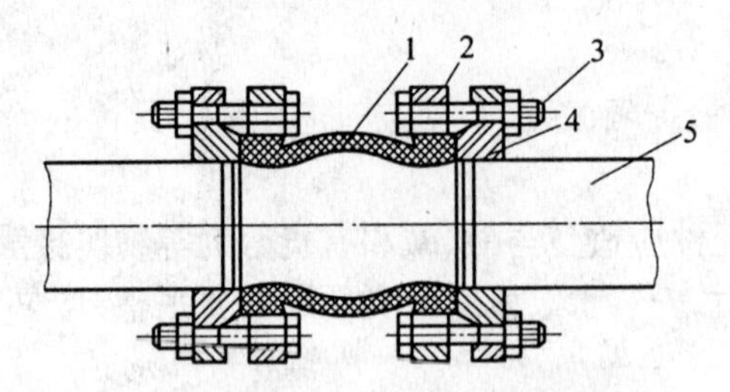

图 2.52　可曲挠橡胶接头安装示意图

1—可曲挠橡胶接头;2—特制法兰;3—螺杆;4—普通法兰;5—管道

(7)可曲挠橡胶管道配件应保持清洁和干燥,避免阳光直射和雨雪浸淋。

(8)可曲挠橡胶管道配件应避免与酸、碱、油类和有机溶剂接触,外表禁刷油漆。

(9)当管道需要保温时,保温做法应不影响可曲挠橡胶管道配件的位移补偿和隔振要求。

3. 管道穿墙的隔振

管道穿墙处应留有孔洞,可采用在管道外包隔振橡胶带或在孔洞内填充柔软型填料。

4. 管道支架的隔振

当水泵机组的基础和管道采取隔振措施时,管道支架也应采用弹性支架。弹性支架具有固定架设管道和隔振双重作用。弹簧式弹性吊架如图 2.53 所示,橡胶垫式弹性吊架如图 2.54 所示。

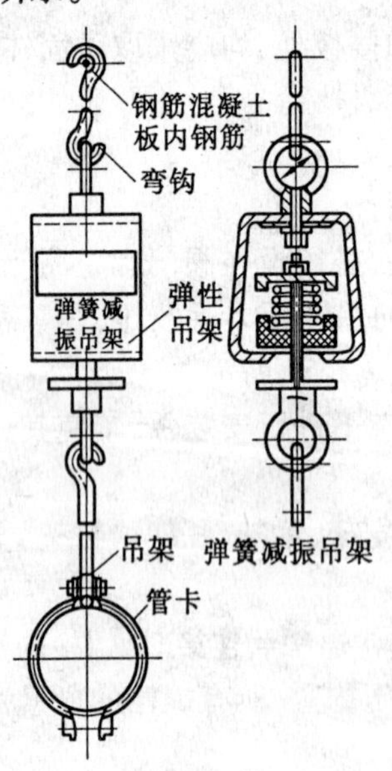

图 2.53　弹簧式弹性吊架

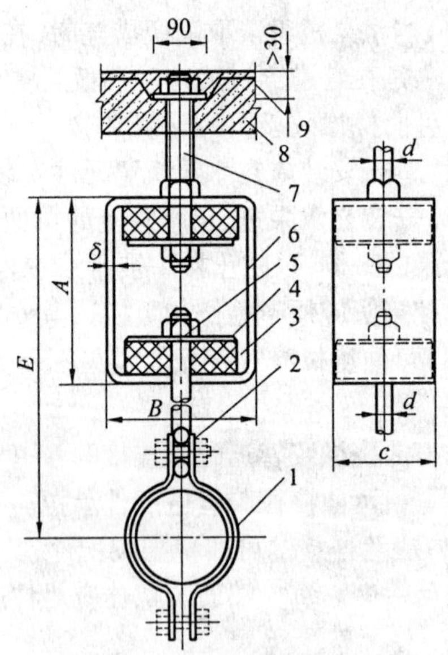

图 2.54　橡胶垫式弹性吊架

1—管卡;2—吊架;3—橡胶隔振器;4—钢垫;5—螺母;6—框架;7—螺栓;8—钢筋混凝土板;9—预留洞填水泥砂浆

2.2.3.8　水泵试运转及故障排除

水泵的试运行是验收交工的重要工序。实践表明,水泵的事故多发生在运行初期。通过试运行及时进行故障排除。

1. 试运行前的检查

水泵试运行前,应做全面检查,经检查合格后,方可进行试运转,检查的主要内容如下:

(1)电动机转向的检查,泵与电动机的转向必须一致。泵的转向可通过泵壳顶部的箭头确定,或通过泵壳外形辨别,如图2.55所示。这时只要启动电动机就可确认泵与电动机的旋转方向是否一致。如转向不一致,可将电动机的任意两根接线调换一下即可。

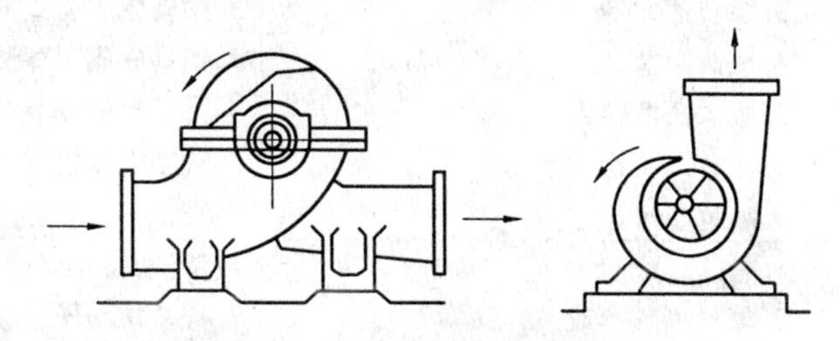

图2.55　根据泵壳判断旋转方向

(2)每个润滑部位应先涂注润滑油脂,油脂的规格、数量和质量应符合技术文件的规定。轴承油箱内的油位应位于油窗的中间。

(3)检查各部位螺栓是否安装完好,各紧固连接部位不应松动。

(4)检查管道上的压力表、止回阀、闸阀等附件是否安装正确完好。吸水管上的阀门是否安全,压出管上的阀门是否关闭。

(5)手盘车应灵活、正常。

2. 水泵的启动

水泵的启动多为"零流量启动",即在出口阀门关闭的状态下启动水泵。当泵启动时,不应使其一下子达到额定转速,应做两、三次反复启闭和停止的操作后,再慢慢地增加到额定转速,达到额定转速后,应立即打开出口阀,出水正常后再打开压力表表阀。

3. 水泵的运行

水泵在设计负荷下连续试运转不少于8 h,并注意以下事项:

(1)压力、流量、温度和其他要求应符合设备技术文件的规定。

(2)无不正常的振动和噪声。

(3)轴承油箱油量及甩油环工作是否正常,滚动轴承温度不应高于75 ℃,滑动轴承不应高于70 ℃。

(4)泄漏量:普通软填料每分钟不超过重10~20滴,机械密封每分钟不超过3滴,如渗漏过多,可适当拧紧压盖螺栓。

(5)运行中流量的调节应通过压出管路上的阀门进行。

(6)检查备用泵和旁通管上的止回阀是否严密,以免运行中介质回流。

(7)注意进出口压力、流量、电流等工况。如压力急剧下降,可能吸入管有堵塞或吸入了污物和空气;如压力急剧上升,可能压出管有堵塞;如电流表指针跳动,可能泵内有磨损现象。

(8)离心泵的停车也应在出口阀全闭的状态下进行。

4.水泵运行故障与处理

水泵运行故障大致分为:泵不出水、流量不足、振动及杂声、消耗功率过大、轴承发热等五个方面。泵试运行的常见故障及排除方法见表2.33。

表2.33　泵试运行的常见故障及排除方法

序号	故障原因	产生的原因	排除的方法
1	泵不出水	1.泵启动前吸入管未注满水 2.吸入管漏气 3.泵转速太低 4.底阀阻塞 5.吸入高度过大 6.泵转向不符 7.扬程超过额定值	1.再次充水直至充满 2.检查吸入管,消除漏气现象 3.用转数表检查并加以调整 4.清理底阀阻塞物 5.降低泵的安装高度 6.改变电动机接线,使泵正转 7.降低扬程至额定值范围
2	流量不足	1.管路或底阀淤塞 2.填料不紧密或破碎而漏气 3.皮带太紧打滑,转速低 4.吸入管不严密 5.出水闸阀未全部开启 6.抽吸流体温度过高 7.转速降低	1.清洗管路.底阀及泵体 2.拧紧填料压盖或更换填料 3.调紧皮带松紧度或更换皮带 4.检查泄露处,消除泄露 5.开启 6.适当降低抽吸流体的温度 7.检查电压,使供电正常
3	振动和杂声	1.泵和电动机不同心 2.轴弯曲.轴和轴承磨损大 3.流量太大 4.吸入管阻力太大 5.吸入高度太大	1.校正同心度 2.校正或更换泵轴及轴承 3.关闭压出管闸阀,调节出水量 4.检查吸水管及底阀,减小阻力 5.降低泵的安装高度
4	消耗功率过大	1.填料函压得太紧 2.叶轮转动部分和泵体摩擦 3.泵内部淤塞 4.止推轴颈磨损,温度升温 5.转速太高,流量.扬程不符	1.放松填料压盖螺母 2.检查泵轴承间隙,消除摩擦 3.检查清洗泵内部 4.更换轴承 5.调节转速
5	轴承发热	1.润滑油(脂)过多或过少 2.泵和电机不同心 3.滚珠轴承和托架压盖间隙小 4.皮带过紧 5.润滑油(脂)质量不佳	1.过多的减少,不足的补加 2.校正同心度 3.拆开压盖加垫片,调整间隙值 4.调整皮带松紧度 5.更换润滑油(脂)

2.2.4　水箱的安装

按用途不同水箱可分为高位水箱、减压水箱、冲洗水箱、断流水箱等多种类型。这里主要介绍在给水系统中使用较广的起到保证水压和贮存、调节水量的高位水箱。图2.56

为水箱的配管与附件的示意图。

2.2.4.1　水箱的布置与安装

(1)水箱间的位置应结合建筑、结构条件,便于管道布置,尽量缩短管线长度。水箱间应有良好的通风、采光和防蚊蝇措施,室内最低气温不得低于5 ℃。水箱间的净高不得低于2.2 m,并能满足布管要求,水箱间的承重结构应为非燃烧材料。

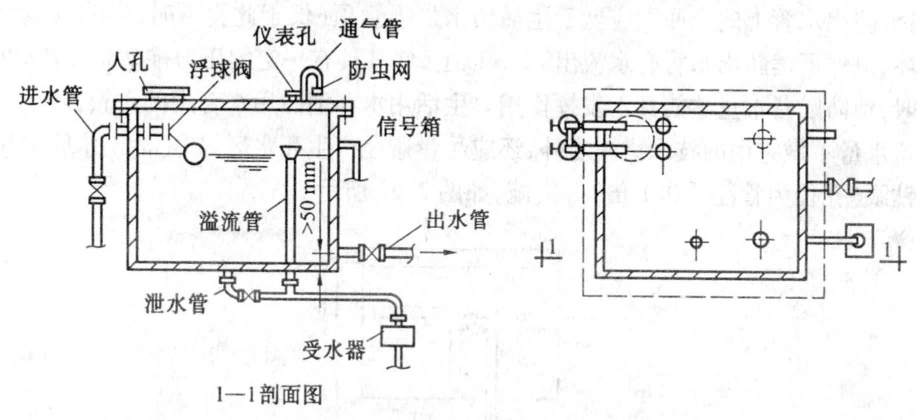

图2.56　水箱配管、附件示意图

(2)水箱布置间距要求见表2.34。对于大型公共建筑和高层建筑,为保证供水安全,宜将水箱分为两格或设置两个水箱。

表2.34　水箱布置间距

(m)

形式	箱外壁至墙面的距离		水箱之间的距离	箱顶至建筑最低点的距离
	有阀一侧	无阀一侧		
圆形	0.8	0.5	0.7	0.8
矩形	1.0	0.7	0.7	0.8

(3)金属水箱的安装用槽钢(工字钢)梁或钢筋混凝土支墩支承。为防水箱底与支承接触面发生腐蚀应在它们之间垫以石棉橡胶板、橡胶板或塑料板等绝缘材料。

水箱底距地面宜有不小于800 mm的净空高度,以便安装管道和进行检修。

有些建筑对抗震和隔声有要求时,水箱的安装方法参见《给水排水设计手册》第2册。

2.2.4.2　水箱配管、附件安装

1. 进水管

水箱进水管一般从侧壁接入,也可从底部或顶部接入,但应有防回流污染的措施。

当水箱利用管网压力进水时,进水管水流出口应尽量装液压水位控制阀或者浮球阀,控制阀由顶部接入水箱,当管径≥50 mm时,其数量一般不少于两个,每个控制阀前应装有检修阀门。当水箱利用加压泵压力进水并利用水位升降自动控制加压泵运行时,不应装水位控制阀。

2. 出水管

水箱出水管可从侧壁或底部接出。出水管内底(侧壁接出)或管口顶面(底部接出)应高出水箱内底不少于 50 mm。出水管上应设置内螺纹(小口径)或法兰(大口径)闸阀,不允许安装阻力较大的截止阀。当需要加装止回阀时,应采用阻力较小的旋启式止回阀代替升降式止回阀,止回阀标高应低于水箱最低水位 1 m 以上。生活与消防合用一个水箱时,消防出水管上的止回阀应低于生活出水虹吸管顶(低于此管顶时,生活虹吸管真空被破坏,只保证消防出水管有水流出)2 m 以上,使其具有一定的压力推动止回阀,在火灾发生时,消防贮备水量才能真正发挥作用。生活用水和消防用水合用的水箱,除了确保消防贮备水量不做它用的技术措施之外,还应尽量避免产生死水区,如生活出水管采用虹吸管顶钻眼(孔径为管径的 0.1 倍)等措施,如图 2.57 所示。

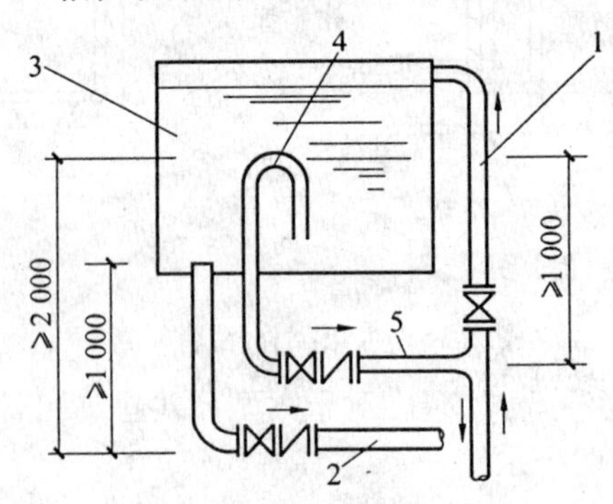

图 2.57　生活用水和消防用水合用水

3. 溢水管

水箱溢水管可从侧壁或底部接出,溢流管的进水口宜采用水平喇叭口集水(若溢流管从侧壁接出,喇叭口下的垂直距离不宜小于溢流管径的 4 倍)并应高出水箱最高水位 50 mm,溢流管出口应设网罩,管径应比进水管大一级。在水箱底 1 m 以下管段可用大小头缩成等于进水管管径。

溢水管不得与排水系统直接连接,必须采用间接排水。

4. 泄水管

水箱泄水管应从底部最低处接出。泄水管上装设内螺纹或法兰闸阀(不应装截止阀)。

泄水管可与溢水管相接,不得与排水系统直接连接。泄水管管径在无特殊要求时,一般采用不小于 50 mm。

5. 通气管

供生活饮用水的水箱应设有密封箱盖,箱盖上应设有检修人孔和通气管。通气管可伸至室内或室外,但不得伸到产生有害气体的地方,管口应有防止灰尘、昆虫和蚊蝇进入的滤网,一般应将管口朝下设置。通气管上不得装设阀门、水封等妨碍通气的装置。通气管管径一般不小于 50 mm。

6. 水位信号装置

水位信号装置是反映水位控制失灵报警的装置。可在溢流管口(或内底)齐平处设信号管,一般至水箱侧壁接出,常用管径为15 mm,其出口接至经常有人值班房间的洗涤盆上。

7.水箱满水试验

水箱组装完毕后,应进行满水试验。关闭出水管和泄水管,打开进水管,边放水边检查,放满为止,经2~3 h,不渗水为合格。

单元三 建筑室内给水管道试压与验收

2.3.1 建筑室内给水管道试压

室内给水管道安装完毕即可进行试压,试验压力为工作压力的1.5倍,且不小于0.6 MPa,不大于1.0 MPa。试压步骤如下。

2.3.1.1 准备

将试压用的水泵、管材、管件、阀件、压力表等工具材料准备好,并找好水源。压力表必须经过校验,其精度不得低于1.5级,且铅封良好。

2.3.1.2 接管

试压泵与系统的接管,如图2.58所示。由于试压泵种类不同,本图仅供参考,具体接法可按现场具体情况确定。

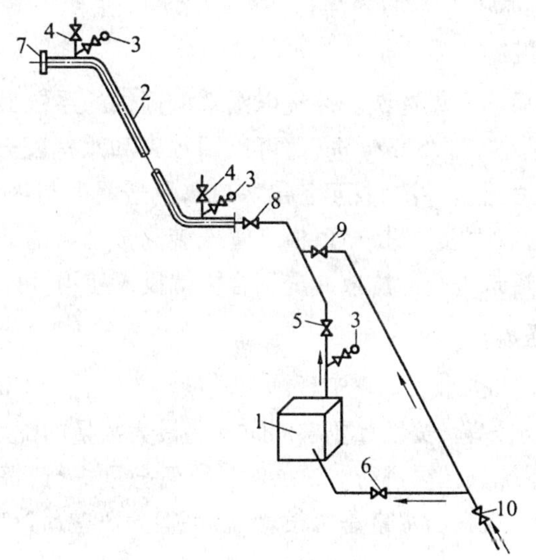

图2.58 试压泵与系统的接管

1—试压泵;2—受试管道;3—压力表;4—放气阀;5,6—试压闸阀;7—受试管道盲管;8,9,10—球阀

2.3.1.3 试压

先将室内给水引入管外侧用堵塞板堵塞室内各配水设备(如水嘴、球阀等),一律不

得安装，并将敞开管口堵严；在试压系统的最高点设排气阀，以便向系统充水时排气，并对系统进行全面检查，确认无遗漏项目时，即可向系统内充水加压。试验时升压不能太快。当升至试验压力时停止升压，开始记试压时间。并注意压力的变化情况，在 10 min 内压力降不得超过 0.05 MPa 为强度试验合格。之后将试验压力降至工作压力对管网作全面外观检查，以不漏不渗为严密性试验合格。

试压合格后，要及时填写“管道系统试验记录”，并交相关人员签字。

2.3.1.4 拆除

试压合格后，将管网中的水排尽，同时将试压用的水泵、阀件、管件、压力表等拆除，并卸下所有临时用堵头，装上给水配件。如暂不能或不需要装给水配件或卫生器具，则可不必拆除堵头，在安装给水配件或卫生器具时再拆。

2.3.1.5 试压注意事项

(1)试压时一定要排尽空气，若管线过长可在最高处(或多处)排空。

(2)试压时应保证压力表阀处于开启状态，直至试压完毕。

(3)试压时，如发现螺纹或配件处有小的渗漏，可上紧至不漏为合格，若渗漏较大则需将水排除后再进行修理。

(4)若气温低于 5 ℃，应用温水进行试压，并采取防冻措施。试压完毕应及时将管网内的存水放净，不得隔夜，以免冻坏管道。

(5)隐蔽管道要在隐蔽前进行试压。

2.3.1.6 管道冲洗

管道在试压完成后即可做冲洗。冲洗以图纸上提供的系统最大设计流量进行(如果图纸没有，则以流速不小于 1.5 m/s 进行，可以用秒表和水桶配合测量流速，计量 4 次取平均值)，用自来水连续进行冲洗，直至各出水口水色透明度与进水透明度目测一致为合格，冲洗合格后办理验收手续。进户管、横干管安装完成后可进行冲洗，每根立管安装完成后可单独冲洗。管道未进行冲洗或冲洗不合格就投入使用，可能会引起管道堵塞。

2.3.1.7 管道通水

交工前按《建筑给水排水及采暖工程施工质量验收规范》(GB 50242—2002)第4.2.2条要求做给水系统通水试验，按设计要求同时开启最大数量的配水点，检查能否达到额定流量，通水试验要分系统分区段进行。试验时按立管分别进行，每层配水支管开启 1/3 的配水点，阀门开到最大，观察出水量是否很急，以手感觉到有劲为宜。

2.3.2 验收

2.3.2.1 给水管道安装时应注意的质量问题

(1)厨卫间立管穿楼板地面处应做出 20 ~ 50 mm 水泥台以防止管根积水。

(2)洞口预留根据图纸审核的结果，绘出管道布置图。在混凝土楼板、墙体浇筑前，设置预留洞，并固定结实防止移位。

(3)管道连接:镀锌给水管道采用螺纹连接。

(4)住宅工程生活给水及生活、消防合用给水管径≥DN125的镀锌钢管,考虑实际加工及管件供应困难时可采用焊接方式,但需将焊口和镀锌层破坏处做防腐处理。

(5)独立的消火栓系统给水管道不使用镀锌管时,可采用焊接但必须保证焊口质量符合施工质量验收规范规定并做防腐处理。

(6)管道距墙:给水支管外皮距墙20~25 mm。给水立管距墙:管径32 mm以下距墙25~35 mm;管径32~50 mm距墙30~50 mm;管径75~100 mm距墙50 mm;管径125~150 mm距墙60 mm。

(7)冷热水立管中心间距为≥80 mm。

(8)活接头安装:埋设管道不得使用活接头、法兰连接;给水立管出地面阀门处,需装活接头;给水装有3个及以上配水点的支管始端,均装活接头;活接头的子口一头安装在来水方向,母口一端安装在去水方向。

(9)管道变径不得采用补心,应使用变径管箍连接;变径管箍安装位置距三通分流处200 mm。

(10)管道冲洗洁净后办理验收手续,之后即可进行管道防腐和保温。

2.3.2.2 建筑给水管道安装的质量验收规范

《建筑给水排水及采暖工程施工质量验收规范》(GB 50242—2002)中,有关建筑室内给水系统安装有如下规定。

1.一般规定

(1)本规范适用于工作压力不大于1.0 MPa的建筑室内给水和消火栓系统,管道安装工程的质量检验与验收。

(2)给水管道必须采用与管材相适应的管件。生活给水系统所涉及的材料必须达到饮用水卫生标准。

(3)管径小于或等于100 mm的镀锌钢管应采用螺纹连接,套丝扣时破坏的镀锌层表面及外露螺纹部分应做防腐处理;管径大于100 mm的镀锌钢管应采用法兰或卡套式专用管件连接,镀锌钢管与法兰的焊接处应二次镀锌。

(4)给水塑料管和复合管可以采用橡胶圈接口、粘接接口、热熔连接、专用管件连接及法兰连接等形式。塑料管和复合管与金属管件、阀门等的连接应使用专用管件连接,不得在塑料管上套丝。

(5)给水铸铁管管道应采用水泥捻口或橡胶圈接口方式进行连接。

(6)铜管连接可采用专用接头或焊接,当管径小于22 mm时宜采用承插或套管焊接,承口应迎介质流向安装;当管径大于或等于22 mm时宜采用对口焊接。

(7)给水立管和装有3个或3个以上配水点的支管始端,均应安装可拆卸的连接件。

(8)冷、热水管道同时安装应符合下列规定:

1)上、下平行安装时热水管应在冷水管上方。

2)垂直平行安装时热水管应在冷水管左侧。

2. 主控项目

(1)建筑室内给水管道的水压试验必须符合设计要求。当设计未注明时,各种材质的给水管道系统试验压力均为工作压力的1.5倍,但不得小于0.6 MPa。

检验方法:金属及复合管给水管道系统在试验压力下观测10 min,压力降不应大于0.02 MPa,然后降到工作压力进行检查,应不渗不漏;塑料管给水系统应在试验压力下稳定1 h,压力降不得超过0.05 MPa,然后在工作压力的1.15倍状态下稳压2 h,压力降不得超过0.03 MPa,同时检查各连接处不得渗漏。

(2)给水系统交付使用前必须进行通水试验并做好记录。

检验方法:观察和开启阀门、水嘴等放水。

(3)生活给水系统管道在交付使用前必须冲洗和消毒,并经有关部门取样检验,符合国家《生活饮用水水质标准》方可使用。

检验方法:检查有关部门提供的检测报告。

(4)建筑室内直埋给水管道(塑料管道和复合管道除外)应做防腐处理。埋地管道防腐层材质和结构应符合设计要求。

检验方法:观察或局部解剖检查。

3. 一般项目

(1)给水引入管与排水排出管的水平净距不得小于1 m。给水与排水管道平行敷设时,两管间的最小水平净距不得小于0.5 mm;交叉铺设时,垂直净距不得小于0.15 m。给水管应铺在排水管上面,若给水管必须铺在排水管的下面时,给水管应加套管,其长度不得小于排水管管径的3倍。

检验方法:尺量检查。

(2)管道及管件焊接的焊缝表面质量应符合下列要求:

1)焊缝外形尺寸应符合图纸和工艺文件的规定,焊缝高度不得低于母材表面,焊缝与母材应圆滑过渡。

2)焊缝及热影响区表面应无裂纹、未熔合、未焊透、夹渣、弧坑和气孔等缺陷。

检验方法:观察检查。

(3)给水水平管道应有2‰~5‰的坡度坡向泄水装置。

检验方法:水平尺和尺量检查。

2.3.2.3　允许偏差

给水管道和阀门安装的允许偏差和检验方法见表2.35。

表2.35　给水管道和阀门安装的允许偏差和检验方法

<table>
<tr><th>项次</th><th colspan="3">项目</th><th>允许偏差/mm</th><th>检验方法</th></tr>
<tr><td rowspan="6">1</td><td rowspan="6">水平管道纵横方向弯曲</td><td rowspan="2">钢管</td><td>每米长</td><td>1</td><td rowspan="6">用水平尺、直尺拉尺和尺量检查</td></tr>
<tr><td>全长25 m以上</td><td>≤25</td></tr>
<tr><td rowspan="2">塑料管
复合管</td><td>每米长</td><td>1.5</td></tr>
<tr><td>全长25 m以上</td><td>≤25</td></tr>
<tr><td rowspan="2">铸铁管</td><td>每米长</td><td>2</td></tr>
<tr><td>全长25 m以上</td><td>≤25</td></tr>
<tr><td rowspan="6">2</td><td rowspan="6">立管垂直度</td><td rowspan="2">钢管</td><td>每米长</td><td>3</td><td rowspan="6">吊线和尺量检查</td></tr>
<tr><td>全长5 m以上</td><td>≤8</td></tr>
<tr><td rowspan="2">塑料管
复合管</td><td>每米长</td><td>2</td></tr>
<tr><td>全长5 m以上</td><td>≤8</td></tr>
<tr><td rowspan="2">铸铁管</td><td>每米长</td><td>3</td></tr>
<tr><td>全长5 m以上</td><td>≤10</td></tr>
<tr><td>3</td><td colspan="2">成排管段和成排阀门</td><td>在同一水平面上间距</td><td>3</td><td>尺量检查</td></tr>
</table>

学习任务三　建筑室内给水工程设计训练

【教学目标】通过项目教学活动,使学生能够独立进行收集及整理加工资料工作;能根据设计任务书,完成建筑室内给水工程设计工作;能进行设计计算及查阅设计手册,具备绘制建筑室内给水系统施工图的能力;培养学生良好的职业道德、自我学习能力、实践动手能力和分析、处理问题的能力,以及诚实、守信、善于沟通和合作的专业素养。

【知识目标】

1. 具备根据设计任务独立确定建筑室内给水系统方案和选择合适的建筑室内给水系统形式的能力;
2. 具备建筑室内给水工程设计程序、方法和技术规范;
3. 掌握建筑室内给水工程设计计算方法。

【主要学习内容】

单元一　建筑室内给水工程设计指导书

3.1.1　设计的目的

通过建筑室内给水工程设计训练,能系统的巩固有关室内给水方面的理论知识,培养学生独立分析和解决问题,以及使用规范、设计手册和查阅参考资料的能力;训练制图、绘图和编写设计说明的技能;培养良好的设计道德和责任感,为今后奠定良好的工作技能基础。

3.1.2　设计内容

确定生活给水设计标准与参数进行用水量计算;选择给水方式,布置给水管道及设备;进行给水管网水力计算及室内所需水压的计算;高位水箱、贮水池容积并确定构造尺寸;选择生活水泵;确定管材及设备;绘制给水系统的平面图、系统图及卫生间大样图。

3.1.3　设计指导书

3.1.3.1　了解工程概况和设计原始资料

(1)通过建筑施工图(建筑总平面图、各层平面图、立面图、剖面图、卫生间大样图等),了解该建筑的位置、建筑面积、占地面积、层数、层高、各个房间的使用功能等,并了解室内最冷月平均气温。从结构施工图上了解其结构形式和墙、梁、柱的尺寸等。

(2)了解建筑的水源情况,建筑附近城市给水管网的位置、埋深、管径、常年可保证的最低水压、最低月平均水温、自来水的总硬度等。

(3)了解建筑给水的其他要求,如卫生洁具的类型、环境安静程度要求等。

3.1.3.2　确定方案

根据设计原始资料和有关的规范，考虑给水系统的设计方案，对多个方案进行比较（适用范围、优点、缺点），并给出图式，确定采用的最佳方案。

3.1.3.3　管网布置及绘制草图

根据采用的方案进行各系统管网布置并绘制草图（给水平面图和系统图），以作为计算的依据和与其他专业（建筑、结构、暖通、电气等）配合时的依据。

3.1.3.4　计算

根据系统图选择配水最不利点，确定最不利计算管路。若在系统图中难以判定配水最不利点，则应同时选择几条。

(1)计算管路，分别计算各管路所需压力，取计算结果最大的作为给水系统所需压力。从配水最不利点开始，以流量变化处为节点，进行节点编号。两个节点之间的管路作为计算管段，将计算管路划分成若干计算管段，并标出两节点间计算管段的长度。列出水力计算表，以便将每步计算结果填入计算表内。

(2)根据建筑的性质选用设计秒流量公式，计算各管段的设计秒流量。根据各设计管段的设计流量和允许流速，查水力计算表确定出各管段的管径、管道单位长度的压力损失、管段的沿程压力损失值。查水力计算表时，一定要明确选用的管材，查相应管材的水力计算表。计算局部水头损失、管路总水头损失。确定给水系统所需压力，选择增压设备，确定水箱设置高度。

①住宅建筑的生活用水：

最大用水时卫生器具给水当量平均出流概率：

$$U_0=\frac{q_0\,m\,K_h}{0.2\,N_g\,T\,3\,600}\quad(\%)$$

计算管段的卫生器具给水当量的同时出流概率：

$$U=\frac{1+\alpha_c(N_g-1)^{0.49}}{\sqrt{N_g}}\quad(\%)$$

计算管段的设计秒流量：

$$q_g=0.2\cdot U\cdot N_g\quad(\mathrm{L/s})$$

当有两条或两条以上具有不同最大用水时卫生器具给水当量平均出流量概率的给水支管的给水干管，该管段的最大时卫生器具给水当量平均出流概率：

$$\overline{U}_0=\frac{\sum U_{0i}N_{gi}}{\sum N_{gi}}\quad(\%)$$

② 宿舍（Ⅰ类、Ⅱ类）、旅馆、宾馆、酒店式公寓、医院、疗养院、幼儿园、养老院、办公楼、商场、图书馆、书店、客运站、航站楼、会展中心、中小学教学楼、公共厕所等建筑的生活给水设计秒流量，按下式计算：

$$q_g=0.2\alpha\sqrt{N_g}\quad(\mathrm{L/s})$$

③ 宿舍（Ⅲ 类、Ⅳ 类）、工业企业的生活间、公共浴室、职工食堂或营业餐馆的厨房、体育场馆、剧院、普通理化实验室等建筑的生活给水管道的设计秒流量，按下式计算：

$$q_g = \sum q_0 N_0 b \quad (\mathrm{L/s})$$

④ 根据设计管段的设计流量和允许流速，查水力计算表确定出各管段的管径和管段单位长度压力损失 i，并计算管段的沿程压力损失值。

$$h_f = i \cdot L \quad (\mathrm{Pa})$$

⑤ 计算管段的局部压力损失（按沿程压力损失的百分数计算），以及管路的总压力损失。

$$h_j = h_f \cdot a\% \quad (\mathrm{Pa})$$

$$H_2 = \sum h_f + \sum h_j \quad (\mathrm{Pa})$$

⑥ 计算水表压力损失。

$$H_3 = \frac{q_B^2}{K_B} \quad (\mathrm{Pa})$$

⑦ 确定系统总设计流量及室内给水系统所需的总压力。

$$H = H_1 + H_2 + H_3 + H_4 \quad (\mathrm{Pa})$$

(3) 若初定为外网直接给水方式，当室外给水管网可利用水压 $H_0 \geqslant$ 给水系统所需压力 H 时，原方案可行；当 H 略大于 H_0 时，可适当放大部分管段的管径，减小管道系统的水头损失，以满足 $H_0 \geqslant H$ 的条件；若 H 比 H_0 大很多，则应修正原方案，在给水系统中增设升压设备。对采用水箱上行下给布置方式的给水系统，应校核水箱的安装高度，若水箱高度不能满足供水要求，可采用提高水箱高度、放大管径、设置管道泵或选用其他供水方式来解决。确定非计算管路各管段的管径。将计算成果标注于草图上。

3.1.3.5　绘图

图纸的绘制应符合我国现行《给水排水制图标准》。根据草图绘制给水总平面图、各层给水平面图、轴测图、卫生间、厨房给水平面详图，高位水箱间、贮水池及水泵间给水平面详图和剖面图。图纸中还应包含设计说明、施工说明、主要设备材料表及图例等。

(1) 给水总平面图。应反映出室内管网与室外管网是如何连接的，内容有室外给水具体平面位置和走向。图上应标注管径、地面标高、管道埋深和坡度、控制点坐标及管道布置间距等。

(2) 各层平面布置图。表达各系统管道和设备的平面位置。通常采用的比例尺为 1 : 100，如管线复杂时可放大至 1 : 50。图中应标注各种管道、附件、卫生器具、用水设备和立管（立管应进行编号）的平面位置，以及管径等。通常是把各系统的管道绘制在同一张平面布置图上。当管线错综复杂，在同一张平面图上表达不清时，也可分别绘制各类管道平面布置图。

(3) 给水详图。表达管线错综复杂的卫生间、厨房、高位水箱间、贮水池及水泵间等，一般采用的比例尺为 1 : 50 ~ 1 : 20，表达的内容同各层平面布置图。

(4) 系统图。表达管道、设备的空间位置和相互关系。各类管道的轴测图要分别绘制。图中应标注管径、立管编号（与平面布置图一致）、管道和附件的标高，排水管道还应标注管道坡度。通常采用的比例尺为 1∶100。设备宜单独绘制比例尺为 1∶50～1∶20 系统图。

(5)设计说明。表达各系统所采用的方案,以便施工人员施工。给水系统,说明选用的给水系统和给水方式,引入管平面位置及管径,升压、贮水设备的型号、容积和位置等。

(6)施工说明。用文字表达工程绘图中无法表示清楚的技术要求。例如,管材的防腐、防冻、防结露技术措施和方法,管道的固定、连接方法,管道试压、竣工验收要求以及一些施工中特殊技术处理措施。说明施工中所要求采用的技术规程、规范和采用的标准图号等一些文件的出处。

(7)设备、材料表。主要表示各种设备、附件、管道配件和管材的型号、规格、材质、尺寸和数量。供概预算和材料统计使用。

3.1.3.6　编制说明书

包括目录、摘要(可用中英文两种文字)、前言、设计原始资料、各系统方案选择、各系统计算过程、小结、主要参考文献等内容。按统一要求进行装订。

单元二　建筑室内给水工程设计实例

3.2.1　设计任务

根据上级有关部门批准的任务书,拟在哈尔滨某大学拟建一栋普通 8 层住宅,总面积近 4 800 m^2,每个单元均为 2 户,每户厨房内设洗涤盆 1 个,卫生间内设浴盆、洗脸盆、大便器(坐式)及地漏各 1 个。本设计任务是建筑单位工程中的给水(包括消防给水)、排水和热水供应等工程项目。

3.2.2　设计资料

1. 建筑设计资料

建筑设计资料包括建筑物所在地的总平面图(图 3.1)、楼层剖面图(图 3.2)、单元给水排水、热水平面图(图 3.3)和建筑各层平面图(图 3.5、3.6)。

本建筑物为 8 层,除顶层层高为 3.0 m 以外,其余各层层高均为 2.8 m,室内、室外高差为 0.9 m,哈尔滨地区冬季冻土深度为 2.0 m。

2. 小区给水排水资料

本建筑南侧的道路旁有市政给水干管作为该建筑物的水源,其口径为 DN300,常年可提供的工作压力为 150 kPa,管顶埋深为地面以下 2.20 m。

城市排水管道在该建筑物的北侧,其管径为 DN400,管内底距室外地坪 2.20 m。

3.2.3　系统选择

根据设计资料,已知室外给水管网常年可保证的给水工作压力为 150 kPa,经估算不满足最不利点的用水要求,如果室内设高位水箱供水,则会带来:①建筑物的立面效果被破坏,水箱间的出现使建筑多了一个设备层;②结构荷载增大,水箱在建筑物的最高层,水箱的重量又比较大,荷载要层层向下传递。因此,选带高位水箱的供水方式不恰当,故室内给水系统的供水应采用水泵和贮水池联合工作的方式。即把室外给水管网所提供的满足《饮用水卫生标准》的自来水送至贮水池,再通过水泵加压送到各用户。

各住户组成独立的给水系统,形成"一户一表"制供水,在室外集中设置水表井。采用下行上给式供水方式,引入管埋地引入到一层室内,干管沿一层地面下敷设,并分出通向各厨房、卫生间的立管。给水管道的室外部分采用给水铸铁管,室内部分采用铝塑复合管,铜件连接。

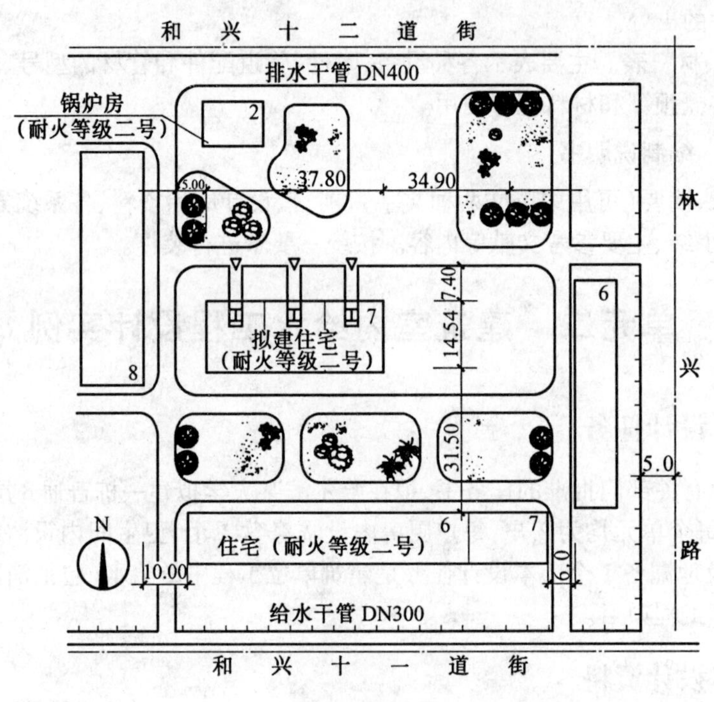

图 3.1　总平面图　1:1 000

3.2.4　设计计算

(1) 给水用水量定额及小时变化系数。依据建筑物的性质和室内卫生设备的完善程度,由表 1.2 查得 $q_d = 210$ L/(人·d),小时变化系数 $K_h = 2.5$。

(2) 最高日用水量计算:

$$Q_d = mq_d$$

式中,m 是用水人数,可按每户 4 人估算,全楼共 48 户,用水人数约为 192 人,则:

$$Q_d/(\text{m}^3 \cdot \text{d}^{-1}) = mq_d = 192 \times 210/1\ 000 = 40.32$$

(3) 最高日最大时用水量计算:

$$Q_h/(\text{m}^3 \cdot \text{h}^{-1}) = \frac{Q_d}{T} K_h = \frac{40.32}{24} \times 2.5 = 4.2$$

(4) 确定计算管路(见图 3.4),进行节点编号,则最不利管路为 1 ~ 17 各管段设计秒流量按下式计算,即

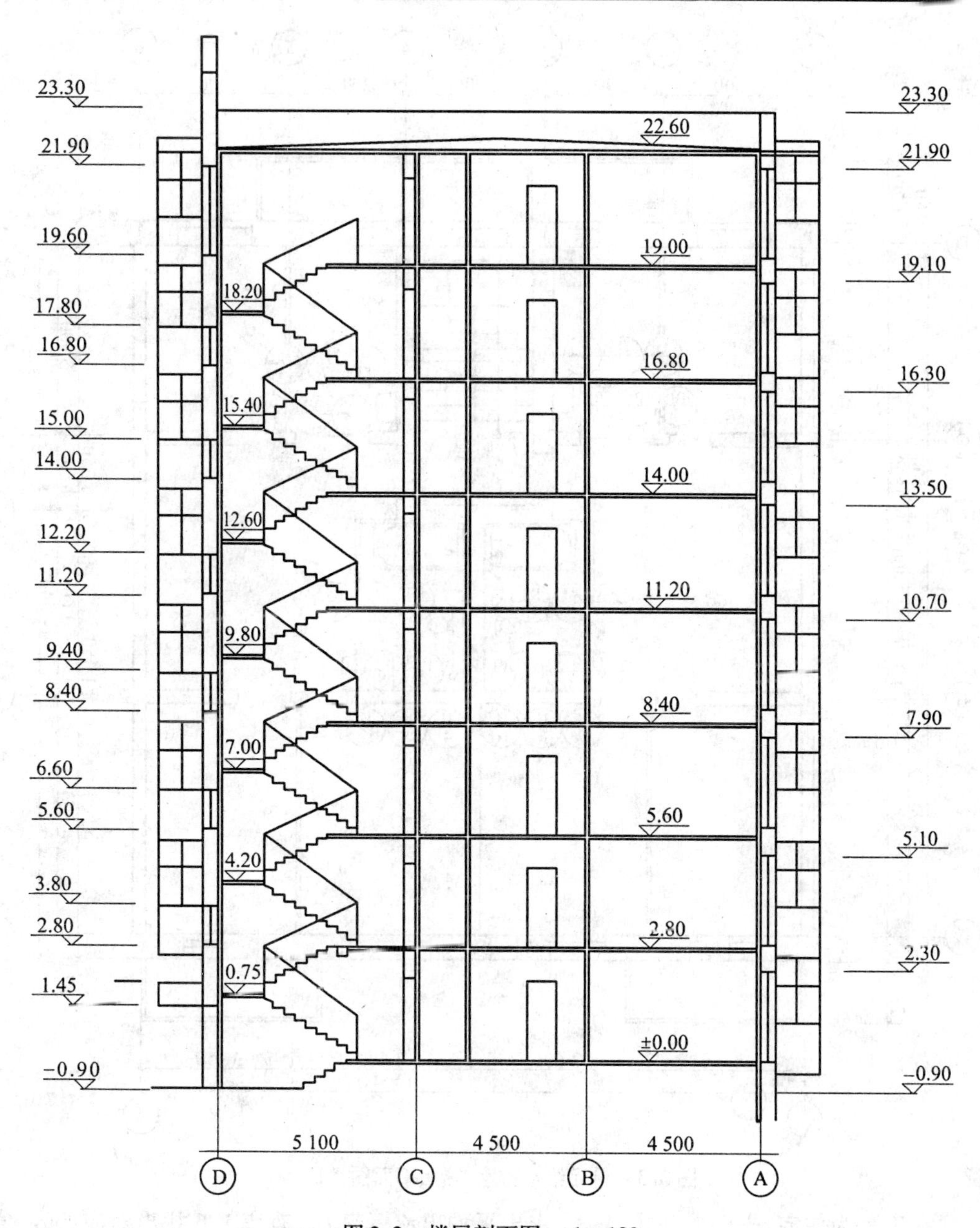

图3.2　楼层剖面图　1：100

$$q_g = 0.2 \cdot U \cdot N_g \quad (\mathrm{L/s})$$

其中最大用水时卫生器具给水当量平均出流概率：

$$U_0 = \frac{q_0\, m\, K_h}{0.2\, N_g\, T\, 3\,600} \quad (\%)$$

计算管段的卫生器具给水当量的同时出流概率：

$$U = \frac{1 + \alpha_c (N_g - 1)^{0.49}}{\sqrt{N_g}} \quad (\%)$$

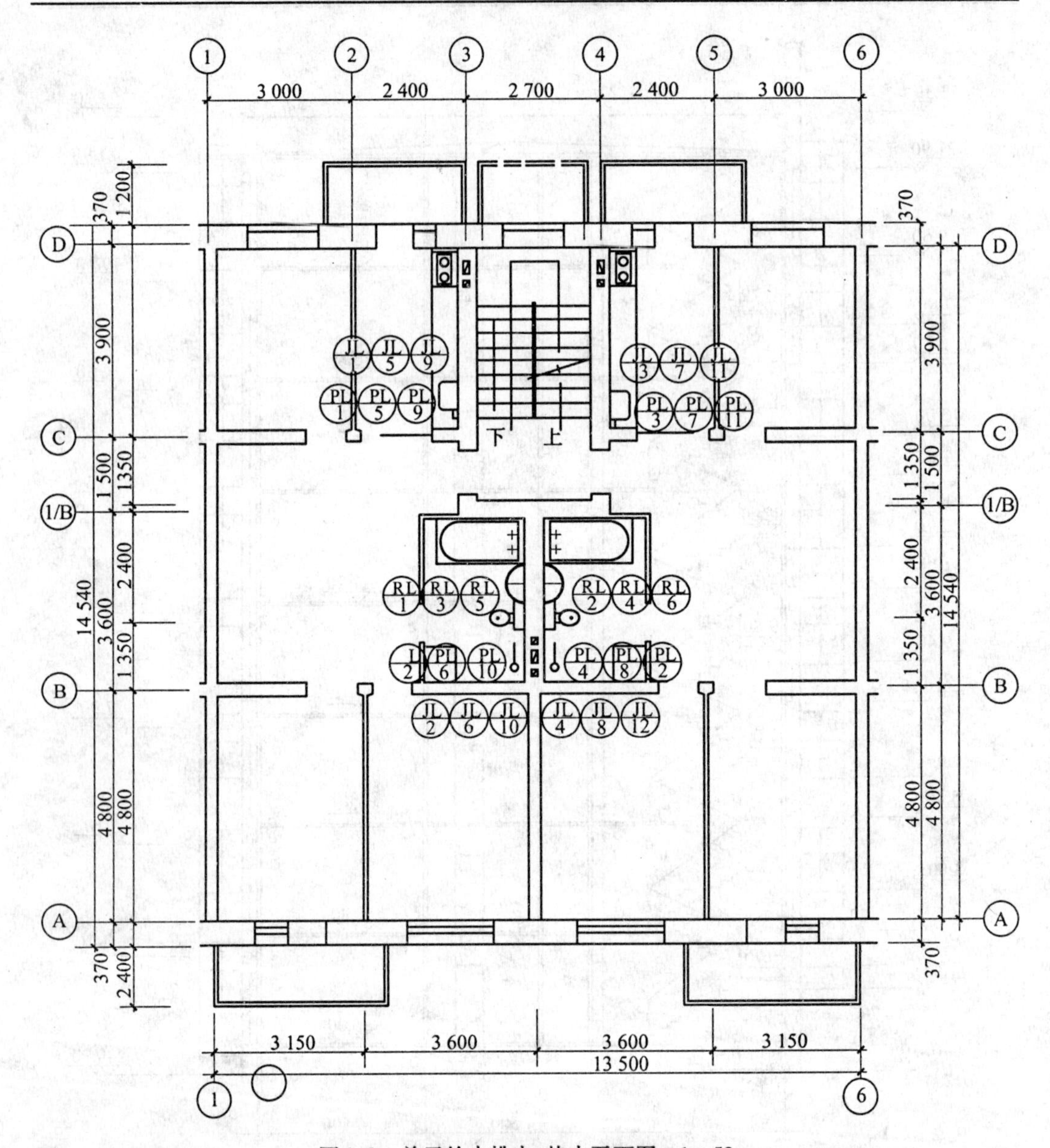

图 3.3 单元给水排水、热水平面图 1∶50

本工程为住宅，先根据公式(1.3)求出平均出流概率 U_0，查表 1.6 找出对应的 α_c 值，代入公式(1.4)求出同时出流概率 U，再代入公式(1.5)就可求得该管段的设计秒流量 q_g。重复上述步骤可求出所有管段的设计秒流量，计算见表 3.1。给水当量分别为：坐便器 0.5，洗脸盆 0.8，洗涤盆 1.0，浴盆 1.0。

(5) 根据各设计管段的设计流量和允许流速查水力计算表，各管段的管径和管道单位长度的压力损失，以及管段的沿程压力损失值。计算见表 3.1(其余各管路的计算方法同此)。

(6) 水表的水头损失计算：

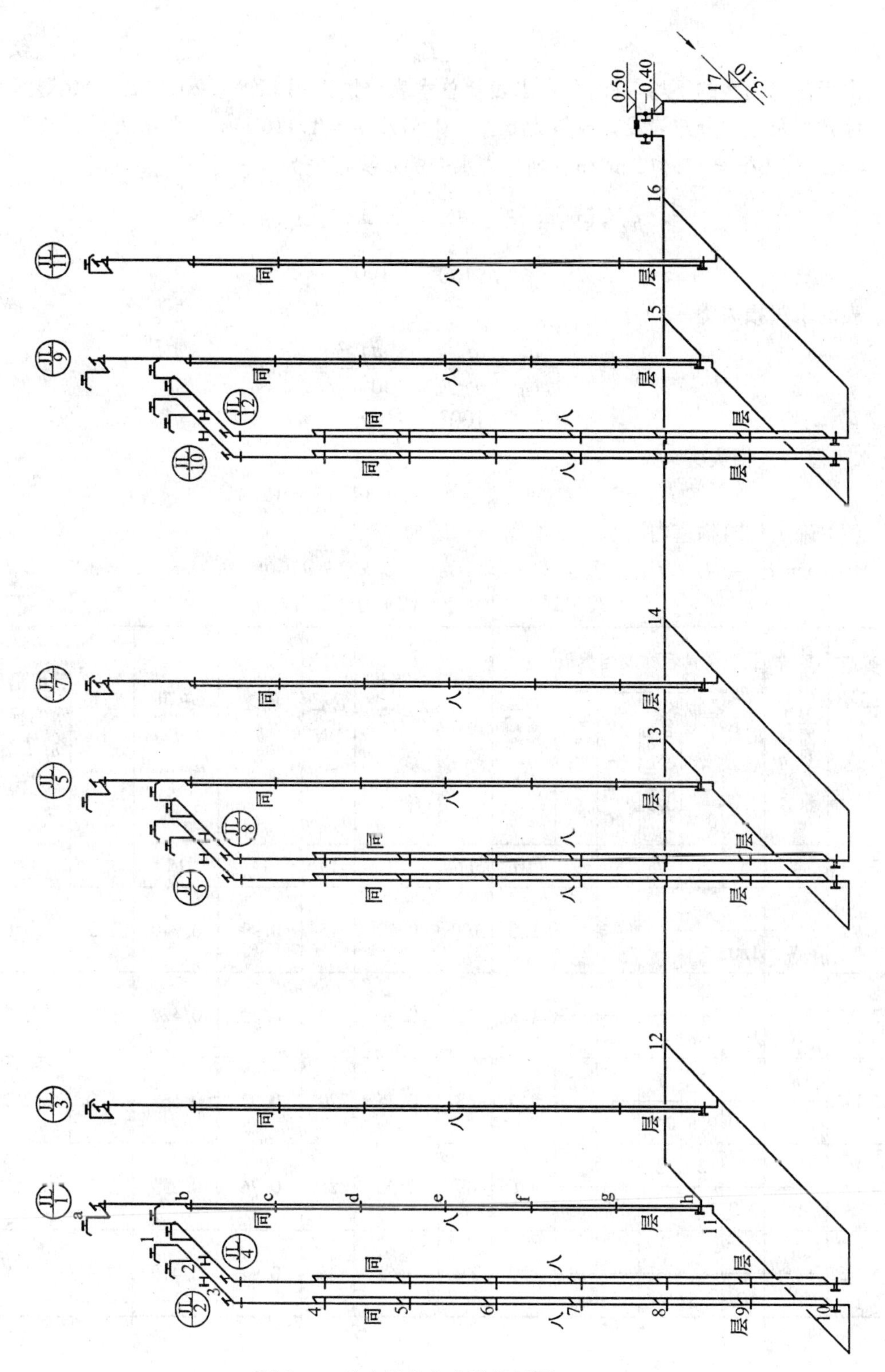

图 3.4　给水系统水力计算用图　1 : 100

$$h_B = \frac{q_B^2}{K_B}$$

由于住宅用水的不均匀性，分户水表及总水表分别选用 LXS－20、LXS－50 湿式水表。计算管路上的分户表设计流量为 $q_{3-4} = 0.31\ \mathrm{L/s} = 1.116\ \mathrm{m^3/h}$，总水表设计流量为 $q_{16-17} = 3.17\ \mathrm{L/s} = 11.412\ \mathrm{m^3/h}$。则分户水表的水头损失为

$$h_{分}/\mathrm{kPa} = \frac{q_B^2}{K_B} = \frac{q_B^2}{\frac{q_{max}^2}{100}} = \frac{1.116^2}{\frac{5^2}{100}} = 4.98$$

总水表的水头损失为

$$h_{总}/\mathrm{kPa} = \frac{q_B^2}{K_B} = \frac{q_B^2}{\frac{q_{max}^2}{100}} = \frac{11.412^2}{\frac{30^2}{100}} = 14.47$$

故，水表总水头损失为

$$H_3/\mathrm{kPa} = h_{分} + h_{总} = 4.98 + 14.47 = 19.45$$

(7) 确定建筑物室内给水系统所需的总压力

$$H/\mathrm{kPa} = H_1 + H_2 + H_3 + H_4 = 23.7 \times 10 + 1.3 \times 23.976 + 19.45 + 20 = 307.62$$

表 3.1　室内给水管网水力计算表

序号	管段编号		管段所负担的卫生器具数 n 及当量数 N	卫生器具名称及当量值					当量总数 N_g	同时出流概率 U/%	设计秒流量 q_g /(L·s^{-1})	管径 DN /mm	流速 v /(m·s^{-1})	单阻 i /(kPa·m^{-1})	管长 L /m	管段沿程水头损失 $h_f = iL$ /kPa
	自	至		浴盆 N = 1.0	洗脸盆 N = 0.8	坐便 N = 0.5	洗涤盆 N = 1.0									
1	2	3	4	5	6	7	8	9	10	11	12	13	14	15	16	17
1	1	2	n	1					1.0	100	0.20	15	0.99	0.940	1.5	1.410
			N	1.0												
2	2	3	n	1	1				1.8	76	0.30	20	0.79	0.422	0.75	0.317
			N	1.0	0.8											
3	3	4	n	1	1	1			2.3	68	0.35	20	0.92	0.563	4.0	2.252
			N	1.0	0.8	0.5										
4	4	5	n	2	2	2			4.6	49	0.50	25	0.76	0.279	2.8	0.781
			N	2.0	1.6	1.0										
5	5	6	n	3	3	3			6.9	40	0.62	25	0.94	0.410	2.8	1.148
			N	3.0	2.4	1.5										

续表 3.1

序号	管段编号		管段所负担的卫生器具数 n 及当量数 N	卫生器具名称及当量值					当量总数 N_g	同时出流概率 $U/\%$	设计秒流量 q_g /(L·s⁻¹)	管径 DN /mm	流速 v /(m·s⁻¹)	单阻 i /(kPa·m⁻¹)	管长 L /m	管段沿程水头损失 $h_f = iL$ /kPa
	自	至		浴盆 $N=1.0$	洗脸盆 $N=0.8$	坐便 $N=0.5$	洗涤盆 $N=1.0$									
1	2	3	4	5	6	7	8	9	10	11	12	13	14	15	16	17
6	6	7	n	4	4	4			9.2	35	0.72	25	1.09	0.534	2.8	1.495
			N	4.0	3.2	2.0										
7	7	8	n	5	5	5			11.5	32	0.74	32	0.73	0.200	2.8	0.560
			N	5.0	4.0	2.5										
8	8	9	n	6	6	6			13.8	29	0.80	32	0.79	0.229	2.8	0.641
			N	6.0	4.8	3.0										
9	9	10	n	7	7	7			16.1	27	0.87	32	0.85	0.266	2.8	0.745
			N	7.0	5.6	3.5										
10	10	11	n	8	8	8			18.4	26	0.96	32	0.94	0.317	8.6	2.726
			N	8.0	6.4	4.0										
11	11	12	n	8	8	8	8		26.4	22	1.26	32	1.14	0.455	6.3	2.867
			N	8.0	6.4	4.0	8.0									
12	12	13	n	16	16	16	16		52.8	16	1.69	40	1.01	0.272	9.8	2.666
			N	16.0	12.8	8.0	16.0									
13	13	14	n	24	24	24	24		79.2	14	2.22	40	1.33	0.438	3.9	1.708
			N	24.0	19.2	12.0	24.0									
14	14	15	n	32	32	32	32		105.6	12	2.53	50	0.96	0.219	9.8	2.146
			N	32.0	25.6	16.0	32.0									
15	15	16	n	40	40	40	40		132.0	11	2.90	50	1.10	0.239	3.9	0.932
			N	40.0	32.0	20.0	40.0									
16	16	17	n	48	48	48	48		158.4	10	3.17	50	1.20	0.271	9.8	2.656
			N	48.0	38.4	24.0	48.0									

合计：$\sum h_f = 23.976$ kPa。

（8）校核

室内给水管网所需的总压力 $H = 307.62$ kPa，室外管网所能提供的压力 H_0 为 150 kPa，$H > H_0$，故需设增压装置。本设计选用水泵作为升压设备。

水泵的出流量可按最大时用水量选择，即 $Q_h = 4.2\ m^3/h$。

水泵的扬程应按该建筑物所需的总压力与吸水管路、压水管路的压力损失，以及水泵本身阻力与安全水压之和来确定，即

$$H_B = H + \sum h_s + \sum h_d + \sum h_b + H_{安全}$$

水泵吸水管路长2 m，压水管路长40 m（经实测计算得出），初选一台工作泵，由所需流量 $Q = 3.17$ L/s 可查得

吸水管路　$v = 0.9$ m/s，DN = 70 mm，$i = 0.305$ kPa/m

压水管路　$v = 1.49$ m/s，DN = 50 mm，$i = 1.12$ kPa/m

故

$$H_B = (307.62 + 2 \times 0.305 + 40 \times 1.12 + 20 + 20)\text{kPa} = 393.03\ \text{kPa} = 39.3\text{m}(H_2O)$$

据此选得水泵型号为IS50 - 32 - 200，$Q = 15\ m^3/h$，$H = 48$ m，$N = 5.5$ kW。选择两台，一用一备。

(9) 贮水池容积的计算

本设计采用水泵、水箱联合供水的给水方式，因为市政给水管道不允许水泵直接从管网吸水，故在泵房内设生活贮水池，其容积按下式计算

$$W_H = V_T + V_X + V_{sg}\quad (m^3)$$

由于该建筑消防设有专用的消防贮水池，该建筑又无生产事故用水，故 $V_X + V_{sg} = 0$，所以

$$W_H/m^3 = V_T = 20\%\ Q_d = 20\% \times 40.32 = 8.064$$

选择15号方形钢板水箱，尺寸为3 000 mm × 2 000 mm × 2 000 mm，有效容积为10 m^3。

3.2.5　设计成果

1. 设计说明

(1) 本工程最大小时用水量为4.2 m^3/h，所需压力为393 kPa。

(2) 管材选用

给水管采用建筑用PP - R管。每层作一“π”形伸缩节，除立管分支外，禁有接头。管道采用热熔连接。排水管选用：埋地部分、车库内立管、干管采用铸铁排水管；其余部分均采用白色建筑排水用UPVC塑料管。塑料排水管道采用承插式胶粘接，每根立管上每层设伸缩节一个，悬吊横干管、横支管每4 m必须设伸缩节一个，其余未注明者均按国标93S341执行。铸铁排水管采用承插连接，石棉水泥捻口。

(3) 防腐处理

排水铸铁管除锈后，刷红丹防锈漆两道，热沥青两道。

(4) 排水管采用的坡度

横支管：$i = 0.035$。

排出管：DN100，$i = 0.02$；DN150，$i = 0.008$。

（5）水表选用

湿式旋翼水表，分户水表系统为 LXS－20；总水表为 LXS－50 型。

（6）卫生器具选用

① 钢板搪瓷盆 1 700 mm × 700 mm × 400 mm(2 100 mm 开间用)，1 400 mm × 700 mm × 400 mm(1 800 开间用)。

② 塘陶 HD11#B 坐便器。

③ 双孔有沿台式洗脸盆，规格型号为 SLI－606(590 mm × 410 mm × 300 mm)。

④3 号白色陶瓷洗脸盆 560 mm × 400 mm × 300 mm。

⑤1 号白色陶瓷洗菜盆 610 mm × 460 mm × 200 mm。

⑥ 淋浴房 900 mm × 900 mm × 1 900 mm。

⑦ 污水盆 560 mm × 456 mm × 300 mm。

（7）消防管采用镀锌钢管，丝口连接，内刷红丹防锈漆两道，外刷银粉漆两道面锈。丁型铝合金单栓室内消火栓箱 800 mm × 650 mm × 160 mm，消防箱暗装，水枪为 DN50 衬胶麻织水带，$L = 25$ m。

（8）排水管道穿楼板时严格按照国际 96S341－13 施工。

（9）排水管道安装完毕应按国际进行通水试验。给水管道安装完毕后应按国际要求进行水压试验。

（10）本图所注尺寸：标高以“m”计，其余均以“mm”计，给水管标高指管中心，排水管标高指管内底。

（11）本图未注明者均按相应国际标准执行。

（12）设计中使用的图例及采用的标准图目录

设计中使用的图例表参见表 1.1，表 3.2 为设计中采用的标准图目录。

表 3.2　采用标准图目录

序　号	名　　称	图　集　号
1	冷水龙头洗涤盆安装	国标 99S304-7
2	低水箱坐便器安装图(三)	国标 99S304-64
3	浴盆安装图	国标 99S304-104
4	陶瓷片密封龙头托架式洗脸盆安装图	国标 99S304-27
5	台式洗脸盆安装图	国标 99S304-39
6	污水盆安装图	国标 99S304-17
7	单柄淋浴龙头圆角淋浴房安装图(二)	国标 99S304-119
8	侧墙式通气帽安装图(Ⅰ型)	国标 99S220-55
9	排水通气穿越屋面安装图	国标 99S220-56
10	清扫口安装图	国标 99S220-10
11	地漏安装图	国标 99S220-12
12	水表井安装图	国标 S145-7-14
13	丁型单阀室内消火栓箱	国标 99S202-4

2. 图纸

首层给水平面图及二至八层给水平面图见图3.5和图3.6，给水系统图见图3.7。

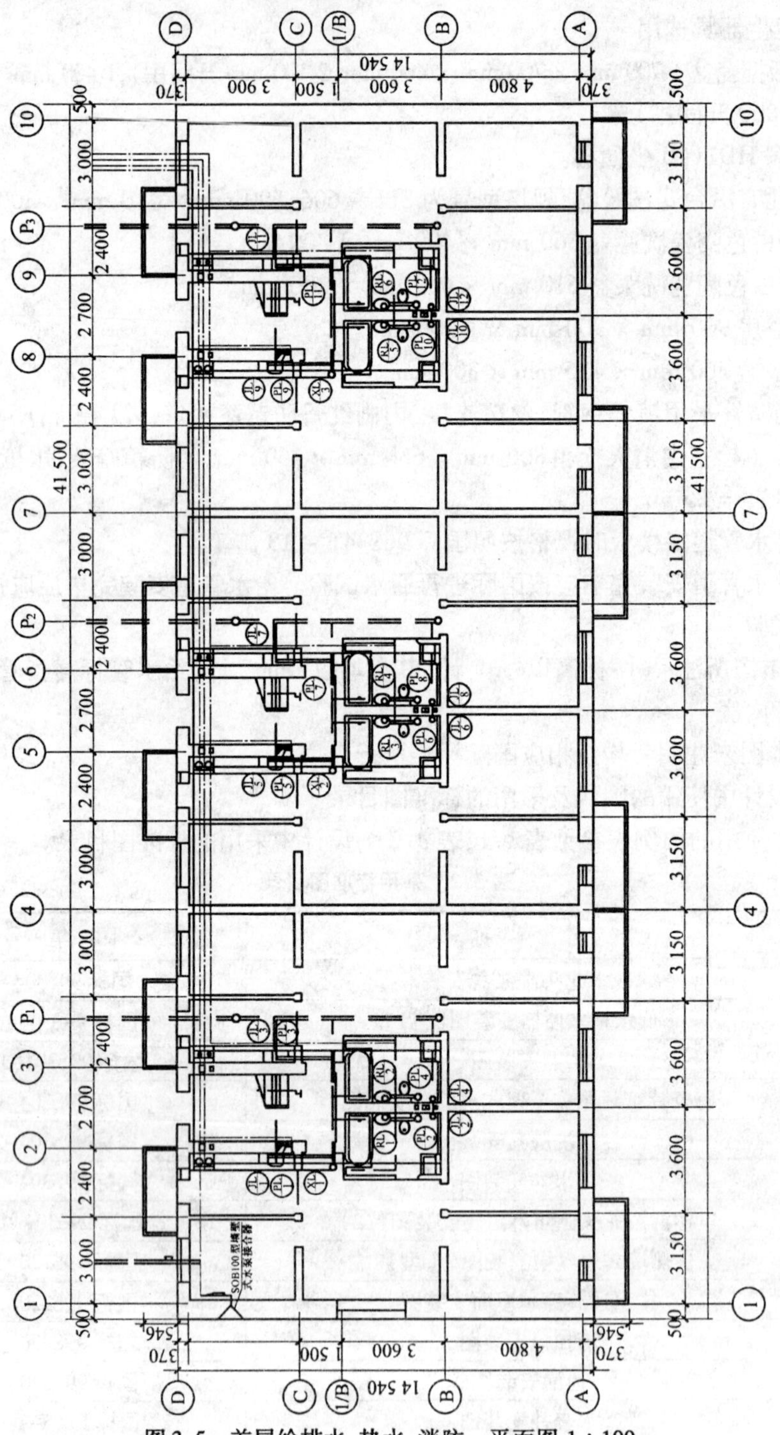

图3.5 首层给排水、热水、消防 平面图 1:100

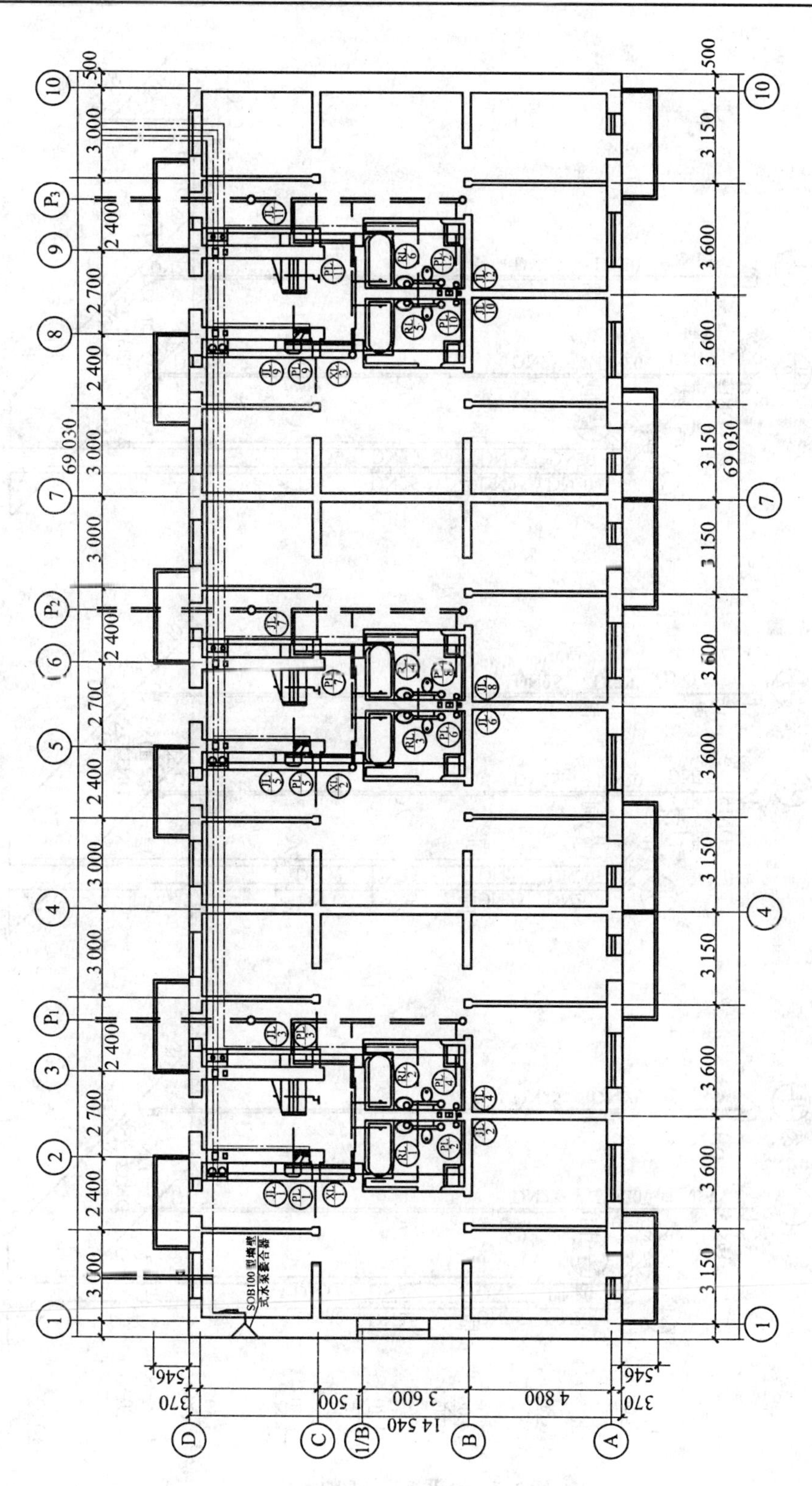

图3.6　二至八层给排水、热水、消防　平面图1：100

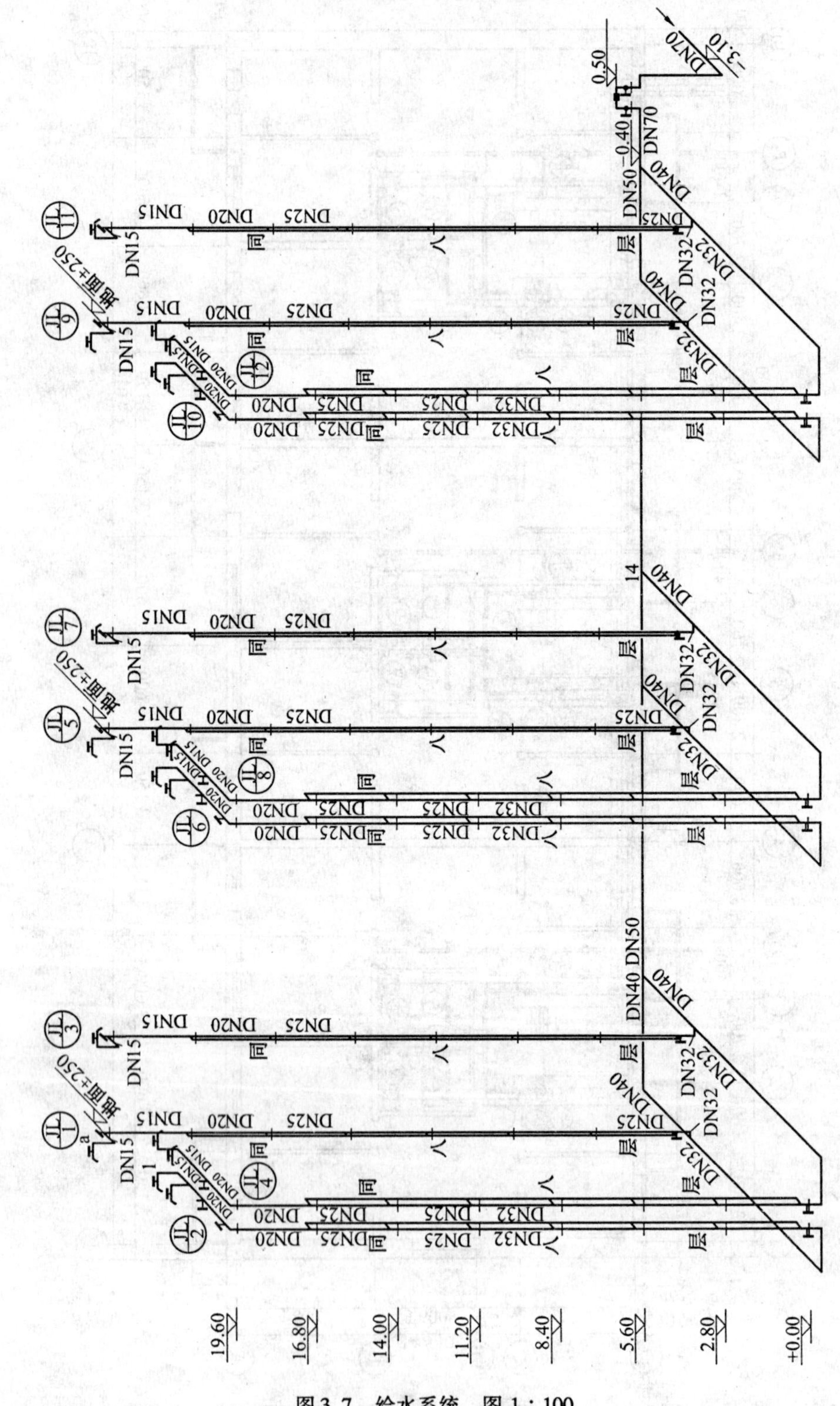

图3.7　给水系统　图1∶100

技能训练

项目1:卫生间给水系统图绘制

1. 实训目的

通过卫生间给水系统图绘制,使学生了解室内给水管道在平面图和系统图中的绘制方法,掌握给水管道绘制的基本技能。

2. 实训题目

卫生间给水系统图绘制。

3. 实训准备

图板、丁字尺、三角板、铅笔。

4. 实训内容

根据图3.8给出的卫生间给水平面图,按照图3.9给出的JL-1系统图示例,完成JL-2、JL-3、JL-4系统图绘制;根据图3.10给出的卫生间平面图以及给水立管标出的位置,完成JL-5、JL-6、JL-7、JL-8所在卫生间的给水平面图和系统图的绘制。全部内容在一张A3图纸上完成。图纸要写仿宋字,要求线条清晰、主次分明、字迹工整、图面干净。

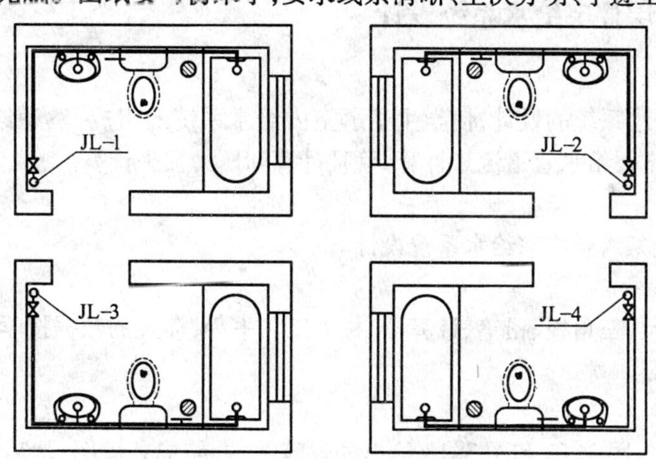

图3.8　卫生间给水平面图

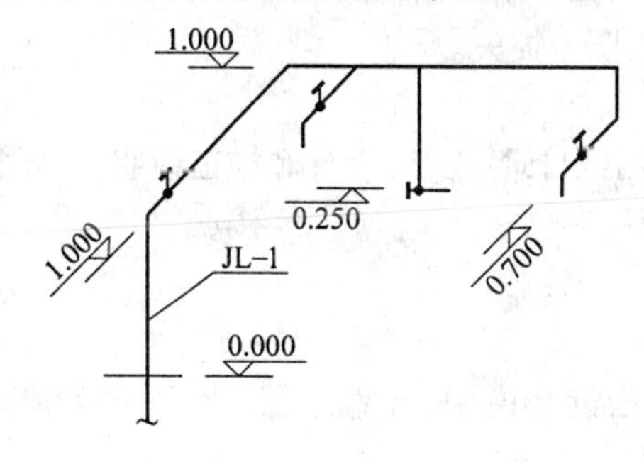

图3.9　给水系统图(JL-1)

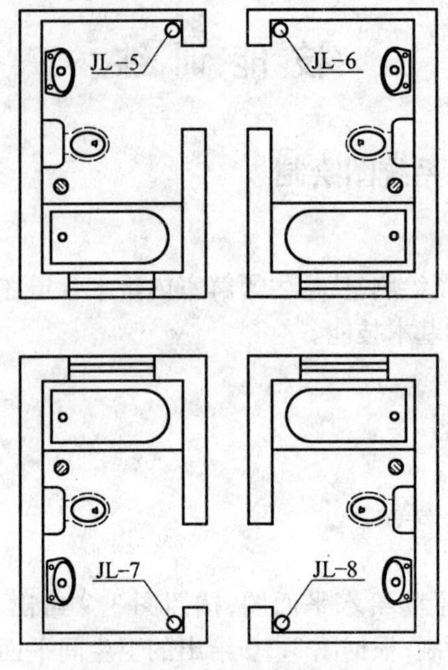

图 3.10 卫生间平面图

项目 2:多层住宅给水系统设计

1. 实训目的

通过住宅给水系统的设计,使学生了解室内给水系统的组成,熟悉给水平面图、给水系统图的画法,掌握给水管道流量计算、管径计算和压力损失计算。

2. 实训题目

学校所在地某六层住宅给水系统设计。

3. 实训准备

图板、丁字尺、三角板、铅笔、计算器、相关工具书等,涉及的数据按学校所在地区由学生自己搜集。

4. 实训内容

根据图 3.11、图 3.12 和图 3.13 给出的建筑图,抄绘成条件图;然后绘制出一层给水平面图、二至六层给水平面图和给水系统图;根据水力计算步骤要求,进行水力计算,确定系统的设计秒流量、管径、压力损失。

5. 提交成果

(1)图纸首页(包括图纸目录、图例、设计和施工说明、主要材料和设备表);

(2)一层给水平面图;

(3)二至六层给水平面图;

(4)给水系统图;

(5)设计说明书(包括设计说明、计算步骤、水力计算草图、水力计算书、参考文献等)。

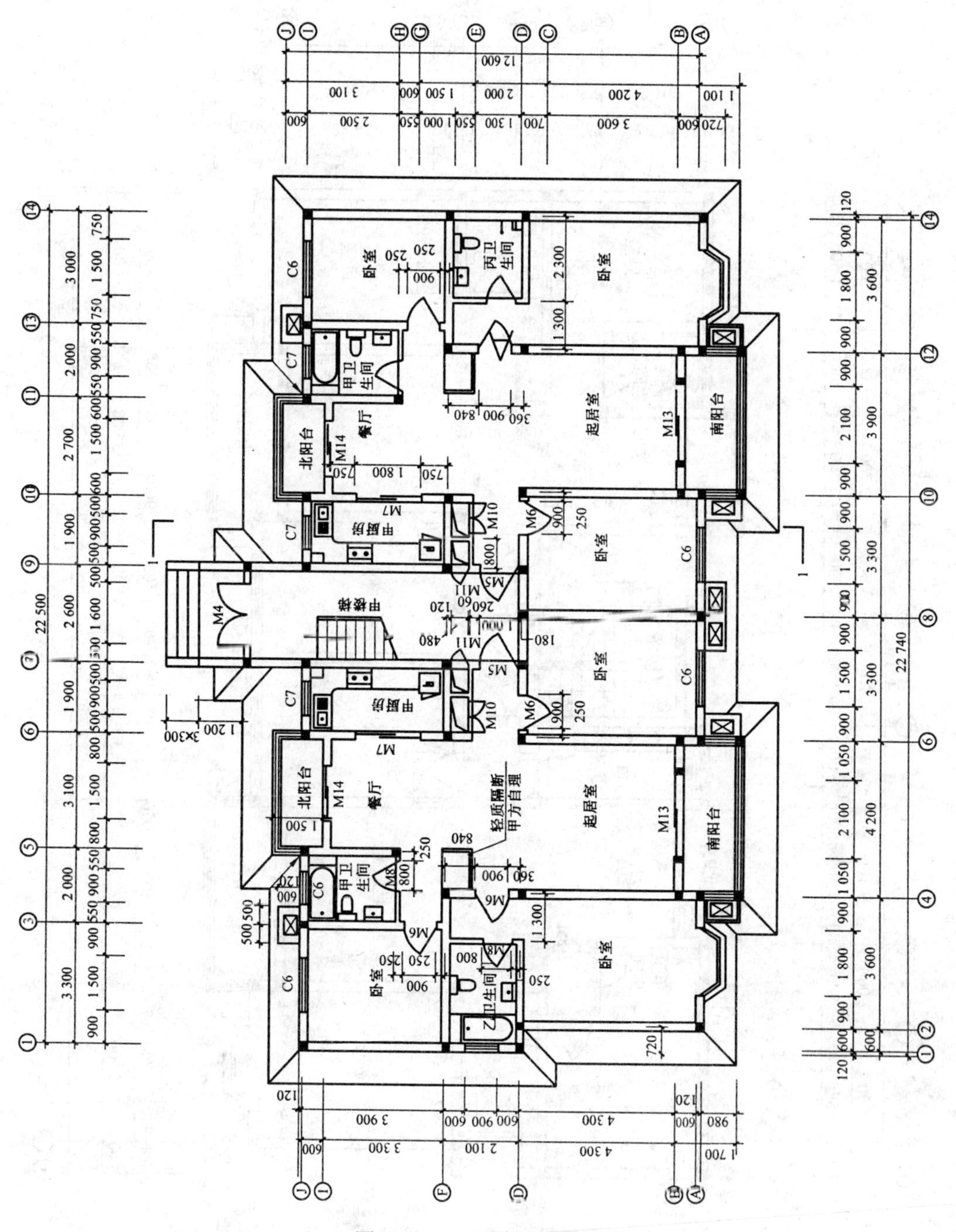

图3.11　一层建筑平面图

6. 实训要求

图纸部分统一用A3图纸手工绘制,设计说明书手工抄写。图纸要写仿宋字,要求线条清晰、主次分明、图面干净,说明书要求符合现行规范,方案合理、计算准确、字迹工整。

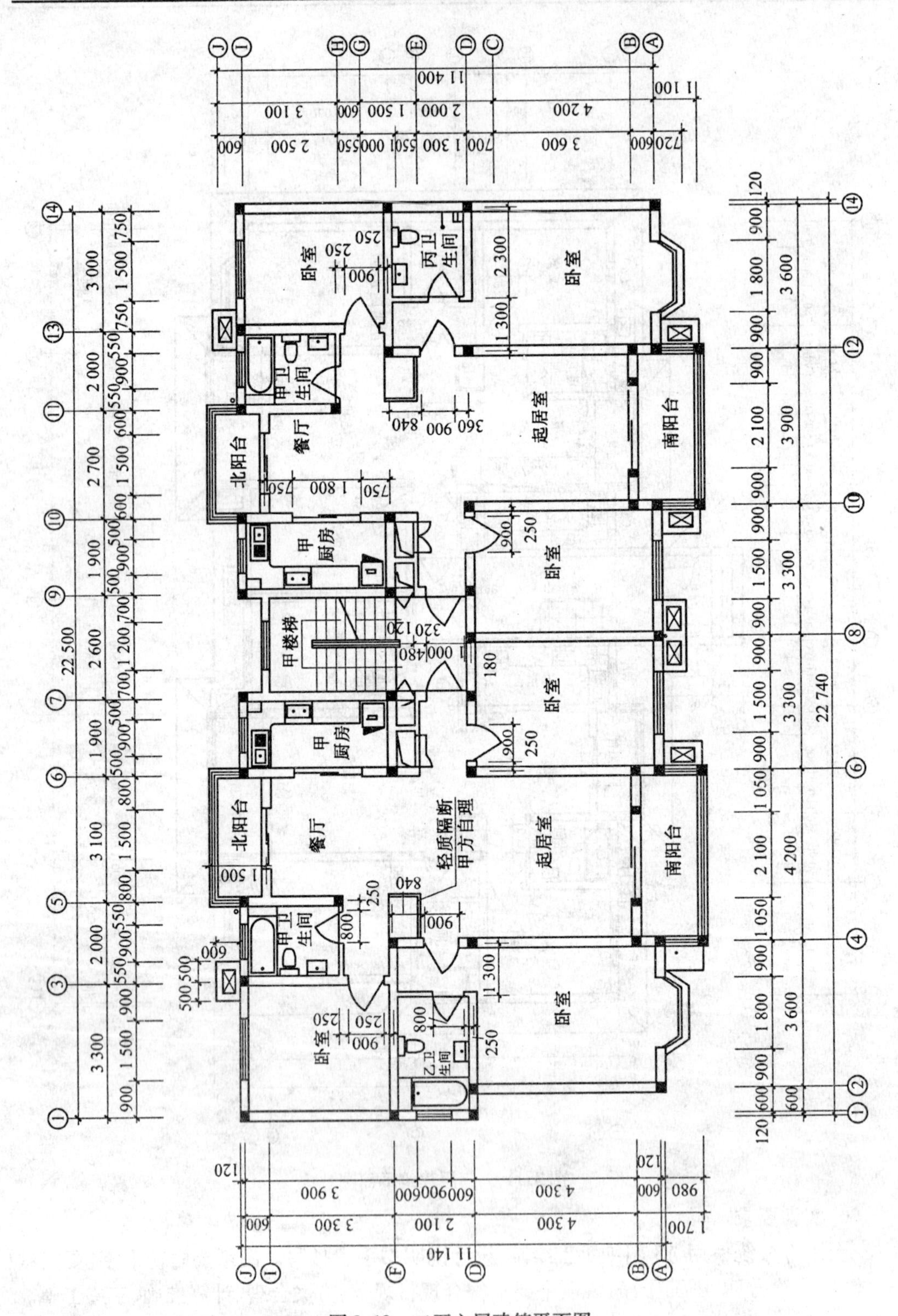

图 3.12　二至六层建筑平面图

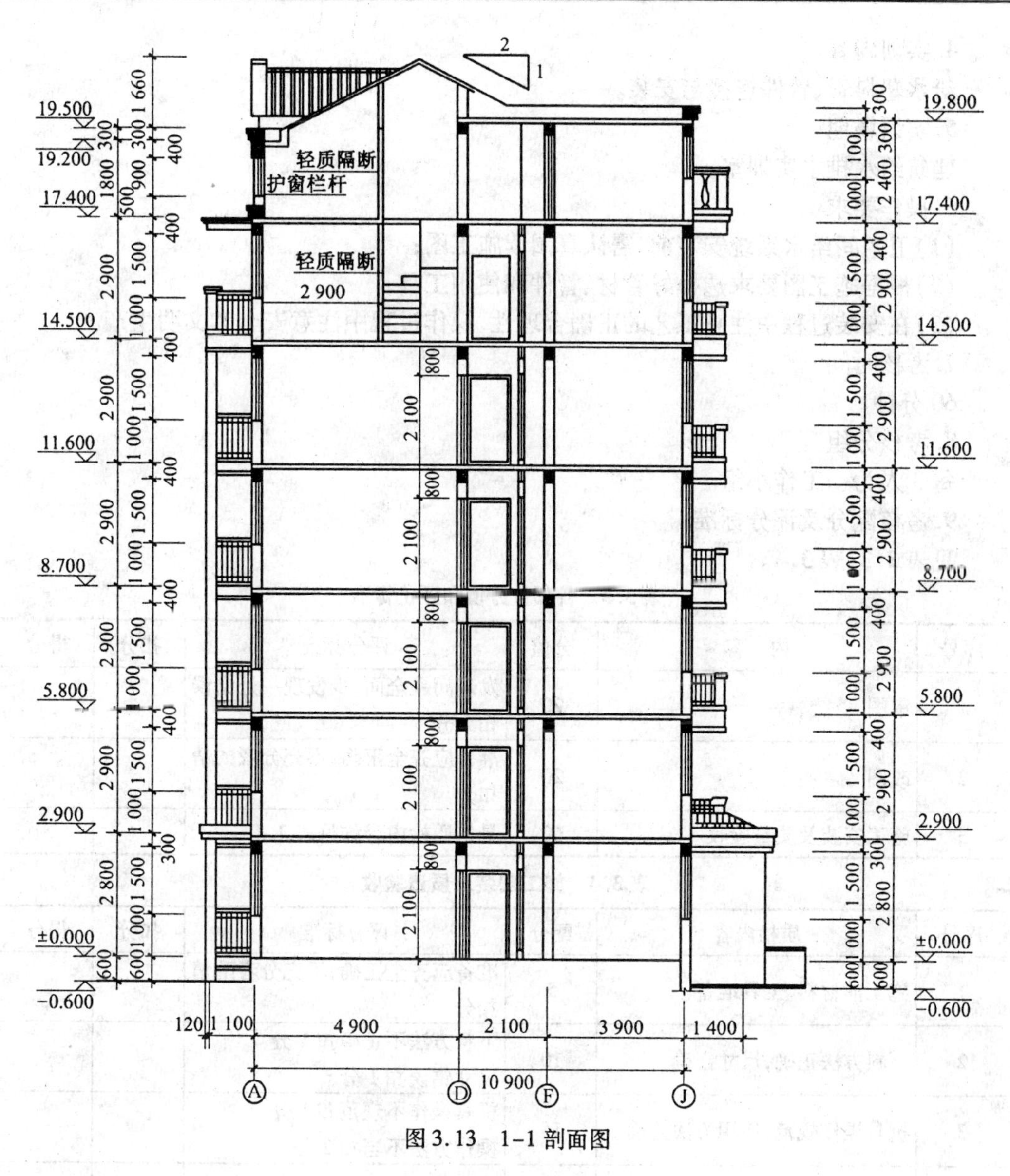

图3.13　1-1剖面图

项目3:给水塑料管、管件连接与安装

1. 实训目的

通过住宅给水系统的安装,使学生了解给水塑料管、管件规格,熟悉施工图纸。掌握塑料给水管道安装方法。

2. 实训题目

卫生间给水系统安装。

3. 实训准备

施工图纸(由实训教师提供)、水暖安装工具、三型无规共聚聚丙烯(PP-R)塑料冷水管(热熔连接)、三通、水嘴等。

4. 实训内容

给水塑料管、管件连接与安装。

5. 实训场地

建筑给水排水实训室。

6. 操作要求

(1)卫生间给水系统安装前,需认真阅读施工图;

(2)根据施工图要求选择好管材、管件和使用工具;

(3)在安装过程中注意工艺的正确合理性,操作过程中注意安全和文明生产。

7. 考核时间

60 分钟。

8. 考核分组

每 3 人为一工作小组。

9. 考核配分及评分标准

见表 3.3、表 3.4。

表 3.3　各部分分值和评价标准

序号	内　容	分值	评分标准	扣分	得分
1	审图	20	发现问题全面,少发现一处错误扣 2 分		
2	改图	20	准备应齐全正确,不充分者酌情扣分		
3	施工安装及质量验收	60	具体质检内容详见表 3.4		

表 3.4　施工安装及质量验收

序号	质检内容	配分	评分标准	扣分	得分
1	施工前材料、工具准备	5	准备应齐全正确,不充分者酌情扣分		
2	下料方法正确,尺寸正确	10	下料方法不正确扣 1 分 尺寸错误扣 1 分		
3	机具操作规范,使用方法正确	15	机具操作不规范扣 1 分 操作方法不当扣 2 分		
4	管子对接方法正确,成功率高	2	对接不正确扣 1 分		
5	管件与管道连接方法正确,成功率高	10	连接方法错误扣 1 分 一次不成功者扣 2 分		
6	完成成果美观、管线平直	10	成果不美观扣 1 分 安装不坚固扣 1 分		
7	按时完成安装情况	5	每超过 5 分钟扣 1 分		
8	安全文明生产情况	3	视情节给予扣分		
备注	1. 检查时采用目测和直尺相结合; 2. 超过时间最多允许 20 分钟,并扣 4 分; 3. 扣分不受配分限制。				

复习与思考题

1. 建筑室内给水系统基本组成有哪几部分？

2. 建筑室内给水常用管材有哪些？各自的连接方式有哪些？

3. 如何计算给水系统所需水压？

4. 建筑给水系统常用的水表有哪几种？水表主要性能参数的意义是什么？

5. 如何选用水表及计算水表的压力损失？

6. 建筑室内给水管道布置的原则和要求有哪些？

7. 如何确定水箱容积？水箱的设置有哪些要求？

8. 确定设计秒流量有哪几类方法？各有什么特点？

9. 为什么要将给水管道的水流速度控制在一定的范围内？常用的流速范围是多少？

10. 如何确定建筑室内给水系统中最不利配水点？

11. 试述变频调速给水方式的工作原理及控制方式。

12. 切断管子的方法有哪几种？各种方法的优缺点是什么？

13. 管螺纹的质量标准是什么？

14. 管道焊接的一般规定是什么？

15. 不同类型的阀门各有什么特点？如何选用？

16. 阀门安装的要求及注意事项有哪些？

17. 管道支架的作用是什么？管道支架按用途分为几种？

18. 什么是固定支架和活动支架？

19. 支架安装的方法有几种？

20. 制作与安装管道支架有哪些要求？

21. 说明建筑室内给水管道安装的操作流程。

22. 说明建筑室内给水管道安装的质量验收。

23. 简述水泵安装的步骤。

24. 水泵吸水管、压水管的布置应注意哪些问题？

25. 水泵运行时如何防振？

26. 建筑室内给水管道穿越基础、墙体如何处理？

27. 某住宅楼共200户，每户平均4人，用水定额为180 L/(人·d)，小时变化系数K_h为2.5，拟采用隔膜式气压给水设备供水，试计算气压水罐的容积。

28. 某住宅楼共2个单元，6层，一梯2户，一户1厨2卫。每户设有洗面器(N=0.75)1套，坐式大便器(N=0.5)1套，淋浴器(N=0.75)1套，洗衣机(N=1.0)1套，洗涤盆(N=1.0)1套。试计算总引入管的设计秒流量。

学习项目二　建筑室内消防给水系统安装工程施工

学习任务四　识读建筑室内消防给水工程施工图

【教学目标】通过项目教学活动，培养学生具备确定建筑室内消防给水系统方案的能力，选择建筑室内消防给水系统形式的能力；具备识读建筑室内消防给水系统施工图的能力；培养学生良好的职业道德、自我学习能力、实践动手能力和分析、处理问题的能力，以及诚实、守信、善于沟通和合作的专业素养。

【知识目标】

1. 掌握建筑室内消防给水系统的分类和组成；
2. 熟悉建筑室内消防给水施工图的组成；
3. 能识读建筑室内消防给水工程施工图；
4. 能进行消火栓给水、自动喷淋给水系统水力计算。

【主要学习内容】

单元一　识读建筑室内消火栓给水工程施工图

4.1.1　建筑室内消火栓给水系统的组成

建筑室内消火栓给水系统由室内消火栓、消防水枪、消防水带、消防软管卷盘、报警装置、消火栓箱、消防水泵、消防水箱、消防水池、水泵接合器、管道系统等组成，如图 4.1 所示。

消火栓设备包括水枪、水带和消火栓、水泵启动按钮、消防软管卷盘等，均安装在消火栓箱内。如图 4.2 所示，消火栓箱结构尺寸如图 4.3 所示。

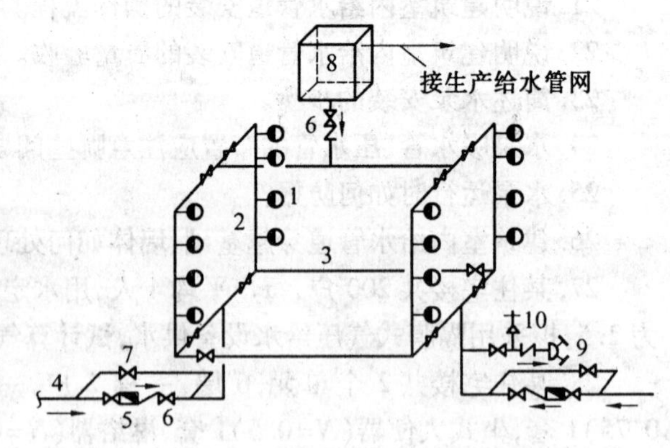

图 4.1　设有水箱的室内消火栓给水系统

1—室内消火栓；2—消防竖管；3—干管；4—进户管；5—水表；6—止回阀；7—旁通管及阀门；8—水箱；9—水泵接合器；10—安全阀

消火栓箱具有给水、灭火、控制、报警等功能。适用于设有室内消防给水系统的各类建筑。根据安装方式，消火栓箱可分为明装、暗装、半明装三类，制造材料有铝合金、冷轧板、不锈钢等。消火栓箱材料设备配置见表4.1。

单栓普通箱　　　带消防软管卷盘箱　　　两个单栓箱

图4.2　消火栓箱外形图

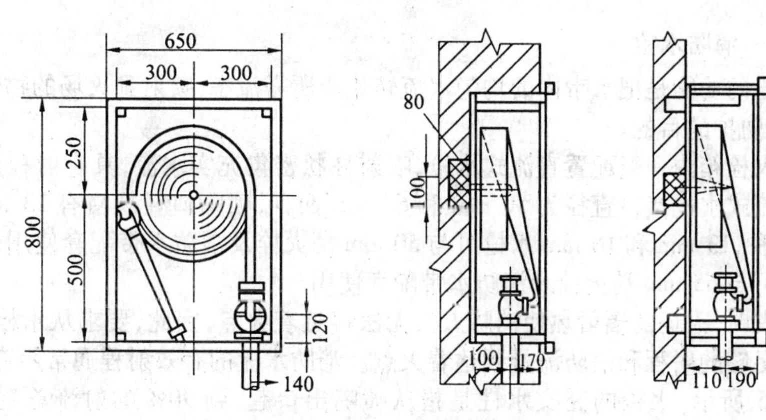

图4.3　消火栓箱结构尺寸图

表4.1　消火栓箱材料设备表

编号	名称	材料	规格	单位	数量
1	消火栓箱	铝合金、不锈钢或冷轧钢板	由设计定	个	1
2	消火栓	铸铁	SN50 或 SN65	个	1 或 2
3	水枪	铝合金或铜	ϕ13、ϕ16 或 ϕ19	只	1 或 2
4	水龙带	有衬里或无衬里	DN50 或 DN65	条	1 或 2
5	水龙带接口	铝合金	KD50 或 KD65	个	2 或 4
6	挂架	钢	由设计定	套	1 或 2
7	消防软管卷盘		由设计定	套	1
8	暗杆楔式闸阀	铸铁	DN25	个	1
9	软管或镀锌钢管		DN25	米	1
10	消防按钮		由设计定	个	1

4.1.1.1　消火栓

消火栓是安装在给水管网上，向火场供水的带有阀门的标准接口，是室内消防供水的主要水源之一。室内消火栓的常用类型有直角单阀单出口、45°单阀单出口、直角单阀双出口和直角双阀双出口等四种，出水口直径为65 mm、50 mm和25 mm，如图4.4所示。

高层建筑的室内消火栓由于高程差别很大，为满足最不利消火栓的压力和流量要求，下部的消火栓必然会超压,需要采取减压措施。可以在消火栓前安装减压孔板,也可以设计安装减压稳压消火栓。

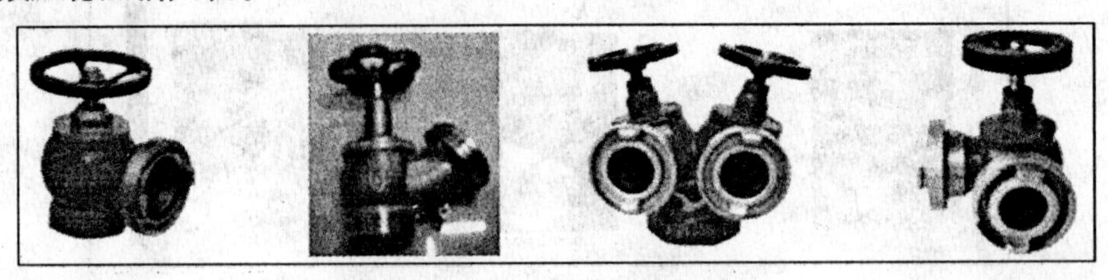

直角单阀单出口　45°单阀单出口　直角双阀双出口　直角单阀双出口

图4.4　室内消火栓

4.1.1.2　消防水枪

消防水枪的功能是把水带内的均匀水流转化成所需流态,喷射到火场的物体上,达到灭火、冷却或防护的目的。

室内消火栓箱内一般配置直流式水枪,喷射柱状密集充实水流,具有射程远、水量大的特点。直流式水枪接口直径为 50 mm 和 65 mm 两种,喷嘴口径规格有 13 mm、16 mm 和 19 mm 三种,13 mm 和 16 mm 水枪可与 50 mm 消火栓及消防水带配套使用,16 mm 和 19 mm 水枪可与 65 mm 消火栓及消防水带配套使用。

发生火灾时,火场的辐射热使消防人员无法接近着火点,因此,要求从水枪喷出的水流应该具有足够的射程和消防流量到达着火点。消防水流的有效射程通常用充实水柱表述。如图 4.5 所示,水枪的充实水柱是指从喷嘴出口起,到 90% 的射流总量穿过直径 38 mm圆圈处的密集不分散的射流长度。水枪充实水柱长度可根据图 4.6 所示的室内最高着火点距地面高度、水枪喷嘴距地面高度、水枪射流倾角按式(4.1)计算确定,但不得小于表 4.2 的规定。当水枪的充实水柱长度过大时,射流的反作用力会使消防人员无法把握水枪灭火,影响灭火,充实水柱长度一般不宜大于 15 m。

表 4.2　各类建筑要求水枪充实水柱长度

建筑物类别		充实水柱长度/m
低层建筑	一般建筑	≥7
	甲、乙类厂房,大于 6 层民用建筑,大于 4 层厂、库房	≥10
	高架库房	≥13
高层建筑	民用建筑高度<100 m	≥10
	民用建筑高度≥100 m	≥13
	高层工业建筑	≥13
人防工程内		≥10
停车库、修车库内		≥10

$$S_k = \frac{H_1 - H_2}{\sin \alpha} \tag{4.1}$$

式中　S_k—— 灭火所需的水枪充实水柱长度,m;

H_1—— 室内最高着火点距地面高度,m;

H_2—— 水枪喷嘴距地面高度,m;

α—— 水枪射流倾角,一般取 45° ~ 60°。

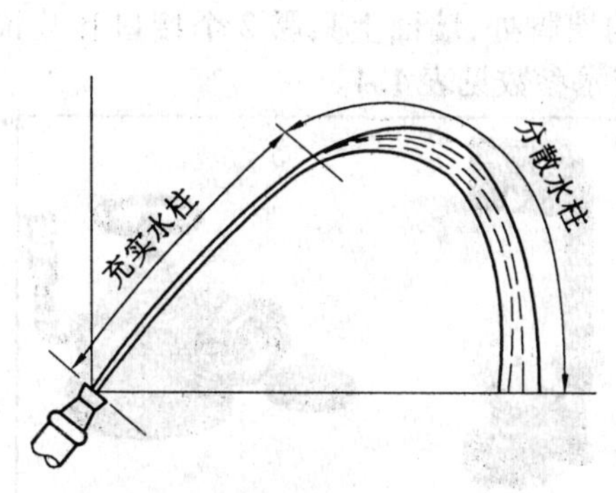

图4.5　直流水枪充实水柱

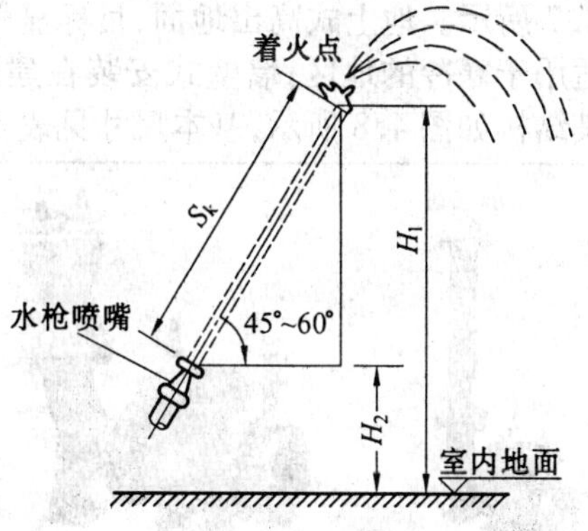

图4.6　充实水柱计算

4.1.1.3　消防水带

消防水带两端均带有消防专用快速接口,可与消火栓、消防泵(车)配套,用于输送水或其他液体灭火剂。消防水带按材料分为有衬胶消防水带、无衬胶消防水带两类;按承受的工作压力可分为0.8 MPa、1.0 MPa、1.3 MPa、1.6 MPa四类。

与室内消火栓配套使用的消防水带长度有15 m、20 m、25 m和30 m等规格,直径为50 mm或65 mm。供消防车或室外消火栓使用的水带直径大于等于65 mm,单管最大长度已超过60 m。

4.1.1.4　消防软管卷盘

消防软管卷盘又称灭火喉,一般安装在室内消火栓箱内,以水作灭火剂,在启用室内消火栓之前,供建筑物内非消防专门人员自救扑灭A类初起火灾。与室内消火栓比较,具有设计体积小,操作轻便、机动、灵活。消防软管卷盘由阀门、输入管路、卷盘、软管、喷枪、固定支架、活动转臂等组成,栓口直径为25 mm,配备的胶带内径不小于19 mm,软管长度有20 m、25 m、30 m三种,喷嘴口径不小于6 mm,可配直流、喷雾两用喷枪。

4.1.1.5　消防水泵

消防水泵包括消防主泵和稳压泵。消防主泵在火灾发生后由消火栓箱内的按钮或消防控制中心远程启动,或现场启动。

稳压泵用于对水箱设置高度不能满足最不利消火栓水压要求的系统增压,稳压泵的出水量,对消火栓给水系统不应大于5 L/s;对自动喷水灭火系统不应大于1 L/s。稳压泵应与消防主泵连锁,当消防主泵启动后稳压泵自动停运。

消防给水系统应设置备用消防水泵,其工作能力不应小于其中最大一台消防工作泵。

4.1.1.6　水泵接合器

高层建筑、超过四层的库房、设有消防系统的住宅、超过五层的其他非高层民用建筑、人防工程(消防用水量大于10 L/s)、四层以上多层汽车库及地下汽车库,其室内消火栓系统应设置消防水泵接合器。当室内消防水泵因检修、停电、发生故障或室内消防用水不足时,消防水泵接合器用以将建筑内部的消防系统与消防车或机动泵进行连接,消防车或机动泵通过水泵接合器的接口,向建筑物加压送水。

消防水泵接合器主要由弯管、本体、法兰接管、消防接口、闸阀、止回阀、安全阀、放水阀等部件组成。

水泵接合器根据安装形式不同可以分为地下式、地上式、墙壁式、多用式等四种类型,如图 4.7 所示。地上式高出地面,目标显著,使用方便;地下式安装在路面下,不占地方,特别适用于寒冷的地区;墙壁式安装在建筑物的墙脚处,墙面上只露 2 个接口和装饰标志。其结构如图 4.8 所示,基本尺寸见表 4.3,技术参数见表 4.4。

图 4.7　水泵接合器外形图

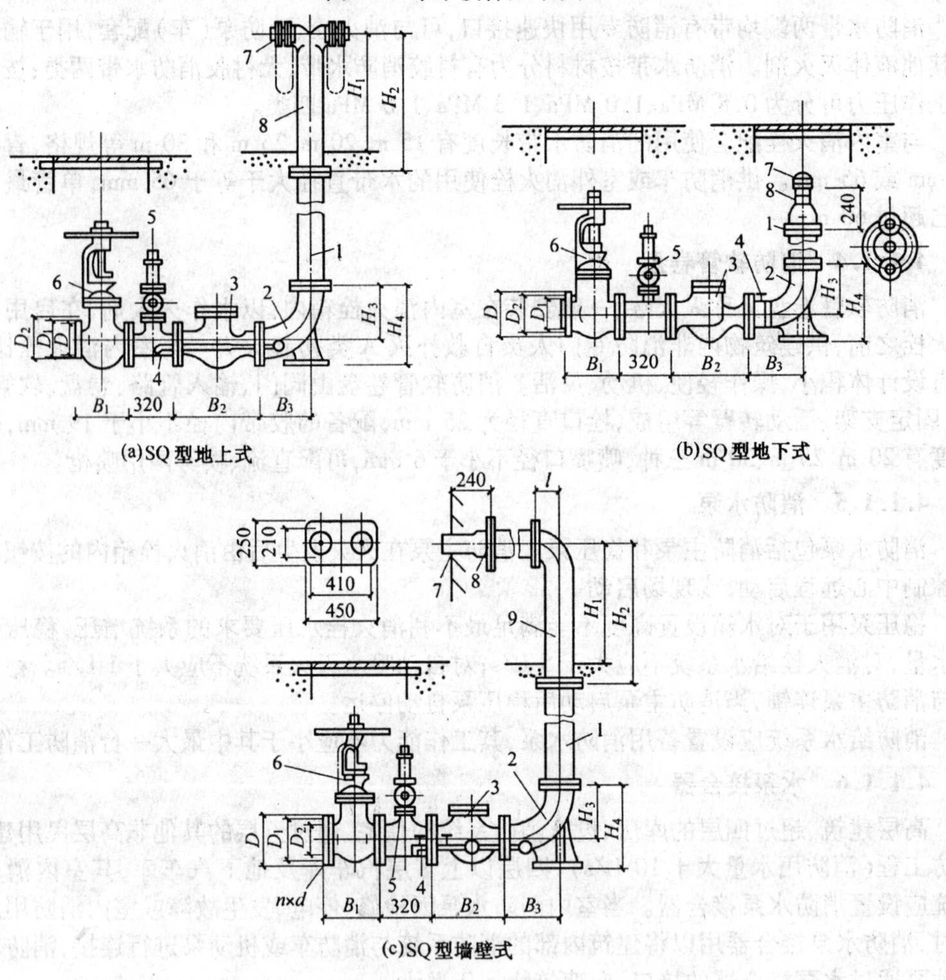

图 4.8　水泵接合器结构图

1—法兰接管;2—弯管;3—升降式单向阀;4—放水阀;5—安全阀;6—楔式闸阀;7—进水用消防接口;8—本体;9—法兰弯管

表 4.3 消防水泵接合器基本尺寸

公称直径/mm	结构尺寸/mm								法兰					消防接口
	B_1	B_2	B_3	H_1	H_2	H_3	H_4	l	D	D_1	D_2	d	n	
100	300	350	220	700	210	210	318	130	220	180	158	17.5	8	KWS65
150	350	480	310	700	325	325	465	160	285	240	212	22	8	KWS80

表 4.4 消防水泵接合器技术参数

产品名称	型号规格	接口型号	公称直径/mm	安装方式	公称压力/MPa	适用介质
多用式水泵接合器	SQD80-1.6W	KWS65	80	R3 连接	1.6	水或泡沫液
	SQD100-1.6W	KWS65	100	R4 连接		
	SQD150-1.6	KWS80	150	法兰连接		
地下式水泵接合器	SQX100-1.6W	KWS65	100			
	SQX150-1.6	KWS80	150			
地上式水泵接合器	SQS100-1.6W	KWS65	100			
	SQS150-1.6	KWS80	150			
墙壁式水泵接合器	SQB100-1.6W	KWS65	100			
	SQB100-1.6W	KWS80	150			

4.1.2 室内消火栓给水系统的给水方式

室内消火栓给水系统的给水方式,由室外给水管网所能提供的水压、水量及室内消火栓给水系统所需水压和水量的要求来确定。

4.1.2.1 无水泵、水箱的室内消火栓给水系统

当建筑物高度不大,而室外给水管网的压力和流量在任何时候能够满足室内最不利点消火栓所需的设计流量和压力时,宜采用此种方式,如图 4.9 所示。

4.1.2.2 设水箱的室内消火栓给水系统

在室外给水管网中水压变化较大的情况下,而且在生活用水和生产用水达到最大,室外管网不能保证室内最不利点消火栓所需的水压和水量时,可采用此种给水方式,如图 4.10所示。在室外管网水压较大时,室外管网向水箱充水,水箱容积按贮存 10 min 消防用水量确定。当生活、生产与消防合用水箱时,应具有保证消防水不作它用的技术措施,以保证消防贮水量。

4.1.2.3 设有消防水泵和水箱的室内消火栓给水系统

当室外管网水压经常性不能满足室内消火栓给水系统水压和水量要求时,宜采用此种给水方式,如图 4.11 所示。当消防用水与生活、生产用水共用室内给水系统时,其消防水泵应保证供应生活、生产、消防用水的最大秒流量,并应满足室内最不利点消火栓的水

压要求。水箱应保证贮存 10 min 的室内消防用水量。水箱设置高度应保证室内最不利点消火栓所需的水压要求。

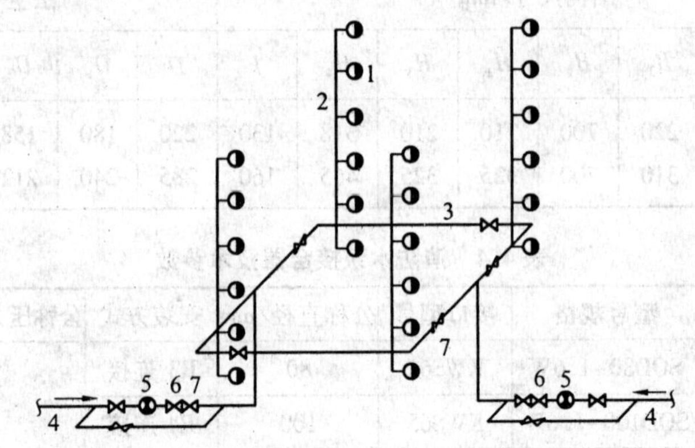

图 4.9　无水泵、水箱的室内消火栓给水系统

1—室内消火栓;2—消防立管;3—消防干管;4—进户管;5—水表;6—止回阀;7—闸阀

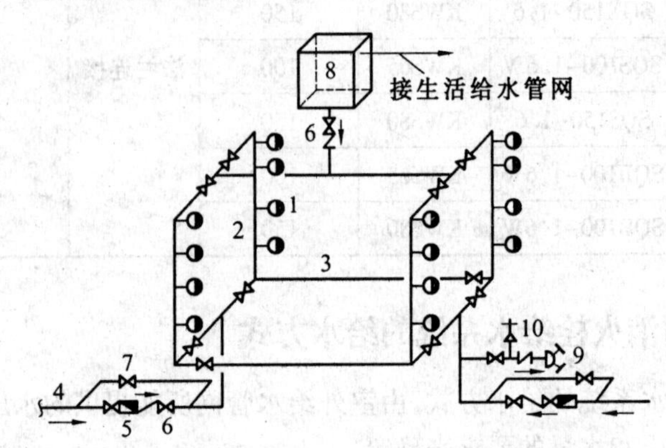

图 4.10　设水箱的室内消火栓给水系统

1—室内消火栓;2—消防立管;3—消防干管;4—进户管;5—水表;6—止回阀;7—旁通管及阀门;8—水箱;9—水泵接合器;10—安全阀

4.1.2.4　竖向分区的给水方式

消火栓栓口的静水压力不应超过 1.0 MPa,消防给水系统任何时间和地点系统的压力不应超过 2.4 MPa。否则,消防给水系统必须进行竖向分区,如图 4.12 所示。

(1)串联消防给水泵分区给水系统如图 4.12(a)所示。消防给水管网竖向各区由消防水泵串联分级向上供水,通常是设有避难层或设备层的超高层建筑采用串联消防泵分区给水系统。消防水泵可从消防水池(箱)或消防管网直接吸水。消防水泵顺序从下到上依次启动。

当采用水泵直接串联时,应注意管网供水压力因接力水泵在水流量高扬程时出现的最大扬程叠加。管道系统的设计强度应满足此要求。

当采用水泵间接串联时,中间转输水箱同时起着上区水泵的吸水池和本区屋顶消防水箱的作用，其容积按 15 ~ 30 min 消防水量计算确定，并不宜小于 60 m^3。

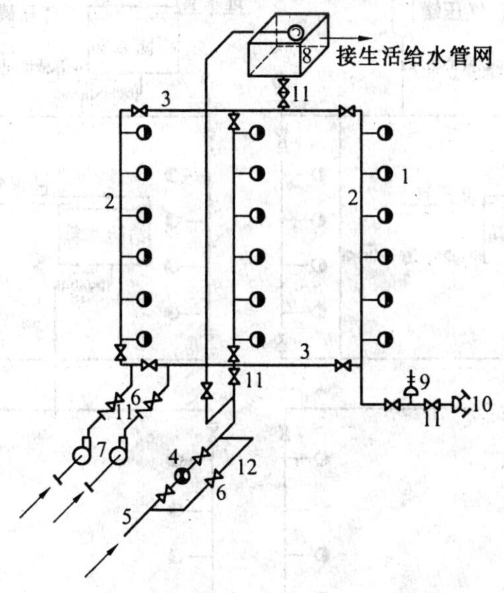

图 4.11　设有消防水泵和水箱的室内消火栓给水系统

1—室内消火栓；2—消防立管；3—消防干管；4—水表；5—进户管；6—阀门；7—消防水泵；8—水箱；9—安全阀；10—水泵接合器；11—止回阀；12—旁通管

(2)并联消防给水泵分区给水系统如图 4.12(b)所示。消防给水管网竖向分区，每区分别有各自专用消防水泵，并集中设置在消防泵房内。

(3)减压阀减压分区给水系统，消防水泵的扬程不大于 2.4 MPa 时，其间的竖向分区可采用减压阀减压分区，减压阀减压分区可采用比例式减压或可调式减压阀，比例式减压阀的阀前阀后压力比一般不宜大于 3∶1，当一级减压阀减压不能满足要求时，可采用减压阀串联减压，但不宜超过 2 级串联。

(4)减压水箱减压分区给水系统，消防水泵的扬程大于 2.4 MPa 时，其间的竖向分区可采用减压水箱减压分区。减压水箱的有效容积一般不小于 18 m^3。减压水箱应有 2 条进水管，每条进水管应满足消防设计水量的要求。

4.1.3　建筑室内消火栓给水系统施工图的识读

4.1.3.1　建筑室内消火栓给水系统施工图的组成

室内消火栓给水系统施工图主要由图纸目录、施工说明、给水排水平面图、系统图和详图等组成。

4.1.3.2　建筑室内消火栓给水系统施工图的图示特点

(1)建筑室内消火栓给水系统施工图中的平面图、详图等都是用正投影法绘制，系统图用轴测投影法绘制。

(2)建筑室内消火栓给水系统施工图(详图除外)，各种消火栓、管件、附件及闸门等均采用统一图例来表示，常用图例见表 4.5。

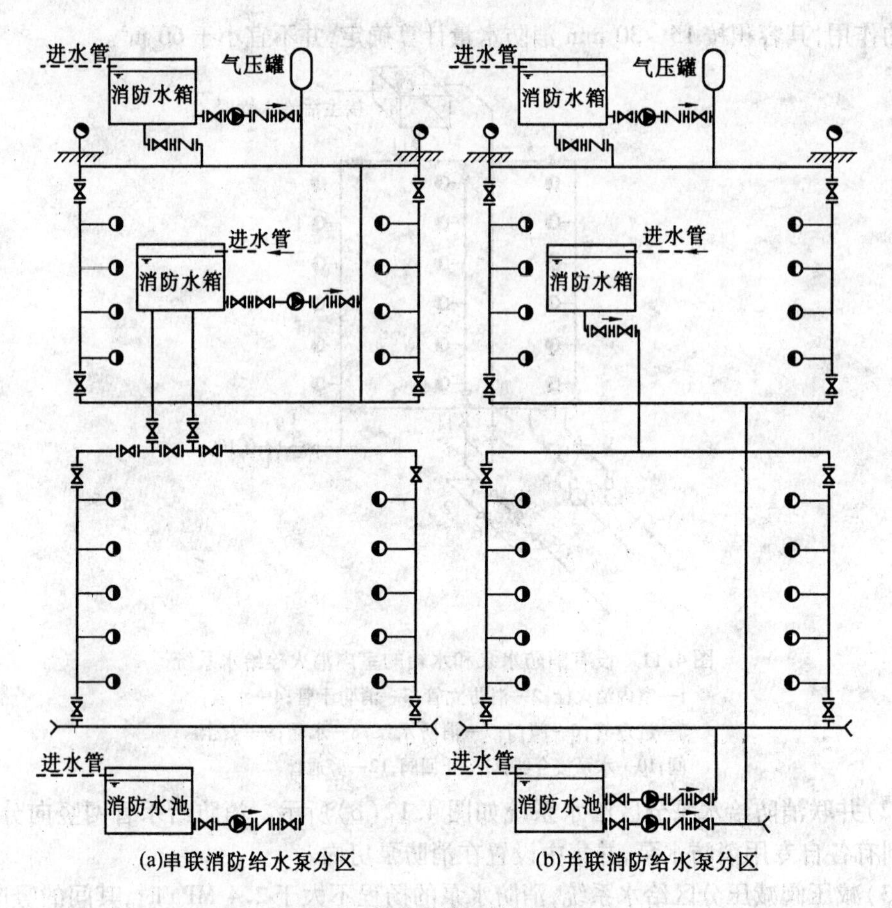

图4.12　消防给水系统竖向分区

表4.5　建筑室内消防给水施工图常见图例

序号	名　称	图　例	备　注
1	消火栓给水管	——XH——	
2	自动喷水灭火给水管	——ZP——	
3	雨淋灭火给水管	——YL——	
4	水幕灭火给水管	——SM——	
5	室外消火栓		X:管道类别 L:立管 1:编号
6	室内消火栓(单口)	平面　系统	

续表 4.5

序号	名　　称	图　　例	备　　注
7	室内消火栓(双口)	平面　系统	白色为开启面
8	水泵接合器		
9	自动喷洒头(开式)	平面　系统	
10	自动喷洒头(闭式)	平面　系统	
11	自动喷洒头(闭式)	平面　系统	
12	自动喷洒头(闭式)	平面　系统	
13	侧墙式自动喷洒头	平面　系统	
14	侧喷式喷洒头	平面　系统	
15	干式报警阀	平面　系统	
16	湿式报警阀	平面　系统	
17	预作用报警阀	平面　系统	
18	水流指示器	L	

续表 4.5

序号	名　称	图　例	备　注
19	水力警铃	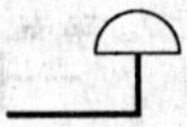	
20	雨淋阀	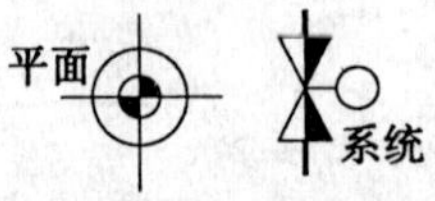 平面 系统	
21	末端测试阀	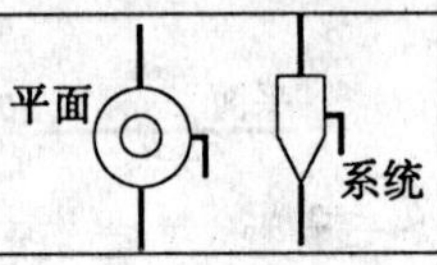 平面 系统	
22	刚性防水套管	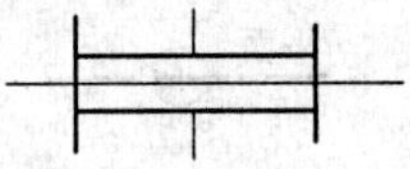	
23	柔性防水套管	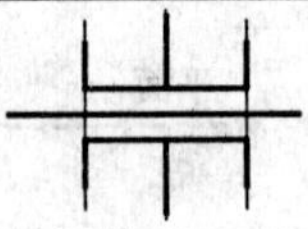	
24	可曲挠橡胶接头		
25	管道固定支架		
26	法兰连接	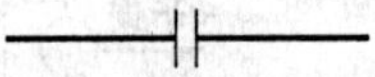	
27	承插连接	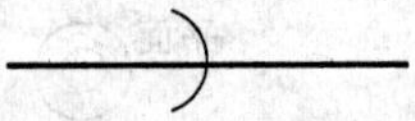	
28	活接头	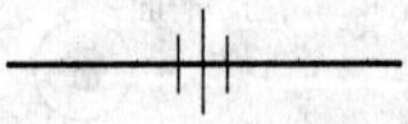	
29	管堵		
30	法兰堵盖		

续表 4.5

序号	名　称	图　例	备　注
31	弯折管	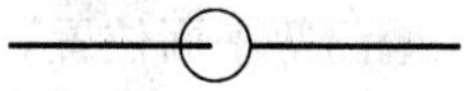	表示管道向后及向下弯转 90°
32	三通连接	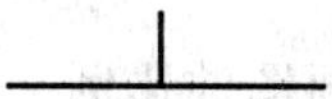	
33	四通连接	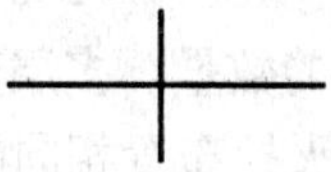	
34	盲板		
35	管道丁字上接	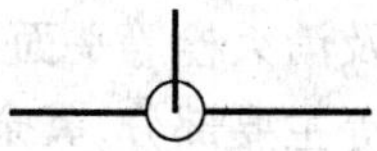	
36	管道丁字下接	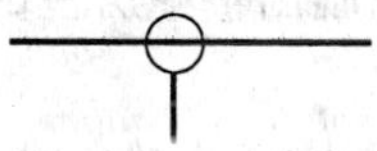	
37	管道交叉	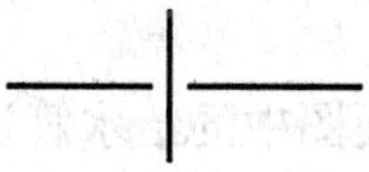	在下方和后面的管道应断开
38	压力表		

(3)消防给水管道一般采用单线以粗线绘制,而建筑、结构的图形及有关设备均采用细线绘制。

(4)不同直径的管道,以相同线宽的线条表示;管道坡度无需按比例画出(画成水平即可);管径和坡度均用数字注明。

(5)靠墙敷设管道,不必按比例准确表示出管线与墙面的微小距离,图中只需略有距离即可。暗装管道与明装管道一样画在墙外,只需说明哪些部分要求暗装。

(6)当在同一平面位置布置有几根不同高度的管道时,若严格按正投影来画,平面图就会重叠在一起,这时可画成平行排列。

(7)有关管道的连接配件属规格统一的定型工业产品,在图中均不予画出。

4.1.3.3　建筑室内消火栓给水系统施工图的图示内容和图示方法

1. 建筑室内消火栓给水平面图

(1)图示内容

室内消火栓给水平面图主要表明建筑物内消火栓给水管道及消火栓、附件等的平面布置情况,主要包括:

1)建筑室内消火栓的数量及平面位置。

2)建筑室内消火栓给水系统中各个干管、立管、支管的平面位置、走向、立管编号和管道的安装方式(明装或暗装)。

3)管道器材设备如消火栓、阀门等平面位置。

4)管道及设备安装预留洞的位置、预埋件、管沟等方面对土建的要求。

(2)图示方法

1)比例。室内给水排水平面图的比例一般采用与建筑平面图相同的比例,常用1:100,必要时也可采用1:50、1:150、1:200等。

2)建筑室内消防给水平面图的数量。多层建筑物的室内消火栓给水平面图,原则上应分层绘制。对于管道系统和消火栓布置相同的楼层平面可以绘制一个平面图即标准层消火栓给水平面图,但底层平面图必须单独画出。当屋顶设有水箱及管道时,应画出屋顶给水平面图;如果管道布置不复杂时,可在标准层平面图中用双点画线画出水箱的位置。

3)建筑室内消火栓给水平面图中的房屋平面图。在室内消火栓给水平面图中所画的房屋平面图,仅作为管道系统及消火栓等平面布置和定位的基准。因此,房屋平面图中仅画出房屋的墙、柱、门窗、楼梯等主要部分,其余细部可省略。

底层室内消防给水平面图应画出整幢房屋的建筑平面图,其余各层可仅画出布置有管道的局部平面图。

4)建筑室内消防给水平面图中消火栓。消火栓、水泵接合器都是工业产品,不必详细表示,可按规定图例画出。

5)建筑室内消火栓给水平面图中的给水管道。

①室内消火栓给水平面图是水平剖切房屋后的水平正投影图。平面图的各种管道不论在楼面(地面)之上或之下,都不考虑其可见性。即每层平面图中的管道均以连接该层消火栓用水设备的管路为准,而不是以楼层地面为分界。

②一般将室内消火栓给水系统和室内生活给水、排水系统绘制于同一平面图上,这对于设计、施工以及识读都比较方便。

③由于管道连接一般均采用连接配件,往往另有安装详图,平面图中的管道连接均为简略表示,具有示意性。

6)建筑室内消火栓给水平面图中给水系统的编号。

①在室内消防给水工程中,一般给水管用字母“X”表示。

②在底层室内消防给水平面图中,当建筑物的消防给水引入管的数量多于一个时,应对每一个消防给水引入管进行编号。消防给水系统的编号如图4.13所示。

7)尺寸标注

①在建筑室内消防给水管道平面图中应标注墙或柱的轴线尺寸,以及室内外地面和各层楼面的标高。

②消火栓和管道一般都是沿墙或靠柱设置的,不必标注定位尺寸(一般在说明中写出);必要时,以墙面或柱面为基准标注尺寸。

③管道的管径、坡度和标高均标注在管道的系统图中,在管道的平面图中不必标出。

④管道长度尺寸用比例尺从图中量出近似尺寸,在安装时则以实测尺寸为准,所以在

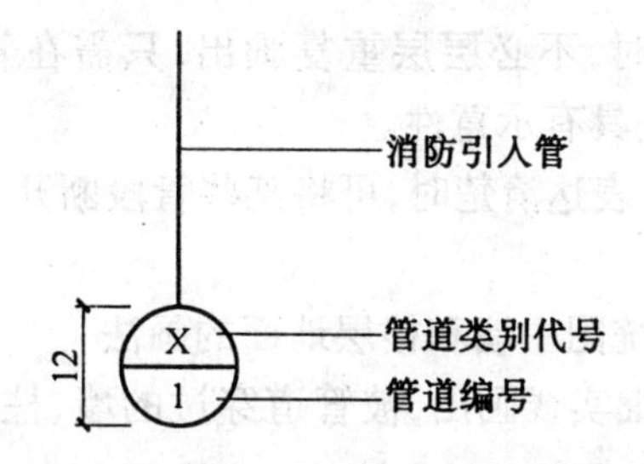

图 4.13　室内消防给水系统的编号

管道平面图中也不标注管道的长度尺寸。

2. 建筑室内消火栓给水系统图

(1)图示内容

室内消火栓给水系统图是室内消火栓给水工程施工图中的主要图纸,表示消防给水管道系统的空间走向,各管段的管径、标高,以及各种附件在管道上的位置。

(2)图示方法

1)轴向选择

室内消火栓给水系统图一般采用正面斜等轴测图绘制,*OX* 轴处于水平方向,*OY* 轴一般与水平线呈 45°(也可以呈 30°或 60°),*OZ* 轴处于铅垂方向。三个轴向伸缩系数均为 1。

2)比例

①室内消火栓给水系统图的比例一般采用与平面图相同的比例,当系统比较复杂时也可以放大比例。

②当采用与平面图相同的比例时,*OX*、*OY* 轴方向的尺寸可直接从平面图上量取,*OZ* 轴方向的尺寸可依层高和设备安装高度量取。

3)建筑室内消火栓给水系统图的数量

室内消防给水系统图的数量一般为一个,每两个消防给水引入管对应着一个系统图。每一个管道系统图的编号都应与平面图中的系统编号相一致,系统的编号如图 4.13 所示。建筑物内垂直楼层的立管,其数量多于一个时,也用拼音字母和阿拉伯数字为管道进出口编号,如图 4.14 所示。

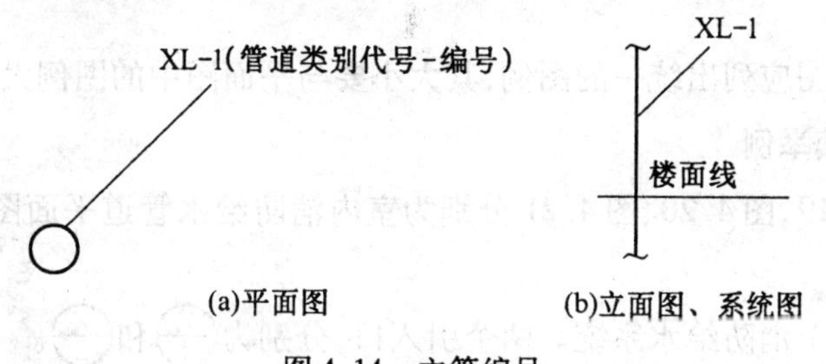

图 4.14　立管编号

4)建筑室内消防给水系统图中的管道

①系统图中管道的画法与平面图中一样,给水管道用粗实线表示,给水管道上的附件用图例表示。

②当空间交叉管道在图中相交时,在相交处将被挡在后面或下面的管线断开。

③当各层管道布置相同时，不必层层重复画出，只需在管道省略折断处标注“同某层”即可。各管道连接的画法具有示意性。

④当管道过于集中，无法表达清楚时，可将某些管段断开，移至别处画出，在断开处给以明确标记。

5）建筑室内消防给水系统图中墙和楼层地面的画法

在管道系统图中还应用细实线画出，被管道穿过的墙、柱、地面、楼面和屋面，其表示方法如图4.14所示。

6）尺寸标注

①管径。管道系统中所有管段均需标注管径。当连续几段管段的管径相同时，仅标注两端管段的管径，中间管段管径可省略不用标注，管径的单位为毫米。管径按产品标准制定的方法表示，管径应以公称直径“DN”表示（如DN50）。管径在图纸上一般标注在以下位置：a. 管径变径处；b. 水平管道标注在管道的上方，倾斜管道标注在管道的斜上方，立管道标注在管道的左侧，如图4.15所示，当管径无法按上述位置标注时，可另找适当位置标注；c. 多根管线的管径可用引出线进行标注，如图4.16所示。

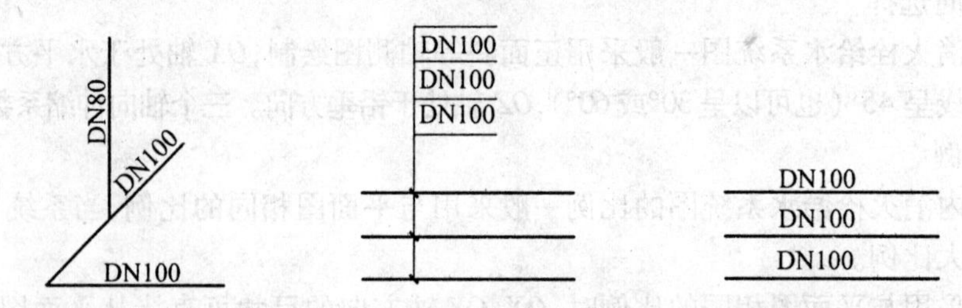

图4.15　管径标注　　图4.16　多根管线管径标注

②标高。室内消防给水管道系统图中标注的标高是相对标高。消防给水管道系统图中给水横管的标高均标注管中心标高，此外，还要标注室内地面、室外地面、各层楼面和屋面的标高，标高的标注如图4.17所示。

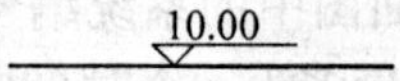

10.00

图4.17　管道标高标注

7）图例

平面图和系统图应列出统一的图例，其大小要与平面图中的图例大小相同。

4.1.3.4　识读举例

图4.18、图4.19、图4.20、图4.21分别为室内消防给水管道平面图和室内给水管道系统图。

该建筑内有一个消防给水系统。两个引入口，分别为 $\frac{X}{1}$ 和 $\frac{X}{2}$。

消防给水系统的引入管，穿越墙体进入室内，供给室内消防用水。识读消防给水系统图时，对照平面图，沿水流方向按引入管、立管、横支管、消火栓、用水设备的顺序识读。

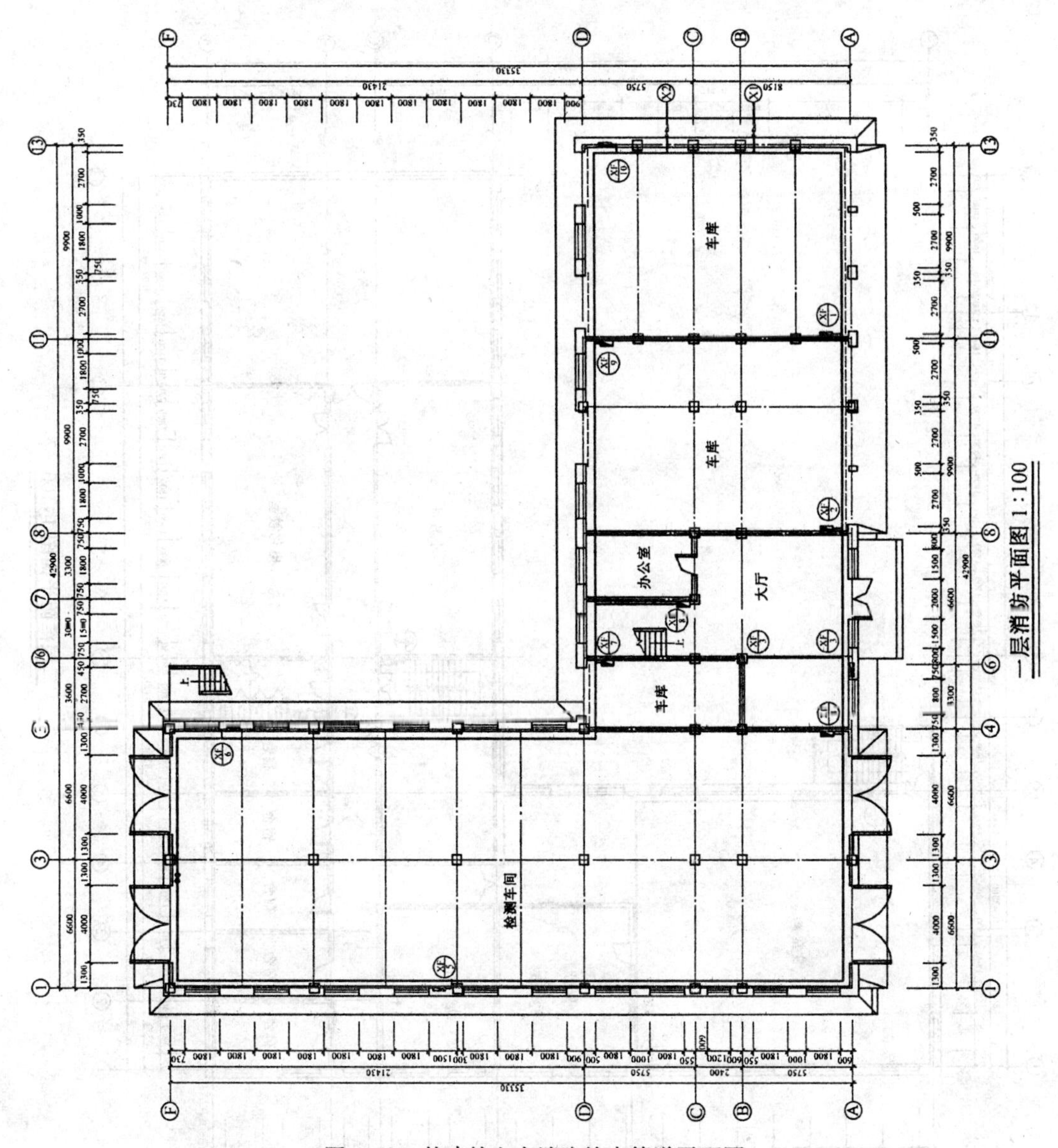

图 4.18　某建筑室内消防给水管道平面图

4.1.4　室内消火栓给水系统设置规定

下列建筑应设室内消火栓给水系统：

(1)建筑面积大于 300 m²的厂房(仓库)。

对耐火等级为一、二级且可燃物较少的单层、多层丁、戊类厂房(仓库),耐火等级为三、四级且建筑体积小于或等于 3 000 m²的丁类厂房(仓库),粮食仓库、金库可不设消火栓。

(2)体积大于 5 000 m³的车站、码头、机场的候车(船、机)楼以及展览建筑、商店、旅馆、病房楼、门诊楼、图书馆建筑等。

(3)特等、甲等剧场,超过 800 个座位的其他等级的剧场和电影院等,超过 1 200 个座

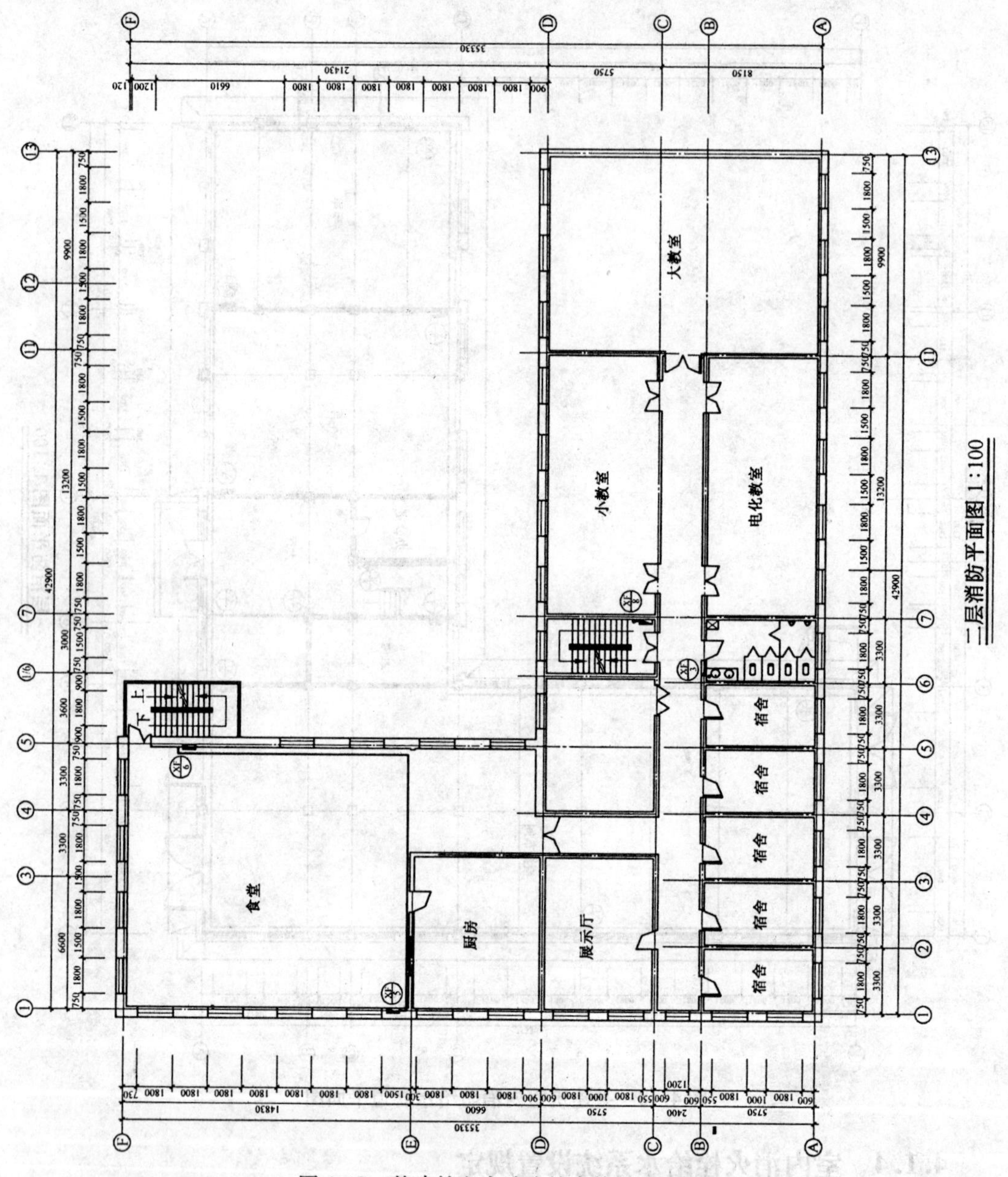

图 4.19　某建筑室内消防给水管道平面图

位的礼堂、体育馆等。

(4)超过 5 层或体积超过 10 000 m^3 的办公楼、教学楼、非住宅类居住建筑等其他民用建筑。

(5)超过 7 层的住宅应设置室内消火栓系统,当有困难时,可只设置干式消防竖管和不带消火栓箱的 DN65 的室内消火栓。消防竖管的直径不得小于 DN65。

(6)国家级文物保护单位的重点砖木或木结构的古建筑,宜设置室内消火栓。

(7)设有室内消火栓的人员密集公共建筑以及低于上述(1) ~ (5)条规定规模的其他公共建筑,宜设置消防软管卷盘;建筑面积大于 200 m^2 的商业服务网点应设置消防软管

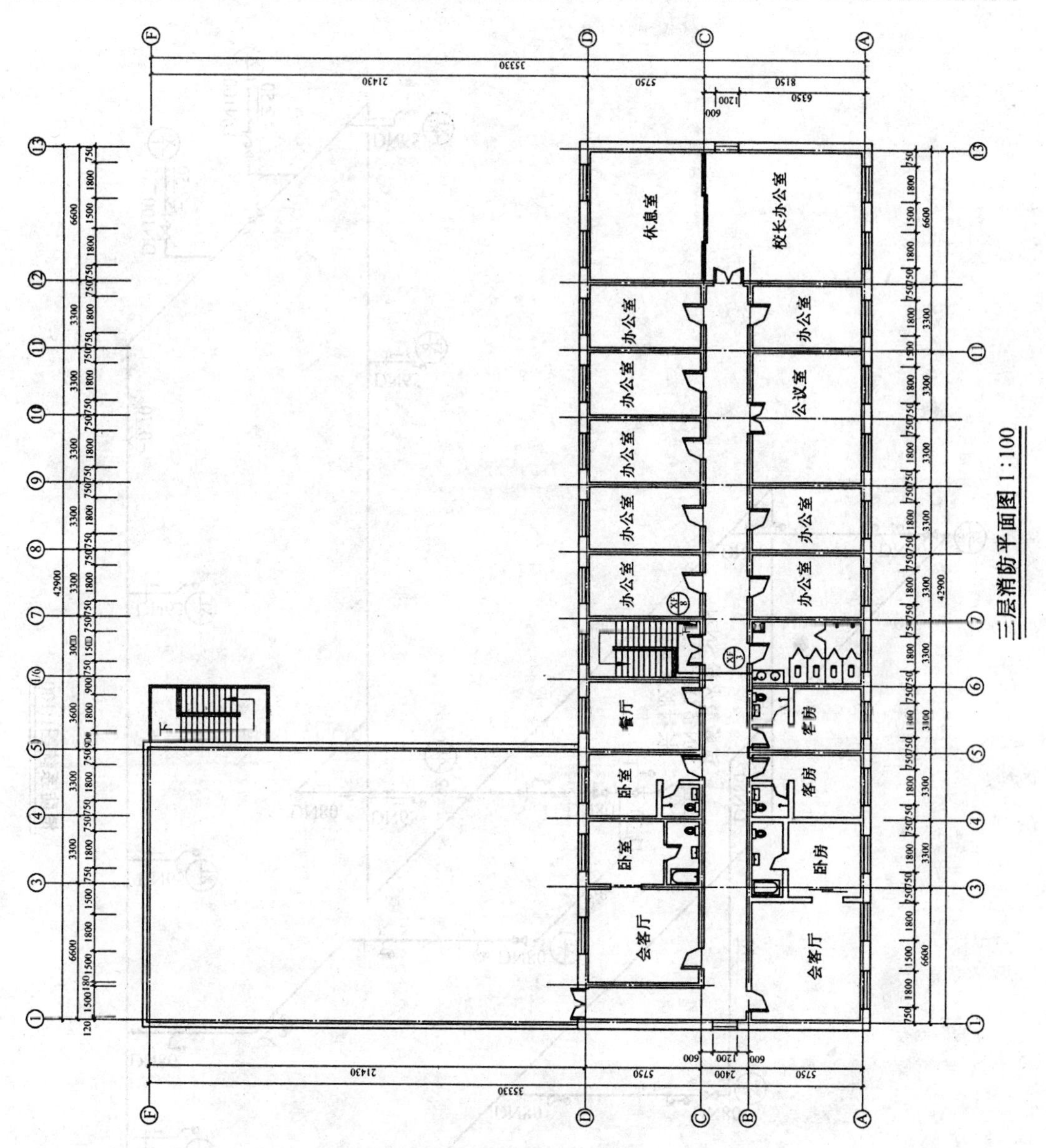

图 4.20　某建筑室内消防给水管道平面图

卷盘或轻便消火栓。

(8)存有遇水能引起燃烧爆炸的物品的建筑物和室内没有生产、生活给水管道，室外消防用水取自储水池且建筑体积小于等于 5 000 m^2的其他建筑可不设置室内消火栓。

(9)高层工业和民用建筑。

(10)建筑面积大于 300 m^2的人防工程或地下建筑。

(11)耐火等级为一、二级且停车数超过 5 辆的汽车库，停车数超过 5 辆的停车场，超过 2 个车位的Ⅳ类修车库应设消防给水系统。但当停车数小于上述规定时，且建筑内有消防给水系统时，也应设置消火栓。

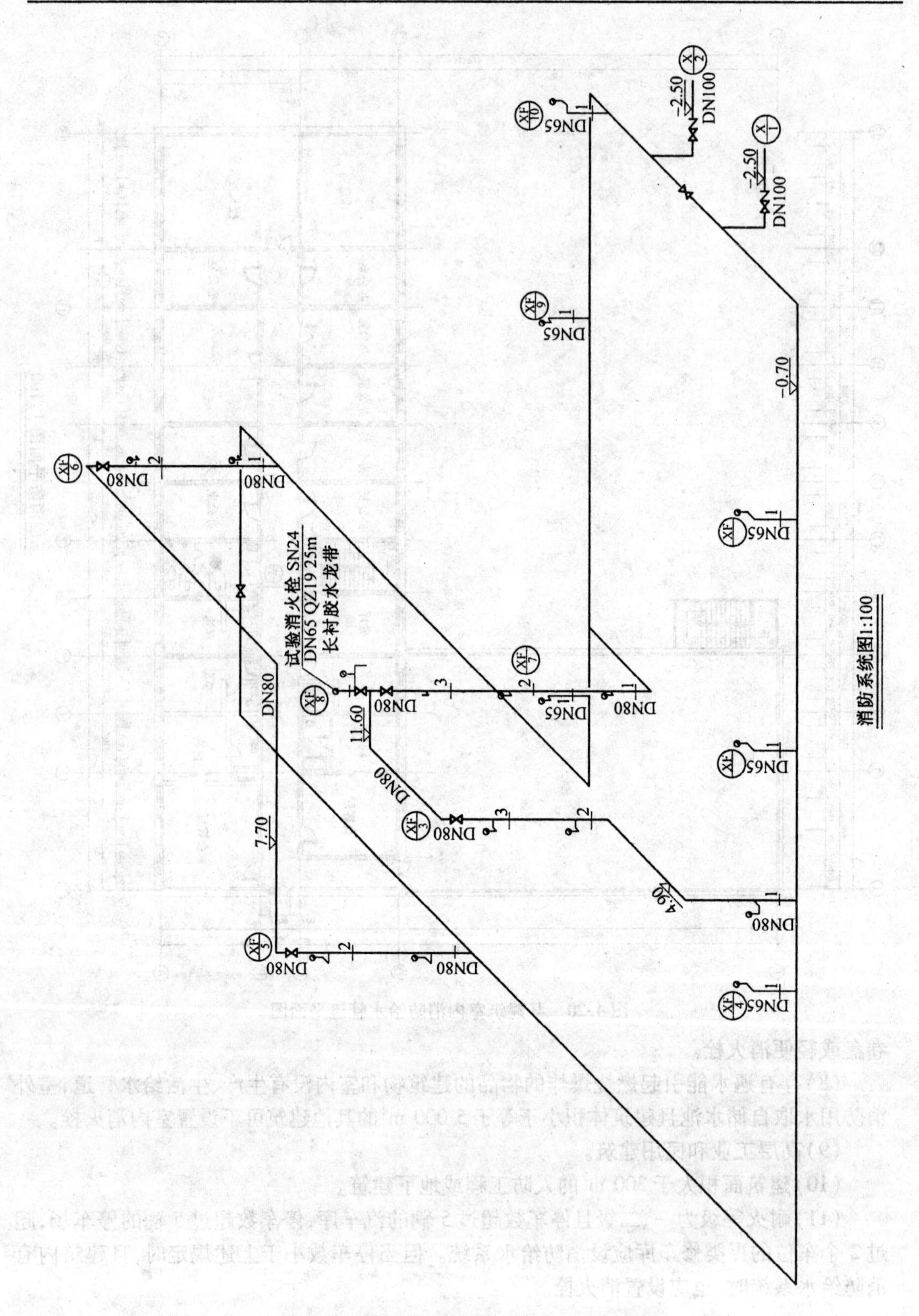

图 4.21 某建筑室内消防给水管道系统图

4.1.5　消火栓的选用和布置

4.1.5.1　消火栓的选用

(1)室内消火栓有 SN65、SN50、SN25 三种规格,其中 SN25 为消防软管卷盘。建筑室内消火栓,应采用 SN65、衬胶水带。消防软管卷盘胶管内径宜采用 19 mm 或 25 mm,长度 30 m,并配有口径为 6 mm 的水枪。

(2)同一建筑物内应采用统一规格的消火栓、水枪和水带。每根水带的长度不应超过 25 m。

(3)高层工业和民用建筑,以及临时高压消防给水系统的高位水箱静压不能满足最不利点消火栓水压要求时,每个消火栓处应设置直接启动消防水泵的按钮,并应设有保护按钮的设施。

(4)建筑高度超过 100 m 的公共建筑避难层,应设置消火栓和消防软管卷盘。

4.1.5.2　消火栓的设置位置

(1)设有消防给水的建筑物,其各层(无可燃物的设备层除外)均应设置消火栓。

(2)设有屋顶直升机停机坪的公共建筑,应在停机坪出入口处或非用电设备机房处设置消火栓,且距停机坪的距离不应小于 5 m。

(3)室内消火栓应设在走道、楼梯附近等明显易于取用地点。大房间或大空间消火栓应首先考虑设置在疏散门的附近,一般不宜设置在死角位置。汽车库内消火栓的设置应不影响汽车的通行和车位的设置。

(4)消火栓栓口离地面高度为 1.1 m,其出水方向宜向下或与设置消火栓的墙面垂直。

(5)消防电梯前应设室内消火栓。

(6)冷库的室内消火栓应设在常温穿堂或楼梯间内。

(7)设有室内消火栓的建筑,应在屋顶设置一个装有压力显示装置的试验检查用消火栓,采暖地区可设在顶层出口处或水箱间内。

4.1.5.3　消火栓的布置

(1)消火栓的布置,应保证有 2 支水枪的充实水柱同时到达室内任何部位。建筑高度小于或等于 24 m 时,且体积小于或等于 5 000 m^3 的库房,可采用 1 支水枪充实水柱到达室内任何部位。Ⅳ类汽车库及Ⅲ、Ⅳ类修车库,可采用一支水枪充实水柱到达室内任何部位。

(2)室内消火栓的布置间距由计算确定。高架库房、高层建筑、人防工程(当保证有两支水枪的充实水柱到达室内任何部位时)、高层汽车库和地下汽车库的室内消火栓间距不应超过 30 m;单层汽车库、其他单层和多层建筑、人防工程(当保证有两支水枪的充实水柱到达室内任何部位时)、高层建筑裙房的室内消火栓间距不应超过 50 m。

(3)布置消火栓时,其作用半径应按消防队员手握水龙带实际行走路线来计算。车库的室内消火栓保护半径不应超过 25 m。

消火栓的保护半径是指以消火栓为中心,一定规格的消火栓、水枪、水龙带配套后,消火栓能充分发挥灭火作用的圆形区域的半径。可按公式(4.2)计算:

$$R = kL_d + L_s \tag{4.2}$$

式中 R—— 消火栓的保护半径,m;

L_d—— 水龙带长度,m;

k—— 弯转曲折系数,$k = 0.8$;

L_s—— 水枪充实水柱长度在平面上的投影长度,m。可按公式(4.3) 计算:

$$L_s = S_k \cos\alpha \tag{4.3}$$

式中 α—— 水枪射流倾角,一般取 45° ~ 60°;

S_k—— 水枪充实水柱长度,m。

消火栓布置间距,应根据消火栓保护半径和保护间距确定。

当室内只有一排消火栓,并且要求有一股水柱到达室内任何部位时,如图 4.22 所示,消火栓的间距按公式(4.4) 计算:

$$S = 2\sqrt{R^2 - b^2} \tag{4.4}$$

式中 S—— 消火栓的布置间距,m;

R—— 消火栓的保护半径,m;

b—— 消火栓的最大保护宽度,m。

当室内只有一排消火栓,并且要求有两股水柱同时到达室内任何部位时,如图 4.23 所示,消火栓间距按公式(4.5) 计算:

$$S = \sqrt{R^2 - b^2} \tag{4.5}$$

当室内需要布置多排消火栓,并且要求有一股水柱或两股水柱到达室内任何部位时,可按图 4.24、图 4.25 布置。

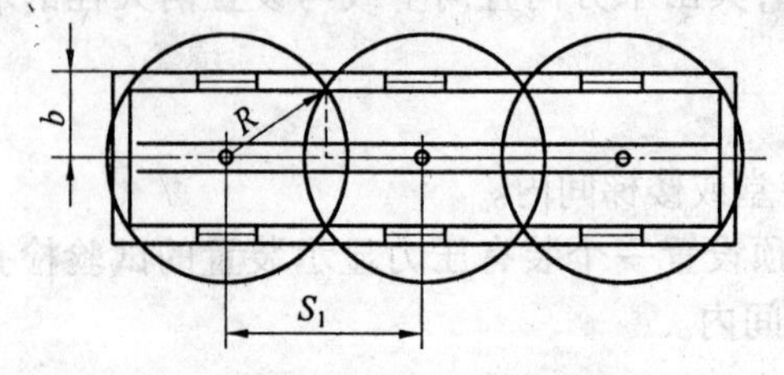

图 4.22 单排消火栓一股水柱

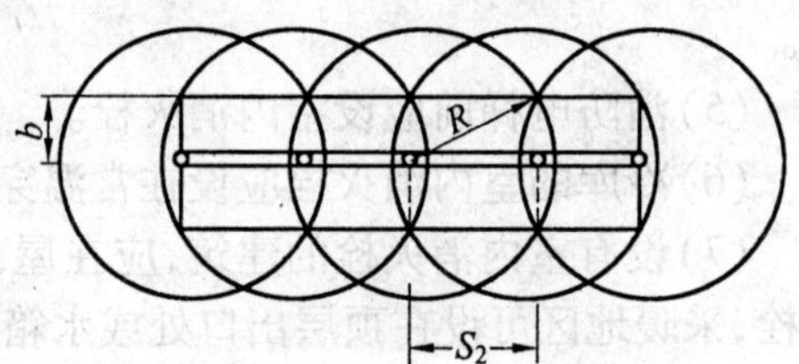

图 4.23 单排消火栓两股水柱

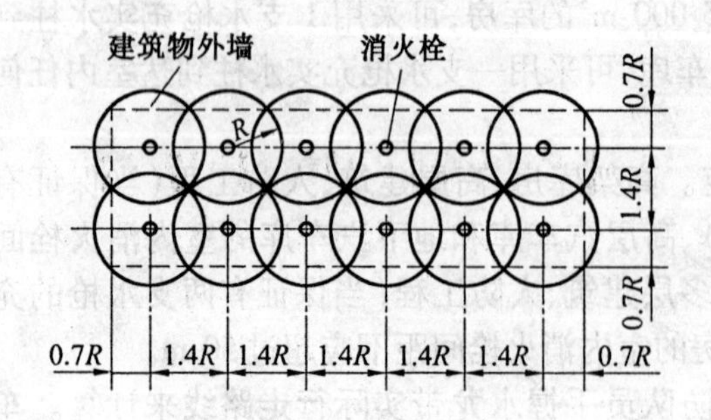

图 4.24 多排消火栓一股水柱

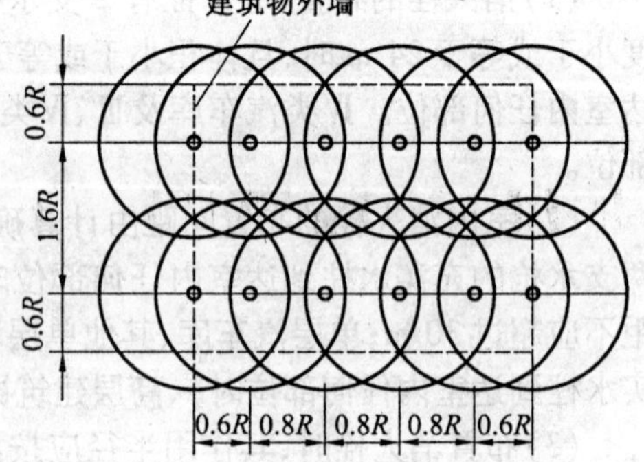

图 4.25 多排消火栓两股水柱

4.1.6　室内消防给水管网的布置

(1)高层建筑、人防工程(室内消火栓超过10个)、汽车库及修车库(室内消火栓超过10个)、多层建筑(室内消火栓超过10个且室外消防用水量大于15 L/s),室内消防给水管道应布置成环状;当室内消火栓数量少于10个,且室外消防用水量小于15 L/s时可采用枝状管网。室内消防给水环状管网的进水管和区域高压或临时高压给水系统的引入管不应少于两根,当其中一根发生故障时,其余的进水管或引入管应能保证消防用水量和水压的要求。

(2)室内消防竖管直径不应小于DN100。如果超过7层的住宅设置干式消防竖管,消防竖管的直径不应小于DN65。干式消火栓竖管应在首层出口部位设置便于消防车供水的快速接口和止回阀。

(3)高层建筑消防竖管的布置,应保证同层相邻两个消火栓的水枪的充实水柱同时到达被保护范围内的任何部位。每根消防竖管的直径应根据通过的流量经计算确定,但不应小于100 mm。18层及18层以下,每层不超过8户、建筑面积不超过650 m^2的塔式住宅,当设两根消防竖管有困难时,可设一根竖管,但必须采用双阀双出口型消火栓。

(4)高层民用建筑和高层工业建筑的室内消防给水系统应与生活、生产给水系统分开设置,应设置独立的消防给水系统。

(5)室内消火栓给水系统应与自动喷水灭火系统分开设置。有困难时可合用消防泵,但在自动喷水灭火系统的报警阀前(沿水流方向)必须分开设置。

(6)当生产、生活用水量达到最大时,且市政给水管道仍能满足室内外消防用水量时,室内消防泵进水管宜直接从市政管道取水(需征得当地市政部门同意)。进水管上设置的计量设备不应降低进水管的过水能力。

(7)严寒地区非采暖库房的室内消火栓,可采用干式系统,但在进水管上应设快速启闭装置,管道最高处应设排气阀。

(8)室内消防给水管道为环状管网时,应采用阀门分成若干独立段。阀门的布置要求是,高层建筑应保证检修管道时关闭停用的竖管不超过一根,当竖管超过4根时,可关闭不相邻的两根;高层建筑的裙房及非高层建筑应保证检修管道时停止使用的消火栓在一层中不应超过5个。对于多层民用建筑,仓库和厂房室内消防给水管道上阀门的布置应保证检修管道时关闭的竖直不超过1根,但设置的竖管超过3根时,可关闭2根。阀门应保持常开,并应有明显的启闭标志或信号。

(9)必须采用双阀双出口型消火栓的地方,宜采用双立管双消火栓,且消火栓分别接自不同立管,立管顶部相连并设阀门。

(10)消火栓立管最高点处应设置自动排气阀。

单元二　建筑室内消火栓给水工程的核算

消火栓给水系统设计计算,应根据规范规定的消防用水量、水枪数量和水压进行水力计算,最终确定给水管网的管径,系统所需的水压,水池、水箱的容积和水泵的型号等。

消火栓给水系统的设计计算如下：

4.2.1　消防用水量

多层民用建筑和工业建筑的室内消火栓用水量,应不小于表4.6的规定;高层民用建筑的室内外消火栓用水量,应不小于表4.7的规定。

表4.6　多层民用建筑和工业建筑的室内消火栓用水量(L/s)

建筑物名称	高度、层数、体积或座位数	消火栓用水量/(L·s^{-1})	同时使用水枪数量/支	每根竖管最小流量/(L·s^{-1})
厂房	高度≤24 m、体积≤1 000 m^3	5	2	5
	高度≤24 m、体积>1 000 m^3	10	2	10
	高度24~50 m	25	5	15
	高度>50 m	30	6	15
仓库	高度≤24 m、体积≤500 m^3	5	1	5
	高度≤24 m、体积>5 000 m^3	10	2	10
	高度24~50 m	30	6	15
	高度>50 m	40	8	15
科研楼、试验楼	高度≤24 m、体积≤1 000 m^3	10	2	10
	高度≤24 m、体积>1 000 m^3	15	3	10
车站、码头、机场的候车(船、机)楼和展览建筑等	5 001~25 000 m^3	10	2	10
	25 001~50 000 m^3	15	3	10
	>50 000 m^3	20	4	15
剧院、电影院、会堂、礼堂、体育馆等	801~1 200个	10	2	10
	1 201~5 000个	15	3	10
	5 001~10 000个	20	4	15
	>10 000个	30	6	15
商店、旅馆等	5 001~25 000 m^3	10	2	10
	10 001~25 000 m^3	15	3	10
	>25 000 m^3	20	4	15
病房楼、门诊楼等	5 001~10 000 m^3	5	2	5
	10 001~25 000 m^3	10	2	10
	>25 000 m^3	15	3	10
办公楼、教学楼等其他民用建筑	层数≥6层或体积≥10 000 m^3	15	3	10
国家级文物保护单位的重点砖木、木结构古建筑	体积≤10 000 m^3	20	4	10
	体积>10 000 m^3	25	5	15
住宅	层数≥8层	5	2	5

表4.7　高层民用建筑室内外消火栓用水量

<table>
<tr><th rowspan="2">高层建筑类别</th><th rowspan="2">建筑高度/m</th><th colspan="2">消火栓用水量/(L·s⁻¹)</th><th rowspan="2">每根竖管最小流量/(L·s⁻¹)</th><th rowspan="2">每支水枪最小流量/(L·s⁻¹)</th></tr>
<tr><th>室外</th><th>室内</th></tr>
<tr><td rowspan="2">普通住宅</td><td>≤50</td><td>15</td><td>10</td><td>10</td><td>5</td></tr>
<tr><td>>50</td><td>15</td><td>20</td><td>10</td><td>5</td></tr>
<tr><td>1.高级住宅
2.医院
3.二类建筑的商业楼、展览楼、综合楼、财贸金融楼、电信楼、商住楼、图书馆、书库</td><td>≤50</td><td>20</td><td>20</td><td>10</td><td>5</td></tr>
<tr><td>4.省级以下的邮政楼、防灾指挥调度楼、广播电视楼、电力调度楼
5.建筑高度不超过50 m的教学楼和普通的旅馆、办公楼、科研楼、档案楼等</td><td>>50</td><td>20</td><td>30</td><td>15</td><td>5</td></tr>
<tr><td>1.高级旅馆
2.建筑高度不超过50 m或每层建筑面积超过1 000 m²的商业楼、展览楼、综合楼、财贸金融楼、电信楼
3.建筑高度超过50 m或每层建筑面积超过1 500 m²商住楼</td><td>≤50</td><td>30</td><td>30</td><td>15</td><td>5</td></tr>
<tr><td>4.中央和省级(含计划单列市)广播电视楼
5.网局级和省级(含计划单列市)电力调度楼
6.省级(含计划单列市)邮政楼、防灾指挥调度楼
7.藏书超过100万册的图书馆、书库
8.重要的办公楼、科研楼、档案楼
9.建筑高度超过50 m的教学楼和普通的旅馆、办公楼、科研楼、档案楼等</td><td>>50</td><td>30</td><td>40</td><td>15</td><td>5</td></tr>
</table>

城镇的室外消防用水量应包括居住区、工厂、仓库(含堆场、储罐)和民用建筑的室外消火栓用水量。当两者的计算结果不一致时,应取其较大值。

4.2.2　消火栓口所需水压

为保证水枪的充实水柱长度,消火栓口所需的水压按公式(4.6)计算:

$$H_{xh}=H_q+H_d+H_k=\frac{q_{xh}^2}{B}+A\cdot L\cdot q_{xh}^2+H_k \quad (4.6)$$

式中　H_{xh}——消火栓口的水压,0.01 MPa;

H_q——水枪喷嘴造成一定长度的充实水柱所需要的压力,0.01 MPa,可按同时满足每支水枪最小流量、充实水柱的要求,根据表4.8确定;

H_d——消防水带的水头损失,0.01 MPa;

H_k——消火栓口的水头损失,取0.02 MPa;

q_{xh}——水枪喷嘴射出流量,L/s,见表4.8;

B——水枪出流特性系数,按表4.9选用;

A——水带比阻,按表4.10采用;

L——水带长度,m。

表4.8　水枪喷嘴处压力与充实水柱、流量的关系

S_k充实水柱/0.01 MPa	不同水枪直径的压力和流量					
	13		16		19	
	H_q压力/0.01 MPa	q_{xh}流量/(L·s^{-1})	H_q压力/0.01 MPa	q_{xh}流量/(L·s^{-1})	H_q压力/0.01 MPa	q_{xh}流量/(L·s^{-1})
6	8.1	1.7	8	2.5	7.5	3.5
7	9.6	1.8	9.2	2.7	9	3.8
8	11.2	2.0	10.5	2.9	10.5	4.1
9	13	2.1	12.5	3.1	12	4.3
10	15	2.3	14	3.3	13.5	4.6
11	17	2.4	16	3.5	15	4.9
12	19	2.6	17.5	3.8	17	5.2
12.5	21.5	2.7	19.5	4.0	18.5	5.4
13	24	2.9	22	4.2	20.5	5.7
13.5	26.5	3.0	24	4.4	22.5	6.0
14	29.6	3.2	26.5	4.6	24.5	6.2
15	33	3.4	29	4.8	27	6.5
15.5	37	3.6	32	5.1	29.5	6.8
16	41.5	3.8	35.5	5.3	32.5	7.1
17	47	4.0	39.5	5.6	33.5	7.5

表4.9　水枪出流特性系数B值

喷嘴口径/mm	13	16	19
B值	0.346	0.793	1.577

表4.10　衬胶水带比阻A值

水带口径/mm	衬胶水带比阻A值
50	0.006 77
65	0.001 72

消火栓栓口处的出水压力超过0.5 MPa时,可在消火栓栓口处加设不锈钢减压孔板,消除栓口处的剩余水头。

减压孔板的水头损失可按公式(4.7)计算:

$$H_{sh} = 1.06\left[\frac{1.75\beta^{-2}(1.1-\beta^2)}{1.175-\beta^2}-1\right]^2\frac{v^2}{2g} \tag{4.7}$$

式中　H_{sh}——消火栓与孔板组合水头损失,0.01 MPa,可参照表4.11取值;

β——相对孔径,$\beta=\frac{d}{D}$,d为孔板孔径,mm,D为消火栓管内径,mm(DN50管内径为53 mm,DN65管内径为68 mm);

v——管内流速,m/s,$v=\frac{4q_x}{\pi D^2}\times10^{-3}$;

q_x——水流通过孔板后流量,L/s;

g——重力加速度,9.8 m/s²。

表4.11　消火栓栓口处安装孔板组合水头损失值　(0.01 MPa)

消火栓型号		SN50	SN65
q_x流量/(L·s⁻¹)		2.5	5.0
孔板直径d/mm	12	65.76	
	14	34.58	
	16	19.66	83.61
	18	11.85	51.13
	20	7.46	32.76
	22	4.87	21.80
	24	3.26	14.95
	26		10.50
	28		7.53
	30		5.49
	32		4.06

4.2.3　消防给水管网水力计算

(1)将环状管网最上部的联络管去掉,使之简化为枝状管网;

(2) 根据管网布置情况及消防泵的位置,确定最不利立管,相邻立管、次相邻立管,并按表4.12确定消防时每条立管的出流水枪数;

表4.12 消防立管出流水枪数

室内消火栓计算流量 /($L \cdot s^{-1}$)	10	15	20	25	30	40
最不利消防立管出水枪数 / 支	2	2	2	3	3	3
相邻消防立管出水枪数 / 支		1	2	2	3	3
次相邻消防立管出水枪数 / 支						2

(3) 根据表4.6、表4.7对每支水枪最小出流量及表4.8对充实水柱要求,确定最不利水枪喷嘴处的压力;

(4) 按公式(4.6) 计算最不利消火栓口所需压力;

(5) 控制设计流速为1.4 ~ 1.8 m/s(最大不允许超过2.5 m/s) 确定管道直径,依次计算最不利消火栓以下各层消火栓口处的实际压力并按公式(4.8) 计算水枪的实际出流量:

$$q_{xh} = \sqrt{\frac{H_{xh} - H_k}{A \cdot L + \frac{1}{B}}} \tag{4.8}$$

(6) 计算各管段水头损失(局部水头损失按管道沿程水头损失的10% 采用);

(7) 选择消防水泵。

【例4.1】 某14层高级旅馆,其消火栓给水系统如图4.26所示。选用喷嘴直径 d = 19 mm 的水枪,消火栓口径65 mm,衬胶水龙带直径65 mm、长20 m。试确定消防管道直径及消防水泵的流量和扬程。

解 去掉上部水平横管,很容易判定 Ⅰ、Ⅱ 号消防竖管为最不利竖管和次不利竖管,Ⅰ 号消防竖管上的节点1为最不利消火栓。按规范规定,本建筑室内消防用水量为30 L/s, 充实水柱长度 ≥ 10 m,发生火灾时,最不利竖管和次不利竖管应满足3 支水枪同时工作,每支水枪的最小流量为5 L/s,每根竖管最小流量要求均为15 L/s。

查表4.8知:当充实水柱 H_m = 12 m、水枪流量 $q_{xh}^{(1)}$ = 5.1 L/s(同时满足充实水柱长度 ≥ 10 m、水枪流量 ≥ 5 L/s 的要求) 时,水枪喷嘴处的压力 H_q = 165 kPa。

节点1处消火栓口所需压力为:

$$H_{xh}^{(1)}/\text{kPa} = 165 + 0.0172 \times 20 \times 5.1^2 + 20 = 194$$

初步确定竖管直径为DN100,当消防流量达到15 L/s时,管内流速为:

$$v/(\text{m} \cdot \text{s}^{-1}) = \frac{4 \times 0.015}{3.14 \times 0.1^2} = 1.91 \text{ (未超过2.5 m/s)}$$

节点2处消火栓口的压力为:

$$H_{xh}^{(2)} = H_{xh}^{(1)} + \gamma \cdot \Delta h + i \cdot L = 233 \text{ kPa}$$

水枪射流量为:

$$q_{xh}^{(2)}/(\text{L} \cdot \text{s}^{-1}) = \sqrt{\frac{233 - 20}{0.0172 \times 20 + 1 \div 0.1577}} = 5.6$$

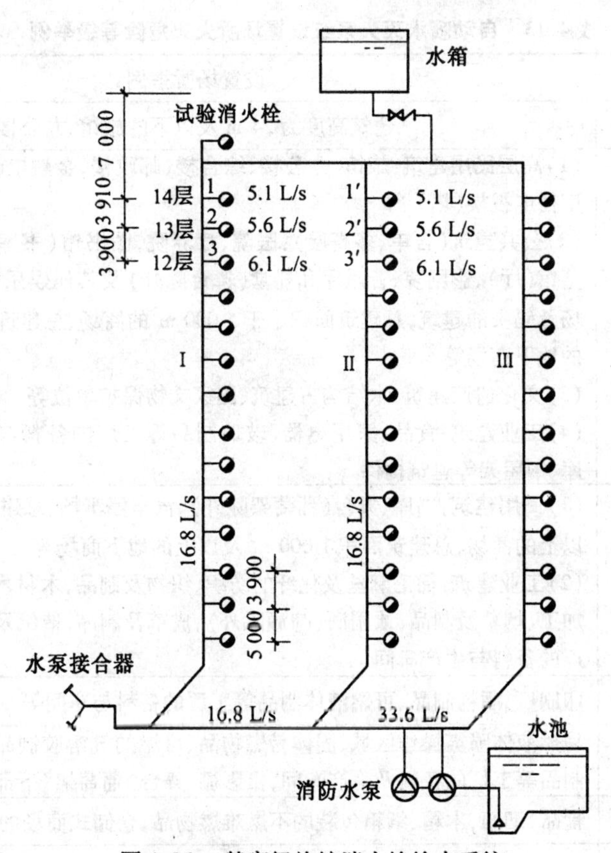

图 4.26　某高级旅馆消火栓给水系统

同理可求得节点 3 处消火栓的压力为 272 kPa，出水量 6.1 L/s。近似认为 Ⅱ 号竖管的流量与 Ⅰ 号竖管相等，消防泵流量为 33.6 L/s。

底部水平干管直径采用 DN125，流速小于 2.5 m/s。

消防水泵的扬程可根据节点 1 处消火栓口的压力、节点 1 与消防水池最低动水位之差、计算管路水头损失求出。

单元三　识读建筑室内自动喷水工程施工图

自动喷水灭火系统是一种在发生火灾时，能自动喷水灭火并同时发出火警信号的消防灭火设施。据资料统计，自动喷水灭火系统扑救初期火灾的效率在 97% 以上，具有工作性能稳定、适应范围广、安全可靠、控火灭火成功率高、维护简便等优点，是扑救初期火灾有效的自动灭火设施，使火灾在初期阶段就被有效控制和扑灭。

4.3.1　自动喷水灭火系统危险等级划分原则

判断设置自动喷水灭火系统建筑物的火灾危险性等级，是选择系统类型和确定设计基本数据的基础，自动喷水灭火系统危险等级划分的原则是根据保护场所可燃物的多少或火灾荷载的大小来确定，在工程设计中通常根据经验确定，见表 4.13。

表 4.13 自动喷水灭火系统设置场所火灾危险等级举例

火灾危险等级		设置场所举例
轻危险级		建筑高度为 24 m 及以下的旅馆、办公楼
中危险级	Ⅰ级	(1)高层民用建筑:旅馆、办公楼、综合楼、邮政楼、金融电信楼、指挥调度楼、广播电视楼(塔) 等 (2)公共建筑(含单、多高层):医院、疗养院,图书馆(书库除外)、档案馆、展览馆(厅),影剧院、音乐厅和礼堂(舞台除外)及其他娱乐场所,火车站、飞机场及码头的建筑,总建筑面积小于 5 000 m^2 的商场、总建筑面积小于 1 000 m^2 的地下商场等 (3)文化遗产建筑:木结构古建筑、国家文物保护单位等 (4)工业建筑:食品、家用电器、玻璃制品等工厂的备料与生产车间等,冷藏库、钢屋架等建筑构件
	Ⅱ级	(1)民用建筑:书库、舞台(葡萄架除外)、汽车停车场、总建筑面积 5 000 m^2 及以上的商场、总建筑面积 1 000 m^2 及以上的地下商场等 (2)工业建筑:棉毛麻丝及化纤的纺织、织物及制品,木材木器及胶合板,谷物加工、烟草及制品,饮用酒(啤酒除外),皮革及制品,造纸及纸制品,制药等工厂的备料与生产车间
严重危险级	Ⅰ级	印刷厂、酒精制品、可燃液体制品等工厂的备料与车间等
	Ⅱ级	易燃液体喷雾操作区域,固体易燃物品、可燃的气溶胶制品、溶剂、油漆、沥青制品等工厂的备料及生产车间,摄影棚、舞台“葡萄架”下部
仓库危险级	Ⅰ级	食品、烟酒,木箱、纸箱包装的不燃难燃物品,仓储式商场的货架区等
	Ⅱ级	木材、纸、皮革、谷物及制品、棉毛麻丝化纤及制品、家用电器、电缆、B 组塑料与橡胶及其制品、钢塑混合材料制品、各种塑料瓶盒包装的不燃物品及各类物品混杂储存的仓库等
	Ⅲ级	A 组塑料与橡胶及其制品,沥青制品等

A 组:丙烯腈-丁二烯-苯乙烯共聚物,缩醛、聚甲基丙烯酸甲酯、玻璃纤维增强聚酯、热塑性聚酯、聚丁二烯、聚碳酸酯、聚乙烯、聚丙烯、聚苯乙烯、聚氨基甲酸酯、高增塑聚氯乙烯、苯乙烯-丙烯腈等;丁基橡胶、乙丙橡胶、发泡类天然橡胶、腈橡胶、聚酯合成橡胶、丁苯橡胶等。

B 组:醋酸纤维素、醋酸丁酸纤维素、乙基纤维素、氟塑料、锦纶、三聚氰胺甲醛、酚醛塑料、硬聚氯乙烯、聚偏二氟乙烯、聚偏氟乙烯、聚氟乙烯、脲甲醛等;氯丁橡胶、不发泡类天然橡胶、硅橡胶等。

建筑物自身的特征对自动喷水系统扑救的难易程度也有影响,层高和面积较大的建筑物,火灾形成的热气流不容易在屋面下积聚,烟气不容易接触或淹没喷头,使喷头的温升缓慢、动作时间推迟,从而导致喷头出水时间的延迟,导致火灾蔓延,致使系统灭火难度增加。当建筑物的层高较高时,喷头洒水穿越热气流区域的距离增大,被吹跑或汽化的水量增加,削弱了系统的灭火能力。建筑构件、室内装饰和灯具等都会影响喷头的布置和阻挡喷头均匀布水。

在系统设计时应运用火灾理论来分析具体建筑物的性质、火灾危险性大小、火灾发生频率、可燃物数量、单位时间内释放的热量、火灾蔓延速度以及扑救难易程度等因素,从而确定其危险等级和设计参数。

4.3.2　自动喷水灭火系统的分类与原理

自动喷水灭火系统可用于各种建筑物中允许用水灭火的保护对象和场所，根据被保护建筑物的使用性质、环境条件和火灾发生、发展特性的不同，分为多种不同类型。按喷头开启形式不同，分为闭式系统和开式系统；按报警阀的形式不同，分为湿式系统、干式系统、干湿两用系统、预作用系统和雨淋系统等；按对保护对象的功能不同，分为暴露防护型（水幕或冷却等）和控灭火型；按喷头形式不同，分为普通型（传统型）喷头、洒水型喷头、大水滴型喷头和ESER型喷头等。

4.3.2.1　湿式系统

湿式自动喷水灭火系统如图4.27所示，由闭式喷头、管道系统、湿式报警阀、水流指示器、报警装置和供水设施等组成。

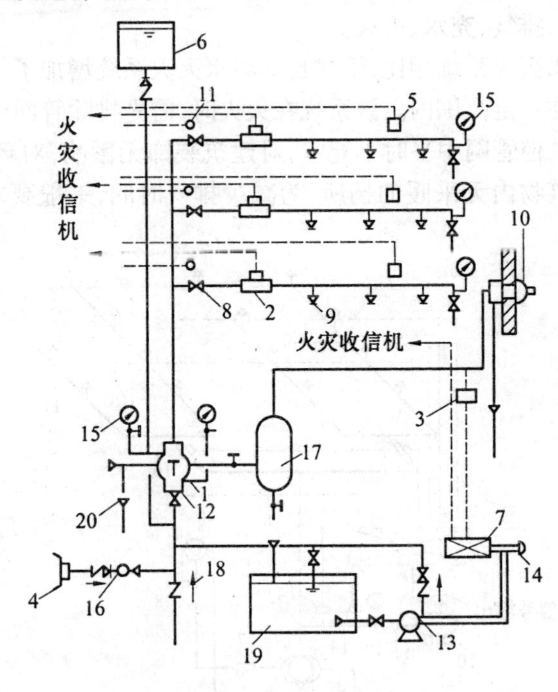

图4.27　湿式自动喷水灭火系统

1—湿式报警阀；2—水流指示器；3—压力继电器；4—水泵接合器；5—感烟探测器；6—水箱；7—控制箱；8—减压孔板；9—喷头；10—水力警铃；11—报警装置；12—闸阀；13—水泵；14—按钮；15—压力表；16—安全阀；17—延迟器；18—止回阀；19—贮水池；20—排水漏斗

湿式自动喷水灭火系统是在一个充满水的管道系统上安装有自动喷水的闭式喷头，并与至少一个自动给水装置相连。火灾发生时，在火场温度作用下，闭式喷头的感温元件温度达到预定的动作温度后，喷头开启喷水灭火，此时管网中有压水流动，水流指示器被感应送出电信号，在报警控制器上显示，某一区域已在喷水。持续喷水造成报警阀的上部水压低于下部水压，其压力差值达到一定值时，原来处于关闭的报警阀就会自动开启，同时，消防水通过湿式报警阀，流向自动喷洒管网供水灭火。另一部分水进入延迟器、压力开关及水力警铃设施发出火警信号。另外，根据水流指示器和压力开关的信号或消防水箱的水位信号，控制箱内控制器能自动开启消防泵，以达到持续供水的目的。

湿式自动喷水灭火系统的优点是：结构简单、施工和管理维护方便、使用可靠、灭火速度快、控火效率高、建设投资少。由于管路始终充满水，若出现渗漏会损坏建筑装饰，应用受环境温度的限制，适合安装在温度范围为 4～70 ℃并且能用水灭火的建筑物内。

4.3.2.2　干式系统

干式系统是为了满足寒冷和高温场所安装自动灭火系统的需要，在湿式自动系统的基础上发展起来的。该系统由闭式喷头、管道系统、干式报警阀、水流指示器、报警装置、充气设备、排气设备和供水设备等组成。其管路和喷头内平时没有水，只处于充气状态，故称之为干式系统，如图 4.28 所示。当建筑物发生火灾火点温度达到开启闭式喷头的范围时，喷头自动开启、排气、充水、灭火。

与湿式自动喷水灭火系统相比，干式自动喷水灭火系统增加了一套充气设备，管网内的气压要经常保持在一定范围内。该系统在灭火时，需先排除管网中的空气，故喷头出水不如湿式系统及时。但管网中平时不充水，对建筑装饰无影响，对环境温度也无要求，适用于采暖期长而建筑物内无采暖的扬所，为减少排气时间，一般要求管网的容积不大于 3 000 L。

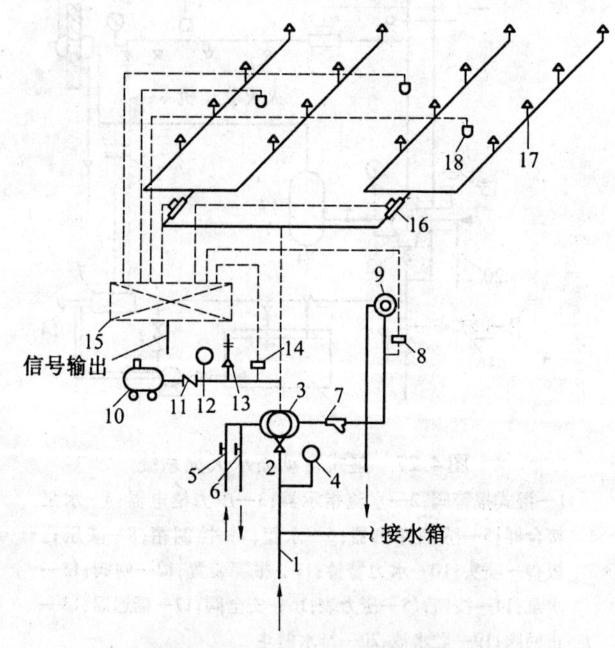

图 4.28　干式自动喷水灭火系统

1—供水管；2—闸阀；3—干式报警阀；4—压力表；5. 6—截止阀；7—过滤器；8—压力开关；9—水力警铃；10—空压机；11—止回阀；12—压力表；13—安全阀；14—压力开关；15—火灾报警控制箱；16—水流指示器；17—闭式喷头；18—火灾探测器

4.3.2.3　预作用系统

预作用自动喷水灭火系统如图4.29所示，由闭式喷头、管道系统、雨淋阀、火灾探测器、报警控制装置、充气设备、控制组件和供水设施等部件组成。系统将火灾自动探测报警技术和自动喷水灭火系统有机地结合在一起，雨淋阀之后的管道平时呈干式，充满低压气体。火灾发生时，安装在保护区的感温、感烟火灾探测器发出火警信号，开启雨淋阀，水进入管路，短时间内将系统转变为湿式，之后的动作与湿式系统相同。

预作用系统在雨淋阀以后的管网中充低压空气或氮气，平时不充水，避免了因系统破损而造成的水渍损失。这种系统有早期报警装置，在喷头动作之前及时报警并转换成湿式系统，克服了干式喷水灭火系统必须喷头动作完成排气后才能喷水灭火的缺点。预作用系统比湿式系统或干式系统多一套自动探测报警和自动控制系统，构造复杂。应用于系统处于准工作状态时，严禁管道漏水、严禁系统误喷、替代干式系统的场所。

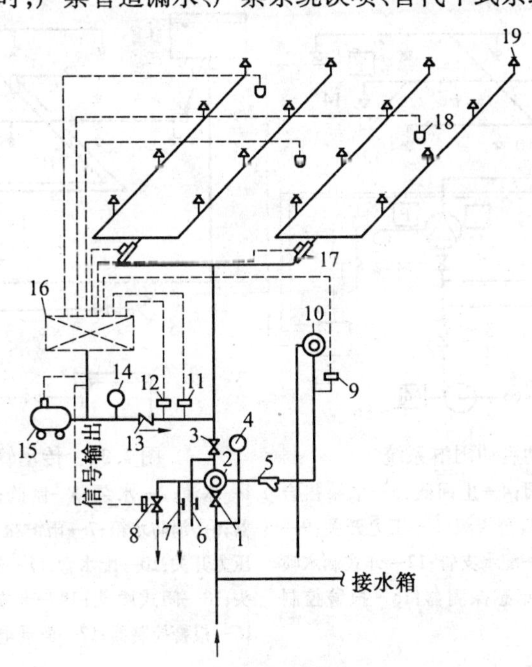

图4.29　预作用自动喷水灭火系统

1—总控制阀；2—预作用阀；3—检修闸阀；4—压力表；5—过滤器；6—截止阀；7—手动开启阀；8—电磁阀；9—压力开关；10—水力警铃；11—启闭空压机压力开关；12—低气压报警压力开关；13—止回阀；14—压力表；15—空压机；16—报警控制箱；17—水流指示器；18—火灾探测器；19—闭式喷头

4.3.2.4　雨淋系统

雨淋系统采用开式喷头，由雨淋阀控制喷水范围，利用配套的火灾自动报警系统或传动管系统监测火灾并自动启动系统灭火。发生火灾时，火灾探测器将信号送至火灾报警控制器，压力开关、水力警铃报警，控制器输出信号打开雨淋阀，同时启动水泵，整个保护区内的喷头喷水灭火。因雨淋阀开启后所有开式洒水喷头同时喷水，故称为雨淋系统。雨淋系统出水量大、灭火及时，适用于以下情况：火灾的水平蔓延速度快、闭式喷头的开放不能及时使喷水有效覆盖着火区域；室内净空高度超过闭式系统限定的最大净空高度，且必须迅速扑救初期火灾；严重危险级Ⅱ级。

雨淋喷水灭火系统、预作用喷水灭火系统虽然都采用了雨淋阀、探测报警系统。但预作用喷水灭火系统采用闭式喷头，雨淋阀后的管道内平时充有压缩气体；而雨淋系统采用开式喷头，雨淋阀后的管道平时为空管。

雨淋系统由电气控制启动、传动管控制启动或手动控制启动组成。

电气控制系统如图4.30所示，保护区内的火灾自动报警系统探测到火灾后发出信号，打开控制雨淋阀的电磁阀，雨淋阀控制膜室压力下降，雨淋阀开启，压力开关动作，启动水泵向系统供水。

传动管控制启动包括湿式和干式两种，如图4.31所示。发生火灾时，湿(干)式导管上的喷头受热爆破，喷头出水(排气)，雨淋阀控制膜室压力下降，雨淋阀打开，压力开关动作，启动水泵向系统供水。

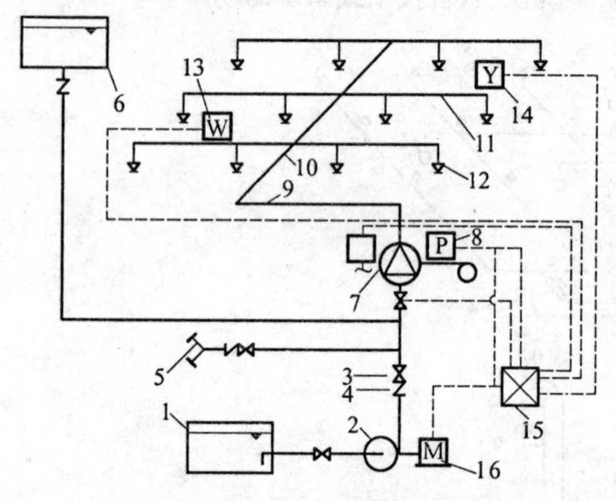

图4.30　电动启动雨淋系统

1—水池；2—水泵；3—闸阀；4—止回阀；5—水泵接合器；6—消防水箱；7—雨淋报警阀组；8—压力开关；9—配水干管；10—配水管；11—配水支管；12—开式洒水喷头；13—温感探测器；14—烟感探测器；15—报警控制器；16—驱动电机

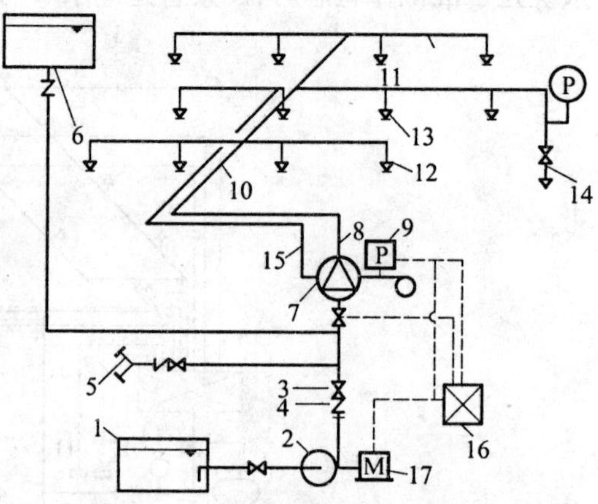

图4.31　传动管启动雨淋系统

1—水池；2—水泵；3—闸阀；4—止回阀；5—水泵接合器；6—消防水箱；7—雨淋报警阀组；8—配水干管；9—压力开关；10—配水管；11—配水支管；12—开式洒水喷头；13—闭式喷头；14—末端试水装置；15—传动管；16—报警控制器；17—驱动电机

4.3.2.5　其他系统

自动喷水灭火系统还有其他系统，如干湿两用系统、重复启闭预作用系统、自动喷水-泡沫联用灭火系统、防冻系统、室外暴露防护系统、干式-预作用联合系统等。

4.3.3　自动喷水灭火系统组件

4.3.3.1　喷头

喷头在自动喷水灭火系统中担负着探测火灾、启动系统和喷水灭火的任务，它是自动喷水灭火系统中的关键组件之一。

1. 闭式喷头

闭式喷头的喷口由感温元件组成的释放机构封闭，当温度达到喷头的公称动作温度范围时感温元件动作，释放机构脱落，喷头开启。闭式喷头具有感温自动开启的功能，并按照规定的水量和形状洒水，主要在湿式系统、干式系统和预作用系统中使用，有时也可作为火灾探测器使用。

闭式喷头可分为多种类型，按热敏元件可分为玻璃球洒水喷头、易熔合金洒水喷头两类；按出水口径可分为小口径（≤11.1 mm）、标准口径（12.7 mm）、大口径（13.5 mm）、超大口径（≥15.9 mm）四类；按热敏性能可分为标准响应型、快速响应型两类；按安装方式可分为下垂型（下喷水）、直立型（上喷水）、普通型（上、下喷通用）、边墙直立型、边墙水平型、吊顶型六类。各类闭式喷头如图 4.32 所示。闭式喷头的类别、安装特征及适用场所见表 4.14，玻璃球洒水喷头技术性能参数见表 4.15，易熔合金洒水喷头技术性能参数见表 4.16。

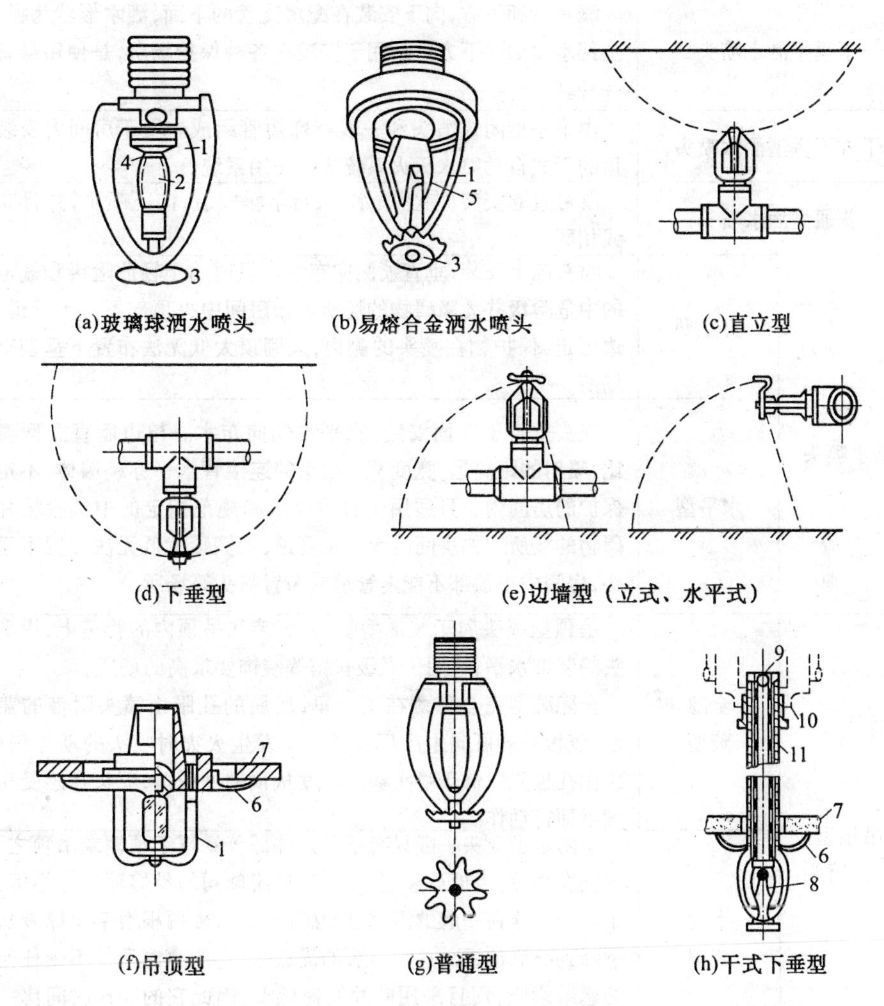

图 4.32　各类闭式喷头构造

1—支架；2—玻璃球；3—溅水盘；4—喷水口；5—合金锁片；6—装饰罩；7—吊顶；8—热敏元件；9—钢球；10—密封圈；11—套筒

表 4.14　闭式喷头的类别、安装特征及适用场所

类别			安装特征及适用场所
闭式喷头	玻璃球洒水喷头		外形美观、体积小、重量轻、耐腐蚀，适用于宾馆等美观要求高、环境温度不低于 10 ℃的场所。
	易熔合金洒水喷头		适用于环境温度低于 10 ℃、外观要求不高、腐蚀性不大的工厂、仓库和民用建筑。
	直立型洒水喷头		溅水盘朝上，直立安装在配水支管上，洒水形状为抛物体，水量的 60% ~80% 直接洒向下方，同时还有一小部分洒向上方。适合安装在管路下面经常存在移动物体的场所、不作吊顶的场所、灰尘或其他飞扬物较多的场所，当配水支管布置在梁下时，应采用直立型喷头。多用于干式系统、预作用系统。
	下垂型洒水喷头		溅水盘朝下方，向下安装在配水支管的下面，洒水形状为抛物体，全部水量洒向下方。适用于安装在各种保护场所，是使用最普遍的一种。
	干式下垂型洒水喷头		由下垂型闭式喷头和一段特殊短管组成。用于房间内安装了吊顶的干式自动喷水灭火系统或预作用系统。
	普通型洒水喷头		既可直立安装，向上喷水，又可下垂安装，向下喷水，并且布水曲线相同。
	边墙型洒水喷头	直立型	喷头向上安装，垂直喷侧向布水。只适用于轻危险级和规范指定的中危险级并无障碍物的场所。如房间中央顶部不可走管道，但周边可走，保护物在喷头的侧边，天棚顶太低无法布置下垂型喷头等场所。
		水平型	喷头垂直于墙面安装，水平喷侧向布水。与边墙直立型喷头相比，喷射的距离远，宽度宽。喷头的连接管水平穿越墙体，不走在被保护的房间内。只适用于轻危险级和规范指定的中危险级并无障碍物的场所。如房间内无法走管道，天棚顶太低无法布置下垂型喷头，房间中央顶部不能走管道或布置喷头等场所。
	吊顶型洒水喷头	全隐蔽型	吊顶型喷头属于装饰型喷头，安装在吊顶内的管道上，提高了喷头的装饰水平，适用于高级宾馆等装饰要求高的场所。 全隐蔽型完全隐藏在顶棚里，所属的孔眼由喷头附带的盖板遮没，盖板色彩可向生产厂家预定。发生火灾时喷头的动作程序是：顶棚孔板先以低于喷头额定温度从顶棚处脱落，喷头在感受额定温度后即行动作。
		半隐蔽型	半隐蔽型喷头一般只有感温元件部分暴露于顶棚或吊顶之下，在火灾发生后，当抵达额定温度时，封闭球阀的易熔环即行熔解，释放了球阀和连在一起的溅水盘和感温元件，由两根滑竿支撑着从喷头下降到喷洒位置。这种喷头的优点是：它的感温元件不受任何构件的遮蔽影响，而且采用叶片快速感温，因此它的动作时间比一般喷头至少快 5 倍。
		平齐型	为普通下垂型喷头与装饰罩配合而成。

续表 4.14

类别		安装特征及适用场所
特殊喷头	自动启闭洒水喷头	具有自动启闭功能,适用于降低水渍损失的场所。
	快速响应喷头	响应时间指数 RTI 小于等于 $50(m \cdot s)^{0.5}$,热敏性能明显高于标准响应喷头,可在火场中提前动作,在初起小火阶段喷水灭火,可最大限度地减少人员伤亡、火灾烧损与水渍污染造成的经济损失。各种安装方式和热敏元件的闭式喷头都有快速响应喷头。适用于公共娱乐场所、中庭环廊,地下的商业及仓储用房,超出水泵接合器供水高度的楼层,医院、疗养院的病房及治疗区域,老年、少儿、残疾人的集体活动场所。
	快速响应早期抑制喷头	响应时间指数 RTI 小于等于 $28\pm8\ (m \cdot s)^{0.5}$,用于保护高堆垛与高货架仓库的大流量特种洒水喷头。
	大水滴洒水喷头	适用于高架库房等火灾危险等高的场所。
	扩大覆盖面洒水喷头	喷水保护面积可达 30~36 m^2,可降低系统造价。

表 4.15 玻璃球洒水喷头的技术性能参数

喷头公称口径/mm	动作温度/ ℃	色　标
10、15、20	57	橙色
	68	红色
	79	黄色
	93	绿色
	141	蓝色
	182	紫红色
	227	黑色
	260	黑色
	343	黑色

表 4.16 易熔合金洒水喷头的技术性能参数

喷头公称口径/mm	动作温度/ ℃	色标
10、15、20	57~77	本色
	80~107	白色
	121~149	蓝色
	163~191	红色
	204~246	绿色
	260~302	橙色
	320~343	黑色

2. 开式喷头

开式喷头应用于开式系统，这是与闭式系统的主要区别所在。开式洒水喷头如图4.33所示，开式喷头的类别、公称口径、安装特征及适用场所见表4.17。

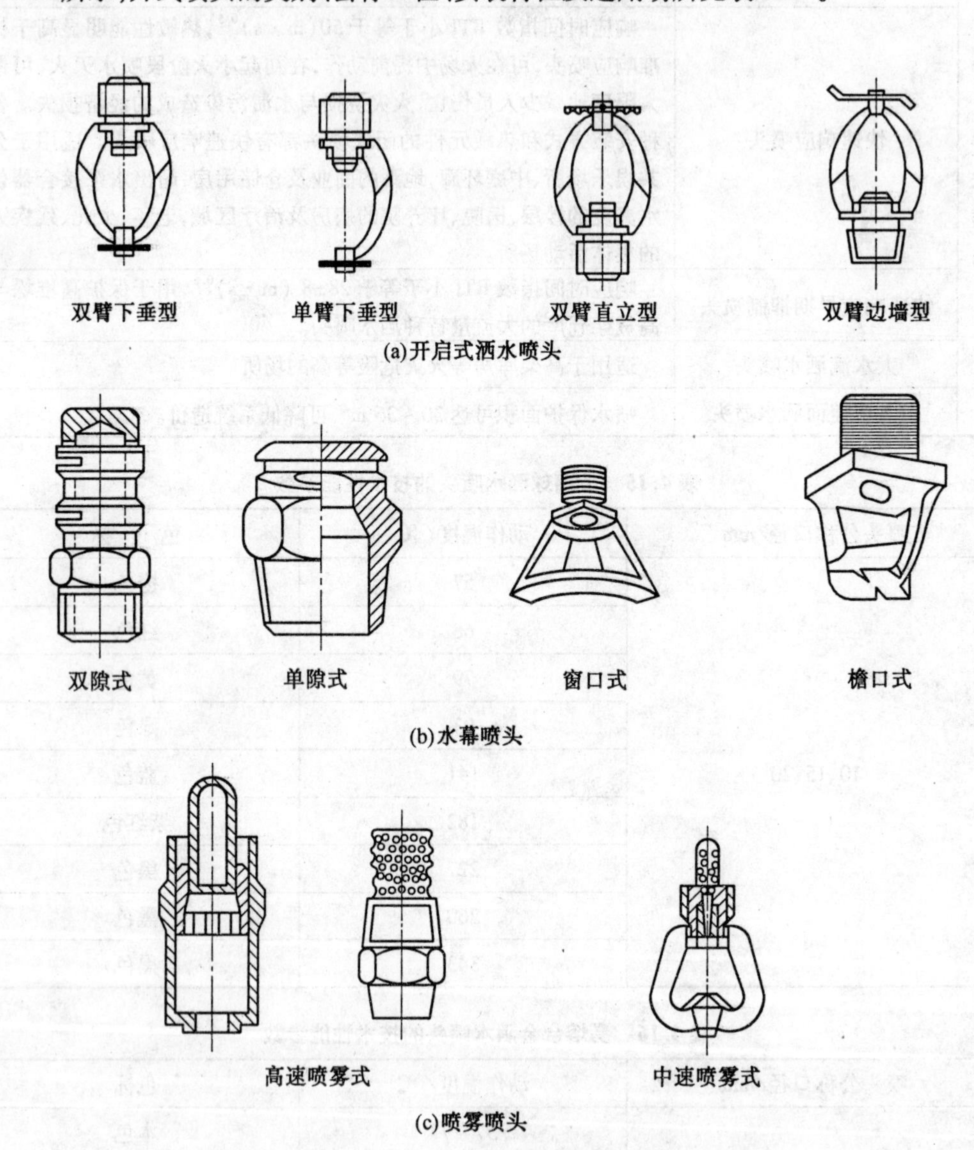

图4.33　各类开式喷头构造

表4.17　开式喷头的类别、公称口径、安装特征及适用场所

<table>
<tr><th colspan="3">类别</th><th>公称口径</th><th>安装特征及适用场所</th></tr>
<tr><td rowspan="4">洒水喷头</td><td colspan="2">双臂下垂</td><td>10、15、20</td><td rowspan="4">用于火灾蔓延速度快、闭式喷头开放后喷水不能有效覆盖起火范围的高度危险场所的雨淋系统，净空高度超过规定、闭式喷头不能及时动作的场所的雨淋系统。雨淋开式喷头既可以用于雨淋系统，也可以用于设置防火阻火型水幕带，起到控制火势，防止火灾蔓延的作用，当用于水幕系统时，称为雨淋式水幕喷头。</td></tr>
<tr><td colspan="2">双臂直立</td><td rowspan="2">规格、型号、接管螺纹和外形与玻璃球闭式喷头完全相同，由闭式喷头取下感温及密封组件而成</td></tr>
<tr><td colspan="2">双臂边墙</td></tr>
<tr><td colspan="2">单臂下垂</td><td>10、15、20</td></tr>
<tr><td rowspan="4">水幕喷头</td><td rowspan="2">幕帘式</td><td>缝隙式</td><td>单缝、双缝
6、8、10、12.7、16、19
口径大于10 mm的喷头为大型水幕喷头，口径小于10 mm的叫小型水幕喷头</td><td>水幕喷头将压力水分布成一定的幕帘状，起到阻隔火焰穿透、吸热及隔热的防火分隔作用。适用于大型厂房、车间、厅堂、戏剧院、舞台及建筑物门、窗洞口部位或相邻建筑之间的防火隔断及降温。缝隙式主要用于舞台口、生产区的防火分隔及防火卷帘的冷却防护。水平缝隙式其缝隙沿圆周方向布置，有较长的边长布水，可获得较宽的水幕。</td></tr>
<tr><td>雨淋式</td><td>10、15、20</td><td>用于一般水幕难以分隔的部位，可取代防火墙。</td></tr>
<tr><td colspan="2">窗口式</td><td rowspan="2">6、8、10、12.7、16、19</td><td>安装在窗户的上方，其作用是增强窗扇的耐火能力，防止高温烟气穿过窗口蔓延至邻近房间，也可以用它冷却防火卷帘等防火分隔设施。</td></tr>
<tr><td colspan="2">檐口式</td><td>专用于建筑檐口的水幕喷头。它可向建筑檐口喷射水幕，保护上方平面，增强檐口的耐火能力，防止相邻建筑火灾向本建筑的檐口蔓延。</td></tr>
<tr><td rowspan="2">喷雾喷头</td><td colspan="2">撞击式(中速)</td><td rowspan="2">5、6、7、8、9、10
12.7、15、19、22</td><td>水雾喷头利用离心力或机械撞击力将流经喷头的水分解为细小的水雾，并以一定的喷射角将水雾喷出。对设备进行冷却防护。撞击式喷头的水流通过撞击雾化，射流速度减小，水雾流速降低，可有效地作用在液面上，不会产生大的挠动，用于甲、乙、丙类可燃液体及液化石油气装置的防护冷却及开口容器中可燃液体。</td></tr>
<tr><td colspan="2">离心式(高速)</td><td>离心式水雾喷头体积小，喷射速度高，雾化均匀，雾滴直径细，贯穿力强，适用于扑救电气设备的火灾和闪点高于60 ℃以上的可燃液体的火灾。</td></tr>
</table>

4.3.3.2　报警阀

自动喷水灭火系统中报警阀的作用是开启和关闭管道系统中的水流，同时传递控制信号到控制系统，驱动水力警铃直接报警。根据其构造和功能分为湿式报警阀、干式报警阀、干湿两用报警阀、雨淋报警阀和预作用报警阀等。

1. 湿式报警阀

湿式报警阀主要用于湿式自动喷水灭火系统上，在其立管上安装，安装示意图如图4.34所示。我国生产的湿式报警阀有导阀型和座圈型两种。座圈型湿式报警阀如图

4.35 所示，阀内设有阀瓣、阀座等阀瓣组件，阀瓣铰接在阀体上，在平时阀瓣上下充满水，水压强近似相等。阀瓣上面与水接触的面积大于下面的水接触面积，阀瓣受到的水压合力向下，处于关闭状态。当水源压力出现波动或冲击时，通过补偿器（或补水单向阀）使上下腔压力保持一致，水力警铃不发生报警，压力开关不接通，阀瓣仍处于准工作状态（或称伺应状态）。闭式喷头喷水灭火时，补偿器来不及补水，阀瓣上面的水压下降，下腔的水便向洒水管网及动作喷头供水。同时水沿着报警阀的环形槽进入报警口，流向延迟器、水力警铃，警铃发出声响报警，压力开关开启，给出电接点信号报警并启动水泵。

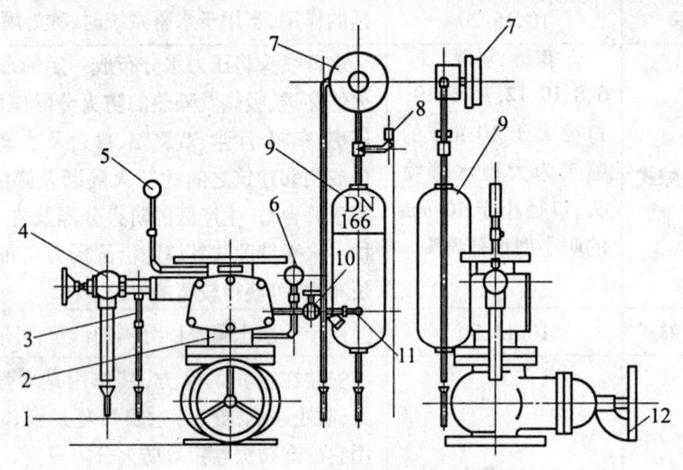

图 4.34 湿式报警阀安装示意图

1—控制阀；2—报警阀；3—试警铃阀；4—放水阀；5，6—压力表；7—水力警铃；8—压力开关；9—延迟器；10—警铃管阀门；11—滤网；12—软锁

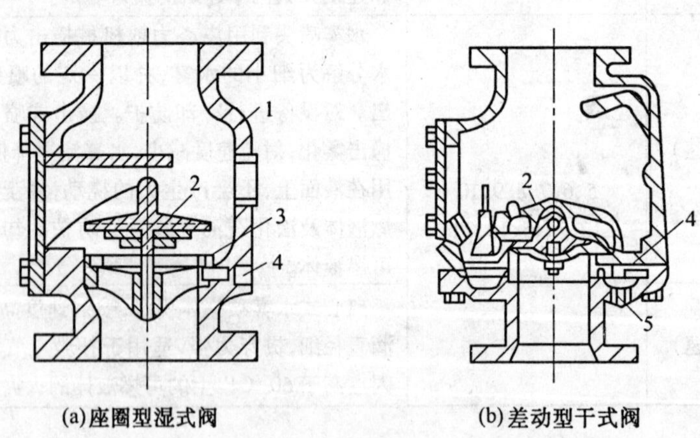

图 4.35 报警阀构造示意图

1—阀体；2—阀瓣；3—沟槽；4—水力警铃接口；5—弹性隔膜

导阀型湿式报警阀的阀芯（或阀瓣）装有导向杆，水通过导向杆中的水压平衡小孔保持阀瓣上、下的水压平衡。喷头喷水灭火时，由于水压平衡小孔来不及补水，阀瓣上面的水压下降，导致阀瓣开启，报警阀转入工作状态。

2. 干式报警阀

干式报警阀主要用于干式自动喷水灭火系统上，在其立管上安装。其工作原理与湿式报警阀基本相同。其不同之处在于湿式报警阀阀板上面的总压力是管网中有压水的压强引起的，而干式报警阀则是由阀前水压和阀后管中的有压气体的压强引起的。图4.35(b)为差动型干式阀，阀瓣将阀腔分成上、下两部分，与喷头相连的管路充满压缩空气，与水源相连的管路充满压力水。平时靠作用于阀瓣两侧的气压与水压的力矩差使阀瓣封闭，发生火灾时，气体一侧的压力下降，作用于水体一侧的力矩使阀瓣开启，向喷头供水灭火。干式报警阀安装示意图如图4.36所示。

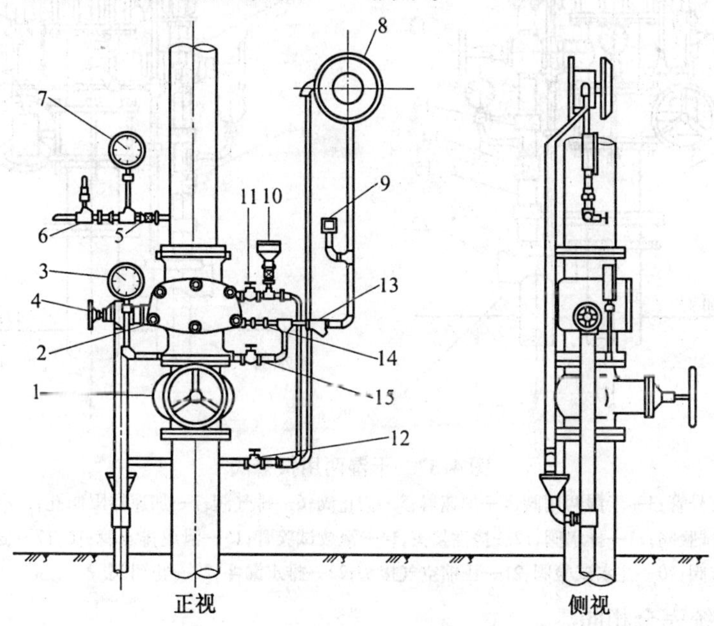

图4.36 干式报警阀安装示意图

1—控制阀；2—干式报警阀；3—阀前压力表；4—放水阀；5—截止阀；6—止回阀；7—压力开关；8—水力警铃；9—压力继电器；10—注水漏斗；11—注水阀；12—截止阀；13—过滤器；14—止回阀；15—试警铃阀

3. 干湿两用报警阀

干湿两用报警阀用于干湿两用自动喷水灭火系统。报警阀上方管道既可充有压气体，又可充水。充有压气体时与干式报警阀作用相同，充水时与湿式报警阀作用相同。安装示意图如图4.37所示。

干湿两用报警阀由干式报警阀、湿式报警阀上下叠加组成，如图4.38所示。干式阀在上，湿式阀在下。干式系统时，干式报警阀起作用。干式报警阀室注水口上方及喷水管网充满压缩空气，阀瓣下方及湿式报警阀全部充满压力水。当有喷头开启时，空气从打开的喷头泄出，管道系统的气压下降，直至干式报警阀的阀瓣被下方的压力水开启，水流进入喷水管网。部分水流同时通过环形隔离室进入报警信号管，启动压力开关和水力警铃。系统进入工作状态，喷头喷水灭火。

湿式系统时，干式报警阀的阀瓣被置于开启状态，只有湿式报警阀起作用，系统工作

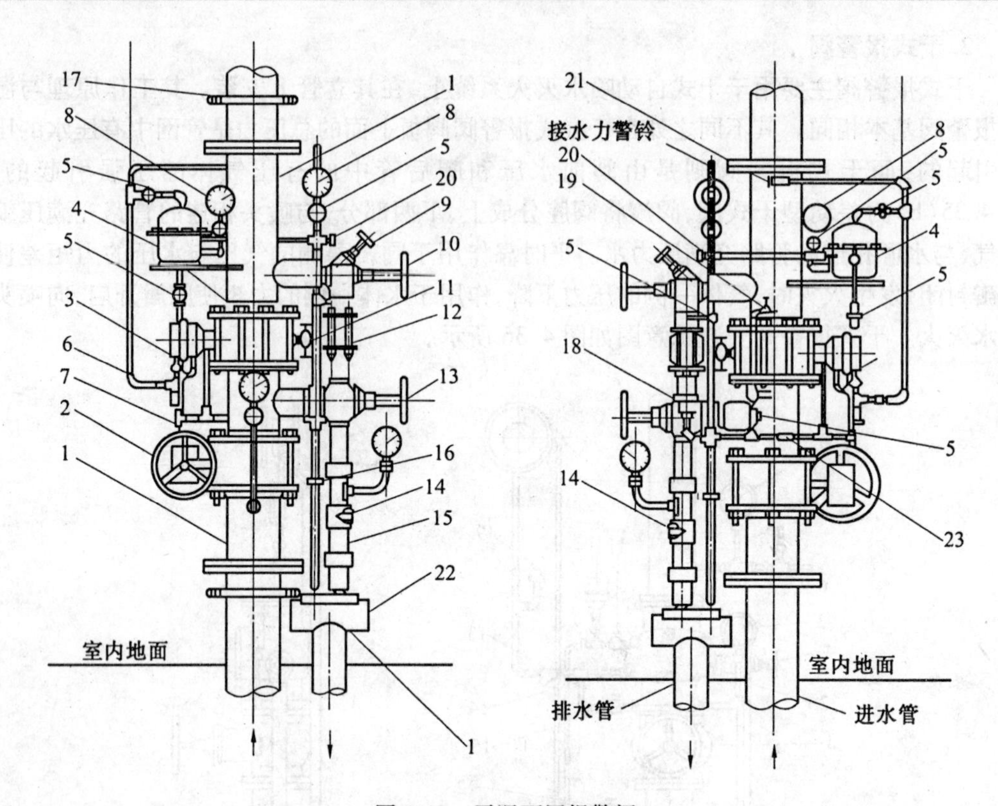

图4.37 干湿两用报警阀

1—装配管;2—信号管;3—干湿两用阀;4—加速器;5—截止阀;6—排气阀;7—加速器限制孔;8—压力表;9—试验阀;10,13—泄放试验阀;11—排水阀;12—挠性接头;14—泄放试验管;15—泄放排水管;16,17—固定支架;18—压力开关;19—注水阀;20—注水试验阀;21—压缩空气接头;22—排水漏斗;23—止回阀

过程与湿式系统完全相同。

4.雨淋报警阀

雨淋报警阀用于雨淋灭火系统、水喷雾系统、水幕系统等开式系统,还用于预作用系统。在自动喷水灭火系统中是除湿式报警阀外应用较多的报警阀。

雨淋报警阀如图4.39所示,阀内设有阀瓣组件、阀瓣锁定杆、驱动杆、弹簧或膜片等。隔膜阀板将雨淋阀阀体分为3个小室A、B、C;A室与供水干管相连;B室与管网立管相连;C室与传动管相连。未失火时,A、C小室的水压使得隔膜阀平衡(水通过导向管中的水压平衡小孔,保持阀板前后水压平衡),此时隔膜阀关闭,消防水不能进入自喷管网(即B室不能通水)。当发生火灾时,传动管中的有压水流失,使得C室水压降低而水压平衡小孔来不及供水补压,从而使隔膜阀阀板上、下压力不平衡,在压力差的作用下阀体向上移动(即阀门开启),此时B室与A室相通,即供水干管与供水立管相通,消防水得以持续供应。同时发出火警信号并启动消防水泵。雨淋阀带有防自动复位机构,阀瓣开启后,需人工手动复位。

5.预作用报警阀

预作用报警阀由湿式阀和雨淋阀上下串接而成,雨淋阀位于供水侧,湿式阀位于系统侧,其动作原理与雨淋阀相类似。平时靠供水压力为锁定机构提供动力,把阀瓣扣住,探

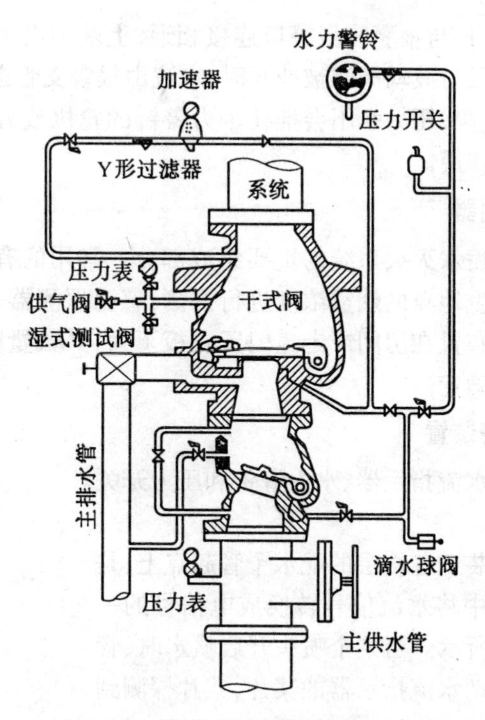

图4.38 干湿两用报警阀构造示意图

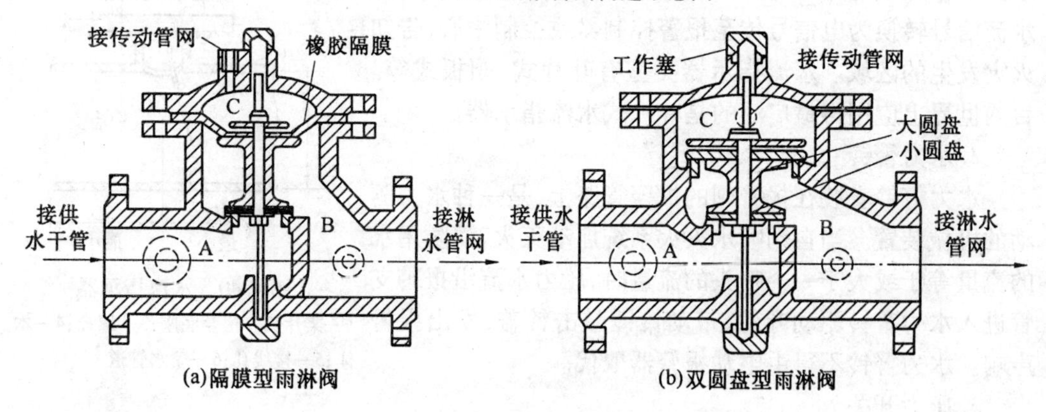

图4.39 雨淋报警阀

测器或探测喷头动作后,锁定机构上作用的供水压力迅速降低,从而使阀瓣脱扣开启,供水进入消防管网。

按照自动开启方式,预作用报警阀可分为无联锁、单联锁和双联锁三种。当有探测器或灭火喷头其中之一动作阀组便开启,称无联锁;只有探测器动作阀组便开启,称单联锁;探测器和灭火喷头都有动作阀组才开启,称双联锁。

4.3.3.3 延迟器

延迟器是一个罐式容器,安装于报警阀与水力警铃(或压力开关)之间,用于防止由于水压波动原因引起报警阀开启而导致的误报。报警阀开启后,水流需经 30 s 左右充满延迟器后方可冲打水力警铃。

延迟器下端为进水口,与报警阀报警口连接相通;上端为出水口,接水力警铃。当湿式报警阀因水锤或水源压力波动阀瓣被冲开时,水流由报警支管进入延迟器,因为波动时间短,进入延迟器的水量少,压力水不会推动水力警铃的轮机或者作用到压力开关上,能起到有效防止误报警的作用。

4.3.3.4 火灾探测器

火灾探测器是自动喷水灭火系统的重要组成部分。常用的有感烟、感温探测器。感烟探测器是利用火灾发生地点的烟雾浓度进行探测,感温探测器是通过火灾引起的温升进行探测。火灾探测器布置在房间或走道的天花板下面,其数量应根据探测器的保护面积和探测区的面积计算确定。

4.3.3.5 水流报警装置

水流报警装置包括水流指示器、水力警铃和压力开关。

1. 水流指示器

水流指示器通常安装于各楼层的配水干管起点上,是用于自动喷水灭火系统中将水流信号转换成电信号的一种报警装置,如图4.40所示。当某个喷头开启喷水时,管道中的水产生流动并推动水流指示器的桨片,桨片探测到水流信号并接通延时电路,20~30 s之后,水流指示器将水流信号转换为电信号传至报警控制器或控制中心,告知火灾发生的区域。水流指示器类型有叶片式、阀板式等。目前世界上应用得最广泛的是叶片式水流指示器。

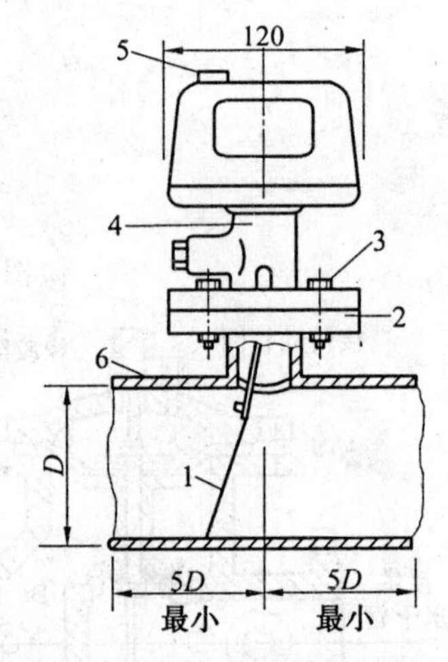

图4.40 水流指示器

1—桨片;2—法兰底座;3—螺栓;4—本体;5—接线孔;6—喷水管道

2. 水力警铃

水力警铃安装在报警阀的报警管路上,是一种水力驱动的机械装置。当自动喷水灭火系统启动灭火,消防用水的流量等于或大于一个喷头的流量时,压力水流沿报警支管进入水力警铃驱动叶轮,带动铃锤敲击铃盖,发出报警声响。水力警铃不得由电动报警器取代。

3. 压力开关

压力开关是自动喷水灭火系统的自动报警和自动控制部件,当系统启动,报警支管中的压力达到压力开关的动作压力时,触点就会自动闭合或断开,将水流信号转化为电信号,输送至消防控制中心或直接控制和启动消防水泵、电子报警系统或其他电气设备。压力开关应垂直安装在水力警铃前,如报警管路上安装了延迟器,则压力开关应安装在延迟器之后。

4.3.3.6 末端试验装置

末端检试装置用来测试系统能否在开放一只喷头的最不利条件下可靠报警并正常启动,是自动喷水灭火系统中每个水流指示器作用范围内供水最不利处设置的检验水压、检测水流指示器以及报警与自动喷水灭火系统、水泵联动装置可靠性的检测装置。该装置由试水阀、压力表、试水接头组成,如图4.41所示。试水排入的排水管可单独设置,也可利用雨水管，但必须间接排除。

末端试水装置作用是试水接头出水口的流量系数，应等于同楼层或防水分区内的最小喷头的流量系数。每个报警阀组控制的最不利点喷头处，应设末端试水装置，其他防火分区、楼层的最不利点喷头处，均应设直径为 25 mm 的试水阀。打开试水装置喷水，可以作为系统调试时模拟试验用。末端试水装置的出水，应采取孔口出流的方式排入排水管道。

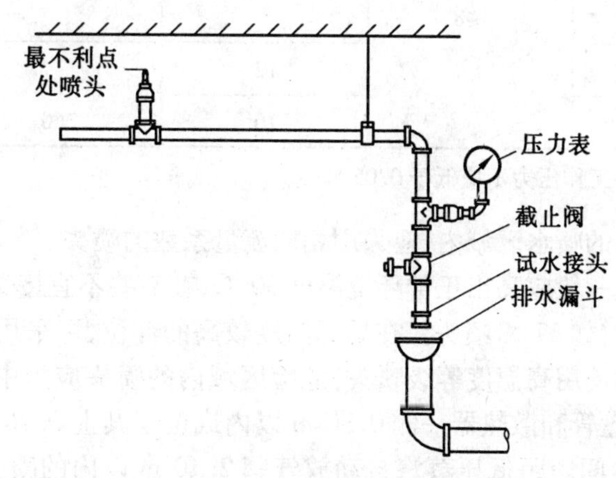

图 4.41　末端试验装置

4.3.4　喷头布置

4.3.4.1　喷头选择的一般原则

在无吊顶的场所应采用直立喷头，在有吊顶的场所喷头应采用下垂型喷头或吊顶型喷头；轻危险级、中危险Ⅰ级场所可采用侧墙型喷头。干式、预作用系统宜采用直立型喷头或干式下垂型喷头。中、轻危险等级场所和保护生命场所宜采用快速反应喷头，如公共娱乐场所、住宅、中庭环廊、医院、疗养院的病房及治疗区域，老年、少儿、残疾人的集体活动场所等；严重危险等级场所不应采用快速反应喷头，仓库危险场所应采用经过专门认证的快速反应喷头，如 ESFR 喷头。ESFR 喷头是仓库专用喷头，不能应用于大空间等非仓库专场，但货架内置喷头宜采用快速反应喷头。喷头不宜捕捉热量的位置应采用快速反应喷头。

采用标准喷头时，当保护场所的喷水强度≥12 L/(min·m^2)或者经计算喷头的工作压力大于 0.15 MPa 时，宜采用流量系数大的标准喷头。

扩展覆盖面喷头仅用于天花板或吊顶平滑无障碍物的轻危险等级或中危险Ⅰ级的场所，其喷水强度不应低于表 4.18 的要求，且保护面积的间距应是经过特殊认证的。

防火分隔水幕应采用开式洒水喷头、水幕喷头，或同时采用以上两种喷头，防护冷却水幕可采用水幕喷头或专用喷头(如玻璃幕墙专用喷头)。

同一隔间内应采用热敏性能、流量系数相同的喷头，但当局部有热源时允许采用温度等级高的喷头，而在宾馆客房的小走廊允许采用流量系数小的喷头。

表4.18 民用建筑和工业厂房的系统设计基本参数

<table>
<tr><th colspan="2">火灾危险等级</th><th>净空高度
/m</th><th>喷水强度
/(L·min^{-1}·m^{-2})</th><th>作用面积
/m^2</th><th>喷头工作压力
/MPa</th></tr>
<tr><td colspan="2">轻危险级</td><td rowspan="5">≤8</td><td>4</td><td rowspan="3">160</td><td rowspan="5">0.1</td></tr>
<tr><td rowspan="2">中危险级</td><td>Ⅰ</td><td>6</td></tr>
<tr><td>Ⅱ</td><td>8</td></tr>
<tr><td rowspan="2">严重危险级</td><td>Ⅰ</td><td>12</td><td rowspan="2">260</td></tr>
<tr><td>Ⅱ</td><td>16</td></tr>
</table>

注:系统最不利点处喷头工作压力不应低于0.05 MPa。

每个雨淋阀控制的喷水区域内,应采用相同流量系数的喷头。

喷头的温度等级一般应高出正常环境温度30 ℃,在有些不宜接受热量的部位可采用温度等级较低的喷头,如57 ℃喷头。在局部温度较高的部位,可采用温度等级较高的喷头。加热器区域内应使用高温度等级喷头,危险区域内的喷头应为中温度等级。距不保温的蒸汽主管、加热盘管和散热器一侧0.30 m以内或位于其上0.76 m以内的喷头应为中温度等级。大型房间内距低压蒸汽自动放气阀2.10 m以内的喷头应为高温度等级。位于玻璃或塑料天窗下受日光直晒的喷头应为中温度等级。不通风的封闭房间内,在不隔热的屋顶下布置的喷头或不通风的阁楼内的喷头应为中温度等级。不通风橱窗内靠近顶棚装有高功率照明设备时,喷头应为中温度等级。保护商业用烹调设备和通风装置的喷头应为高温等级或超高温度等级,具体温标经测温确定。

用于保护钢屋架的闭式喷头,宜采用公称动作温度141 ℃的喷洒头。

4.3.4.2 喷头布置原则

喷头的布置应满足喷头的水力特性和布水特性的要求,并应均匀洒水和满足设计喷水强度的要求。

喷头的布置形式应根据天花板、吊顶的装饰要求布置成正方形、矩形、平行四边形等形式,如图4.42所示。喷头的布置应不超出其最大保护面积以及喷头最大和最小间距。最大面积一般由规范或认证确定,而最小面积一般由最低工作压力和最小间距确定。

喷头应设在顶板或吊顶下易于接触到火灾热气流并有利于均匀喷洒水量的位置,应防止障碍物屏障热气流和破坏洒水分布。

1.直立、下垂型标准喷头布置

直立、下垂型标准喷头的保护面积和间距见表4.19。喷头的最小间距不宜小于2.4 m,喷头到墙边的最小距离为100 mm,喷头到墙边的最大距离为喷头最大间距的一半。

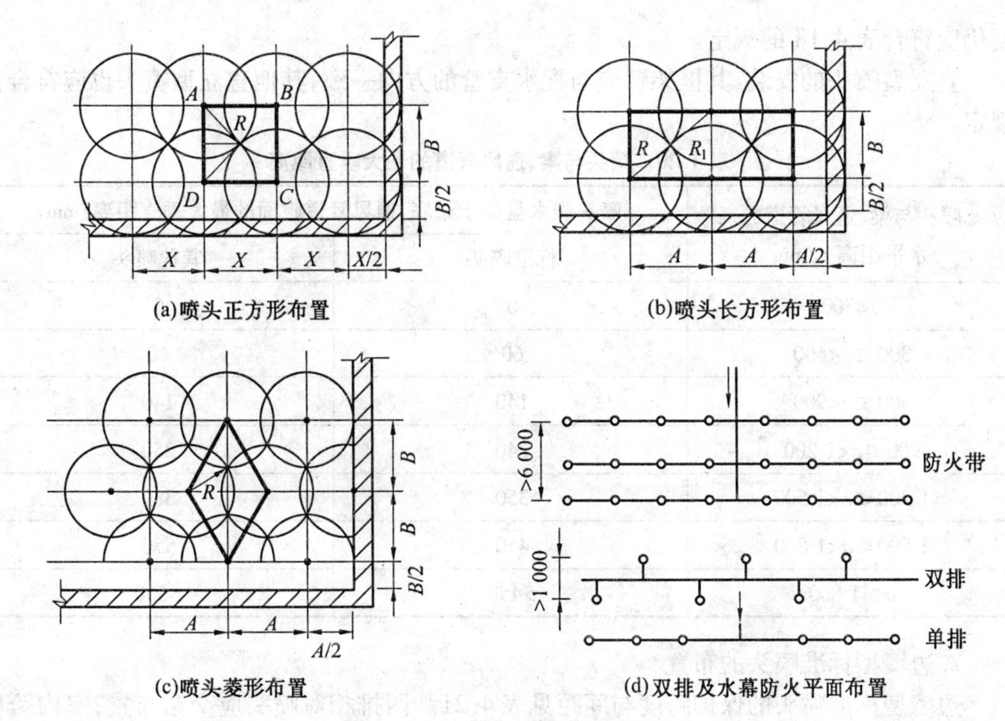

(a)喷头正方形布置
(b)喷头长方形布置
(c)喷头菱形布置
(d)双排及水幕防火平面布置

图 4.42　喷头布置的几种形式

X—喷头间距；R—喷头计算喷水半径；A—长边喷头间距；B—短边喷头间距

表 4.19　同一根配水支管上喷头的间距及相邻配水支管的间距

喷水强度 /($L\cdot min^{-1}\cdot m^{-2}$)	正方形布置的边长/m	矩形或平行四边形布置的长边边长/m	一只喷头的最大保护面积/m^2	喷头与端墙的最大距离/m
4	4.4	4.5	20.0	2.2
6	3.6	4.0	12.5	1.8
8	3.4	3.6	11.5	1.7
≥12	3.0	3.6	9.0	1.5

注：1. 仅在走道上布置单排喷头的闭式系统，其喷头间距应按走道地面不留漏喷空白点确定。

2. 货架内置喷头的间距不应小于 2 m，且不应大于 3 m。

3. 喷水强度大于 8 L/($min\cdot m^2$)时，宜采用流量系数 K>80 的喷头。

标准直立、下垂型喷头溅水盘与顶板的距离不应小于 75 mm，且不应大于 150 mm（吊顶型、吊顶下安装的喷头除外）。当在梁或其他障碍物下方的平面上布置喷头时，溅水盘与顶板的距离不应大于 300 mm，同时溅水盘与梁等障碍物底面的垂直距离不应小于 25 mm，不应大于 100 mm。当在梁间布置喷头时，应符合表 4.20 的规定。确有困难时，溅水盘与顶板的距离不应大于 550 mm。梁间布置的喷头，喷头溅水盘与顶板距离达到 550 mm 仍不能符合表 4.20 规定时，应在梁底面的下方增设喷头。密肋梁板下方的喷头，溅水盘与密肋梁板底面的垂直距离，不应小于 25 mm，不应大于 100 mm。净空高度不超过 8 m 的场所中，间距不超过 4 m×4 m 布置的十字梁，可在梁间布置 1 只喷头，但喷水强度仍应符合表4.18的规定。

直立型喷头的安装,其框架臂应与配水支管的方向一致,其他直立型喷头也应符合该规定。

表4.20 喷头与梁、通风管道的最大垂直距离

喷头与梁、通风管道的水平距离 a/mm	喷头溅水盘高于梁底、通风管道腹面的最大垂直距离/mm	
	标准喷头	其他喷头
a<300	0	0
300≤a<600	60	40
600≤a<900	140	140
900≤a<1 200	240	250
1 200≤a<1 500	350	380
1 500≤a<1 800	450	550
a≥1 800	>450	>550

2.边墙型标准喷头的布置

边墙型标准喷头的保护跨度与间距见表4.21。两排相对喷头应交错布置;室内跨度大于两排相对喷头的最大保护跨度时,应在两排相对喷头中间增设一排喷头。

表4.21 边墙型标准喷头的最大保护跨度与间距 m

设置场所火灾危险等级	轻危险级	中危险级
配水支管上喷头的最大间距	3.6	3.0
单排喷头的最大保护跨距	3.6	3.0
两排相对喷头的最大保护跨距	7.2	6.0

直立式边墙型喷头,其溅水盘与顶板的距离不应小于100 mm,且不宜大于150 mm,与背墙的距离不应小于50 mm,并不应大于100 mm。水平式边墙型喷头溅水盘与顶板的距离不应小于150 mm,且不应大于300 mm。

边墙型扩展覆盖喷头的最大保护跨度、配水支管上的喷头间距、喷头与两侧端墙的距离,应按喷头工作压力下能够喷湿对面墙和邻近端墙距溅水盘1.2 m以下的墙面确定,且保护面积内的喷水强度应符合表4.18的规定。

3.直立、下垂型扩展覆盖面喷头的布置

直立、下垂型扩展覆盖面喷头的保护面积和间距见表4.22,其他要求同标准喷头。应用该喷头时应根据认证的保护面积和间距进行喷头布置,表4.22是可能的最大数据。

4.边墙型扩展覆盖面喷头的布置

边墙型扩展覆盖面喷头的保护面积和间距见表4.23,其他要求同标准边墙型喷头。应用该喷头时应根据认证的保护面积和间距进行喷头布置,表4.23是可能的最大数据。

表 4.22　直立、下垂型扩展覆盖面喷头的保护面积和间距

轻危险等级		中Ⅰ危险等级	
最大保护面积/m^2	最大间距/m	最大保护面积/m^2	最大间距/m
37.2	6.1	37.2	6.1
30.1	5.5	30.1	5.5
23.8	4.9	23.8	4.9
		18.2	4.3
		13.4	3.7

表 4.23　边墙型扩展覆盖面喷头的保护面积和间距

轻危险等级		中Ⅰ危险等级	
最大保护面积/m^2	最大间距/m	最大保护面积/m^2	最大间距/m
37.2	8.5	37.2	7.3

5. 图书馆、档案馆、商场、仓库中的通道上方宜设有喷头。喷头与被保护对象的水平间距，不应小于 0.3 m；喷头溅水盘与保护对象的最小垂直距离不应小于表 4.24 的规定。

表 4.24　溅水盘与被保护对象的最小垂直距离

喷头类型	最小垂直间距/m	喷头类型	最小垂直距离/m
标准喷头	0.45	其他喷头	0.90

6. 喷头上方如有孔洞、缝隙，应在喷头的上方设置集热板；在管道等有孔隙的遮挡物下面设置喷头时，喷头上方应设置集热板；集热板宜为面积 0.12 m^2 的金属板。

7. 当局部场所设置自动喷水灭火系统时，与相邻不设自动喷水灭火系统场所连通的走道或连通开口的外侧应设喷头。

8. 设置自动喷水灭火系统的建筑，当吊顶上闷顶、技术夹层内的净空高度大于 800 mm，且内部有可燃物时，应在闷顶或技术夹层内设置喷头。

9. 当屋面坡度大于 16.7% 时，可认为斜屋面或顶板，顶板或吊顶为斜面时，喷头应垂直于斜面，并应按斜面距离确定喷头间距。坡度较大屋顶脊处应设一排喷头。喷头溅水盘至屋脊的垂直距离，屋顶坡度>1/3 时，不应大于 0.8 m；屋顶坡度<1/3 时，不应大于 0.6 m。

10. 防火分隔水幕的喷头布置，应保证水幕的宽度不小于 6 m。采用水幕喷头时，喷头不应小于 3 排；采用开式洒水喷头时，喷头不应少于 2 排。防护冷却水幕的喷头宜布置成单排。

4.3.4.3　喷头与障碍物的关系

喷头的布置应符合本节喷头布置原则的要求，当喷头附近有障碍物时应满足下列要求：

(1) 标准直立、下垂型喷头、ESFR 型喷头、大水滴喷头、扩展覆面喷头与梁和通风管的距离宜如图 4.43 所示和符合表 4.20 的要求。

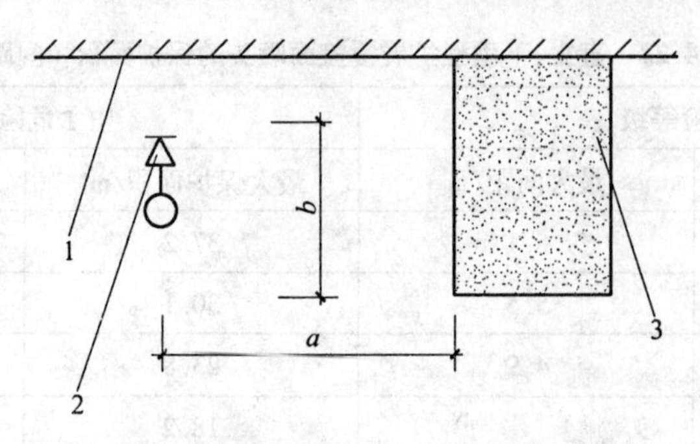

图 4.43　喷头与梁、通风管道的距离

1—顶板；2—直立型喷头；3—梁（或通风管道）

（2）标准直立、下垂型喷头溅水盘以下 0.45 m 范围内，其他直立型、下垂型喷头的溅水盘以下 0.9 m 范围内，如有屋架等间断障碍物或管道时，其与喷头间距宜符合表 4.25 和图 4.44 所示的规定。

表 4.25　喷头与邻近障碍物的最小水平距离（m）

喷头与邻近构件边缘的最小水平间距 a	
c、e 或 $d \leqslant 0.2$ m	c、e 或 $d > 0.2$ m
$3c$、$3e$（c 与 e 取最大值）或 $3d$	0.6

（3）位于直立、下垂型喷头下方且在其最大保护面积内的通风管道、排管、桥架等水平障碍物，当其宽度 a 大于 1.2 m 时，应在障碍物下方增设喷头。增设喷头的上方如有缝隙时应设集热板，如图 4.45 所示。

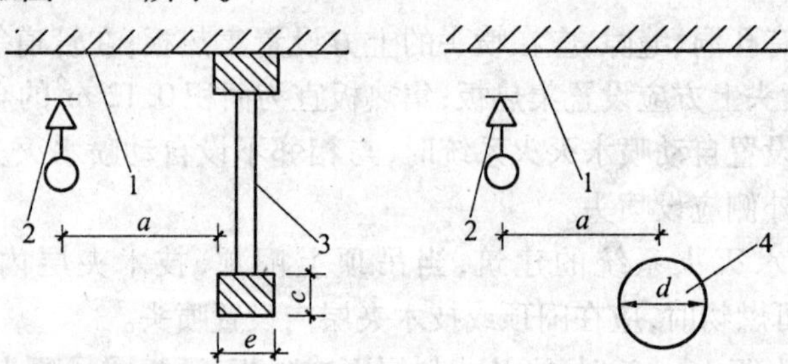

图 4.44　直立、下垂型喷头与屋架等间断障碍物的距离

1—顶板；2—喷头；3—屋架；4—管道

（4）直立型、下垂型喷头与不到顶隔墙的水平距离 e，不得大于喷头溅水盘与不到顶隔墙顶面垂直距离 f 的 2 倍，如图 4.46 所示。

（5）靠墙障碍物横截面边长大于或等于 750 mm 时，障碍物下应设喷头；靠墙障碍物的横截面边长小于 750 mm 时，喷头与靠墙障碍物的距离，见图 4.45，并应符合公式(4.9)。

$$a \geqslant (e-200)+b \tag{4.9}$$

式中　a——喷头与障碍物侧面的水平间距，mm；

b——喷头溅水盘与障碍物底面的垂直间距，mm；

e——障碍物横截面的边长，mm，$e<750$ mm。

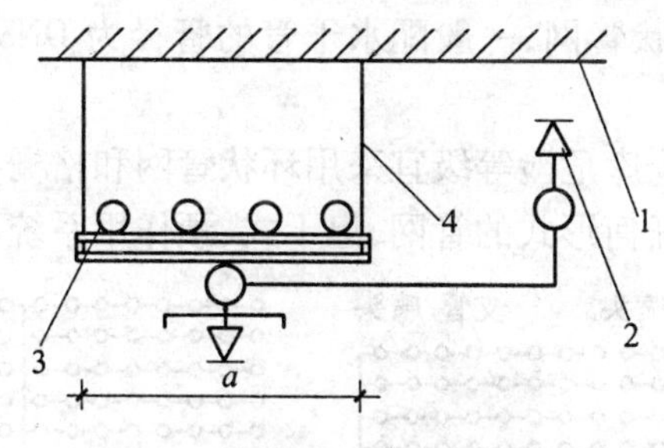

图 4.45　喷头与水平障碍物

1—顶板；2—喷头；3—排管；4—集热罩

边墙型喷头两侧的 1 m 与正前方 2 m 范围内，顶板或吊顶下不应有阻挡喷水的障碍物。

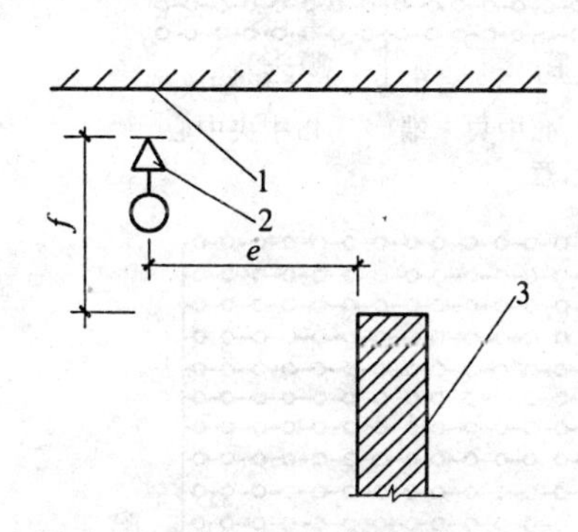

图 4.46　喷头与不到顶隔墙的距离

1—顶板；2—喷头；3—不到顶隔墙

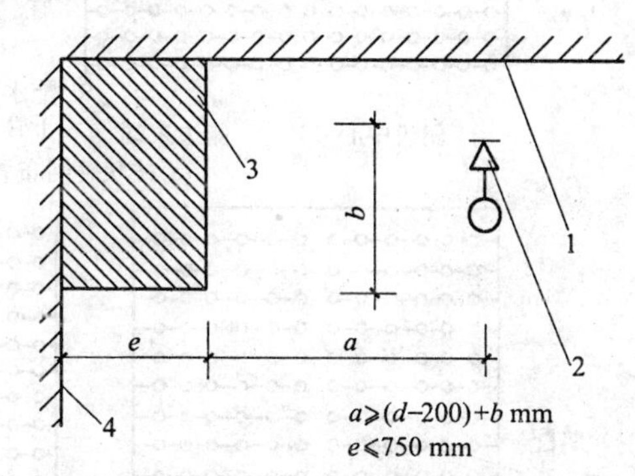

图 4.47　直立、下垂型喷头与靠墙障碍物的距离

1—顶板；2—喷头；3—障碍物；4—墙面

4.3.5　管网布置

4.3.5.1　报警阀前的管网

报警阀前的管网可分为环状管网和枝状管网，采用环状管网的目的是提高系统的可靠性。当系统采用双水源，或 1.2 个水源时，应为环状管网。当系统采用单水源，且系统设置的报警阀数量大于 2 个时，应采用环状管网，不大于 2 个时宜采用枝状管网。

4.3.5.2　报警阀后的管网

报警阀后的管网可分为枝状管网、环状管网和格栅状管网，如图 4.48 所示。采用环状管网的目的是减少系统管道的投资，使系统布水更均匀。自动喷水系统的环状管网一般为一个环，当多环时为格栅状管网。

枝状管网分为侧边末端进水、侧边中央进水、中央末端进水和中央中心进水 4 种形式。

(1)一般轻危险等级宜采用侧边末端进水、侧边中央进水。

(2)中危险等级宜采用中央末端进水和中央中心进水，以及环状管网，对于民用建筑为节约吊顶空间可采用环状管网，一般配水干管的管径为 DN80～DN100，并应经过水力计算确定。

(3)严重危险等级和仓库危险等级宜采用环状管网和格栅状管网。

(4)湿式系统可采用任何形式的管网，但干式、预作用系统不应采用格栅状管网。

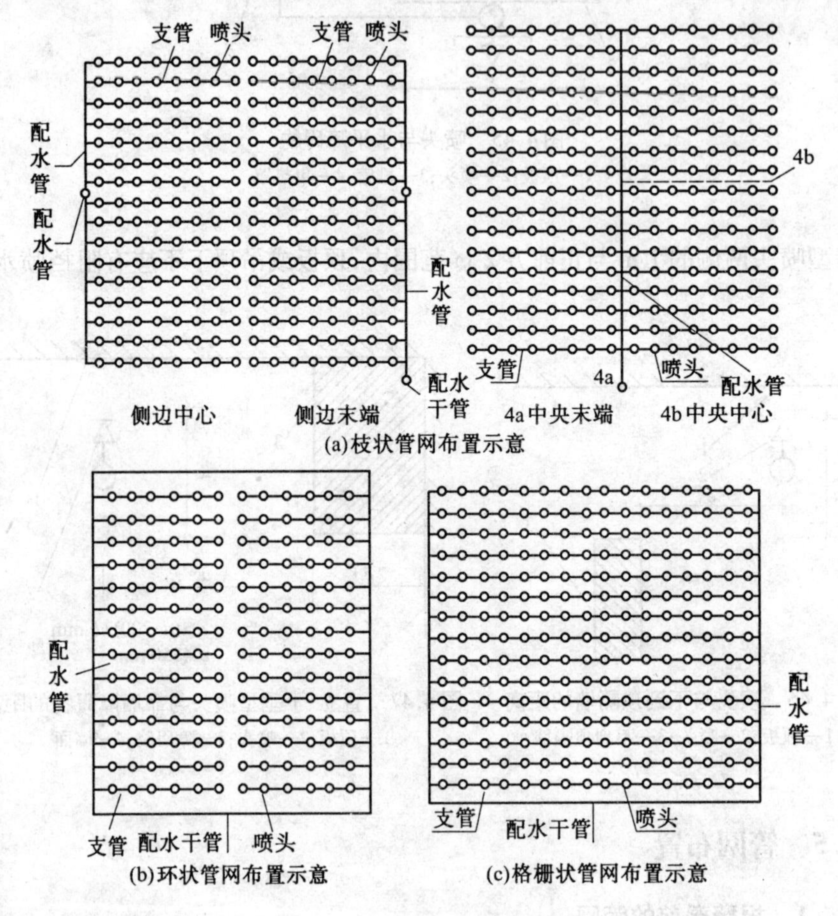

图 4.48　管网布置示意图

4.3.5.3　管道系统

自动喷水灭火系统应有下列组件、配件和设施：

(1)系统应设有洒水喷头、水流指标器、报警阀组、压力开关等组件和末端试水装置、配水管道、供水设施。

(2)系统中需要减静压的区段宜分区供水或设减压阀，需要减动压的区段，宜设减压孔板或节流管。(3)系统应设有泄水阀(口)、排气阀(口)和排污口；在每层水流指示器后应设置层系统排污阀；系统立管的底部应设置排污阀；系统立管的顶部应设置自动排气阀。

(4)干式和预作用系统的配水管道应设快速排气阀。有压充气管道的快速排气前应设自动阀。

(5)一个报警阀至少设置一个末端试水装置；当设有水流指示器时，末端试水装置应与水流指示器一一对应;开式系统可不设置末端试水装置。有传导管系统的雨淋和预作用系统应在先导管系统上设置末端试水装置。

配水管道应采用内外壁热镀锌钢管。当报警阀前采用内壁不防腐的钢管时,其末端应设过滤器。系统管道的连接,应采用沟槽式连接件(卡箍)、丝扣或法兰连接,报警阀前采用内壁不防腐的钢管时,可焊接连接。

配水管道的工作压力不应大于1.2 MPa,并不应设置其他用水设施。

管道的管径应经水力计算确定。配水管两侧每根配水支管控制的标准喷头数,轻、中危险级系统不应超过8只。同时在吊顶上下安装喷头的配水支管,上下侧均不应超过8只;严重危险级仓库级系统不应超过6只。

轻、中危险级系统中配水支管、配水管控制的标准喷头数,不宜超过表4.26的规定,本表仅用于系统的控制喷头数量,不应作为系统设计管网管径用。

表4.26 轻、中危险级系统中配水支管、配水管控制的标准喷头数

公称直径/mm	控制的标准喷头数(只)	
	轻危险级	中危险级
25	1	1
32	3	3
40	5	4
50	10	8
65	18	12
80	48	32
100	—	64

短管及末端试水装置的连接管,其管径不应小于25 mm。

干式、预作用系统的供气管道,采用钢管时,管径不宜小于15 mm;采用铜管时管径不宜小于10 mm。

自动喷水灭火系统的水平管道宜有坡度,充水管道不宜小于2‰,准工作状态不充水的管道不宜小于4‰,管道应坡向泄水阀。

报警阀应设在距地面高度0.8~1.5 m范围内,没有冰冻危险,易于排水、管理维修方便而且明显的地点。

自动喷水灭火系统报警阀后的管道上不应设置其他用水设施。

自动喷水灭火系统应设消防水泵接合器,一般不少于两个,每个按10~15 L/s计算。

闭式自动喷水灭火系统的每个报警阀控制的喷头数:湿式和预作用喷水灭火系统为800个,有排气装置的干式喷水灭火系统为500个,无排气装置的干式喷水灭火系统为250个。

轻、中危险级系统中配水支管、配水管控制的标准喷头数,不宜超过表4.25的规定。

自动喷水灭火系统水压应按最不利点喷头的工作水压确定,闭式自动喷水灭火系统最不利点喷头水压应为980 kPa,最小不应小于490 kPa。

雨淋系统最不利点压力应为980 kPa:水幕系统最不利点的压力应不小于980 kPa。

单元四　建筑室内自动喷水工程的核算

4.4.1　管网水力计算

自动喷水灭火系统管网水力计算的任务是确定管网各管段管径,计算管网所需的供水压力,确定高位水箱的设置高度和选择消防水泵。

4.4.1.1　设计计算步骤

(1)判断保护对象的性质、划分危险等级和选择系统;

(2)确定作用面积和喷水强度;

(3)确定喷头的形式和保护面积;

(4)确定作用面积内的喷头数;

(5)确定作用面积的形状;

(6)确定第一个喷头的压力和流量;

(7)计算第一根支管上各喷头流量、支管各管段的水头损失以及支管流量和压力,并计算出相同支管的流量系数;

(8)根据支管流量系数计算出配水干管各支管的流量和各管段的流量、水头损失;并计算出作用面积内的流量、压力和作用面积流量系数;

(9)计算系统供水压力或水泵扬程(包括水泵的选择等),以及灭火用水量的计算等;

(10)确定系统水源和减压措施。

4.4.1.2　作用面积形状计算

1. 作用面积内的喷头数

首先根据规范对喷头间距的规定,结合被保护区间的形状,进行喷头布置,计算出一只喷头的保护面积。一只喷头的保护面积等于同一根配水支管上相邻喷头的距离与相邻配水支管之间距离的乘积。

根据喷头的平面布置、喷头的保护面积 A_s 和系统作用面积 A 确定系统设计喷头数。

$$N = \frac{A}{A_s} \tag{4.10}$$

式中　N—— 作用面积内的喷头数量,个;

A—— 相应危险等级的作用面积,m^2;

A_s—— 喷头的保护面积,m^2。

2. 作用面积形状的确定

作用面积的长边的计算由公式(4.11) 求出:

$$L_{min} \geqslant 1.2\sqrt{A} \tag{4.11}$$

式中　L_{min}—— 作用面积长边的最小长度,m;

A—— 作用面积,m^2。

作用面积的短边的计算由公式(4.12) 求出:

$$B = \frac{A}{L} \tag{4.12}$$

式中　B—— 作用面积的短边，m。

根据公式(4.11)和公式(4.12)计算出作用面积的长和宽，再根据喷头的保护面积的长宽确定系统设计作用面积，作用面积应是喷头保护面积的整数，而且大于规范规定的设计作用面积。水力计算选定的最不利点处作用面积宜为矩形，其长边应平行于配水支管。

4.4.1.3　枝状管网水力计算

1. 第一个喷头出流量

根据建筑物危险等级，查规范得出喷水强度D和单个喷头保护的面积A_s，确定喷头的出流量和最不利点喷头的压力。喷头的出流量q由公式(4.13)求出：

$$q = D \cdot A \tag{4.13}$$

式中　q—— 喷头流量，L/min；

D—— 喷水强度，L/(min·m²)；

A—— 一只喷头的保护面积，m²。

2. 第一个喷头工作压力

喷头的流量计算公式由公式(4.14)求出：

$$q = K\sqrt{10P} \tag{4.14}$$

式中　P—— 喷头工作压力，MPa；

q—— 喷水流量，L/min；

K—— 喷头的流量系数。

根据喷头的流量计算公式确定第一个喷头的工作压力：

$$P = 0.1\left(\frac{q}{K}\right)^2 \tag{4.15}$$

3. 沿程水头损失和局部水头损失

每米管道的水头损失应按公式(4.16)计算，管道内的水流速度宜采用经济流速，必要时可超过5 m/s，但不应大于10 m/s。

$$i = 0.000\,010\,7\,\frac{V^2}{d_j^{1.3}} \tag{4.16}$$

式中　i—— 每米管道的水头损失，MPa/m；

V—— 管道内水的平均流速，m/s；

d_j—— 管道的计算内径，m，按管道的内径减1 mm确定。

管道的沿程水头损失按公式(4.17)计算：

$$h = iL \tag{4.17}$$

式中　h—— 管道的沿程水头损失，MPa；

L—— 管道长度，m。

管道的局部水头损失，宜采用当量长度法计算。管件及阀门的当量长度见表4.27。湿式报警阀、水流指示器的局部水头损失取0.02 MPa，雨淋阀的局部水头损失取0.07 MPa。

表 4.27　管件及阀门的当量长度

管件名称	管件直径 /mm											
	25	32	40	50	70	80	100	125	150	200	250	300
45° 弯头	0.3	0.3	0.6	0.6	0.9	0.9	1.2	1.5	2.1	2.7	3.3	4.0
90° 弯头	0.6	0.9	1.2	1.5	1.8	2.1	3.1	3.7	4.3	5.5	5.5	8.2
三通或四通	1.5	1.8	2.4	3.1	3.7	4.6	6.1	7.6	9.2	10.7	15.3	18.3
蝶阀	—	—	—	1.8	2.1	3.1	3.7	2.7	3.1	3.7	5.8	6.4
闸阀	—	—	—	0.3	0.3	0.3	0.6	0.6	0.9	1.2	1.5	1.8
止回阀	1.5	2.1	2.7	3.4	4.3	4.9	6.7	8.3	9.8	13.7	16.8	19.8
U 形过滤器	12.3	15.4	18.5	24.5	30.8	36.8	49.0	61.2	73.5	98.0	122.5	—
Y 形过滤器	11.2	14.0	16.8	22.4	28.0	33.6	46.2	57.4	68.6	91.0	113.4	—
异径接头	32 - 25	40 - 32	50 - 40	70 - 50	80 - 70	100 - 80	125 - 100	150 - 125	200 - 150	—	—	—
	0.2	0.3	0.3	0.5	0.6	0.8	1.1	1.3	1.6	—	—	—

注:异径接头的出口直径不变而入口直径提高一级时,当量长度应增大 0.5 倍;提高 2 级或 2 级以上时,当量长度应增大 1.0 倍。

4. 喷头折算流量系数

如果喷头到支管有局部水头损失和势能差,设计时可计算喷头到支管接点处的压力,并根据公式(4.14) 求出喷头折算流量系数 K。

5. 支管水力计算

根据公式(4.16) 和公式(4.17) 计算出支管各个节点的压力,根据公式(4.14) 计算出喷头的流量,并最终计算出支管的设计流量和压力,以及支管的流量折算系数。在如图 4.49 所示配水支管布置相同的自动喷水灭火系统中,其他支管的流量可按式(4.18) 计算:

$$Q_i = Q_1\sqrt{\frac{H_i}{H_1}} \tag{4.18}$$

式中　H_1—— 第一根配水支管与配水管连接处的节点水压,MPa;

Q_1—— 第一根配水支管的总流量;

H_i—— 第 i 根配水支管与配水管连接处的节点水压,MPa;

Q_i—— 第 i 根配水支管的总流量。

6. 把支管作为一个复合喷头,计算出作用面积内的设计流量和压力,以及作用面积的流量折算系数。

7. 根据作用面积的设计流量和压力,按公式(4.16) 和公式(4.17) 计算系统所需的压力,并采用作用面积的流量折算系数来复核系统不同区域的喷水均匀性和选择水泵的供水可靠性。

根据系统的设计流量计算系统供水压力或水泵扬程(包括水泵选型)。系统的设计

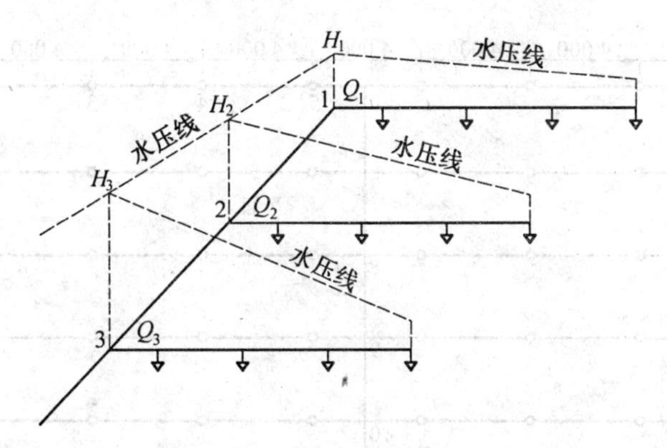

图 4.49　自动喷水灭火系统水力计算图

流量，应按式(4.19)确定：

$$Q_s = \frac{1}{60}\sum_{i=1}^{n} q_i \tag{4.19}$$

式中　Q_s—— 系统设计流量，L/s；

q_i—— 最不利点处作用面积内各喷头的流量，L/min；

n—— 最不利点处作用面积内的喷头数。

系统设计流量应满足作用面积内的平均喷水强度不低于表 4.18 的规定值。最不利点处作用面积内任意 4 只喷头围合范围内的平均喷水强度：轻危险级和中危险级不应低于表 4.18 规定值的 85%；严重危险级和仓库危险级不应低于表 4.18 的规定值。设置货架内喷头的仓库，顶板下喷头与货架内喷头应分别计算设计流量，并应按其设计流量之和确定系统的设计流量。建筑内设有不同类型的系统或有不同危险等级的场所时，系统的设计流量，应按其设计流量的最大值确定。

消防水泵的流量不小于系统设计流量，水泵扬程根据最不利喷头的工作压力、最不利喷头与贮水池最低工作水位的高程差、设计流量下计算管路的总水头损失三者之和确定。

8. 确定系统的水源和管网的减压措施。减压孔板、节流管和减压阀的设计，应参照相关规定进行计算。

【例 4.2】　某总建筑面积小于 5 000 m^2 的商场内最不利配水区域的喷头布置如图 4.50 所示，试确定自动喷水灭火系统的设计流量。

【解】　由表 4.13 知设置场所的火灾危险等级为中危险Ⅰ级，查表 4.18 知喷水强度为 6 L/(min·m^2)，作用面积为 160 m^2，由图 4.51 可知 1 只喷头的保护面积等于 12 m^2。因此作用面积内的喷头数应为 160/12 = 13.3 只，取 14 只。实际作用面积为 14 m × 12 m =168 m^2。

作用面积的平方根等于 12.6 m，作用面积长边的长度不应小于 1.2 × 12.6 m = 15.1 m，根据喷头布置情况，实际取 16 m。

喷头 1 为最不利喷头，实际作用面积为图 4.51 中虚线所包围的面积。

参照表 4.26 确定各管段直径，标注在图 4.51 中。

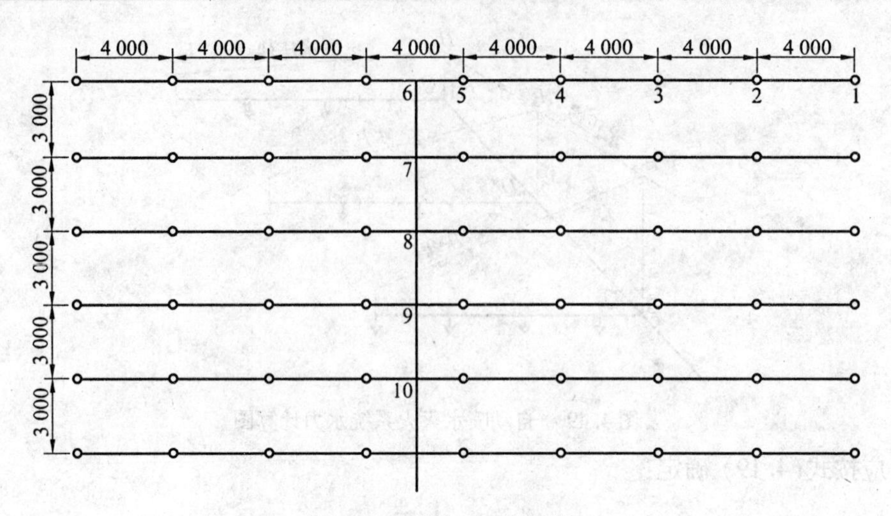

图 4.50　喷头平面布置图

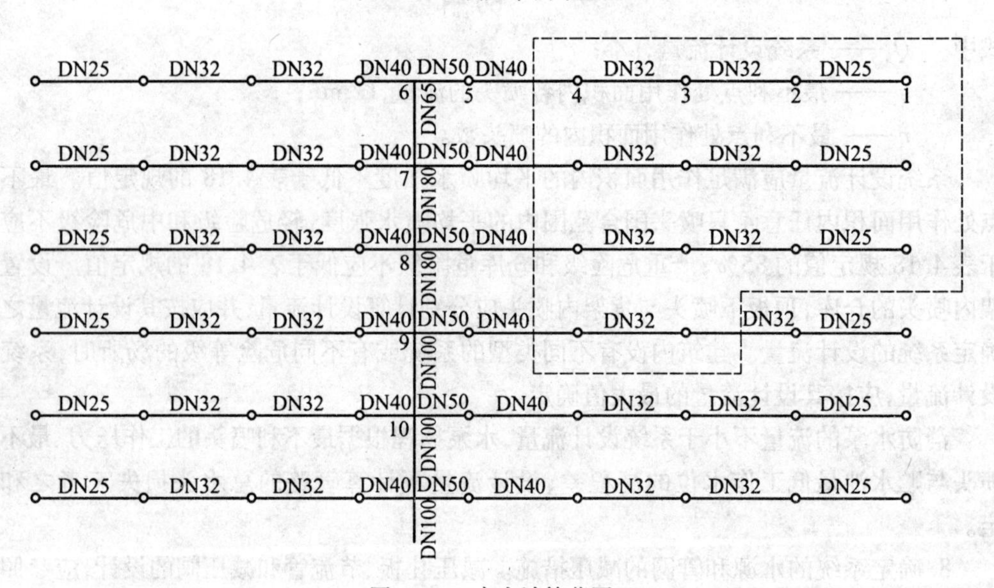

图 4.51　水力计算草图

第一个喷头的流量：

$$q_1/(\mathrm{L \cdot min^{-1}}) = D \cdot A_s = 6 \times 12 = 72$$

第一个喷头的工作压力：

$$P_1/\mathrm{MPa} = 0.1\left(\frac{q_1}{K}\right)^2 = 0.1\left(\frac{72}{80}\right)^2 = 0.081$$

依次计算管段流量、流速、水头损失、喷头压力和喷头出流量，列入表 4.28 中。

表 4.28　水力计算结果

节点编号	管段编号	节点压力/MPa	喷头流量/(L·min⁻¹)	管段流量/(L·s⁻¹)	管径/mm	流速/(m·s⁻¹)	水头损失/MPa
1		0.081					
	1 - 2		72	1.20	25	2.44	0.034
2		0.115					
	2 - 3		85.8	2.63	32	3.27	0.042
3		0.157					
	3 - 4		100.2	4.30	32	5.35	0.120
4		0.277					
	4 - 5		133.1	6.52	40	5.19	0.084
5		0.361					
	5 - 6			6.52	50	3.32	0.024
6		0.385					
	6 - 7			6.52	65	1.96	0.005
7		0.390					
	7 - 8		(393.6)	13.08	80	2.60	0.007
8		0.397					
	8 - 9		(397.1)	19.70	80	3.92	0.017
9		0.414					
	9 - 10		(241.9)	23.73	100	3.02	
10							

注：表中括号内的数值为支管流量，节点 9 以后的管径和流量均不再变化，系统的设计流量为 23.73 L/s。

4.4.2　消防附属设备

4.4.2.1　消防水池设计计算

消防水池用以贮存火灾延续时间内室内外消防用水总量。当生产、生活用水量达到最大时，市政给水管道、进水管或天然水源不能满足室内外消防用水量，或市政给水管道为枝状，或只有一条进水管，且消防用水量之和超过 25 L/s 时，应设消防水池。

消防水池的有效容积，应是火灾延续时间内，同时使用的各种灭火系统消防用水量之和。当消防水池有两条独立的补水管时，其有效容积可以减去火灾延续时间内补充的水量。补水量应按出水量较小的补水管计算。如果没有室外给水管网压力资料时，补水量可按水池补水管（管径小的一条）管径在流速为 1 m/s 时的流量计处。当有室外管网压力资料时，可根据压力来计算补水量。消防水池的补水时间不宜超过 48 h，缺水地区或独立的石油库区可延长到 96 h。消防水池总容量超过 500 m³ 时，应分设成两座。

消防水池的有效容积应按公式（4.20）确定：

$$V_a = \sum_{i=1}^{n} Q_{pi} \cdot t_i - Q_b \cdot T_b \tag{4.20}$$

式中　V_a—— 消防水池的有效容积，m³；

Q_{pi}—— 建筑内各种灭火系统的设计流量，m³/h；

Q_b—— 在火灾延续设计内可连续补充的水量，m³/h；

t_i—— 各种水消防灭火的火灾延续时间的最大值，h，采用表 4.29 的数据；

T_b—— 在火灾延续设计内可连续补充的时间。

表4.29 火灾延续时间

序号	火灾性质或消防灭火系统规定	火灾持续时间
1	甲、乙、丙类液体浮顶罐、地下和半地下固定顶立式罐、覆土储罐和直径不大于20 m的地上固定顶立式罐	不应小于4 h
	甲、乙、丙类液体储罐、直径大于20 m的地上固定顶立式罐	不应小于6 h
2	液化石油储罐总容积不小于220 m^3 和单罐容积大于50 m^3 的储罐和罐区	不应小于6 h
	液化石油储罐总容积小于220 m^3 和单罐容积不大于50 m^3 的储罐和罐区	可按3 h计算
3	可燃气体湿式、干式和固定容积储罐和煤、焦炭露天堆场	不应小于3 h
4	除煤、焦炭外可燃材料露天、半露天堆场的火灾延续时间	不应小于6 h
5	高层民用建筑中的商业楼、展览楼、综合楼，以及一类建筑的财贸金融楼、图书馆、重要档案楼、科研楼和高级宾馆；甲、乙、丙类仓库和厂房；居住区、其他民用建筑、丁、戊类仓库和厂房的火灾延续时间应按不小于2 h计算。	应按不小于3 h计算
6	自动喷水灭火系统	见相关规范
7	用于防火分隔水幕的火灾延续时间	不应小于3 h
8	泡沫灭火系统的火灾延续时间	不应小于0.5 h
9	水喷雾灭火系统	见相关规范
10	室内消防水炮灭火的火灾延续时间	不应小于1 h

作为室外消防给水水源的消防水池，应设取水井或取水口。取水井或取水口水深应保证消防车的消防水泵吸水高度不超过6 m，取水井的有效容积不得小于消防车上最大一台(组)水泵3 min的出水量，一般不易小于3 m^3。取水井或取水口的位置距被保护建筑物，一般不宜小于5 m，如不能保证时，可在消防水泵房内设专用加压泵由消防水池直接取水向室外消防供水管网供水。

消防水池应设有吸水井(池)，其有效容积不得小于最大一台或多台同时工作水泵3 min的出水量，对于小泵，吸水井(池)的容积应适当放大，宜按5 ~ 10 min的水泵出水量计算。吸水井中吸水管的布置应根据吸水管的数量、管径、管材、接口方式、水表的布置、安装、检修和正常工作(防止消防泵吸入空气)要求确定。

供消防车取水的消防水池，其保护半径不得大于150 m^3；与甲、乙、丙类液体储罐的距离不宜 < 40 m；与液化石油气储罐的距离不宜 < 60 m，若有防止辐射热的保护设施时，可减为40 m；供消防车取水的消防水池，保护半径不应大于150 m，当保护半径大于150 m时，可设置室外消防给水泵，或再增设消防水池。

消防水池一般应与生活水池分开设置，当有保护水质的技术措施时也可合用；消防水池宜与生产用水储水池合用。消防用水与生产、生活用水合并的水池，应有确保消防用水不作它用的设施。

利用游泳池、水景喷水池、循环冷却水池等专用水池兼作消防水池时，除须满足消防水池的一般要求外，还应保持全年有水，不得放空(包括冬季)。在寒冷地区的室外消防水池应有防冻设施。消防水池必须有盖板，盖板上须覆土保温，人孔和取水口设双层保温井盖。

消防水池的有效水深是设计最高水位至消防水池最低有效水位之间的距离。消防水池最低有效水位是消防水泵吸水喇叭口或出水管喇叭口以上 0.6 m 水位，当消防水泵吸水管或消防水箱出水管上设置防止旋流器时，最低有效水位为防止旋流器顶部以上 0.15 m，见图 4.52。溢流水位宜高出设计最高水位 0.05 m 左右，溢水管喇叭口应与溢流水位在同一水位线上，溢水管比进水管大 2 号，溢水管上不应装有阀门。溢水管、泄水管不应与排水管直接连通。

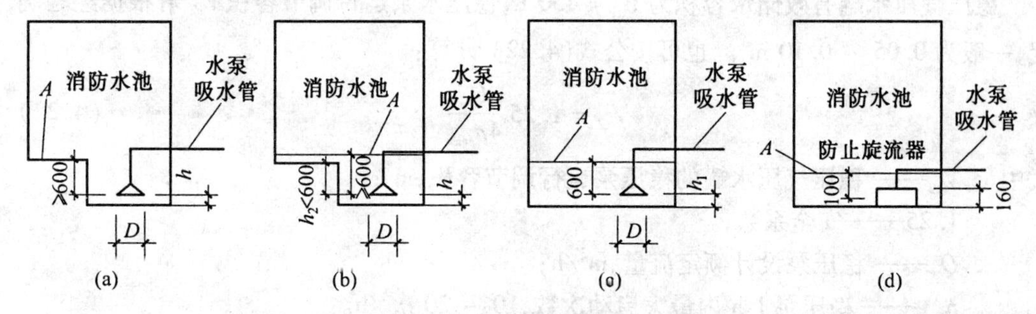

图 4.52　消防水池最低水位

A— 消防水池最低水位线；D— 吸水管喇叭口直径；h— 喇叭口底到水井底的距离；h_1— 喇叭口底到池底的距离

4.4.2.2　消防水箱设计计算

高位消防水箱分别用于常高压消防系统和临时高压消防系统。

常高压消防系统的高位消防水箱有效容积应是火灾延续时间内的设计消防用水量，同时要求满足系统的设计压力。相关计算见消防水池有关内容。

临时高压消防系统在屋顶设置消防水箱，其有效容积应符合以下要求：

对于高层民用建筑，一类公共建筑不应小于 18 m³，二类公共建筑和一类居住建筑不应小于 12 m³，二类居住建筑不应小于 6 m³。

工业和多层民用建筑消防水箱应贮存 10 min 的室内消防用水量，具体按公式(4.21)确定：

$$V_f = 0.6(Q_1 + Q_2) \tag{4.21}$$

式中　V_f—— 消防贮水量，m³；

Q_1—— 自动喷水灭火系统消防用水量，L/s；

Q_2—— 室内消火栓系统消防用水量，L/s。

当室内消防用水量不超过 25 L/s，经计算消防储水量超过 12 m³ 时，仍可采用 12 m³；当室内消防用水量超过 25 L/s，经计算消防储水量超过 18 m³，仍可采用 18 m³。

消防水箱设在建筑物的最高部位，消防水箱的设置高度应保证最不利点消火栓静水压力。当建筑高度不超过 100 m 时，高层建筑最不利点消火栓静水压力不应低于 0.07 MPa；当建筑高度超过 100 m 时，高层建筑最不利点消火栓静水压力不应低于 0.15 MPa。当高位消防水箱不能满足上述静压要求时，应设增压设施。

消防用水与其他用水合并的水箱，应有确保消防用水不作它用的技术设施。除串联消防给水系统外，发生火灾后由消防水泵供给的消防用水，不应进入消防水箱。

4.4.2.3 气压供水设备设计计算

气压供水设备可分为三种形式,第一种是10 min屋顶消防水箱的设置高度不能满足消火栓系统和自动喷水灭火系统要求的有效高度时,增设的稳压气压供水设备;第二种是代替临时高压消防给水系统10 min消防水量的气压供水设备;第三种是常高压消防给水系统一个消防水源的气压供水设备。

1. 稳压气压供水设备

稳压气压水罐有效储水容积为$V_{x1}=450$ L,稳压水泵运行调节容积V_{x2}可根据经验确定,一般为0.05 ~ 0.10 m^3。也可按公式(4.22)计算:

$$V_{x2}=1.25\frac{Q_w}{4n_{max}} \tag{4.22}$$

式中 V_{x2}—— 稳压气压水罐的稳压泵运行调节容积,m^3;

1.25—— 安全系数;

Q_w—— 稳压泵设计额定流量,m^3/h;

n_{max}—— 稳压泵1 h内最大启动次数,10 ~ 20次/h。

稳压泵设计额定流量应不小于系统的泄漏量,在工程中一般为1 ~ 2 L/s。

稳压泵设计压力目前有三种计算方法:稳压泵停泵压力为消防主泵零流量时的压力加上0.05 MPa;启泵压力为消防主泵零流量时的压力减去0.05 MPa;稳压泵压力为设计消防主泵设计额定压力的1.1 ~ 1.2倍;稳压泵压力比消防主泵设计额定压力高出0.10 ~0.20 MPa左右。

稳压气压水罐一般采用气囊式气压罐。可以设置在屋顶消防水箱间,也可设置在消防水泵房内。应用在临时高压给水系统中,且设有10 min的屋顶消防水箱,只是其设置高度不能满足要求时,应增设稳压气压水罐。

稳压气压水罐无水时的压力P_0不应小于消防给水系统的设计额定压力,并能满足系统最不利点消防设计的压力。稳压气压水罐内储存有效水量$V_{x1}=450$ L,此时的压力为P_1,该压力值也是稳压泵的启泵压力,当气压水罐内储水容量为$450\ L+V_{x2}$的水时,气压水罐的压力P_2,此时的压力值为稳压泵停泵压力,由平衡方程

$$V(P_0+0.1)=(V-V_{x1})(P_1+0.1) \tag{4.23}$$

$$V(P_0+0.1)=(V-V_{x1}-V_{x2})(P_2+0.1) \tag{4.24}$$

稳压气压罐总有效容积:

$$V=\left(\frac{P_1+0.1}{P_1-P_0}\right)\cdot V_{x1} \tag{4.25}$$

$$\alpha=\frac{V-V_{x1}}{V} \tag{4.26}$$

式中 V—— 稳压气压水罐的总有效容积,m;

α—— 额定设计储水量时,气压水罐中的空气体积与气压水罐总容积的比值,取0.65 ~ 0.85,特殊情况下取0.30 ~ 0.9。

【例4.3】　一建筑物地下消防水泵房标高 -4.5 m,屋顶水箱间标高33 m,设计消防水泵0.70 MPa扬程,水箱有效高度不能满足自动喷水灭火系统的要求,系统要设置稳压气压水罐,请选择稳压泵和气压水罐?

解　稳压泵的设计额定流量为 $Q_w = 1\ \text{L/s} = 3.6\ \text{m}^3/\text{h}$

稳压泵的设计额定扬程为(0.70 + 0.2)MPa - (0.33 + 0.045)MPa = 0.525 MPa

气压水罐无水时的压力 $P_0 = 0.70\ \text{MPa} - (0.33 + 0.045)\ \text{MPa} = 0.325\ \text{MPa}$。

稳压泵设计启泵压力 $P_1 = 0.525\ \text{MPa} - 0.05\ \text{MPa} = 0.475\ \text{MPa}$。

气压水罐有效储水容积 $V_{x1} = 450\ \text{L} = 0.45\ \text{m}^3$。

稳压泵1 h内最大启动次数取10次,稳压泵运行调节容积

$$V_{x2}/\text{m}^3 = 1.25\frac{Q_w}{4n_{\max}} = 1.25 \times \frac{3.6}{4 \times 10} = 0.112$$

气压罐总容积

$$V/\text{m}^3 = \left(\frac{P_1 + 0.1}{P_1 - P_0}\right) \cdot V_{x1} = \frac{0.475 + 0.1}{0.475 - 0.325} \times 0.45 = 1.725$$

稳压泵设计停泵压力计算,根据

$$V(P_0 + 0.1) = (V - V_{x1} - V_{x2})(P_2 + 0.1)$$

得

$$P_2/\text{MPa} = \frac{V(P_0 + 0.1)}{V - V_{x1} - V_{x2}} - 0.1 = \frac{1.725 \times (0.325 + 0.1)}{1.725 - 0.45 - 0.112} - 0.1 = 0.53$$

2. 10 *min* 消防水量的气压供水设备

24 m以下的中轻危险等级的建筑采用临时高压消防给水系统时,可采用5 L/s,10 min的有效容积,即 $V_{x1} = 3\ \text{m}^3$;其他建筑物,其有效容积 V_{x1} 应满足临时高压消防给水系统消防水箱10 min的有效容积。

满足系统设计压力要求,通常气压水罐最不利压力为系统设计压力。根据本节气压水罐的计算公式,计算确定气压水罐的最高设计压力。

气压罐计算同稳压气压水罐计算。当气压水罐有效容积不大于3 m³时,宜采用气囊式气压罐,不需经常补气;当气压水罐有效容积大于3 m³时,宜采用气泵补气,此时可不考虑 V_{x2} 的容积。

补气泵的供气量,应根据气压罐的总容积决定,当气压水罐的总容积小于30 m³时,空压机的供气量不应小于0.45 m³/h;当气压水罐的总容积大于30 m³时,空压机的供气量不应小于0.57 m³/h。补气泵的压力应根据气压罐的设计供水压力来确定。

3. 一个消防水源的气压供水设备

当气压水罐作为消防给水系统的一个有效水源,其有效容积应为系统设计灭火用水量在火灾延续时间的用水量。

满足系统设计压力要求,通常气压水罐最不利压力为系统设计压力。根据本节气压水罐的计算公式,计算确定气压水罐的最高设计压力。

补气方式采用气压泵补气。补气泵的技术条件与10 min消防水量的气压水罐相同。

4.4.2.4　消防水泵设计计算

1. 消防水泵额定流量的确定

(1) 临时高压消防给水系统应设置消防水泵,其额定流量应根据系统选择来确定。当系统为独立消防给水系统时,其额定流量为该系统设计灭火水量;当为联合消防给水系统时,其额定流量应为消防时同时作用各系统组合流量的最大者。

(2) 当消防给水管网与生产、生活给水管网合用时,生产、生活、消防水泵的流量不小于生产、生活最大小时用水量和消防用水量之和,但淋浴用水量可按15% 计算,浇洒及洗刷用水量可不计算在内。

2. 消防水泵额定扬程的确定

消防水泵的扬程应满足各种灭火系统的压力要求,通常根据各系统最不利点所需水压值确定。其计算如下:

$$H=(1.05\sim1.10)\left(\sum h+Z+P_0\right) \tag{4.27}$$

式中　H—— 水泵扬程或系统入口的供水压力,MPa;

1.05 ~ 1.10—— 安全系数,一般根据供水管网大小来确定,当系统管网小时,取1.05,当系统管网大时,取1.10;

$\sum h$—— 管道沿程和局部的水头损失的累计值,MPa;

Z—— 最不利点处消防用水设备与消防水池的最低水位或系统入口管水平中心线之间的高程差,当系统入口管或消防水池最低水位高于最不利点处消防用水设备时,Z 应取负值,MPa;

P_0—— 最不利点处灭火设备的工作压力,MPa。

3. 消防水泵的选择

高层民用建筑应设备用消防给水泵;多层民用建筑、工业建筑、堆场和储罐的室外消防用水量小于等于25 L/s 或建筑内消防用水量小于等于10 L/s 时,可不设置备用泵。

临时高压消防给水系统的消防水泵应采用一用一备,或多用一备,备用泵应与工作泵的性能相同。当为多用一备时,应考虑水泵流量叠加时,对水泵出口压力的影响。

选择消防泵时,其水泵性能曲线应平滑无驼峰,消防泵停泵时的压力不应超过系统设计额定压力的140%,当水泵流量为额定流量的150% 时,此时水泵的压力不应低于额定压力的65%。消防水泵电机轴功率应满足水泵曲线上任何一点的工作要求。

4. 泵房管道系统设计要求

消防水泵泵组的吸水管不应少于两条,其中一条损坏时,其余的吸水管应仍能通过全部用水量。几种消防水泵吸水管的布置如图4.53 所示。

消防水泵泵组应设不少于两条出水管与消防环状管连接。当其中一条出水管检修时,其余的出水管应仍能供应全部用水量。

消防水泵应采用自灌式吸水,且在消防水池最低水位时,仍能自灌吸水。吸水管上应装设闸阀或带自锁装置的蝶阀。当市政给水管网能满足消防时用水量要求,且市政部门同意水泵可从市政环形干管直接吸水时,消防泵应直接从室外给水管网吸水。消防水泵直接从室外管网吸水时,水泵扬程计算应考虑利用室外管网的最低水压,并以室外管网的最高水压校核水泵的工作情况，但应保证室外给水管网压力不低于0.1 MPa（从地面算起）。

水泵吸水管的流速可采用1 ～ 1.2 m/s（DN < 250 mm）或1.2 ～ 1.6 m/s（DN ≥ 250 mm），水泵出水管的流速可采用1.5 ～ 2.0 m/s。

消防水泵的出水管上应设止回阀、闸阀（或蝶阀）。消防水泵房内应设置检测消防水泵供水能力的压力表和流量计。

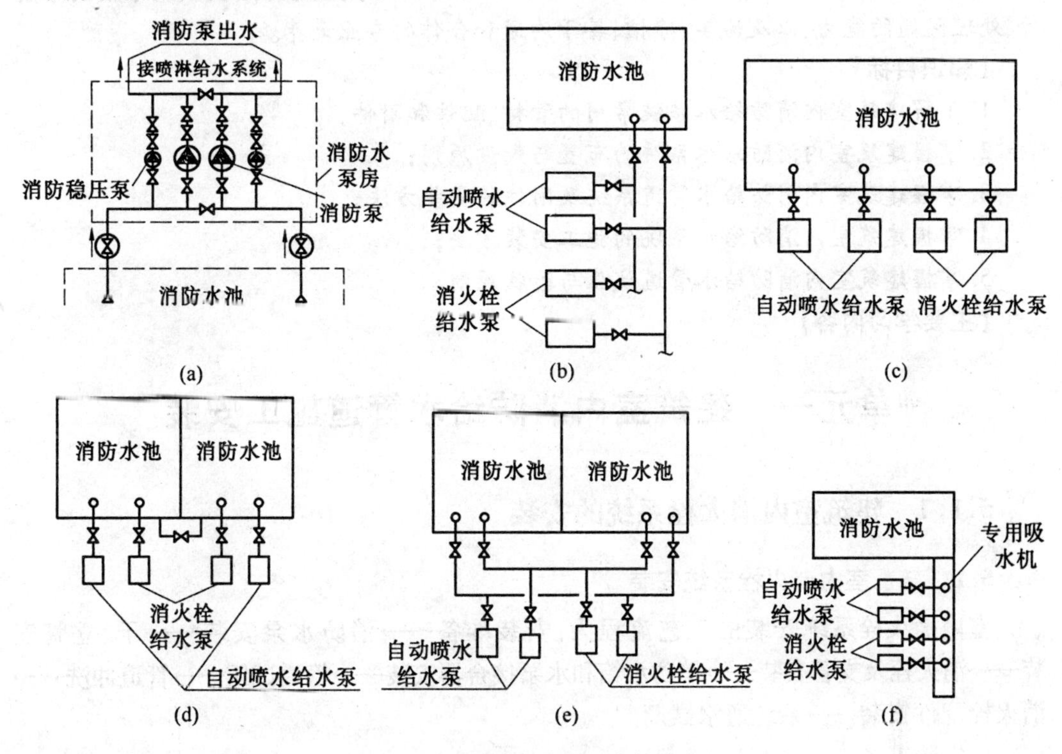

图4.53　几种消防水泵吸水管的布置

学习任务五 建筑室内消防给水管道安装

【教学目标】通过项目教学活动，培养学生具有建筑室内消防给水管道安装的能力；具有主要施工机具的使用能力；具有选择消防给水设备与安装的能力；具有建筑室内消防给水系统的质量验收能力；培养学生良好的职业道德、自我学习能力、实践动手能力和分析、处理问题的能力，以及诚实、守信、善于沟通和合作的专业素养。

【知识目标】

1. 了解建筑室内消防给水系统常用的管材、配件和附件；
2. 掌握建筑室内消防给水系统的布置与敷设原则；
3. 掌握建筑室内消防给水管道系统及附件的安装方法；
4. 掌握建筑室内消防给水系统的施工安装方法；
5. 掌握建筑室内消防给水管道试压与验收原则。

【主要学习内容】

单元一 建筑室内消防给水管道施工安装

5.1.1 建筑室内消火栓系统的安装

5.1.1.1 室内消火栓系统安装

室内消火栓系统安装的工艺流程为：安装准备——→消防水泵安装——→干、立管安装——→消火栓及支管安装——→消防水箱和水泵接合器安装——→管道试压——→管道冲洗——→消火栓配件安装——→系统通水试调。

1. 安装准备

(1)认真熟悉图纸，根据施工方案、技术、安全交底的具体措施选用材料，测量尺寸，绘制草图，预制加工。

(2)核对有关专业图纸，查看各种管道的坐标、标高是否有交叉或排列位置不当，及时与设计人员研究解决，办理洽商手续。

(3)检查预埋件和预留洞是否正确。

(4)检查管材、管件、阀门、设备及组件等是否符合设计要求和质量标准。

(5)根据施工现场情况，安排合理的施工顺序，避免各工种交叉作业，互相干扰，影响施工。

2. 干管安装

(1)消火栓消防系统干管安装应根据设计要求使用管材。镀锌钢管和非镀锌钢管丝扣连接同室内给水管道的连接。

(2)碳素钢管或无缝钢管在焊接前应清除接口处的浮锈、污垢及油脂。当壁厚≤4 mm,直径≤50 mm时应采用气焊;壁厚>4 mm,直径>50 mm时应采用电焊。

(3)不同管径的管道焊接,连接时如两管相差不超过管径的15%,可将大管端部缩口与小管对焊。如果两管相差超过15%,应用异径短管焊接。

(4)管道对口焊缝上不得开口焊接支管,焊口不得安装在支吊架的位置。

(5)碳素钢管开口焊接时要错开焊缝,并使焊缝朝向易观察和维修的方向上。

(6)管道焊接时先点焊三点以上,然后检查预留口位置、方向、变径等无误后,找直,找正,再焊接,紧固卡件,拆掉临时固定件。

(7)管道穿墙处不得有接口(丝接或焊接),管道穿过伸缩缝处应有防护措施。

3. 立管安装

(1)立管暗装在竖井内时,在管井内预埋铁件上安装卡件固定管道,立管底部的支架、吊架要牢固,防止立管下坠。

(2)立管明装时每层楼板要预留孔洞,立管可随结构穿入,以减少立管接口。三通口位置和尺寸要准确。

4. 消火栓及支管安装

(1)消火栓箱体要符合设计要求,消火栓有单口和双控双出口等几种。产品均应有消防部门的制造许可证及合格证方可使用。

(2)消火栓栓口中心距地面1.10 m±20 mm,消火栓支管要以消火栓的坐标、标高定位甩口。核定后再稳固消火栓箱,箱体找正稳固后再把消火栓安装好,消火栓栓口要垂直墙面朝外,消火栓侧装在箱内时应在箱门开启的一侧,箱门应开启灵活。

(3)消火栓箱体安装在轻质隔墙上时,应有加固措施。

(4)消火栓箱内的配件应在交工前进行安装。消防水龙带应折好放在挂架上或卷实、盘紧放在箱内。消防水枪要竖放在箱体内侧,自救式水枪和软管应放在挂卡上或放在箱底部。消防水龙带与水枪、快速接头的连接,一般用14钢丝绑扎两道,每道不少于两圈,使用卡箍时,在里侧加一道钢丝。设有电控按钮时,应注意与电气专业配合施工。

5. 消防水泵、高位水箱和水泵接合器安装

(1)消防水泵的安装

①消防水泵安装见给水水泵的安装:水泵的规格型号应符合设计要求,水泵应采用自灌式吸水,水泵基础按设计图纸施工,吸水管应加减振接头。加压泵可不设减振装置,但恒压泵应加减振装置,进出水口加防噪声设施,水泵出口宜加缓闭式逆止阀。

②水泵配管安装应在水泵定位找平正、稳固后进行。水泵设备不得承受管道的重量。安装顺序为逆止阀、阀门依次与水泵紧牢。与水泵相接配管的一片法兰先与阀门法兰紧牢,再把法兰松开取下焊接,冷却后再与阀门连接好,最后再焊与配管相接的另一管段。

③配管法兰应与水泵、阀门的法兰相符,阀门安装手轮方向应便于操作,标高一致,配管排列整齐。

(2)高位水箱安装

应在结构封顶及塔吊拆除前就位,并应做满水试验,消防用水与其他共用水箱时应确

保消防用水不被他用,留有10 min的消防总用水量。与生活水合用时应使水经常处于流动状态,防止水质变坏。消防出水管应加单向阀(防止消防加压时,水进入水箱),所有水箱管口均应预制加工,如果现场开口焊接应在水箱上焊加强板。

(3)水泵接合器安装

水泵接合器一端由室内消防给水干管引出,另一端设于消防车易于使用和接近的地方,距人防工程出入口不宜小于5 m,距室外消火栓或消防水池的距离宜为15~40 m。

6. 管道试压

消防管道试压可分层、分段进行,上水时最高点要有排气装置,高低点各装一块压力表,上满水后检查管路有无渗漏,如有法兰、阀门等部位渗漏,应在加压前紧固,升压后再出现渗漏时做好标记,卸压后处理,必要时泄水处理。试压环境温度不得低于5 ℃,当低于5 ℃时,水压试验应采取防冻措施。当系统设计工作压力等于或小于1.0 MPa时,水压强度试验压力应为设计工作压力的1.5倍,并不低1.4 MPa;当系统设计工作压力大于1.0 MPa时,水压强度试验压力应为该工作压力加0.4 MPa。水压强度试验的测试点应设在系统管网最低点。对管网注水时,应将管网内的空气排净,并应缓慢升压,达到试验压力后,稳压30 min,目测管网应无泄漏和无变形,且压力降不大于0.05 MPa。水压严密性试验应在水压强度试验和管网冲洗合格后进行。试验压力应为设计工作压力,稳压24 h,应无泄漏。试压合格后及时办理验收手续。

7. 管道冲洗

消防管道在试压完毕后可连续做冲洗工作。冲洗前先将系统中的流量减压孔板、过滤装置拆除,冲洗水质合格后重新装好,冲洗出的水要有排放去向,不得损坏其他成品。

8. 系统通水试调

消防系统通水调试应达到消防部门测试规定条件。消防水泵应接通电源并已试运转,测试最不利点的消火栓的压力和流量能满足设计要求。

5.1.1.2 成品保护

(1)消防系统施工完毕后,各部位的设备组件要有保护措施,防止碰动跑水,损坏装修成品。

(2)报警阀配件、消火栓箱内附件、各部位的仪表等均应加强管理,防止丢失和损坏。

(3)消防管道安装与其他管道发生矛盾时,不得私自拆改,要经过设计方办理变更,洽商后妥善解决。

5.1.1.3 室内消火栓系统安装时应注意的质量问题

(1)水泵接合器不能加压,是由于阀门未开启、止回阀装反或有盲板未拆除造成的。

(2)消火栓箱门关闭不严,是因为安装时未找正或箱门强度不够变形造成的。

(3)消火栓关闭不严,是由于管道未冲洗干净,阀座内有杂物造成的。

5.1.2 自动喷水灭火系统的安装

5.1.2.1 自动喷水系统安装

自动喷水系统安装工艺流程:施工准备──→消防喷淋水泵安装──→干、立管安装──→

消防接合器及报警阀组装⟶支管安装⟶分层或分区强度试验及冲洗⟶喷头、水流指示器安装⟶系统严密性试验⟶系统调试。

1.施工准备(同消火栓)

(1)认真熟悉图纸,根据施工方案、技术、安全交底的具体措施选用材料,测量尺寸,绘制草图,预制加工。

(2)核对有关专业图纸,查看各种管道的坐标、标高是否有交叉或排列位置不当,及时与设计人员研究解决,办理洽商手续。

(3)检查预埋件和预留洞是否正确。

(4)检查管材、管件、阀门、设备及组件等是否符合设计要求和质量标准。

(5)根据施工现场情况,安排合理的施工顺序,避免各工种交叉作业,互相干扰,影响施工。

2.消防喷淋水泵安装

见给水水泵安装。

3.干、立管安装

(1)喷洒管道一般要求使用镀锌钢管及管件,干管直径在100 mm以上,可采用碳素钢管或无缝钢管法兰连接,试压后做好标记拆下来再进行镀锌加工。需要拆装镀锌的管道应先安排施工,在镀锌前不允许刷油和污染管道。

(2)喷洒干管用法兰连接时,每根配管长度不宜超过6 m,直管段可把几根连接在一起,使用倒链安装,但不宜过长。也可调直后,编号依次顺序吊装,吊装时,应先吊起管道一端,待稳定后再吊起另一端。

(3)管道连接紧固法兰时,检查法兰端面是否干净,采用3~5 mm的橡胶垫片。法兰螺栓的规格应符合规定。紧固螺栓应先紧最不利点,然后依次对称紧固。法兰接口应安装在易拆装的位置。

(4)消防喷水系统镀锌管径DN>80 mm时可采用卡槽式连接。

(5)安装必须遵循先装大口径、总管、立管,后装小口径、分支管的原则。安装过程中不可跳装、分段装,必须按顺序连续安装,以免出现段与段之间连接困难和影响管路整体性能。

4.报警阀的安装

报警阀应设在明显、易于操作的位置,距地高度宜为1 mm左右。报警阀处地面应有排水措施,环境温度不应低于5 ℃。报警阀组装时应按产品说明书和设计要求,控制阀应有启闭指示装置,并使阀门工作处于常开状态。

5.支管安装

(1)管道的分支预留口在吊装前应先预制好。丝扣连接的用三通定位预留口,焊接的可在干管上开口焊上熟铁管箍,调直后吊装。所有预留口均加好临时管堵。

(2)需要加工镀锌的管道在其他管道未安装前试压、拆除、镀锌后进行二次安装。

(3)走廊吊顶内的管道安装与通风管的位置要协调好。

(4)喷洒管道不同管径连接不宜采用补心,应采用异径管箍,弯头上不得用补心,应采用异径弯头,三通、四通处不宜采用补心,应采用异径管箍进行变径。

(5)向上喷的喷洒头有条件的可与分支干管顺序安装好。其他管道安装完后不易操作的位置也应先安装好向上喷的喷洒头。

(6)喷洒头支管安装指吊顶型喷洒头的末端一段支管,这段管道不能与分支干管同时顺序完成,要与吊顶装修同步进行。吊顶龙骨装完,根据吊顶材料厚度定出喷洒头的预留口标高,按吊顶装修图确定喷洒头的坐标,使支管预留口做到位置准确。支管管径一律为DN25,末端用DN25×DN15的异径管箍口,管箍口与吊顶装修层平,拉线安装。支管末端的弯头处100 mm以内应加卡件固定,防止喷头与吊顶接触不牢,上下错动。支管装完,预留口用丝堵拧紧。准备系统试压。

6.分层或分区强度试验及管道冲洗

(1)将需要试验的分层或分区与其他地方采用盲板隔离开来,同时用丝堵将喷嘴所安装位置临时堵上。在分区最不利点(最低、最高点)安装压力检测表。

(2)向试压区域进水,在试水末端排空,同时检查其他地方的排空情况。

(3)当水灌满时检查系统情况。若无泄漏即升压,当升至工作压力时,应停止加压,全面检查渗漏情况,若有渗漏要及时标注并泄压处理完毕后,再重新升至工作压力,检查无渗漏,即可升至工作压力的1.5倍进行强度试验,稳压30 min后,目测管网无泄漏、无变形且压降不大于0.05 MPa为合格。

(4)试压完毕由泄水装置进行放水,并拆除与干管隔离的堵板并恢复与主管连接。

(5)管道冲洗:喷淋管道在强度试压完毕后可启动水泵连续做冲洗工作。冲洗前先将系统中的流量减压孔板、过滤装置拆除,冲洗水质合格后重新装好,冲洗出的水要有排放去向,一般排放可使用室内排水系统进行排水。

7.喷头安装及水流指示器安装

(1)喷头安装

①喷头安装应在管道系统完成试压、冲洗后,并且待建筑物内装修完成后进行安装。

②喷头的规格、类型、动作温度要符合设计要求。

③喷头安装的保护面积、喷头间距及距墙、柱的距离应符合规范要求。

④喷头的两翼方向应成排统一安装。护口盘要贴紧吊顶,走廊单排的喷头两翼应横向安装。

⑤安装喷头应使用特制专用扳手(灯叉型),填料宜采用聚四氟乙烯生料带,防止损坏和污染吊顶。

⑥水幕喷头安装应注意朝向被保护对象,在同一配水支管上应安装相同口径的水幕喷头。

(2)水流指示器安装

喷洒系统水流指示器,一般安装在每层的水平分支干管或某区域的分支干管上,必须水平,立装时倾斜度不宜过大,保证叶片活动灵敏。水流指示器前后应保持有5倍安装管径长度的直管段,安装时注意水流方向与指示器的箭头一致。国内某些产品可直接安装在丝扣三通上,进口产品可在干管上开口用定型卡箍紧固。水流指示器适用于直径为50~150 mm的管道上安装。

8. 系统严密性试验

喷洒系统试压应在封吊顶前进行，为了不影响吊顶装修进度可分层分段试压，试压完后冲洗管道，合格后可封闭吊顶。吊顶材料在管箍口处开一个 30 mm 直径的孔，把预留口露出，吊顶装修完后把丝堵卸下安装喷洒头。

9. 系统调试

(1)水源测试

检查和核实消防水池的水位高度、容积及储水量，消防水泵接合器的数量和供水能力，并通过移动式消防泵来做供水试验。

(2)消防水泵

以自动或手动方式启动消防水泵时，消防水泵应在 5 min 内投入运行，电源切换时，消防泵应在 1.5 min 内投入正常运行。稳压泵模拟设计启动条件，稳压泵应立即启动，当达到系统设计压力时，稳压泵自动停止。

(3)报警阀

湿式报警阀在其试水装置处放水，报警阀应及时动作，水力警铃应发出报警信号，水流指示器应输出报警电信号，压力开关应接通电路报警，并应启动消防水泵。干式报警在开启系统试验阀时，报警阀的启动时间，启动点压力，水流到试验装置出口所需时间，均要满足设计要求。干式报警，当差动型报警阀上室和管网的空气压力降至供水压力的 1/8 以下时，试水装置应能连续出水，水力警铃应发出报警信号。

(4)排水装置

开启主排水阀，应按系统最大设计灭火水量做排水试验，并使压力达到稳定。

(5)联动试验

采用专用测试仪表或其他方式，对火灾自动报警系统输入模拟信号，火灾自动报警控制器应发出声光报警信号，并启动自动喷水系统。启动一只喷头或以 0.94 ~ 1.5 L/s 的流量从末端试水装置处放水，水流指示器、压力开关、水力警铃和消防水泵等应及时动作并发出相应的信号。

5.1.2.2　自动喷水灭火系统安装时应注意的质量问题

(1)喷洒管道拆改严重，是由于各专业工序安装协调不好，施工中应注意各专业工种的协调。

(2)喷头处有渗漏现象，是由于系统尚未试压就封吊顶，造成通水后渗漏。所以封吊顶前必须经试压，办理隐蔽工程验收手续。

(3)喷头与吊顶接触不严，护口盘偏斜，是由于支管末端弯头处未加卡件固定，支管尺寸不准，使护口盘不正。

(4)喷头不成排、成行，是因为安装时未拉线造成的。

(5)水流指示器工作不灵敏，是由于安装方向相反或电接点有氧化物造成接触不良。

(6)水泵接合器不能加压，是由于阀门未开启，止回阀装反或有盲板未拆除造成的。

(7)水幕消防系统测试时喷头堵塞，是由于管道内有杂物或水中有杂质，应在安装喷头前做冲洗和吹扫工作。

5.1.3 管道安装

5.1.3.1 管材

自动喷水灭火系统和水喷雾灭火系统报警阀以前管道、消火栓系统给水管架空时应采用内外壁热浸镀锌钢管或焊接钢管;埋地时应采用球墨铸铁管,自动喷水灭火系统和水喷雾系统报警以后的管道可采用热浸镀锌钢管、铜管、不锈钢管及钢衬塑、不锈钢衬塑的管道。

消防给水管道应采用符合表5.1标准的钢管,当压力小于等于2 MPa时,最小壁厚应符合下列要求:

(1)采用焊接、法兰连接或卡箍连接时,当管径小于等于DN125,最小管壁序列号为Sch20钢管;当管径为DN150,最小管壁厚为3.4 mm;当管径为DN200及DN250时,最小管壁厚为4.78 mm。

(2)采用卡箍连接时,当管径大于等于DN100,最小管壁序列号为Sch30钢管;当管径小于DN100,最小管壁序列号为Sch40钢管。

(3)热浸镀锌焊接钢管分为普通钢管和加厚钢管,在自动喷水灭火系统中应采用加厚钢管,当系统压力小于等于1.2 MPa时,可采用热浸镀锌焊接钢管。当系统压力大于1.2 MPa时,应采用热浸镀锌焊接或无缝钢管。

(4)当喷头为60°锥管螺纹(NPT)时,宜采用热浸镀锌无缝钢管。

各种消防给水管材及管件标准见表5.1。

表5.1 消防给水管材及管件标准

序号	标准	管材及管件	序号	标准	管材及管件
1	GB/T 3091—1993	低压流体输送用镀锌焊接钢管	6	GB/T 13294—1991	球墨铸铁管
2	GB/T 3092—1993	低压流体输送用焊接钢管	7	GB/T 13295—1991	离心铸造球墨铸铁管
3	GB/T 8163—1993	输送流体用无缝钢管	8	GB/T 1496—1979	流体输送用不锈钢无缝钢管
4	GB/T 8714—1993	梯唇型橡胶圈接口铸铁管	9	GJ/T 156—2001	沟槽式管接头
5	GB/T 8715—1993	柔性机械接口铸铁管件			

5.1.3.2 管道敷设技术要求

1.管道接口

管道的连接方式有:卡箍连接、螺纹连接、法兰连接和焊接连接。系统管道的连接应采用沟槽式连接件(卡箍)、螺纹或法兰连接。报警阀前采用内壁不防腐钢管时,可焊接连接。

(1)消火栓给水系统管道当采用内外壁热浸镀锌钢管时,不应采用焊接。系统管道采用内壁不防腐管道时,可焊接连接,但管道焊接应符合相关要求。自动喷水灭火系统(指报警阀后)管道不能采用焊接,应采用螺纹连接、沟槽式管接头或法兰连接。

(2)消火栓给水系统管径>100 mm 的镀锌钢管,应采用法兰连接或沟槽连接。自动喷水灭火系统管径>100 mm 未明确不能使用螺纹连接,仅要求在管径≥100 mm 的管段上应在一定距离上配设法兰连接或沟槽连接点。

(3)消火栓给水系统与自动喷水灭火系统管道,当采用法兰连接时推荐采用螺纹法兰,当采用焊接法兰时应进行二次镀锌。

(4)任何管段需要改变管径时,应使用符合标准的异径管接头和管件。

(5)有关消防管道连接方式及相关技术要求可参照《全国民用建筑工程设计技术措施——给水排水》中的有关规定。

沟槽式(卡箍)连接时,沟槽式连接件(管接头)和钢管沟槽深度应符合建设部行业标准《沟槽式管接头》(GB/T 156—2001)的规定。公称直径 DN≤250 mm 的沟槽式管接头的最大工作压力为 2.5 MPa,公称直径 DN≥300 mm 的沟槽式管接头的最大工作压力为 1.6 MPa。有振动的场所和埋地管道应采用柔性接头,其他场所宜采用刚性接头,当采用刚性接头时,每隔 4~5 个刚性接头应设置一个柔性接头。

当采用机械三通、四通接头时,其开孔大小和开孔间距不应影响被开孔管道的强度。通常开孔最大直径宜小于被开孔管道直径的 1/2 左右,开孔间距与开孔大小有关,一般不宜小于 2 m。沟槽式连接与其他形式的接口连接时应采用转换接头。采用卡箍连接的管道变径时,宜采用卡箍异径接头;在管道弯头处不得采用补芯;当需要采用补芯时,三通上可用 1 个,四通上不应超过 2 个;公称直径大于 50 mm 的管道不宜采用活接头。

螺纹连接时,系统中管径小于 DN100 的热浸镀锌钢管或热浸镀锌无缝钢管均可采用螺纹连接,当系统采用热浸镀锌钢管时,其管件可采用锻铸铁螺纹管件(GB 3287—3289);当系统采用热浸镀锌无缝钢管时,其管件可采用锻钢制螺纹管件(GB/T 14626)。

钢管壁厚 Sch30(≥DN200)或钢管壁厚 δ<Sch40(<DN200),均不得使用螺纹连接件连接。当管道采用 55°锥管螺纹(Rc 或 R)时,螺纹接口可采用聚四氟带密封;当管道采用 60°锥管螺纹(NPT)时,宜采用密封胶作为螺纹接口的密封;密封带应在阳螺纹上施加。管径大于 DN50 的管道不得使用螺纹活接头,在管道变径处应采用单体异径接头。

焊接或法兰连接时,法兰类型根据连接形式可分为:平焊法兰、对焊法兰和螺纹法兰等,法兰选择必须符合《钢制管法兰》(GB 9112—2000)、《钢制对焊无缝管件》(GB/T 12459—2005)、《管法兰用聚四氟乙烯包覆垫片》(GB/T 13404—1992)标准的规定。

热浸镀锌钢管若采用法兰连接,应选用螺纹法兰。系统管道采用内壁不防腐管道时,可焊接连接。管道焊接应符合《现场设备、工业管道焊接工程施工及验收规范》(GB 50236—1997)。任何管段需要改变管径时,均应使用符合标准的异径管接头和管件。

2. 管道的安装

管道安装时,管道的中心线与梁、柱、楼板等的最小距离应符合表5.2的规定。

表5.2 管道的中心线与梁、柱、楼板等的最小距离

公称直径/mm	25	32	40	50	70	80	100	125	150	200
距离/mm	40	40	50	60	70	80	100	125	150	200

消防给水管穿过建筑物墙、楼板或构筑物墙壁时,应采取下列防护措施:穿地下室外墙和构筑物墙壁时,应设防水套管。穿过建筑物承重墙或基础时,应预留洞口,洞口高度应保证管顶上部净空不得小于建筑物的沉降量,一般不小于0.1 m。并填充不透水的弹性材料。如必须穿过伸缩缝及沉降缝时,应采用波纹管、橡胶短管和补偿器等方法处理。

消防给水管如有可能发生结冻时应采取保温措施:采用电伴热保温或在管外壁缠包岩棉管壳、玻璃纤维管壳、石棉管壳、B1级聚乙烯泡沫管壳等材料。

消防给水管通过或敷设在下列部位时,应采取下列防护措施:通过及敷设在有腐蚀性气体的房间(如酸洗车间、电镀车间、电瓶充电间等)内时,管外壁应刷防腐漆或缠绕防腐材料。埋地及敷设在垫层内的镀锌钢管或非镀锌钢管,如地下水无腐蚀性时管外壁涂沥青漆;如地下水有腐蚀性时,管外壁采取加强防腐(即一布两油或二布三油)。

5.1.3.3 自动喷水系统管道的支(吊)架

设计的吊架在管道的每一支撑点处应能承受5倍于充满水的管重,另加114 kg的荷载,且这些支撑点应支撑整个自动喷水灭火系统。

管道支(吊)架的支撑点宜设在建筑的结构上,如梁、柱、楼板等,其结构在管道悬吊点应能承受充满水管道重量另加至少114 kg的附加荷载,充水管道的参考质量见表5.3。

表5.3 充水管道的参考质量

公称直径/mm	25	32	40	50	70	80	100	125	150	200
保温管道/(kg·m^{-1})	15	18	19	22	27	32	41	54	66	103
不保温管道/(kg·m^{-1})	5	7	7	9	13	17	22	33	42	73

支(吊)架的设置应符合下面的要求:支架与吊架的位置不应影响喷头的喷水效果,一般吊架距直立喷头不应小于300 mm,距末端喷头距离不应大于750 mm;当喷头处的最大压力超过0.6 MPa且由吊顶上方的配水支管向位于吊顶下的下垂型喷头供水时,与无支撑喷头或短立管连接的管段悬臂长不超过300 mm。管道支架或吊架的间距应不大于表5.4的要求。若管道穿梁安装时,穿梁处可作为一个吊架考虑。相邻两喷头之间的管段上至少应设1个支(吊)架,当喷头间距小于1.8 m时,可隔一个喷头设一个吊架,但支(吊)架最大间距不应大于3.6 m。每2根支管间的水平主管上至少应设1个支(吊)架。沿屋面坡度布置的配水支管,当坡度大于1∶3时,应采取防滑措施(加点焊箍套),以防短立管与配水管受扭折推力。当喷水管道安装于通风管道之下时,管道应由建筑的结构支撑;当通风管道支撑具备同时支撑风管及上荷载的能力时,喷水管道也可利用支撑。

表 5.4　管道支架或吊架的间距

管径/mm	25	32	40	50	70	80	100	125	150	200	250	300
间距/mm	3.5	4.0	4.5	5.0	6.0	6.0	6.5	7.0	8.0	9.5	11.0	12.0

当自动喷水管安装在轻质钢结构屋面下时，需在屋面安装的同时在檩条和梁柱上预埋吊架，或吊架根部，或预埋件，使在管道安装时不破坏屋面的整体结构。如不预埋吊架或其部件，则应采用特殊的加紧部件代替吊架根部。在实际工程设计中，应事先与结构专业商定钢结构的支吊架的生根部位，和预留螺栓孔，在无法利用预留螺栓孔时，应采用梁柱抱固和夹紧件来做支(吊)架的生根，不得采用焊接。

为了防止喷水时管道沿管线方向晃动，故在下列部位设置(固定)防晃支架：配水管一般在中点设一个(固定)防晃支架(管径在 DN50 及以下时可不设)；配水干管及配水管，配水支管的长度超过 15 m(包括管径为 DN50 的配水管及配水支管)，每 15 m 长度内最少设 1 个(固定)防晃支架(管径小于等于 40 的管段可不算在内)；管径大于 DN50 的管道拐弯处(包括三通及四通位置)应设 1 个(固定)防晃支架；(固定)防晃支架的强度，应能随管道、配件及管内水的重量和 50% 的水平方向推力而不损坏或产生永久变形。当管道穿梁安装时，若管道再用紧固件固定于混凝土结构上，则可作为 1 个防晃支架处理。

5.1.3.4　系统试压和冲洗

系统安装完毕后，应对管网进行强度试验、严密性试验和冲洗。

管网强度的试验、严密性试验宜用水进行，但对干式喷水灭火系统、预作用喷水灭火系统必须既做水压试验又做气压试验；在冰冻季节，如进行水压试验有困难时，可用气压试验代替。系统的水源干管、进户管和室内地下管道应在回填隐蔽前，单独地或与系统一起进行强度试验和严密性试验。

系统管网经试压合格后，应分段用水进行冲洗。冲洗的顺序是先室外，后室内；先地下，后地上；室内部分应按配水干管，配水支管的顺序进行。管网冲洗前，应对系统仪表采取保护措施，并将止回阀、报警阀等拆下，冲洗工作结束后应及时复位。

系统的压力试验，应先做进水引入管，再做室内系统。

水压试验宜用生活用水进行，不得使用海水或有腐蚀性化学物质的水。水压试验宜在环境温度 5 ℃以上进行，否则应有防冻措施。

水压试验压力 P_t 要求：

系统设计工作压力 $P\leqslant1.0$ MPa 时，$P_t=1.5P$ 且不小于 1.4 MPa；

系统设计工作压力 $P>1.0$ MPa，$P_t=P+0.4$ MPa。

水压强度试验的测试点应设在系统管网最低点，对管网注水时，应将空气排净，然后缓慢升压，达到试验压力后，稳压 30 min，目测无泄漏、无变形、压降 $\Delta P\leqslant0.05$ MPa 为合格。

气压试验的介质宜采用空气或氮气。气压严密性试验压力为 0.28 MPa，稳压 24 h 压力降不应超过 0.01 MPa，即为合格。

单元二　建筑室内消防给水系统试压与验收

5.2.1　建筑室内消防给水管道试压

管网安装完毕后，应对其进行强度试验、严密性试验和冲洗。强度试验和严密性试验宜用水进行。干式喷水灭火系统、预作用喷水灭火系统应做水压试验和气压试验。

5.2.1.1　系统试压前应做的准备工作

(1)钢管支、吊架经过检查核对全部符合设计要求和有关规范的规定。

(2)埋地管道的标高、坐标、坡度及管道基础、支墩等经复查符合设计要求。

(3)试压用压力表已经校验，精度不低于1.5级，压力表量程为试验值的1.5~2倍。

(4)试压前对不能参与试压的设备、仪表、阀门及附件应加以隔离或拆除，加设的盲板突出于法兰的边耳，且作有明显标志。

5.2.1.2　试验方法

1. 水压试验

(1)水压试验的充水点一般选在系统或管段的较低处，加压装置可选用手摇泵、电动试压泵或电动离心泵，充水前将系统的阀门全部打开，同时打开各高点的放气阀，关闭最低点的排水阀，连接好进水管、压力表和打压泵等，即可向管网充水，待系统中空气全部排净后，关闭放气阀和进水阀，全面检查管道系统有无漏水现象，如有漏水及时修理。

(2)水压试验时环境温度不宜低于5 ℃，当低于5 ℃时，水压试验应采取防冻措施；当系统设计工作压力等于或小于1.0 MPa时，水压强度试验压力应为设计工作压力的1.5倍，并不应低于1.4 MPa；当系统设计工作压力大于1.0 MPa时，水压强度试验压力应为工作压力加0.4 MPa。

(3)管道充满水后应无漏水现象，即可通过加压泵缓慢地加压，当压力表指针开始动作时，应停止加压，对系统进行全面检查，发现泄漏及时处理，当升压到一定数值时，应停下来对管道进行检查，无问题时再继续加压，一般分2~3次升至试验压力，停止升压迅速关闭进水阀，观察压力表，如压力表指针摆动，说明排气不良，应打开放气阀再次排气，并加至试验压力，然后记录时间停压检查，稳压30 min内，目测管网无泄漏和无变形，且压降不大于0.05 MPa，强度试验合格。水压严密性试验应在水压强度试验和管网冲洗合格后进行。试验压力应为设计工作压力，稳压24 h，应无泄露。

(4)水压试验结束后，要把强度试验和严密性试验的结果填写压力试验记录表。

2. 气压试验

当管道系统由规范规定或因特殊原因采用气压试验时，可用压缩空气或氮气等惰性气体作为介质进行试验。

(1)气压强度试验时，压力应逐渐升高，首先升至试验压力的50%进行检查，如无泄漏及异常现象时，再按试验压力的10%继续升压并检查，如此逐级升压和检查直至强度试验压力，每级稳压3 min，达到试验压力时恒压10 min，经检查钢管及管路附件无泄漏，且未发现破坏现象，则强度试验合格，严密性试验是在强度试验合格后进行，将压力降至0.28 MPa进行严密性试验，稳压24 h，压降不超过0.01 MPa，即为合格。

(2)气压试验要求

①管道的气压试验前要作保护措施，管道进气时间及管道在试验压力下的恒压时间内，任何人不得在防护区内停留，并严禁在管道受压期间进行敲打、修理和拧紧螺栓等工作。

②气压强度试验压力为1.00 MPa，稳压10 min，无泄漏，无变形，且压降不超过0.005 MPa，即为合格，气密性试验压力为0.28 MPa，稳压24 h，压降不超过0.01 MPa，即为合格，并填写气压试验记录。

5.2.2　建筑室内消防给水管道冲洗

管网冲洗应在试压强度合格后分段进行，冲洗顺序应先室外后室内，先地下后地上，室内部分的冲洗应按配水干管、配水管、配水支管的顺序冲洗。

冲洗前应对系统的仪表采取保护措施，止回阀和报警阀等应拆除，冲洗工作结束后应及时复位。

管网冲洗所采用的排水管道，应与排水系统可靠连接，其排放应畅通和安全。排水管道的截面面积不得小于被冲洗管道截面面积的60%；管网冲洗的水流速度、流量不应小于系统设计的水流流速、流量；管网冲洗宜分区、分段进行；水平管网冲洗时其排水管位置应低于配水支管；管的地上管道与地下管道连接前，应在配水干管底部加设堵头后，对地下管道进行冲洗。

管网冲洗的水流速度不宜小于3 m/s，其流量不宜小于表5.5的规定。

表5.5　管道水冲洗流量

管径/mm	40	50	65	80	100	125	150	200	250	300
流量/($L\cdot s^{-1}$)	4	6	10	15	25	38	58	98	154	220

管网冲洗应连续进行，当出水口处水的颜色、透明度与入水口处水的颜色、透明度基本一致时为合格。管网冲洗的水流方向应与灭火时管网的水流方向一致。

管网冲洗结束后，应将管网内的水排除干净，必要时可采用压缩空气吹干。

5.2.3　建筑室内消防给水系统验收

5.2.3.1　建筑室内消火栓给水系统验收

1. 主控项目

(1)室内消火栓给水系统的设置应符合设计文件及现行国家工程建设消防技术标准的要求，应当设置的部位无漏设。

验收方法：资料核查，现场检查。对照设计文件，按楼层(防火分区)总数不少于20%抽查，且不得少于5层(个)，少于5层(个)的全数检查，抽查楼层(防火分区)全数检查。

(2)室内消火栓给水管道的数量、管径、消防竖管设置应符合设计文件及现行国家工程建设消防技术标准的要求,消火栓平面布置合理,应设置在走道、楼梯附近等明显易于取用的地点,保证每一个防火分区同层有两支水枪的充实水柱同时到达任何部位。如规范规定可采用1支水枪充实水柱到达室内任何部位的,从其规定。

验收方法:资料核查,现场检查。

1)对照设计文件,现场核查给水管数量、管径。

2)检查测试试验消火栓压力。

3)现场核查室内消火栓和消防软管卷盘数量,按楼层(防火分区)总数不少于20%抽查,且不得少于5层(个),少于5层(个)的全数检查,抽查楼层(防火分区)全数检查。户门直接开向楼梯间的单元式或塔式居住建筑可按上下层的室内消火栓计数,其他建筑按同层室内消火栓计数。

(3)采用临时高压给水系统的消防水泵的流量、扬程、数量以及安装应符合设计文件及现行国家工程建设消防技术标准的要求。

验收方法:资料核查,现场检查。核查消防水泵的铭牌和产品质量证明文件及相关资料,现场检查消防水泵启动性能,记录启泵时间,消防水泵应在30 s内启动,核查消防水泵与动力机械的连接。

(4)室内消火栓给水系统高位消防水箱的设置高度、消防储水量、补水设施、水位显示应符合设计文件及现行国家工程建设消防技术标准的要求。

验收方法:资料核查,现场检查。对照设计文件,核查水箱有效容量,查验水箱进、出水阀门、液位显示,水箱的出水管止回阀的安装情况。

(5)消防水箱的设置高度不能满足最不利点消火栓静压要求时,需设置增压设施的,应设置增压泵,其流量、扬程以及气压罐的容积应符合设计文件及现行国家工程建设消防技术标准的要求,功能满足使用要求,系统稳定可靠。

验收方法:资料核查,现场检查。

1) 核查增压泵、气压罐的铭牌和产品质量证明文件及相关资料,核查气压罐有效容积。

2)现场测试增压泵、气压罐功能。当系统压力降低到设计启动压力时,泵应正常启动;系统压力到达设计压力时,泵应自动停止;当消防主泵启动时,泵应停止运行,观察压力表的指示压力及稳压情况。

(6)室内消火栓栓口的静水压力、出水压力应符合设计文件及现行国家工程建设消防技术标准的要求。

验收方法:资料核查,现场检查。对照设计文件,现场检查供水分区最有利点和最不利点室内消火栓测试静水压力和出水压力;需要设置减压设施的室内消火栓,应当核查减压后的出水压力,按楼层(防火分区)总数不少于20%抽查,且不得少于5层(个),少于5层(个)的全数检查,抽查楼层(防火分区)检查点不少1处。

(7)室内消火栓系统的功能应符合设计文件及现行国家工程建设消防技术标准的要求。

验收方法:现场检查。

1)现场检查试验和检查用室内消火栓压力,检查室内消火栓稳压系统功能。

2)在消防控制室检查室内消火栓泵的启、停1~3次;按实际安装数量5%~10%的比例抽查消火栓处操作启泵按钮,且不得少于3处,少于3处的全数检查。

(8)室内消火栓、消防水泵和消防水泵接合器等产品质量和各项性能应符合有关技术标准要求。

验收方法:资料核查,检查产品质量证明文件及相关资料。

(9)消防水泵房的设置应符合设计文件及现行国家工程建设消防技术标准的要求。

验收方法:资料核查,现场检查。

1)消防水泵房的出口应直通室外或靠近安全出口,门应符合相关要求;

2)消防水泵房应有不少于2条的出水管直接与环状消防给水管连接,当其中一条出水管关闭时,其余出水管应仍能通过全部用水量;

3)消防水泵出水管上应设置试验和检查用的压力表和DN65的放水阀门;

4)当存在超压可能时,出水管上应设置防超压设施。

(10)消防水泵应保证在火警后30 s内启动,消防水泵应与动力机械直接连接。

验收方法:现场检查,测试水泵启动时间。

(11)消防水泵的功能测试应符合现行国家工程建设消防技术标准的要求。

验收方法:现场检查。按下列方法进行功能测试:

1)打开消防水泵出水管上试水阀,开启消防主泵,待泵运行平稳后,模拟主泵故障,备用消防水泵转换正常;

2)消防控制中心手动启、停消防水泵,水泵应能正常启、停;

3)消防水泵房现场应能启、停消防水泵;

4)设有消防控制中心的,消防控制室应能显示消防水泵的工作、故障状态。

(12)消防水泵产品质量和各项性能应符合有关技术标准要求。

验收方法:资料核查,检查产品质量证明文件及相关资料。

2.一般项目

(1)若采用串联消防供水系统,当设有中间消防水箱时,消防水应能进入中间串联消防水箱,其容积应符合设计文件及现行国家工程建设消防技术标准的要求。

验收方法:现场检查,对照设计文件现场核查。

(2)室内消火栓系统的水泵接合器设置位置、数量应符合设计文件及现行国家工程建设消防技术标准的要求,供水畅通,便于消防车使用。

验收方法:资料核查,现场全数检查。

1)现场核查水泵接合器数量及位置,按室内消防用水量10~15 L/s核查水泵接合器数量;水泵接合器15~40 m范围内宜有室外消火栓或消防水池取水口;

2)核查供水试验报告或现场进行供水测试,水泵接合器供水应畅通,标志应完整、明显永久、安装牢固、服务楼层明确。

(3)消火栓箱体安装应牢固,暗装的消火栓箱四周与墙体之间空隙填塞密实,栓口的出水方向向下或与墙面垂直,栓口的安装高度符合设计文件要求,并便于水带连接。

验收方法:现场检查。按楼层(防火分区)总数不少于20%抽查,且不得少于5层

(个),少于5层(个)的全数检查,抽查楼层(防火分区)检查点不少于3处,栓口安装不得影响使用;要求暗装的消火栓箱不得破坏墙体的耐火极限。

(4)消火栓箱内的水带、水枪、接口配置齐全,水带绑扎牢固;消防软管卷盘的设置应符合设计文件及现行国家工程建设消防技术标准的要求。

验收方法:现场检查。按楼层(防火分区)总数不少于20%抽查,且不得少于5层(个),少于5层(个)的全数检查,抽查楼层(防火分区)检查点不少于3处。

(5)高层民用建筑的屋面和设有室内消火栓系统的其他建筑平屋顶上装置的带压力显示装置的试验和检查用消火栓应符合设计文件及现行国家工程建设消防技术标准的要求。

验收方法:现场检查。

(6)消防水泵应设置备用泵,其工作能力不应小于最大一台消防工作泵。

验收方法:资料核查,现场全数检查。

1)当工厂、仓库、堆场和储罐的室外消防用水量小于等于25 L/s,可不设置备用泵;

2)除高层民用建筑外,当室内消防用水量小于或等于10 L/s时,可不设置备用泵。

(7)消防水泵应采用自灌式吸水,一组消防水泵的吸水管不应少于两条,并应在吸水管上设置检修阀门。

验收方法:资料核查,现场全数检查。

(8)消防水泵吸水管、出水管规格及水泵进出水管路上阀门的规格、型号应符合设计文件的要求。

验收方法:资料核查,现场全数检查。

(9)消防水泵房应设有排水设施。

验收方法:资料核查,现场检查。

5.2.3.2 自动喷水灭火系统安装的质量验收规范

1.主控项目

(1)自动喷水灭火系统的设置应符合设计文件及现行国家工程建设消防技术标准的要求,应设置的部位无漏设。

验收方法:资料核查,现场检查。对照设计文件,按楼层(防火分区)总数不少于20%抽查,且不得少于5层(个),少于5层(个)的全数检查,抽查数层(防火分区)全数检查。

(2)采用临时高压给水系统的自动喷水灭火系统,应设高位消防水箱,其储水量及压力应符合设计文件及现行国家工程建设消防技术标准的要求。

验收方法:资料核查,现场全数检查。

1)检查每一个报警阀组压力最不利点末端试水装置,测量工作压力和流量;

2)对照设计文件,现场核查高位消防水箱有效容量,查验水箱进(出)水阀门安装、液位显示、水箱出水管止回阀设置情况;

3)干式系统、预作用系统设置的气压供水设备,应同时满足配水管道的充水要求;

4)规范规定可不设高位消防水箱的建筑,现场核查气压设备的有效容积及稳压情况。气压供水设备的有效水容积,应满足系统最不利处4只喷头在最低工作压力下的10 min用水量。

(3)喷头设置场所、规格、型号、公称动作温度、响应时间指数(RTI)应符合设计文件的要求,并配置不同规格备用喷头。

验收方法:资料核查,现场检查。对照设计文件,现场核查喷头的质量证明文件和设置场所。按设计数量不少于10%抽查,且不应少于40个,少于40个的全数检查,合格率应为100%,抽查应当涵盖喷头选型不同的场所。

(4)自动喷水灭火系统的功能应符合下列要求:

1)开启喷淋泵的放水阀,启动主泵,待主泵运行平稳后,模拟主泵故障,备用喷淋泵应能正常运转;

2)在末端试水装置处放水,延时后压力开关动作,水力警铃发出鸣响,启动喷淋泵,消防控制中心显示水流指示器、压力开关和喷淋泵动作信号;

3)消防控制中心远程以及水泵房现场启、停喷淋泵,泵应正常工作,并显示喷淋泵的工作、故障状态;

4)干式喷水灭火系统、预作用灭火系统功能应符合相关规范要求。

验收方法:现场检查。联动功能应按报警阀总数全数检查信号反馈情况、响应时间以及水泵动作情况。消防控制中心远程启泵以及水泵房现场启泵每台各试验1~3次。

(5)自动喷水灭火系统管网材质、管径、接头、连接方式及防腐、防冻措施应符合设计文件及现行国家工程建设消防技术标准的要求。

验收方法:资料核查,现场检查。对照设计文件,现场检查管径及连接方式,按楼层(防火分区)总数不少于20%抽查,且不得少于5层(个),少于5层(个)的全数检查,抽查楼层(防火分区)检查点不少于3处。

(6)自动喷水灭火系统组件等产品质量和各项性能应符合有关技术标准要求。

验收方法:资料核查,检查产品质量证明文件及相关资料。

2. 一般项目

(1)喷头安装间距以及与楼板、墙、梁等障碍物的距离应符合设计文件及现行国家工程建设消防技术标准的要求。

验收方法:现场检查。按设计数量不少于5%抽查,且不少于20个,距离偏差±15 mm,合格率不小于95%时为合格。

(2)自动喷水灭火系统的末端试水装置、放水装置的设置符合设计文件及现行国家工程建设消防技术标准的要求,并便于检查及排水操作。

验收方法:现场检查。末端试水装置全数检查,放水装置按设计数量不少于20%抽查,且不得少于5处,少于5处的全数检查。

(3)自动喷水灭火系统的报警阀设置及控制的喷头数应符合设计文件及现行国家工程建设消防技术标准的要求。

验收方法:现场检查。

1)对照设计文件,核查报警阀及其控制的喷头数量;

2)现场检查报警阀的功能。打开系统末端放水装置,测试报警及喷淋泵的启停等功能。

3)现场检查水力警铃的设置位置,测试水力警铃喷嘴处压力,其压力不应小于

0.05 MPa,距水力警铃 3 m 远处警铃声声强不应小于 70 dB。

(4)报警阀组保护的区域或楼层应标识清楚,压力表显示正常,控制阀应锁定在常开位置。

验收方法:现场全数检查。

(5)报警阀后的管道上不应安装其他用途的支管或水龙头。

验收方法:现场全数检查。

(6)管网不同部位安装的压力开关、信号阀、水流指示器、闸阀、止回阀、减压阀、泄压阀、减压孔板、节流管、排气阀等均应符合设计文件、规范要求。

验收方法:现场检查。对照设计文件,核查压力开关、止回阀、减压阀、泄压阀,合格率应为 100%;闸阀、信号阀、水流指示器、减压孔板、节流管、排气阀等按设计数量不少于 30% 抽查,且不应少于 5 个,少于 5 个的全数检查,合格率应为 100%;水流指示器应保证每个防火分区、每个楼层均应设置,当报警阀组仅控制一个楼层的一个防火分区且不超过报警阀组控制喷头数时,可不设置水流指示器。

(7)自动喷水灭火系统的水泵接合器设置位置及数量应符合设计文件及现行国家工程建设消防技术标准的要求,供水畅通,安装位置便于消防车使用。

验收方法:现场全数检查。

1)现场检查水泵接合器数量,按自动喷水灭火系统的用水量计算确定,每个水泵接合器的供水能力按 10~15 L/s 计算;

2)查验试水报告或现场作供水试验,检查安装位置,水泵接合器供水应畅通,标志应完整、明显永久、安装牢固、服务楼层明确。

(8)管网的支架、吊架和防晃支架应符合现行国家工程建设消防技术标准的要求。

验收方法:资料核查,现场检查,核查隐蔽工程记录,现场检查安装情况。按楼层(防火分区)总数不少于 20% 抽查,且不得少于 5 层(个),少于 5 层(个)的全数检查,抽查楼层(防火分区)检查点不少于 3 处。

(9) 喷头表面不得有装饰涂料等附着物,各种不同规格的喷头均应有一定数量的备用品,其数量不应小于安装总数的 1%,且每种备用喷头不应少于 10 个。

验收方法:现场检查。按设计数量的 5% 抽查喷头表面情况,且不少于 20 个。核查喷头备用数量。

(10)有腐蚀性气体的环境和有冰冻危险场所安装的喷头,应采取防护措施。有碰撞危险场所安装的喷头应加设防护罩。

验收方法:现场全数检查。

学习任务六　建筑室内消防给水工程设计训练

【教学目标】通过项目教学活动,培养学生能够独立进行收集及整理加工资料工作;能根据设计任务书,完成建筑室内消防给水工程设计工作;能进行消防设计计算及查阅设计手册,具备绘制建筑室内消防给水系统施工图的能力;培养学生良好的职业道德、自我学习能力、实践动手能力和分析、处理问题的能力,以及诚实、守信、善于沟通和合作的专业素养。

【知识目标】

1. 具备根据设计任务独立确定建筑室内消防给水系统方案的能力;
2. 具备建筑室内消防给水工程设计程序、方法和技术规范;
3. 掌握建筑室内消防给水工程设计计算方法。

【主要学习内容】

单元一　建筑室内消防给水工程设计指导书

6.1.1　设计的目的

通过建筑室内消防给水工程设计训练,能系统的巩固所学有关消防给水方面的理论知识,培养学生独立分析和解决问题,以及使用规范、设计手册和查阅参考资料的能力;训练制图、绘图和编写设计说明的技能;培养良好的设计道德和责任感,为今后奠定良好的工作技能基础。

6.1.2　设计内容

建筑消防系统设计包括消火栓系统、喷洒灭火系统等设计。

建筑消火栓系统设计的内容:消防水量的计算;消防给水方式的确定;消火栓、消防管道的布置;消防管道水力计算及消防水压计算;消防泵的选择;确定稳压系统;绘制消火栓系统的平面图及系统图。

自动喷洒灭火系统设计包括:给水方式的确定;选择、布置喷头;自动喷洒系统水力计算;报警阀、水流指示器的选型;喷洒泵的选择;确定稳压系统;绘制自动喷洒灭火系统的平面图及系统图。

本设计指导书以消火栓给水系统为例。

6.1.3　设计指导书

6.1.3.1　了解工程概况和设计原始资料

(1)通过建筑施工图(建筑总平面图、各层平面图、立面图、剖面图),了解该建筑的位置、建筑面积、占地面积、层数、层高、各个房间的使用功能等，并了解室内最冷月平均气温。从结构施工图上了解其结构形式，墙、梁、柱的尺寸等。

(2)了解建筑的水源情况，建筑附近城市给水管网的位置、埋深、管径、常年可保证的最低水压、最低月平均水温、自来水的总硬度等。

6.1.3.2　确定方案

根据设计原始资料和有关的规范，考虑消防给水系统的设计方案，对多个方案进行比较(适用范围、优点、缺点)，并给出图示，确定采用的最佳方案。

6.1.3.3　管网布置及绘制草图

根据采用的方案进行各系统管网布置并绘制草图(消防给水平面图和系统图)，以作为计算的依据和与其他专业(建筑、结构、暖通、电气等)配合时的依据。

6.1.3.4　计算

(1)根据建筑平面图，绘出消火栓给水管道平面布置图；估算给水系统所需压力，并根据市政管网提供的压力确定的给水方式，绘制出系统图。

(2)将环状管网最上部的联络管去掉，使之简化为枝状管网。

(3)根据管网布置情况及消防泵的位置，确定最不利立管，相邻立管、次相邻立管，并按表4.12确定消防时每条立管的出流水枪个数。

(4)确定最不利水枪喷嘴处的压力。

(5)计算最不利消火栓出口处所需水压。

$$H_{xh} = H_d + H_q$$

$$H_d = A_z L_d q_{xh}^2$$

$$H_q = \frac{q_{xh}^2}{B}$$

(6) 控制设计流速为1.4 ~ 1.8 m/s(最大不允许超过2.5 m/s) 确定管道直径，依次计算最不利消火栓以下各层消火栓口处的实际压力并按公式计算水枪的实际出流量：

$$q_{xh} = \sqrt{\frac{H_{xh} - H_k}{A \cdot L + \frac{1}{B}}}$$

(7) 计算各管段水头损失(局部水头损失按管道沿程水头损失的10% 采用)；

$$H = 9.81\,H_0 + H_{xh} + \sum h$$

(8)选择消防水泵。

6.1.3.5　绘图

图纸的绘制应符合我国现行《给水排水制图标准》。根据草图绘制给水总平面图、详图和剖面图。图纸中还应包含设计说明、施工说明、主要设备材料表及图例等。

(1)消防给水总平面图。应反映出室内管网与室外管网如何连接。内容有室外消防给水具体平面位置和走向。图上应标注管径、地面标高、管道埋深和坡度、控制点坐标及管道布置间距等。

(2)各层平面布置图。表达各系统管道和设备的平面位置。通常采用的比例尺为1∶100,如管线复杂时可放大至1∶50。图中应标注管道、附件、管径。

(3)系统图。表达管道、设备的空间位置和相互关系。各类管道的轴测图要分别绘制。图中应标注管径、立管编号(与平面布置图一致)、管道和附件的标高,排水管道还应标注管道坡度。通常采用的比例尺为1∶100。设备宜单独绘制比例尺为1∶50~1∶20系统图。

(4)设计说明。表达各系统所采用的方案,以便施工人员施工。给水系统,说明选用的消防给水系统和消防给水方式,引入管平面位置及管径,升压、贮水设备的型号、容积和位置等;

(5)施工说明。用文字表达工程绘图中无法表示清楚的技术要求。例如,管材的防腐、防冻、防结露技术措施和方法,管道的固定、连接方法,管道试压、竣工验收要求以及一些施工中特殊技术处理措施。说明施工中所要求采用的技术规程、规范和采用的标准图号等一些文件的出处。

(6)设备、材料表。主要表示各种设备、附件、管道配件和管材的型号、规格、材质、尺寸和数量。供概预算和材料统计使用。

6.1.3.6　编制说明书

包括目录、摘要(可用中英文两种文字)、前言、设计原始资料、各系统方案选择、各系统计算过程、小结、主要参考文献等内容。按统一要求进行装订。

单元二　建筑室内消防给水工程设计实例

6.2.1　设计任务

根据上级有关部门批准的任务书,拟在哈尔滨某大学拟建一栋普通8层住宅,总面积近4 800 m^2,每个单元均为2户,每户厨房内设洗涤盆1个,卫生间内设浴盆、洗脸盆、大便器(坐式)及地漏各1个。本设计任务是建筑单位工程中的给水(包括消防给水)、排水和热水供应等工程项目。

6.2.2　设计资料

1. 建筑设计资料

建筑设计资料包括建筑物所在地建筑物所在地的总平面图(图3.1)、建筑剖面图(图3.2)、单元平面图(图3.3)和建筑各层平面图(3.5、3.6)。

本建筑物为8层,除顶层层高为3.0 m以外,其余各层层高均为2.8 m,室内、室外高差为0.9 m,哈尔滨地区冬季冻土深度为2.0m。

2. 小区给水排水资料

本建筑南侧的道路旁有市政给水干管作为该建筑物的水源,其口径为DN300,常年可提供的工作压力为150 kPa,管顶埋深为地面以下2.20 m。

城市排水管道在该建筑物的北侧,其管径为DN400,管内底距室外地坪2.20 m。

6.2.3 系统选择

室内消防给水系统按建筑消防规范的规定,采用单独的消火栓给水系统。10 min 室内消防用水由设于泵房内的消防气压罐满足,设两台专用消防水泵满足室内消防用水的水量和水压要求,并通过两条引入管送入室内。每个消火栓口径为50 mm,水枪喷嘴直径为13 mm,充实水柱长度为10 m。水龙带长度为25 m,消防泵直接从消防水池抽水。消火栓设在每个单元的楼梯间内,每层均设有消火栓。每个消火栓内设有按钮,消防时可直接启动消防水泵。引入管埋地引入到一层室内,干管沿一层地面下敷设,管材采用焊接钢管。

6.2.4 设计计算

已知系统采用的管材为低压流体输送用焊接钢管。系统采用 DN50 直角单出口式室内消火栓、长度为25 m的 ϕ50 麻织水带、QZ50×13 mm 直流式水枪、800×650×200 S162(甲型)钢制消火栓箱。

(1)本建筑类型属于住宅,查表4.6可知,消火栓用水量为5 L/s,同时使用消防水枪数量为2支,每支水枪最小出流量为2.5 L/s,每根竖管最小流量为5 L/s。

由于本建筑层数超过6层,其充实水柱应为10 m,据表4.9可知,当喷嘴口径为13 mm时,消防水枪出流量为2.5 L/s,出口压力为181.3 kPa。

(2)消火栓栓口处需用水压计算

$$H/\mathrm{kPa}=H_d+H_g=A_dL_dq_{xh}^2+\frac{q_{xh}^2}{B}=0.150\ 1\times25\times2.5^2+\frac{2.5^2}{0.079\ 3}=102.3$$

(3)系统压力损失的计算

1)沿程压力损失的计算。为了供水安全,系统立管连成环状,如图6.1所示,但仍以枝状管网进行水力计算,并选定1—2—3—4—5为最不利计算管路。

根据每根消防竖管最小流量为5 L/s、管内流速不大于2.5 m/s的原则,将各计算值填入表6.1中。

表6.1 消防系统水力计算

序号	管段号 /(L·s⁻¹) 起	止	管段设计流量 /(L·s⁻¹)	管径 /mm	流速 /(m·s⁻¹)	管段单位长度压力损失 /(kPa·m⁻¹)	管段长度/m	管段沿程压力损失/kPa
1	1	2	2.5	50	1.18	0.6916	1.1	0.77
2	2	3	5	70	1.42	0.723	32	23.2
3	3	4	5	70	1.42	0.723	26.5	19.2
4	4	5	5	70	1.42	0.723	11.3	8.2

管路总沿程压力损失 $\sum h_f=51.37$ kPa。

2)局部压力损失计算。局部压力损失按沿程压力损失的10%计算,则

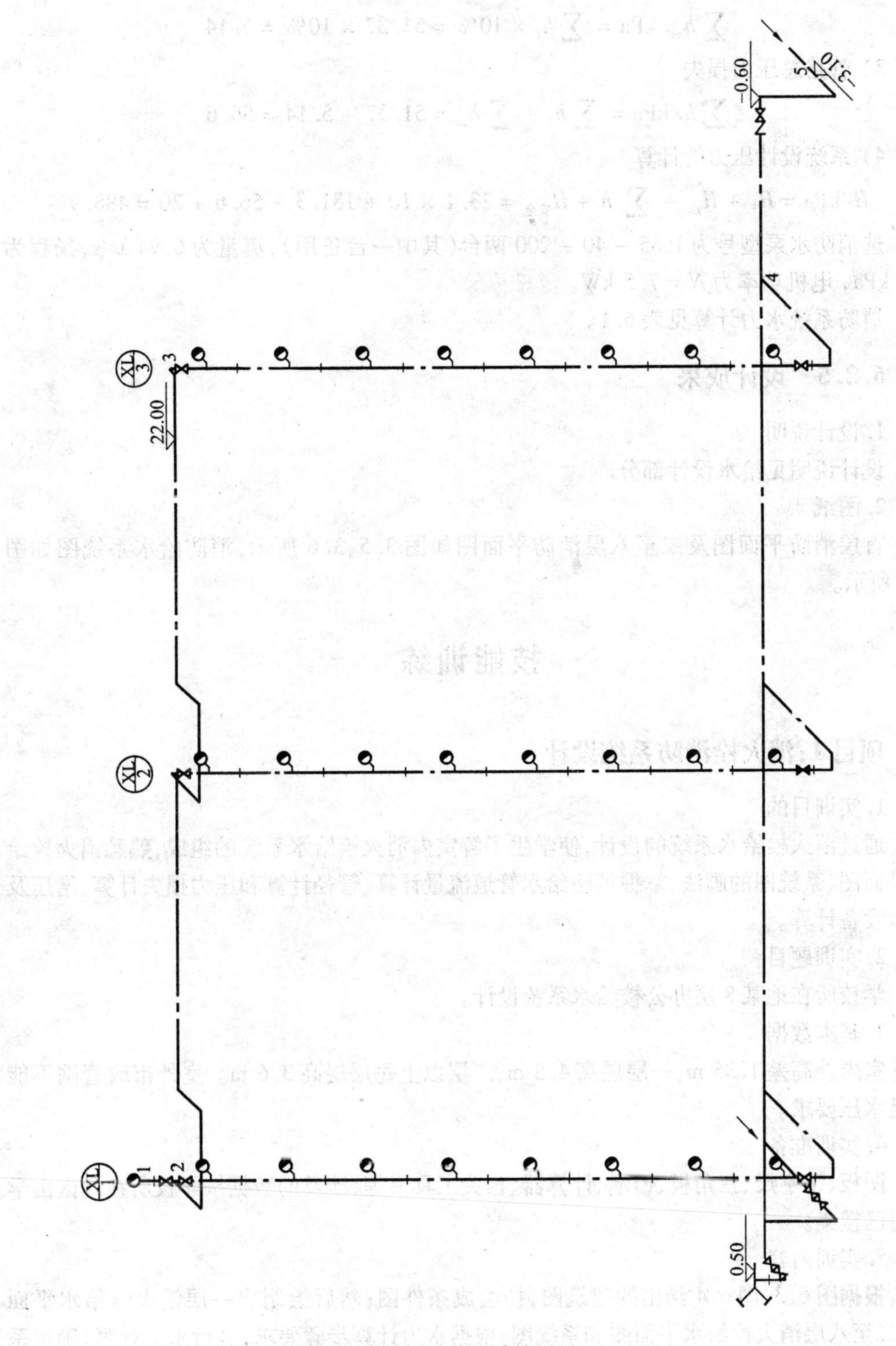

图6.1　消防系统水力计算用图　1∶100

$$\sum h_m/\text{kPa} = \sum h_f \times 10\% = 51.37 \times 10\% = 5.14$$

3）管路总压力损失

$$\sum h/\text{kPa} = \sum h_f + \sum h_m = 51.37 + 5.14 = 56.6$$

4）系统设计压力的计算

$$H/\text{kPa} = H_1 + H_{xh} + \sum h + H_{安全} = 23.1 \times 10 + 181.3 + 56.6 + 20 = 488.9$$

选消防水泵型号为 IS65 - 40 - 200 两台(其中一台备用)，流量为6.94 L/s，扬程为470 kPa，电机功率为 $N = 7.5$ kW。

消防系统水力计算见表6.1。

6.2.5 设计成果

1. 设计说明

设计说明见给水设计部分。

2. 图纸

首层消防平面图及二至八层消防平面图如图3.5、3.6所示，消防给水系统图如图6.2所示。

技能训练

项目1:消火栓消防系统设计

1. 实训目的

通过消火栓给水系统的设计，使学生了解室内消火栓给水系统的组成，熟悉消火栓给水平面图、系统图的画法，掌握消防给水管道流量计算、管径计算和压力损失计算、增压及贮水设备计算。

2. 实训题目

学校所在地某8层办公楼给水系统设计。

3. 基本数据

室内外高差1.35 m，一层层高4.5 m，二层以上每层层高3.6 m。室外市政管网不能满足水压要求。

4. 实训准备

图板、丁字尺、三角板、铅笔、计算器、相关工具书等，涉及的数据按学校所在地区由学生自己搜集。

5. 实训内容

根据图6.3、图6.4给出的建筑图，抄绘成条件图；然后绘制出一层消火栓给水平面图、二至八层消火栓给水平面图和系统图；根据水力计算步骤要求，进行水力计算，确定系统的设计秒流量、管径、压力损失。

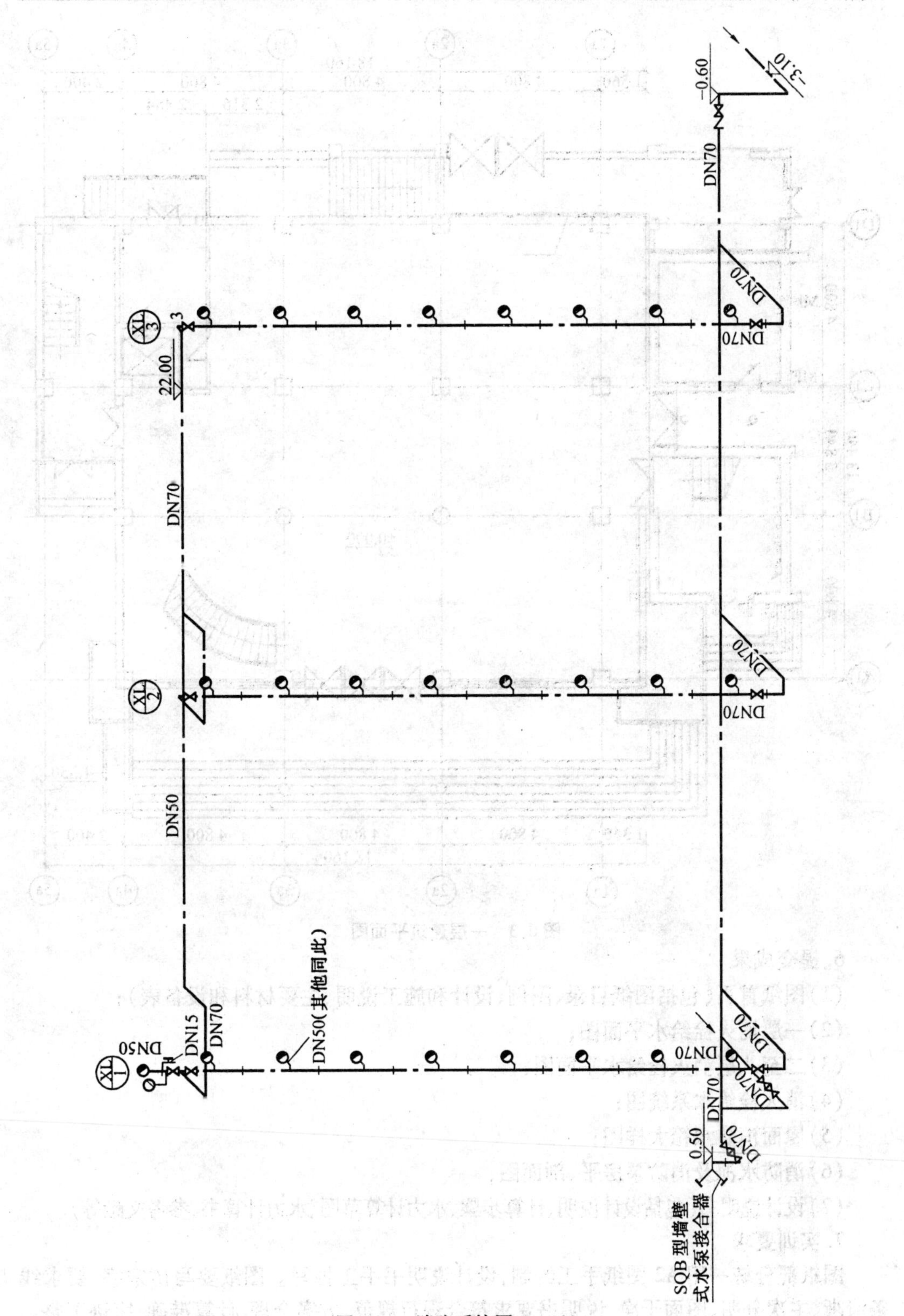

图 6.2　消防系统图 1：100

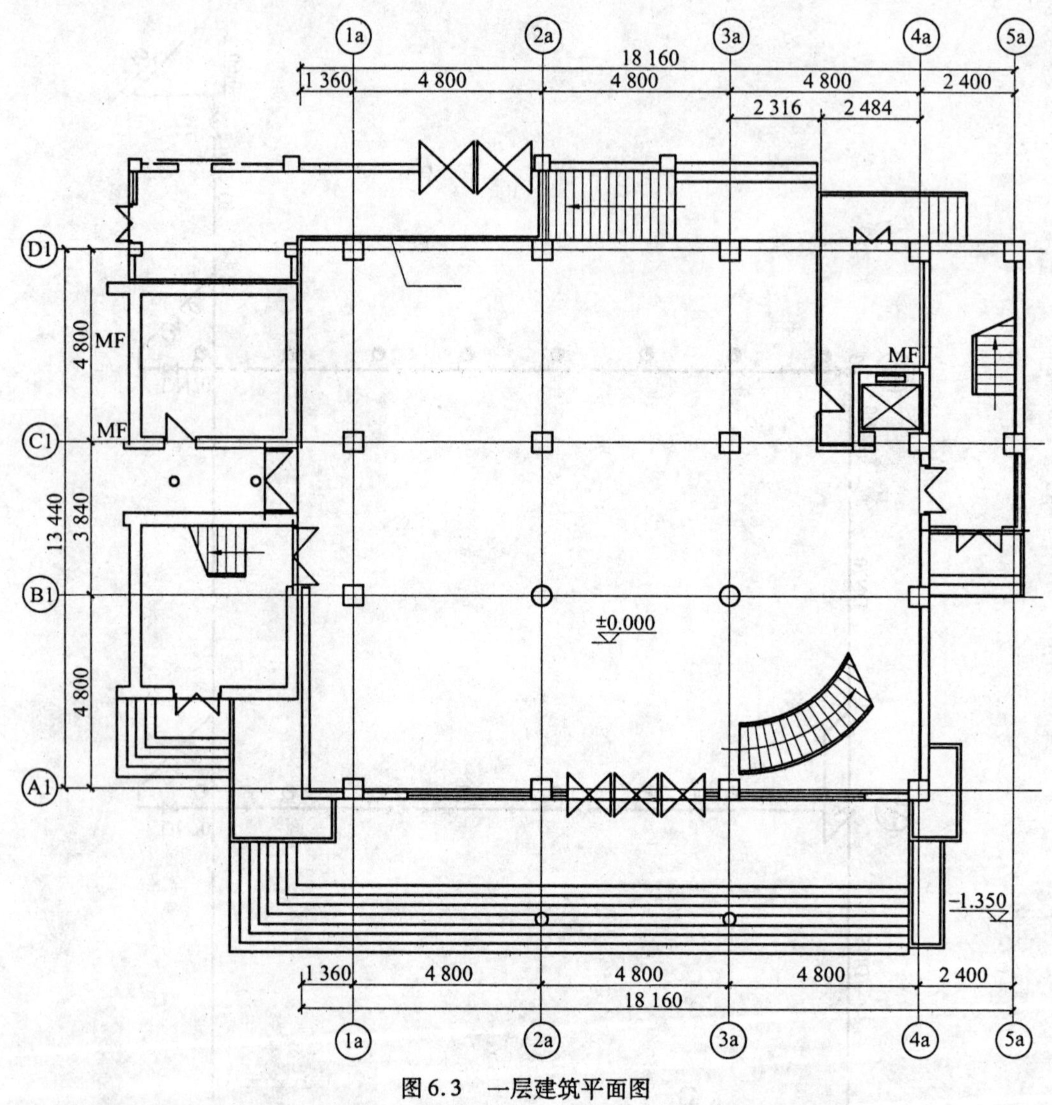

图6.3　一层建筑平面图

6. 提交成果

(1)图纸首页(包括图纸目录、图例、设计和施工说明、主要材料和设备表);

(2)一层消火栓给水平面图;

(3)二至八层消火栓给水平面图;

(4)消火栓给水系统图;

(5)屋面消防水箱大样图;

(6)消防水池及消防泵房平、剖面图;

(7)设计说明书(包括设计说明、计算步骤、水力计算草图、水力计算书、参考文献等)。

7. 实训要求

图纸部分统一用A2图纸手工绘制,设计说明书手工抄写。图纸要写仿宋字,要求线条清晰、主次分明、图面干净,说明书要求符合现行规范,方案合理、计算准确、字迹工整。

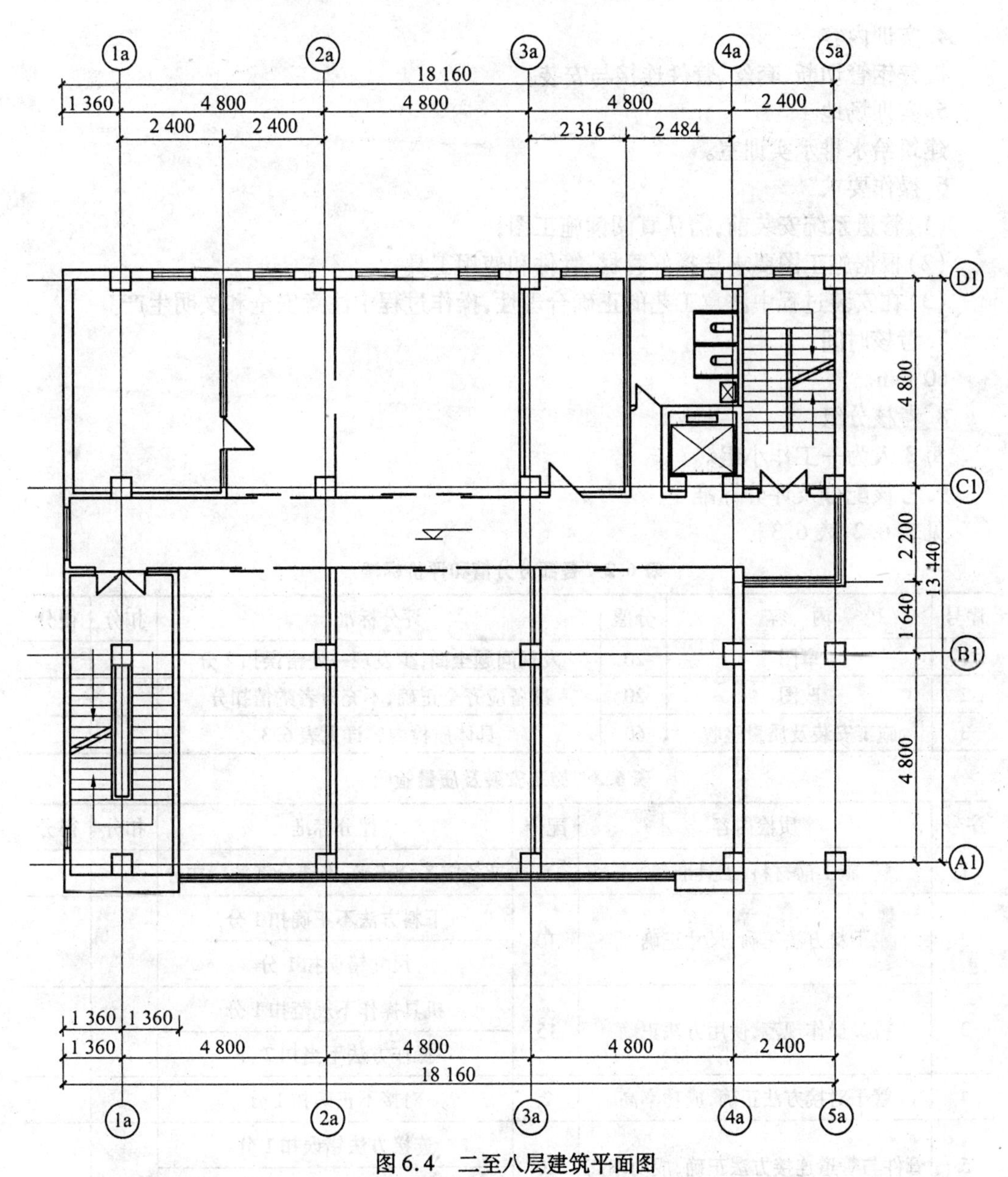

图 6.4 二至八层建筑平面图

项目 2:镀锌钢管的加工与连接

1. 实训目的

通过镀锌钢管加工与连接,使学生了解镀锌钢管、管件规格,熟悉施工图纸,掌握镀锌钢管安装方法。

2. 实训题目

镀锌钢管的加工与连接。

3. 实训准备

施工图纸(由实训教师提供)、水暖安装工具、镀锌钢管(螺纹连接)、三通、弯头等。

4. 实训内容

镀锌钢管切断、套丝、管件连接与安装。

5. 实训场地

建筑给水排水实训室。

6. 操作要求

(1)管道系统安装前,需认真阅读施工图;

(2)根据施工图要求选择好管材、管件和使用工具;

(3)在安装过程中注意工艺的正确合理性,操作过程中注意安全和文明生产。

7. 考核时间

60 min。

8. 考核分组

每3人为一工作小组。

9. 考核配分及评分标准

见表6.2、表6.3。

表6.2 各部分分值和评价标准

序号	内 容	分值	评分标准	扣分	得分
1	审图	20	发现问题全面,少发现一处错误扣2分		
2	改图	20	准备应齐全正确,不充分者酌情扣分		
3	施工安装及质量验收	60	具体质检内容详见表6.3		

表6.3 施工安装及质量验收

序号	质检内容	配分	评分标准	扣分	得分
1	施工前材料、工具准备	5	准备应齐全正确,不充分者酌情扣分		
2	下料方法正确,尺寸正确	10	下料方法不正确扣1分		
			尺寸错误扣1分		
3	机具操作规范,使用方法正确	15	机具操作不规范扣1分		
			操作方法不当扣2分		
4	管子对接方法正确,成功率高	2	对接不正确扣1分		
5	管件与管道连接方法正确,成功率高	10	连接方法错误扣1分		
			一次不成功者扣2分		
6	完成成果美观、管线平直	10	成果不美观扣1分		
			安装不坚固扣1分		
7	按时完成安装情况	5	每超过5分钟扣1分		
8	安全文明生产情况	3	视情节给予扣分		
备注	1. 检查时采用目测和直尺相结合; 2. 超过时间最多允许20分钟,并扣4分; 3. 扣分不受配分限制。				

复习与思考题

1. 建筑室内消火栓给水系统一般由哪几部分组成？

2. 水泵接合器的形式有哪几种？水泵接合器的作用是什么？

3. 室内消火栓、消防管道的布置要求有哪些？

4. 消火栓的充实水柱长度如何计算？有哪些规定？设计时如何确定？

5. 室内消防给水系统最不利点消火栓出口处所需水压如何确定？

6. 室内消防水箱的容积如何确定？

7. 室内消火栓、消防水带、水枪有哪些规格？如何选用？

8. 如何布置消火栓？消火栓的设置间距如何确定？

9. 低层建筑室内消火栓给水系统水力计算的方法和步骤是什么？

10. 自动喷水灭火系统设置的原则是什么？

11. 湿式自动喷水灭火系统由哪些部分组成？其工作原理是什么？

12. 如何进行闭式自动喷水灭火系统的设计与计算？

13. 喷头布置有何要求？

14. 简述室内消火栓给水消防系统的安装要求。

15. 简述自动喷水灭火系统的安装要求。

16. 某四层建筑，设有室内消火栓给水系统。室内消火栓给水系统管道沿程和局部水头损失的累计值为 9.9 mH_2O，最不利点室内消火栓处标高为 16.1 m，消防水池最低水位为 -4.5 m（消防泵房地面标高 -4.5 m），室内消火栓栓口处所需最低工作压力为 18.2 mH_2O。试计算消防水泵的最小扬程？

17. 某七层办公楼，最高层喷头安装标高 23.7 m，一层地坪标高为 ±0.00 m，喷头流量特性系数为 0.133，喷头处压力为 0.1 MPa，设计喷水强度为 6 L/(min·m^2)，作用面积为 200 m^2，形状为长方形，长边 L=17 m，短边为 12 m，作用面积内喷头数为 20 个，试计算作用面积内的设计秒流量是多少？计算作用面积内的平均喷水强度为多少？

18. 某 12 层商住楼，底层商场面积 20 m×50 m=1 000 m^2，层高 4.5 m，设置格栅型吊顶，喷头安装高度 4.2 m；二层及以上为单元式普通住宅，层高 3 m，每层面积 600 m^2。试求：

（1）湿式自动喷水灭火理论设计流量（安装通透性吊顶）？

（2）室内外消火栓系统设计流量？

（3）高位消防水箱的箱底最低标高；

（4）消防用水总量全部储存于消防水池，其最小有效容积是多少？

学习项目三　建筑室内热水系统安装工程施工

学习任务七　建筑室内热水给水工程施工图的识读及核算

【**教学目标**】通过项目教学活动，培养学生具备确定建筑室内热水给水系统方案的能力，选择建筑室内热水给水系统形式的能力；具备识读建筑室内热水给水系统施工图的能力；培养学生良好的职业道德、自我学习能力、实践动手能力和分析、处理问题的能力，以及诚实、守信、善于沟通和合作的专业素养。

【**知识目标**】

1. 掌握建筑室内热水给水系统的分类和组成；
2. 掌握用水量、耗热量和供热量的计算方法；
3. 掌握建筑热水供应系统水力计算方法和步骤；
4. 能识读建筑室内给水工程施工图。

【**主要学习内容**】

单元一　建筑室内热水给水工程施工图的识读

7.1.1　建筑室内热水系统的组成

集中热水供应系统由热源、热媒管网、热水输配管网、循环水管网、热水贮存水箱、循环水泵、加热设备及配水附件等组成，如图7.1所示。锅炉产生的蒸汽经热媒管送入水加热器把冷水加热，凝结水回凝到水池，再由凝结水泵打入锅炉加热成蒸汽。由冷水箱向水加热器供水，加热器中的热水由配水管送到各用水点。为保证热水温度，补偿配水管的热损失，需设热水循环管。

热水供应系统由以下三部分构成：

(1)热媒循环管网(第一循环系统)。由热源、水加热器和热媒管网组成。锅炉产生的蒸汽(或高温水)经热媒管道送入水加热器，加热冷水后变成凝结水，靠余压经疏水器流回到凝结水池，冷凝水和补充的软化水由凝结水泵送入锅炉重新加热成蒸汽，如此循环完成水的加热过程。

(2)热水配水管网(第二循环系统)。由热水配水管网和循环管网组成。配水管网将在加热器中加热到一定温度的热水送到各配水点，冷水由高位水箱或给水管网补给。为保证用水点的水温，支管和干管设循环管网，用于使一部分水回到加热器重新加热，以补充管网散失的热量。

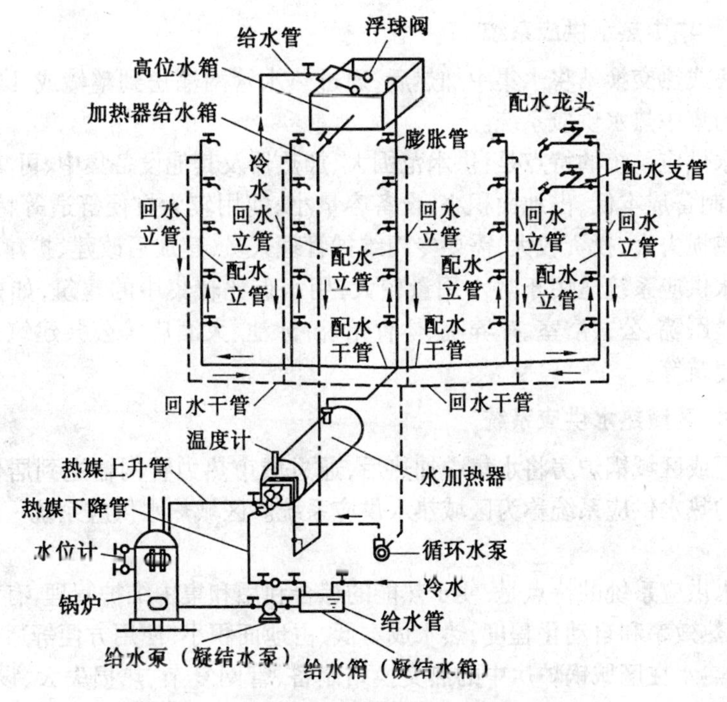

图7.1　集中热水供应系统组成示意图

(3)附件和仪表。为满足热水系统中控制和连接的需要，常使用的附件包括各种阀门、水嘴、补偿器、疏水器、自动温度调节器、温度计、水位计、膨胀罐和自动排气阀等。

7.1.2　建筑室内热水给水系统施工图的组成

见建筑室内给水系统施工图。

7.1.3　热水供应系统的分类

热水供应系统按供应热水的范围可分为局部热水供应系统、集中热水供应系统和区域热水供应系统类。

7.1.3.1　局部热水供应系统

采用小型加热器在用水场所就地加热，供局部范围内一个或几个配水点使用的热水系统称为局部热水供应系统。如小型电热水器、燃气热水器及太阳能热水器等，供给单个厨房、浴室等用水。

局部热水供应系统的特点是：热水管路短、热损失小、造价低、设施简单、维护管理方便灵活。但供水范围小，热水分散制备，但热效率低、制热水成本高，使用不够方便舒适，每个用水场所均需设置加热装置，占用建筑面积较大。一般靠近用水点设置小型加热设备供给一个或几个用水点使用。

局部热水供应系统适用于热水用量较小且较分散的建筑，如单元式住宅、小型饮食店、理发馆、医院、诊所等公共建筑和车间卫生间热水点分散的建筑物。

7.1.3.2　集中热水供应系统

在锅炉房或热交换站将水集中加热后,通过热水管网输送到整幢或几幢建筑的热水供应系统称为集中热水供应系统。

集中热水供应系统的特点是:供水范围大、加热器及其他设备集中、可集中管理、加热效率高、热水制备成本低、占地面积小、设备容量小、使用较为方便舒适等特点,但系统复杂、管线长、热损失大、投资较大,需要专门维护管理人员,建成后改建、扩建较困难。

集中热水供应系统适用于热水用量较大,用水点比较集中的建筑,如标准较高的住宅、高级宾馆、医院、公共浴室、疗养院、体育馆、游泳池、大酒店等公共建筑和用水点布置较集中工业建筑等。

7.1.3.3　区域热水供应系统

在热电厂或区域锅炉房将水集中加热后,通过城市热力管网输送到居住小区、街坊、企业及单位的热水供应系统称为区域热水供应系统。区域热水供应系统一般采用二次供水。

区域热水供应系统的特点是:便于热能的综合利用和集中维护管理,有利于减少环境污染,可提高热效率和自动化程度,热水成本低、占地面积小,使用方便舒适;供水范围大、安全性高、但热水在区域锅炉房中的热交换站制备、管网复杂、热损失大、设备多、自动化程度高、一次性投资大。

区域热水供应系统一般用于城市片区、居住小区的整个建筑群。目前在发达国家应用较多。

7.1.4　热水供水方式

7.1.4.1　热水的加热方式

热水的加热方式可分为直接加热方式和间接加热方式两种,如图7.2所示。

(1)直接加热方式也称一次换热,是利用燃气、燃油、燃煤为燃料的热水锅炉把冷水直接加热到所需温度,或者是将蒸汽或高温水通过穿孔管或喷射器直接与冷水接触混合制备热水。热水锅炉直接加热具有热效率高、节能的特点;蒸汽直接加热方式具有设备简单、热效率高、无需冷凝水管的优点,但存在噪声大、对蒸汽质量要求高、冷凝水不能回收、热源需要大量经水质处理的补充水、运行费用高等缺点。此种方式仅适用于有高质量的热媒、对噪声要求不严格或定时供应热水的公共浴室、洗衣房、工矿企业等用户。

(2)间接加热方式也称二次换热,是利用热媒通过水加热器把热量传递给冷水,把冷水加热到所需热水温度,而热媒在整个加热过程中与被加热水不直接接触。这种加热方式具有回收的冷凝水可重复利用、补充水量少、运行费用低、加热时噪声小、被加热水不会造成污染、运行安全可靠等优点,适用于要求供水安全稳定噪声低的旅馆、住宅、医院、办公楼等建筑。

7.1.4.2　热水供应方式

1.全日供应和定时供应

按热水供应的时间分为全日供应方式和定时供应方式。

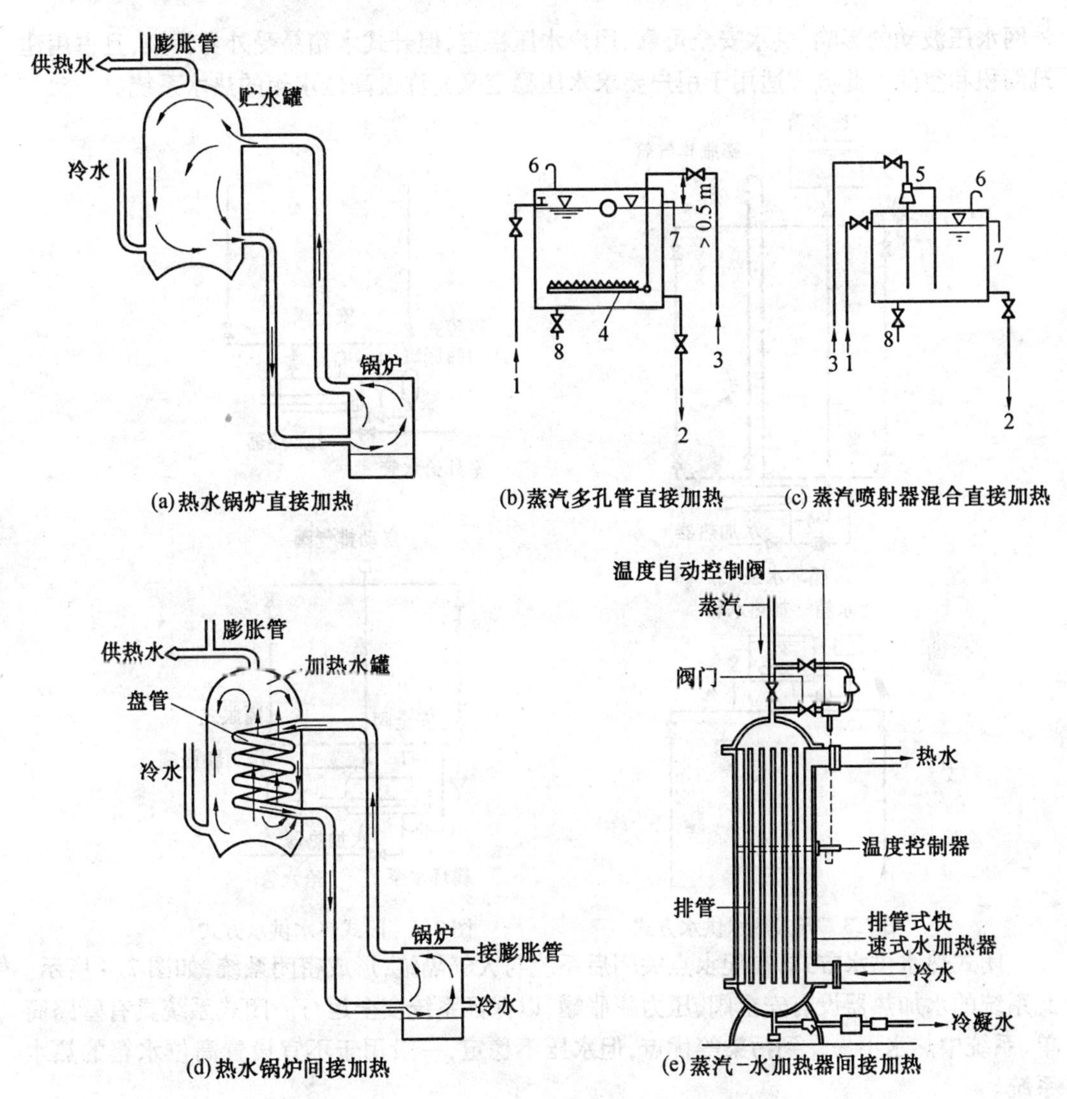

图7.2　加热方式

1—给水;2—热水;3—蒸汽;4—多孔管;5—喷射器;6—通气管;7—溢水管;8—泄水管

全日供应方式是指热水供应管网在全天任何时刻都保持设计的循环水量,热水配水管网全天任何时刻都可正常供水,并能保证配水点的水温。

定时供应方式是指热水供应系统每天定时供水,其余时间系统停止运行。此方式在供水前,利用循环水泵将管网中已冷却的水强制循环到水加热器进行加热,达到使用温度才使用。

2. 开式系统和闭式系统

根据热水管网的压力工况不同,可分为开式系统和闭式系统两类。如图7.3、图7.4所示。

开式热水供水方式,在配水点关闭后系统仍与大气相通,如图7.3所示。此方式一般在管网顶部设有开式热水箱或冷水箱和膨胀管,水箱的设置高度决定系统的压力,而不受外网水压波动的影响，供水安全可靠、用户水压稳定，但开式水箱易受外界污染，且占用建筑面积和空间。此方式适用于用户要求水压稳定又允许设高位水箱的热水系统。

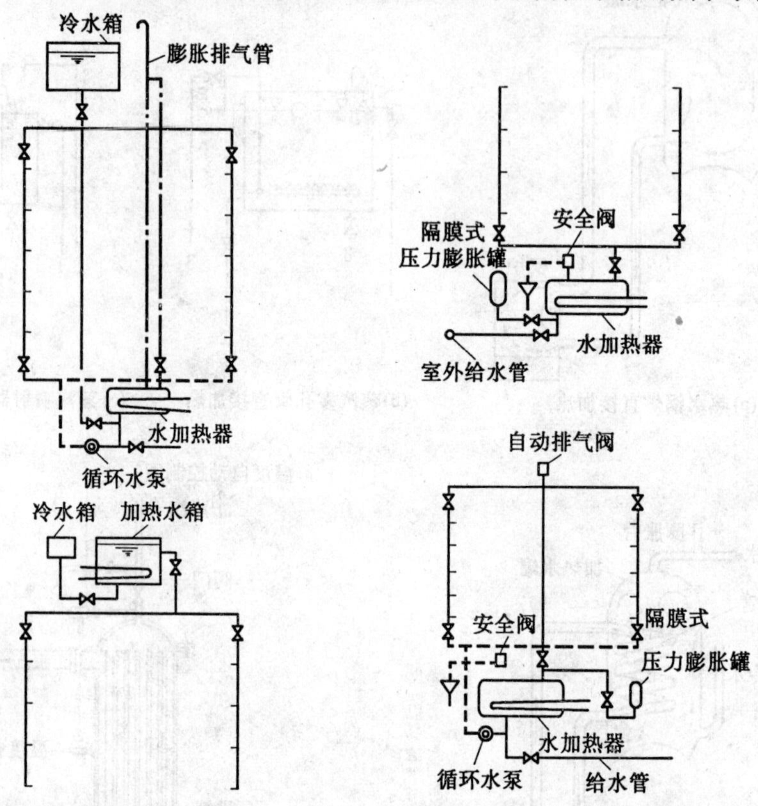

图7.3 开式热水供水方式　　图7.4 闭式热水供水方式

闭式热水供水方式，在配水点关闭后系统与大气隔绝，形成密闭系统，如图7.4所示。此系统的水加热器设有安全阀、压力膨胀罐，以保证系统安全运行。闭式系统具有管路简单、系统中热水不易受到污染等优点，但水压不稳定，一般用于不宜设置高位水箱的热水系统。

7.1.4.3 同程式系统和异程式系统

同程式系统是指每一个热水循环环路长度相等，对应管段管径相同，所有环路的水头损失相同，如图7.5所示。

异程式系统是指每一个热水循环环路各不相等，对应管段管径也不相同，所有环路水头损失也不相同，如图7.6所示。

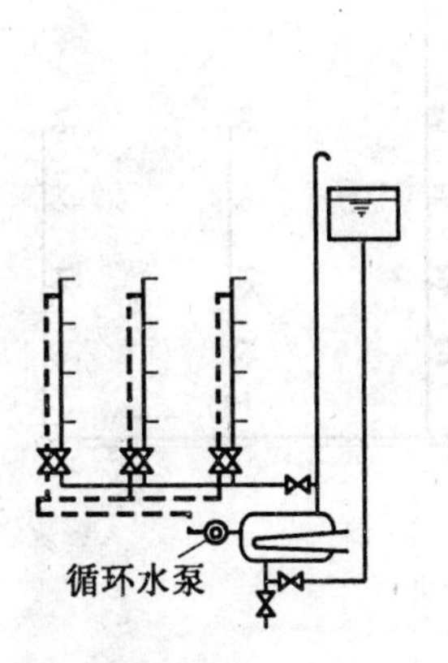

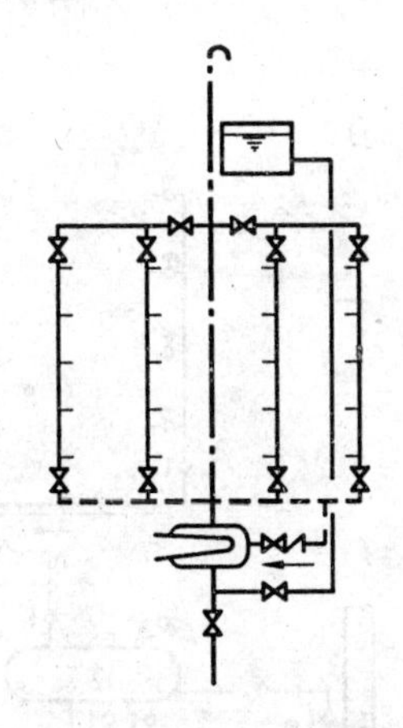

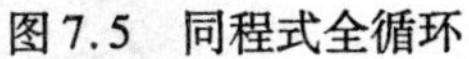

图 7.5　同程式全循环　　　　图 7.6　异程式自然循环

7.1.4.4　下行上给式和上行下给式

按热水管网水平干管的位置不同,分为下行上给式供水方式和上行下给式供水方式。

水平干管设置在顶层向下供水的方式称上行下给式供水方式,如图 7.7 所示;水平干管设置在底层向上供水的方式称为下行上给式供水方式,如图 7.8 所示。选用何种方式,应根据建筑物的用途、热源情况、热水用量和卫生器具的布置情况进行技术和经济比较后确定,实际应用时,常将上述各种方式进行组合。

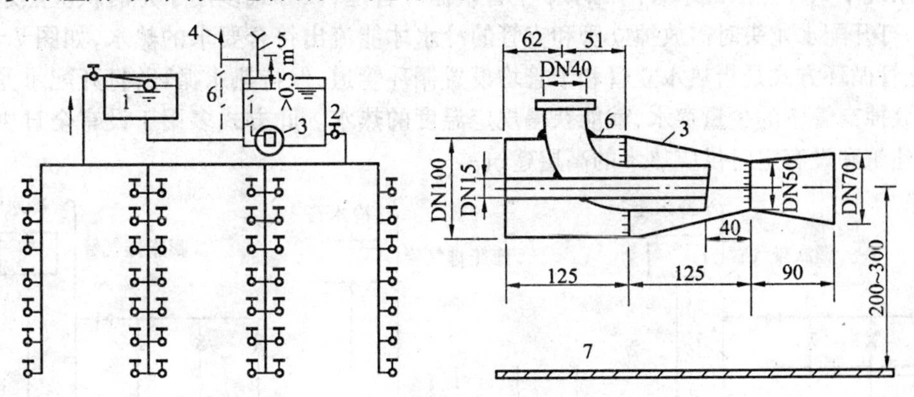

图 7.7　直接加热上行下给方式

1—冷水箱;2—加热水箱;3—消声喷射器;4—排气阀;5—透气管;6—蒸汽管;7—热水箱底

7.1.5　循环方式

7.1.5.1　全循环、半循环和无循环供水方式

根据热水供应系统是否设置循环管网或如何设置循环管网,可分为全循环、半循环和无循环热水供应方式。

(1)全循环热水供应方式是指热水供应系统中热水配水管网的水平干管、立管、甚至配水支管都设有循环管道。该系统设循环水泵,用水时不存在使用前放水和等待时间,适用于高级宾馆、饭店、高级住宅等高标准建筑中,如图 7.9 所示。

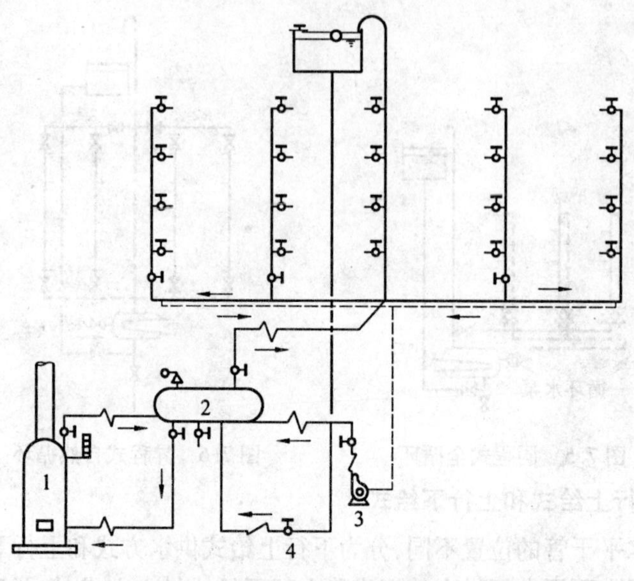

图 7.8　干管下行上给机械半循环方式

1—热水锅炉;2—热水贮罐;3—循环泵;4—给水管

(2)半循环热水供应方式,又有干管循环和立管循环之分。干管循环方式是指热水供应系统中只在热水配水管网的水平干管设循环管道,该方式多用于定时供应热水的建筑中,打开配水龙头时需放掉立管和支管的冷水才能流出符合要求的热水,如图 7.10 所示;立管循环方式是指热水立管和干管均设置循环管道,保持热水循环,打开配水龙头时只需放掉支管中的少量存水,就能获得规定温度的热水。此方式多用于设有全日供应热水的建筑和设有定时供应热水的高层建筑。

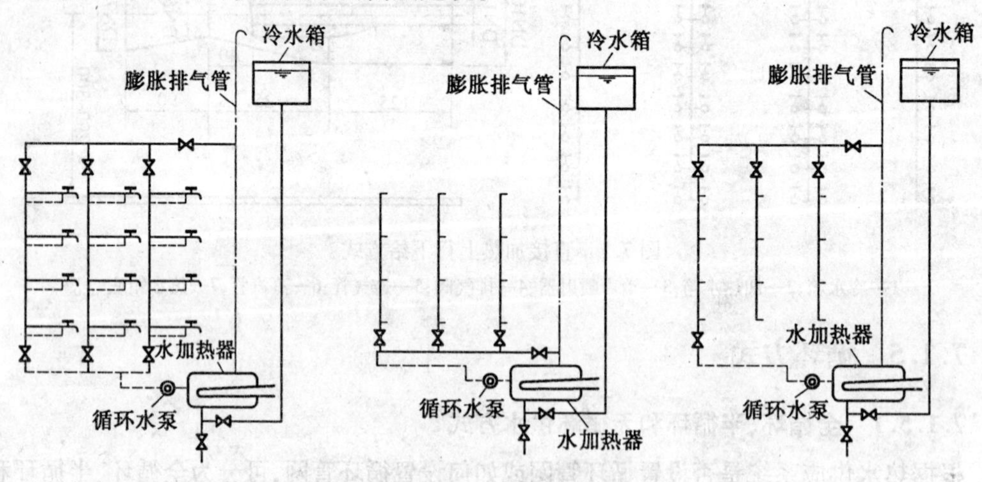

图 7.9　全循环　　图 7.10　半循环

(3)不循环热水供应方式是指热水供应系统中热水配水管网的水平干管、立管、配水支管都不设任何循环管道。适用于小型热水供应系统和使用要求不高的定时热水供应系统或连续用水系统如公共浴室、洗衣房等,如图 7.11 所示。

7.1.5.2　自然循环方式和机械循环方式

热水供应管网按循环动力不同，可分为自然循环方式和机械循环方式。

自然循环方式是利用配水管和回水管内的温度差所形成的压力差，使管网维持一定的循环流量，以补偿热损失，保持一定的供水温度，如图7.6所示。因配水管与回水管内的水温差一般为5～10 ℃，自然循环水头值很小，实际使用中应用不多。一般用于热水供应系统小，用户对水温要求不严格的系统中。

机械循环方式是在回水干管上设循环水泵强制一定量的水在管网中循环，以补偿配水管道热损失，保证用户对热水温度的要求，如图7.9所示。目前实际运行的热水供应系统多采用机械循环方式，特别是用户对热水温度要求严格的大、中型热水供应系统。

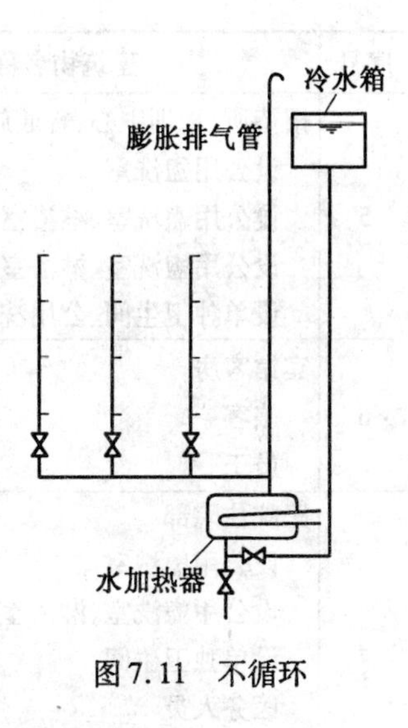

图7.11　不循环

单元二　建筑室内热水给水工程的核算

7.2.1　耗热量、热水量、热媒耗量及水加热设备选型计算

7.2.1.1　热水用水定额、水温和水质

1. 热水用水定额

生活用热水定额有两种：一种是根据建筑物的使用性质和内部卫生器具的完善程度、热水供应时间和用水单位数来确定，其水温按60 ℃计算，见表7.1。另一种是根据建筑物使用性质和卫生器具1次和小时热水用水定额来确定，其水温随卫生器具的功用不同，对水温的要求也不同，见表7.2。

表7.1　60 ℃热水用水定额

序号	建筑物名称	单　位	最高日用水定额/L	使用时间/h
1	住宅 有自备热水供应和淋浴设备 有集中热水供应和淋浴设备	 每人每日 每人每日	 40～80 60～100	24 24
2	别墅	每人每日	70～110	24
3	酒店式公寓	每人每日	80～110	24
4	宿舍 Ⅰ类、Ⅱ类 Ⅲ类、Ⅳ类	 每人每日 每人每日	 70～100 40～80	24或定时供应

续表 7.1

序号	建筑物名称	单 位	最高日用水定额/L	使用时间/h
5	招待所、培训中心、普通旅馆			24 或定时供应
	设公用盥洗室	每人每日	25~40	
	设公用盥洗室、淋浴室	每人每日	40~60	
	设公用盥洗室、淋浴室、洗衣室	每人每日	50~80	
	设单独卫生间、公用洗衣室	每人每日	60~100	
6	宾馆客房			
	旅客	每床位每日	120~160	24
	员工	每人每日	40~50	
7	医院住院部			
	设公用盥洗室	每床位每日	60~100	
	设公用盥洗室、淋浴室	每床位每日	70~130	24
	设单独卫生间	每床位每日	110~200	
	医务人员	每人每班	70~130	
	门诊部、诊疗所	每病人每日	7~13	8
	疗养院、休养所住房部	每床位每日	100~160	24
8	养老院	每床位每日	50~70	24
9	幼儿园、托儿所			
	有住宿	每儿童每日	20~40	24
	无住宿	每儿童每日	10~15	10
10	公共浴室			12
	淋浴	每顾客每次	40~60	
	淋浴、浴盆	每顾客每次	60~80	
	桑拿浴(淋浴、按摩池)	每顾客每次	70~100	
11	理发室、美容院	每顾客每次	10~15	12
12	洗衣房	每公斤干衣	15~30	8
13	餐饮厅			
	营业餐厅	每顾客每次	15~20	10~12
	快餐店、职工及学生食堂	每顾客每次	7~10	11
	酒吧、咖啡厅、茶座、卡拉 OK 房	每顾客每次	3~8	18
14	办公楼	每人每班	5~10	8
15	健身中心	每人每次	15~25	12
16	体育场(馆)			
	运动员淋浴	每人每次	17~26	4
17	会议厅	每座位每次	2~3	4

注:1. 表内所列用水定额均已包括在给水用水定额中。

2. 本表 60 ℃热水水温为计算温度,卫生器具使用时的热水水温见表 7.2。

表7.2 卫生器具的一次和一小时热水用水定额及水温

序号	卫生器具名称	一次用水量/L	小时用水量/L	使用水温/℃
1	住宅、旅馆、别墅、宾馆、酒店式公寓			
	带有淋浴器的浴盆	150	300	40
	无淋浴器的浴盆	125	250	40
	淋浴器	70~100	140~200	37~40
	洗脸盆、盥洗槽水嘴	3	30	30
	洗脸盆(池)	—	180	50
2	宿舍、招待所、培训中心			
	淋浴器:有淋浴小间	70~100	210~300	37~40
	无淋浴小间	—	450	37~40
	盥洗槽水嘴	3~5	50~80	30
3	餐饮业			
	洗涤盆(池)	—	250	50
	洗脸盆:工作人员用	3	60	30
	顾客用	—	120	30
	淋浴器	40	400	37~40
4	幼儿园、托儿所			
	浴盆:幼儿园	100	400	35
	托儿所	30	120	35
	淋浴器:幼儿园	30	180	35
	托儿所	15	90	35
	盥洗槽水嘴	15	25	30
	洗涤盆(池)	—	180	50
5	医院、疗养院、休养所			
	洗手盆	—	15~25	35
	洗涤盆(池)	—	300	50
	淋浴器	—	200~300	37~40
	浴盆	125~150	250~300	40
6	公共浴室			
	浴盆	125	250	40
	淋浴器:有淋浴小间	100~150	200~300	37~40
	无淋浴小间	—	450~540	37~40
	洗脸盆	5	50~80	35
7	办公楼 洗手盆	—	50~100	35
8	理发室 美容院			
	洗脸盆	—	35	35
9	实验室			
	洗脸盆	—	60	50
	洗手盆	—	15~25	30

续表 7.2

序号	卫生器具名称	一次用水量/L	小时用水量/L	使用水温/ ℃
10	剧场 淋浴器 演员用洗脸盆	 60 5	 200 ~ 400 80	 37 ~ 40 35
11	体育场 淋浴器	 30	 300	 35
12	工业企业生活间 淋浴器:一般车间 脏车间 洗脸盆或盥洗槽水龙头:一般车间 脏车间	 40 60 3 5	 360 ~ 540 180 ~ 480 90 ~ 120 100 ~ 150	 37 ~ 40 40 30 35
13	净身器	10 ~ 15	120 ~ 180	30

注:一般车间指现行的《工业企业设计卫生标准》GBZ1 中规定的 3、4 级卫生特征的车间,脏车间指该标准中规定的 1、2 级卫生特征的车间。

生产车间用热水定额应根据生产工艺要求确定。

2. 水温

(1)热水使用温度

生活用热水水温应满足生活使用的各种需要,卫生器具一次和一小时热水用量及使用水温见表 7.2。但是在一个热水供应系统计算中,先确定出最不利点的热水最低水温,使其与冷水混合达到生活用热水的水温要求,并以此作为设计计算的参数,热水锅炉、热水机组或水加热器出口的最高水温和配水点的最低水温,见表 7.3。

表 7.3　直接供应热水的热水锅炉、热水机组或水加热器出口的最高水温和配水点的最低水温(℃)

水质处理情况	热水锅炉、热水机组或水加热器出口的最高水温	配水点的最低水温
原水水质无需软化处理,原水水质需水质处理且有水质处理	75	50
原水水质需水质处理但未进行水质处理	60	50

生产用热水水温根据工艺要求确定。

(2)热水供应温度

直接供应热水的热水锅炉、热水机组或水加热器出口的最高水温和配水点的最低水温按表 7.3 确定。水温偏低,满足不了要求;水温过高,会使热水系统的管道、设备结垢加剧,且易发生烫伤、积尘、热损失增加等。热水锅炉或水加热器出口水温与系统最不利点的水温差,一般为 5 ~ 15 ℃,用作热水供应系统配水管网的热散失。水温差的大小应根据系统的大小、保温材料等作经济技术比较后确定。

(3)冷水计算温度

在计算热水系统的耗热量时,冷水温度应以当地最冷月平均水温资料确定。无水温资料时,可按表 7.4 确定。

表 7.4　冷水计算温度(℃)

区域	省、市、自治区、行政区		地面水	地下水
东北	黑龙江		4	6~10
	吉林		4	6~10
	辽宁	大部	4	6~10
		南部	4	10~15
华北	北京		4	10~15
	天津		4	10~15
	河北	北部	4	6~10
		大部	4	10~15
	山西	北部	4	6~10
		大部	4	10~15
	内蒙古		4	6~10
西北	陕西	偏北	10~15	6~10
		大部	4	10~15
		秦岭以南	7	15~20
	甘肃	南部	4	10~15
		秦岭以南	7	15~20
	青海	偏东	4	10~15
	宁夏	偏东	4	6~10
		南部	4	10~15
	新疆	北疆	5	10~11
		南疆	—	12
		乌鲁木齐	8	12
东南	山东		4	10~15
	上海		5	15~20
	浙江		5	15~20

区域	省、市、自治区、行政区		地面水	地下水
东南	江苏	偏北	4	10~15
		大部	5	15~20
	江西大部		5	15~20
	安徽大部		5	15~20
	福建	北部	5	15~20
		南部	10~15	20
	台湾		10~15	20
中南	河南	北部	4	10~15
		南部	5	15~20
	湖北	东部	5	15~20
		西部	7	15~20
	湖南	东部	5	15~20
		西部	7	15~20
	广东、港澳		10~15	20
	海南		15~20	17~22
西南	重庆		7	15~20
	贵州		7	15~20
	四川大部		7	15~20
	云南	大部	7	15~20
		南部	10~15	20
	广西	大部	10~15	20
		偏北	7	15~20
	西藏		—	5

(4)冷热水比例计算

在冷热水混合时,应以配水点要求的热水水温、当地冷水计算水温和冷热水混合后的使用水温求出所需热水量和冷水的比例。

若以混合水量为100%,则所需热水量占混合水的百分数,按式(7.1)计算:

$$K_r = \frac{t_h - t_l}{t_r - t_l} \times 100\% \tag{7.1}$$

式中 K_r—— 热水在混合水中所占百分数；

t_h—— 混合水水温，℃；

t_r—— 热水水温，℃；

t_l—— 冷水计算温度，℃。

所需冷水量占混合水量的百分数 K_l，按式(7.2) 计算：

$$K_l = 1 - K_r \tag{7.2}$$

【例7.1】 某热水系统供水温度为60 ℃，冷水温度为10 ℃，用水温度为40 ℃，试计算热水量和冷水量占混合水的比例。

解 热水占混合水的百分数为

$$K_r = \frac{t_h - t_l}{t_r - t_l} \times 100\% = \frac{40 - 10}{60 - 10} \times 100\% = 60\%$$

冷水量占混合水的百分数为

$$K_l = 1 - K_r = 1 - 60\% = 40\%$$

3. 热水水质

(1) 热水使用的水质要求

生活用热水的水质应符合我国现行的《生活饮用水卫生标准》。生产用热水的水质应满足生产工艺要求。

(2) 集中热水供应系统的热水在加热前的水质要求

对于硬度高的水加热后，钙镁离子受热析出，在设备和管道内结垢，会减弱传热，水中溶解氧也会析出，同时也加速了对金属管材和设备的腐蚀。因此，集中热水供应系统的热水在加热前的水质处理，应根据水质、水量、水温、使用要求等因素经技术经济比较确定。

一般情况下，洗衣房日用水量(按60 ℃计) 大于或等于小于10 m^3 且原水硬度(以碳酸钙计) 大于300 mg/L 时，应进行水质软化处理；原水硬度(以碳酸钙计) 为150 ~300 mg/L 时，宜进行水质软化处理。经软化处理后，洗衣房用热水的水质总硬度宜为50 ~100 mg/L。

其他生活日用水量(按60 ℃计算) 大于或等于10 m^3 且原水硬度(以碳酸钙计) 大于300 mg/L 时，宜进行水质软化或稳定处理。其他生活用热水的水质总硬度为75 ~150 mg/L。

目前，在集中热水供应系统中常采用电子除垢器、磁水器、静电除垢器等处理装置。这些装置体积小、性能可靠、使用方便。

7.2.1.2 耗热量、热水量计算

耗热量、热水量和热媒耗量是热水供应系统中选择设备和管网计算的主要依据。

1. 耗热量计算

集中热水供应系统的设计小时耗热量，应根据用水情况和冷、热水温差计算。

(1) 全日制供应热水的宿舍(Ⅰ类、Ⅱ类)、住宅、别墅、酒店式公寓、招待所、培训中心、旅馆、宾馆的客房(不含员工)、医院住院部、养老院、幼儿园、托儿所(有住宿)、办公楼等建筑的集中热水供应系统的设计小时耗热量应按式(7.3) 计算：

$$Q_h = K_h \frac{m\,q_r C \cdot (t_r - t_1)\,\rho_r}{86\,400} \tag{7.3}$$

式中 Q_h——设计小时耗热量,W;

m——用水计算单位数,人数或床位数;

q_r——热水用水定额,L/(人·d)或L/(床·d)等,按表7.1采用;

C——水的比热,$C = 4\,187$ J/(kg·℃);

t_r——热水温度,$t_r = 60$ ℃;

t_1——冷水计算温度,℃,按表7.4选用;

ρ_r——热水密度,kg/L;

K_h——热水小时变化系数,全日供应热水时可按表7.5采用。

表7.5 热水小时变化系数 K_h 值

类别	住宅	别墅	酒店式公寓	宿舍(Ⅰ类、Ⅱ类)	招待所培训中心、普通旅馆	宾馆	医院、疗养院	幼儿园、托儿所	养老院
热水用水定额/[L·人(床)$^{-1}$·d^{-1}]	60 ~ 100	70 ~ 110	80 ~ 100	70 ~ 100	25 ~ 50 40 ~ 60 50 ~ 80 60 ~ 100	120 ~ 160	60 ~ 100 70 ~ 130 110 ~ 200 100 ~ 160	20 ~ 40	50 ~ 70
使用人(床)数	100 ~ 6 000	100 ~ 6 000	150 ~ 1 200	150 ~ 1 200	150 ~ 1 200	150 ~ 1 200	50 ~ 1 000	50 ~ 1 000	50 ~ 1 000
K_h	4.8 ~ 2.75	4.21 ~ 2.47	4.00 ~ 2.58	4.80 ~ 3.20	3.84 ~ 3.00	3.33 ~ 2.60	3.63 ~ 2.60	4.80 ~ 3.20	3.20 ~ 2.74

注:1. K_h 应根据热水用水定额高低、使用人(床)数多少取值,当热水用水定额高、使用人(床)数多时取低值,反之取高值,使用人(床)数小于等于下限值及大于等于上限值的,K_h 就取下限值及上限值,中间值可用内插法求得;

2. 设有全日集中热水供应系统的办公楼、公共浴室等表中未列入的其他类建筑的 K_h 值可按表3.7中给水的小时变化系数选值。

(2)定时供应热水的住宅、旅馆、医院及工业企业生活间、公共浴室、宿舍(Ⅲ类、Ⅳ类)、剧院化妆间、体育馆(场)运动员休息室等建筑的集中热水供应系统的设计小时耗热量应按式(7.4)计算:

$$Q_h = \sum \frac{q_h (t_r - t_1)\,\rho_r N_0 b C}{3\,600} \tag{7.4}$$

式中 Q_h——设计小时耗热量,W;

q_h——卫生器具用水的小时用水定额,L/h,应按表7.2采用;

C——水的比热,$C = 4\,187$ J/(kg·℃);

t_r——热水温度,℃,按表7.2采用;

t_1——冷水计算温度,℃,按表7.4选用;

ρ_r—— 热水密度,kg/L;

N_0—— 同类型卫生器具数;

b—— 卫生器具的同时使用百分数:住宅、旅馆,医院、疗养院病房,卫生间内浴盆或淋浴器可按70% ~ 100% 计,其他器具不计,但定时连续供水时间应大于等于2 h;工业企业生活间、公共浴室、学校、剧院、体育馆(场)等的浴室内的淋浴器和洗脸盆均按100% 计;住宅一户带多个卫生间时,可按一个卫生间计算。

(3) 设有集中热水供应系统的居住小区的设计小时耗热量,当居住小区内配套公共设施的最大用水时时段与住宅的最大用水时时段一致时,应按两者的设计小时耗热量叠加计算;当居住小区内配套公共设施的最大用水时时段与住宅的最大用水时时段不一致时,应按住宅的设计小时耗热量加配套公共设施的平均小时耗热量叠加计算。

(4) 具有多个不同使用热水部门的单一建筑(如旅馆内具有客房卫生间、职工用淋浴间、洗衣房、厨房、游泳池及健身娱乐设施等多个热水用户)或多种使用功能的综合性建筑(如同一栋建筑内具有公寓、办公楼、商业用房、旅馆等多种用途),当其热水由同一热水系统供应时,设计小时耗热量,可按同一时间内出现用水高峰的主要用水部门的设计小时耗热量加其他用水部门的平均小时耗热量计算。

2. 热水量计算

设计小时热水量,可按式(7.5)计算:

$$Q_r = \frac{Q_h}{1.163(t_r - t_l)\rho_r} \tag{7.5}$$

式中 Q_r—— 设计小时热水量,L/h;

Q_h—— 设计小时耗热量,W;

t_r—— 热水温度,℃,按表7.2采用;

t_l—— 冷水计算温度,℃,按表7.4选用;

ρ_r—— 热水密度,kg/L;

7.2.1.3 热源及热媒耗量计算

1. 热源

集中热水供应系统的热源,宜首先利用工业余热、废热、地热和太阳能,当没有条件利用时,宜优先采用能保证全年供热的热力管网作为集中热水供应的热源。

当区域性锅炉房或附近的锅炉房能充分供给蒸汽或高温水时,宜采用蒸汽或高温水作集中热水供应系统的热媒。

当上述条件都不具备时,可设燃油、燃气热水机组或电蓄热设备等供给集中热水供应系统的热源或直接供给热水。

局部热水供应系统的热源宜采用太阳能及电能、燃气、蒸汽等。

2. 热媒耗量计算

根据热媒种类和加热方式不同,热媒耗量应按不同的方法计算。

(1) 采用蒸汽直接加热时,蒸汽耗量按式(7.6)计算:

$$G = (1.10 \sim 1.20)\frac{3.6Q_h}{i'' - i'} \tag{7.6}$$

式中　G——蒸汽耗量,kg/h;

Q_h——设计小时耗热量,W;

i''——蒸汽的热焓,kJ/kg,按表7.6选用;

i'——蒸汽与冷水混合后的热水热焓,kJ/kg, $i'=4.187\ t_{mz}$,t_{mz}为蒸汽与冷水混合后的热水温度,℃,应由产品样本提供,参考值见表7.7和表7.8。

表7.6　饱和水蒸气的性质

绝对压力/MPa	饱和水蒸气温度/℃	热焓/(kJ·kg⁻¹) 液体	热焓/(kJ·kg⁻¹) 蒸汽	水蒸气的汽化热/(kJ·kg⁻¹)
0.1	100	419	2 679	2 260
0.2	119.6	502	2 707	2 205
0.3	132.9	559	2 726	2 167
0.4	142.9	601	2 738	2 137
0.5	151.1	637	2 749	2 112
0.6	158.1	667	2 757	2 090
0.7	164.2	694	2 767	2 073
0.8	169.6	718	2 713	2 055

表7.7　导流型容积式水加热器主要热力性能参数

参数 热媒	传热系数K/(W·m⁻²·℃⁻¹) 钢盘管	传热系数K/(W·m⁻²·℃⁻¹) 铜盘管	热媒出水温度 t_{mz}/℃	热媒阻力损失 Δh_1/MPa	被加热水水头损失 Δh_2/MPa	被加热水温升 Δt/℃
0.1 ~ 0.4 MPa的饱和蒸汽	791 ~ 1 093	872 ~ 1 204 2 100 ~ 2 550 2 500 ~ 3 400	40 ~ 70	0.1 ~ 0.2	≤0.005 ≤0.01 ≤0.01	≥40
70 ~ 150 ℃的高温水	616 ~ 945	680 ~ 1 047 1 150 ~ 1 450 1 800 ~ 2 200	50 ~ 90	0.01 ~ 0.03 0.05 ~ 0.1 ≤0.1	≤0.005 ≤0.01 ≤0.01	≥35

注:1. 表中铜管的K值及Δh_1、Δh_2中的二行数字由上而下分别表示U形管、浮动盘管和铜波节管三种导流型容积式水加热器的相应值。

2. 热媒为蒸汽时,K值与t_{mz}对应;热媒为高温水时,K值与Δh_1对应。

表 7.8 容积式水加热器主要热力性能参数

热媒 \ 参数	传热系数 K /(W·m^{-2}·℃$^{-1}$)		热媒出水口温度 t_{mz}/℃	热媒阻力损失 Δh_1/MPa	被加热水水头损失 Δh_2/MPa	被加热水温升 Δt/℃	容器内冷水区容积 V_L/%
	钢盘管	铜盘管					
0.1 ~ 0.4 MPa 的饱和蒸汽	689 ~ 756	814 ~ 872	≤100	≤0.1	≤0.005	≥40	25
70 ~ 150 ℃ 的高温水	926 ~ 349	348 ~ 407	60 ~ 120	≤0.03	≤0.005	≥23	25

注:容积水加热器即传统的二行程光面 U 形管式容积式水加热器。

(2) 采用蒸汽间接加热时,蒸汽耗量按式(7.7)计算:

$$G = (1.10 \sim 1.20)\frac{3.6\,Q_h}{\gamma_h} \tag{7.7}$$

式中 G—— 蒸汽耗量,kg/h;

Q_h—— 设计小时耗热量,W;

γ_h—— 蒸汽的汽化热,kJ/kg,按表 7.6 选用。

(3) 采用高温热水间接加热时,高温热水耗量按式(7.8)计算:

$$G = (1.10 \sim 1.20)\frac{Q_h}{1.163(t_{mc} - t_{mz})} \tag{7.8}$$

式中 Q_h—— 设计小时耗热量,W;

G—— 高温热水耗量,kg/h;

t_{mc},t_{mz}—— 高温热水进口与出口水温,℃,参考值见表 7.7 和表 7.8;

1.163—— 单位换算系数。

【例 7.2】 某宾馆建筑,有 150 套客房 300 张床位,客房均设专用卫生间,内有浴盆、脸盆、便器各 1 件。旅馆全日集中供应热水,加热器出口热水温度为 70 ℃,当地冷水温度计 10 ℃。采用半容积式水加热器,以蒸汽为热媒,蒸汽压力 0.2 MPa(表压),凝结水温度为 80 ℃。试计算:设计小时耗热量,设计小时热水量,热媒耗量。

解 (1) 设计小时耗热量 Q_h

已知:$m = 300$,$q_r = 160$ L/(人·d)(60 ℃),查表 7.5 可得:

$$K_h = 5.61,\ t_r = 60\ ℃,\ t_l = 10\ ℃,\ \rho_r = 0.983\ \text{kg/L}(60\ ℃)$$

按式(7.3):

$$Q_h/\text{W} = K_h\frac{m\,q_r C(t_r - t_l)\,\rho_r}{86\,400} = 5.61 \times \frac{300 \times 160 \times 4\,187 \times (60 - 10) \times 0.983}{86\,400} = 641\,382$$

(2) 设计小时热水量 Q_r

已知:$t_r = 70$ ℃,$t_l = 10$ ℃,$Q_h = 641\,382$ W,$\rho_r = 0.978$ kg/L(70 ℃)

按式(7.5)计算:

$$Q_r/(\text{L}\cdot\text{h}^{-1}) = \frac{Q_h}{1.163 \times (t_r - t_l)\,\rho_r} = \frac{641\,382}{1.163 \times (70 - 10) \times 0.978} = 9\,398$$

(3) 热媒耗量 G

已知:半容积式水加热器 $Q_g = Q_h = 641\ 382$ W,查表,在0.3 MPa绝对压力下,蒸汽的热焓 $i'' = 2\ 726$ kJ/kg,凝结水的焓 $i' = 4.187 \times 80 = 335$ kJ/kg。

按式(7.6)计算:

$$G/(\mathrm{kg \cdot h^{-1}}) = 1.15 \times \frac{3.6\ Q_h}{i'' - i'} = 1.15 \times \frac{3.6 \times 641\ 382}{2\ 726 - 335} = 1\ 111$$

【例7.3】 某住宅楼共80户,每户按3.5人计,采用定时集中热水供应系统,热水用水定额按80 L/(人·d)计(60 ℃),密度为0.98 kg/L,冷水温度按10 ℃计,密度为1.00 kg/L。每户设有两个卫生间,一个厨房。每个卫生间内设浴盆(带淋浴器)一个,小时用水量为300 L/h,水温为40 ℃,同时使用百分数为70%,密度为0.99 kg/L;洗手盆一个,小时用水量为30 L/h,水温为30 ℃,同时使用百分数为50%,密度为1.00 kg/L;大便器一个;厨房设洗涤盆一个,小时用水量为180 L/h,水温为50 ℃,同时使用百分数为70%,密度为0.99 kg/L。计算该住宅楼的最大小时耗热量。

解 (1) 设计规定

① 计算方法:定时供应热水按同时给水百分数法;

② 计算范围:住宅只计卫生间;住宅厨房不计;每户两个卫生间只计一个;卫生间只计浴盆;洗脸盆不计。

(2) 最大小时耗热量

$$Q_h/\mathrm{W} = \frac{80 \times 300 \times (40 - 10) \times 0.7 \times 4\ 187 \times 0.99}{3\ 600} = 580\ 318$$

7.2.1.4　集中热水供应加热及贮热设备的选用与计算

在集中热水供应系统中,贮热设备有容积式水加热器和加热水箱等,其中快速式水加热器只起加热作用;贮水器只起贮存热水作用。加热设备的计算是确定加热设备的加热面积和贮水容积。

1. 加热设备供热量的计算

(1) 容积式水加热器、贮热容积与其相当的水加热器和热水机组的设计小时供热量,当没有小时热水用量变化曲线时按式(7.9)计算:

$$Q_g = Q_h - 1.163\frac{\eta V_r}{T}(t_r - t_l)\rho_r \tag{3.9}$$

式中 Q_g—— 容积式水加热器的设计小时供热量,W;

Q_h—— 设计小时耗热量,W;

η—— 有效贮热容积系数,容积式水加器 $\eta = 0.75$,导流型容积式水加热器 $\eta = 0.85$;

V_r—— 总贮热容积,L;

T—— 设计小时耗热量持续时间,h ,$T = 2 \sim 4$ h;

t_r—— 热水温度,℃,按设计水加热器出水温度或出水温度计算;

t_l—— 冷水温度,℃;

ρ_r—— 热水密度,kg/L。

公式(7.9) 前部分为热媒的供热量,后部分为水加热器已贮存的热量。

(2) 半容积式水加热器、贮热容积与其相当的水加热器和热水机组的供热量按设计小时耗热量计算。

(3) 半即热式、快速式水加热器及其他无贮热容积的水加热设备的供热量按设计秒流量计算。

2. 水加热器加热面积的计算

容积式水加热器、快速式水加热器和加热水箱中加热排管或盘管的传热面积应按式(7.10) 计算:

$$F_{jr}=\frac{C_r Q_z}{\varepsilon\cdot K\Delta t_j} \tag{7.10}$$

式中 F_{jr}—— 表面式水加热器的加热面积,m^2;

Q_z—— 制备热水所需热量,可按设计小时耗热量计算,W;

K—— 传热系数,单位为 $W/(m^2\cdot K)$,可参见表 7.9、表 7.10 查用;

ε—— 由于水垢和热媒分布不均匀影响传热效率的系数,一般采用 0.6 ~ 0.8;

C_r—— 热水供应系统的热损失系数,C_r = 1.10 ~ 1.15;

Δt_j—— 热媒和被加热水的计算温差,℃,按水加热形式,按式(7.11) 和式(7.12) 计算。

表 7.9 容积式水加热器中盘管的传热系数 K 值

热媒种类		热媒流速 /(m·s⁻¹)	被加热水流速 /(m·s⁻¹)	K/(W·m⁻²·℃⁻¹)	
				铜盘管	钢盘管
蒸汽压力 /MPa	≤ 0.07	—	< 0.1	640 ~ 698	756 ~ 814
	> 0.07	—	< 0.1	698 ~ 756	814 ~ 872
热水温度 70 ~ 150 ℃		0.5	< 0.1	326 ~ 349	384 ~ 407

注:表中 K 值是按盘管内通过热媒和盘管外通过被加热水。

表 7.10 快速热交换器的传热系数 K 值

被加热水流速 /(m·s⁻¹)	传热系数 K/(W·m⁻²·℃⁻¹)							
	热媒为热水时,热水流速 /(m·s⁻¹)						热媒为蒸汽时,蒸汽压力 /kPa	
	0.5	0.75	1.0	1.5	2.0	2.5	≤ 100	> 100
0.5	1 105	1 279	1 400	1 512	1 628	1 686	2 733/2 152	2 558/2 035
0.75	1 244	1 454	1 570	1 745	1 919	1 977	2 431/2 675	3 198/2 500
1.00	1 337	1 570	1 745	1 977	2 210	2 326	3 954/3 082	3 663/2 908
1.50	1 512	1 803	2 035	2 326	2 558	2 733	4 536/3 722	4 187/3 489
2.00	1 628	1 977	2 210	2 558	2 849	3 024	—/4 361	—/4 129
2.50	1 745	2 093	2 384	2 849	3 198	3 489	—	—

注:热媒为蒸汽时,表中分子为两回程汽-水快速式水加热器将被加热水的水温升高 20 ~ 30 ℃ 的 K 值;分母为四回程将被加热水的水温升高 60 ~ 65 ℃ 时的 K 值。

(1) 容积式水加热器、半容积式水加热器的热媒与被加热水的计算温差 Δt_j 采用算术平均温度差，按式(7.11)计算：

$$\Delta t_j = \frac{t_{mc} + t_{mz}}{2} - \frac{t_c + t_z}{2} \tag{7.11}$$

式中　Δt_j——计算温度差，℃；

t_{mc}, t_{mz}——热媒的初温和终温，℃，热媒为蒸汽时，按饱和蒸汽温度计算，可查表(7.6)确定；热媒为热水时，按热力管网供、回水的最低温度计算，但热媒的初温与被加热水的终温的温度差不得小于10 ℃；

t_c, t_z——被加热水的初温和终温，℃。

(2) 半即热式水加热器、快速式水加热器热媒与被加热水的温差采用平均对数温度差按式(7.12)计算：

$$\Delta t = \frac{\Delta t_{max} - \Delta t_{min}}{\ln \dfrac{\Delta t_{max}}{\Delta t_{min}}} \tag{7.12}$$

式中　Δt_{max}——热媒和被加热水在水加热器一端的最大温差，℃；

Δt_{min}——热媒和被加热水在水加热器另一端的最小温差，℃。

加热设备加热盘管的长度，按式(7.13)计算：

$$L = \frac{F_{jr}}{\pi D} \tag{7.13}$$

式中　L——盘管长度，m；

D——盘管外径，m；

F_{jr}——加热器的传热面积，m^2。

3. 热水贮水器容积的计算

由于供热量和耗热量之间存在差异，需要一定的贮热容积加以调节，而在实际工程中，有些理论资料又难以收集，可用经验法确定贮水器的容积，可按式(7.14)计算：

$$V = \frac{60TQ}{(t_r - t_1)C} \tag{7.14}$$

式中　V——贮水器的贮水容积，L；

T——贮热时间，按表7.11确定，min；

Q——热水供应系统设计小时耗热量，W；

t_r, t_1, C 同公式(7.4)。

按式(7.14)确定的容积式水加热器或水箱容积后，有导流装置时，计算容积应附加10%～15%；当冷水下进上出时，容积宜附加20%～25%；当采用半容积式水加热器时，或带有强制罐内水循环装置的容积式水加热器，其计算容积可不附加。

4. 锅炉的选择计算

锅炉属于发热设备，对于小型建筑物的热水系统可单独选择锅炉。对小型建筑热水系统可直接查产品样本，样本中查出的加热设备发热量值应大于小时供热量，而小时供热量要比设计小时耗热量大10%～20%，主要考虑热水供应系统自身的热损失。

表 7.11　水加热器的贮热量

加热设备	以蒸汽和 95 ℃ 以上的热水为热媒时		以 < 95 ℃ 的热水为热媒时	
	工业企业淋浴室	其他建筑物	工业企业淋浴室	其他建筑物
容积式水加热器或加热水箱	$\geqslant 30\ \mathrm{min}Q_h$	$\geqslant 45\ \mathrm{min}Q_h$	$\geqslant 60\ \mathrm{min}Q_h$	$\geqslant 90\ \mathrm{min}Q_h$
导流式容积式水加热器	$\geqslant 20\ \mathrm{min}Q_h$	$\geqslant 30\ \mathrm{min}Q_h$	$\geqslant 40\ \mathrm{min}Q_h$	$\geqslant 45\ \mathrm{min}Q_h$
半容积式水加热器	$\geqslant 15\ \mathrm{min}Q_h$	$\geqslant 15\ \mathrm{min}Q_h$	$\geqslant 25\ \mathrm{min}Q_h$	$\geqslant 30\ \mathrm{min}Q_h$

注:半即热式、快速式水加热器的热媒按设计流量供应,且有完善可靠的温度自动调节装置时,可不设贮水器。表中容积式水加热器是指传统的二行程式容积式水加热产品,壳内无导流装置,被加热水无组织流动,存在换热不充分、传热系数值 K 低的缺点。

【例 7.4】　某宾馆客房有 300 人床位,热水当量总数 $N = 289$,有集中热水供应,全天供应热水,热水定额取平均值,热媒为蒸汽。加热器出水温度为 60 ℃,密度为 0.983 kg/L;冷水温度为 10 ℃,密度为 1 kg/L;设计小时耗热量的持续时间取 3 h。当水加热器分别选用导流型容积式水加热器、半容积式水加热器或半即热式水加热器时,试分别计算

(1) 设计小时耗热量;

(2) 设计小时热水量(60 ℃);

(3) 贮热容积;

(4) 设计小时供热量。

解　(1) 计算热水定额

根据题意,查表 7.1,取客房用水定额平均值

$$q_r/(\mathrm{L \cdot 床^{-1} \cdot d^{-1}}) = \frac{120 + 160}{2} = 140$$

(2) 计算设计小时耗热量

① 宾馆客房有 300 个床位,查表 7.5,小时变化系数为 5.61;

② 全天供应热水;

③ 设计小时耗热量

$$Q_h/\mathrm{W} = 5.61 \times \frac{300 \times 140 \times 4\ 187 \times (60 - 10) \times 0.983}{864\ 000} = 561\ 209$$

(3) 设计小时热水量

由式(7.5),60 ℃ 时的设计小时热水量

$$Q_r/\mathrm{L} = \frac{561\ 209}{1.163 \times (60 - 10) \times 0.983} = 9\ 818$$

(4) 计算贮热容积

① 选用导流型容积式水加热器

该建筑为宾馆,热媒为蒸汽,贮热时间为不小于 30 min;

按式(7.14) 计算贮热容积

$$V/\mathrm{L} = \frac{60 \times 561\ 209 \times 30}{(60 - 10) \times 4\ 187} = 4\ 826$$

贮热总容积

$$V_z/\text{L} = (1 + 15\%) \times 4\ 826 = 5\ 545$$

② 选用半容积式水加热器

建筑为宾馆,热媒为蒸汽,贮热时间为不小于 15 min,半容积式水加热器不考虑容积附加系数。贮热总容积为

$$V/\text{L} = \frac{60 \times 561\ 209 \times 15}{(60 - 10) \times 4\ 187} = 2\ 413$$

③ 选用半即热式水加热器

因半即热式水加热器的贮热容积很小,为供应热水安全,贮热总容积忽略不计。

$$V = 0$$

7.2.1.5　设计小时供热量

1. 选用导流型容积式水加热器

导流型容积式水加热器有贮热容积,有效贮热容积系数取 $\eta = 0.85$,设计小时耗热量的持续时间为 3 h。

按式(7.9) 计算小时供热量

$$Q_g = 561\ 209 - \frac{1.163 \times 0.85 \times 5\ 545 \times (60 - 10) \times 0.983}{3} = 471\ 485\ \text{W}$$

2. 选用半容积式水加热器

半容积式水加热器的设计小时供热量等于设计小时耗热量

$$Q_g = Q_h = 561\ 209\ \text{W}$$

3. 选用半即热式水加热器

半即热式水加热器设计小时供热量按热水设计秒流量计算;热水供应系统设计秒流量计算方法与生活给水相同;宾馆属公共建筑,按平方根法计算设计秒流量,系数 α 取 2.5,设计秒流量为

$$q_g/(\text{L} \cdot \text{s}^{-1}) = 0.2 \times 2.5 \times \sqrt{289} = 8.5$$

设计小时供热量

$$Q_g/\text{W} = 8.5 \times (60 - 10) \times 4\ 187 \times 0.983 = 1\ 749\ 224$$

【例7.5】　某酒店高有集中热水供应系统,采用立式半容积式水加热器,最大小时使用 60 ℃ 的热水 10 600 L/h,冷水温度为 10 ℃,水加热器出水温度为 60 ℃,密度为 0.983 kg/L,热媒蒸汽的压力为 0.4 MPa(表压),饱和蒸汽温度为 151.1 ℃,热媒凝结水温度为 75 ℃,热水供应系统的热损失系数采用 1.1,水垢和热媒分布不均匀影响传热效率系数采用0.6,应选用容积为 1.0 m³、传热系数为 1 500 W/(m²·℃)、盘管传热面积为 5.0 m² 热交换器几个。

解　(1) 求设计小时耗热量

已知 60 ℃ 的热水最大小时用水量为 10 600 L/h,按式(7.5) 计算:

$$Q_h/\text{W} = 1.163 \times (60 - 10) \times 0.983 \times 10\ 600 = 605\ 911$$

(2) 求计算温差

因选用半容积式水加热器,有贮热容积,应按算术平均温差计算,由式(7.11) 得

$$\Delta t_j/℃ = \frac{151.1 + 75}{2} - \frac{60 + 10}{2} = 78.05$$

(3) 求换热面积

将参数代入式(7.10),换热面积为

$$F_{jr}/m^2 = \frac{1.1 \times 605\ 911}{0.6 \times 1\ 500 \times 78.05} = 9.49$$

(4) 求贮热容积

建筑为酒店,选用半容积式水加热器,热媒为蒸汽,则贮热时间为不小于15 min,贮热容积不附加,将已知参数代入式(7.14),总贮热容积为

$$V = \frac{60 \times 605\ 911 \times 15}{(60 - 10) \times 4\ 187}\ \text{L} = 2\ 605\ \text{L} = 2.61\ \text{m}^3$$

(5) 确定加热器数量

① 按换热面积,需要的加热器数量为

$$n = 9.49/5.0 = 1.9 \quad 取2个$$

② 按贮热容积,需要加热器数量为

$$n = 2.61/1.0 = 2.61 \quad 取3个$$

③ 同时考虑换热面积和贮热容积,立式半容积式水加热器的数量为3个。

7.2.2　热水供应管网水力计算

热水管网的水力计算是在热水供应系统的布置、绘出热水管网平面图和系统图,并选定加热设备后进行的。水力计算包括以下内容:

热水管网水力计算包括第一循环管网(热媒管网)和第二循环管网配水管网(回水管网)。第一循环管网水力计算,需按不同的循环方式计算热媒管道管径、凝结水管径和相应水头损失;第二循环管网计算,需计算设计秒流量、循环流量,确定配水管管径、循环流量、回水管管径和水头损失。

确定循环方式,选用热水管网所需的设备和附件,如循环水泵、疏水器、膨胀(罐)水箱等。

7.2.2.1　第一循环管网的水力计算

1. 热媒为热水

热媒为热水时,热媒流量按式(7.8)计算。

热媒循环管路中的供、回水管道的管径应根据已经算出的热媒耗量、热媒在供水和回水管中的控制流速,通过查热水管道水力计算表确定,由热媒管道水力计算表查出供水和回水管的单位管长的沿程水头损失,再计算总水头损失。热水管道的控制流速,可按表7.12选用。

表7.12　热水管道的控制流速

公称直径/mm	15 ~ 20	25 ~ 40	≥50
流速/($m \cdot s^{-1}$)	≤0.8	≤1.0	≤1.2

热水管网水力计算表,见附录6。

如图7.12所示,当锅炉与水加热器或贮水器连接时,热媒管网的热水自然循环压力值按式(7.15)计算:

$$H_{zr} = 9.8\Delta h(\rho_1 - \rho_2) \tag{7.15}$$

式中　H_{zr}——第一循环的自然压力,Pa;

Δh——锅炉中心与水加热器内盘管中心或贮水器中心的标高差,m;

ρ_1——水加热器或贮水器的出水密度,kg/m^3;

ρ_2——锅炉出水的密度,kg/m^3。

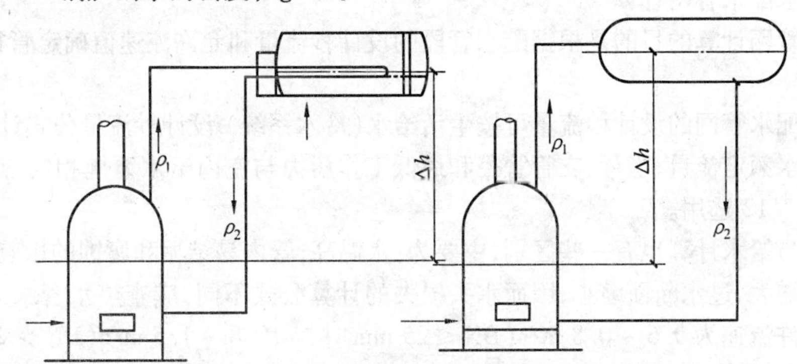

(a)热水锅炉与水加热器连接(间接加热)　(b)热水锅炉与贮水器连接(直接加热)

图7.12　热媒管网自然循环压力

当$H_{zr} > H_h$时,可形成自然循环,为保证系统的运行可靠,必须满足$H_{zr} > (1.1 \sim 1.15)H_h$。若$H_{zr}$略小于$H_h$,在条件允许时可适当调整水加热器和贮水器的设置高度来解决;不能满足要求时,应采用机械循环方式,用循环水泵强制循环。循环水泵的扬程和流量应比理论计算值略大些,以确保系统稳定运行。

2. 热媒为高压蒸汽

以高压蒸汽为热媒时,热媒耗量按式(7.6)和式(7.7)确定。

蒸汽管道可按管道的允许流速和相应的比压降查蒸汽管道管径计算表确定管径和水头损失。高压蒸汽管道常用流速见表7.13。

表7.13　高压蒸汽管道常用流速

管径/mm	15 ~ 20	25 ~ 32	40	50 ~ 80	100 ~ 150	≥200
流速/($m \cdot s^{-1}$)	10 ~ 15	15 ~ 20	20 ~ 25	25 ~ 35	30 ~ 40	40 ~ 60

疏水器后为凝结水管,凝结水利用通过疏水器后的余压输送到凝结水箱,先计算出余压凝结水管段的计算热量,按下式计算:

$$Q_j = 1.25Q$$

式中　Q_j—— 余压凝结水管段的计算热量,W;

Q—— 设计小时耗热量,W。

根据 Q_j 查余压凝结水管管径选择表确定其管径。

在加热器至疏水器之间的管段中为气水混合的两相流动,其管径按通过的设计小时耗热量查表 7.14 确定。

表 7.14　由加热器至疏水器间不同管径通过的小时耗热量(W)

DN /mm	15	20	25	32	40	50	70	80	100	125	150
热量 /W	33 494	108 857	167 472	355 300	460 548	887 602	210 1774	308 9232	481 4820	7 871 184	17 835 768

7.2.2.2　第二循环管网的水力计算

1. 热水配水管网计算

配水管网计算的目的是根据配水管段的设计秒流量和允许流速值确定管径和水头损失。

热水配水管网的设计秒流量可按生活给水(冷水系统) 设计秒流量公式计算;卫生器具热水给水额定流量、当量、支管管径和最低工作压力与室内给水系统相同;热水管道的流速按表 7.12 选用。

热水与给水计算也有一些区别,主要为:水温高,管内易结垢和腐蚀的影响,使管道的粗糙系数增大、过水断面缩小,因而水头损失的计算公式不同,应查热水管水力计算表。管内的允许流速为 0.6 ~ 0.8 m/s(DN ≤ 25 mm 时) 和 0.8 ~ 1.5 m/s(DN > 25 mm 时),对噪声要求严格的建筑物可取下限。最小管径不易小于 20 mm。管道结垢造成的管径缩小量见表 7.15。

表 7.15　管道结垢造成的管径缩小量

管道公称直径 /mm	15 ~ 40	50 ~ 100	125 ~ 200
直径缩小量 /mm	2.5	3.0	4.0

热水管道的水力计算,应根据选用的管材选择对应的计算图表和公式进行计算,当使用条件不一致时应作相应修正。

(1) 热水管采用交联聚乙烯(PE – X) 管时,管道水力坡降可按式(7.16) 计算:

$$i = 0.000\,915\,\frac{q^{1.774}}{d_j^{4.774}} \tag{7.16}$$

式中　i—— 管道水力坡;

q—— 管道内设计流量,m^3/s;

d_j—— 管道设计内径,m。

如水温 60 ℃ 时,可按图 7.13 的水力计算图选用管径。

如水温高于或低于 60 ℃ 时,可按表 7.16 修正。

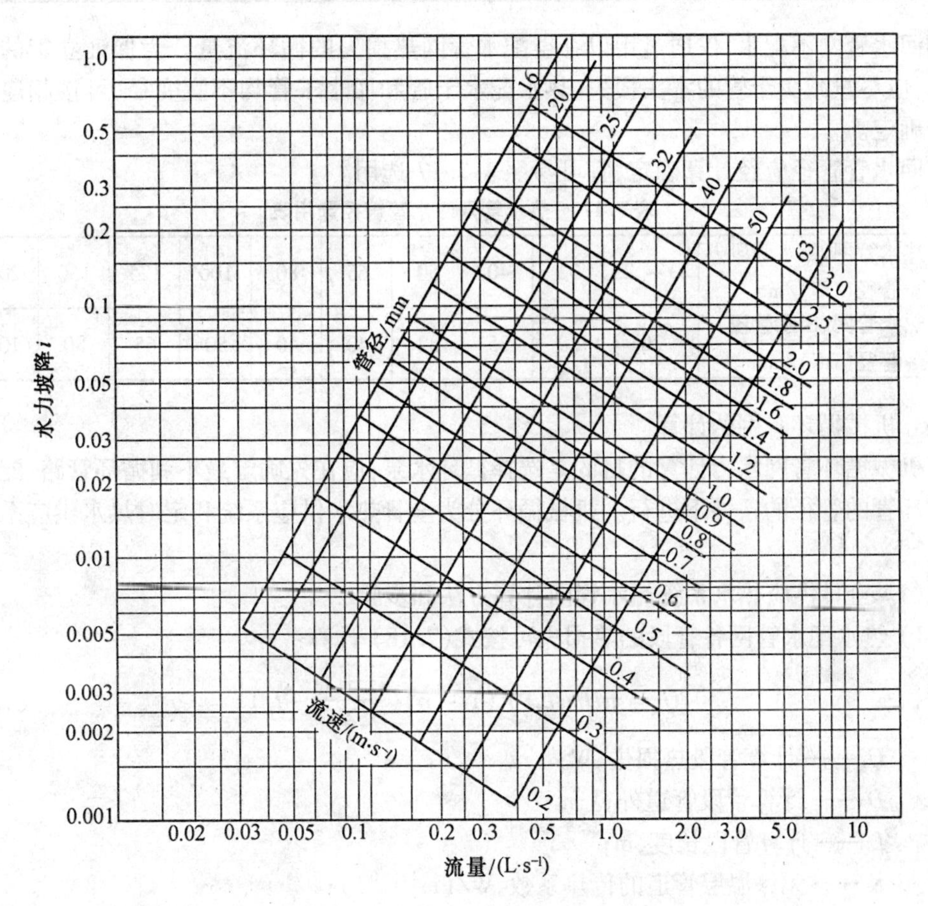

图 7.13　交联聚乙烯(PE－X) 管水力计算图(60 ℃)

表 7.16　水头损失温度修正系数

水温 / ℃	10	20	30	40	50	60	70	80	90	95
修正系数	1.23	1.18	1.12	1.08	1.03	1.00	0.98	0.96	0.93	0.90

(2) 热水采用聚丙烯(PP－R) 管时,水头损失按式(7.17) 计算:

$$H_f = \lambda \cdot \frac{L v^2}{d_j 2g} \tag{7.17}$$

式中　H_f—— 管道沿程水头损失,m;

λ—— 沿程阻力系数;

L—— 管道长度,m;

d_j—— 管道内径,m;

v—— 管道内水流平均速度,m/s;

g—— 重力加速度,m/s^2,一般取 9.8 m/s^2。

设计时,可按式(7.17) 计算,也可查相关水力计算表确定管径。

2. 回水管网的计算

回水管网水力计算的目的是确定回水管管径。

回水管网不配水,仅通过用以补偿配水管网热损失的循环流量。为保证立管的循环效果,应尽量减少干管的水头损失,热水配水干管和回水干管均不宜变径,可按相应最大管径确定。

回水管管径应经计算确定,宜可参照表 7.17 选用。

表 7.17　热水管网回水管管径选用表

热水管网、配水管段管径(DN)/mm	20 ~ 25	32	40	50	65	80	100	125	150	200
热水管网、回水管段管径(DN)/mm	20	20	25	32	40	40	50	65	80	100

3. 机械循环管网的计算

机械循环管网水力计算的目的是选择循环水泵,应在先确定最不利循环管路、配水管和循环管的管径的条件下进行。机械循环分为全日热水供应系统和定时热水供应系统两类。

(1) 全日供应热水系统热水管网计算方法和步骤

1) 热水配水管网各管段的热损失可按式(7.18) 计算:

$$Q_s = \pi D \cdot L \cdot K(1 - \eta)\left(\frac{t_c + t_z}{2} - t_k\right) \tag{7.18}$$

式中　Q_s—— 计算管段热损失,W;

D—— 计算管段管道外径,m;

L—— 计算管段长度,m;

K—— 无保温层管道的传热系数,W/(m² · ℃);

η—— 保温系数,较好保温时 η = 0.7 ~ 0.8,简单保温时 η = 0.6,无保温层时 η = 0;

t_c—— 计算管段起点热水温度, ℃;

t_z—— 计算管段终点热水温度, ℃;

t_k—— 计算管段外壁周围空气的平均温度, ℃,可按表 7.18 确定。

表 7.18　管段周围空气温度

管道敷设情况	t_k/ ℃	管道敷设情况	t_k/ ℃
采暖房间内,明管敷设	18 ~ 20	不采暖房间的地下室内	5 ~ 10
采暖房间内,暗管敷设	30	室内地下管沟内	35
不采暖房间的顶棚内	可采用一月份室外平均气温		

t_c 和 t_z 可按面积比温降法计算:

$$\Delta t = \frac{\Delta T}{F} \tag{7.19}$$

$$t_z = t_c - \Delta t \sum f \tag{7.20}$$

式中　Δt—— 配水管网中计算管路的面积比温降, ℃/m²;

ΔT—— 配水管网中计算管路起点和终点的水温差, ℃,按系统大小确定,一般取 ΔT = 5 ~ 15 ℃;

F—— 计算管路配水管网的总外表面积,m^2;

$\sum f$—— 计算管段终点以前的配水管网的总外表面积,m^2;

t_c—— 计算管段起点水温,℃;

t_z—— 计算管段终点水温,℃。

2)计算总循环流量

计算管段热损失的目的在于计算管网的循环流量,循环流量是为了补偿配水管网散失的热量,保证配水点的水温。管网的热损失只计算配水管网散失的热量。全日供应热水系统的总循环流量可按式(7.21)计算:

$$q_x = \frac{Q_s}{C\Delta T\rho_r} \tag{7.21}$$

式中　q_x—— 循环流量,L/h;

Q_s—— 配水管网的热损失,W,应经计算确定,也可采用设计小时耗热量的3%~5%;

ΔT—— 配水管网起点和终点的热水温差,℃,根据系统大小确定,一般可采用5~10 ℃;

ρ_r—— 热水密度,kg/L;

C—— 水的比热,C = 4 187 J/(kg·℃)。

3)计算各循环管段的循环流量

在确定 q_x 后,以图7.14为例,可从水加热器后第1个节点起依次进行循环流量分配计算。

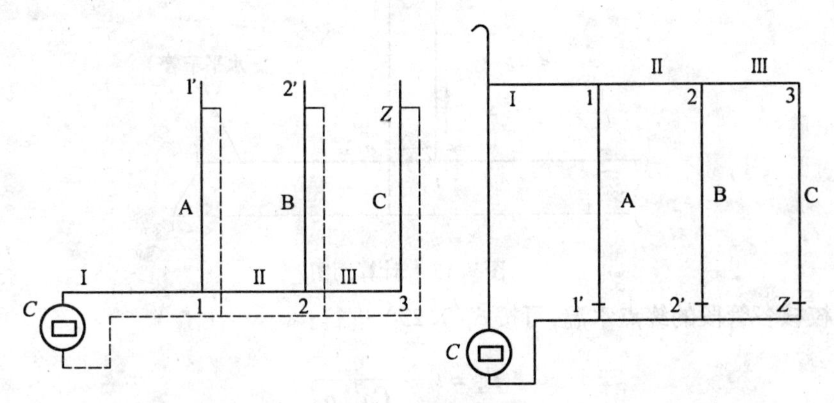

图7.14　计算用图

通过管段Ⅰ的循环流量 $q_{\text{I}x}$ 即为 q_x,用以补偿整个管网的热损失,流入节点1的流量 $q_{\text{I}x}$ 用以补偿1点之后各管段的热损失,即 $q_{As}+q_{Bs}+q_{Cs}+q_{\text{II}s}+q_{\text{III}s}$,$q_{\text{I}x}$ 又分配给A管段和Ⅱ管段,循环流量分别为 $q_{\text{II}x}$ 和 q_x。按节点流量的平衡原理:$q_{\text{I}x}=q_{1x}$,$q_{\text{II}x}=q_{\text{I}x}-q_{Ax}$。$q_{\text{II}x}$ 补偿管段Ⅱ、Ⅲ、B、C的热损失,即 $q_{Bs}+q_{Cs}+q_{\text{II}s}+q_{\text{III}s}$,$q_{Ax}$ 补偿管段A的热损失 q_{As}。

因循环流量与热损失成正比和热平衡关系,$q_{\text{II}x}$ 可按式(7.22a)

$$q_{\text{II}x} = q_{\text{I}x} \frac{q_{Bs} + q_{Cs} + q_{\text{II}s} + q_{\text{III}s}}{q_{As} + q_{Bs} + q_{Cs} + q_{\text{II}s} + q_{\text{III}s}} \tag{7.22a}$$

流入节点2的流量 q_{2x} 用以补偿2点之后各管段的热损失，即 $q_{Bs} + q_{Cs} + q_{\text{III}s}$，因 q_{2x} 分配给 B 管段和 Ⅲ 管段，其循环流量分别为 q_{Bx} 和 $q_{\text{III}x}$。按节点流量平衡原理：$q_{2x} = q_{\text{II}x}$，$q_{\text{III}x} = q_{\text{II}x} - q_{Bx}$。$q_{\text{III}x}$ 补偿管段Ⅲ和C的热损失，即 $q_{Cs} + q_{\text{III}s}$，q_{Bx} 补偿管段B的热损失 q_{Bs}。则 $q_{\text{III}x}$ 可按式(7.22b)计算：

$$q_{\text{III}x} = q_{\text{II}x} \frac{q_{\text{III}s} + q_{Cs}}{q_{Bs} + q_{ms} + q_{Cs}} \tag{7.22b}$$

流入节点3的流量 q_{3x} 用以补偿3点之后管段C的热损失 q_{Cs}。按节点流量平衡的原理：$q_{3x} = q_{\text{III}x}$，$q_{\text{III}x} = q_{Cx}$，管段 Ⅲ 的循环流量即为管段C的循环流量。按上述可总结出通用计算公式为：

$$q_{(n+1)x} = q_{nx} \frac{\sum q_{(n+1)s}}{\sum q_{ns}} \tag{7.22c}$$

式中　q_{nx}，$q_{(n+1)x}$——n、$n+1$ 管段所通过的循环流量，L/s；

$\sum q_{(n+1)s}$——$n+1$ 管段及其后各管段的热损失之和，W；

$\sum q_{ns}$——n 管段及其后各管段的热损失之和，W。

n、$n+1$ 管段如图 7.15 所示。

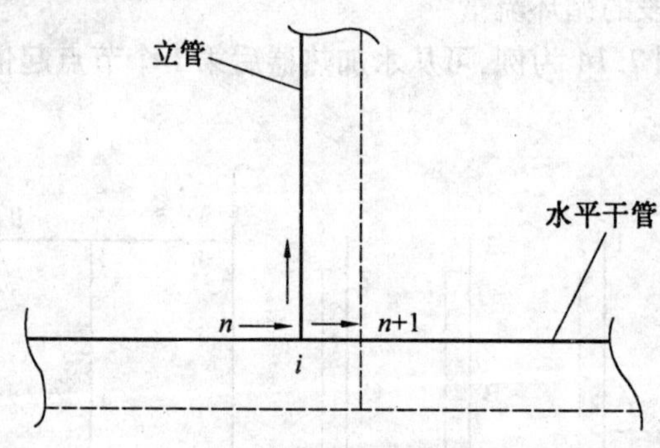

图 7.15　计算用图

4）校核各管段的终点水温，可按式(7.23)进行：

$$t'_z = t_c - \frac{q_s}{Cq'_x \rho_r} \tag{7.23}$$

式中　t'_z—— 各管段终点水温，℃；

t_c—— 各管段起点水温，℃；

q_s—— 各管段的热损失，W；

q'_x—— 各管段的循环流量，L/s；

C—— 水的比热，$C = 4\ 187$ J/(kg · ℃)；

ρ_r—— 热水密度，kg/L。

计算结果如与原来确定的温差相差较大，应以公式(7.19)和公式(7.20)的计算结果：$t''_z = \frac{t_z - t'_z}{2}$作为各管段的终点水温，重新进行上述1）~4）的计算。

5）计算循环管网的总水头损失，可按(7.24)计算：

$$H = H_p + H_h + H_j \tag{7.24}$$

式中　H——循环管网的总水头损失，kPa；

H_p——循环流量通过配水计算管路的沿程和局部水头损失，kPa；

H_h——循环流量通过回水计算管路的沿程和局部水头损失，kPa；

H_j——循环流量通过半即热式或快速式水加热器中热水的水头损失，kPa。

容积式水加热器、导流型容积式水加热器、半容积式水加热器和加热水箱，因内部流速较低、流程短、水头损失很小，在热水系统中可忽略不计。

半即热式或快速式水加热器，因水在内部的流速大、流程长，水头损失应以沿程和局部水头损失之和计算：

$$H_j = \left(\lambda \frac{L}{d_j} + \sum \xi\right) \frac{v^2}{2g} \tag{7.25}$$

式中　λ——管道沿程阻力系数；

L——被加热水的流程长度，m；

d_j——传热管计算管径，m；

ξ——局部阻力系数；

v——被加热水的流速，m/s；

g——重力加速度，m/s²，$g = 9.81\ m/s^2$。

计算循环管路配水管及回水管的局部水头损失可按沿程水头损失的20%～30%估算。

6）选择循环水泵

热水循环水泵宜选用热水泵，泵体承受的工作压力不得小于其所承受的静水压力加水泵扬程，一般设置在回水干管的末端，设置备用泵。

循环水泵的流量：

$$Q_b \geqslant q_x \tag{7.26}$$

式中　Q_b——循环水泵的流量，L/s；

q_x——全日热水供应系统的总循环流量，L/s。

循环水泵的扬程：

$$H_b \geqslant H_p + H_h + H_j \tag{7.27}$$

式中　H_b——循环水泵的扬程，kPa；

H_p——循环流量通过配水计算管路的沿程和局部水头损失，kPa；

H_h——循环流量通过回水计算管路的沿程和局部水头损失，kPa；

H_j——循环流量通过半即热式或快速式水加热器中热水的水头损失，kPa。

（2）定时热水供应系统机械循环管网计算

定时机械循环热水系统与全日系统的区别，在供应热水之前循环泵先将管网中的全部冷水进行循环，加热设备提前工作，直到水温满足要求为止。因定时供应热水时用水较集中,可不考虑配水循环问题,关闭循环泵。

循环泵的出水量可按式(7.28)计算:

$$Q \geqslant \frac{V}{T} \tag{7.28}$$

式中　Q——循环泵的出水量,L/h;

V——热水系统的水容积,但不包括无回水管的管段和加热设备、贮水器、锅炉的容积,L;

T——热水循环管道系统中全部水循环一次所需时间,h,一般取0.25 ~ 0.5 h。

循环泵的扬程,计算公式同(7.27)。

【例7.6】　某建筑定时供应热水,设半容积式加热器,其容积为2 500 L,采用上行下给机械全循环供水方式。经计算,配水管网总容积277 L,其中管内热水可以循环流动的配水管管道容积176 L,回水管管道容积84 L,问系统的最大循环流量为多少?

解　(1)具有循环作用的管网水的容积

$$V/\text{L} = 176 + 84 = 260$$

(2)系统最大循环流量

定时循环每小时循环2 ~ 4次,按4次计,最大循环流量为

$$Q_h/(\text{L} \cdot \text{h}^{-1}) = 260 \times 4 = 1\ 040$$

4. 自然循环热水管网的计算

在小型或层数少的建筑物中,有时也采用自然循环热水供应方式。

自然循环热水管网的计算方法与前述机械循环热水系统大致相同,但应在求出循环管网总水头损失之后,先校核一下系统的自然循环压力值是否满足要求。自然热水循环系统分上行下给式和下行上给式两种方式,如图7.16所示,其自然循环压力的计算公式有所不同。

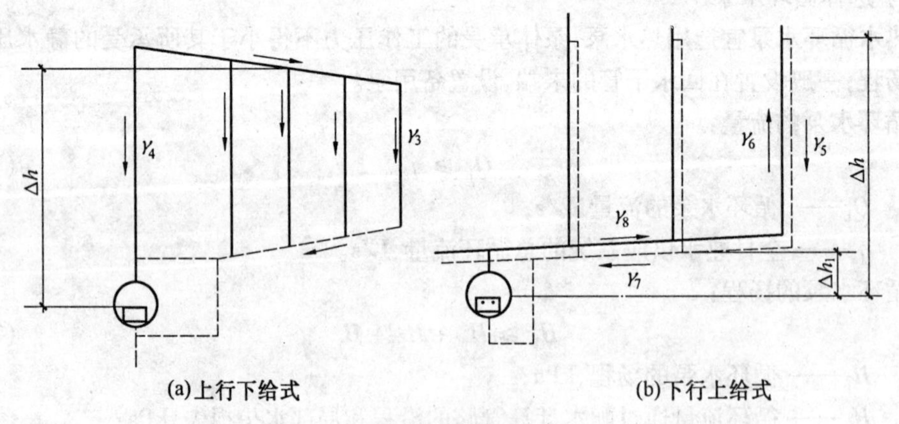

图7.16　管网自然循环作用水头

(1)上行下给式管网的压力水头,如图7.16(a)所示,压力水头可按式(7.29)计算:

$$H_{zr} = 9.8\Delta h(\gamma_3 - \gamma_4) \tag{7.29}$$

式中　H_{zr}——上行下给式管网的自然循环压力,kPa;

Δh——锅炉或水加热器中心与上行横干管管段中心的标高差,m;

γ_3—— 最远处立管管段中心点的水的密度,kg/m^3;

γ_4—— 配水立管管段中点的水的密度,kg/m^3。

(2) 下行上给式管网的压力水头,如图 7.16(b) 所示,压力水头可按式(7.30) 计算:

$$H_{zr} = 9.8(\Delta h - \Delta h_1)(\gamma_5 - \gamma_6) + 9.8\Delta h_1(\gamma_7 - \gamma_8) \tag{7.30}$$

式中　H_{zr}—— 下行上给式管网的自然循环压力,kPa;

Δh—— 热水贮水罐的中心与上行横干管管段中心的标高差,m;

Δh_1—— 锅炉或水加热器的中心至立管底部的标高差,m;

γ_5,γ_6—— 最远处回水立管和配水立管管段中点水的密度,kg/m^3;

γ_7,γ_8—— 锅炉或水加热器至立管底部回水管和配水管管段中点水的密度,kg/m^3。

当管网循环水压 $H_{zr} \geqslant 1.35H$ 时,管网才能安全可靠地自然循环,H 为循环管网的总水头损失,可按公式(7.24) 计算确定。不满足上述要求时,若计算结果与上述条件相差不多,可用适当放大管径的方法来加以调整;若相差太大,则应加循环泵,采用机械循环方式。

学习任务八　建筑室内热水给水系统安装

【教学目标】通过项目教学活动，培养学生具有建筑室内热水给水管道安装的能力；具有使用安装热水系统主要施工机具的能力；具有正确选择和安装热水加热及储热设备的能力；具有对管道进行保温及防腐处理的能力；具有建筑室内热水给水系统的质量验收能力；培养学生良好的职业道德、自我学习能力、实践动手能力和分析、处理问题的能力，以及诚实、守信、善于沟通和合作的专业素养。

【知识目标】

1. 了解建筑室内热水给水系统常用的管材、配件和附件；
2. 掌握建筑室内热水给水系统的布置与敷设原则；
3. 掌握建筑室内热水给水管道系统及附件的安装规则；
4. 掌握建筑室内热水给水管道保温及防腐处理原则；
5. 掌握建筑室内热水给水系统安装时的注意事项；
6. 掌握建筑室内热水给水管道试压与验收原则。

【主要学习内容】

单元一　建筑室内热水给水管道系统的安装

8.1.1　热水管材和管件

(1)热水供应系统采用的管材和管件，应符合现行产品标准的要求。

(2)热水管道的工作压力和工作温度不得大于产品标准标定的允许工作压力和工作温度。

(3)热水管道应选用耐腐蚀、安装方便、符合饮用水卫生要求的管材及相应的配件。可采用薄壁铜管、不锈钢管、铝塑复合管交联聚乙烯(PE-X)管等。

(4)当选用热水塑料管和复合管时，应按允许温度下的工作压力选择，管件宜采用与管道相同的材质，不宜采用对温度变化较敏感的塑料热水管，设备机房内的管道不宜采用塑料热水管。

8.1.2　附件

8.1.2.1　自动温度调节器

热水供应系统中为实现节能节水、安全供水，应在水加热设备的热媒管道上安装自动温度调节装置来控制出水温度。

当水加热器出口的水温需要控制时，常采用直接式或间接式自动温度调节器，它实质上由阀门和温包组成，温包放在水加热器热水出口管道内，感受温度自动调节阀门的开启及开启度大小,阀门放置在热媒管道上,自动调节进入水加热器的热媒量,其构造原理为如图 8.1 所示,其安装方法为如图 8.2 所示。

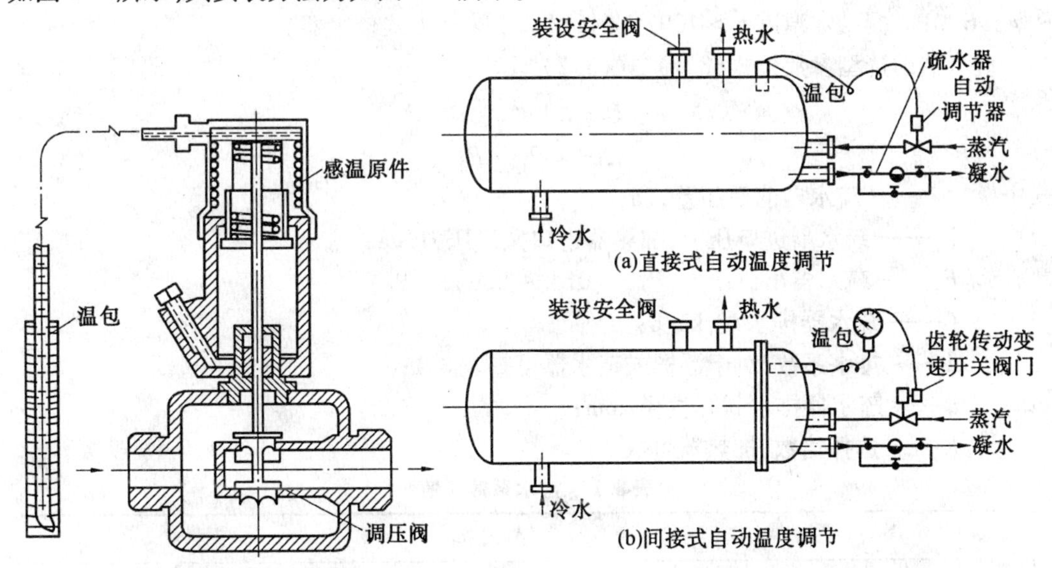

图 8.1　自动温度调节器构造　　图 8.2　自动温度调节器安装示意图

自动温度调节器可按温度范围和精度要求查相关设计手册。

8.1.2.2　疏水器

疏水器的作用是自动排出管道和设备中的凝结水,同时又阻止蒸汽流失,在用蒸汽设备的凝结水管道的最低处应每台设备设疏水器,当水加热器的换热能确保凝结水回水温度不大于 80 ℃时,可不设疏水器。热水系统常采用高压疏水器。常用的有机械型浮桶式疏水器,如图 8.3 所示。热动力式疏水器,如图 8.4 所示。

(1)浮桶式疏水器。浮桶式疏水器属机械型疏水器的一种,它依靠蒸汽和凝结水的密度差工作。

(2)热动力式疏水器。热动力式疏水器是利用相变原理靠蒸汽和凝结水热动力学特性的不同来工作的。

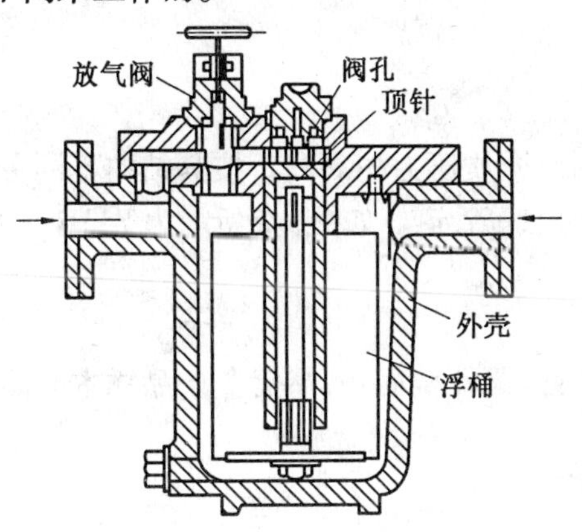

图 8.3　浮桶式疏水器

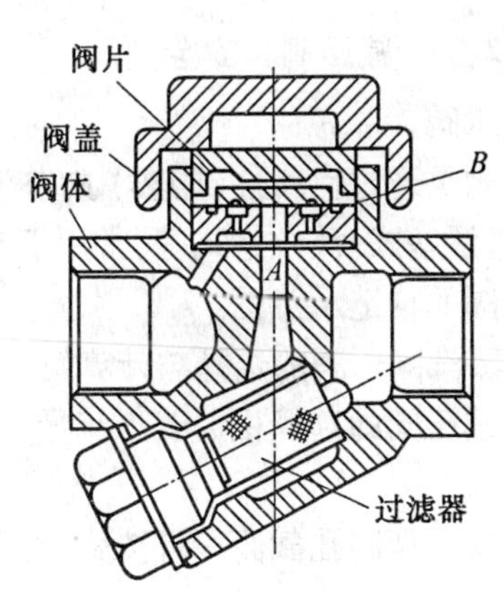

图 8.4　热动力式疏水器

疏水器可按水加热设备的最大凝结水量和疏水器进出口的压差按产品样本选择。同时应考虑当蒸汽的工作压力 $P \ngtr 0.6$ MPa 时,可采用浮桶式疏水器。当蒸汽的工作压力 $P \ngtr 1.6$ MPa,凝结水温度 $t \ngtr 100$ ℃ 时,可选用热动力式疏水器。

疏水器的选型参数按式(8.1)、式(8.2)计算:

$$G = KA\,d^2\sqrt{\Delta P} \tag{8.1}$$

$$\Delta P = P_1 - P_2 \tag{8.2}$$

式中 ΔP—— 疏水器前后压差,Pa;

P_1—— 疏水器进口压力,加热器进口蒸汽压力,Pa;

P_2—— 疏水器出口压力,$P_2 = (0.4 \sim 0.6)P_1$,Pa;

G—— 疏水器排水量,kg/h;

A—— 排水系数,对于浮桶式疏水器可查表 8.1;

d—— 疏水器排水阀孔直径,mm;

K—— 选择倍数,加热器可取 3。

表 8.1 排水系数 A 值

d/mm	ΔP/kPa									
	100	200	300	400	500	600	700	800	900	1 000
2.6	25	24	23	22	21	20.5	20.5	20	20	19.8
3	25	23.7	22.5	21	21	20.4	20	20	20	19.5
4	24.2	23.5	21.6	20.6	19.6	18.7	17.8	17.2	16.7	16
4.5	23.8	21.3	19.9	18.6	18.3	17.7	17.3	16.9	16.6	16
5	23	21	19.4	18.5	18	17.3	16.8	16.3	16	15.5
6	20.8	20.4	18.8	17.9	17.4	16.7	16	15.5	14.9	14.3
7	19.4	18	16.7	15.9	15.2	14.8	14.2	13.8	13.5	13.5
8	18	16.4	15.5	14.5	13.8	13.2	12.6	11.7	11.9	11.5
9	16	15.3	14.2	13.6	12.9	12.5	11.9	11.5	11.1	10.6
10	14.9	13.9	13.2	12.5	12	11.4	10.9	10.4	10	10
11	13.6	12.6	11.8	11.3	10.9	10.6	10.4	10.2	10	9.7

8.1.2.3 减压阀和安全阀

1.减压阀

减压阀是通过启闭件(阀瓣)的节流来调节介质压力的阀门。按其结构不同分为弹簧薄膜式、活塞式、波纹管式等,常用于空气、蒸汽等管道。如图 8.5 所示为 Y43H-6 型活塞式减压阀的构造示意图。

(1) 蒸汽减压阀的选择与计算

蒸汽减压阀的选择根据蒸汽流量计算出所需阀孔截面积,然后查产品样本确定其型号。

蒸汽减压阀阀孔截面积可按式(8.3)计算:

$$f = \frac{G}{0.6q} \tag{8.3}$$

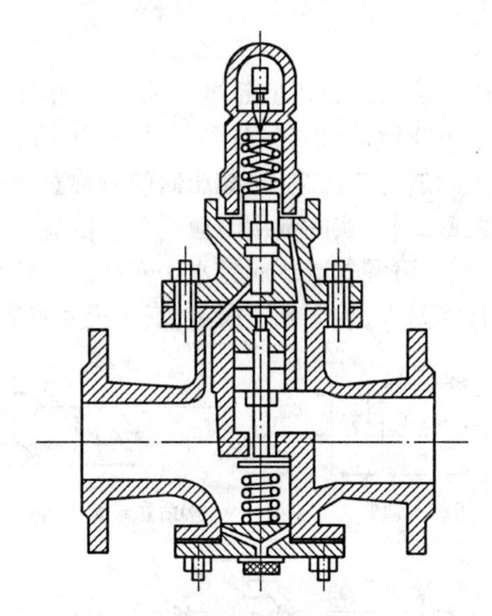

图 8.5　Y43H－6 型活塞式减压阀的构造示意图

式中　f——所需阀孔截面积，cm^2；

G——蒸汽流量，kg/h；

0.6——减压阀流量系数；

q——通过每 cm^2 阀孔截面积的理论流量，$kg/(cm^2 \cdot h)$，可按图 8.6 查得。

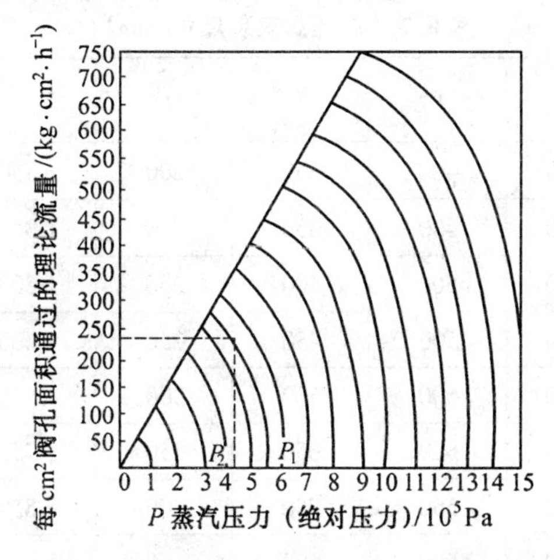

图 8.6　减压阀工作孔口面积选择图

【例 8.1】　某容积式水加热器采用蒸汽作为热媒，蒸汽管网压力（减压阀前绝对压力）为 $P_1=5.4\times10^5$ Pa，水加热器要求压力（减压阀后的绝对压力）不能大于 $P_2=4.5\times10^5$ Pa，蒸汽流量 $G=2\ 000$ kg/h，求减压阀所需孔口截面积。

解　根据 P_1、P_2 由图 8.6 查得 $q=2\ 400\ kg/(cm^2 \cdot h)$，由式(8.3)可得：

$$f/cm^2=\frac{G}{0.6q}=\frac{2\ 000}{0.6\times240}=13.89$$

由计算所得 f 值查相关产品样本选定减压阀的公称直径。

(2) 减压的安装

蒸汽减压阀的阀前与阀后压力之比不应超过 5 ~ 7,超过时应采用 2 级减压;活塞式减压阀的阀后压力不应小于 100 kPa,如必须送到 70 kPa 以下时,则应在活塞式减压阀后增设波纹管式减压阀或截止阀进行二次减压;减压阀的公称直径应与管道一致,产品样本列出的阀孔面积值是指最大截面积,实际选用时应小于此值。

比例式减压阀宜垂直安装,可调式减压阀宜水平安装。安装节点还应安装阀门、过滤器、安全阀、压力表及旁通管等附件,如图 8.7 所示,安装尺寸见表 8.2。

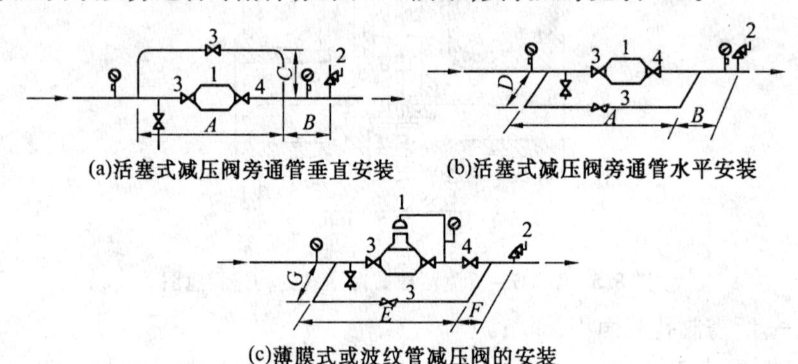

(a)活塞式减压阀旁通管垂直安装　(b)活塞式减压阀旁通管水平安装

(c)薄膜式或波纹管减压阀的安装

图 8.7　减压阀安装示意图

1— 减压阀;2— 安全阀;3— 法兰截止阀;4— 低压截止阀

表 8.2　减压阀安装尺寸(mm)

减压阀公称直径 DN/mm	A	B	C	D	E	F	G
25	1 100	400	350	200	1 350	250	200
32	1 100	400	350	200	1 350	250	200
40	1 300	500	400	250	1 500	300	250
50	1 400	500	450	250	1 600	300	250
65	1 400	500	500	300	1 650	350	300
80	1 500	550	650	350	1 750	350	350
100	1 600	550	750	400	1 850	400	400
125	1 800	600	800	450			
150	2 000	650	850	500			

2. 安全阀

安全阀设在闭式热水系统和设备中,用于避免超压而造成管网和设备等的破坏。承压热水锅炉应设安全阀,并由厂家配套提供。

水加热器宜采用微启式弹簧安全阀,并设防止随意调整螺丝的装置;安全阀的开启压力一般为热水系统工作压力的 1.1 倍,但不得大于水加热器本体的设计压力;安全阀的直径应比计算值放大一级,并应直立安装在水加热器的顶部;安全阀应设置在便于维修的位置,排泄热水的导管应引至安全地点;安全阀与设备之间不得装设取水管、引气管或阀门。

8.1.2.4　自动排气阀

自动排气阀用于排除热水管道系统中热水气化产生的气体(溶解氧和二氧化碳),以保证管内热水畅通,防止管道腐蚀,一般在上行下给式系统配水干管最高处设自动排气阀。

自动排气及其位置如图8.8所示。

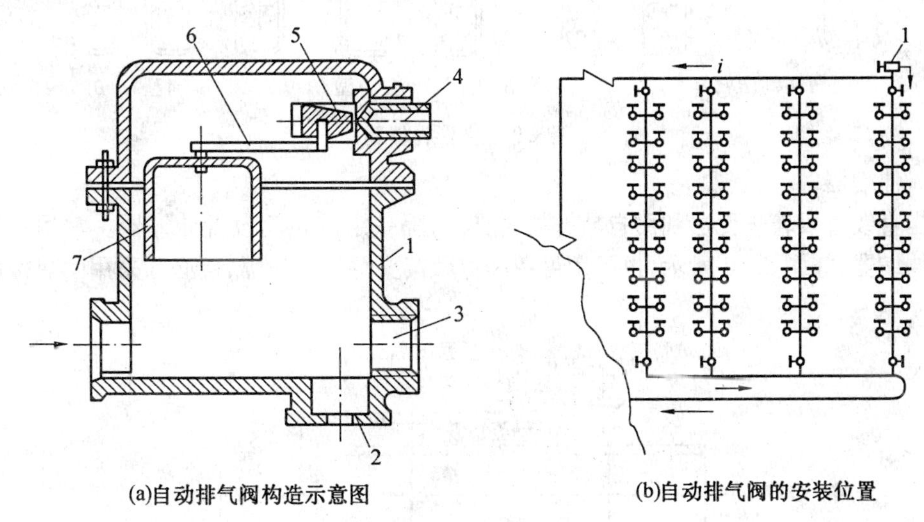

(a)自动排气阀构造示意图　(b)自动排气阀的安装位置

图8.8　自动排气阀及其安装位置

1—排气阀体;2—直角安装出水口;3—水平安装出水口;4—阀座;5—滑阀;6—杠杆;7—浮钟

8.1.2.5　自然补偿管道和伸缩器

热水供应系统中管道因受热膨胀伸长或因温度降低收缩而产生应力,为保证管网的使用安全,在热水管网上应采取补偿管道温度伸缩的措施,以避免管道因承受了超过自身所许可的内应力而导致弯曲甚至破裂或接头松动。

管道的热伸长量按式(8.4)计算:

$$\Delta L = \alpha(t_2 - t_1)L \tag{8.4}$$

式中　ΔL——管道的热伸长(膨胀)量,mm;

t_2——管道中热水最高温度,℃;

t_1——管道周围环境温度,℃,一般取 $t_1 = 5$ ℃;

α——线膨胀系数,mm/(m·℃),见表8.3;

L——计算管段长度,m。

表8.3　不同管材的α值

管材	PP－R	PEX	PB	ABS	PVC－U	PAP	薄壁铜管	钢管	无缝铝合金衬塑	PVC－C	薄壁不锈钢管
α	0.16 (0.14～0.18)	0.15 (0.2)	0.13	0.1	0.07	0.025	0.02 (0.017～0.018)	0.012	0.025	0.08	0.0166

1. 自然补偿管道

自然补偿管道即为管道敷设时自然形成的L形或Z形弯曲管段和方形补偿器，来补偿直线管段部分的伸缩量，通常在转弯前后的直线段上设置固定支架，让其伸缩在弯头处补偿，一般L形壁和Z形平行伸长壁不宜大于20 ~ 25 m。

方形补偿器如图8.9所示。

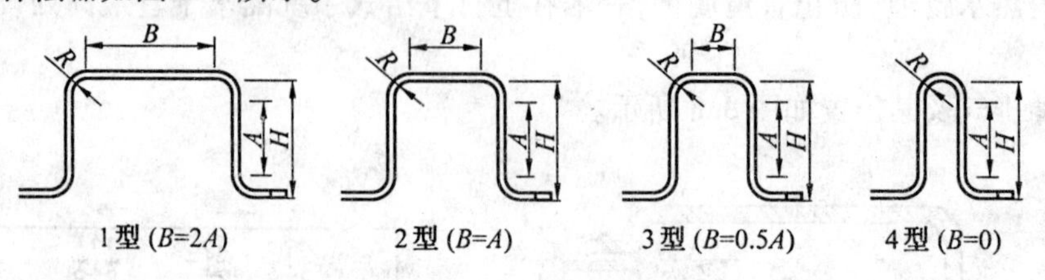

图8.9　方形补偿器

2. 伸缩器

当直线管段较长无法利用自然补偿时，应每隔一定的距离设置伸缩器。常用的有波纹管伸缩器，如图8.10所示，也可用可曲挠橡胶接头替代补偿器，但必须采用耐热橡胶制品。

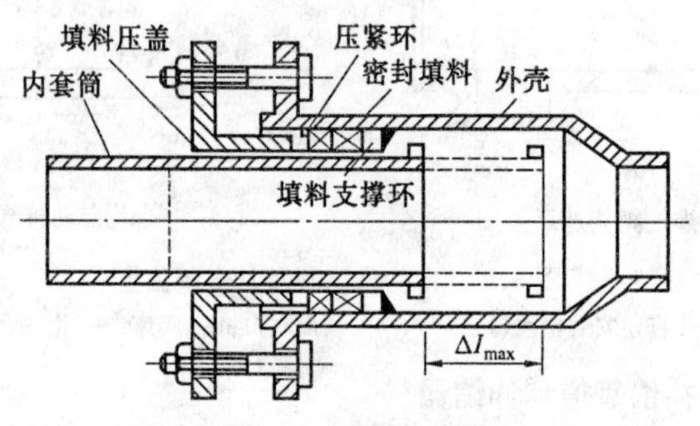

图8.10　套管式补偿器

套管伸缩器适用于管径DN ≥ 100 mm的直线管段中，伸长量可达250 ~ 400 mm。波纹管伸缩器常用不锈钢制成，用法兰或螺纹连接，具有安装方便、节省面积、外形美观及耐高温、耐腐蚀、寿命长等特点。

8.1.2.6　膨胀管、膨胀水箱和压力膨胀罐

在热水供应系统中，冷水被加热后，水的体积要膨胀，对于闭式系统，当配水点不用水时，会增加系统的压力，系统有超压的危险，因此要设膨胀管、膨胀水箱或膨胀水罐。

1. 膨胀管

膨胀管用于由高位冷水箱向水加热器供应冷水的开式热水系统，可将膨胀管引至同一建筑物的除生活饮用水以外的其他高位水箱的上空，如图8.11所示。当无此条件时，应设置膨胀水箱。膨胀管的设置高度按式(8.5)计算：

$$h = H\left(\frac{\rho_1}{\rho_r} - 1\right) \tag{8.5}$$

式中　h—— 膨胀管高出生活饮用高位水箱水面的垂直高度，m；

H—— 锅炉、水加热器底部至生活饮用高位水箱水面的高度，m；

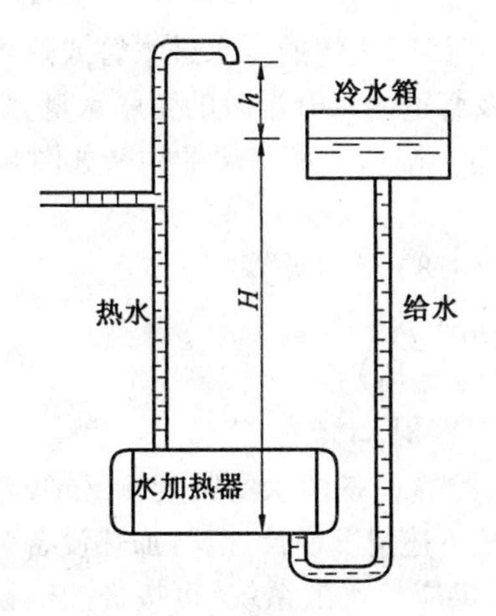

图 8.11　膨胀管安装高度计算用图

ρ_l—— 冷水的密度,kg/m^3;

ρ_r—— 热水的密度,kg/m^3。

膨胀管出口离接入水箱水面的高度不应小于 100 mm。

2. 膨胀水箱

热水供应系统上如设置膨胀水箱,其容积按式(8.6)计算:

$$V_p = 0.000\,6 \Delta t\, V_s \tag{8.6}$$

式中　V_p—— 膨胀水箱的有效容积,L;

Δt—— 系统内水的最大温差,℃;

V_s—— 系统内的水容量,L。

膨胀水箱水面高出系统冷水补给水箱水面的高度按式(8.7)计算:

$$h = H\left(\frac{\rho_h}{\rho_r} - 1\right) \tag{8.7}$$

式中　h—— 膨胀水箱水面高出系统冷水补给水箱水面的垂直高度,m;

H—— 锅炉、水加热器底部至系统冷水补给水箱水面的高度,m;

ρ_h—— 热水回水的密度,kg/m^3;

ρ_r—— 热水的密度,kg/m^3。

膨胀管上严禁装设阀门,且应防冻,以确保热水供应系统安全。其最小管径应按表 8.4 确定。

表 8.4　膨胀管最小管径

锅炉或水加热器的传热面积 /m²	< 10	10 ~ 15	15 ~ 20	≥20
膨胀管的最小管径 /mm	25	32	40	50

注:对多台锅炉或水加热器应分设膨胀管。

3. 膨胀水罐

在日用热水量大于 10 m³ 的闭式热水供应系统中,应设置压力膨胀水罐;日用热水量大于 10 m³ 的闭式热水供应系统可采用泄压阀泄压的措施。压力膨胀水罐(隔膜式或胶囊式）宜设置在水加热器和止回阀之间的冷水进水管或热水回水管上，用以吸收贮热设备及管道内水升温时的膨胀水量，防止系统超压，保证系统安全运行。隔膜式膨胀罐的构造如图 8.12 所示。

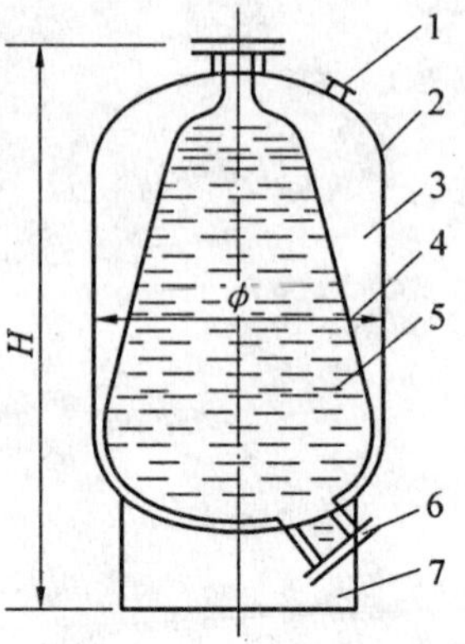

图 8.12 隔膜式压力膨胀罐

1— 充气嘴；2— 外壳；3— 气室；4— 隔膜；5— 水室；6— 接管口；7— 罐座

膨胀水罐的总容积按式(8.8) 计算计算：

$$V_e = \frac{(\rho_f - \rho_r) P_2}{(P_2 - P_1) \rho_r} V_s \tag{8.8}$$

式中 V_e—— 膨胀水箱的总容积，m^3；

ρ_f—— 加热前加热、贮热设备内水的密度，kg/m^3，相应 ρ_f 的水温可按下述情况设计计算：加热设备为单台，且为定时供应热水的系统，可按进加热设备的冷水温度 t_1 计算；加热设备为多台的全日制热水供应系统，可按最低回水温度确定；

ρ_r—— 热水的密度，kg/m^3；

P_1—— 膨胀水罐处管内水压力，MPa（绝对压力），为管内工作压力 + 0.1 MPa；

P_2—— 膨胀水罐处管内最大允许水压力，MPa（绝对压力），其数值可取 1.05 P_1；

V_s—— 系统内的热水总容积，m^3，当管网系统不大时，V_s 可按水加热设备的容积计算。

【例8.2】 某建筑设集中热水供应系统，采用开式上行下给全循环下置供水方式，设膨胀水箱。系统设 2 台导流型容积式水加热器，每台容积为 2 m^3，换热面积 7 m^2，管道内热水总容积为 1.2 m^3，水加热器底部至生活饮用水水箱水面的垂直高度为 36 m。冷水计算温度为 10 ℃，密度为 0.999 7 kg/L；加热器出水温度为 60 ℃，密度为 0.983 2 kg/L；热水回水温度为 45 ℃，密度为 0.990 3 kg/L；试计算：

(1) 膨胀管的直径；

(2) 膨胀水箱的容积；

(3) 膨胀水箱水面高出生活饮用水水箱水面的垂直高度。

解 (1) 膨胀管的直径

每个加热器设一根膨胀管，每台加热器的换热面积 7 m^2，查表 8.4，膨胀管直径为 25 mm。

(2) 计算系统内的热水总容积

系统内热水总容积包括管道内和加热器内热水容积之和

$$V_s/m^3 = 2 \times 2 + 1.2 = 5.2$$

(3) 膨胀水箱的容积，按式(8.6) 计算

$$V_p/m^3 = 0.000\,6 \times (60 - 10) \times 5.2 = 0.156$$

(4) 膨胀水箱水面高出生活饮用水水箱水面的垂直高度，按式(8.7) 计算

$$h/m = 36 \times (\frac{0.990\,3}{0.983\,2} - 1) = 0.26$$

【例 8.3】　某建筑设集中热水供应系统,采用闭式上行下给全循环下置供水方式。系统设 2 台导流型容积式水加热器,每台容积为 2 m^3,换热面积 7 m^2,管道内热水总容积为 1.2 m^3。冷水计算温度为 10 ℃,密度为 0.999 7 kg/L;加热器出水温度为 60 ℃,密度为 0.983 2 kg/L; 热水回水温度为 45 ℃,密度为 0.990 3 kg/L。计算膨胀罐的总容积。

解　(1) 确定加热前加热器内水的密度

系统全天供应热水,且有 2 台加热器,所以,加热前加热器内水的密度按回水温度 45 ℃ 的密度 0.990 3 kg/L 计算。

(2) 计算系统内的热水总容积

系统内热水总容积包括管道内和加热器内热水容积之和

$$V_s/m^3 = 2 \times 2 + 1.2 = 5.2$$

(3) 膨胀罐的总容积

按式(8.8) 计算

$$V_e/m^3 = \frac{(0.990\,3 - 0.983\,2) \times 1.05P_1}{(1.05P_1 - P_1) \times 0.983\,2} \times 5.2 = 0.79$$

8.1.3　热水管网布置与敷设

8.1.3.1　热水管网布置

热水管网的布置可采用下行上给式或上行下给式,如图 8.13、图 8.14 所示,布置时应注意到因水温高引起的体积膨胀、管道保温、伸缩补偿、排气、防腐等问题,其他与给水系统要求相同。

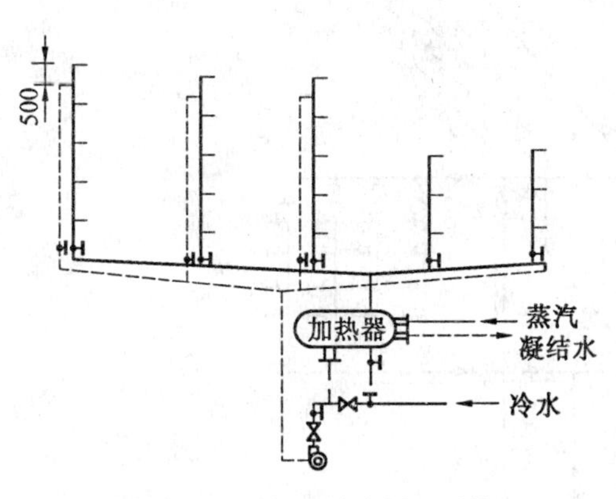

图 8.13　下行上给式循环系统

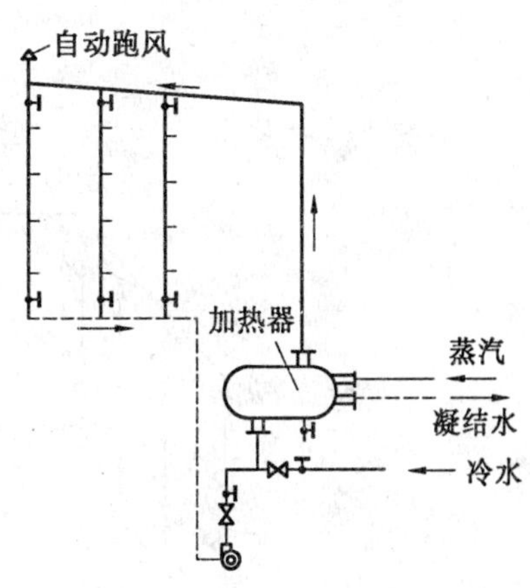

图 8.14　上行下给式循环系统

(1) 上行下给式的配水干管的最高点应设排气装置(自动排气阀、带手动放气阀的集气罐和膨胀水箱),热水管网水平干管可布置在顶层吊顶内或专用技术设备层内,并设有与水流方向相反且不小于 0.003 的坡度。

(2) 下行上给式布置时,水平干管可布置在地沟内或地下室顶部,不允许埋地敷设。对线膨胀系数大的管材要特别重视直线管段的补偿,应有足够的伸缩器,并利用最高配水点排气,方法是在配水立管最高配水点下 0.5 m 处连接循环回水立管。

(3) 热水横管均应设与水流方向相反的坡度,要求坡度不小于 0.003,管网最低处设泄水阀门,以便维修。热水管与冷水管平行布置时,热水管在上、左,冷水管在下、右。

(4) 对公共浴室的热水管道布置,常采用开式热水供应系统,并将给水额定流量较大的用水设备的管道与淋浴配水管道分开设置,以保证淋浴器出水温度的稳定。多于 3 个淋浴器的配水管道,宜布置成环形,配水管不应变径,且最小管径不得小于 25 mm。

(5) 对工业企业生活间和学校的浴室可采用单管热水供应系统,并采取稳定水温的技术措施。

8.1.3.2　热水管网的敷设

(1) 室内热水管网的敷设可分为明设和暗设两种形式。明设管道尽可能敷设在卫生间、厨房墙角处,沿墙、梁、柱暴露敷设。暗设管道可敷设在管道竖井或预留沟槽内,塑料热水管宜暗设。

(2) 室内热水管道穿过建筑物顶棚、楼板及墙壁时,均应加套管,以免因管道热胀冷缩损坏建筑结构。穿过可能有积水的房间地面或楼板时,套管应高出地面 50 ~ 100 mm,以防止套管缝隙向下流水。

(3) 塑料管不宜暗设,明设时立管宜布置在不受撞击处,如不能避免时,应在管外加保护措施。

(4) 在配水立管和回水立管的端点,从立管接出的支管、3 个和 3 个以上配水点的配水支管及居住建筑和公共建筑中每一户或单元的热水支管上,均应设阀门,如图 8.15 所示。

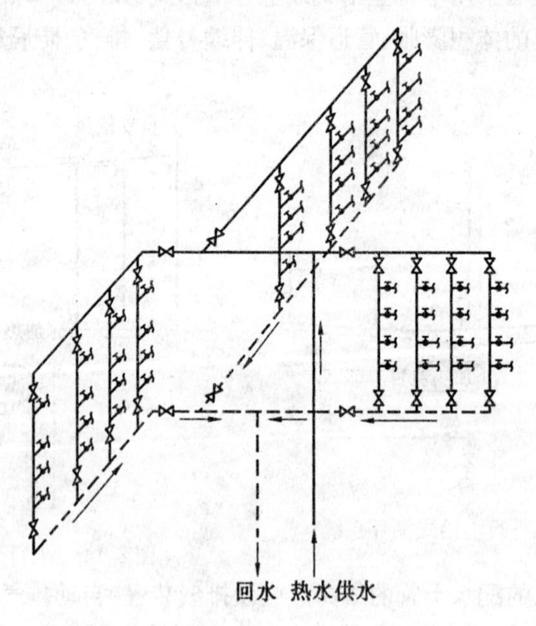

图 8.15　热水管网上阀门的安装位置

(5) 为防止加热设备内水倒流被泄空而造成安全事故和防止冷水进入热水系统影响配水点的供水温度,热水管道中水加热器或贮水器的冷水供水管、机械循环第二循环回水管和冷热水混水器的冷、热水供水管上应设止回阀,如图 8.16 所示。

(6) 当需计量热水总用水量时,应在水加热设备的冷水供水管上装冷水表,对成组和个别用水点可在专供支管上装设热水水表,有集中供应热水的住宅应装设分户热水水表。水表应安装在便于观察及维修的地方。

(7) 热水立管与横管连接处,应考虑加设管道装置,如补偿器、乙字弯管等,如图 8.17 所示。

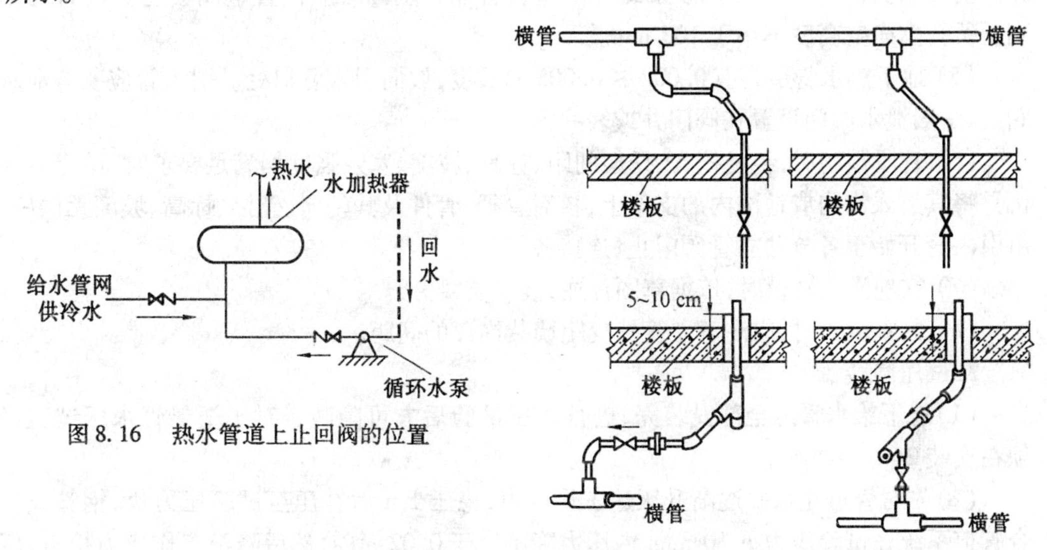

图 8.16　热水管道上止回阀的位置

图 8.17　热水立管与水平干管的连接方法

(8) 热水管道安装完毕后,管道保温之前应进行水压试验。

(9) 热水供应系统竣工后必须进行冲洗。

(10) 为减少热损失,热水配水干管、贮水罐及水加热器等均须保温,常用的保温材料有石棉灰、蛭石及矿渣棉等,保温层厚度应根据设计确定。

8.1.4　热水管道系统的安装

建筑热水管道系统安装的工艺流程为:安装准备⟶预制加工⟶干管安装⟶支管安装⟶管道试压⟶管道防腐和保温⟶管道冲洗。

安装准备及预制加工阶段详见建筑给水管道安装部分。

8.1.4.1　热水干管安装

1. 管道定位

室内热水干管一般埋设在地下。依据土建给定的轴线及标高线,结合立管坐标,确定地下热水管道的位置。根据已确定的管道坐标与标高,从引入管开始沿管道走向,用米尺量出引入管至干管及各立管间的管段尺寸,并在草图上做好标注。

2. 管道安装

(1) 对选用的管材、管件做相应的质量检查,合格后清除管内污物。对于管道上的阀门,当管径小于或等于 50 mm 时,宜采用截止阀;大于 50 mm 时,宜采用闸阀。

(2) 根据各管段长度及排列顺序,预制地下热水管道。预制时注意量准尺寸,调准各管件方向。

(3) 引入管直接和埋地管连接时应保证必要的埋深。塑料管的埋深不能小于300 mm。其室外部分埋深由土的冰冻深度及地面荷载情况决定，一般埋深应在冰冻线以下20 cm，且管顶覆土厚度不小于0.7 ~ 1.0 m。

(4) 引入管穿越基础孔洞时，应按规定预留好基础沉降量（≥ 100 mm），并用黏土将孔洞空隙填实，外抹M5水泥砂浆封严。塑料管在穿基础时应设置金属套管。套管与基础预留孔上净空高度不小于100 mm。

(5) 地下热水管道宜有0.002 ~ 0.005的坡度，坡向引入管口处。引入管应装有泄水阀门，一般泄水阀门设置在阀门井或表井内。

(6) 管段预制后，经复核支、托架间距、标高、坡度、塞浆强度均满足要求时，用绳索或机具将其放入沟内或地沟内的支架上，核对管径、管件及其朝向、坐标、标高、坡度无误后，由引入管开始至各分岔立管阀门止，连接各接口。

(7) 在地沟内敷设时，依据草图标注，装好支、托架。

(8) 立管甩头时，应注意立管外皮距墙装饰面的间距。

3. 试压隐蔽

(1)地下给水管道全部安装完，进行水压试验后方可隐蔽。对于塑料管水压试验必须在安装24 h后进行。

(2)先对管道充水并逐渐升压达工作压力，稳压1 h后补压至试验压力值，钢管或复合管道系统在试验压力下10 mim内压力降不大于0.02 MPa，然后降至工作压力检查，压力应不降，且管道连接处不渗、不漏；塑料管道系统在试验压力下稳1 h，压力降不得超过0.05 MPa，然后在工作压力1.15倍状态下稳压2 h，压力降不得超过0.03 MPa，连接处不渗漏为合格。

(3)经质量检查员会同有关人员对地下管道的材质、管径、坐标、标高、坡度及坡向、防腐、管沟基础等全面核验，确认符合设计要求及规范规定后填写隐蔽工程记录，方可进行管沟回填。

8.1.4.2　热水立管安装

1. 修整、凿打楼板穿管孔洞

根据地下铺设的热水管道各立管甩头位置，在顶层楼地板上找出立管中心线位置，先打出一个直径20 mm左右的小孔，用线坠向下层楼板吊线，找出中心位置打小孔。依次放长线坠向下层吊线，直至地下热水管道立管甩头处，核对修整各层楼板孔洞位置。开扩修整楼板孔洞，使各层楼板孔洞的中心位置在一条垂线上，且孔洞直径应大于要穿越的立管外径20 ~ 30 mm，如遇上层墙体减薄，使立管距墙过远时，可调整上层楼板孔洞中心位置，再扩孔修整使立管中心距墙一样。

2. 量尺、下料

确定各层立管上所接的各横支管位置。据图纸和有关规定，按土建给定的各层标高线来确定各横支管位置与中心线，并将中心线标高画在靠近立管的墙面上。用木尺杆或米尺由上至下，逐一量准各层立管所接各横支管中心线标高尺寸，然后记录在木尺杆或草图上直至一层甩头阀门处。按量记的各层立管尺寸下料。

3. 预制、安装

预制时尽量将每层立管所带的管件、配件在操作台上安装。在预制管段时要严格找准方向。在立管调直后可进行主管安装。安装前应先清除立管甩头处阀门的临时封堵物，并清净阀门丝扣内和预制管腔内的污物泥砂等。按立管编号，从一层阀门处往上，逐层安装给水立管，并从 90 ℃的两个方向用线坠吊直热水立管，用铁钎子临时固定在墙上。

4. 装立管卡具、封堵楼板眼

按管道支架制作安装工艺装好立管卡具。对穿越热水立管周围的楼板孔隙，可用水冲洗、湿润孔洞四周，吊模板，再用不小于楼板混凝土强度等级的细石混凝土灌严、捣实，待卡具及堵眼混凝土达到强度后拆模。在下层楼板封堵完后可按上述方法进行上一层立管安装，如遇墙体变薄或上下层墙体错位，造成立管距墙太远时，可采用冷弯管叉弯或用弯头调整立管位置，再逐层安装至最高层给水横支管位置处。

8.1.4.3　热水支管安装

1. 修整、凿打墙体穿管孔洞

(1)根据图纸设计的横支管位置与标高，结合各类用水设备进水口的不同情况，按土建给定的地面水平线及抹灰层厚度，排尺找准横支管穿墙孔洞的中心位置，用十字线标记在墙面上。

(2)按穿墙孔洞位置标记开扩修整预留孔洞，使孔洞中心线与穿墙管道中心线吻合。且孔洞直径应大于管外径 20 ~ 30 mm。

2. 量尺、下料

(1)由每个立管各甩头处管件起，至各横支管所带卫生器具和各类用水设备进水口位置上，量出横支管各个管段间的尺寸，记录在草图上。

(2)按设计要求选择适宜管材及管件，并清除管腔内污杂物。

(3)根据实际测量的尺寸下料。

3. 预制、安装

(1)根据横支管设计排列情况及规范规定，确定管道支、吊、托架的位置与数量。

(2)按设计要求或规范规定的坡度、坡向及管中心与墙面距离以及立管甩头处管件外底位置确定横支管的管外底位置线。再依据位置线标高和支吊托架的结构形式，凿打出支、吊、托架的墙眼。一般墙眼深度不小于 120 mm。应用水平尺或线坠等，按管道外底位置线将已预制好的支、吊、托架涂刷防锈漆后，将支架栽牢，找平，找正。

(3)按横支管的排列顺序，预制出各横支管的各管段，同时找准横支管上各甩头管件的位置与朝向。

(4)待预制管段预制完及所栽支、吊、托架的灌浆达到强度后，可将预制管段依次放在支、吊、托架上，连接、调直好接口，并找正各甩头管件口的朝向，紧固卡具，固定管道，将敞口处做好临时封堵。

(5)用水泥砂浆封堵穿墙管道周围的孔洞，注意不要突出抹灰面。

4. 连接各类用水设备的短支管安装

(1)安装各类用水设备的短支管时，应从热水横支管甩头管件口中心吊一线坠，再根据用水设备进水口需要的标高量取短管尺寸，并记录在草图上。

(2)根据量尺记录选管下料,接至各类用水设备进水口处。

(3)栽好必需的管道卡具,封堵临时敞口处。

单元二　建筑室内热水给水设备施工安装

8.2.1　加热和贮热设备的选用

在热水供应系统中,将冷水加热,常采用加热设备来完成。加热设备是热水供应系统的重要组成部分,需根据热源条件和系统要求合理选择。

热水系统的加热设备分为局部加热设备和集中热水供应系统的加热和贮热设备。其中局部加热设备包括燃气热水器、电热水器、太阳能热水器等;集中加热设备包括燃煤(燃油、燃气)热水锅炉、热水机组、容积式水加热器、半容积式水加热器、快速式水加热器和半即热式水加热器等。

加热设备常用以蒸汽或高温水为热媒的水加热设备。

8.2.1.1　局部水加热设备

(1)燃气热水器

燃气热水器是一种局部供应热水的加热设备,按其构造可分为直流式和容积式两种。

直流式快速式燃气热水器一般带有自动点火和熄火保护装置,冷水流经带有翼片的蛇形管时,被热烟气加热到所需温度的热水供生活用,其结构如图 8.18 所示。直流快速式燃气热水器一般安装在用水点就地加热,可随时点燃并可立即取得热水,供一个或几个配水点使用,常用于厨房、浴室、医院手术室等局部热水供应。

容积式燃气热水器是能贮存一定容积热水的自动水加热器,使用前应预先加热。

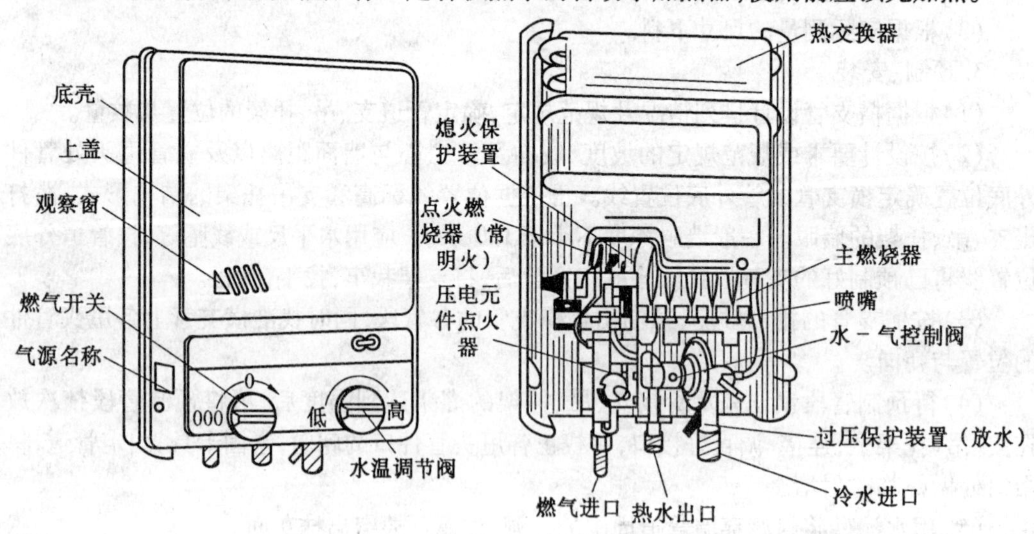

图 8.18　直流快速式燃气热水器构造图

(2)电热水器

电热水器通常以成品在市场上销售,分快速式和容积式两种。快速式电热水器无贮水容积使用时不需预先加热，通水通电后即可得到被加热的热水，具有体积小、重量轻、热损失少、效率高、安装方便、易调节水量和水温等优点，但电耗大，在缺电地区受到一定限制。

容积式电热水器具有一定的贮水容积，其容积从10～10 000 L不等，在使用前需预先加热到一定温度，可同时供应几个热水用水点在一段时间内使用，具有耗电量小、使用方便等优点，但热损失较大，适用于局部热水供应系统，容积式电热水器的构造如图8.19所示。

(3)太阳能热水器

太阳能作为一种取之不尽、用之不竭且无污染的能源越来越受到人们的重视。利用太阳能集热器集热，是太阳能利用的一个主要方面，它具有结构简单、维护方便、使用安全、费用低廉等特点，但受天气、季节等影响不能连续稳定运行，需配贮热和辅助电加热设施，且占地面积较大。

太阳能热水器是将太阳能转换成热能并将水加热的装置，集热器是太阳能热水器的核心部分，由真空集热管和反射板构成，目前采用双层高硼硅真空集热管为集热元件和优质进口镜面不锈钢板做反射板，使太阳能的吸收率高达92%以上，同时具有一定的抗冰雹冲击的能力，使用寿命可达15年以上。

贮热水箱是太阳能热水器的重要组件，其构造同热水系统的热水箱。贮热水箱的容积按每平方米集热器采光面积配置热水箱的容积。

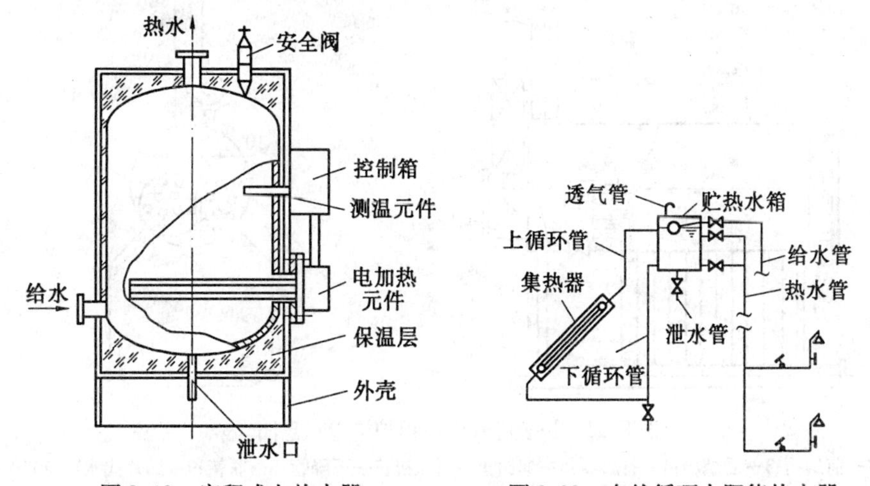

图8.19　容积式电热水器　　　　图8.20　自然循环太阳能热水器

太阳能热水器主要由集热器、贮热水箱、反射板、支架、循环管、给水管、热水管、泄水管等组成，如图8.20所示。

太阳能热水器常布置在平屋顶上、顶层阁楼上，倾角合适时也可设在坡屋顶上，如图8.21所示。对于家庭用集热器也可利用向阳晒台栏杆和墙面设置，如图8.22所示。

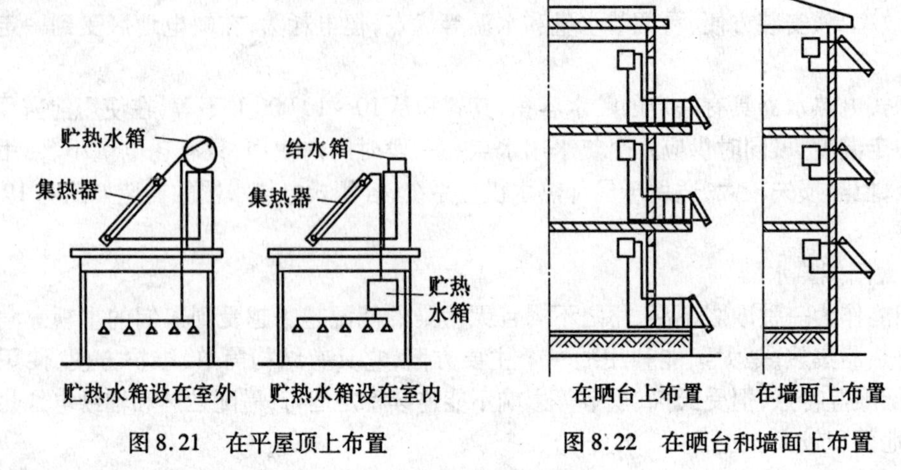

图 8.21　在平屋顶上布置　　图 8.22　在晒台和墙面上布置

8.2.1.2　集中热水供应系统的加热和贮热设备

1. 燃煤热水锅炉

集中热水供应系统采用的小型燃煤热水锅炉,分立式和卧式两类。图 8.23 为快装卧式内燃锅炉的构造示意图。燃煤锅炉燃料价格低、运行成本低,但存在烟尘和煤渣,会对环境造成污染。目前许多城市已开始限制或禁止在市区内使用燃煤锅炉。

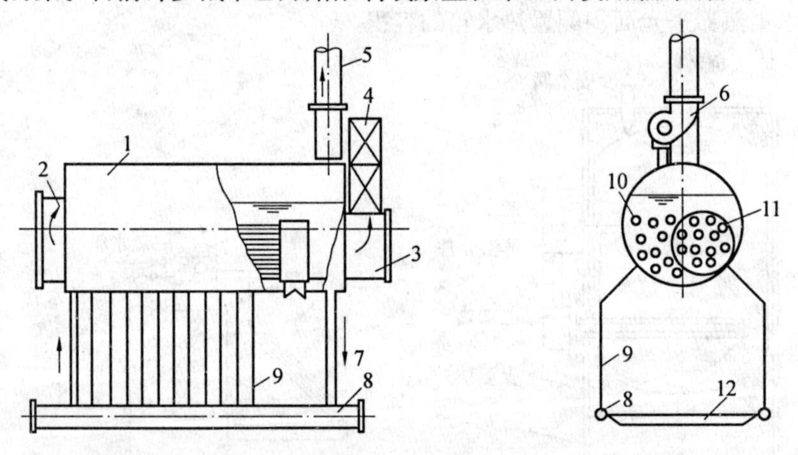

图 8.23　快装卧式内燃锅炉构造示意图

1—锅炉;2—前烟箱;3—后烟箱;4—省煤器;5—烟囱;6—引风机;7—下降管;8—联箱;9—鳍片式水冷壁;10—第 2 组烟管;11—第 1 组烟管;12—炉壁

2. 燃油(燃气)热水锅炉

燃油(燃气)锅炉的构造如图 8.24 所示,通过燃烧器向正在燃烧的炉膛内喷射雾状油或燃气,燃烧迅速、完全,且具有构造简单、体积小、热效高、排污总量少、管理方便等优点。目前燃油(燃气)锅炉的使用越来越广泛。

3. 容积式水加热器

容积式水加热器是一种间接加热设备,内设换热管束并具有一定的贮热容积,既可加热冷水又可贮备热水,常用热媒为饱和蒸汽或高温水,分立式和卧式两种,如图 8.25 所

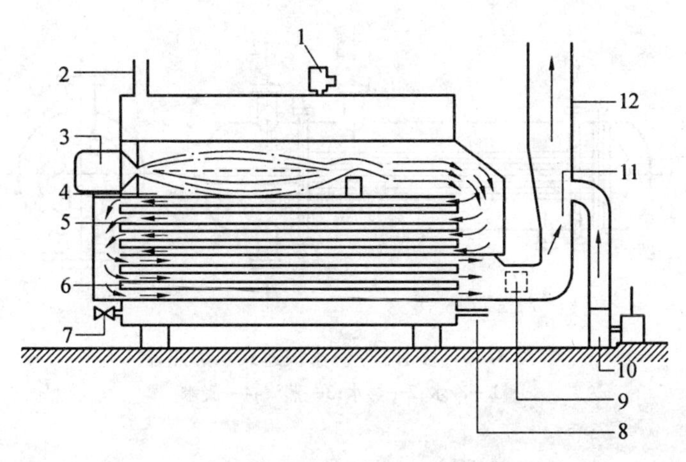

图 8.24　燃油(燃气)锅炉构造示意图

1—安全阀;2—热媒出口;3—油(煤气)燃烧器;4— 一级加热管;5—二级加热管;6—三级加热管;7—泄空阀;8—回水(或冷水)入口;9—导流器;10—风机;11—风档;12—烟道

示。容积式水加热器的主要优点是具有较大的贮存和调节能力,被加热水流速低,压力损失小,出水压力平稳,水温较稳定,供水较安全。但该加热器传热系数小,热交换效率较低,体积庞大。常用的容积式水加热器有传统的 U 形管型容积式水加热器和导流型容积式水加热器。

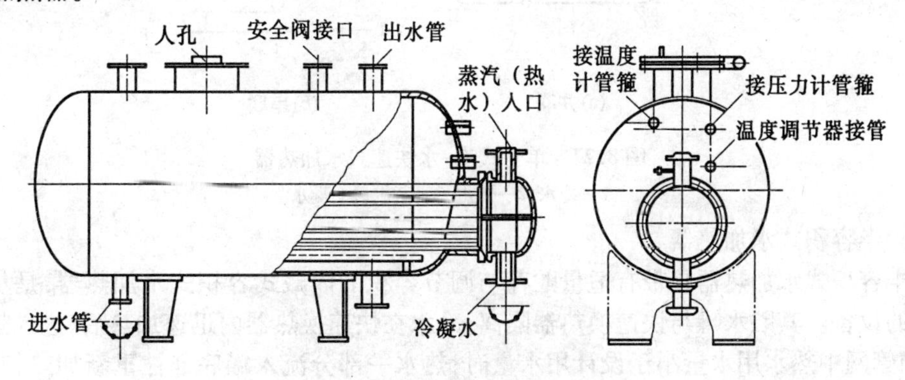

图 8.25　容积式水加热器构造图

4. 快速式水加热器

在快速式水加热器中,热媒与冷水通过较高速度流动,进行紊流加热,提高了热媒对管壁及管壁对被加热水的传热系数,提高了传热效率,由于热媒不同,有汽-水、水-水两种类型。加热导管有单管式、多管式、波纹板式等多种形式。快速式水加热器是热媒与被加热水通过较大速度的流动进行快速换热的间接加热设备。

根据加热导管的构造不同,分为单管式、多管式、板式、管壳式、波纹板式及螺旋板式等多种形式。图 8.26 为多管式汽-水快速式水加热器,图 8.27 为单管式汽-水快速式水加热器,可多组并联或串联。

快速式水加热器体积小、安装方便、热效高,但不能贮存热水、水头损失大、出水温度波动大,适用于用水量大且比较均匀的热水供应系统。

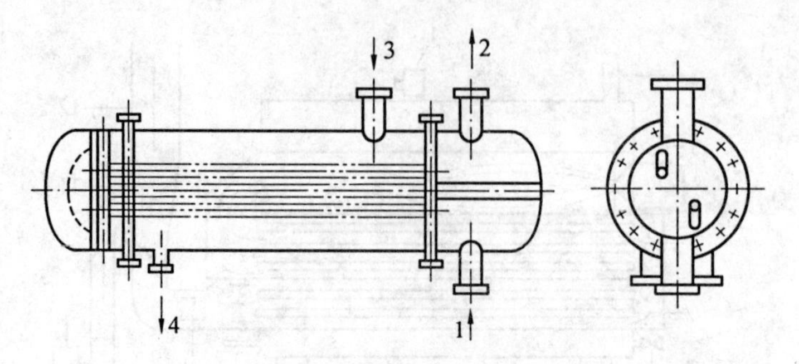

图 8.26　多管式汽-水快速式水加热器

1—冷水;2—热水;3—蒸汽;4—凝水

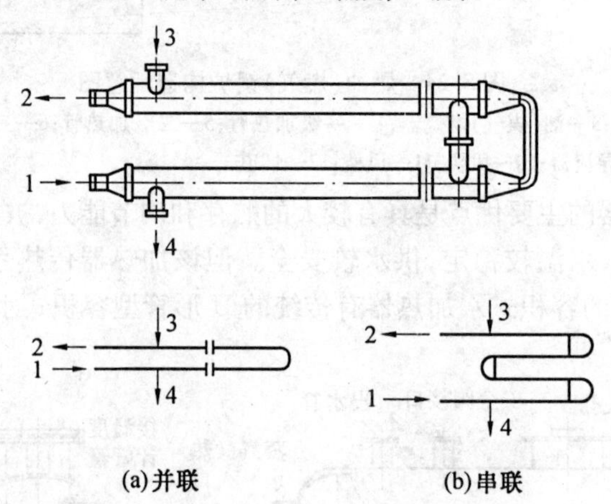

图 8.27　单管式汽-水快速式水加热器

1—冷水;2—热水;3—蒸汽;4—凝水

5. 半容积式水加热器

半容积式水加热器是带有适量贮存与调节容积的内藏式容积式水加热器,是从外国引进的设备。其贮水罐与快速换热器隔离,冷水在快速换热器内迅速加热后,进入热水贮罐,当管网中热水用水量小于设计用水量时,热水一部分流入罐底部被重新加热,其构造如图 8.28 所示。

我国研制的 HRV 型半容积式水加热器装置的构造如图 8.29 所示,其特点是取消内循环泵,被加热水进入快速换热器被迅速加热,然后由下降管强制送到贮热水罐的底部,再向上流动,以保持整个贮罐内的热水温度相同。

6. 半即热式水加热器

半即热式水加热器是带有超前控制,具有少量贮水容积的快速式水加热器,如图8.30所示为其构造示意图。

热媒由底部进入各并联盘管,冷凝水经立管从底部排出,冷水经底部孔板流入罐内,并有少量冷水经分流管至感温管。冷水经转向器均匀进入罐底并向上流过盘管得到加热,热水由上部出口流出,同时部分热水进入感温管开口端。冷水以与热水用水量成比例的流量由分流管同时进入感温管,感温元件读出感温管内冷、热水的瞬间平均温度,向控制阀发送信号,按需要调节控制阀,以保持所需热水温度。只要配水点有用水需要,感温

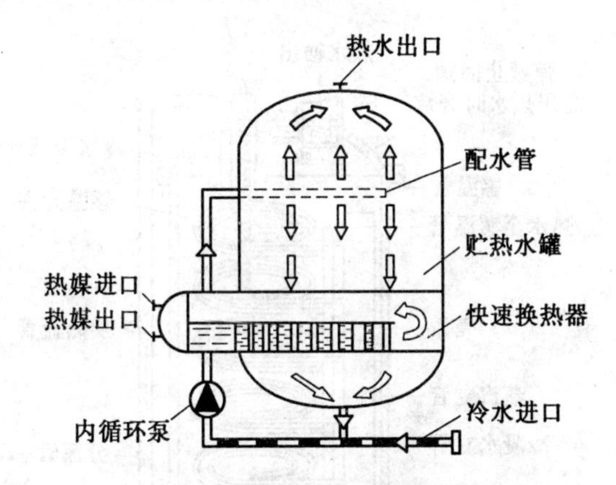

图 8.28　半容积式水加热器构造示意图

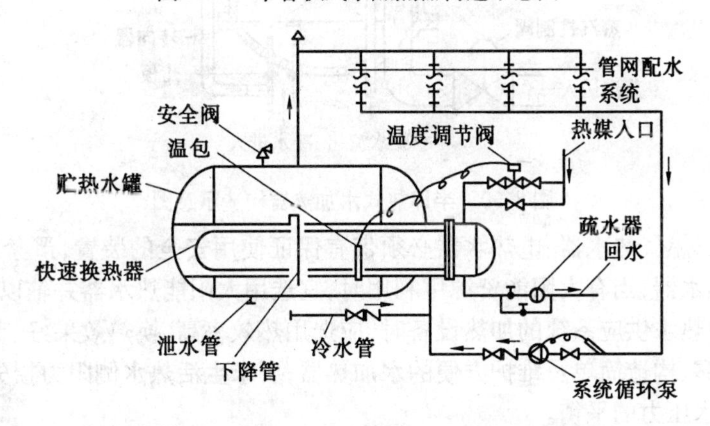

图 8.29　HRV 型半容积式水加热器工作系统图

元件就能在出口水温未下降的情况下,提前发出信号开启控制阀,即有了预测性。加热时多排螺旋形薄壁铜质盘管自由收缩膨胀并产生颤动,造成局部紊流区,形成紊流加热,增大传热系数,加快换热速度,由于温差作用,盘管不断收缩、膨胀,可使传热面上的水垢自动脱落。

半即热式水加热器具有传热系数大、热效高、体积小、加热速度快、占地面积小、热水贮存容量小(仅为半容积式水加热器的 1/5)的特点,适用于各种机械循环热水供应系统。

7. 加热水箱和热水贮水箱

加热水箱是一种直接加热的热交换设备,在水箱中安装蒸汽穿孔管或蒸汽喷射器,给冷水直接加热。也可在水箱内安装排管或盘管给冷水间接加热。加热水箱常用于公共浴室等用水量大而均匀的定时热水供应系统。

热水贮水箱(罐)是专门调节热水量的设施,常设在用水不均匀的热水供应系统中,用以调节水量、稳定出水温度。

8.2.1.3　加热设备的选择与布置

1. 加热设备的选择

选用局部热水供应加热设备,需同时供给多个用水设备时,宜选用带贮容积的加热设备;热水器不应安装在易燃物堆放或对燃气管、表或电气设备产生影响及有腐蚀性气体和

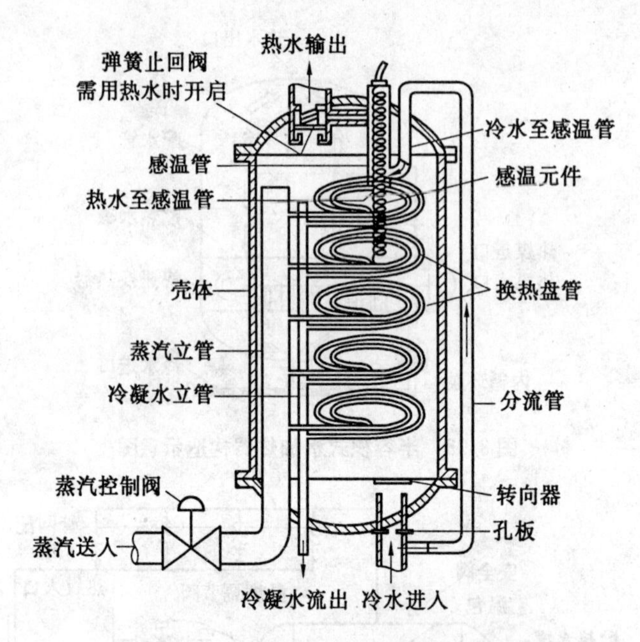

图 8.30　半即热式水加热器构造示意图

灰尘多的场所；燃气热水器、电热水器必须带有保证使用安全的装置，严禁在浴室内安装直燃式燃气热水器；当有太阳能资源可利用时，宜选用太阳能热水器并辅以电加热装置。

选择集中热水供应系统的加热设备时，应选用热效率高、换热效果好、节能、节省设备用房、安全可靠、构造简单及维护方便的水加热器；要求生活热水侧阻力损失小，有利于整个系统冷、热水压力的平衡。

当采用自备热源时，宜采用直接供应热水的燃气、燃油热水机组，也可采用间接供应热水的自带换热器的热水机组或外配容积式、半容积式水加热器的热水机组，并具有燃料燃烧完全、消烟除尘、自动控制水温、火焰传感、自动报警等功能；当采用蒸汽或高温水为热源时，间接水加热设备的选择应结合热媒的情况、热水用途及水量大小等因素经技术经济比较后确定；有太阳能可利用时宜优先采用太阳能水加热器，电力供应充足的地区可采用电热水器。

2.加热设备的布置

加热设备的布置必须满足相关规范及产品样本的要求。锅炉应设置在单独的建筑物中，并符合消防规范的相关规定。水加热设备和贮热设备可设在锅炉房或单独房间内，房间尺寸应满足设备进出、检修、人行通道、设备之间净距的要求，并符合通风、采光、照明、防水等要求。热媒管道、凝结水管道、凝结水箱、水泵、热水贮水箱、冷水箱及膨胀管、水处理装置的位置和标高，热水进、出口的位置、标高应符合安装和使用要求，并与热水管网相配合。

水加热设备的上部、热媒进出口管上及贮热水罐上应装设温度计、压力表；热水循环管上应装设控制循环泵开停的温度传感器；压力罐上设安全阀，其泄水管上不得安装阀门并引到安全的地方。

水加热器上部附件的最高点至建筑结构最低点的净距应满足检修要求，并不得小于

0.2 m,房间净高不得小于2.2 m,热水机组的前方不少于机组长度2/3的空间,后方应留0.8~1.5 m的空间,两侧通道宽度应为机组宽度,且不小于1.0 m。机组最上部部件(烟囱除外)至屋顶最低点净距不得少于0.8 m。

单元三 建筑室内热水给水管道试压与验收

8.3.1 水压试验

热水供应系统安装完毕,管道保温之前应进行水压试验。试验压力应符合设计要求。当设计未注明时,热水供应系统水压试验压力应为系统顶点的工作压力加0.1 MPa,同时在系统顶点的试验压力不小于0.3 MPa。

试压步骤如下:

1. 向管道系统注水

以水为介质,由下而上向系统送水。当注水压力不足时,可采取增压措施。注水时需将给水管道系统最高点的阀门打开,待管道系统内的空气全部排净见水后将阀门关闭,此时表明管道系统注水已满。

2. 向管道系统加压

管道系统注满水后,启动加压泵使系统内水压逐渐升高,先升至工作压力,停泵观察,当各部位无破裂、无渗漏时,再将压力升至试验压力。钢管或复合管道系统在试验压力下10 min内压力降不大于0.02 MPa,然后降至工作压力检查,压力应不降,且不渗、不漏;塑料管道系统在试验压力下稳压1 h,压力降不得超过0.05 MPa,然后在工作压力1.15倍状态下稳压2 h,压力降不得超过0.03 MPa,连接处不得渗漏。

铜管试验压力的取值,我国尚无规范。国外铜管水压试验压力为1 MPa,持续时间1 h,管接口不渗漏为合格。气压试验压力为0.3 MPa,持续时间0.5 h,用肥皂水抹在管接口上,未发现鼓泡为合格。

3. 泄水

热水管道系统试压合格后,应及时将系统低处的存水泄掉,防止积水冬季冻结破坏管道。

8.3.2 冲洗与消毒

热水供应系统竣工后必须进行冲洗。

8.3.2.1 冲洗条件

室内热水管路系统水压试验已做完;各环路控制阀门关闭灵活可靠;临时供水装置运转正常,增压水泵工作性能符合要求;冲洗水放出时有排出的条件;水表尚未安装,如已安装应卸下,用直管代替,冲洗后再复位。

8.3.2.2 冲洗工艺

先冲洗热水管道系统底部干管,后冲洗各环路支管。由临时供水入口系统供水。关闭其他支管的控制阀门，只开启干管末端支管最底层的阀门，由底层放水并引至排水系统内。观察出水口水质变化。底层干管冲洗后再依次冲洗各分支环路。直至全系统管路冲洗完毕为止。

冲洗时技术要求如下：

(1)冲洗水压应大于热水系统供水工作压力。

(2)出水口处的管道截面不得小于被冲洗管径截面的3/5。

(3)出水口处的排水流速不小于1.5 m/s。

8.3.3 建筑热水系统安装的质量验收规范

《建筑给水排水及采暖工程施工质量验收规范》(GB 50242—2002)中，有关建筑热水系统安装有如下规定。

8.3.3.1 一般规定

(1)保证热水供应的质量。热水供应系统的管道应采用耐腐蚀、对水质无污染的管材。

(2)热水供应系统管道及配件安装执行《建筑给水排水及采暖工程施工质量验收规范》(GB 50242—2002)标准第4.2节的相关规定。

(3)预留孔洞的位置、尺寸、标高应符合设计和施工规范要求。预留孔、预留管的中心线位移允许偏差为15 mm，其截面内部尺寸允许偏差为±5 mm。

(4)过楼板的套管顶部高出地面不小于20 mm，卫生间、厨房等容易积水的场合必须高出50 mm，底部与顶棚抹灰面平齐。过墙壁的套管两端与饰面平齐，过基础的套管两端各伸出墙面30 mm以上。管顶上部应留够净空余量。套管固定应牢固，管口平齐，环缝均匀。根据不同介质，填料充实，封堵严密。

(5)螺纹连接应牢固，管螺纹根部有外露螺纹不多于2扣，镀锌钢管和管件的镀锌层无破损，螺纹露出部分防腐蚀性良好，接口处应无外露麻丝或胶带。

(6)焊口平直度、焊缝加强面应符合规范规定。焊口表面无烧穿、裂纹和明显结瘤、夹渣及气孔等缺陷。焊波均匀一致，管子对口的错口偏差应不超过管壁厚的20%，且不超过2 mm。对接焊时应饱满，且高出焊件1.5~2 mm，平整、均匀，无波纹、断裂、烧焦、吹毛和未焊透的缺陷。

(7)法兰对接平行紧密，与管子中心线垂直，螺杆露出螺母长度一致，且不大于螺杆直径的1/2，螺母在同侧。

(8)管道支、吊、托架要构造正确，埋设平整牢固，排列整齐，支架与管子接触紧密。夹具的数量、位置应符合规范要求。

8.3.3.2 主控项目

(1)热水供应系统安装完毕，管道保温之前应进行水压试验。试验压力应符合设计要求。当设计未注明时，热水供应系统水压试验压力应比系统顶点的工作压力大0.1 MPa，同时在系统顶点的试验压力不小于0.3 MPa。

检验方法：先对管道充水并逐渐升压达工作压力，钢管或复合管道系统在试验压力下

10 min 内压力降不大于 0.02 MPa，然后降至工作压力检查，压力应不降，且不渗、不漏；塑料管道系统在试验压力下稳压 1 h，压力降不得超过 0.05 MPa，然后在工作压力 1.15 倍状态下稳压 2 h，压力降不得超过 0.03 MPa，连接处不得渗漏。

(2)热水供应系统应尽量利用自然弯补偿热伸缩，直线段过长则应设置补偿器，补偿器形式、规格、位置应符合设计要求，并按有关规定进行预拉伸。

检验方法：对照设计图纸检查。

(3)热水供应系统竣工后必须进行冲洗。

检验方法：现场观察检查。

8.3.3.3　一般项目

(1)管道安装坡度应符合设计规定。

检验方法：水平尺、拉线尺量检验。

(2)温度控制器及阀门应安装在便于观察和维护的位置。

检验方法：观察检查。

(3)热水供应管道和阀门安装的允许偏差应符合表 8.5 规定。

表 8.5　管道和阀门安装的允许偏差和检验方法

项次	项目			允许偏差/mm	检验方法
1	水平管道纵横方向弯曲	钢管	每米	1	用水平尺、直尺、拉线和尺量检查
			全长 25 m 以上	≤25	
		塑料管 复合管	每米	1	
			全长 25 m 以上	≤25	
2	立管垂直度	钢管	每米	3	吊线和尺量检查
			全长 5 m 以上	≤8	
		塑料管 复合管	每米	2	
			全长 5 m 以上	≤8	
3	成排管段和成排阀门		在同一平面间距	3	尺量检查

(4)热水供应系统管道应保温（浴室明装管道除外），保温材料、厚度、保护壳应符合设计规定。保温层厚度和平整度的允许偏差应符合表 8.6 的规定。

表 8.6　管道及设备保温的允许偏差和检验方法

项次	项目		允许偏差/mm	检验方法
1	厚度		$+0.1\delta$ -0.05δ	用钢针刺入
2	表面平整度	卷材	5	用 2 m 靠尺和楔形塞尺检查
		涂料	10	

单元四　管道的防腐和保温

8.4.1　防腐工艺流程

表面去污除锈──→调配涂料──→刷或喷涂施工──→养护。

8.4.1.1　表面去污除锈

金属表面去污方法有溶剂清洗、碱液去污、乳剂除污。

金属除锈方法有人工除锈、机械除锈和喷砂除锈。

8.4.1.2　调配涂料

工程中用漆种类繁多,底、面漆不相配会造成防腐失败。

(1)根据设计要求按不同管道、不同介质、不同用途及不同材质选择油漆涂料。

(2)管道涂色分类:管道应根据输送介质选择涂色,如设计无规定,参考表 8.7 选择涂料颜色。

表 8.7　管道涂色分类

管道名称	颜　色	
	底色	色环
热水送水管	绿	黄
热水回水管	绿	褐

(3)将选好的油漆桶开盖,根据原装油漆稀稠程度加入适量稀释剂。油漆的调和程度要考虑涂刷方法,调和至适合手工涂刷或喷涂的稠度。喷涂时,稀释剂和油漆的比可为 1∶(1～2),用根棒搅拌均匀,如果可以刷、不流淌、不出刷纹,即可准备涂刷。

8.4.2　油漆涂刷

8.4.2.1　手工涂刷

用油刷、小桶进行。每次油刷沾油要适量,不要弄到桶外污染环境。手工涂刷要自上而下、从左到右、先里后外、先斜后直、先难后易、纵横交错地进行。漆层厚薄均匀一致,不得漏刷和漏挂。多遍涂刷时每遍不宜过厚,必须在上一遍涂膜干燥后才可涂刷第二遍。

8.4.2.2　浸涂

用于形状复杂的物件防腐。把调和好的漆倒入容器或槽里,然后将物件浸在涂料液中,浸涂均匀后抬出涂件,搁置在干净的排架上,待第一遍干后,再浸涂第二遍。

8.4.2.3　喷涂

常用的有压缩空气喷涂、静电喷涂、高压喷涂。

8.4.3　油漆涂层养护

8.4.3.1　油漆施工条件

不应在雨天、雾天、露天和0 ℃以下环境施工。

8.4.3.2　油漆涂层的成膜养护

溶剂挥发型涂料靠溶剂挥发干燥成膜,温度为15～250 ℃。氧化-聚合型涂料成膜经过溶剂挥发和氧化反应聚合阶段才达到强度。烘烤聚合型的磁漆只有烘烤养护才能成膜。固化型涂料分常温固化和高温固化满足成型条件。

8.4.4　保温

保温又称绝热,绝热则更为确切。绝热是减少系统热量向外传递(保温)和外部热量传入系统(保冷)而采取的一种工艺措施。绝热包括保温和保冷。

保温和保冷是不同的,保冷的要求比保温高。这不仅是因为冷损失比热损失代价高,更主要的是因为保冷结构的热传递方向是由外向内。在传热过程中,由于保冷结构内外壁之间的温度差而导致保冷结构内外壁之间的水蒸气分压力差,大气中的水蒸气在分压力差的作用下随热流一起渗入绝热材料内,并在其内部产生凝结水或结冰现象,导致绝热材料的热导率增大、结构开裂。对于有些有机材料,还将因受潮而发霉腐烂,以致材料完全被损坏。系统的温度越低,水蒸气的渗透性就越强。为防止水蒸气的渗入,保冷结构的绝热层外必须设置防潮层,而保温结构在一般情况下是不设置防潮层的。这就是保温结构与保冷结构的不同之处。虽然保温和保冷有所不同,但往往并不严格区分,习惯上统称为保温。

8.4.4.1　管道胶泥结构保温涂抹法工艺流程

配制与涂抹──→缠草绳──→缠镀锌铁丝网──→干燥──→保护层──→防锈漆。

1. 配制与涂抹

先将选好的保温材料按比例称量并混合均匀,然后加水调成胶泥状,准备涂抹使用。DN≤40时保温层厚度较薄,可以一次抹好;DN>40时可分几次抹,第一层用较稀的胶泥散敷,厚度一般为2～5 mm,待第一层完全干燥后再涂抹第二层,厚度为10～15 mm,以后每层厚度均为15～25 mm,直到达到设计要求的厚度为止。表面要抹光,外面再按要求做保护层。

2. 缠草绳

根据设计要求,在第一层涂抹后缠草绳,草绳间距为5～10 mm,然后再于草绳上涂抹各层石棉灰,达到设计要求的厚度为止。

3. 缠镀锌铁丝网

保温层的厚度在100 mm以内时,可用一层镀锌铁丝网缠于保温管道外面。若厚度大于100 mm时可做两层镀锌铁丝网,具体做法如图8.31所示。

4. 加温干燥

施工时环境温度不得低于0 ℃,为加快干燥可在管内通人高温介质(热水或蒸汽),

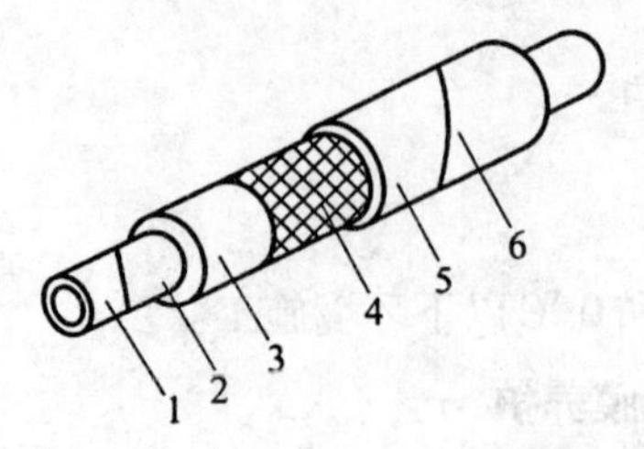

图 8.31　管道胶泥保温结构

1—管道；2—防锈漆；3—保温层；4—铁丝网；5—保护层；6—防腐体

温度应控制在 80 ~ 150 ℃。

5. 保护层

(1) 法兰、阀门保温时两侧必须留出足够的间隙（一般为螺栓长度加 30 ~ 50 mm），以便拆卸螺栓。法兰、阀门安装稳固后再用保温材料填满充实做好保温。

(2) 管道转弯处，在接近弯曲管道的直管部分应留出 20 ~ 30 mm 膨胀缝，并用弹性良好的保温材料填充。

(3) 高温管道的直管部分每隔 2 ~ 3 m、普通供热管道每隔 5 ~ 8 m 设膨胀缝，在保温层及保护层留出 5 ~ 10 mm 的膨胀缝并填以弹性良好的保温材料。

8.4.4.2　管道棉毡、矿纤等结构保温绑扎法

1. 棉毡缠包保温

先将成卷的棉毡按管径大小裁剪成适当宽度的条带（一般为 200 ~ 300 mm），以螺旋状包缠到管道上。边缠边压边抽紧，使保温后的密度达到设计要求。当单层棉毡不能达到规定保温层厚度时，用两层或三层分别缠包在管道上，并将两层接缝错开。每层纵横向接缝处必须紧密接合，纵向接缝应放在管道上部，所有缝隙要用同样的保温材料填充。表面要处理平整、封严。

保温层外径不大于 500 mm 时，在保温层外面用直径为 1.0 ~ 1.2 mm 的镀锌铁丝绑扎，绑扎间距为 150 ~ 200 mm，每处绑扎的铁丝应不小于两圈。当保温层外径大于 500 mm 时，还应加镀锌铁丝网缠包，再用镀锌铁丝绑扎牢。如果使用玻璃丝布或油毡做保护层时则不必包铁丝网。保温结构如图 8.32 所示。

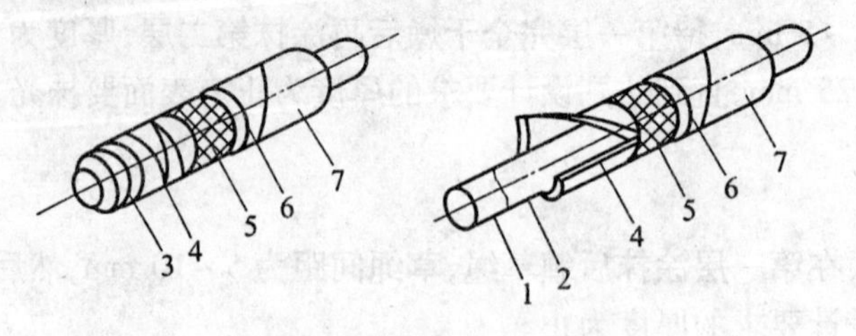

图 8.32　缠包法保温结构

1—管道；2—防锈漆；3—镀锌铁丝；4—保温毡；5—铁丝网；6—保护层；7—防锈漆

2. 矿纤预制品绑扎保温

保温管壳可以用直径 1.0 ~ 1.2 mm 镀锌铁丝等直接绑扎在管道上。绑扎保温材料时应将横向接缝错开，采用双层结构时，双层绑扎的保温预制品内外弧度应均匀并盖缝。

若保温材料为管壳应将纵向接缝设置在管道的两侧。

用镀锌铁丝或丝裂膜绑扎带时，绑扎的间距不应超过300 mm，并且每块预制品至少应绑扎两处，每处绑扎的钢丝或带不应少于两圈。其接头应放在预制品的纵向接缝处，使得接头嵌入接缝内。然后将塑料布缠绕包扎在壳外，圈与圈之间的接头搭接长度应为30~50 mm。最后外层包玻璃丝布等保护层，外刷调和漆。

3. 非纤维材料的预制瓦、板保温

(1)绑扎法

适用于泡沫混凝土、硅藻土、膨胀珍珠岩、膨胀蛭石、硅酸钙保温瓦等制品。保温材料与管壁之间涂抹一层石棉粉、石棉硅藻土胶泥，一般厚度为3~5 mm，然后再将保温材料绑扎在管壁上。所有接缝均应用石棉粉、石棉硅藻土或与保温材料性能相近的材料配成胶泥填塞。其他过程与矿纤预制品绑扎保温施工相同。保温结构如图8.33所示。

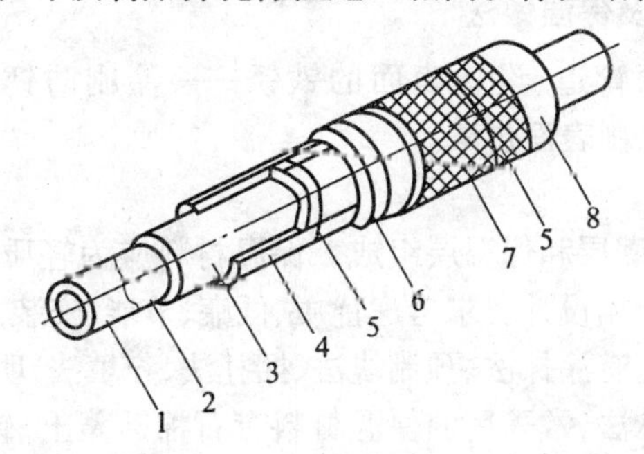

图8.33　绑扎法保温结构

1—管道；2—防锈漆；3—胶泥；4—保温材料；5—镀锌铁丝；6—沥青油毡；7—玻璃丝布；8—保护层（防腐漆及其他）

(2)粘贴法

将保温瓦块用粘接剂直接贴在保温件的面上。保温瓦应将横向接缝错开，粘贴住即可。涂刷粘贴剂时要保持均匀饱满，接缝处必须填满、严实。

4. 管件绑扎保温

管道上的阀门、法兰、弯头、三通、四通等管件保温时应特殊处理，以便于启闭检修或更换。其做法与管道保温基本相同。

8.4.4.3　聚氨酯硬质泡沫塑料的保温

聚氨酯硬质泡沫塑料由聚醚和多元异氰酸酯加催化剂、发泡剂、稳定剂等原料按比例调配而成。施工时，应将这些原料分成两组（A组和B组）。A组为聚醚和其他原料的混合液；B组为异氰酸酯。只要两组混合在一起，即起泡而生成泡沫塑料。

聚氨酯硬质泡沫塑料一般采用现场发泡，其施工方法有喷涂法和灌注法两种。喷涂法施工就是用喷枪将混合均匀的液料喷涂于被保温物体的表面上。为避免垂直壁面喷涂时液料下滴，要求发泡的时间要快一些。灌注法施工就是将混合均匀的液料直接灌注于需要成型的空间或事先安置的模具内，经发泡膨胀而充满整个空间，为保证有足够的操作时间，要求发泡的时间应慢一些。

聚氨酯硬质泡沫塑料现场发泡工艺简单,操作方便,施工效率高,附着力强,不需要任何支撑件,没有接缝,热导率小,吸湿率低,可用于-100 ~ +120 ℃的保温。其缺点是异氰酸酯及催化剂有毒,对上呼吸道、眼睛和皮肤有强烈的刺激作用。另外,施工时需要一定的专用工具或模具,价格较贵。

8.4.4.4 套筒式保温

套筒式保温是将矿纤材料加工成型的保温筒直接套在管道上。这种方法施工简单、工效高,是目前冷水管道较常用的一种保温方法。施工时,只要将保温筒上的轴向切口扒开,借助矿纤材料的弹性便可将保温筒紧紧地套在管道上。为便于现场施工,在生产厂里多在保温筒的外表面涂一层胶状保护层,因此在一般室内管道保温时,可不需再设保护层。对于保温筒的轴向切口和两筒之间的横向接口,可用带胶铝箔粘合。

8.4.4.5 保温材料及保温做法

保温做法为:先清除管道、设备表面的铁锈 ⟶ 涂刷防锈漆 ⟶ 安装、固定保温层 ⟶ 安装保护层 ⟶ 涂刷表面包漆。

1. 保温层

保温层由绝热层、防潮层和保温层组成。保温材料应为轻质、疏松、多孔、纤维材料,分为有机、无机两大类,根据设计要求考虑优质、低廉、节能、安装方便、就地取材等因素择优选用。保温层施工方法有涂抹法、预制块法、捆扎法、充填法,明装管道和敷设在可通行地沟内的管道适合于涂抹法,常采用的保温材料有石棉硅藻土,碳酸镁石棉灰等,室内给水排水管道适用于预制块法,矿渣棉毡或玻璃毡做保温材料,捆绑于设备、管道表面,再用油毡玻璃布做保护层;填充式保温则是用矿渣棉、玻璃棉、泡沫混凝土等松散粒状或纤维绝热材料,填充在设备或管道四周套筒内。常用保温材料性能见表 8.8。

表 8.8 常用保温材料性能

材料名称	使用温度/ ℃	导热系数/($W \cdot K^{-1} \cdot m^{-1}$)	密度/($kg \cdot m^{-3}$)
膨胀珍珠岩散料	-256 ~ 800	0.029 ~ 0.033 7	81 ~ 120
水泥膨胀珍珠岩瓦	<600	0.052 3	250 ~ 400
酚醛玻璃棉瓦	-20 ~ 250	0.043	120 ~ 150
沥青玻璃棉毡	-20 ~ 250	0.043	<80
膨胀蛭石	-20 ~ 1 000	0.052 3 ~ 0.069 8	80 ~ 280
水泥蛭石管壳	<600	0.093 4	430 ~ 500
矿渣棉	<400	0.037 2 ~ 0.052 3	80 ~ 135
石棉绳	<500	0.069 8 ~ 0.209	590 ~ 730
硅藻土石棉灰	<900	0.066 2	280 ~ 380
聚苯乙烯泡沫塑料	-80 ~ 70	0.035 ~ 0.044 2	16 ~ 50
聚氯乙烯泡沫塑料	-35 ~ 60	0.043 ~ 0.052 3	40 ~ 100
石棉制品	-286 ~ 700	<0.035	40 ~ 250

保温层的厚度，一般应由设计人员给定，施工时应按设计规定的厚度和结构要求进行施工。无规定时，可参照《全国通用建筑标准设计给水排水标准图集》中的《管道和设备保温》(87S159)，选择保温厚度，但应注意按管道的敷设方式、管径、介质温度确定厚度，并按标准图集的结构施工。

在气候温暖潮湿的季节里，室温高、湿度大住所内，若输送介质温度低于室温，管道或设备外壁往往会产生凝结水(或称结露)，引起管道锈蚀，损坏维护结构或吊顶，这种情况下应采取防结露措施，做法与保温方法相同，其保温层厚度可以适当小一些。

2. 防潮层

对于保冷结构和敷设于室外的保温管道，需设置防潮层。目前防潮层的材料有两种：一种是以沥青为主的防潮材料；另一种是聚乙烯薄膜防潮材料。以沥青为主体材料的防潮层有两种结构和施工方法：一种是用沥青或沥青玛碲脂粘沥青油毡；另一种是以玻璃丝布作胎料，两面涂刷沥青或沥青玛碲脂。沥青油毡因其过分卷折会断裂，只能用于平面或较大直径管道的防潮，而玻璃丝布能用于任意形状的粘贴，故应用广泛。

聚乙烯薄膜防潮层是直接将薄膜用黏结剂粘贴在保温层的表面，施工方便，但由于黏结剂价格较贵，此法应用尚不广泛。

以沥青为主体材料的防潮层施工是先将材料剪裁下来，对于油毡，多采用单块包裹法施工，因此油毡剪裁的长度为保温层外圆加搭接宽度(搭接宽度一般为30~50 mm)，对于玻璃丝布，多采用包缠法施工，即以螺旋状包缠于管道或设备的保温层外面，因此需将玻璃丝布剪成条带状，其宽度视保温层直径的大小而定。包缠防潮层时，应自下而上进行，先在保温层上涂刷一层1.5~2 mm的沥青或沥青玛蹄脂(如果采用的保温材料不易涂上沥青或沥青玛碲脂，可在保温层上包缠一层玻璃丝布，然后再行涂刷)，再将油毡或玻璃丝布包缠到保温层的外面。纵向接缝应设在管道的侧面，并且接口向下，接缝用沥青或沥青玛碲脂封口，外面再用镀锌铁丝绑扎，间距为250~300 mm，铁丝接头应接平，不得刺破防潮层。缠包玻璃丝布时，搭接宽度为10~20 mm，缠包时应边缠、边拉紧、边整平，缠至布头时用镀锌铁丝扎紧。油毡或玻璃丝布包缠好后，最后在上面刷一层2~3 mm厚的沥青或沥青玛碲脂。

3. 保护层

不管是保温结构还是保冷结构，都应设置保护层。用作保护层的材料很多，使用时应随使用的地点和所处的条件，经技术经济比较后决定。材料不同，其结构和施工方法也不同。保护层常用的材料和形式有沥青油毡和玻璃丝布构成的保护层、单独用玻璃丝布缠包的保护层、石棉石膏或石棉水泥保护层、金属薄板加工的保护壳等。现将上述几种材料和形式的保护层施工方法及使用场合分述如下。

(1)沥青油毡和玻璃丝布构成的保护层

先将沥青油毡按保温层或加上防潮层厚度加搭接长度(一般为50 mm)剪裁成块状，然后将油毡包裹到管道上，外面用镀锌铁丝绑扎，其间距为250~300 mm。包裹油毡时，应自下而上进行，油毡的纵横向搭接长度为30~50 mm，纵向接缝应用沥青或沥青玛碲脂封口，纵向接缝应设在管道的侧面，并且接口向下。油毡包裹在管道上后，再将裁下来的带状玻璃丝布以螺旋状缠包到油毡的外面。每圈搭接的宽度为条带的1/2~1/3，开头处应缠包两圈后再以螺旋状向前缠包,起点和终点都应用镀锌铁丝绑扎,并不得少于两圈。缠包后的玻璃丝布应平整无皱纹、气泡,并松紧适当。

油毡和玻璃丝布构成的保护层一般用于室外敷设的管道,玻璃丝布表面根据需要还应涂刷一层耐气候变化的涂料。

(2)单独用玻璃丝布缠包的保护层

单独用玻璃丝布缠包于保温层或防潮层外面作保护层的施工方法同前。多用于室内不易碰撞的管道。对于未设防潮层而又处于潮湿空气中的管道,为防止保温材料受潮,可先在保温层上涂刷一层沥青或沥青玛碲脂,然后再将玻璃丝布缠包在管道上。

(3)石棉石膏或石棉水泥保护层

施工方法采用涂抹法。施工时先将石棉石膏或石棉水泥按一定的比例用水调配成胶泥,如保温层(或防潮层)的外径小于200 mm,则将胶泥直接涂抹在保温层或防潮层上;如果保温层或防潮层外径大于或等于200 mm,还应在保温层或防潮层外先用镀锌铁丝网包裹加强,并用镀锌铁丝将网的纵向接缝处缝合拉紧,然后将胶泥涂抹在镀锌铁丝网的外面。当保温层或防潮层的外径小于或等于500 mm时,保护层厚度为10 mm;大于500 mm时,厚度为15 mm。

涂抹保护层时,一般分两次进行。第一次粗抹,第二次精抹。粗抹厚度为设计厚度的1/3左右,胶泥可干一些,待初抹的胶泥凝固稍干后,再进行精抹,精抹的胶泥应稍稀一些。精抹必须保证厚度符合设计要求,表面光滑平整,不得有明显的裂纹。石棉石膏或石棉水泥保护层一般用于室外及有防火要求的非矿纤材料保温的管道。为防止保护层在冷热应力的影响下产生裂缝,可在趁精抹的胶泥未干时将玻璃丝布以螺旋状在保护层上缠包一遍,搭接的宽度可为10 mm。保护层干后则玻璃丝布与胶泥结成一体。

(4)金属薄板保护壳金属薄板一般采用白铁皮或黑铁皮,厚度根据保护层直径而定。一般直径小于或等于1 000 mm时,厚度为0.5 mm;直径大于1 000 mm时,厚度为0.8 mm。金属薄板保护壳应事先根据使用对象的形状和连接方式用手工或机械加工好,再安装到保温层或防潮层表面上。

金属薄板加工成保护壳后,凡用黑铁皮制作的保护壳应在内外表面涂刷一层防锈漆后方可进行安装。安装保护壳时,应紧贴在保温层或防潮层上,纵横向接口搭接量一般为30~40 mm,所有接缝必须有利雨水排除。纵向接缝应尽量在背视线一侧,接缝常用自攻螺钉固定,其间距为200 mm左右。用自攻螺钉固定时,应先用手提式电钻用0.8倍螺钉直径的钻头钻孔,禁止用冲孔或其他方式打孔。安装有防潮层的金属保护壳时,则不能用自攻螺钉固定,可用镀锌铁皮带包扎固定,以防止自攻螺钉刺破防潮层。

金属保护壳因其价格较贵,并耗用钢材,仅用于部分室外管道(如室外风管)及室内容易碰撞的管道以及有防火、美观等特殊要求的场合。

学习任务九　建筑室内热水给水工程设计训练

【教学目标】通过项目教学活动，培养学生能够独立进行收集及整理加工资料工作；能根据设计任务书，完成建筑室内热水给水工程设计工作；能进行建筑室内热水给水工程设计计算及查阅设计手册，具备绘制建筑室内热水给水系统施工图的能力；培养学生良好的职业道德、自我学习能力、实践动手能力和分析、处理问题的能力，以及诚实、守信、善于沟通和合作的专业素养。

【知识目标】

1. 具备根据设计任务独立确定建筑室内热水给水系统方案和选择合适建筑室内热水给水系统形式的能力；
2. 具备热水加热器选择计算能力；
3. 具备建筑室内热水给水工程设计程序、方法和技术规范；
4. 掌握建筑室内热水给水工程设计计算方法。

【主要学习内容】

单元一　建筑室内热水给水工程设计指导书

9.1.1　设计的目的

通过室内热水工程设计训练，能系统的巩固所学有关热水供应方面的理论知识，培养学生独立分析和解决问题，以及使用规范、设计手册和查阅参考资料的能力；训练制图、绘图和编写设计说明的技能；培养良好的设计道德和责任感，为今后奠定良好的工作技能基础。

9.1.2　设计内容

建筑室内热水供应系统设计的主要内容：热水量计算；热水供应系统给水方式的确定；选择加热方式并计算加热设备的容积，确定设备型号；热水管网水力计算及水压计算；管道及设备布置与安装；绘制热水系统的平面图及系统图。

9.1.3　设计指导书

9.1.3.1　了解工程概况和设计原始资料

(1)通过建筑施工图(建筑总平面图、各层平面图、立面图、剖面图、卫生间大样图等)，了解该建筑的位置、建筑面积、占地面积、层数、层高、各个房间的使用功能等，并了解室内最冷月平均气温。从结构施工图上了解其结构形式，墙、梁、柱的尺寸等。

(2)了解建筑的水源情况，建筑附近城市给水管网的位置、埋深、管径、常年可保证的最低水压、最低月平均水温、自来水的总硬度等。

(3)了解对建筑给水的其他要求,如卫生洁具的类型、环境安静程度要求等。

9.1.3.2 确定方案

根据设计原始资料和有关的规范,考虑热水给水系统的设计方案,对多个方案进行比较(适用范围、优点、缺点),并给出图式,确定采用的最佳方案。

9.1.3.3 管网布置及绘制草图

根据采用的方案进行各系统管网布置并绘制草图(热水给水平面图和系统图),以作为计算的依据和与其他专业(建筑、结构、暖通、电气等)配合时的依据。

9.1.3.4 计算

1. 用水量计算

(1) 全日制供应热水的住宅、别墅、招待所、培训中心、旅馆、宾馆的客房(不含员工)、医院住院部、养老院、幼儿园、托儿所(有住宿) 等建筑的集中热水供应系统的设计小时耗热量应按式(7.3) 计算:

$$Q_h = K_h \frac{m\, q_r C \cdot (t_r - t_l)\, \rho_r}{86\ 400}$$

(2) 定时供应热水的住宅、旅馆、医院及工业企业生活间、公共浴室、学校、剧院、体育馆(场) 等建筑集中热水供应系统的设计小时耗热量应按式(7.4) 计算:

$$Q_h = \sum \frac{q_h (t_r - t_l)\, \rho_r N_0 b C}{3\ 600}$$

2. 热水量计算

设计小时热水量,可按下式计算:

$$q_{rh} = \frac{Q_h}{1.163(t_r - t_l)\, \rho_r}$$

3. 热媒耗量计算

根据热媒种类和加热方式不同,热媒耗量应按不同的方法计算。

(1) 采用蒸汽直接加热时,蒸汽耗量按下式计算:

$$G = (1.10 \sim 1.20)\frac{3.6Q_h}{i'' - i'}$$

(2) 采用蒸汽间接加热时,蒸汽耗量按下式计算:

$$G = (1.10 \sim 1.20)\frac{3.6Q_h}{\gamma_h}$$

(3) 采用高温热水间接加热时,高温热水耗量按下式计算:

$$G = (1.10 \sim 1.20)\frac{Q_h}{1.163(t_{mc} - t_{mz})}$$

4. 集中热水供应加热及贮热设备的选用与计算

在集中热水供应系统中,贮热设备有容积式水加热器和加热水箱等,其中快速式水加热器只起加热作用;贮水器只起贮存热水作用。加热设备的计算是确定加热设备的加热面积和贮水容积。

(1) 加热设备供热量的计算

1) 容积式水加热器或贮热容积与其相当的水加热器、热水机组的设计小时供热量，当无小时热水用量变化曲线时，容积式水加热器或贮热容积及相应水加热器按下式计算：

$$Q_g = Q_h - 1.163\frac{\eta V_r}{T}(t_r - t_l)\rho_r$$

2) 半容积式水加热器或贮热容积与其相当的水加热器、热水机组的供热量按设计小时耗热量计算。

3) 半即热式、快速式水加热器及其他无贮热容积的水加热设备的供热量按设计秒流量计算。

(2) 水加热器加热面积的计算

容积式水加热器、快速式水加热器和加热水箱中加热排管或盘管的传热面积应按下式计算：

$$F_{jr} = \frac{C_r Q_z}{\varepsilon \cdot K\Delta t_j}$$

1) 容积式水加热器、半容积式水加热器的热媒与被加热水的计算温差 Δt_j 采用算术平均温度差，按下式计算：

$$\Delta t_j = \frac{t_{mc} + t_{mz}}{2} - \frac{t_c + t_z}{2}$$

2) 半即热式水加热器、快速式水加热器热媒与被加热水的温差采用平均对数温度差按下式计算：

$$\Delta t = \frac{\Delta t_{max} - \Delta t_{min}}{\ln\frac{\Delta t_{max}}{\Delta t_{min}}}$$

加热设备加热盘管的长度，按下式计算：

$$L = \frac{F_{jr}}{\pi D}$$

(3) 热水贮水器容积的计算

由于供热量和耗热量之间存在差异，需要一定的贮热容积加以调节，而在实际工程中，有些理论资料又难以收集，可用经验法确定贮水器的容积，可按下式计算：

$$V = \frac{60TQ}{(t_r - t_l)C}$$

按上式确定的容积式水加热器或水箱容积后，有导流装置时，计算容积应附加10% ~15%；当冷水下进上出时，容积宜附加20% ~ 25%；当采用半容积式水加热器时，或带有强制罐内水循环装置的容积式水加热器，其计算容积可不附加。

(4) 锅炉的选择计算

锅炉属于发热设备，对于小型建筑物的热水系统可单独选择锅炉。对小型建筑热水系统可直接查产品样本，样本中查出的加热设备发热量值应大于小时供热量，而小时供热量要比设计小时耗热量大10% ~ 20%，主要考虑热水供应系统自身的热损失。

5. 热水配水管的水力计算

其方法、步骤、原理和公式均与生活给水系统水力计算基本相同,但由于水温和水质差异,考虑到结垢和腐蚀等因素,略有区别。

6. 热水回水管的水力计算

回水管网水力计算的目的是确定回水管管径。

(1) 机械循环管网的计算

机械循环管网水力计算的目的是选择循环水泵,应在先确定最不利循环管路、配水管和循环管的管径的条件下进行。机械循环分为全日热水供应系统和定时热水供应系统两类。

全日热水供应系统热水管网计算方法和步骤如下:

① 热水配水管网各管段的热损失可按下式计算:

$$Q_s = \pi D \cdot L \cdot K(1 - \eta)\left(\frac{t_c + t_z}{2} - t_j\right)$$

t_c 和 t_z 可按面积比温降法计算:

$$\Delta t = \frac{\Delta T}{F}$$

$$t_z = t_c - \Delta t \sum f$$

② 计算总循环流量

$$q_x = \frac{Q_s}{C\Delta T \cdot \rho_r}$$

③ 校核各管段的终点水温,按下式进行:

$$t'_z = t_c - \frac{q_s}{cq'_x\rho_r}$$

计算结果如与原来确定的温差相差较大,应以按公式(7.19) 和公式(7.20) 的计算结果:$t''_z = \frac{t_z - t'_z}{2}$ 作为各管段的终点水温,重新进行上述(① ~ ③) 的计算。

④ 计算循环管网的总水头损失,按下式计算:

$$H = H_p + H_x + H_j$$

⑤ 选择循环水泵

热水循环水泵宜选用热水泵,泵体承受的工作压力不得小于其所承受的静水压力加水泵扬程,一般设置在回水干管的末端,设置备用泵。

循环水泵的流量:

$$Q_b \geqslant q_x$$

循环水泵的扬程:

$$H_b \geqslant H_p + H_x + H_j$$

(2) 定时热水供应系统机械循环管网计算

定时机械循环热水系统与全日系统的区别,在供应热水之前循环泵先将管网中的全部冷水进行循环,加热设备提前工作,直到水温满足要求为止。因定时供应热水时用水较集中,可不考虑配水循环问题,关闭循环泵。

循环泵的出水量可按下式计算:

$$Q \geqslant \frac{V}{T}$$

9.1.3.5 绘图

图纸的绘制应符合我国现行《给水排水制图标准》。根据草图绘制给水总平面图,各层给水平面图,轴测图,卫生间、厨房给水平面详图,高位水箱间、贮水池及水泵间给水平面详图和剖面图。图纸中还应包含设计说明、施工说明、主要设备材料表及图例等。

1. 给水总平面图

应反映出室内管网与室外管网如何连接。内容有室外给水具体平面位置和走向。图上应标注管径、地面标高、管道埋深和坡度、控制点坐标及管道布置间距等。

2. 各层平面布置图

表达各系统管道和设备的平面位置。通常采用的比例尺为1∶100,如管线复杂时可放大至1∶50。图中应标注各种管道、附件、卫生器具、用水设备和立管(立管应进行编号)的平面位置,以及管径等。通常是把各系统的管道绘制在同一张平面布置图上。当管线错综复杂,在同一张平面图上表达不清时,也可分别绘制各类管道平面布置图。

3. 热水给水详图

表达管线错综复杂的卫生间、厨房、高位水箱间、贮水池及水泵间等,一般采用的比例尺为1∶50~1∶20,表达的内容同各层平面布置图。

4. 系统图

表达管道、设备的空间位置和相互关系。各类管道的轴测图要分别绘制。图中应标注管径、立管编号(与平面布置图一致)、管道和附件的标高,排水管道还应标注管道坡度。通常采用的比例尺为1∶100。设备宜单独绘制比例尺为1∶50~1∶20系统图。

5. 设计说明

表达各系统所采用的方案,以便施工人员施工。给水系统,说明选用的热水给水系统和给水方式,引入管平面位置及管径,升压、贮水设备的型号、容积和位置等。

6. 施工说明

用文字表达工程绘图中无法表示清楚的技术要求。例如,管材的防腐、保温防冻、结露技术措施和方法,管道的固定、连接方法,管道试压、竣工验收要求以及一些施工中特殊技术处理措施。说明施工中所要求采用的技术规程、规范和采用的标准图号等一些文件的出处。

7. 设备、材料表

主要表示各种设备、附件、管道配件和管材的型号、规格、材质、尺寸和数量。供概预算和材料统计使用。

9.1.3.6 编制说明书

包括目录、摘要(可用中英文两种文字)、前言、设计原始资料、各系统方案选择、各系统计算过程、小结、主要参考文献等内容。按统一要求进行装订。

单元二　建筑室内热水给水工程设计实例

9.2.1　设计任务

根据上级有关部门批准的任务书,拟在哈尔滨某大学拟建一栋普通8层住宅,总面积近4 800 m^2,每个单元均为2户,每户厨房内设洗涤盆1个,卫生间内设浴盆、洗脸盆、大便器(坐式)及地漏各1个。本设计任务是建筑单位工程中的给水(包括消防给水)、排水和热水供应等工程项目。

9.2.2　设计资料

1.建筑设计资料

建筑设计资料包括建筑物所在地建筑物所在地的总平面图(图3.1)、建筑剖面图(图3.2)、单元平面图(图3.3)和建筑各层平面图(图3.5、图3.6)。

本建筑物为8层,除顶层层高为3.0 m以外,其余各层层高均为2.8 m,室内、室外高差为0.9 m,哈尔滨地区冬季冻土深度为2.0 m。

2.小区给水排水资料

本建筑南侧的道路旁有市政给水干管作为该建筑物的水源,其口径为DN300,常年可提供的工作压力为150 kPa,管顶埋深为地面以下2.20 m。

城市排水管道在该建筑物的北侧,其管径为DN400,管内底距室外地坪2.20 m。

9.2.3　系统选择

室内热水采用集中热水供应系统,即冷水经设于该建筑附近泵房中的容积式加热器加热后,经室内热水管网输送到用水点。蒸汽来自锅炉房,凝结水采用余压回水系统流回锅炉房的凝结水池。热水管网采用下行上给式半循环的供水方式,每日全天24 h供应热水。加热器热水出水温度为70 ℃,冷水计算温度为8 ℃。

9.2.4　设计计算

1.热水耗量计算

按要求每日供应热水时间总和为7 h,取计算用的热水供水温度为70 ℃,冷水温度为8 ℃,混合水温度为40 ℃。

查表7.1可知60 ℃的热水定额为100 L/(d·人)。

60 ℃热水的最大日耗量

$$Q_{dR}/(m^3 \cdot d^{-1}) = 48 \times 4 \times 100/1\ 000 = 19.2$$

折合成70 ℃热水的最大日耗量

$$Q_{dR}/(m^3 \cdot d^{-1}) = 19.2 \times \frac{60-8}{70-8} = 16.1$$

70 ℃热水的最大日最大时耗量应为

$$Q_R/(m^3 \cdot h^{-1}) = K_h \frac{Q_{dR}}{T} = 4.45 \times \frac{16.1}{24} = 2.99$$

2. 小时耗热量

$$Q_h = K_h \frac{m\, q_r C \cdot (t_r - t_1)\, \rho_r}{86\,400} = Q_R \cdot C \cdot (t_r - t_1) =$$

$$[2.99 \times 1\,000 \times 4.19 \times (70 - 8)]\ kJ/h =$$

$$776\,742.2\ kJ/h = 215\,761.7\ W$$

3. 容积式加热器计算

已知蒸汽表压力为 1.96×10^5 Pa，即其绝对压强为 2.94×10^5 Pa，相应饱和温度为 $t_s = 133$ ℃。

热媒与被加热水温度差计算

$$\Delta t_j/℃ = \frac{t_{mc} + t_{mz}}{2} - \frac{t_c + t_z}{2} = 133 - \frac{8 + 70}{2} = 94$$

查得容积式热水加热器的传热系数 $K = 2\,721$ kJ/(m² · h · ℃)，所得加热面积按公式计算为

$$F/m^2 = 1.15 \frac{Q}{\varepsilon K \Delta t_j} = 1.15 \times \frac{776\,742.2}{0.75 \times 2\,721 \times 94} = 4.66$$

容积式水加热器可不考虑备用，其容积为

$$V/L = \frac{60TQ}{(t_r - t_1)C} = \frac{60 \times 60 \times 776\,742.2}{(70 - 8) \times 4\,187} = 10\,772$$

贮热总容积为

$$V_z/L = (1 + 20\%) \times 10\,772 = 12\,926$$

根据水加热器选用及安装图集(01S122.1 ~ 10)中RV - 4 - 6.5S(0.4/1.0)两台。

4. 热水配水管网的计算

计算草图见图9.1，配水管网的水力计算见表9.1。

应该说明的是配水管网水力计算中的设计秒流量公式与给水管网计算相同，当 $N < 4$ 时按100%计，再查热水水力计算表。

5. 热水循环管网的水力计算

(1) 热水配水管网各管段的热损失可按下式计算：

$$Q_s = \pi D \cdot L \cdot K(1 - \eta)\left(\frac{t_c + t_z}{2} - t_j\right)$$

t_c 和 t_z 可按面积比温降法计算：

$$\Delta t = \frac{\Delta T}{F}$$

$$t_z = t_c - \Delta t \sum f$$

(2) 计算总循环流量

$$q_x = \frac{Q_s}{C \Delta T \cdot \rho_r}$$

(3) 校核各管段的终点水温，按下式进行：

$$t'_z = t_c - \frac{q_s}{cq'_x\rho_r}$$

表 9.1　室内热水管网水力计算表

管段号	卫生器具种类及数量				当量总数 N_g	设计秒量 q_g /$(L\cdot s^{-1})$	管径 DN /mm	流速 v /$(m\cdot s^{-1})$	单阻 i /$(Pa\cdot m^{-1})$	管段长度 l /m	沿程阻力 h_y /kPa	累计 $\sum h_y$ /kPa
	浴盆	洗脸盆										
	1.0	0.8										
1 - 2	1	—			1	0.2	20	0.53	0.206	1.5	0.291	
2 - 3	1	1			1.8	0.3	20	0.79	0.422	3.4	1.435	
3 - 4	2	1.6			3.6	0.44	20	1.16	0.838	2.8	2.346	
4 - 5	3	2.4			5.4	0.54	25	0.82	0.322	2.8	0.902	
5 - 6	4	3.2			7.2	0.63	25	0.96	0.422	2.8	1.182	
6 - 7	5	4			9	0.71	25	1.08	0.521	2.8	1.459	
7 - 8	6	4.8			10.8	0.78	25	1.18	0.616	2.8	1.725	
8 - 9	7	5.6			12.6	0.85	32	0.84	0.256	2.8	0.717	
9 - 10	8	6.4			14.4	0.91	32	0.89	0.288	1.6	0.461	
10 - 11	16	12.8			28.8	1.34	32	1.31	0.584	22	12.848	
11 - 12	32	25.6			57.6	1.96	40	1.18	0.35	13.5	4.725	
12 - 13	48	38.4			86.4	2.48	40	1.488	0.526	8.4	4.419	
												32.51

6. 蒸汽管道的计算

已知小时耗热量为 776 742.2 kJ/h(每台加热器为 388 371.1 kJ/h)，小时蒸汽耗量为

$$G_{mh}/(kg\cdot h^{-1}) = 1.1\frac{Q}{r_\eta} = 1.1\times\frac{776\ 742.2}{2\ 167} = 394$$

蒸汽管道的管径可查蒸汽管道管径计算表($\delta = 0.2$ mm)(附录 12)，选用 DN50(总管)，DN32(至加热器上蒸汽支管)。

7. 蒸汽凝结水管道计算

已知蒸汽参数表压为 200 kPa，采用重力式凝水系统。

加热器至疏水器间的管径按表 7.14 选用。本工程的加热器为 2 台，每台凝水管管径为 DN50。疏水器后管道的管径选为 DN50，总回水干管的管径为 DN100。

8. 锅炉的选择

锅炉每小时供热量按下式计算：

$$G_g/(kJ\cdot h^{-1}) = (1.1\sim1.2)Q = 1.15\times776\ 742.2 = 893\ 253.53$$

锅炉的蒸发量应为 893 253.53/2 167 kg/h = 412 kg/h，选 0.5 t/h 快装锅炉一台。

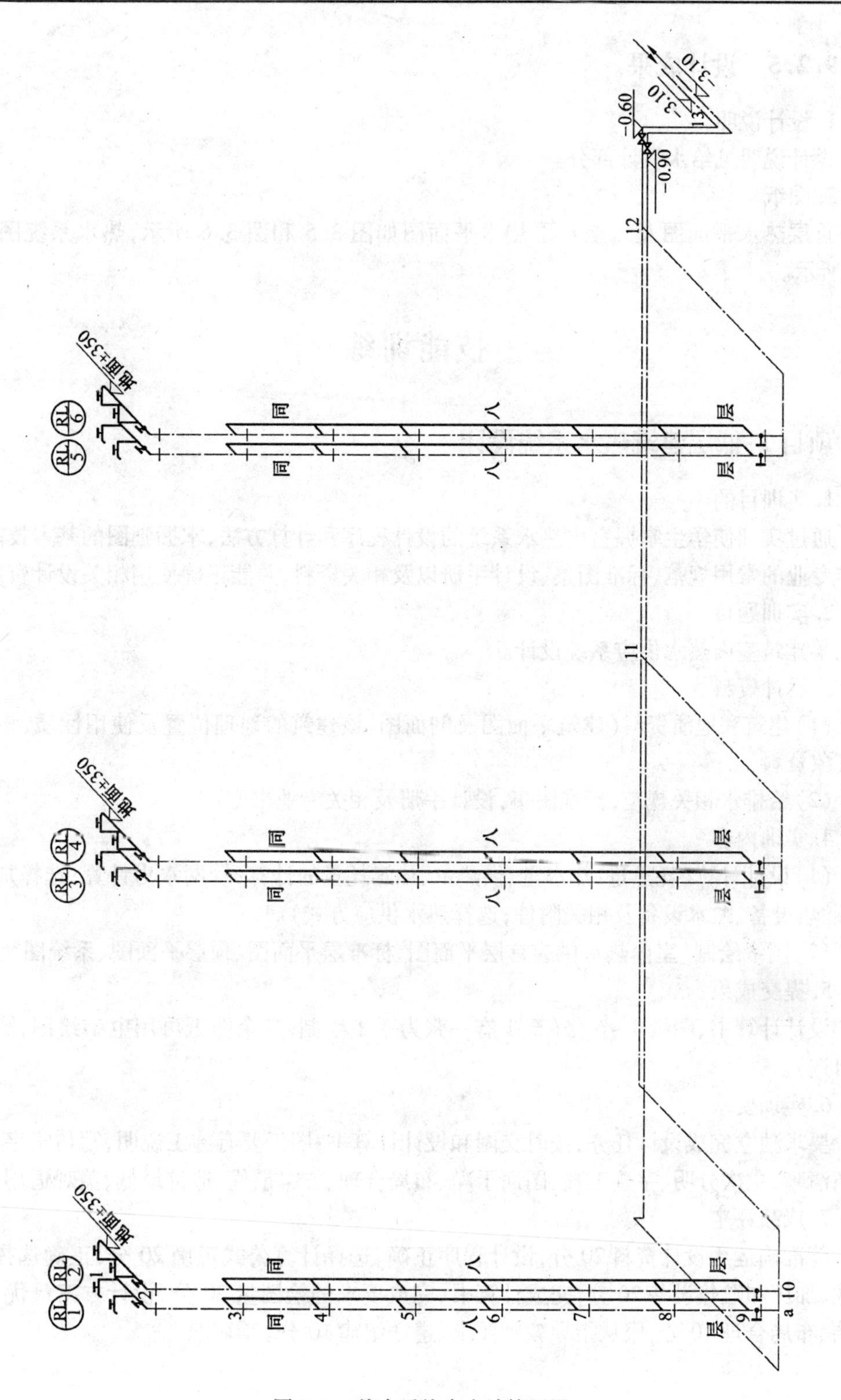

图 9.1　热水系统水力计算用图

9.2.5 设计成果

1.设计说明

设计说明见给水设计部分。

2.图纸

首层热水平面图及二至八层热水平面图如图3.5和图3.6所示,热水系统图如图9.2所示。

技能训练

项目1:低层建筑热水系统设计

1.实训目的

通过实训使学生掌握室内热水系统的设计程序和计算方法,掌握画图的基本技能,熟悉本专业的常用规范、标准图集、设计手册以及相关资料,并能正确使用相关设计资料。

2.实训题目

某建筑室内热水供应系统设计。

3.设计资料

(1)建筑和地质资料(建筑平面图及剖面图,该建筑的地理位置及使用性质,该地区的气象资料)。

(2)给排水相关规范,标准图集,设计手册及相关专业书籍。

4.实训内容

(1)设计计算(耗热量、热水量、供热量、热媒耗量的计算;管网水力计算;选择加压设备、贮热设备、贮水设备及相关附件;选择热水供应方式)。

(2)图纸绘制(室内热水供应首层平面图、标准层平面图、顶层平面图、系统图)。

5.提交成果

设计计算书、图纸4~6张(至少有一张为手工绘制,其余图纸可用电脑绘制,图号比例自选)。

6.实训要求

要求独立完成设计任务,按时交图和设计计算书;图纸要有施工说明,写仿宋字,要求线条清晰、主次分明、字迹工整、图面干净、布局合理、方案最优、造价最低、美观适用。

7.成绩评定

能准确运用设计资料20分,设计程序正确、选择计算公式正确20分,正确选择供水方式、加压和贮热设备20分,完成计算书、完成要求的绘图量20分,设计方案最优、图面整洁、布局合理10分,服从指导教师要求、遵守纪律10分。

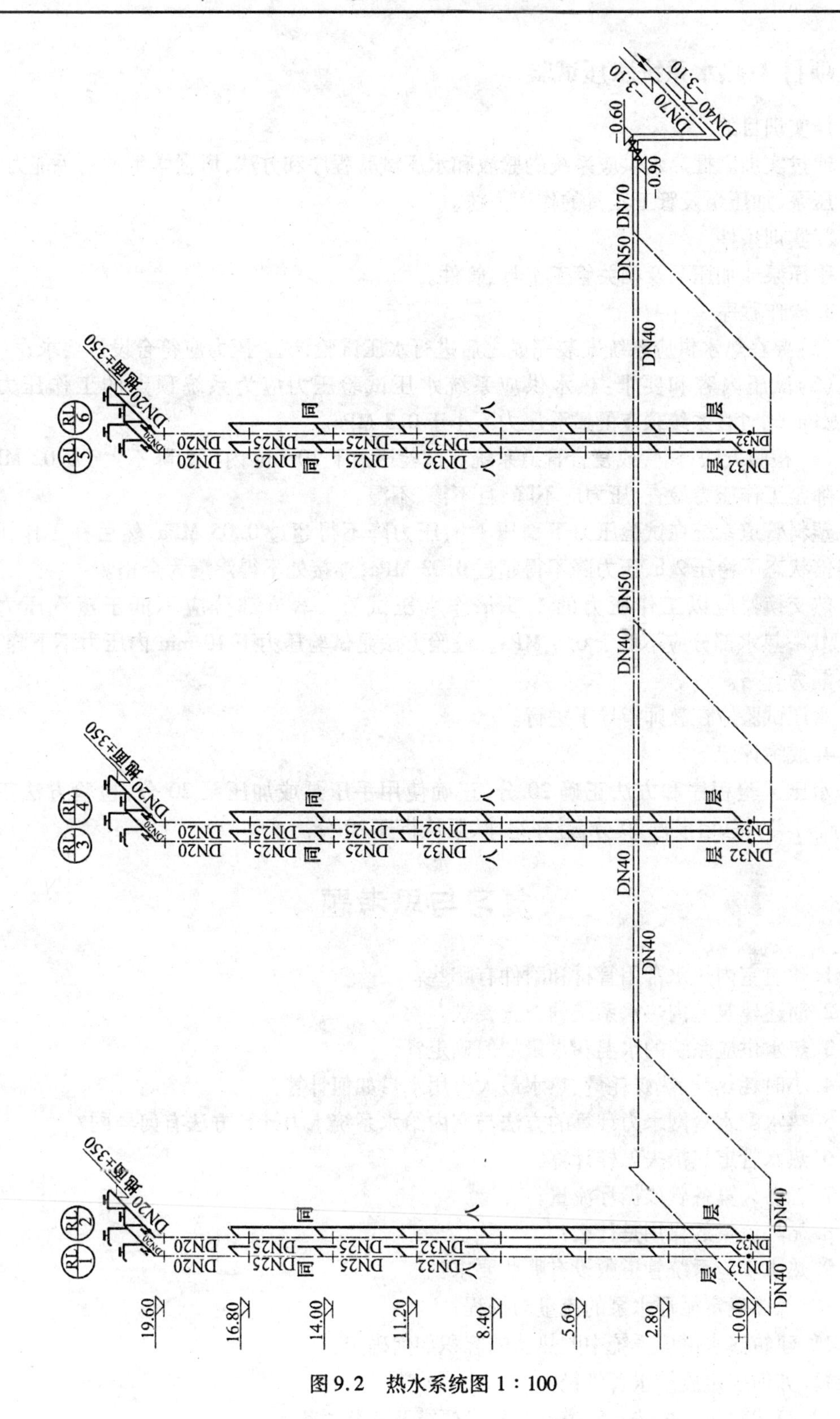

图 9.2　热水系统图 1∶100

项目 2:热水系统水压试验

1. 实训目的

通过实训掌握热水供应系统的验收和水压试验程序和方法,增强学生的动手能力,掌握手压泵、加压泵及管工工具的作用方法。

2. 实训条件

手压泵或加压泵及相关管工工具、管件。

3. 操作程序

(1)要在热水供应系统安装完成之后进行水压试验,试验压力应符合设计要求;

(2)试压内容和要求:热水供应系统水压试验压力应为系统顶点的工作压力加 0.1 MPa,同时在系统顶点的试验压力不小于 0.3 MPa。

(3)检验方法:钢管或复合管道系统在试验压力下 10 min 内压力降不大于0.02 MPa,然后降至工作压力检查,压力应不降,且不渗、不漏。

塑料管道系统在试验压力下稳压 1 h,压力降不得超过 0.05 MPa,然后在工作压力 1.15倍状态下稳压 2 h,压力降不得超过 0.03 MPa,连接处不得渗漏为合格。

热交换器应以工作压力的 1.5 倍作水压试验。蒸汽部分应不低于蒸汽压力加 0.3 MPa;热水部分应不低于 0.4 MPa。检验方法是试验压力下 10 min 内压力不下降,不渗不漏为合格。

水压试验应在教师指导下进行。

4. 成绩评定

水压试验程序和方法正确 20 分,正确使用手压泵或加压泵 20 分,检验方法正确 20 分,写实训总结报告 20 分,遵守纪律、服从指挥 20 分。

复习与思考题

1. 建筑室内热水常用管材和附件有哪些?
2. 简述建筑室内热水系统的布置要求。
3. 热水供应系统的水温和水量如何确定?
4. 小时耗热量、热媒耗量、热水最大时用水量如何计算?
5. 热水配水管网水力计算的方法与室内给水系统水力计算方法有何异同?
6. 热水管道热损失怎样计算?
7. 怎样计算各管段循环流量?
8. 循环流量的作用是什么?
9. 热水供应系统管道敷设有哪些要求?
10. 怎样确定循环水泵的流量与扬程?
11. 建筑热水供应系统中贮热器的容积如何确定?
12. 如何确定凝结水管管径?
13. 简述建筑室内热水管道安装技术要求及安装过程。

14. 如何进行热水管道系统的防腐？防腐材料有哪些？

15. 如何进行热水管道系统的保温？其保温方法有哪几种？

16. 如何对室内热水系统进行水压试验？

17. 热水系统冲洗的技术要求是什么？

18. 某住宅楼共176户，每户按3.5人计，采用全日集中热水供应系统，采用半容积式水加热器。热水定额按100 L/(人·d)计，设计热水温度为60 ℃，密度为0.983 2 kg/L，冷水计算温度为10 ℃，密度为0.999 7 kg/L，计算该住宅楼的设计小时耗热量和加热器的最小贮水容积。

19. 某建筑设有全日热水供应系统，若设计小时耗热量为1 500 000 W，设计热水温度为60 ℃，密度为0.983 2 kg/L，冷水计算温度为10 ℃。求系统的设计小时热水量。

20. 某工程采用半即热式水加热器，热媒为0.1 MPa的饱和蒸汽（表压），饱和蒸汽温度为119.6 ℃，凝结水温度为80 ℃，冷水的计算温度为10 ℃，水加热器出口温度为60 ℃，求热媒与被加热水的计算温差为多少度？

21. 某工程采用半容积式水加热器，热媒为热水，供回水温度分别为95 ℃、70 ℃，冷水的计算温度为10 ℃，水加热器出口温度为60 ℃，求热媒与被加热水的计算温差为多少度？

22. 某建筑水加热器底部至生活饮用水高位水箱水面的高度为5.0 m，热水密度为0.983 2 kg/L，冷水密度为0.999 7 kg/L。计算膨胀管高出生活饮用水水箱水面的垂直高度。

23. 某集中热水供应系统采用2台导流型容积式水加热器制备热水，设计参数为热损失系统为1.15，换热量为1 080 kW，热媒为0.4 MPa饱和蒸汽，初温为151.1 ℃，终温为60 ℃。被加热水初温为10 ℃，终温为60 ℃，热媒与被加热水的算术温度差为70.6 ℃，对数温度差为68.5 ℃，传热系数为1 500 W/(m^2·℃)，传热影响系数为0.8。计算出每台加热器的换热面积为多少(m^2)？

24. 某酒店设有集中热水供应系统，全天供应热水，有350个床位，员工210人，冷水温度为10 ℃，加热器出水温度为60 ℃，密度为0.983 2 kg/L，热水供水末端水温50 ℃。试计算系统循环流量最少是多少(m^3/h)？

学习项目四　建筑室内排水系统安装工程施工

学习任务十　建筑室内排水工程施工图的识读及核算

【教学目标】　通过项目教学活动，培养学生具有识读和绘制建筑室内排水工程施工图的能力；具有从事建筑室内排水工程设计的初步能力；具有选择卫生器具设备与安装的能力；具有主要施工机具的使用能力；培养学生良好的职业道德、自我学习能力、实践动手能力和分析、处理问题的能力，以及诚实、守信、善于沟通和合作的专业素养。

【知识目标】

1. 掌握建筑室内排水系统的分类和组成；
2. 能识读建筑室内排水工程施工图；
3. 掌握排水设计秒流量、管网水力计算；
4. 掌握多层建筑排水系统水力计算；
5. 掌握选择卫生器具设备与安装的原则。

【主要学习内容】

单元一　建筑室内排水工程施工图的识读

10.1.1　建筑排水系统的分类和组成

10.1.1.1　排水系统的分类

(1)排水系统通常可以分为生活污水(即建筑物内日常生活中排泄的粪便污水)和生活废水(即建筑物内日常生活中排泄的洗涤污水)。

(2)按照排水水质可分为污废合流(即建筑物内生活污水和生活废水经同一管道排至建筑物外或建筑物内部处理构筑物)和污废分流(即建筑物内生活污水和生活废水经不同的管道排至建筑物外或建筑物内部构筑物)。

10.1.1.2　排水系统的组成

1. 污(废)水收集器

用来收集污(废)水的器具，如室内的卫生器具、生产设备受水器。

卫生器具和生产设备受水器应满足人们在日常生活和生产过程中的卫生和工艺要求。卫生器具又称卫生设备或卫生洁具，是供水、接受、排出人们在日常生活中产生的污废水或污物的容器或装置。如洗脸盆、污水盆、浴盆、淋浴器、大便器、小便器等。生产设备受水器是接受、排出工业企业在生产过程中产生的污废水或污物的容器或装置。

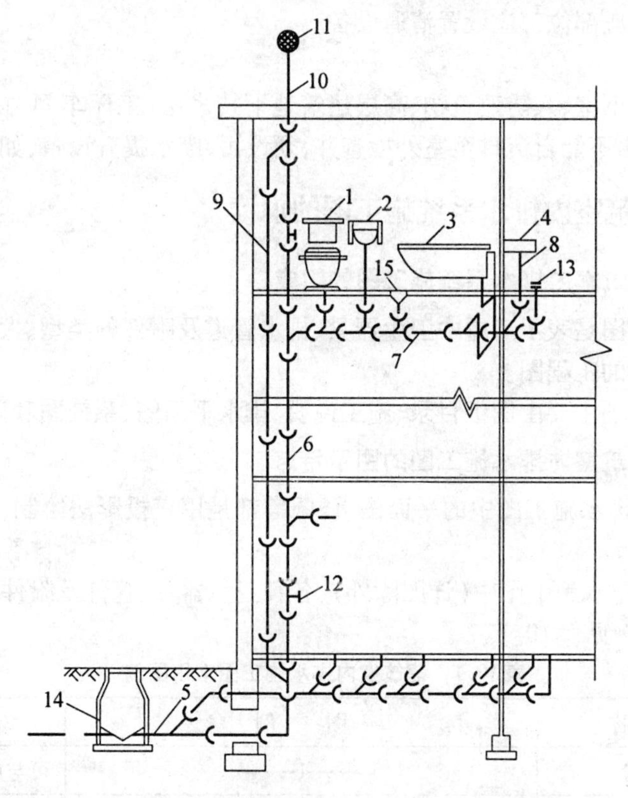

图 10.1　建筑内部排水系统的组成

1—大便器;2—洗脸盆;3—浴盆;4—洗涤盆;5—排出管;6—立管;7—横支管;8—支管;9—通气立管;10—伸顶通气管;11—网罩;12—检查口;13—清扫口;14—检查井;15—地漏

2. 排水管道

排水管道系统由器具排水管(连接卫生器具和横支管之间的一段短管,除坐式大便器、地漏外,其间包括存水弯)、有一定坡度的横支管、立管、横干管和排出到室外的排出管等组成。

排水支管是连接卫生器具和排水横管之间的短管;排水横管是连接各卫生器具排水支管的横向排水管;排水立管汇集各排水横管的污水,并输送至排出管;排出管是从建筑物室内至室外检查井等的排水横管段;通气管是为使排水系统内空气流通,压力稳定,防水封破坏而设置的与大气相通的管道。

3. 通气管道系统

通气管的作用是把管道内产生的有害气体排至大气中去,以免影响室内的环境卫生;管道内经常有新鲜空气流通,可减轻管道内废气对管道的锈蚀,延长使用寿命;在排水时向排水管道补给空气,使水流畅通,更重要的是减小排水管道内的气压变化幅度,防止卫生器具水封破坏。

4. 清通设备

检查口和清扫口属于清通设备,室内排水管道一旦堵塞可以方便疏通,因此在排水立管和横支管上的相应部位都应设置清通设备。

5. 提升设备

民用建筑的地下室、人防建筑物、高层建筑地下技术层、工厂车间的地下室和地铁等地下建筑的污、废水不能自流排至室外检查井,须设污、废水提升设备,如污水泵。

10.1.2 建筑室内排水系统施工图的识读

10.1.2.1 建筑室内排水系统施工图的组成

建筑排水施工图是表示房屋中卫生器具、排水管道及附件的类型、大小以及房屋的相对位置和安装方式的工程图。

建筑排水施工图主要由图纸目录、施工说明、排水平面图、系统图和详图等组成。

10.1.2.2 建筑室内排水施工图的图示特点

(1)建筑室内排水施工图中的平面图、详图等都是用正投影法绘制,系统图用轴测投影法绘制。

(2)建筑室内排水施工图中(详图除外),各种卫生器具、管件及附件等均采用统一图例来表示,常用图例见表10.1。

表10.1 建筑室内排水施工图常用图例

序号	名 称	图 例	备 注
1	废水管	——F——	可与中水源水管合用
2	压力废水管	——YF——	
3	通气管	——T——	
4	污水管	——W——	
5	压力污水管	——YW——	
6	立管检查口		
7	清扫口	平面 系统	
8	通气帽	成品 铅丝球	
9	排水漏斗	平面 系统	

续表 10.1

序号	名　称	图　例	备　注
10	圆形地漏		通用。如无水封，地漏应加存水弯
11	方形地漏	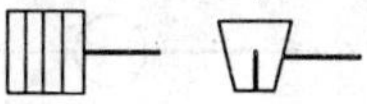	
12	自动冲洗水箱	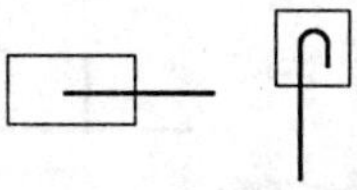	
13	挡墩		
14	Y 形除污器	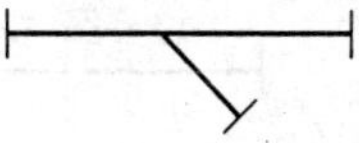	
15	毛发聚集器	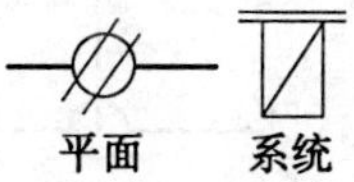 平面　系统	
16	防回流污染止回阀		
17	吸气阀		
18	法兰连接	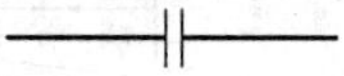	
19	承插连接	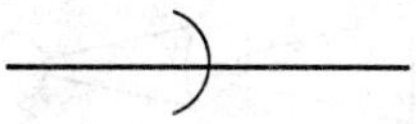	
20	活接头	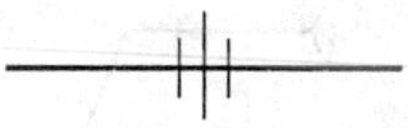	
21	管堵		

续表 10.1

序号	名　称	图　例	备　注
22	法兰堵盖		
23	弯折管		表示管道向后及向下弯转 90°
24	三通连接		
25	四通连接		
26	盲板		
27	管道丁字上接		
28	管道丁字下接		
29	管道交叉		在下方和后面的管道应断开
30	偏心异径管		
31	异径管		
32	乙字管		
33	喇叭口		

续表 10.1

序号	名　称	图　例	备　注
34	转动接头		
35	短管		
36	存水弯		
37	弯头		
38	正三通		
39	斜三通		
40	正四通		
41	斜四通		
42	浴盆排水件		
43	浮球阀	平面　系统	
44	延时自闭冲洗阀		
45	吸水喇叭口	平面　系统	

续表 10.1

序号	名　称	图　例	备　注
46	立式洗脸盆		
47	台式洗脸盆		
48	挂式洗脸盆		
49	浴盆		
50	化验盆、洗涤盆		
51	带沥水板洗涤盆		不锈钢制品
52	盥洗槽		
53	污水池		
54	妇女卫生盆		
55	立式小便器		
56	壁挂式小便器		
57	蹲式大便器		

续表 10.1

序号	名　称	图　例	备　注
58	坐式大便器		
59	小便槽		
60	淋浴喷头		
61	矩形化粪池	HC	HC 为化粪池代号
62	圆形化粪池	HC	

(3)排水管道一般采用单线以粗线绘制,而建筑、结构的图形及有关设备均采用细线绘制。

(4)不同直径的管道,以相同线宽的线条表示;管道坡度无需按比例画出(画成水平即可);管径和坡度均用数字注明。

(5)靠墙敷设管道,不必按比例准确表示出管线与墙面的微小距离,图中只需略有距离即可。暗装管道亦与明装管道一样画在墙外,只需说明哪些部分要求暗装。

(6)当在同一平面位置布置有几根不同高度的管道时,若严格按正投影来画,平面图就会重叠在一起,这时可画成平行排列。

(7)有关管道的连接配件均属规格统一的定型工业产品,在图中均不予画出。

10.1.2.3　建筑排水施工图的图示内容和图示方法

1.建筑排水平面图

(1)图示内容

室内排水平面图主要表明建筑物内给水排水管道及卫生器具、附件等的平面布置情况,主要包括:

1)室内卫生设备的类型、数量及平面位置。

2)室内排水系统中各个干管、立管、支管的平面位置、走向、立管编号和管道的安装方式(明装或暗装)。

3)管道器材设备如地漏、清扫口等的平面位置。

4)污水排出管、检查井的平面位置、走向及与室外排水管网的连接(底层平面图)。

5)管道及设备安装预留洞的位置、预埋件、管沟等方面对土建的要求。

(2)图示方法

1)比例。室内排水平面图的比例一般采用与建筑平面图相同的比例,常用1∶100,必要时也可采用1∶50、1∶150、1∶200等。

2)排水平面图的数量。多层建筑物的排水平面图,原则上应分层绘制。对于管道系统和用水设备布置相同的楼层平面可以绘制一个平面图即标准层排水平面图,但底层平面图必须单独画出。

3)排水平面图中的房屋平面图。在建筑排水平面图中所画的房屋平面图,仅作为管道系统及用水设备等平面布置和定位的基准。因此房屋平面图中仅画出房屋的墙、柱、门窗、楼梯等主要部分,其余细部可省略。

底层排水平面图应画出整幢房屋的建筑平面图,其余各层可仅画出布置有管道的局部平面图。

4)排水平面图中的排水管道。

①排水平面图是水平剖切房屋后的水平正投影图。平面图的各种管道不论在楼面(地面)之上或之下,都不考虑其可见性。即每层平面图中的管道均以连接该层用水设备的管路为准,而不是以楼层地面为分界。如属本层使用,但安装在下层空间的排水管道,均绘于本层平面图上。

②一般将排水系统和给水系统绘制于同一平面图上,这对于设计、施工以及识读都比较方便。

③由于管道连接一般均采用连接配件,往往另有安装详图,平面图中的管道连接均为简略表示,具有示意性。

5)室内排水平面图中排水系统的编号。

①排水工程中,一般污水管及排水管用字母"W"、"P"表示;雨水管用字母"Y"表示。

②在底层排水平面图中,当建筑物的污水排出管的数量多于一个时,应对每一个污水排出管进行编号。排水系统以每一排出管为一排水系统。排水系统的编号如图10.2所示。

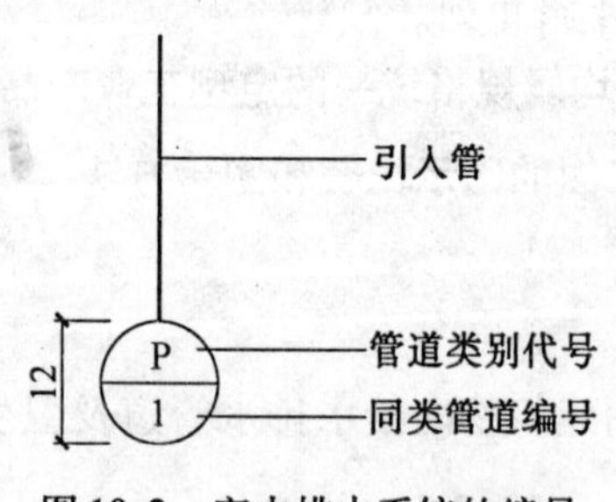

图10.2 室内排水系统的编号

6)尺寸标注。

①在室内排水管道平面图中应标注墙或柱的轴线尺寸,以及室内外地面和各层楼面的标高。

②卫生器具和管道一般都是沿墙或靠柱设置的,不必标注定位尺寸(一般在说明中写出);必要时,以墙面或柱面为基准标注尺寸。卫生器具的规格可注在引出线上,或在

施工说明中说明。

③管道的管径、坡度和标高均标注在管道的系统图中，在管道的平面图中不必标出。

④管道长度尺寸用比例尺从图中量出近似尺寸，在安装时则以实测尺寸为准，所以在管道平面图中也不标注管道的长度尺寸。

2. 室内排水系统图

(1)图示内容

建筑室内排水系统图是排水工程施工图中的主要图纸，表示排水管道系统的空间走向，各管段的管径、标高、排水管道的坡度，以及各种附件在管道上的位置。

(2)图示方法

1)轴向选择

建筑室内排水系统图一般采用正面斜等轴测图绘制，*OX* 轴处于水平方向，*OY* 轴一般与水平线呈 45°(也可以呈 30°或 60°)，*OZ* 轴处于铅垂方向。三个轴向伸缩系数均为 1。

2)比例

①建筑室内排水系统图的比例一般采用与平面图相同的比例，当系统比较复杂时也可以放大比例。

②当采用与平面图相同的比例时，*OX*、*OY* 轴方向的尺寸可直接从平面图上量取，*OZ* 轴方向的尺寸可依层高和设备安装高度量取。

3)建筑室内排水系统图的数量

建筑室内排水系统图的数量按污水排出管的数量而定，各管道系统图一般应按系统分别绘制，即每一个污水排出管都对应着一个系统图。每一个管道系统图的编号都应与平面图中的系统编号相一致，系统的编号如图 10.3 所示。建筑物内垂直楼层的立管，其数量多于一个时，也用拼音字母和阿拉伯数字为管道进出口编号，如图 10.3 所示。

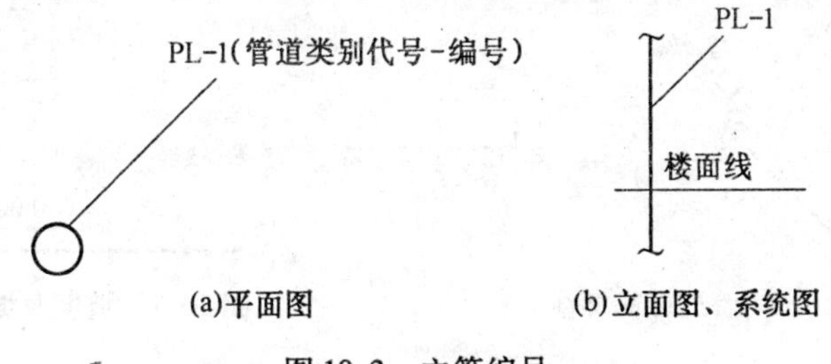

图 10.3　立管编号

4)建筑室内排水系统图中的管道

①系统图中管道的画法与平面图中一样，排水管道用粗虚线表示；排水管道上的附件(如检查口)用图例表示。

②当空间交叉管道在图中相交时，在相交处将被挡在后面或下面的管线断开。

③当各层管道布置相同时，不必层层重复画出，只需在管道省略折断处标注“同某层”即可。各管道连接的画法具有示意性。

④当管道过于集中，无法表达清楚时，可将某些管段断开，移至别处画出，在断开处给以明确标记。

5)室内排水系统图中墙和楼层地面的画法

在管道系统图中还应用细实线画出，被管道穿过的墙、柱、地面、楼面和屋面，其表示方法如图10.4所示。

6）尺寸标注

①管径。管道系统中所有管段均需标注管径。当连续几段管段的管径相同时，仅标注两端管段的管径，中间管段管径可省略不用标注，管径的单位为毫米。铸铁管等管材，管径应以公称直径“DN”表示（如DN50）；UPVC管材，管径应以内径D表示（如D110）。

管径在图纸上一般标注在以下位置：①管径变径处；②水平管道标注在管道的上方，倾斜管道标注在管道的斜上方，立管道标注在管道的左侧，如图10.4所示，当管径无法按上述位置标注时，可另找适当位置标注；③多根管线的管径可用引出线进行标注，如图10.5所示。

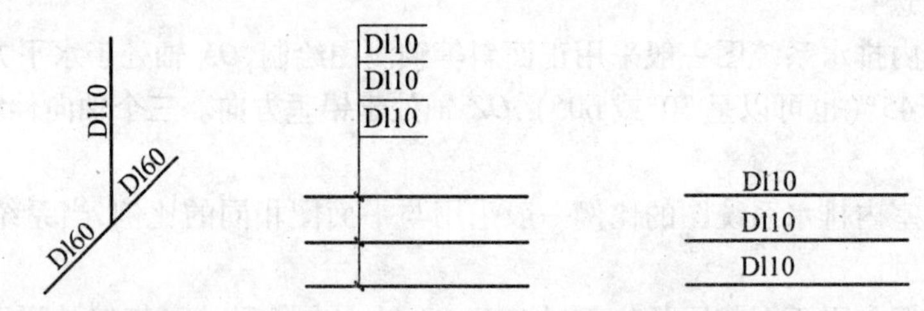

图10.4　管径标注　　图10.5　多根管线管径标注

②标高。室内排水管道系统图中排水横管的标高也可标注管中心标高，但要注明。排水横管的标高自卫生器具的安装高度所决定，所以一般不标注排水横管的标高，而只标注排水横管起点的标高。另外，还要标注室内地面、室外地面、各层楼面和屋面、立管管顶，检查口的标高，标高的标注如图10.6所示。

③凡有坡度的横管都要注出其坡度。管道的坡度及坡向表示管道的倾斜程度和坡度方向。标注坡度时，在坡度数字下，应加注坡度符号。坡度符号的箭头一般指向下坡方向，如图10.7所示。

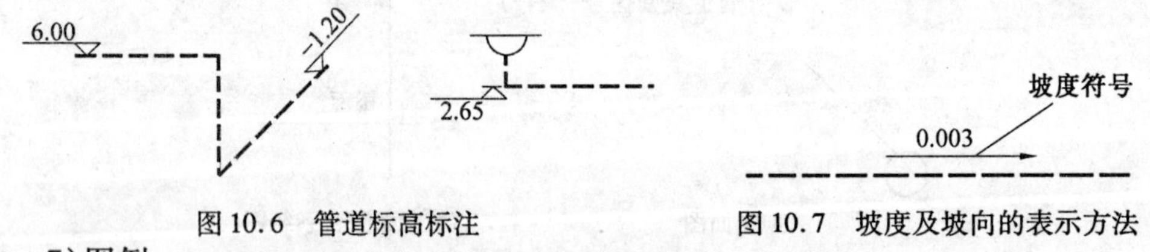

图10.6　管道标高标注　　图10.7　坡度及坡向的表示方法

7）图例

平面图和系统图应列出统一的图例，其大小要与平面图中的图例大小相同。

10.1.2.4　识读举例

图10.8、图10.9分别为室内给水排水管道平面图和室内排水管道系统图示例。

（1）首先根据平面图了解室内卫生器具及用水设备的平面布置情况。

该建筑共有3层，底层是男厕所、盥洗室及男浴室。厕所内有四个蹲式大便器、小便池，洗涤池和盥洗槽。浴室内有四个淋浴喷头和盥洗槽。

二、三层卫生器具布置完全相同，分别是男、女厕所。

（2）识读排水系统。

该建筑内有两个排水系统。排水系统为$\frac{P}{1}$、$\frac{P}{2}$。

排水系统(P/1)收集男厕所产生的污水，排水系统(P/2)收集二、三层女厕所产生的污水及一层男浴室产生的污水。其排出管穿越定位轴线为A的墙体，将污水排出室外。

识读排水系统图时，对照平面图沿水流方向按用水设备的存水弯⟶横支管⟶立管⟶排出管的顺序识读。

10.1.3 清通设备

10.1.3.1 检查口

检查口设置在立管上，铸铁排水立管上检查口之间的距离不宜大于10 m，塑料排水立管宜每六层设置一个检查口。但在立管的最低层和设有卫生器具的二层以上建筑的最高层应设置检查口，当立管水平拐弯或有乙字管时，在该层立管拐弯处和乙字管的上部应设检查口。检查口设置高度一般距地面1 m，检查口向外，方便清通。

10.1.3.2 清扫口

清扫口一般设置在横管上，横管上连接的卫生器具较多时，横管起点应设清扫口(有时用可清掏的地漏代替)。在连接2个或2个以上的大便器或3个及3个以上的卫生器具的铸铁排水横管上，宜设置清扫口。在连接4个及4个以上的大便器塑料排水横管上宜设置清扫口。在水流偏转角大于45°的排水横管上，应设检查口或清扫口。从污水立管或排出管上的清扫口至室外的检查井中心的最大长度，大于表10.2的数值时应在排水管上设清扫口。污水横管的直线管段上检查口或清扫口之间的最大距离，按表10.3确定。室内埋地横干管上设检查口井。检查口、清扫口和检查口井，如图10.10所示。

表10.2　排水立管或排出管上的清扫口至室外检查井中心的最大长度

管径/mm	50	75	100	100以上
最大长度/m	10	12	15	20

表10.3　排水横管直线段上清扫口或检查口之间的最大距离

管道管径/mm	清扫设备种类	距离/m	
		生活废水	生活污水
50~75	检查口	15	12
	清扫口	10	8
100~150	检查口	20	15
	清扫口	15	10
200	检查口	25	20

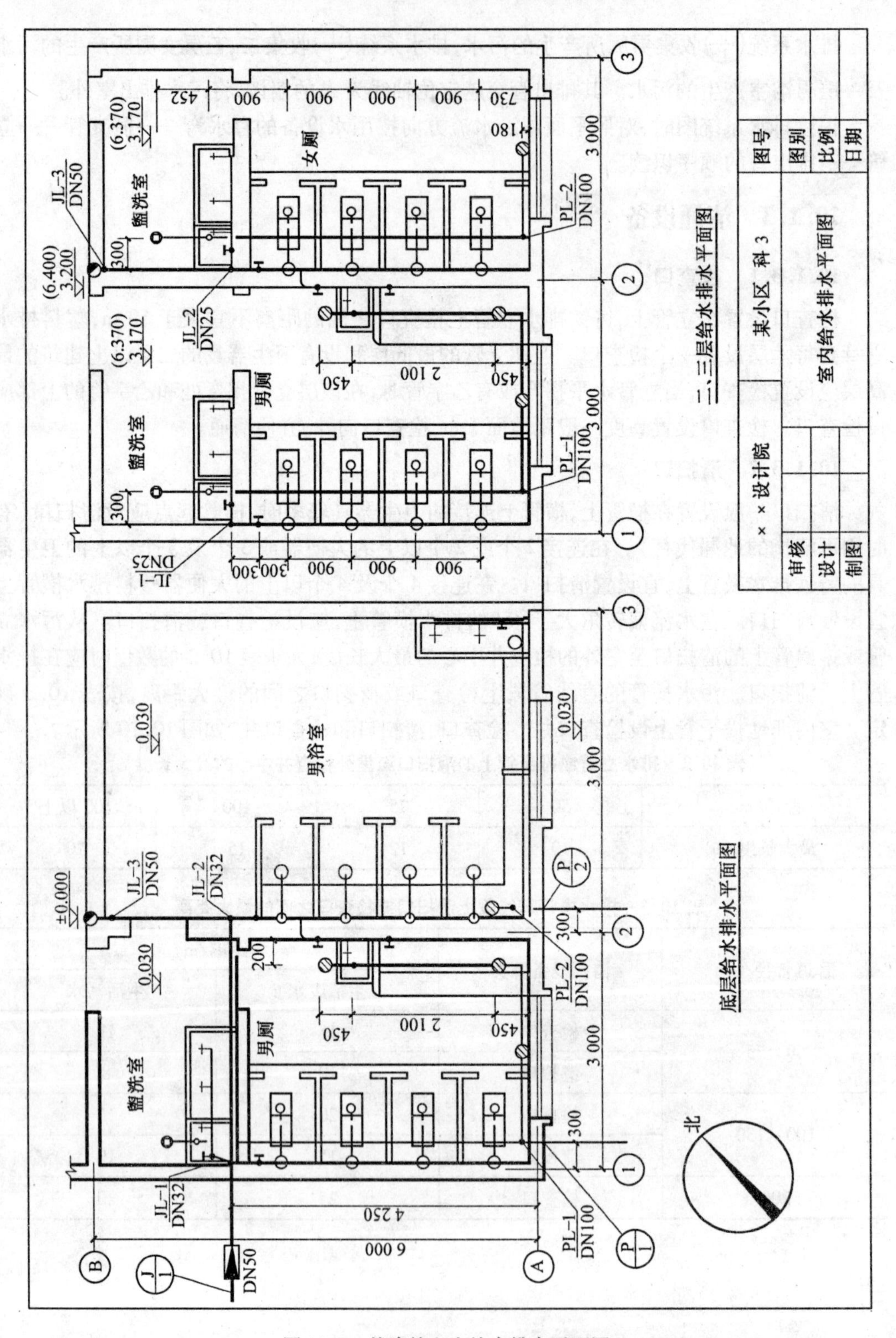

图 10.8　某建筑室内给水排水平面图

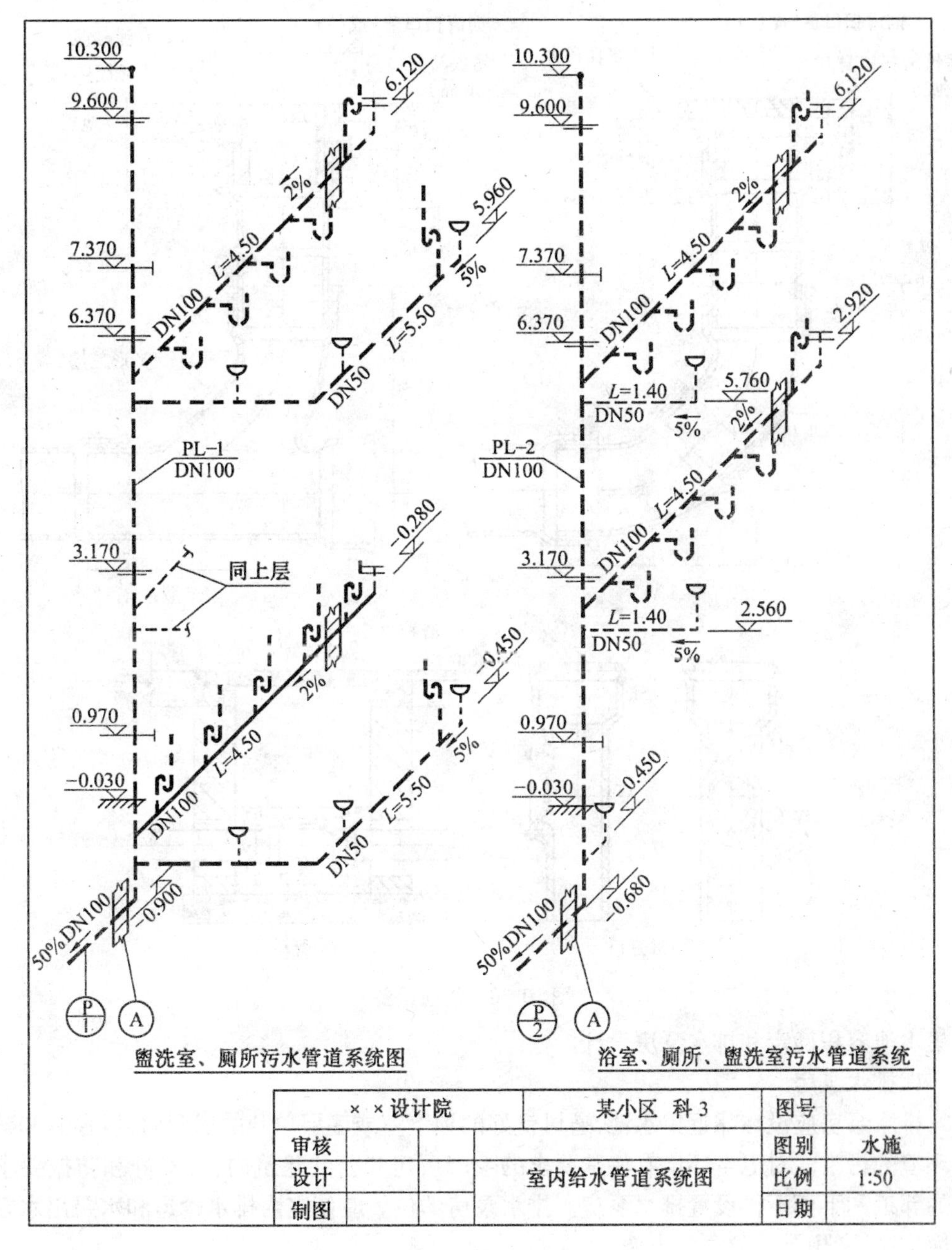

图 10.9　某建筑室内排水管道系统图

10.1.4　污水、废水的提升和局部处理

10.1.4.1　污水、废水的提升

民用和公共建筑的地下室，人防建筑、消防电梯底部集水坑内以及工业建筑内部标高低于室外地坪的车间和其他用水设备房间排放的污废水，若不能自流排至室外检查井时，必须提升排出，以保持室内良好的环境卫生。建筑内部污废水提升包括污水泵的选择，污

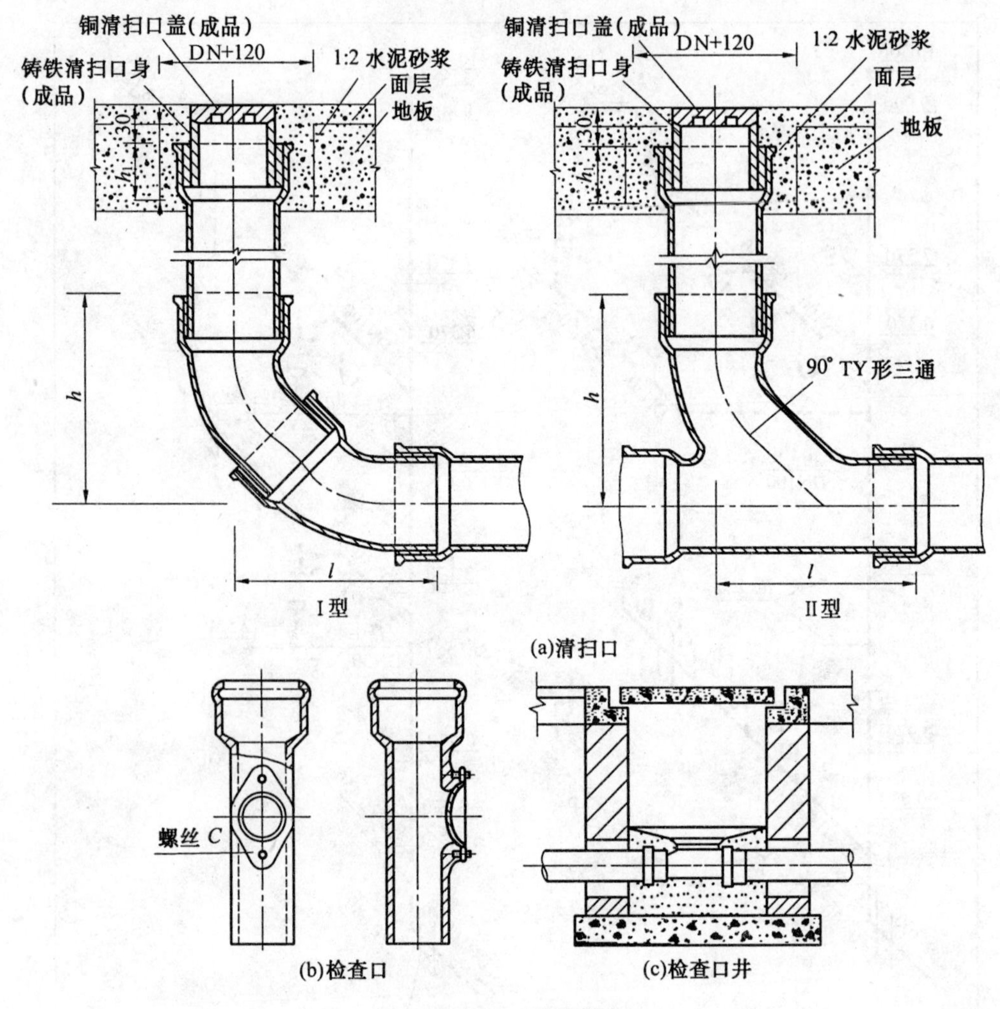

图 10.10　清通设备

水集水池容积确定和排水泵房设计。

1. 排水泵房

排水泵房应设在靠近集水池,通风良好的地下室或底层单独的房间内,以控制和减少对环境的污染。对卫生环境有特殊要求的生产厂房和公共建筑内,有安静和防振要求房间的邻近和下面不得设置排水泵房。排水泵房的位置应使室内排水管道和水泵出水管尽量简洁,并考虑维修检测的方便。

2. 排水泵

建筑物内使用的排水泵有潜水排污泵、液下排水泵、立式污水泵和卧式污水泵等。因潜水排污泵和液下排水泵在水面以下运行,无噪声和振动,水泵在集水池内不占场地,自灌问题也自然解决,所以应优先选用。其中液下排污泵一般在重要场所使用;当潜水排污泵电机功率大于等于 7.5 kW 或出水口管径大于等于 DN100 时,可采用固定式;当潜水排污泵电机功率小于 7.5 kW 或出水口管径小于 DN100 时,可设软管移动式。立式和卧式污水泵因占用场地要设隔振装置,必须设计成自灌式,所以使用较少。

排水泵的流量应按生活排水设计秒流量选定；当有排水量调节时，可按生活排水最大小时流量选定。消防电梯集水池内的排水泵流量不小于10 L/s。排水泵的扬程按提升高度、管道水头损失和0.02～0.03 MPa的附加自由水头确定。排水泵吸水管和出水管流速应在0.7～2.0 m/s之间。

公共建筑内应以每个生活排水集水池为单元设置一台备用泵，平时宜交替运行。设有两台及两台以上排水泵排除地下室、设备机房和车库冲洗地面的排水时可不设备用泵。

为使水泵各自独立、自动地运行，各水泵应有独立的吸水管。当提升带有较大杂质的污、废水时，不同集水池内的潜水排污泵出水管不应合并排出。当提升一般废水时，可按实际情况考虑不同集水池的潜水排污泵出水管合并排出。排水泵较易堵塞，其部件易磨损，需要经常检修，所以，当两台或两台以上的水泵共用一条出水管时，应在每台水泵出水管上装设阀门和止回阀；单台水泵排水有可能产生倒灌时，应设止回阀。不允许压力排水管与建筑内重力排水管合并排出。

如果集水池不设事故排出管，水泵应有不间断的动力供应；如果关闭排水进水管时，可不设不间断动力供应，但应设置报警装置。

排水泵应能自动启闭或现场手动启闭。多台水泵可并联交替运行，也可分段投入运行。

3. 集水池

在地下室最底层卫生间和淋浴间的底板下或邻近、地下室水泵房和地下车库内、地下厨房和消防电梯井附近应设集水池，消防电梯集水池池底低于电梯井底不小于0.7 m。为防止生活饮用水受到污染，集水池与生活给水贮水池的距离应在10 m以上。

集水池容积不宜小于最大一台水泵5 min的出水量，且水泵一小时内启动次数不宜超过6次。设有调节容积时，有效容积不得大于6 h生活排水平均小时流量。消防电梯井集水池的有效容积不得小于2.0 m^3。工业废水按工艺要求定。

为保持泵房内的环境卫生，防止管理和检修人员中毒，设置在室内地下室的集水池池盖应密闭并设置与室外大气相连的通气管；汇集地下车库、泵房和空调机房等处地面排水的集水池和地下车库坡道处的雨水集水井可采用集水池的有效水深一般取1～1.5 m，保护高度取0.3～0.5 m。因生活污水中有机物分解成酸性物质，腐蚀性大，所以生活污水集水池内壁应采取防腐防渗漏措施。池底应坡向吸水坑，坡度不小于0.05，并在池底设冲洗管，利用水泵出水进行冲洗，防止污泥沉淀。为防止堵塞水泵，收集含有大块杂物排水的集水池入口处应设格栅，敞开式集水池（井）顶应设置格栅盖板。否则，潜水排污泵应带有粉碎装置。为便于操作管理，集水池应设置水位指示装置，必要时设置超警戒水位报警装置，将信号引至物业管理中心。污水泵、阀门和管道等应选择耐腐蚀、流通量大、不易堵塞的设备器材。

10.1.4.2　污水废水的局部处理

1. 化粪池

化粪池是一种利用沉淀和厌氧发酵原理，去除生活污水中悬浮性有机物的处理设施，属于初级的过渡性生活污水处理的构筑物。生活污水中含有大量粪便、纸屑、病原虫，悬浮物固体质量浓度为 100 ~ 350 mg/L，有机物质量浓度 BOD_5在 100 ~ 400 mg/L 之间，其中悬浮性的有机物质量浓度 BOD_5为 50 ~ 200 mg/L。污水进入化粪池经过 12 ~ 24 h 的沉淀，可去除 50% ~ 60% 的悬浮物。沉淀下来的污泥经过 3 个月以上的厌氧消化，使污泥中的有机物分解成稳定的无机物，易腐败的生污泥转化为稳定的熟污泥，改变了污泥的结构，降低了污泥的含水率。定期将污泥清掏外运、填埋或用作肥料。

污泥清掏周期是指污泥在化粪池内平均停留时间。污泥清掏周期与新鲜污泥发酵时间有关。而新鲜污泥发酵时间又受污水温度的控制，其关系见表 10.4，也可用公式(10.1)计算：

$$T_h = 482 \times 0.87^t \tag{10.1}$$

式中 T_h——新鲜污泥发酵时间，d；

t——污水温度，℃，可按冬季平均给水温度再加上 2 ~ 3 ℃计算。

为安全起见，污泥清掏周期应稍长于污泥发酵时间，一般为 3 ~ 12 个月。清掏污泥后应要保留 20% 的污泥量，以便为新鲜污泥提供厌氧菌种，保证污泥腐化分解效果。

表 10.4　污水温度与污泥发酵时间关系表

污水温度/ ℃	6	7	8.5	10	12	15
污泥发酵时间/d	210	180	150	120	90	60

化粪池多设于建筑物背向大街一侧靠近卫生间的地方。应尽量隐蔽，不宜设在人们经常活动之处。化粪池距建筑物的净距不小于 5 m，因化粪池出水处理不彻底，含有大量细菌，为防止污染水源，化粪池距地下取水构筑物不得小于 30 m。

化粪池的设计主要是计算化粪池容积，按《给水排水国家标准图集》选用化粪池标准图。化粪池总容积由有效容积 V 和保护层容积 V_3组成，保护层容积根据化粪池大小确定，保护层高度一般为 250 ~ 450 mm。有效容积由污水所占容积 V_1和污泥所占容积 V_2组成。

$$V = V_1 + V_2 \tag{10.2}$$

$$V = \frac{\alpha N \cdot q \cdot t}{24 \times 1\,000} + \frac{\alpha N \cdot a \cdot T \cdot (1-b) \cdot K \cdot m}{(1-c) \times 1\,000} \tag{10.3}$$

式中 V——化粪池有效容积，m^3；

N——设计总人数(或床位数、座位数)；

α——使用卫生器具人数占总人数的百分比，与人们在建筑内停留时间有关，医院、疗养院、养老院、有住宿的幼儿园取 100%；住宅、集体宿舍、旅馆取 70%；办公楼、教学楼、试验楼、工业企业生活间取 40%；职工食堂、餐饮业、影剧院、体育场(馆)、商场和其他场所(按座位)取 10%；

q——每人每日排水量，L/(人 · d)，当生活污水与生活废水合流时，同生活用水量标准，分开排放时，生活污水量取 20 ~ 30 L/(人 · d)；

a——每人每日污泥量，L/(人 · d)，生活污水与生活废水合流排放时取 0.7 L/(人 · d)，分流排放时取 0.4 L/(人 · d)；

t——污水在化粪池内停留时间，h，取 12 ~ 24 h，当化粪池作为医院污水消毒前的预处理时，停留时间不小于 36 h；

T——污泥清掏周期，d，取 90 ~ 360 d，当化粪池作为医院污水消毒前的预处理时，污泥清掏周期宜为 1 年；

b——新鲜污泥含水率，取 95%；

c——化粪池内发酵浓缩后污泥含水率，取 90%；

K——污泥发酵后体积缩减系数，取 0.8；

m——清掏污泥后遗留的熟污泥量容积系数，取 1.2。

将 b,c,K,m 值代入公式(10.3)，化粪池有效容积计算公式简化为

$$V=\alpha N\left(\frac{q \cdot t}{24}+0.48a \cdot T\right)\times 10^{-3} \tag{10.4}$$

化粪池有 13 种规格，容积从 2 m³ 到 100 m³，设计时可根据各种规格化粪池的最大允许实际使用人数，选用化粪池。

化粪池有矩形和圆形两种，对于矩形化粪池，当日处理污水量小于等于 10 m³时，采用双格，其中第一格占容积的 75%，当日处理水量大于 10 m³时，采用 3 格，第一格容积占总容积的 60%，其余 2 格各占 20%。

2. 隔油池

公共食堂和饮食业排放的污水中含有植物和动物油脂。污水中含油量的多少与地区、生活习惯有关，一般在 50 ~ 150 mg/L 之间。厨房洗涤水中含油约 750 mg/L。据调查，含油量超过 400 mg/L 的污水进入排水管道后，随着水温的下降，污水中夹带的油脂颗粒开始凝固，并粘附在管壁上，使管道过水断面减小，最后完全堵塞管道。所以公共食堂和饮食业的污水在排入城市排水管网前，应去除污水中的可浮油（占总含油量的 65% ~ 70%），目前一般采用隔油池。设置隔油池还可以回收废油脂，制造工业用油，变废为宝。

汽车洗车台、汽车库及其他类似场所排放的污水中含有汽油、煤油、柴油等矿物油。汽油等轻油进入管道后挥发并聚集于检查井，达到一定浓度后会发生爆炸引起火灾，破坏管道，所以也应设隔油池进行处理。

3. 小型沉淀池

汽车库冲洗废水中含有大量的泥沙，为防止堵塞和淤积管道，在污废水排入城市排水管网之前应进行沉淀处理，一般宜设小型沉淀池。

小型沉淀池的有效容积，包括污水和污泥两部分容积，应根据车库存车数、冲洗水量和设计参数确定。

4. 降温池

温度高于 40 ℃的废水，在排入城镇排水管道之前应采取降温处理，否则会影响维护管理人员身体健康和管材的使用寿命。一般采用设于室外的降温池处理。对于温度较高的废水，宜考虑将其所含热量回收利用。

降温池降温的方法主要有二次蒸发，水面散热和加冷水降温。以锅炉排污水为例，当锅炉排出的污水由锅炉内的工作压力骤然减到大气压力时，一部分热污水汽化蒸发（二次蒸发），减少了排污水量和所带热量，再将冷却水加入剩余的热污水混合，使污水温度降至 40 ℃后排放。降温采用的冷却水应尽量利用低温废水。

单元二 建筑室内排水工程的核算

10.2.1 建筑室内排水系统的设计计算

10.2.1.1 排水定额

建筑室内的排水定额有两个:一个是以每人每日为标准,另一个是以卫生器具为标准。每人每日排放的污水量和时变化系数与气候、建筑物内卫生设备完善程度有关。从用水设备流出的生活给水使用后损失很小,绝大部分被卫生器具收集排放,所以生活排水定额和时变化系数与生活给水相同。生活排水平均时排水量和最大时排水量的计算方法与建筑内部的生活给水量计算方法相同,计算结果主要用来设计污水泵和化粪池等。

卫生器具排水定额是经过实测得来的,主要用来计算建筑内部各个管段的管径。某管段的设计流量与其接纳的卫生器具类型、数量及使用频率有关。为了便于累加计算,与建筑内部给水相似,以污水盆排水量 0.33 L/s 为一个排水当量,将其他卫生器具的排水量与 0.33 L/s 的比值,作为该种卫生器具的排水当量。由于卫生器具排水具有突然、迅速、流量大的特点。所以,一个排水当量的排水流量是一个给水当量额定流量的 1.65 倍。各种卫生器具的排水流量和当量值见表 10.5。

表 10.5 卫生器具排水流量、当量和排水管的管径

序号	卫生器具名称	卫生器具类型	排水流量 /($L\cdot s^{-1}$)	排水当量	排水管管径 /mm
1	洗涤盆、污水盆(池)		0.33	1.00	50
2	餐厅、厨房洗菜盆(池)	单格洗涤盆(池)	0.67	2.00	50
		双格洗涤盆(池)	1.00	3.00	50
3	盥洗槽(每个水嘴)		0.33	1.00	50~75
4	洗手盆		0.10	0.30	32~50
5	洗脸盆		0.25	0.75	32~50
6	浴盆		1.00	3.00	50
7	淋浴器		0.15	0.45	50
8	大便器	冲洗水箱	1.50	4.50	100
		自闭式冲洗阀	1.20	3.60	100
9	医用倒便器		1.50	4.50	100
10	小便器	自闭式冲洗阀	0.10	0.30	40~50
		感应式冲洗阀	0.10	0.30	40~50

续表 10.5

序号	卫生器具名称	卫生器具类型	排水流量 /(L·s^{-1})	排水当量	排水管管径 /mm
11	大便槽	≤4 个蹲位	2.50	7.50	100
		>4 个蹲位	3.00	9.00	150
12	小便槽(每米)	自动冲洗水箱	0.17	0.50	—
13	化验盆(无塞)		0.20	0.60	40~50
14	净身器		0.10	0.30	40~50
15	饮水器		0.05	0.15	25~50
16	家用洗衣机		0.50	1.50	50

10.2.1.2　排水设计秒流量

建筑内部排水管道的设计流量是确定各管段管径的依据,因此,排水设计流量的确定应符合建筑内部排水规律。建筑内部排水流量与卫生器具的排水特点和同时排水的卫生器具数量有关,具有历时短、瞬时流量大、两次排水时间间隔长和排水不均匀等特点。为保证最不利时刻的最大排水量能迅速、安全地排放,某管段的排水设计流量应为该管段的瞬时最大排水流量,又称为排水设计秒流量。

按建筑物的类型,我国生活排水设计秒流量计算公式有两个:

(1)住宅、宿舍(Ⅰ类、Ⅱ类)、旅馆、宾馆、酒店式公寓、医院、疗养院、幼儿园、养老院、办公楼、商场、图书馆、书店、客运中心、航站楼、会展中心、中小学校教学楼、食堂或营业餐厅等建筑用水设备使用不集中、用水时间长,同时排水百分数随卫生器具数量增加而减少,其设计秒流量计算公式为

$$q_p = 0.12\alpha\sqrt{N_p} + q_{max} \tag{10.5}$$

式中　q_p——计算管段排水设计秒流量,L/s;

N_p——计算管段的卫生器具排水当量总数;

q_{max}——计算管段上排水量最大的一个卫生器具的排水流量,L/s;

α——根据建筑物用途而定的系数,按表 10.6 确定。

当按上式计算排水量时,若计算所得流量值大于该管段上按卫生器具排水流量累加值时,应按卫生器具排水流量累加值确定设计秒流量。

表 10.6　根据建筑物用途而定的系数 α 值

建筑物名称	宿舍(Ⅰ类、Ⅱ类)、住宅、旅馆、酒店式公寓、医院、疗养院、幼儿园、养老院的卫生间	旅馆和其他公共建筑的盥洗间和厕所间
α 值	1.5	2.0~2.5

(2)宿舍(Ⅲ类、Ⅳ类)、工业企业生活间、公共浴室、洗衣房、职工食堂或营业餐厅的厨房、实验室、影剧院、体育场馆等建筑的卫生设备使用集中,排水时间集中,同时排水百分数大,其排水设计秒流量计算公式为

$$q_p = \sum q_0 N_0 b \tag{10.6}$$

式中　q_p—— 计算管段排水设计秒流量,L/s;

q_0—— 计算管段上同类型的一个卫生器具排水流量,L/s;

N_0—— 计算管段上同类型卫生器具数;

b—— 卫生器具的同时排水百分数 %,冲洗水箱大便器的同时排水百分数按 12% 计算,其他卫生器具的同时排水百分数同给水。

对于有大便器接入的排水管网起端,因卫生器具较少,大便器的同时排水百分数较小(如冲洗水箱大便器仅定为 12%)。按以上公式计算的排水设计秒流量可能会小于一个大便器的排水流量,这时应按一个大便器的排水量作为该管段的排水设计秒流量。

10.2.2　排水管网水力计算

10.2.2.1　横管的水力计算

为保证管道系统有良好的水力条件、稳定管内气压、防止水封破坏、保证良好的室内环境卫生,在设计计算横支管和横干管时,须满足下列规定:

1.最大设计充满度

建筑内部排水横管按非满流设计,以便使污废水释放出的气体能自由流动排入大气,调节排水管道系统内的压力,接纳意外的高峰流量。建筑内部排水横管的最大设计充满度见表 10.7。

表 10.7　建筑内部排水管道设计坡度和最大设计充满度

管　材	管径/mm	坡　度		最大设计充满度
		通用坡度	最小坡度	
塑料管	50	0.025	0.012	0.5
	75	0.015	0.007	
	110	0.012	0.004	
	125	0.010	0.003 5	
	160	0.007	0.003	0.6
	200	0.005	0.003	
	250	0.005	0.003	
	315	0.005	0.003	
铸铁管	50	0.035	0.025	0.5
	75	0.025	0.015	
	100	0.020	0.012	
	125	0.015	0.010	
	150	0.010	0.007	0.6
	200	0.008	0.005	

2. 管道坡度

污水中含有固体杂质,如果管道坡度过小、污水的流速慢,固体杂物会在管内沉淀淤积、减小过水断面积、造成排水不畅或堵塞管道,为此对管道坡度作了规定。建筑内部生活排水管道的坡度有通用坡度和最小坡度两种,见表 10.7。通用坡度是指正常条件下应予以保证的坡度;最小坡度为必须保证的坡度。一般情况下应采用通用坡度,当横管过长或建筑空间受限制时,可采用最小坡度。塑料排水横管的标准坡度均为 0.026。

3. 最小管径

室内排水管的管径和管道坡度在一般情况下是根据卫生器具的类型和数量按经验资料确定其最小管径。

为了排水通畅,防止管道堵塞,保障室内环境卫生,规定了建筑内部排水管的最小管径为 50 mm。医院、厨房、浴室以及大便器排放的污水水质特殊,其最小管径应大于 50 mm。

医院洗涤盆和污水盆内往往有一些棉花球、纱布、玻璃碴和竹签等杂物落入,为防止管道堵塞,管径不小于 75 mm。

厨房排放的污水中含有大量的油脂和泥沙,容易在管道内壁附着聚集,减小管道的过水面积。为防止管道堵塞,多层住宅厨房间的排水立管管径最小为 75 mm,公共食堂厨房排水管实际选用的管径应比计算管径大一号,且干管管径不小于 100 mm,支管管径不小于 75 mm。浴室泄水管的管径宜为 100 mm。

小便槽或连接 3 个及 3 个以上的小便器排水管,应考虑冲洗不及时而结尿垢的影响,管径不得小于 75 mm。

大便器具是唯一没有十字栏栅的卫生器具,瞬时排水量大,污水中的固体杂质多。凡连接大便器的支管,即使仅有 1 个大便器,其最小管径也为 100 mm。

大便槽的排水管管径最小应为 150 mm。

浴池的泄水管管径宜采用 100 mm。

当建筑底层无通气的排水管道与其楼层管道分开单独排出时,其排水横支管管径可按表 10.8 确定。

表 10.8　无通气的底层单独排出的排水横支管最大设计排水能力

排水横支管管径/mm	50	75	100	125	150
最大设计排水能力/(L·s^{-1})	1.0	1.7	2.5	3.5	4.8

10.2.2.2　立管水力计算

排水立管的通水能力与管径、系统是否通气、通气的方式和管材有关,不同管径、不同通气方式、不同管材排水立管的最大允许排水流量见表 10.9。

表 10.9 生活排水立管最大设计排水能力

排水立管系统类型			最大设计排水能力/$(L \cdot s^{-1})$				
			排水立管管径/mm				
			50	75	100 (110)	125	150 (160)
伸顶通气	立管与横支管连接配件	90°顺水三通	0.8	1.3	3.2	4.0	5.7
		45°斜三通	1.0	1.7	4.0	5.2	7.4
专用通气	专用通气管 75 mm	结合通气管每层连接	—	—	5.5	—	—
		结合通气管隔层连接	—	3.0	4.4	—	—
	专用通气管 100 mm	结合通气管每层连接	—	—	8.8	—	—
		结合通气管隔层连接	—	—	4.8	—	—
	主、副通气立管+环形通气管		—	—	11.5	—	—
自循环通气	专用通气形式		—	—	4.4	—	—
	环形通气形式		—	—	5.9	—	—
特殊单立管	混合器		—	—	4.5	—	—
	内螺旋管+旋流器	普通型	—	1.7	3.5	—	8.0
		加强型	—	—	6.3	—	—

注:排水层数在 15 层以上时,宜乘系数 0.9。

(1)管径 DN100 的塑料排水管公称外径为 De110 mm,管径 DN150 的塑料排水管公称外径为 De160 mm。

(2)塑料管、螺旋管、特制配件单立管的排出管、横干管以及与之连接的立管底部(最低排水横支管以下)应放大一号管径。

(3)排水立管工作高度,按最高排水横支管和立管连接点至排出管中心线间的距离计算。

(4)如排水立管工作高度在表中列出的两个高度值之间时,可用内插法求得排水立管的最大排水能力数值。

(5)排水立管管径不得小于横支管管径。

10.2.2.3 通气管道计算

单立管排水系统的伸顶通气管管径应与排水立管相同,但在最冷月平均气温低于 −13 ℃的地区,为防止伸顶通气管口结霜,减小通气管断面,应在室内平顶或吊顶以下 0.3 m处将管径放大一级。

通气管的管径应根据排水能力、管道长度来确定,一般不宜小于排水管管径的 1/2,通气管最小管径可按表 10.10 确定。

双立管排水系统中,当通气立管长度小于等于 50 m 时,通气管最小管径可按表10.8 确定。当通气立管长度大于 50 m 地,空气在管内流动时阻力损失增加,为保证排水管内气压稳定，通气立管管径应与排水立管相同。

表 10.10 通气管最小管径

<table>
<tr><th rowspan="2">通气管名称</th><th colspan="5">排水管管径/mm</th></tr>
<tr><th>50</th><th>75</th><th>100</th><th>125</th><th>150</th></tr>
<tr><td>器具通气管</td><td>32</td><td>—</td><td>50</td><td>50</td><td>—</td></tr>
<tr><td>环形通气管</td><td>32</td><td>40</td><td>50</td><td>50</td><td>—</td></tr>
<tr><td>通气立管</td><td>40</td><td>50</td><td>75</td><td>100</td><td>100</td></tr>
</table>

通气立管长度小于等于 50 m 时，两根或两根以上排水立管共用一根通气立管，应按最大一根排水立管管径查表确定共用通气立管管径，但同时应保持共用通气立管的管径不小于其余任何一根排水立管管径。

结合通气管管径不宜小于通气立管管径。

汇合通气管和总伸顶通气管的断面积应不小于最大一根通气立管断面积与 0.25 倍的其余通气立管断面积之和，可按公式(10.7)计算。

$$d_e \geqslant \sqrt{d_{max}^2 + 0.25 \sum d_i^2} \tag{10.7}$$

式中 d_e—— 汇合通气管和总伸顶通气管管径，mm；

d_{max}—— 最大一根通气立管管径，mm；

d_i—— 其余通气立管管径，mm。

10.2.2.4 排水管管径估算

根据建筑物的性质、设置通气管的情况、排水管段负荷当量总数，可按表 10.11 估算排水管管径。

表 10.11 排水管道允许负荷卫生器具当量值

<table>
<tr><th rowspan="2">建筑物的性质</th><th rowspan="2" colspan="2">排水管道名称</th><th colspan="4">允许负荷当量总数/个</th></tr>
<tr><th>50 mm</th><th>75 mm</th><th>100 mm</th><th>150 mm</th></tr>
<tr><td rowspan="6">住宅、公共居住建筑的小卫生间</td><td rowspan="3">横支管</td><td>无器具通气管</td><td>4</td><td>8</td><td>25</td><td></td></tr>
<tr><td>有器具通气管</td><td>8</td><td>14</td><td>100</td><td></td></tr>
<tr><td>底层单独排出</td><td>3</td><td>6</td><td>12</td><td></td></tr>
<tr><td colspan="2">横 干 管</td><td></td><td>14</td><td>100</td><td>1200</td></tr>
<tr><td rowspan="2">立 管</td><td>仅有伸顶通气管</td><td rowspan="2">5</td><td>25</td><td>70</td><td rowspan="2">1 000</td></tr>
<tr><td>有通气立管</td><td></td><td>900</td></tr>
<tr><td rowspan="6">集体宿舍、旅馆、医院、办公楼、学校等公共建筑的盥洗间、厕所</td><td rowspan="3">横支管</td><td>无环形通气管</td><td>4.5</td><td>12</td><td>36</td><td></td></tr>
<tr><td>有环形通气管</td><td></td><td></td><td>120</td><td></td></tr>
<tr><td>底层单独排出</td><td>4</td><td>8</td><td>36</td><td></td></tr>
<tr><td colspan="2">横 干 管</td><td></td><td>18</td><td>120</td><td>2 000</td></tr>
<tr><td rowspan="2">立 管</td><td>仅有伸顶通气管</td><td rowspan="2">6</td><td rowspan="2">70</td><td>100</td><td rowspan="2">2 500</td></tr>
<tr><td>有通气立管</td><td>1 500</td></tr>
</table>

续表 10.11

建筑物的性质	排水管道名称		允许负荷当量总数/个			
			50 mm	75 mm	100 mm	150 mm
工业企业生活卫生间、公共浴室、洗衣房、公共食堂、实验室、影剧院、体育场	横支管	无环形通气管	2	6	27	
		有环形通气管			100	
		底层单独排出	2	4	27	
	横　干　管			12	80	1 000
	立 管(仅有伸顶通气)		3	35	60	800

注:将计算管段上卫生器具排水当量数相叠加查本表即得管径。

【例 10.1】　某学校有一栋六层学生宿舍楼,每层设厕所间,盥洗间各一个。厕所间内设有高位蹲式大便器 4 套,手动冲洗小便器 3 个,洗脸盆 1 个;盥洗间内设有 5 个水龙头的盥洗槽 2 个,污水池 1 个;厕所间设地漏 1 个,盥洗间设地漏 2 个。排水管道平面图布置如图 10.11 所示;排水管道系统图,如图 10.12 所示,管材采用排水铸铁。进行水力计算,确定管道、管径和坡度。

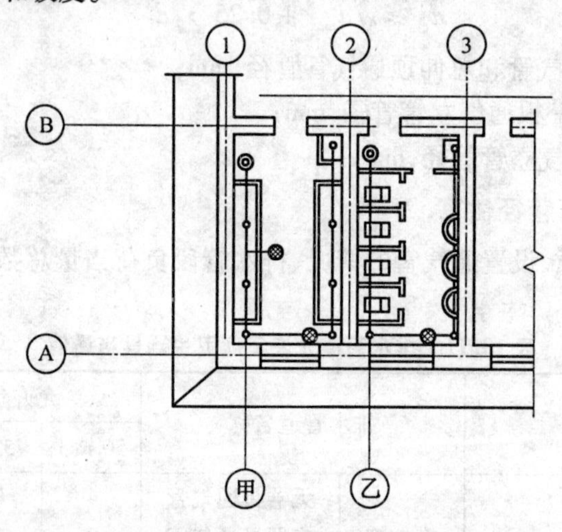

图 10.11　排水管道平面布置图

解　1. 甲系统水力计算

甲系统排水当量总数 $N_p = 1\times60+1\times6 = 66$,未超过表 10.11 中有关规定,因此可按表 10.11确定该系统管道直径和坡度。

(1)卫生器具支管管径的确定

由表 10.5 查得污水池排水支管管径 $D = 50$ mm。每个盥洗槽采用两个排水栓,每个支管采用 $d = 50$ mm,采用规格 $D = 50$ mm 的地漏。

(2)排水横支管管径和坡度的确定

立管 PL1 上每层盥洗槽排水当量总数 $N_p = 1\times5 = 5$,由表 10.11 查得,盥洗槽排水横支管管径 $D = 75$ mm,坡度 $i = 0.002\ 5$。

立管 PL2 上每层盥洗槽排水当量总数 $N_p = 1\times5+1 = 6$,由表 10.11 查得,盥洗槽排水

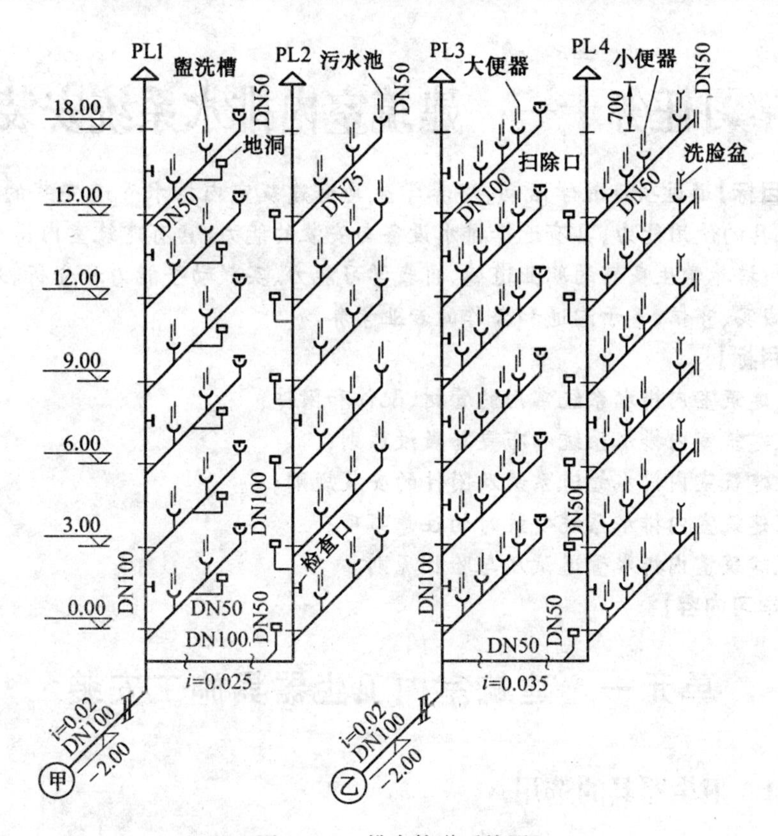

图 10.12 排水管道系统图

横支管管径 $D=75$ mm，坡度 $i=0.0025$。

(3)立管管径得确定

立管 PL1 从 6 层至 1 层，各段排水当量分别为 5、10、15、20、25、30，由表 10.11 查得，相应管径为 50 mm、75 mm、75 mm、75 mm、75 mm、75 mm，为方便施工和管理，故采用同一管径为宜。因此，PL1 管径确定为 $D=75$ mm。

立管 PL2 排水当量总数 $N_p=6\times5+1\times6=36$，由表 10.11 查得，确定 PL2 立管管径 De=75 mm。

(4)排除管管径及坡度的确定

甲系统排出管排水总当量为 66，PL1-PL2 立管间排水管总当量数为 30，由表 10.11 查得，此段排水横管管径 $D=100$ mm。$i=0.020$，排出管管径 $D=100$ mm，$i=0.020$。

(5)通气管管径的确定

伸顶通气管的管径采用同立管管径相同，即 $D=100$ mm。

2. 乙系统水力计算

乙系统排水当量总数 $N_p=111.3$，未超过表 10.11 中有关规定，因此，可由此表确定该系统管道管径和坡度，其方法同甲系统；水力计算结果如图 10.12 所示。

学习任务十一　建筑室内排水系统安装

【教学目标】通过项目教学活动，培养学生具有建筑室内排水管道安装的能力；具有主要施工机具的使用能力；具有选择排水设备与安装的能力；具有建筑室内排水系统的质量验收能力；培养学生良好的职业道德、自我学习能力、实践动手能力和分析、处理问题的能力，以及诚实、守信、善于沟通和合作的专业素养。

【知识目标】

1. 了解建筑室内排水系统常用的管材、配件和附件；
2. 掌握建筑室内排水系统的布置与敷设原则；
3. 掌握建筑室内排水管道系统及附件的安装规则；
4. 掌握建筑室内排水系统安装时的注意事项；
5. 掌握建筑室内排水管道试压与验收原则。

【主要学习内容】

单元一　建筑室内卫生器具施工安装

11.1.1　卫生器具的选用

卫生器具是供洗涤、收集和排除日常生活、生产中产生的污(废)水的一种设备，主要包括大、小便器以及洗脸盆、洗涤盆、污水盆、盥洗槽、淋浴器、浴盆等。

卫生器具的用途、设备地点、安装和维护条件不同，卫生器具的结构、形式和材料也各不相同。随着人们生活水平和卫生标准的逐步提高，对卫生器具的功能、造型、色彩提出了更高的要求，以求得舒适、卫生的生活环境。

11.1.1.1　卫生器具的种类

1. 便溺用卫生器具

便溺用器具设置在卫生间和公共厕所，用来收集生活污水。便溺器具包括便器和冲洗设备。

(1)大便器

大便器是排除粪便的卫生器具，其作用是把粪便和便纸快速排入下水道，同时要防臭。常用的大便器有坐式大便器、蹲式大便器和大便槽三种。坐式大便器按冲洗的水力原理分为冲洗式和虹吸式两种，如图11.1所示。

冲洗式坐便器环绕便器上口是一圈开有很多小孔口的冲水槽。冲洗开始时，水进入冲洗槽，经小孔沿便器内表面冲下，便器内水面涌高，将粪便冲出存水弯边缘。冲洗式坐便器的缺点是受污面积大、水面面积小、每次冲洗不一定能保证将污物冲洗干净。

虹吸式坐便器是靠虹吸作用，把粪便全部吸出。在冲水槽进水口处有一个冲水缺口，部分水从这里冲射下来,加快虹吸作用。虹吸式坐便器为使冲洗水冲下时有力,流速很大,所以会发生较大噪声。虹吸式坐便器又有两种新类型,一种叫喷射虹吸式坐便器,一种叫旋涡虹吸式坐便器。为了尽快造成强有力的虹吸作用,喷射虹吸式坐便器除了部分水从空心边沿孔口流下外,另一部分水从大便器边部的通道冲下,由 a 口中向上喷射如图11.1(c)。特点是冲洗作用快,噪声较小。

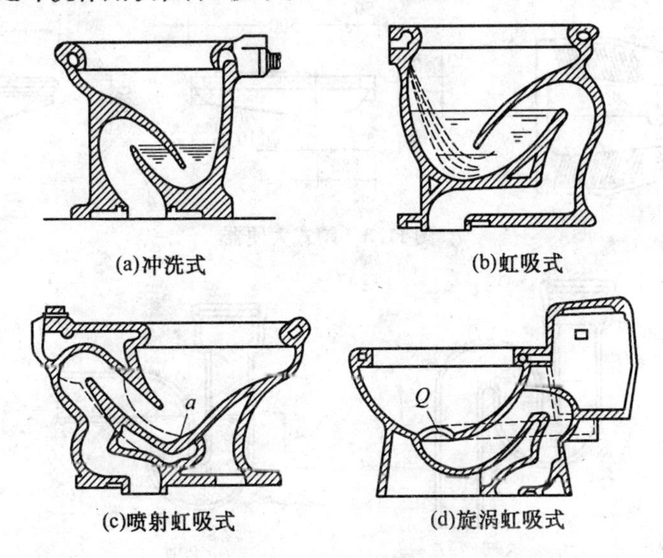

图 11.1　坐式大便器

由于构造特点,旋涡虹吸式坐便器上圈流下的水量很小,其旋转已不起作用。因此在水道冲水出口 Q 处做成弧形水流成切线冲出,形成强大的旋涡,将漂浮的污物借助于旋涡向下旋转的作用,迅速下到水管入口处,在入口底反作用力的影响下,很快进入排水管道。从而大大加强了虹吸能力,降低了噪声。

坐式大便器安装图如图 11.2 所示。

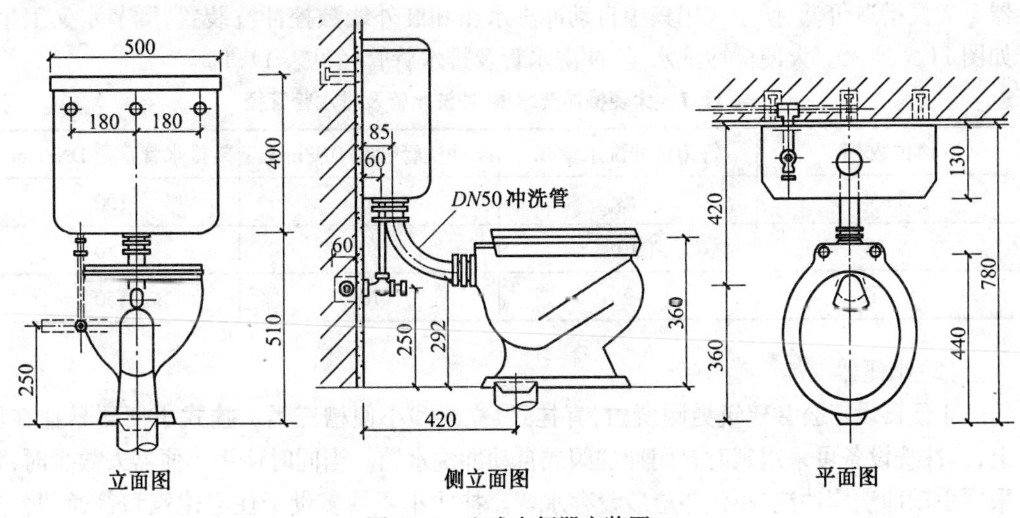

图 11.2　坐式大便器安装图

蹲式大便器一般多用于集体宿舍、公共建筑物的公用厕所。蹲式大便器的压力冲洗水经大便器周边的配水孔，将大便器冲洗干净，如图11.3所示。蹲式大便器一般自身不带存水弯，管道安装时需要在蹲式大便器排水竖短管下方加设P型、S型存水弯，如图11.4所示。

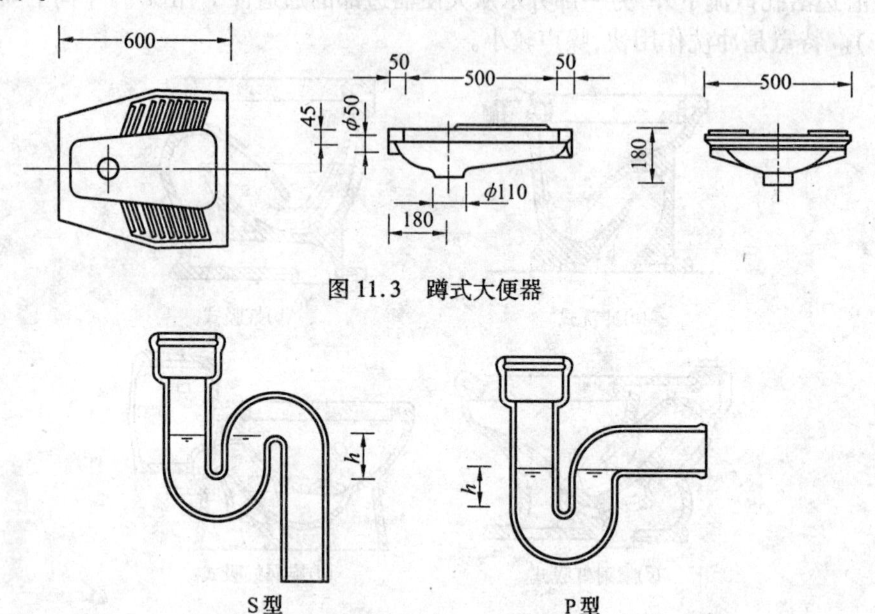

图11.3 蹲式大便器

图11.4 存水弯

蹲式大便器一般采用高位水箱，如图11.5所示。除一层采用S型存水弯外，其他楼层均采用P型存水弯，如图11.6所示。为了节约用水，应尽可能采用延时自闭式冲洗阀直接连接给水管进行冲洗。延时自闭式冲洗阀安装如图11.13所示。

大便槽用于学校、火车站、汽车站、游乐场等人员较多的场所，代替成排的蹲式大便器。大便槽造价低，便于采用集中自动冲洗水箱和红外线数控冲洗装置，既节水又卫生，如图11.7所示。大便槽冲洗水量、冲洗水管及排水管管径见表11.1。

表11.1 大便槽冲洗水量、冲洗水管及排水管管径

蹲位数/个	每蹲位冲洗水量/L	冲洗管管径 DN/mm	排水管管径 DN/mm
3~4	12	40	100
5~8	10	50	150
9~12	9	70	150

(2)小便器

小便器设于公共建筑男厕所内，有挂式、立式和小便槽三类。挂式小便器悬挂在墙上，其冲洗设备可采用延时自闭冲洗阀或自动冲洗水箱。当同时使用小便器人数少时，宜采用手动冲洗阀冲洗，小便斗应装设存水弯。挂式小便器多设于住宅建筑和普通的公共建筑中；立式小便器大多设在对卫生设备要求较高、装饰标准高的公共建筑（如展览馆、

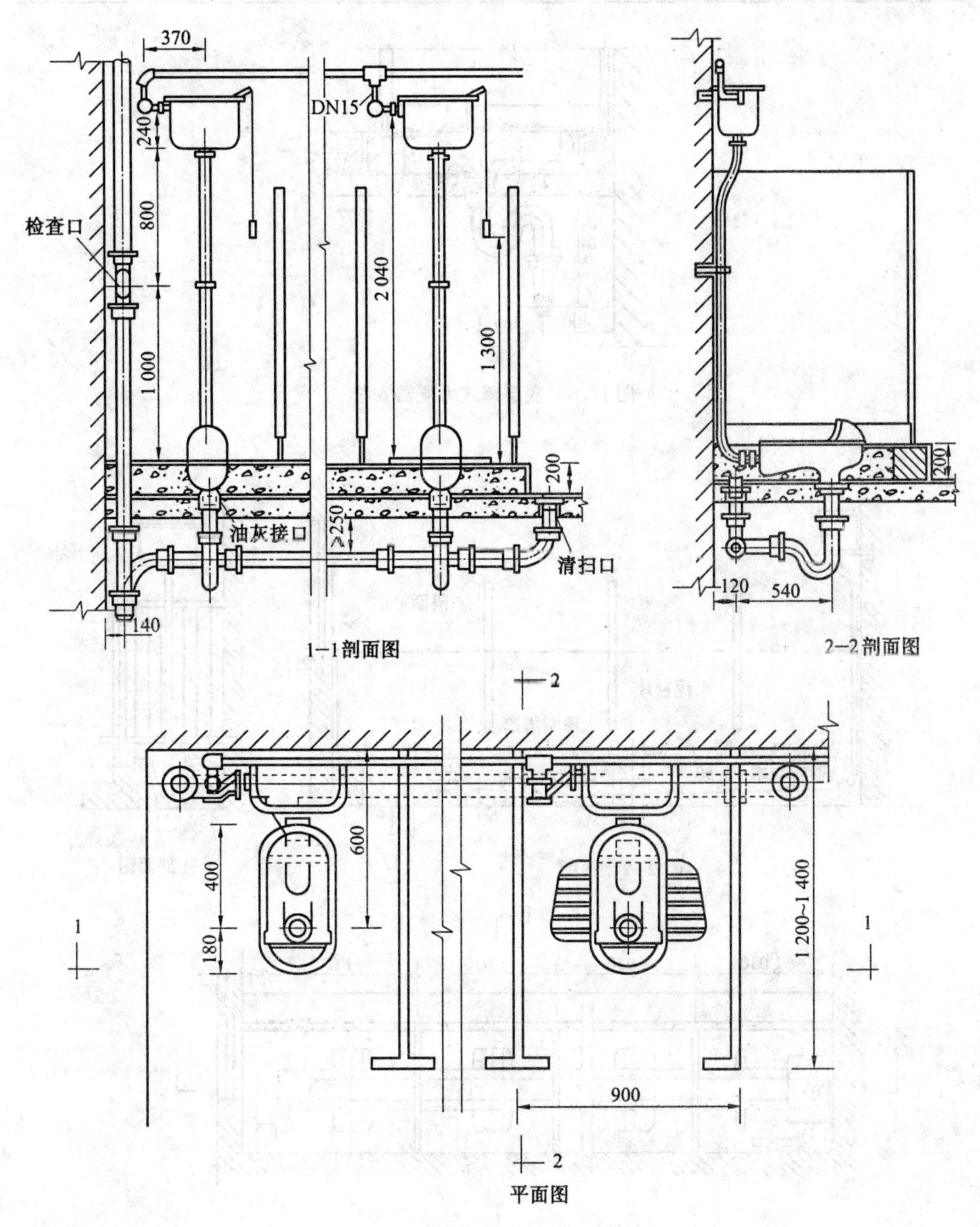

图 11.5　高水箱蹲式大便器安装

写字楼、宾馆等男卫生间)内,多为成组安装。立式和挂式小便器安装如图 11.8、图 11.9 所示。小便槽用于工业企业、公共建筑和集体宿舍等建筑,如图 11.10 所示。

(3)冲洗设备

冲洗设备是便溺器具的配套设备,有冲洗水箱和冲洗阀两种。冲洗水箱分高位水箱和低位水箱,高位水箱用于蹲式大便器和大小便槽,公共厕所宜用自动式冲洗水箱,住宅

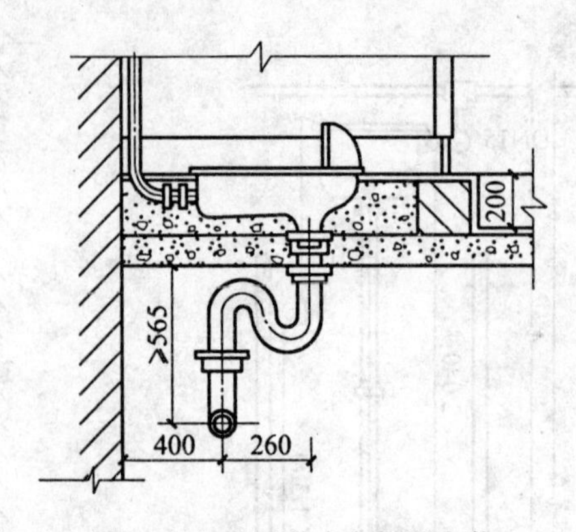

图 11.6 底层蹲式大便器安装

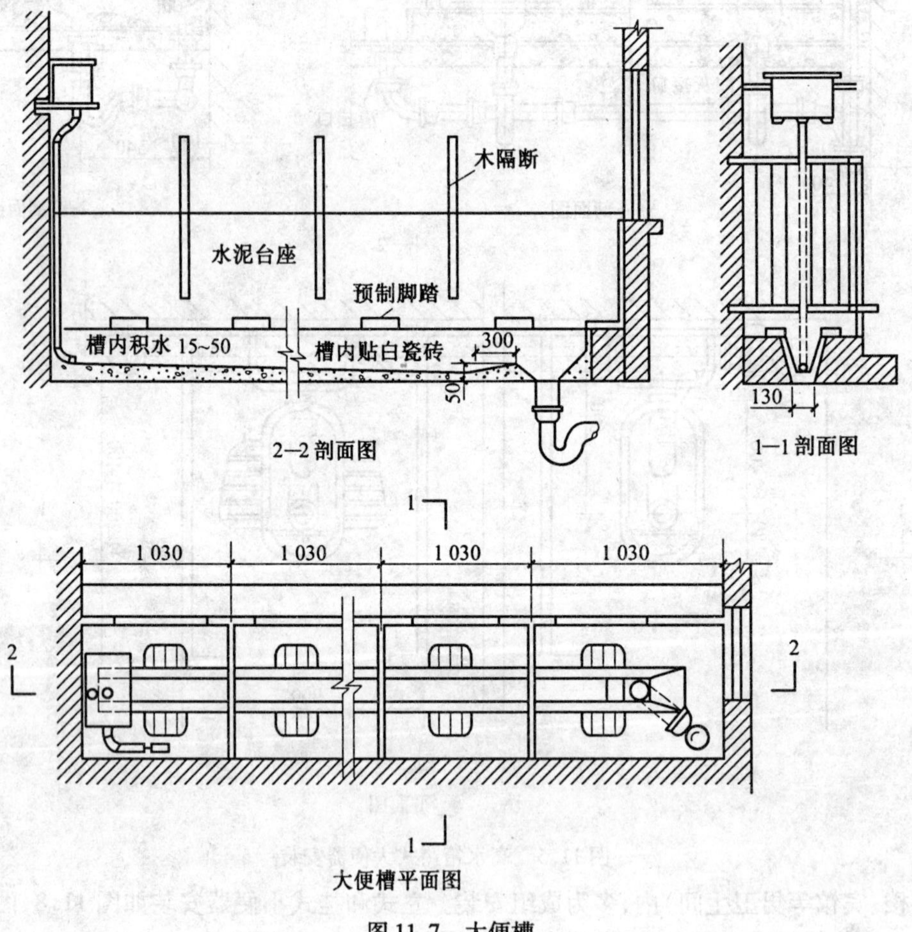

图 11.7 大便槽

和旅馆多用手动式;低位水箱用于坐式大便器,一般为手动式。冲洗阀直接安装在大小便器冲洗管上,多用于公共建筑、工厂及火车厕所内。如图 11.11、图 11.12 和图 11.13 所示。

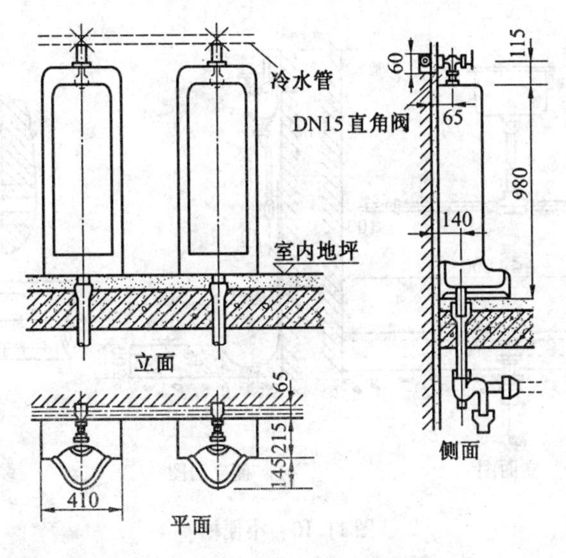

图 11.8　立式小便器安装图

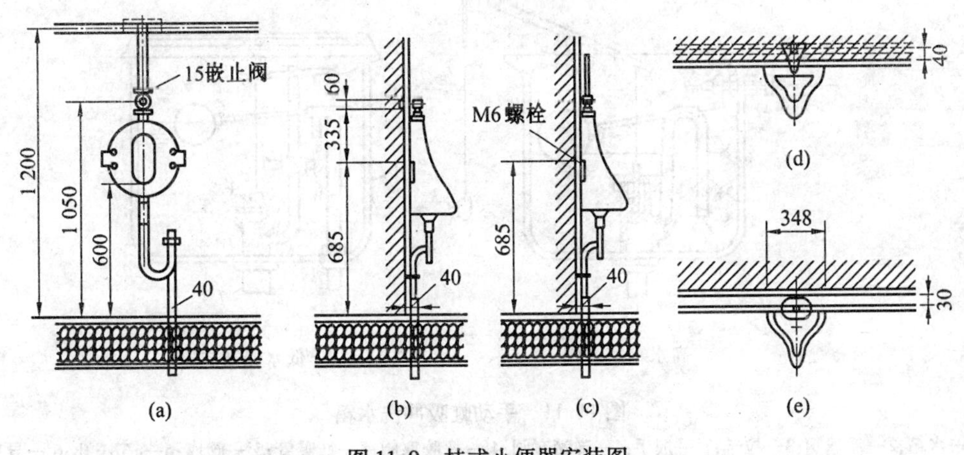

图 11.9　挂式小便器安装图

2. 盥洗、沐浴用卫生器具

(1)洗脸盆

一般用于洗脸、洗手和洗头,设置在盥洗室、浴室、卫生间及理发室内。洗脸盆的高度及深度适宜,盥洗不用弯腰较省力,使用时不溅水,可用流动水盥洗比较卫生。洗脸盆有长方形、椭圆形和三角形,安装方式有墙架式、柱脚式和台式,图 11.14 为墙架式洗脸盆安装图。

(2)盥洗槽

盥洗槽多为瓷砖水磨石类现场建造的卫生设备,有单面、双面之分,通常设置在同时有多人需要使用盥洗的地方,如工厂、学校的集体宿舍、工厂生活间等。它比洗脸盆的造价低,使用灵活。盥洗槽有长条形和圆形两种形式,槽宽一般 500 ~ 600 mm,槽长 4.2 m 以内可采用一个排水栓,超过 4.2 m 设置两个排水栓。槽下用砖垛支撑,如图 4.15 所示为单面盥洗槽。

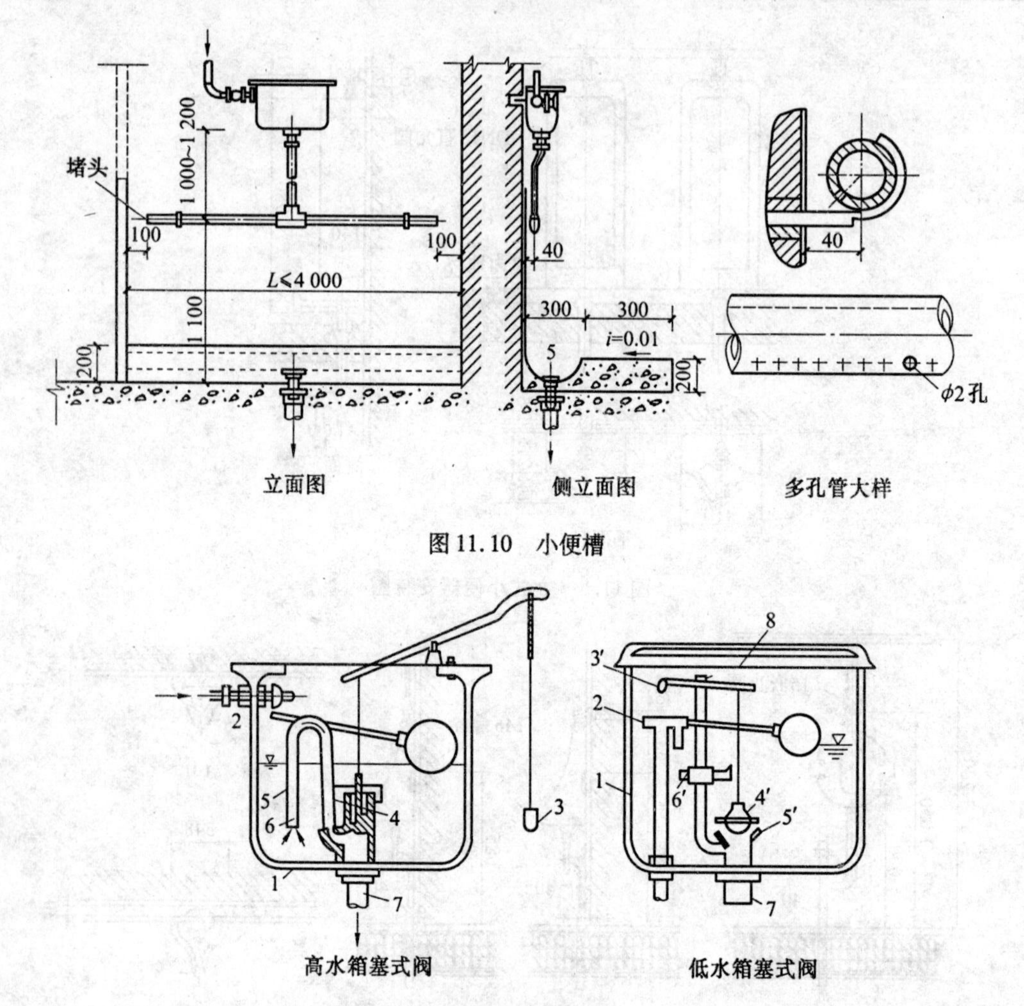

图 11.10 小便槽

图 11.11 手动虹吸冲洗水箱

1—水箱;2—浮球阀;3—拉链;3′—扳手;4—弹簧塞阀;4′—橡胶塞阀;5—虹吸管;5′—阀座;6—φ5 小孔;6′—导向装置;7—冲洗管;8—溢流管

(3)浴盆

浴盆设在住宅、宾馆、医院等卫生间及公共浴室内,有长方形、方形和任意形等多种形式,供人们沐浴使用。浴盆颜色在浴间内需与其他用具色调协调。

浴盆配有冷热水管或混合龙头,其混合水经混合开关后流入浴盆,管径为 20 mm。浴盆的排水口、溢水口均设在装置龙头一端。浴盆底有 0.02 坡度,坡向排水口。有的浴盆还配置固定或软管活动式淋浴莲蓬头。浴盆一般用陶瓷、搪瓷钢板、塑料、复合材料制成,如图 11.16 所示。

(4)淋浴器

淋浴器多用于工厂、学校机关、部队公共浴室和集体宿舍、体育馆内。与浴盆相比,淋浴器具有占地面积小,设备费用低,耗水量小,清洁卫生,避免疾病传染的优点。淋浴器有成品的,也有现场安装的。图 11.17 为现场安装的淋浴器。

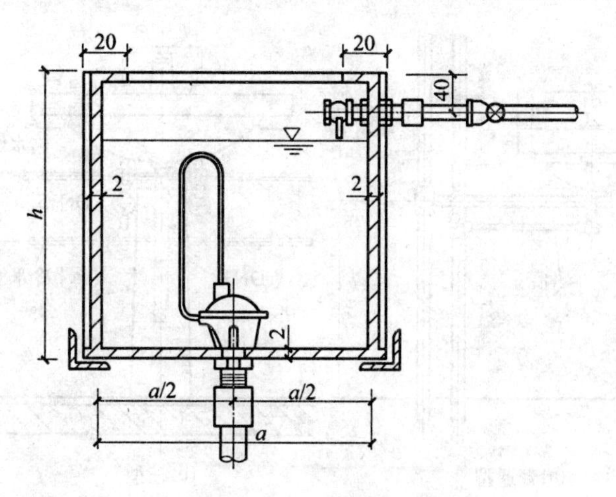

图 11.12　自动冲洗水箱

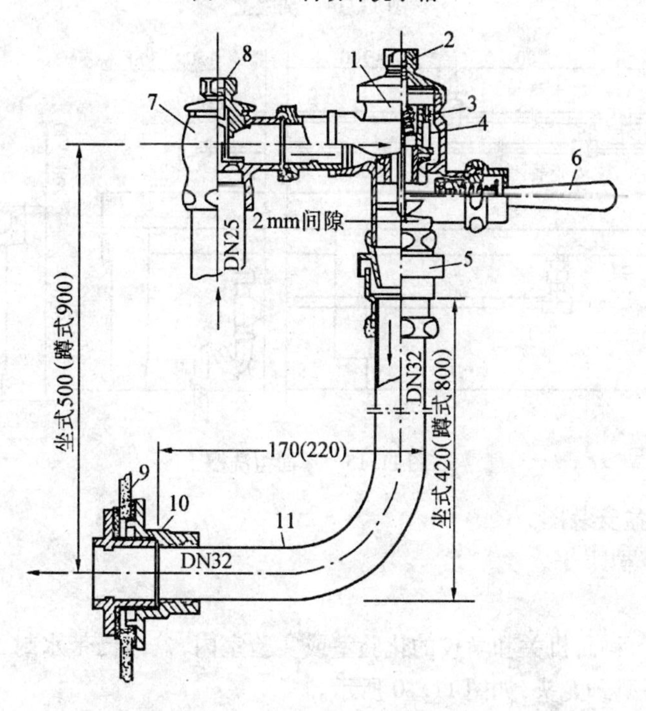

图 11.13　延时自闭式冲洗阀的安装

1—冲洗阀;2—调时螺栓;3—小孔;4—滤网;5—防污器;6—手柄;7—直角截止阀;8—开闭螺栓;9—大便器;10—大便器卡;11—弯管

3. 洗涤用卫生器具

(1)洗涤盆

装设在厨房或公共食堂内,用来洗涤碗碟、蔬菜等。洗涤盆有单格和双格之分,双格洗涤盆一格洗涤,另一格泄水。图 11.18 为双格洗涤盆安装图。

(2)污水盆

污水盆设置在公共建筑的厕所、盥洗室内,供洗涤拖把、打扫厕所或倾倒污水用。

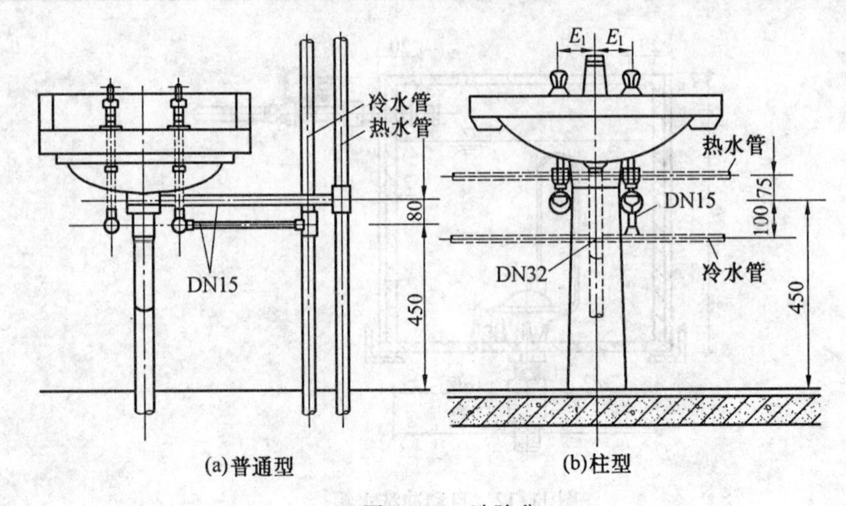

(a)普通型 (b)柱型

图 11.14 洗脸盆

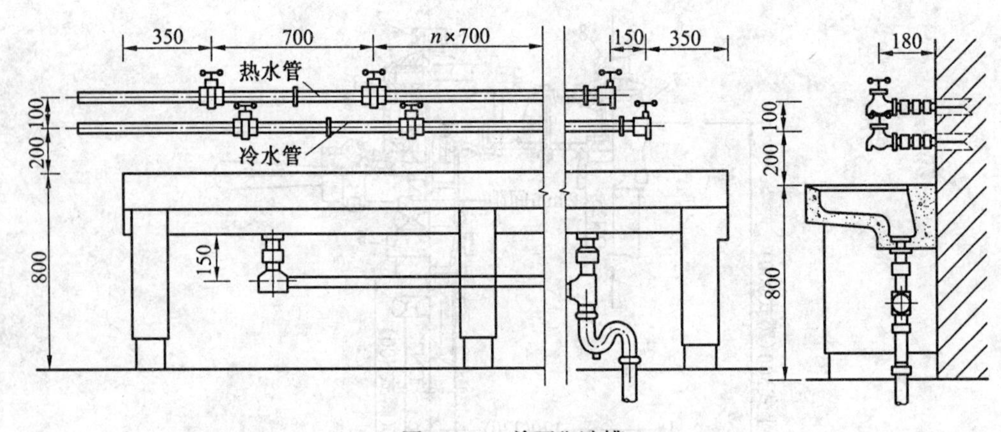

图 11.15 单面盥洗槽

图 11.19为污水盆安装图。

4. 专用卫生器具

(1)化验盆

设置在工厂、科研机关和学校的化验室或实验室内，盆内已带水封，根据需要可装置单联、双联、三联鹅颈龙头，如图 11.20 所示。

(2)净身盆

净身盆与大便器配套安装，供便溺后洗下身用，更适合妇女和痔疮患者使用。一般用于宾馆高级客房的卫生间内，也用于医院、工厂的妇女卫生室内，如图 11.21 所示。

(3)地漏

地漏是排水的一种特殊装置，一般设置在经常有水溅出的地面、有水需要排除的地面和经常需要清洗的地面最低处（如淋浴间、盥洗室、厕所、卫生间等），其地漏箅子应低于地面 5～10 mm。带水封的地漏水封深度不得小于 50 mm。地漏的选择应符合下列要求：

应优先采用直通式地漏，直通式地漏下必须设置存水弯；

卫生要求高或非经常使用地漏排水的场所，应设置密闭地漏；

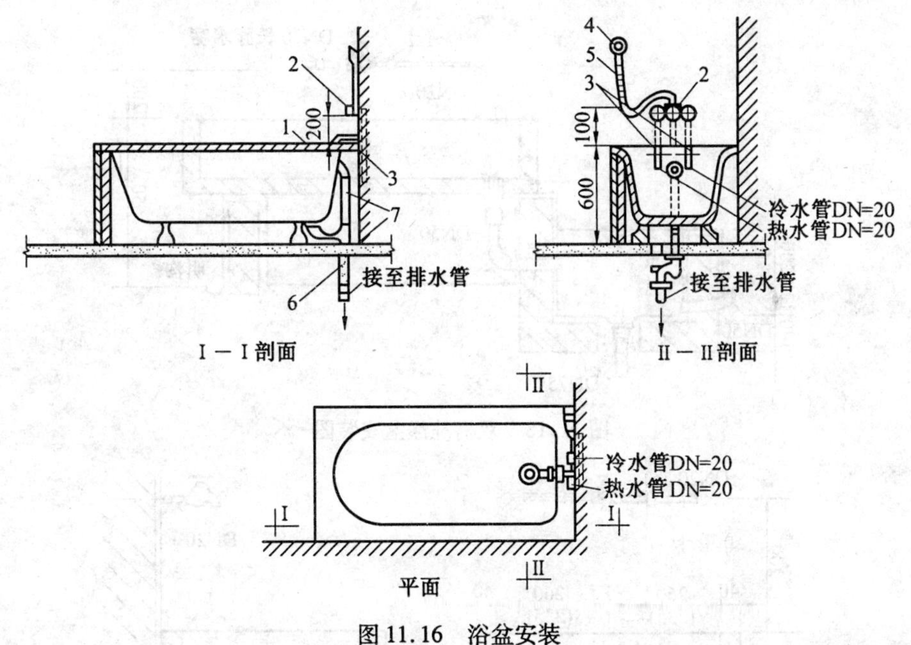

图 11.16　浴盆安装

1—浴盆;2—混合阀门;3—给水管;4—莲蓬头;5—蛇皮软管;6—存水弯;7—溢水管

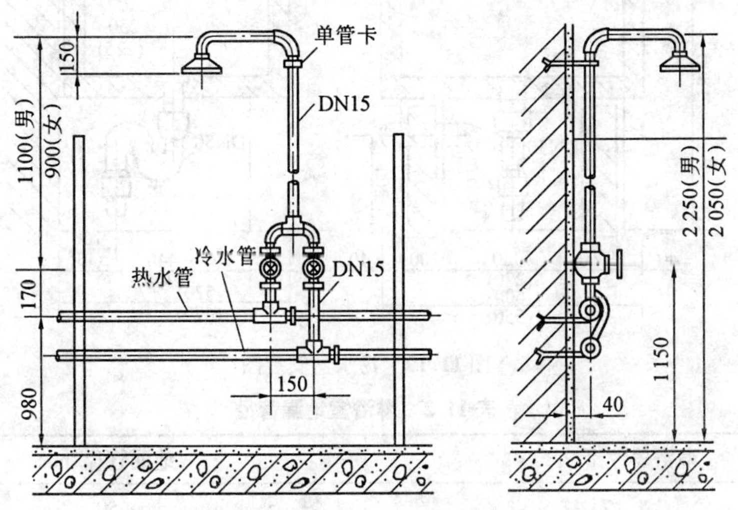

图 11.17　淋浴器安装

食堂、厨房和公共浴室等排水宜设置网框式地漏。

家庭还可用作洗衣机排水口。地漏有扣碗式、多通道式、双篦杯式、防回流式、密闭式、无水式、防冻式、侧墙式等多种类型。图 11.22 为其中几种类型的地漏。淋浴室内一般用地漏排水,地漏直径按表 11.2 选用,当采用排水沟排水时,8 个淋浴器可设 1 个直径为 100 mm 的地漏。

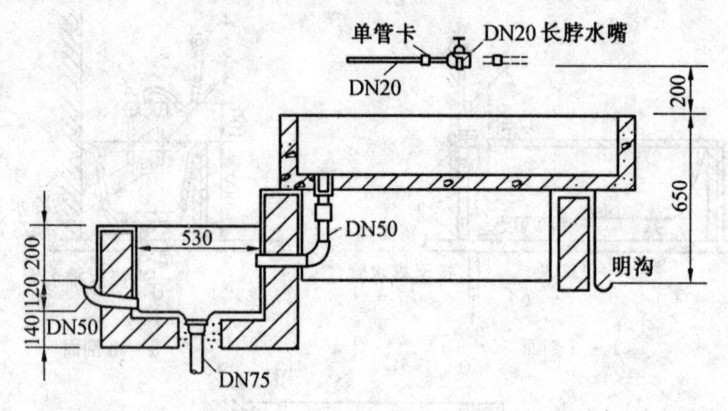

图 11.18　双格洗涤盆安装图

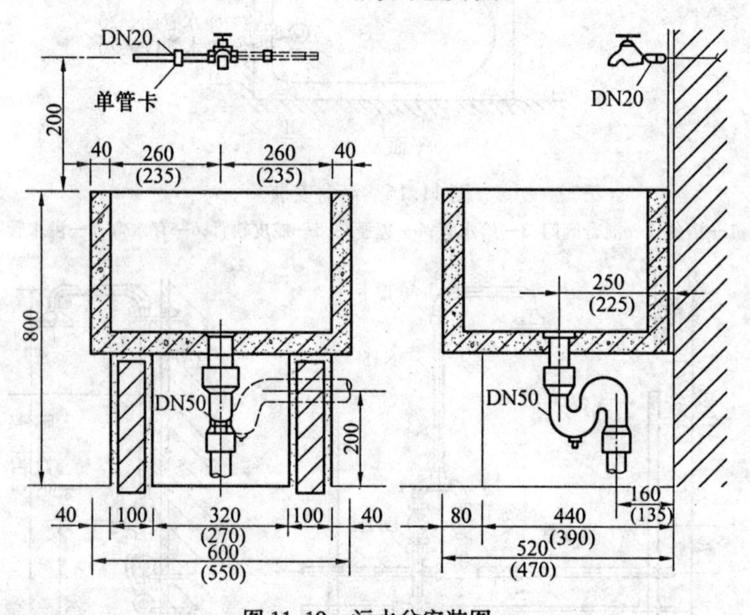

图 11.19　污水盆安装图

表 11.2　淋浴室地漏管径

淋浴器数量/个	地漏管径/mm
1~2	50
3	75
4~5	100

11.1.1.2　卫生器具的选用

不同建筑内卫生间由于使用情况、设置卫生器具的数量均不相同，除住宅和客房卫生间在设计时可统一设置外，各种用途的工业和民用建筑内公共卫生间卫生器具设置定额可按表 11.3 选用。

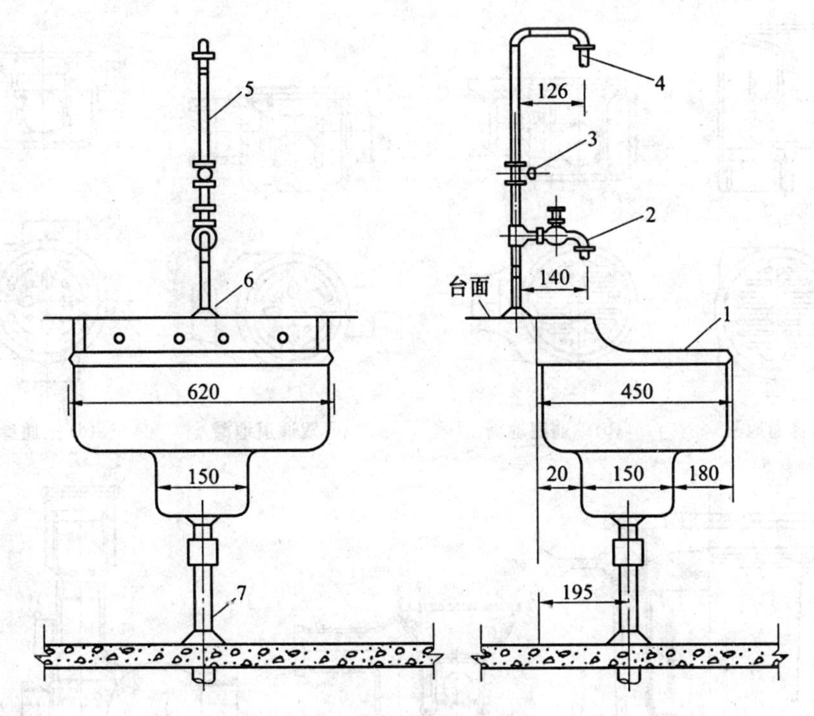

图 11.20　化验盆安装

1—化验盆;2—DN15 化验龙头;3—DN15 截止阀;4—螺纹接口;5—DN15 出水管;6—压盖;7—DN15 排水管

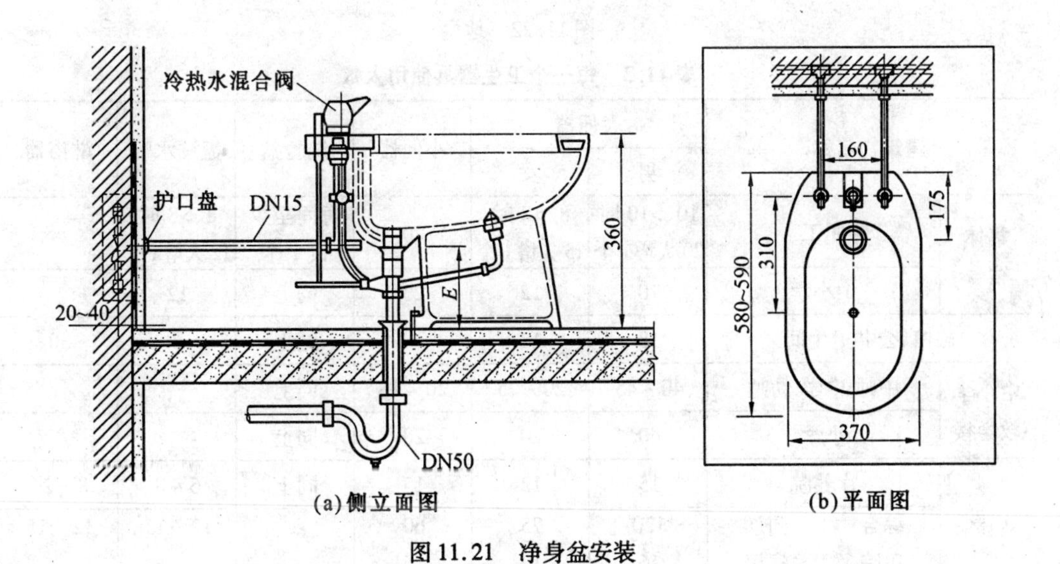

(a)侧立面图　　(b)平面图

图 11.21　净身盆安装

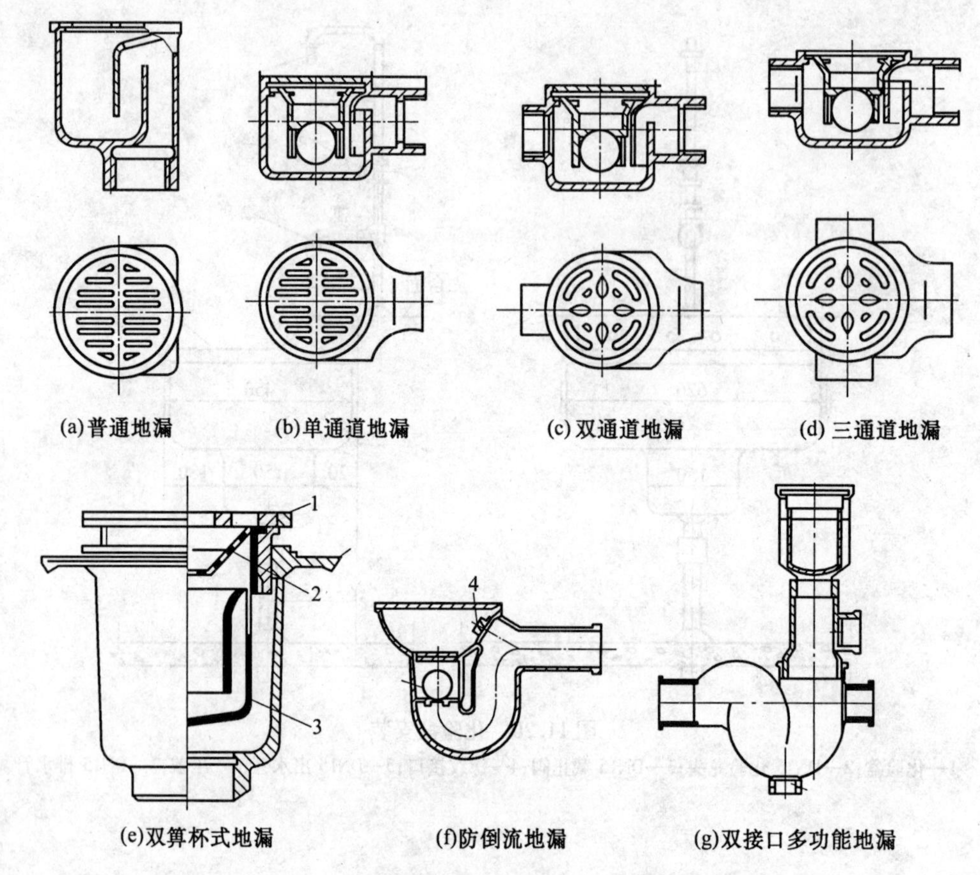

(a)普通地漏　(b)单通道地漏　(c)双通道地漏　(d)三通道地漏

(e)双箅杯式地漏　(f)防倒流地漏　(g)双接口多功能地漏

图 11.22　地漏

表 11.3　每一个卫生器具使用人数

建筑物名称			大便器		小便器	洗脸盆	盥洗水嘴	淋浴器
			男	女				
集体宿舍	职工		10、>10 时 20 人增 1 个	8、>8 时 15 人增 1 个	20	每间至少设 1 个	8、>8 时 12 人增 1 个	
	中小学		70	12	20	同上	12	
旅馆、公共卫生间			18	12	18	同上	8	30
中小学教学楼	中师 中学 幼师		40 ~ 45	20 ~ 25	20 ~ 25	同上		
	小学		40	20	20	同上		
医院	疗养院		15	12	15	同上	6 ~ 8	8 ~ 20
	综合医院	门诊	120	75	60		12 ~ 15	12 ~ 15
		病房	16	12	16			
办公楼			50	25	50	同上		
图书阅览楼	成人		60	30	30	60		
	儿童		50	25	25	60		

续表 11.3

建筑物名称	大便器 男	大便器 女	小便器	洗脸盆	盥洗水嘴	淋浴器
剧场	75	50	25~40	100		
电影院 <600 座位	150	75	75	每间至少1个且每4个蹲位设1个		
电影院 601~1 000 座位	200	100	100			
电影院 >1 000 座位	300	150	150			
商店 顾客用 百货 自选	200	100	100			
商店 顾客用 专业商店 联营商场 菜场	400	200	200			
商店 店员内部用	50	30	50			
公共食堂（职工数） 厨房炊事员用	500	500	>500	每间至少设1个		
餐厅 顾客用 <400 座	100	100	50	同上		
餐厅 顾客用 400~650 座	125	100	50			
餐厅 顾客用 >650 座	250	100	50			
餐厅 炊事员卫生间	100	100	100			
公共浴室 工业企业生活间 卫生特征 Ⅰ	50个衣柜	30个衣柜	50个衣柜	按入浴人数4%计		3~4
公共浴室 工业企业生活间 卫生特征 Ⅱ						5~8
公共浴室 工业企业生活间 卫生特征 Ⅲ						9~12
公共浴室 工业企业生活间 卫生特征 Ⅳ						13~24
公共浴室 商业用浴室	50个衣柜	30个衣柜	50个衣柜	5个衣柜		40
体育场 运动员	50	30	50	每间至少设1个		20
体育场 观众 小型	500	100	100			
体育场 观众 中型	750	150	150			
体育场 观众 大型	1000	200	200			
体育馆的游泳池（按游泳人数计） 运动员	30	20	30	30(女20)		10~15
体育馆的游泳池（按游泳人数计） 观众	100	50	50	每间至少设1个		
体育馆的游泳池（按游泳人数计） 更衣前	50~75	75~100	25~40			
体育馆的游泳池（按游泳人数计） 游泳池旁	100~150	100~150	50~100			
体育馆的游泳池（按游泳人数计） 观众	100	50	50			
幼儿园	5~8		5~8		3~5	10~12
工业企业车间 ≤100 人	25	20	25			
工业企业车间 >100 人	25,每增50人增1具	20,每增35人增1具				

注:1. 0.5 m 长小便槽可折算成1个小便器。

2. 1个蹲位的大便槽相当于1个大便器。

3. 每个卫生间至少设1个污水池。

11.1.1.3 卫生器具材质和功能要求

(1)卫生器具的材质应不透水、无气孔、耐腐蚀、耐磨损、耐冷热、耐老化,具有一定的强度,不含有对人体有害的成分。

(2)设备表面光滑,不易积污纳垢,沾污后便于清扫,易清洗。

(3)在能完成卫生器具的冲洗功能的基础上节水减噪。

(4)如卫生器具内设有存水弯,则存水弯内要保持规定高度的水封。为防止粗大污物进入管道,发生堵塞,除了大便器外,所有卫生器具均应在放水口处设栏栅。

11.1.2 卫生间的布置

卫生间应根据选用的卫生器具类型、数量合理布置,还应考虑排水立管的位置。管道井和通气立管的公用等问题。要满足使用方便、容易清洁,也要充分考虑为管道布置创造好的条件。使给水、排水管道尽量做到少转弯、管线短、排水通畅、水力条件好。因此,卫生器具应顺着一面墙布置。如卫生间、厨房相邻,应在该墙两侧设置卫生器具,有管道竖井时,卫生器具应紧靠管道竖井的墙布置,这样会减少排水横管的转弯或减少管道的接入根数。常用的宾馆、住宅卫生间及管道井平面布置如图 11.23。为使卫生器具使用方便,使其功能正常发挥,常用卫生器具的安装高度按表 11.4 确定。卫生器具给水配件的安装高度按表 11.5 的规定。

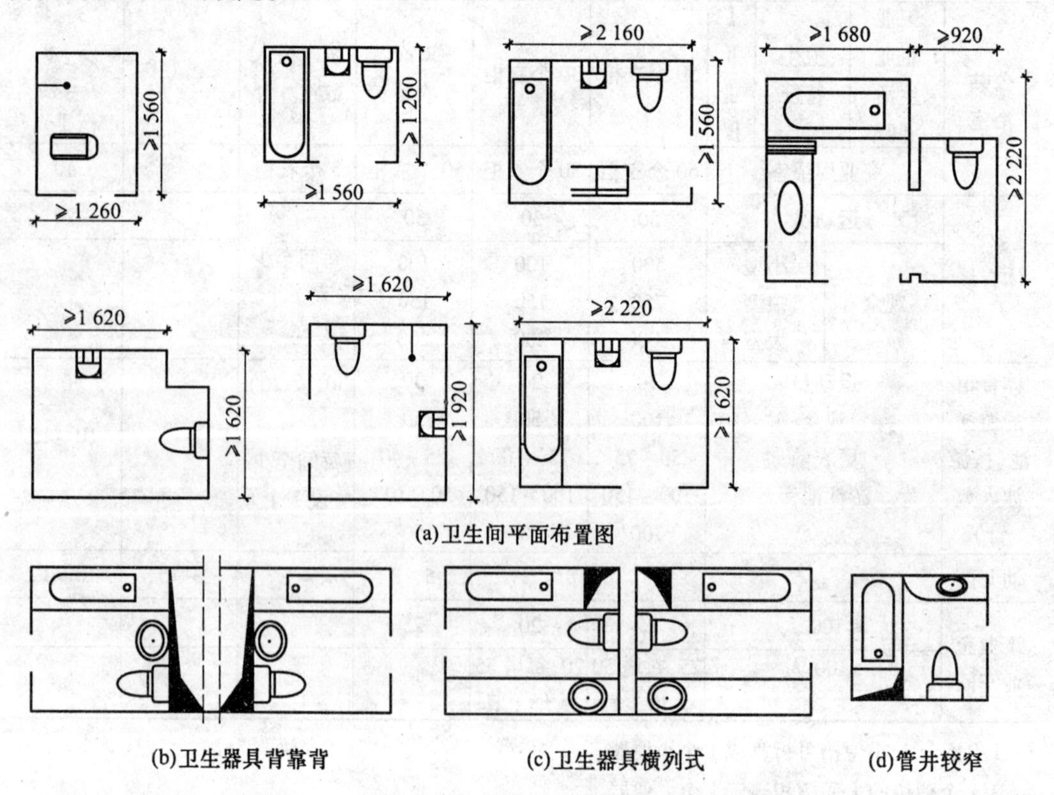

(a)卫生间平面布置图

(b)卫生器具背靠背　(c)卫生器具横列式　(d)管井较窄

图 11.23　常用的宾馆、住宅卫生间及管道井平面布置

表 11.4　卫生器具的安装高度(mm)

序号	卫生器具名称	卫生器具边缘离地高度/mm	
		居住和公共建筑	幼儿园
1	架空式污水盆(池)(至上边缘)	800	800
2	落地式污水盆(池)(至上边缘)	500	500
3	洗涤盆(池)(至上边缘)	800	800
4	洗手盆(至上边缘)	800	500
5	洗脸盆(至上边缘)	800	500
6	盥洗槽(至上边缘)	800	500
7	浴盆(至上边缘)	480	—
	残障人用浴盆(至上边缘)	450	—
	按摩浴盆(至上边缘)	450	—
8	淋浴盆(至上边缘)	100	—
9	蹲、坐式大便器(从台阶面至高水箱底)	1 800	1 800
10	蹲式大便器(从台阶面至低水箱底)	900	900
	坐式大便器(至低水箱底)		
	外露排出管式	510	—
	虹吸喷射式	470	370
	冲落式	510	—
	旋涡连体式	250	—
11	坐式大便器(至上边缘)		
	外露排出管式	400	—
	旋涡连体式	360	—
	残障人用	450	—
12	蹲便器(至上边缘)		
	2 踏步	320	—
	1 踏步	200 ~ 270	
13	大便槽(从台阶面至冲洗水箱底)	不低于 2 000	—
14	立式小便器(至受水部分上边缘)	100	—
15	挂式小便器(至受水部分上边缘)	600	450
16	小便槽(至台阶面)	200	150
17	化验盆(至上边缘)	800	—
18	净身器(至上边缘)	360	—
19	饮水器(至上边缘)	1 000	—

表 11.5 卫生器具给水配件的安装高度

项次	给水配件名称		配件中心距地面高度/mm	冷热水龙头距离/mm
1	架空式污水盆(池)水龙头		1 000	—
2	落地式污水盆(池)水龙头		800	—
3	洗涤盆(池)水龙头		1 000	150
4	住宅集中给水龙头		1 000	—
5	洗手盆水龙头		1 000	—
6	洗脸盆	水龙头(上配水)	1 000	150
		水龙头(下配水)	800	150
		角阀(下配水)	450	—
7	盥洗槽	水龙头	1 000	150
		冷热水管(其中热水龙头上下并行)	1 100	150
8	浴盆	水龙头(上配水)	670	150
9	淋浴器	截止阀	1 150	95
		混合阀	1 150	
		淋浴喷头下沿	2 100	—
10	蹲式大便器(台阶面算起)	高水箱角阀及截止阀	2 040	—
		低水箱角阀	250	—
		手动式自闭冲洗阀	6 500	—
		脚踏式自闭冲洗阀	150	—
		拉管式冲洗阀(从地面算起)	1 600	—
		带防污助冲器阀门(从地面算起)	900	—
11	坐式大便器	高水箱角阀及截止阀	2 040	—
		低水箱角阀	150	—
12	大便槽冲洗水箱截止阀(从台面算起)		≮2 400	—
13	立式小便器角阀		1 130	—
14	挂式小便器角阀及截止阀		1 050	—
15	小便槽多孔冲洗管		1 100	—
16	实验室化验水龙头		1 000	—
17	妇女卫生盆混合阀		360	—

注:装设在幼儿园内的洗手盆、洗脸盆和盥洗槽水嘴中心离地面安装高度应为700 mm,其他卫生器具给水配件的安装高度,应按卫生器具实际尺寸相应减少。

11.1.3　卫生器具的安装

卫生器具安装的基本工艺流程为:安装准备──→卫生器具及配件的检验──→卫生器具的安装──→配件预装──→卫生器具稳装──→卫生器具与墙、地之间的缝隙处理──→外观检查──→通水试验。

11.1.3.1　安装准备及质量检验

1.安装准备

(1)卫生器具安装前应熟悉施工安装图样,确定所需的工具、材料及数量、配件的种类等;熟悉现场实际情况,对现场进行清理,确定卫生器具的安装位置并凿眼、打洞。

(2)材料准备。包括:管材、管件及阀门等附件;油麻、青铅、橡胶板等接口密封材料;沥青、防锈漆、玻璃丝布等防腐材料;型钢、小线、锯条、焊条等辅助材料。

(3)主要工机具准备。包括:套丝机、手电钻、电锤等机具;手锤、管钳、螺丝刀等工具;水平尺、线锤、钢卷尺等量具。

2.卫生器具及配件的检验

安装前,应对卫生器具及其附件进行质量检验,包括:器具外形端正与否,瓷质细腻程度,色泽一致与否,瓷体有无破损,各部分构造上的允许尺寸是否超过公差值等。

质量检查的方法如下:

(1)外观检查。表面有无缺陷。

(2)敲击检查。轻轻敲打,声音实而清脆是未受损伤的,声音沙哑是受损伤破裂的。

(3)丈量检查。用钢卷尺细心量测主要尺寸。

(4)通球检查。对圆形孔洞可进行通球检查,检查用球的直径为孔洞直径的0.8倍。

11.1.3.2　卫生器具安装技术要求

1.安装位置的准确性

卫生器具的安装位置是由设计决定的,在一些只有器具的大致位置而无具体尺寸要求的设计中,常常要现场定位。位置包括平面位置,即距某一建筑轴线或墙、柱等实体的距离尺寸和器具之间的间距;立面位置(安装高度)的确定主要考虑使用方便、舒适、易检修等因素,并尽量做到和建筑布置的整体协调美观。为此,必须在器具安装的后墙上弹画出安装中心线,作为排水管道安装和卫生器具安装时的安装基准线。

以下数据可作为排水卫生器具平面定位时的依据:蹲便器中心距,900 mm;洗脸盆、小便器中心距,700 mm;淋浴器中心距,900～1 100 mm;盥洗槽水嘴中心距,700 mm。器具的安装位置应考虑到排水口集中于一侧,便于管道布置,门的开启方向,应避免门开启后碰撞器具。

2.安装的稳固性

安装中应特别注意支承卫生器具的底座、支架、支腿等的安装质量,以确保器具安装的稳固。

3.安装的美观性

卫生器具是室内的固定陈设物,在实用的基础上,还应以端正、平直的安装,达到美观要求,因此,在安装过程中应随时用水平尺、线坠等工具进行检测和校正,使安装控制在表11.6、11.7规定的允许偏差范围内。

表11.6　卫生器具安装的允许偏差

序号	项目		允许偏差/mm
1	坐标	单独器具	10
		成排器具	5
2	标高	单独器具	±15
		成排器具	±10
3	器具水平度		2
4	器具垂直度		3

表11.7　卫生器具给水配件安装标高的允许偏差

项次	项目	允许偏差/mm
1	大便器高、低水箱角阀及截止阀	±10
2	水龙头	±10
3	淋浴器喷头下沿	±15
4	浴盆软管淋浴器挂钩	±20

4.安装的严密性

安装的严密性体现在卫生器具和给水、排水管道的连接及与建筑物墙体靠接两方面。

卫生器具与给水配件(水龙头、浮球阀等)连接的开洞处应加橡胶软垫,并压挤紧密,使连接处不漏水;与排水管、排水栓连接的下水口应用油灰、橡胶垫圈等结合严密,不漏水;与墙面靠接时,应抹油灰,或以白水泥填缝,使靠接处结合严密,不污染墙面。

5.安装的可拆卸性

在使用和维修过程中,瓷质卫生器具可能被碰坏更换,安装时应考虑到器具的可拆卸特点。因此,卫生器具和给水支管连接处,必须装可拆卸的活节头;坐便器和地面的稳固,排出口和排水短管的连接,蹲便器排出口和存水弯的连接等,均应用便于拆除的油灰填塞连接,并且在存水弯上或排水栓处均应设根母连接。

6.铁和瓷的软结合,管钳和器具配件的软加力

硬金属与瓷器之间的所有结合处,均应垫以橡胶垫、铅垫等,做软结合。和器具紧固的所有螺纹连接时,应先用手加力拧,再用紧固工具缓慢加力,防止加力过猛损伤瓷器。用管钳紧拧铜质、镀光质的给水配件时,应垫以破布,防止出现管钳加力后的牙痕。

7.安装后的防护与防堵塞

卫生器具的安装应安排在建筑物施工的收尾阶段。器具一经安好,应进行有效防护,如切断水源或用草袋加以覆盖等。防护最根本的措施是加强工种间的配合,避免人为的破坏。

卫生器具安装后,器具的敞开排水口均应加以封闭,以防堵塞。地漏常常被建筑工人用来排除水磨石浆、排除清洗地面水等,最易堵塞更应加强维护。

11.1.3.3　常用卫生器具安装

1.大便器的安装

大便器有蹲式、坐式两种类型。按冲洗方法分水箱冲洗和冲洗阀冲洗,按水箱进水管安装方法分为明装和墙槽暗装。

(1)蹲式大便器的安装

①常用蹲便器规格如图11.24所示。

②蹲式大便器几种安装形式如图11.25所示。

③蹲便器高水箱安装施工用料见表11.8。

④蹲便器高水箱安装的步骤和方法见表11.9。

⑤水箱冲洗洁具的组装如图11.26所示。

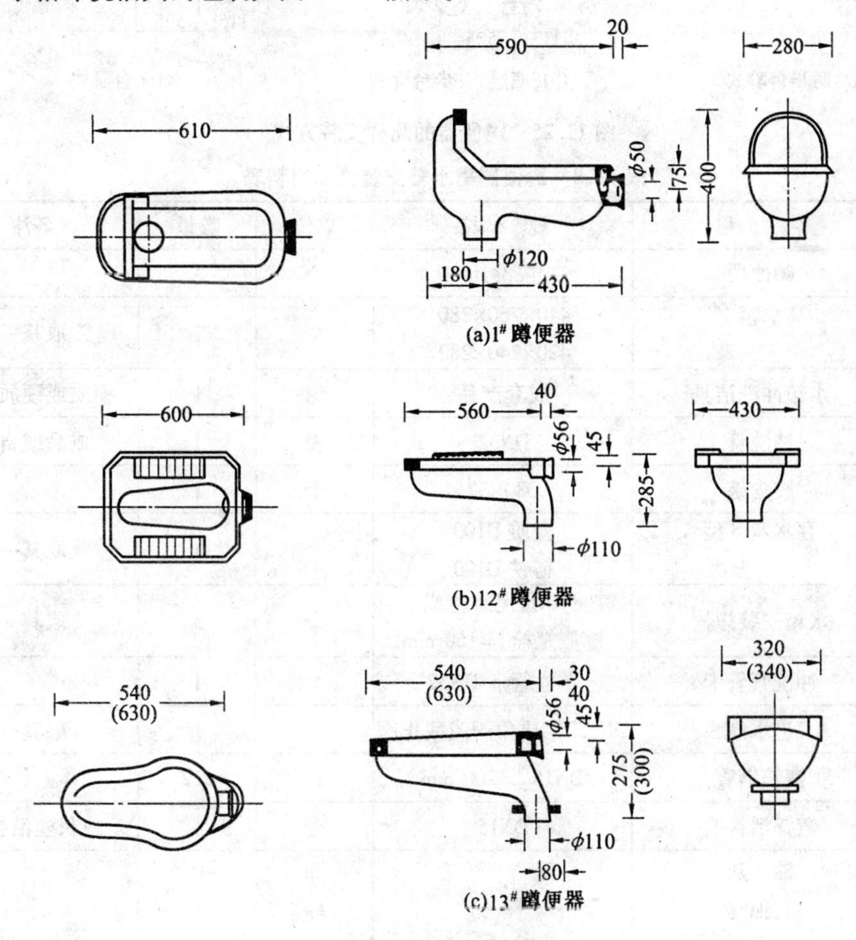

图11.24　蹲式大便器

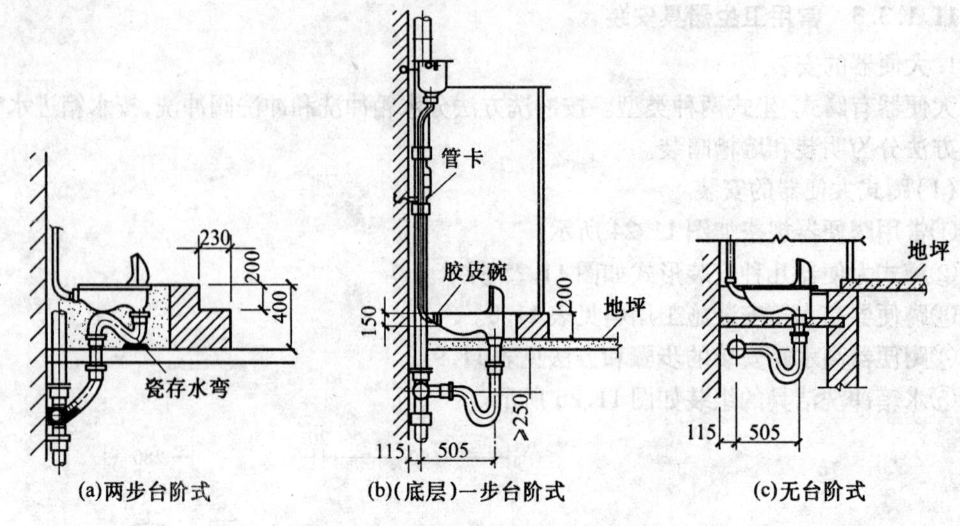

图 11.25　蹲便器的几种安装方式

表 11.8　蹲便器高水箱安装施工用料表

序号	名　　称	规　　格	单位	数量	备注
1	蹲便器	按设计	个	1	
2	高水箱 1″ 2″	440×260×280 420×240×280	个	1	取其一
3	水箱冲洗洁具	成套产品	组	1	铜质或硬质塑料
4	冲洗管	DN32	根	1	成品或自制
5	胶皮碗	D80×32	个	1	
6	存水弯 S 型 P 型	瓷质 D100 铸铁 D100	个	1	取其一
7	水箱安装螺栓	ϕ10 鱼尾螺栓或 膨胀螺栓 l=150 mm	个	3	取其一
8	冲洗管管卡	单立管卡 DN32	个	1	
9	进水阀	DN15、铜质角阀或截止阀	个	1	取其一
10	镀锌钢管	DN15 l=200 mm	m	0.2	
11	镀锌活接头	DN15	个	1	或长丝活接头
12	油　灰		kg	~0.5	按实际需要
13	石棉绳		kg	—	
14	橡皮板	δ=1 ~2 mm	kg	—	
15	红　砖		块	—	
16	细　砂		m^3	—	
17	铜　丝	ϕ1 ~1.2 mm	m	~1	绑扎用

表 11.9　蹲便器高水箱安装的步骤及方法

序号	操作内容和方法	注意事项
1	以排水管口为准,在安装后墙面上弹画出便器和水箱安装垂直中心线	吊线附弹面
2	以安装中心线为基准,画出水箱安装螺栓的安装位置,使箱底距地面 1.8 m	以水箱实物尺寸为准画线定位
3	钻孔(打洞)栽埋鱼尾螺栓或膨胀螺栓,打洞栽埋冲洗水管立管管卡	栽埋位置准确、平正、牢固
4	稳固便器:在便器出水口上缠石棉绳(油麻)、抹油灰,同时在排水管承口内抹油灰,将便器插入承口内,压实抹平	便器不可垫以适当高度的红砖将便器担着
5	校正安装位置:对准安装中心线,摆正放平,可稍向排水口方向下倾,最后用细砂将安装空隙填实,使便器稳固	填砂时留出胶皮碗安装空间
6	将预先组装好冲洗洁具的水箱挂装在水箱螺栓上,用螺母拧入固定	铁瓷接触处垫橡皮垫
7	安装冲洗管:先装下部胶皮碗,铜丝至少绑扎 3 ~4 道,再将上端插入水箱底部锁母中,衬以石棉绳拧紧锁母,最后用立管卡使冲洗管固定	铜丝绑扎应拧紧,保证严密不漏
8	水箱接管(详见给水管道安装部分)	软结合,软加力

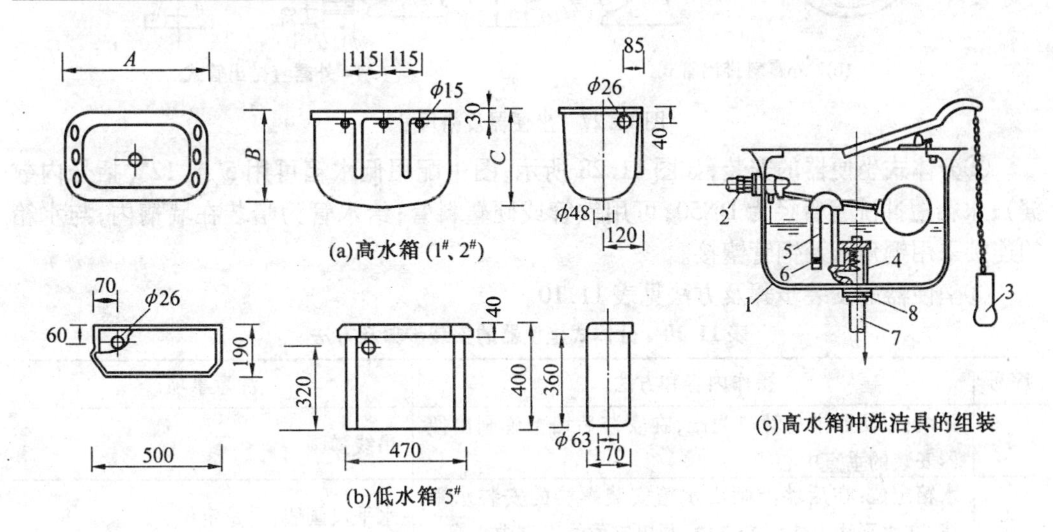

图 11.26　便器水箱及其组装

1—水箱;2—浮球阀;3—天平架及拉边;4—弹簧阀;5—虹吸管;6—ϕ5 冲气小孔;7—冲洗管;8—冲洗管配件

组装中应在箱的开孔与配件的结合处垫橡胶垫圈,以保证组装的严密,操作中特别应做到软加力,以保证不损伤瓷器;水箱配件组装后,在挂装前应进行注水试漏。

图 11.25(a)为两步台阶式安装:当蹲便器配用瓷存水弯时,为将便器和存水弯都隐蔽保护起来必须用两步台式的安装方式,俗称两步台。

图 11.25(b)为一步台阶式安装:即将便器隐蔽在一步台阶内,而将存水弯(S 型铸铁或陶瓷)设在底层的地面下,或将 P 型铸铁存水弯吊装于便器的楼下。

图 11.25(c)为无台阶式安装:用于楼层的蹲便器安装,把厕所间的楼板做得比楼层地坪低 220 mm。蹲便器安装后,再把厕所间的防水地面做成比屋内地面低 20 mm。

一般楼层建筑物,可采取底层蹲便器用一步台式安装;楼层蹲便器用无台阶式安装方式。

(2)坐便器的安装

用低水箱冲洗的坐便器安装有:分体式、连体式两种安装形式。

①常见坐便器的规格,如图 11.27 所示。

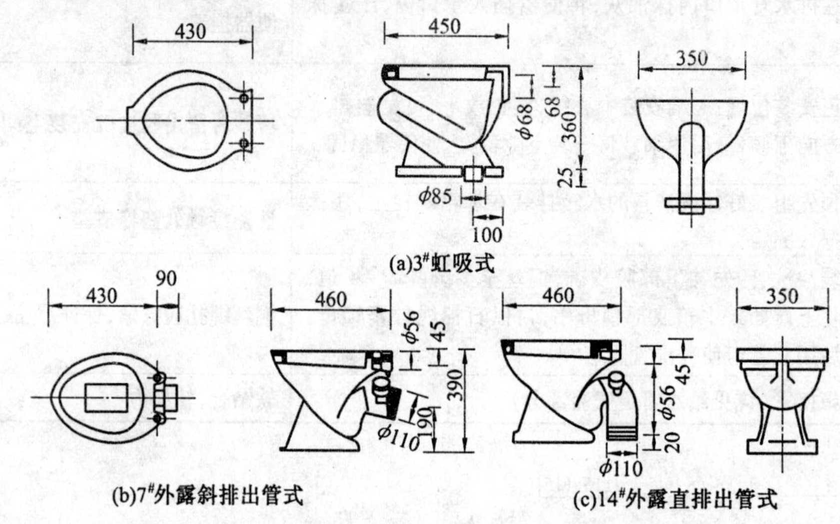

图 11.27　坐便器规格尺寸

②分体式坐便器的安装,如图 11.28 所示,图中配用低水箱可用 5#或 12#(括号内数据);水箱短冲洗管管径为 DN50,可用铁管或硬塑料管;给水管为暗装在墙槽内,与水箱的连接采用铜角阀及铜管镶接。

③坐便器的安装步骤及方法见表 11.10。

表 11.10　分体式坐便器的安装步骤及方法

序号	操作内容和方法	注意事项
1	弹线:以便器排水管口为准,在安装后墙上弹画出便器安装的垂直中心线	吊线弹画
2	水箱定位:在后墙上画出水箱安装螺栓的安装水平线,在水平线上使螺栓定位,画出定位的十字中心线	水平尺画线,尺量定位
3	栽埋水箱螺栓:打洞栽埋鱼尾螺栓 φ10×150,或钻孔打膨胀螺栓	螺栓安装位置必须校正准确
4	坐便器定位划线:将便器排水口插入排水管口,调正摆放位置,使中心对准墙上的安装中心线后,用尖冲插入坐便器底座上的螺孔内,冲出安装螺栓位置,画出底座轮廓线	比量法定位后,应校正便器安装位置的准确性

续表 11.10

序号	操作内容和方法	注意事项
5	坐便器安装螺栓的栽埋：在冲眼定位处画出十字线，打洞栽埋地脚栓或嵌入 40 mm×40 mm 的小木砖，用 3″木螺丝垫铅垫稳固便器	常用栽木砖法使坐便器安装位置有调整余地
6	坐便器稳装：在坐便器底部抹上油灰，下水口缠油麻，抹油灰，对准底座轮廓线，插入下水管口，压实抹光，使用螺母或木螺丝稳固	上螺母、拧木螺丝时，均应垫以铅垫
7	挂水箱：方法同蹲便器	
8	安装冲洗管：冲洗管两端均用锁母紧固	软加力、软结合
9	连接进水管：详见给水管道安装	软结合、软加力

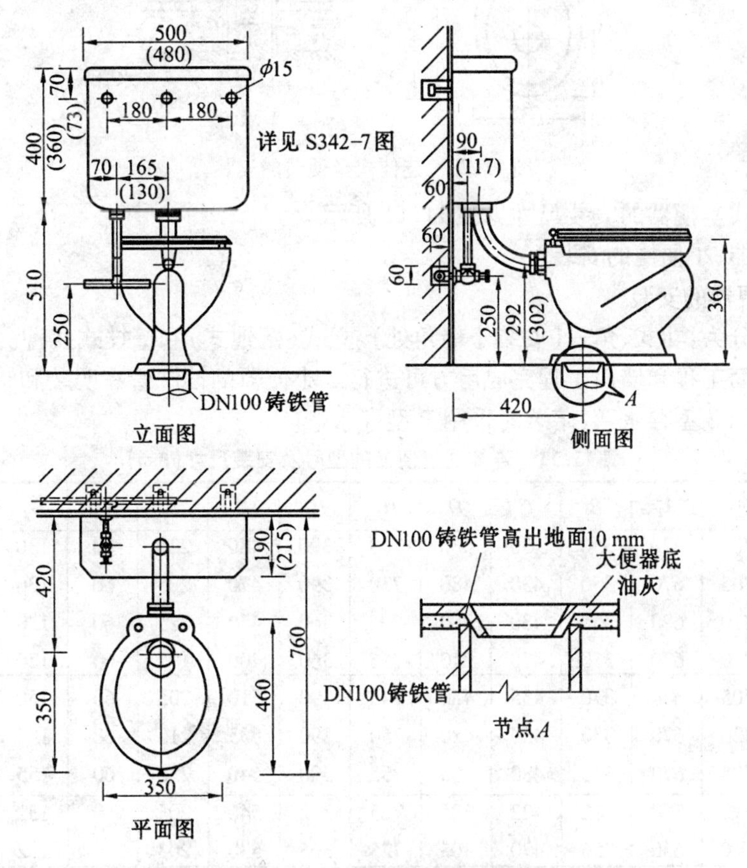

图 11.28　分体式坐便器的安装

④连体式坐便器的安装如图 11.29 所示。

连体式坐便器直接稳于地面上，用比量法定位，即将坐便器底盘上抹满油灰，下水口缠油麻抹油灰，插入下水管口，直接稳固在地面上，压实抹去底盘挤出油灰即可。在进水管与连体水箱镶接后，坐便器得以进一步稳固。

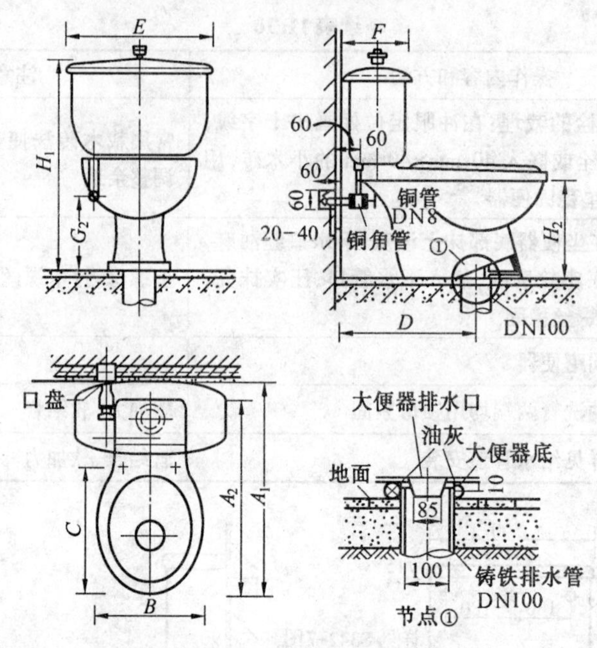

图 11.29　连体式坐便器的安装

⑤连体式坐便器的安装尺寸见表 11.11 所示。

2. 小便器、小便槽的安装

(1)小便器的安装

小便器分为:斗式、角式(安装于墙角处)、立式(落地式)和壁挂式几种。小便器安装工作应在地面工程和墙面工程完成后方可进行。小便器的冲洗管有明装和暗装之分。排水管明装时用 S 型存水弯,暗装时采用 P 型存水弯。

表 11.11　连体式坐便器的型号及安装尺寸(mm)

型　号	A_1	A_2	B	C	D	H_1	H_2	E	F	G_1	G_2	G_3	注
7201	705	670	350	430	480	760	390	480	220	60	130	250	唐陶
8301	705	670	350	430	480	730	390	470	225	60	130	250	
8403	710	670	350	430	300	700	360	470	225	60	130	250	
8501	710	670	350	430	240	755	360	400	195	60	130	250	
前进 1#7801	705	670	370	435	480	745	390	510	205	60	150	250	唐建陶
前进 2#7901	720	670	350	430	480	750	390	535	215	60	155	250	
前进 6#	705	670	370	480	305	755	390	540	220	60	155	250	
HM2122	693	587	362	422	305	725	362	540	203		152	210	广州华美
HM2109	740	630	356	470	305	725	365	530	203		152	210	

1)斗式小便器的安装

挂斗式小便器常成排安装(两个以上)。安装前须按已装好的水支管(承口与地面相平)中心线,在墙上画出小便器安装中心线(用线坠找直),安装步骤如下(如图 11.30、11.31)。

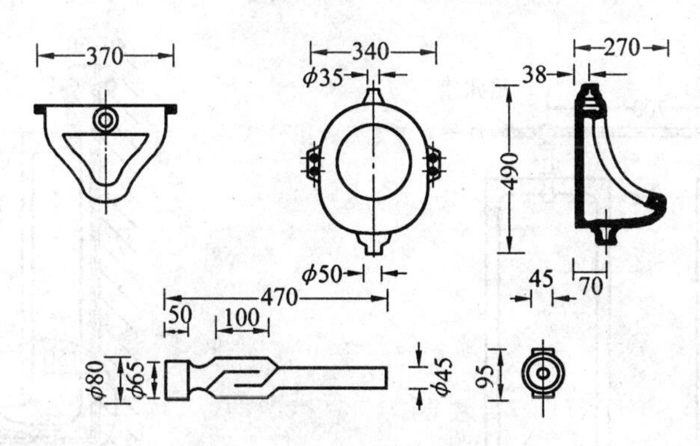

图 11.30　挂斗式小便器

①将小便器中心压在墙上的安装中心线上，保持安装高度，如图 11.31 所示。用钉子穿过便器两侧的安装孔，打出安装螺栓位置，画出十字中心线。如成排安装，应用水平尺、卷尺测量一次定出各个小便器的螺栓位置，画出十字中心线。

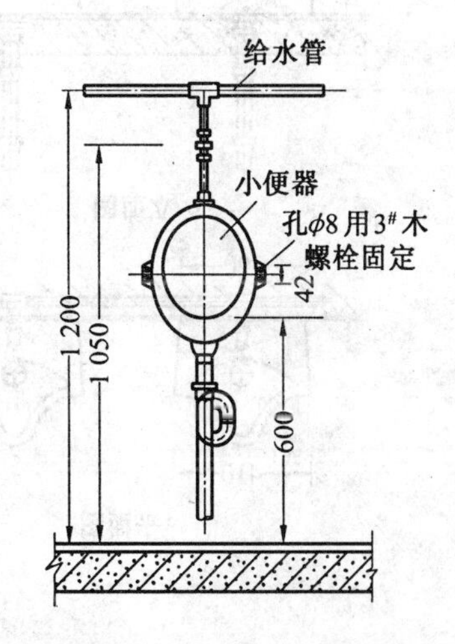

图 11.31　挂斗式小便器安装

②用电钻装 13.5 mm 的钻头钻墙洞（钻孔深度为 60 mm），栽埋 M6X70 膨胀螺栓，即可把小便器固定在墙上，或向墙洞打入木砖，用木螺丝将小便器紧固。注：预埋的木砖应做防腐处理，拧入的木螺丝应加铅垫。

③连接的给水管道。当明装时，用螺纹闸阀、镀锌短管和便器进水口压盖连接；当给水管暗装时，用角型阀、镀锌管和暗装支管连接，角型阀的下侧用铜管（或镀铬铜管）、锁紧螺母和压盖与小便器进水口相连。

④连接排水的存水弯。存水弯上口抹油灰后套入小便器排水口，下端缠绕石棉绳抹上油灰，再与排水短管承插连接。经试水各接口处不漏水即可。

2）立式（落地式）小便器的安装

立式小便器多为成排安装（图 11.32）。安装前应画上小便器在墙上的安装中心线，其方法同挂斗式小便器，安装步骤如下：

①在小便器排水孔上用 3 mm 厚橡胶垫圈和锁母装好排水栓，在排水栓管和小便器底部周围的空间处填平白灰膏。

②在小便器排水管存水弯承口上抹上油灰，即可将小便器排水栓短管插入存水弯承口，抹平油灰，并再次校正小便器安装中心线误差。

③连接小便器给水管道，其方法同上。

成排挂斗式、立式小便器，均可使用共同高位水箱冲洗。水箱底安装高度为 2 160 mm，水箱内装有自动冲洗阀，可自动冲水。

（2）小便槽的安装（图 11.33、图 11.34）

安装要求：

①小便槽的长度及罩式排水栓位置由设计人员确定；

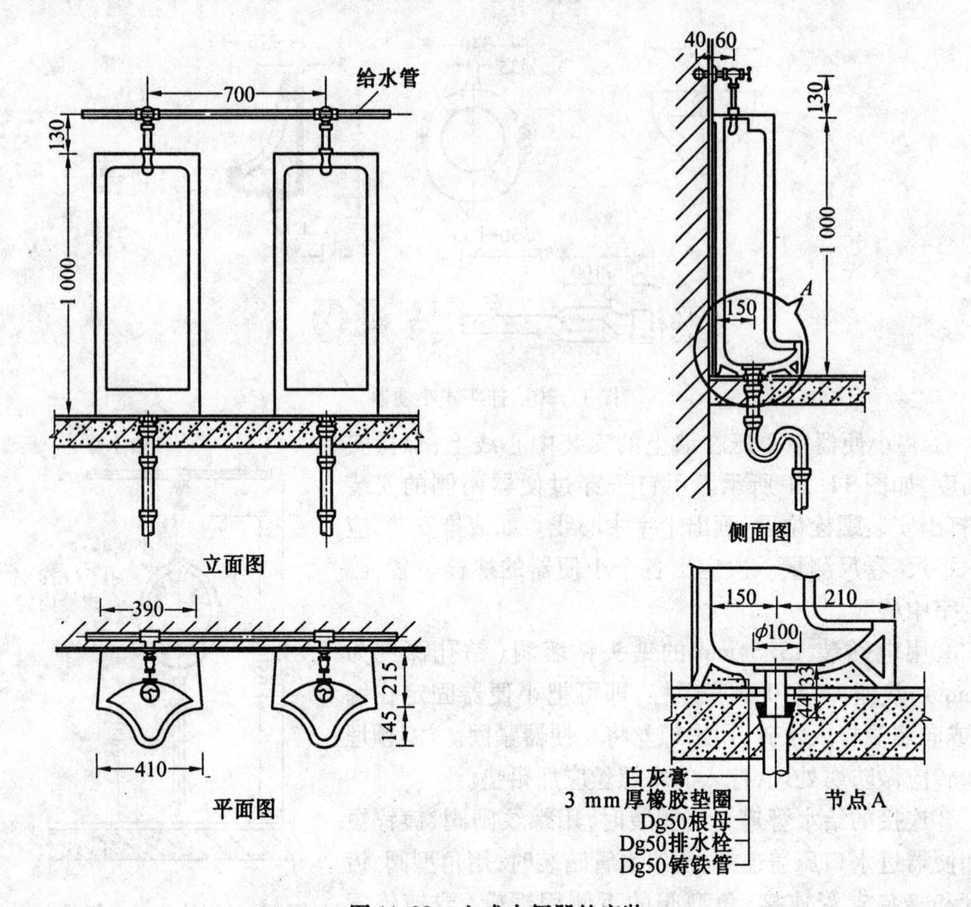

图 11.32　立式小便器的安装

②罩式排水栓也可用铸铁或塑料地漏代替；

③多孔管也可用塑料管；

④存水弯也可采用 P 型弯。

洗脸盆的种类很多，造型各异，常用的有方形、立柱式和台式，如图 11.35 所示。洗脸盆的产品类型不同，其安装方法也不同。方形洗脸盆用墙架固定于墙上；带柱腿的立柱式洗脸盆是靠立在地面上的柱腿支撑稳固在地面上的；台式洗脸盆则直接摆在工作台预留的洞口上。

3. 洗脸盆的安装

方形洗脸盆的规格及安装尺寸见表 11.12。

洗脸盆在安装前均应按照排水短管中心线确定洗脸盆的安装位置，并在墙或台面上画出安装中心线，确定安装高度和安装间距。

(1)方形洗脸盆的安装(图 11.36)

方形洗脸盆由盆架支承安装。盆架可用洗脸盆配套供应的铸铁托架，通过 6×60 mm 木螺丝紧固于预埋墙体里的木桩上，或用膨胀螺栓将托架紧固于墙体上，也可用 $\phi14$ 的圆钢制作的托架(门形)，栽埋于墙内以支承脸盆。

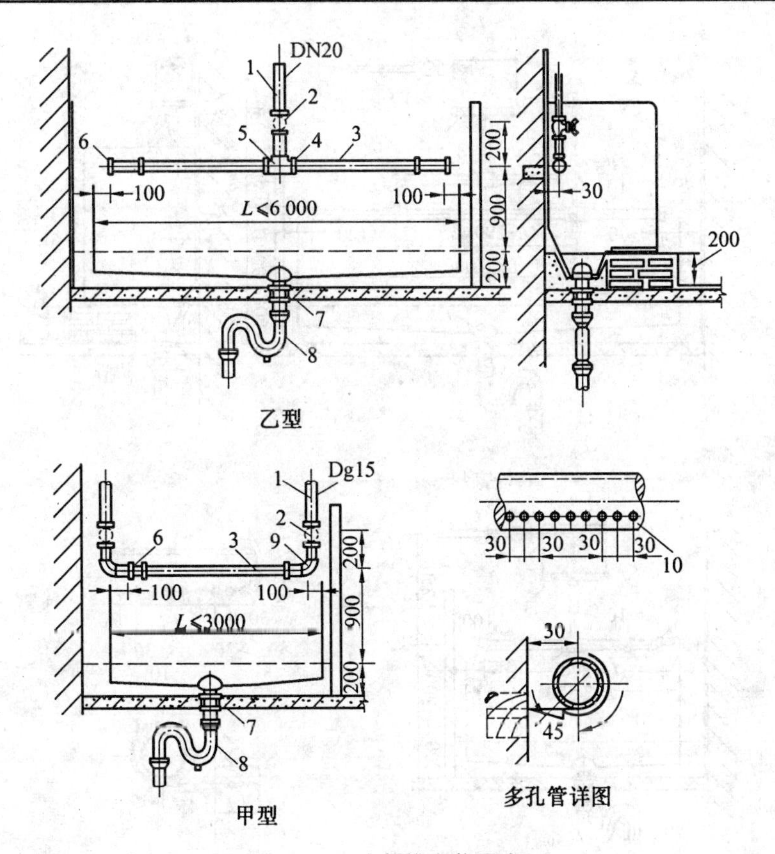

图 11.33　小便槽安装形式

1 —给水管;2—截止阀;3—多孔管;4—管补心 DN20×15;5—三通;6—管帽;7—罩式排水栓;8—存水弯;9—弯头;10—孔 2 mm

表 11.12　方形洗脸盆安装尺寸　(mm)

型号 尺寸	3、3A 18	4、4A 19	5	6	12	13	14	21	22	27	33	39	40	41	42
A	560	510	560	510	510	490	510	460	360	560	510	490	560	530	560
B	410	410	410	410	310	310	360	290	260	260	410	310	460	450	410
C	300	280	250	260	200	250	225	200	200	210	200	380	240	215	200
E_1	180/150	150	420	380	380	130	360	115	110	110	130	380	200	180	
E_2	200	175	175	175	100	100	100	100	85	85	175	175	200	175	175
E_3	65	65	140	130	65	65	65	70	65	65	120	65	65	65	65

洗脸盆上架安装时,应在与墙接触的背面抹上油灰,以使结合紧密不漏。同时使盆底安装凹槽及孔洞和支托架稳固结合。

洗脸盆安装稳固后即可进行给排水管路的连接。接管前应先把冷、热水嘴和排水栓用厚度 2 ~ 3 mm 的橡皮垫结合锁母拧紧,冷水嘴在右,热水嘴在左。暗装管与墙面接合处,存水弯管与墙面、地面结合处,均应加装管子护口盘(瓦钱),护口盘内抹满油灰与接

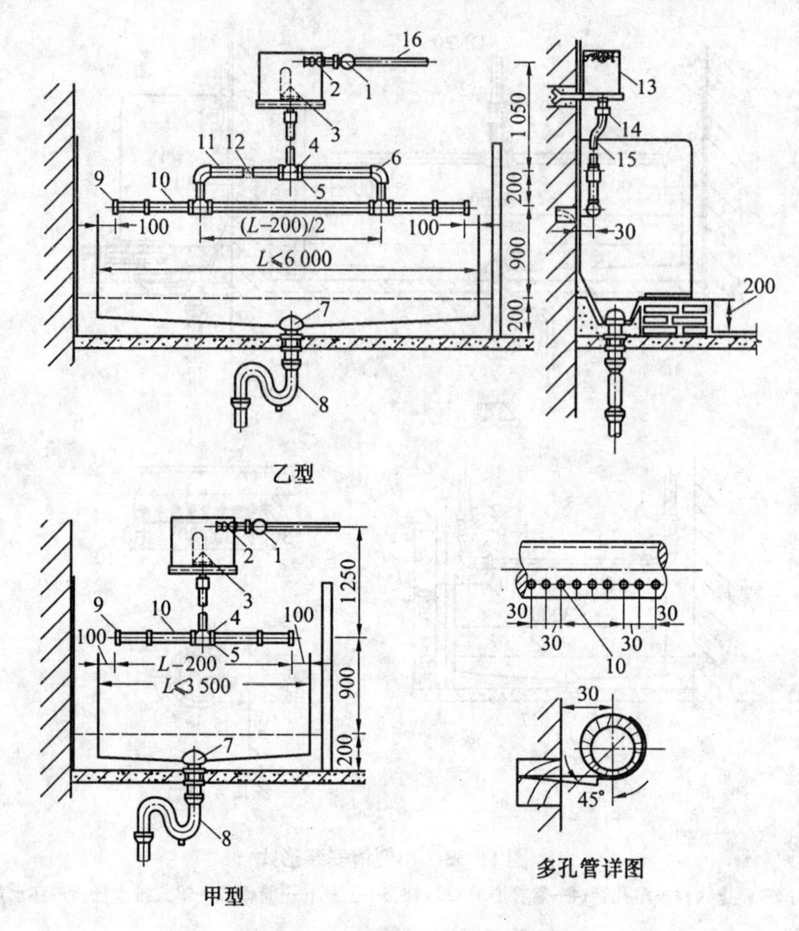

图 11.34 自动冲洗小槽安装图

1—角式截止阀;2—水箱进水阀;3—自动冲洗阀;4—三通;5—管补心;6—弯头;7—罩式排水栓;8—存水弯;9—管帽;10—多孔管;11—塔式管;12—活接头;13—冲洗水箱;14—管接头;15—冲洗管;16—给水管

触墙、地面按紧压实。

给水管暗装时,用角型阀和铜管镶接,铜管上下锁母处用石棉绳压紧。排水管暗装时,用P型存水弯;安装时,先穿上护口盘,在存水弯管端部缠石棉绳、抹油灰,插入排水管,最后压紧护口盘。

(2)立柱式洗脸盆的安装(图 11.37)

立柱式洗脸盆由配套瓷质立柱支承,背部以螺栓紧固于墙上加固安装,其安装尺寸见表 11.13。

安装时先弹画出脸盆安装的垂直中心线及安装高度水平线,然后用比量法使立柱柱脚和背部紧固螺栓定位。其过程是将脸盆放在支柱上,调整安装位置对准垂直中心线并和后墙靠严后,在地面上画出支柱外轮廓线和背部螺栓安装位置,然后打洞栽埋螺栓(或膨胀螺栓),在地面上铺上厚 10 mm 的方形油灰,使宽度略大于立柱下部外轮廓,按中心位置摆好立柱,压紧压实,刮去多余油灰。在立柱上部和洗脸盆结合的凹形槽内填塞油灰,把脸盆摆在柱腿上,压紧压实,刮去多余油灰,拧紧背部拉紧螺栓。

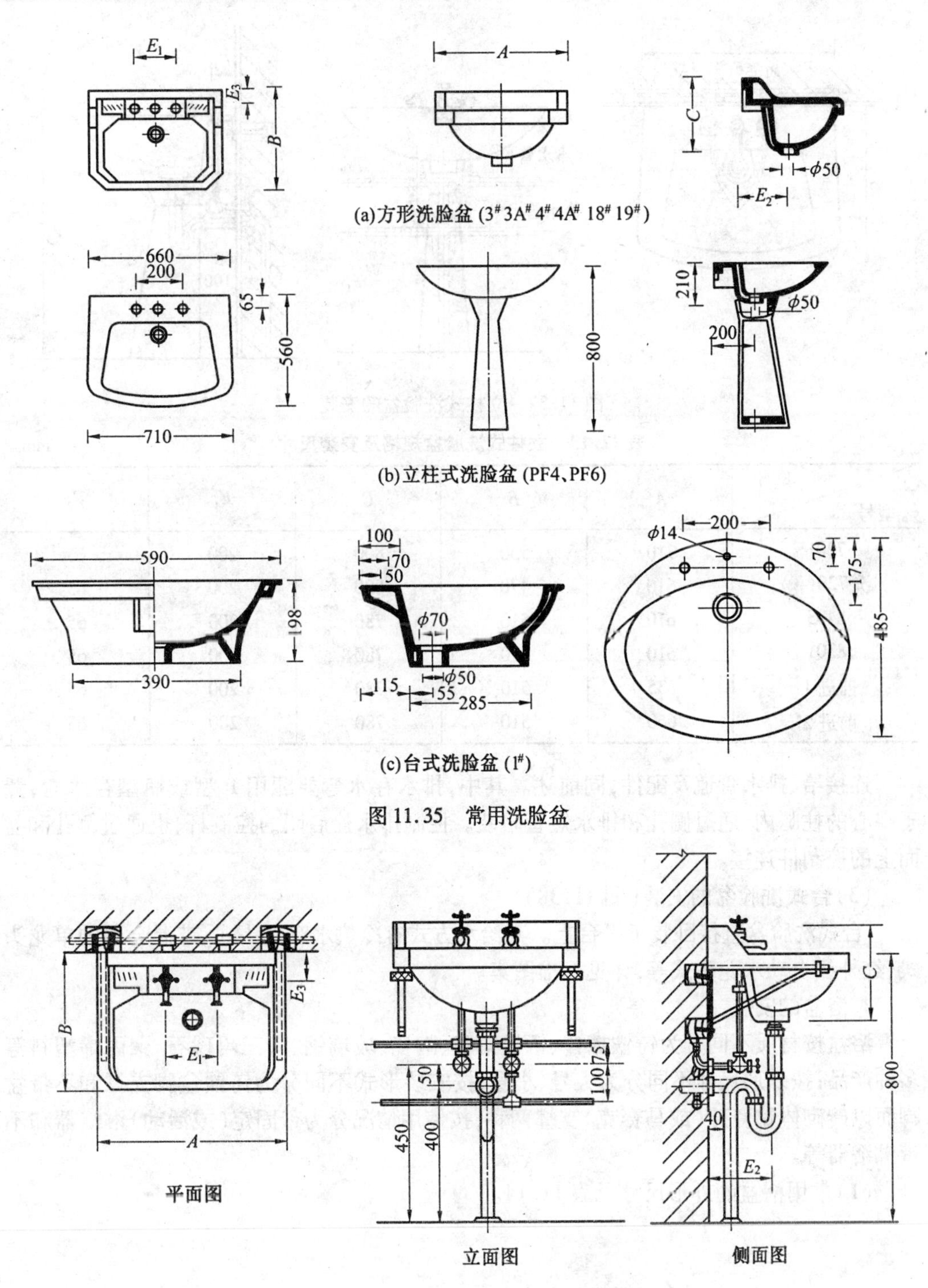

图 11.35　常用洗脸盆

图 11.36　方形洗脸盆的安装(墙架法)

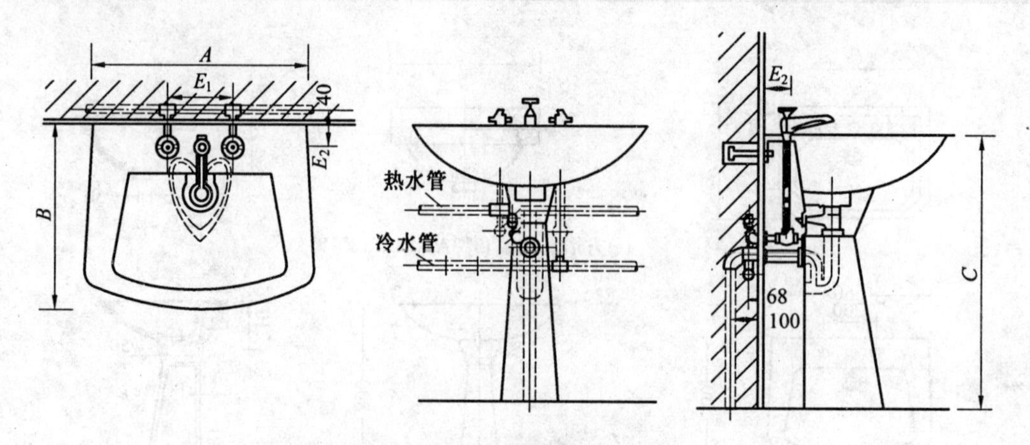

图 11.37　立柱式洗脸盆的安装

表 11.13　立柱式洗脸盆规格及安装尺寸　　mm

型号＼尺寸	A	B	C	E_1	E_2
7201	710	530	800	200	65
洗 720(X)	610	470	800	200	65
8403	610	510	780	200	65
8301	610	470	780	200	65
前进 1#	635	510	780	200	65
前进 2#	660	510	780	200	65

连接给、排水管道及配件，同前述。其中，排水存水弯要配用 P 型或瓶型存水弯，置于空心的柱腿内，通过侧孔和排水短管暗装。控制排水栓启闭的控制杆，也通过侧孔和盆面上的控制件连接。

(3)台式洗脸盆的安装(图 11.38)

台式洗脸盆直接卧装于平台上。其给水方式有冷热水双龙头式、带混合器的单龙头式、红外线自动水龙头式等，详见标准图集。

4. 浴盆的安装

浴盆按材质不同分为铸铁搪瓷、钢板搪瓷、陶瓷、玻璃钢、人工玛瑙石、聚丙烯塑料等多种产品；按外形尺寸不同分为大号、小号；按安装形式不同分为铸铁盆脚支撑和不带盆脚而以砖砌体贴瓷砖(或马赛克)支撑两种；按使用情况分为带固定(或活动)淋浴器和不带淋浴器等。

(1)常用浴盆的外形尺寸见表 11.14。

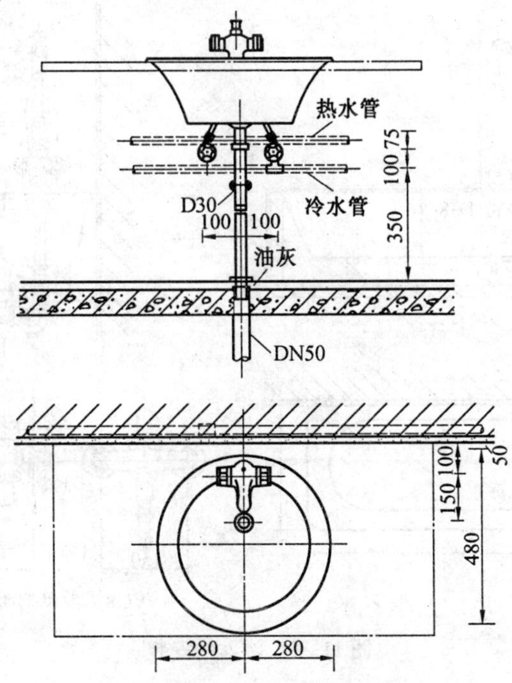

图 11.38 台式洗脸盆的安装

表 11.14 浴盆的规格尺寸

mm

型号	A	B	C	D	E	注
QH150	1 500	720	340	255	65	浅弧
SH165	1 650	780	390	255	65	深弧
SH186	1 860	840	425	240	85	
SMC110	1 100	680	480			玻璃钢

(2)浴盆的安装如图 11.39 所示。

浴盆一般安装于墙角处,容易定位。安装后应用水平尺找平,即可连接给、排水管道,所用给排水连接多为配套产品。

浴盆的排水由盆侧上方的溢水管、盆底的排水短管组成一套配件。连接时,溢水口处及接合三通处应加厚度 3 mm 橡皮垫圈用锁母锁紧。与排水系统连接时,排水配件端部应缠石棉绳抹油灰后与排水短管连接。

给水管可明装也可暗装。暗装时给水配件的连接短管上要先套上压盖(瓦钱),再与墙内的给水管螺纹连接,随后用油灰压紧压盖,使其与墙结合严密。浴盆上淋浴喷头和混合器连接为锁母垫石棉绳或橡胶垫片连接。固定喷头的立管应加立管卡固定;活动喷头用专用喷头架紧固在预埋的木砖上。

5. 淋浴器的安装

淋浴器有组装成品和现场配制两种,如图 11.40 所示。按冷热水管的安装方式不同,分明装和暗装两种方式。冷水管安装高度为 900 mm,热水管安装高度为 1 000 mm。连接淋浴器时,应按热左冷右的规定安装,而且冷热水管均应装阀门,以便调节水温;喷管和成套设备的连接为锁母紧固,与管件配制的淋浴器连接用活接头。

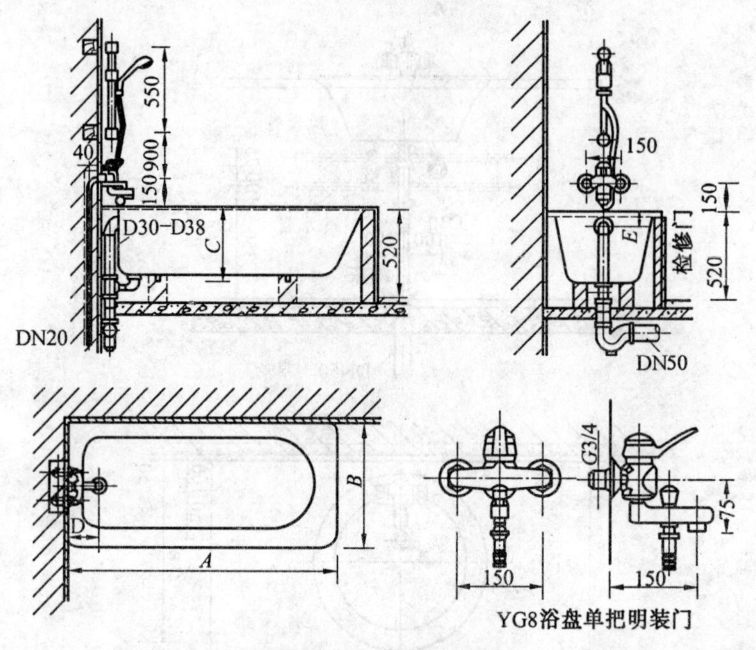

图 11.39　浴盆的安装

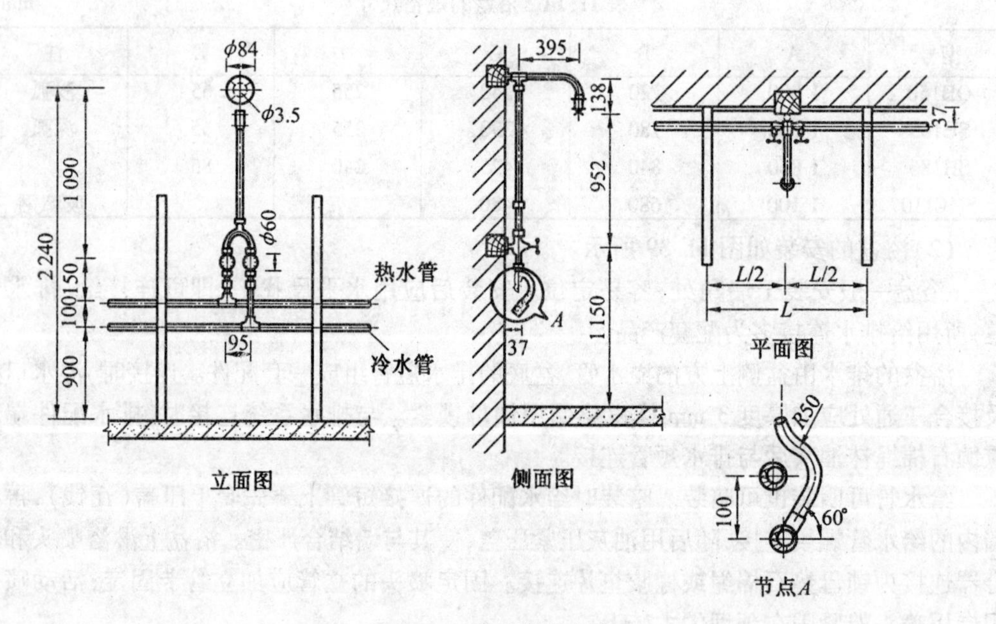

图 11.40　淋浴器的安装

单元二　建筑室内排水管道施工安装

11.2.1　常用的排水管材及管件

11.2.1.1　常用的排水管材

1. 塑料管

塑料管包括 PVC-U(硬聚氯乙烯)管、UPVC 隔音空壁管、UPVC 芯层发泡管、ABS 管等多种管道,适用于建筑高度不大于 100m、连续排放温度不大于 40 ℃、瞬时排放温度不大于 80 ℃的生活污水系统、雨水系统,也可用作生产排水管。常用胶粘剂承插连接,或弹性密封圈承插连接。优点是耐腐蚀、重量轻、施工简单、水力条件好、不易堵塞;但有强度低、易老化、耐温性差、普通 PVC-U 管噪音大等缺点。目前最常用的是 PVC-U(硬聚氯乙烯)管。

在使用 PVC-U(硬聚氯乙烯)排水管时,应注意几个问题:

PVC-U(硬聚氯乙烯)管的水力条件比铸铁管好,泄流能力大,确定管径时,应使用塑料排水管的参数进行水力计算或查看相应的水力计算表。

受环境温度或污水温度变化引起的伸缩长度,可按公式(11.1) 计算:

$$\Delta L = La\Delta t \quad (11.1)$$

式中　ΔL—— 管道温升长度,m;

L—— 管道计算长度,m;

a—— 线性膨胀系数,一般采用$(6 \sim 8) \times 10^{-5}$,m/(m · ℃);

Δt—— 温差, ℃。

公式(11.1) 中的温差由两方面因素影响,即管道周围空气的温度变化和管道内水温的变化,可按公式(11.2) 计算:

$$\Delta t = 0.65\Delta t_s + 0.1\Delta t_g \quad (11.2)$$

式中　Δt_s—— 管道内水的最大变化温度差, ℃;

Δt_g—— 管道外空气的最大变化温度差, ℃;

消除 PVC-U(硬聚氯乙烯)管道受温度影响引起的伸缩量,通常采用设置伸缩节的办法予以解决。排水立管、通气立管应每层设一个伸缩节; 横支管上汇流配件至立管的直线管段大于 2 m 时应设置伸缩节,但伸缩节之间最大间距不得超过 4 m;伸缩节应设置在汇合配件处,横干管伸缩节应设置在汇合配件上游端;横管伸缩节应采用承压橡胶密封圈或横管专用伸缩节。

2. 排水铸铁管

排水铸铁管的管壁较给水铸铁管薄,不能承受高压。常用于建筑生活污水管、雨水管等,也可用作生产排水管。排水铸铁管的优点是耐腐蚀、具有一定的强度、使用寿命长和价格便宜等;缺点是性脆、自重大、每根管的长度短、管接口多、施工复杂。

排水铸铁管连接方式多为承插式,常用的接口材料有普通水泥接口、石棉水泥接口、膨胀水泥接口等。

柔性抗震排水铸铁管,广泛应用于高层和超高层建筑室内排水,它采用橡胶圈密封、螺栓紧固,具有较好的挠曲性、伸缩性、密封性及抗震性能,且便于施工。

3. 钢管

用作卫生器具排水支管及生产设备震动较大的地点、非腐蚀性排水支管上,管径小于或等于 50 mm 的管道,可采用焊接或配件连接。

11.2.1.2 管件

室内排水管道是通过各种管件来连接的,管件种类很多,常用的有以下几种:

(1)弯头:用在管道转弯处,使管道改变方向。常用弯头的角度有 90°、45°两种。

(2)乙字管:排水立管在室内距墙比较近,但基础比墙要宽,为了到下部绕过基础需设乙字管,或高层排水系统为消能而在立管上设置乙字管。

(3)三通或四通:用在两条管道或三条管道的汇合处。三通有正三通、顺流三通和斜三通,四通有正四通和斜四通。

(4)管箍:也叫套袖,它的作用是将两段排水铸铁直管连在一起。

(5)存水弯:也叫水封,设在卫生器具下面的排水支管上。使用时,由于存水弯中经常存有水,可防止排水管道中的有毒有害气体或虫类进入室内,保证室内的环境卫生。水封高度通常为 50 ~ 100 mm。

各种塑料排水管件如图 11.41 所示,各种铸铁排水管件如图 11.42 所示,连接如图 11.43 所示。

11.2.2 排水管道的布置与敷设

建筑室内排水管道的布置和敷设应具备水力条件良好、防止环境污染、维修方便、使用可靠、经济和美观等特点,以及兼顾给水管道、热水管道、供热通风管道、燃气管道、电力照明线路、通讯线路等管线的布置和敷设要求。

11.2.2.1 排水管道的布置

(1)排水立管应布置在污水最集中、水质最脏的排水点处,使其横支管最短,以便尽快转入立管后排出室外。如立管附近设大便器,以尽快地接纳横支管的污水而减少管道堵塞的可能。

(2)排水管应尽量作直线布置,力求减少不必要的转角和曲折。受条件限制必须偏置时,宜用乙字管或两个 45°弯头连接来实现。设在地下室或转换层时,排水横干管可敷设在转换层内或敷设在地下室顶板下。根据室外下水道高程情况划分排水分区,一层以上为一个分区,一层单独排出;地下室以下的排水,如室外下水道埋设不够深,当其排出管高程无法排到室外下水道时应设地下排水泵房,由污水泵提升排出。

(3)排水出户管一般按一定坡度埋设于地下,应以最短距离排出室外,否则会增加堵塞的机会,或造成室外管道埋深的增加。

(4)排出管和室外排水管衔接时,排出管管顶标高应大于或等于室外排水管管顶标高,以防止室外排水管道超负荷运行时影响排出管的排水量,导致室内卫生器具冒泡或满溢。为保证畅通的水力条件,避免水流相互干扰,在衔接处水流转角不得小于90°。但当

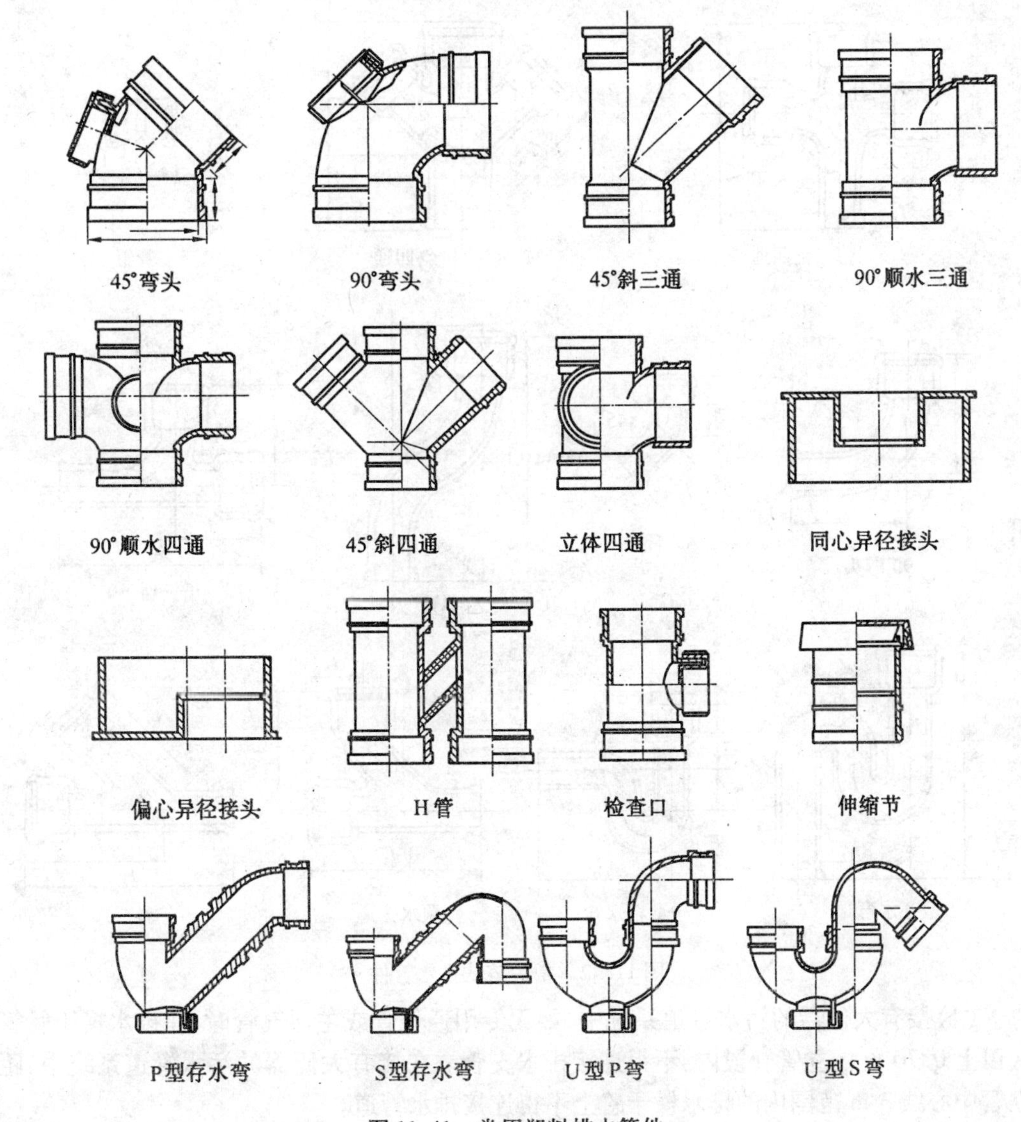

图 11.41　常用塑料排水管件

落差大于0.3 m时,水流转弯角的影响已不明显,可不受此限制。高层建筑排水系统一般不分区敷设,污水立管按一根管道布置贯穿上下。

(5)排水管道不允许布置在有特殊生产工艺和卫生要求的厂房以及食品和贵重商品仓库、通风室和配电间内,也不得布置在食堂,尤其是锅台、炉灶、操作主副食烹调处。

11.2.2.2　排水管道的敷设

(1)排水管应尽量避免穿过伸缩缝、沉降缝,若必须穿越时,应采用相应的技术措施,如用橡胶管连接等。

(2)立管穿楼层时,预埋套管,套管比通过的管径大50～100 m。

(3)根据建筑功能的要求几根通气立管可以汇合成一根,通过伸顶通气总管排出屋面。

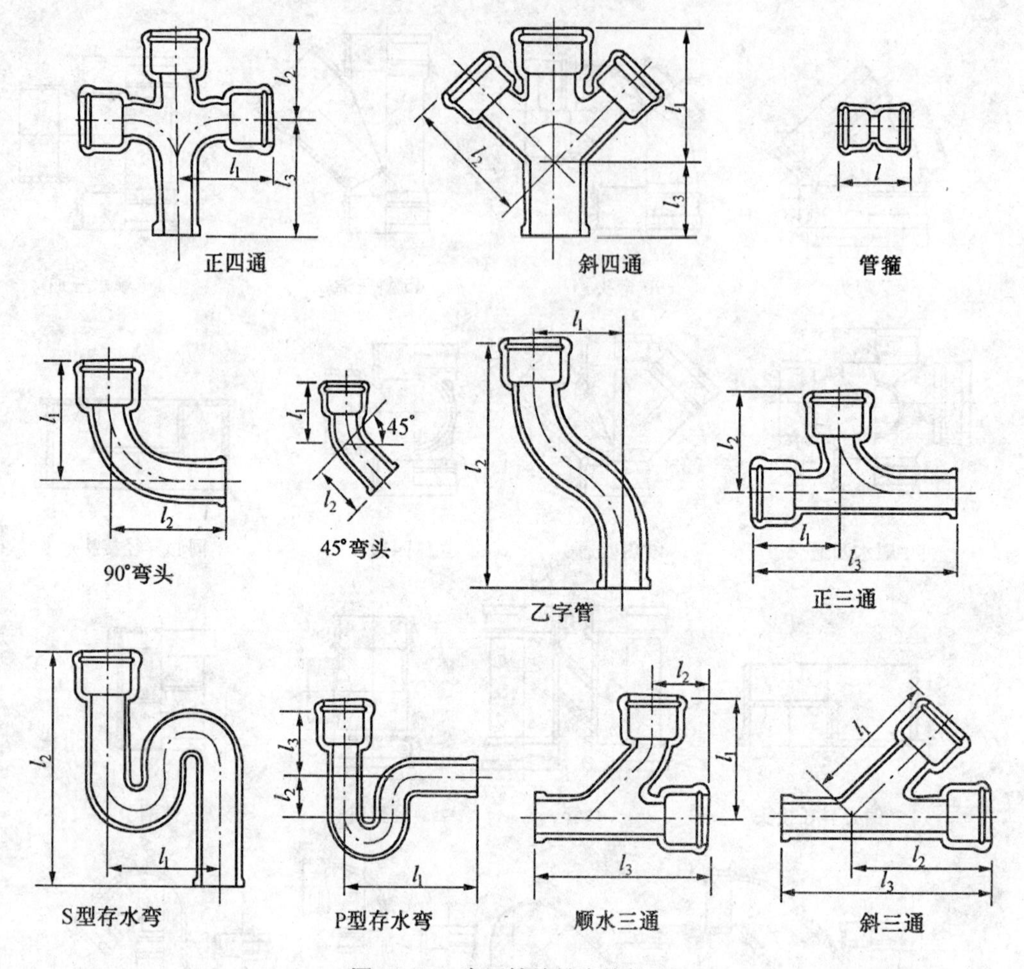

图11.42　常用铸铁排水管件

(4)接有大便器的污水管道系统中,如无专用通气管或主通气管时,在排水横干管管底以上0.70 m的立管管段内,不得连接排水支管。在接有大便器的污水管道系统中,距立管中心线3 m范围内的排水横干管上不得连接排水管道。

(5)布置在高层建筑管道井内的排水立管,必须每层设置支撑支架,以防整根立管重量下传至最低层。高层建筑如旅馆、公寓、商业楼等管井内的排水立管,不应每根单独排出,可在技术层内用水平管加以连接,分几路排出,连接多根排水立管的总排水横管必须按坡度要求并以支架固定。

(6)排水管穿过承重墙或基础时,应预留管洞,使管顶上部净空不得小于建筑物的沉降量,一般不小于0.15 m。

(7)塑料排水立管每层均设置伸缩器,一般设在楼板下排水支管汇合处三通以下。

(8)塑料排水立管穿楼层应设置阻燃圈、横管穿越防火墙、防火隔墙时在穿越处两侧应设阻燃圈。

(9)污水管经常发生堵塞的部位一般在管道的接口和转弯处,卫生器具排水管与排水支管连接时,可采用90°斜三通;排水管道的横管与横管(或立管)的连接,宜采用45°或

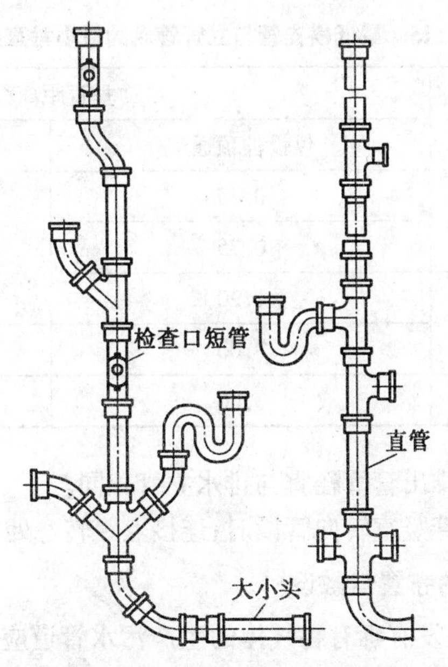

图 11.43　常用铸铁排水管件连接示意图

90°斜三(四)通,直角顺水三(四)通;排水立管与排出管端部的连接,宜采用两个45°弯头或弯曲半径不小于4倍管径的90°弯头,如图11.44所示。

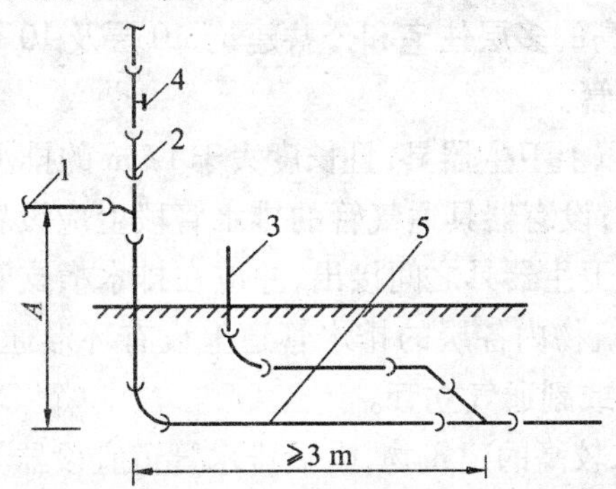

图 11.44　排水立管与排出管端部的连接

1—排水横管;2—排水立管;3—排水立管支管;4—检查口;5—排水横干管(或排出管)

(10)靠近排水立管底部的排水支管连接,应符合下列要求:排水立管仅设置伸顶通气管时,最低排水横支管与立管连接处距排水立管管底垂直距离,不得小于表11.15的规定。如果与排水管连接的立管底部放大一号管径或横干管比与之连接的立管大一号管径时,可将表中距离缩小一档;排水支管连接在排出管或排水横干管上时,连接点距立管底部水平距离,铸铁管不宜小于3.0 m(塑料管不小于1.5 m);当靠近排水立管底部的排水支管的连接,不能满足上述要求时,排水支管应单独排出室外。

表 11.15　最低横支管与立管管底的最小垂直距离

<table>
<tr><th rowspan="2">立管连接卫生器具的层数</th><th colspan="2">垂直距离/m</th></tr>
<tr><th>仅设伸顶通气</th><th>设通气立管</th></tr>
<tr><td>≤4</td><td>0.45</td><td rowspan="3">按配件最小安装尺寸确定</td></tr>
<tr><td>5~6</td><td>0.75</td></tr>
<tr><td>7~12</td><td>1.20</td></tr>
<tr><td>13~39</td><td>3.00</td><td>0.75</td></tr>
<tr><td>≥20</td><td>3.00</td><td>1.20</td></tr>
</table>

(11)单根排水立管的排出管管径宜与排水立管相同。

(12)横支管接入横干管竖直转向管段时,连接点距转弯处以下不得小于 0.6 m。

11.2.2.3　通气系统的布置与敷设

(1)生活排水管道和散发有毒有害气体的生产污水管道应设伸顶通气管。伸出屋顶的通气管高出屋面不得小于 0.3 m,且应大于最大积雪厚度,通气管顶端应装设风帽或网罩;在通气管口周围 4 m 以内有门窗时,通气管口应高出窗顶 0.6 m 或引向无门窗一侧;在经常有人停留的平屋面上,通气管应高出屋面 2 m,并应根据防雷要求考虑防雷装置。

(2)建筑标准要求较高的多层住宅和公共建筑、10 层及 10 层以上高层建筑的生活污水立管宜设置专用通气立管。

(3)连接 4 个及 4 个以上卫生器具,且长度大于 12 m 的排水横支管;连接 6 个及 6 个以上大便器的污水横支管;设有器具通气管的排水管段上应设置环形通气管。环形通气管应在横支管始端的两个卫生器具之间接出,并应在排水横支管中心线以上与排水横支管呈垂直或 45°连接。建筑物内各层的排水管道上设有环形通气管时,应设置连接各层环形通气管的主通气立管或副通气立管。

(4)对卫生、安静要求较高的建筑物,生活排水管道宜设器具通气管。器具通气管应设在存水弯出口端。

(5)器具通气管和环形通气管应在卫生器具上边缘以上不小于 0.15 m 处按不小于 0.01 的上升坡度与通气立管连接。

(6)专用通气立管应每隔 2 层,主通气立管每隔 8~10 层设结合通气管与排水立管连接。结合通气管下端宜在排水横支管以下与排水立管以斜三通连接,上端可在卫生器具上边缘以上不小于 0.15 m 处与通气立管以斜三通连接。

(7)专用通气立管和主通气立管的上端可在最高层卫生器具上边缘或检查口以上与排水立管通气部分以斜三通连接。下端应在最低排水横支管以下与排水立管以斜三通连接。

(8)通气立管不得接纳污水、废水和雨水,不得与风道和烟道连接。

(9)伸顶通气管不允许或不可能单独伸出屋面时,可设置汇合通气管。

(10)在建筑物内不得设置吸气阀替代通气管。

11.2.3　排水管道的安装

建筑室内排水管道安装的工艺流程为:安装准备──→管道预制──→排水管道的安装──→灌水试验。

11.2.3.1　安装前的准备工作

(1)建筑排水管道安装应按照设计图纸进行施工,施工前应熟悉图纸,领会设计意图,了解管线的布置及安装位置。排水管道安装应密切配合土建同时施工,在土建砌筑基础、浇筑楼板时,应根据设计图纸配合预埋各种管道和预埋件或预留孔洞。

(2)安装前首先检查管材、管件的质量是否符合要求,对部分管材与管件可先按绘制的草图捻好灰口,并进行编号、养护。复核预留孔洞的位置和尺寸是否正确,若设计无要求时,排水立管穿过楼板时预留孔洞的大小应符合表11.16的规定。

表11.16　排水立管穿过楼板时预留孔洞的尺寸

管径/mm	50	75~100	125~150	200	300
孔洞尺寸/(mm×mm)	150×150	200×200	250×250	300×300	400×400

11.2.3.2　建筑室内排水管道安装

建筑排水管道的安装顺序是:排出管安装──→立管安装──→排水横管安装──→排水支管安装──→器具排水支管安装。

1. 排水铸铁管安装

(1)排出管安装

排出管的室外部分应埋设在冰冻线以下,且低于明沟的基础,接入窨井时不能低于窨井的流水槽。为了防止管道受机械损坏,排出管的最小埋深为:混凝土、沥青混凝土地面下埋深不小于0.4 m,其他地面下的埋深不小于0.7 m。

排水立管与排出管端部的连接,宜采用两个45°弯头或弯曲半径不小于4倍管径的90°弯头;排出管穿过承重墙或基础时,应预留孔洞。且管顶上部净空不得小于建筑物的沉降量,一般不宜小于0.1 m。

排出管接出室外的部分管道,根据现场量测足寸下料,预制成整体管道,待接口强度达到要求后,一次性穿入基础预留孔洞安装,以确保安装的严密性。

排出管穿过地下室外墙或地下构筑物的墙壁处,为达到防水的目的可采用刚性防水套管,其构造如图11.45所示。

(2)排水立管安装

1)立管安装前要确定安装位置。立管的安装位置要考虑到横支管离墙的距离和不影响卫生器具的使用。定出安装距离后,在墙上做出记号,用粉囊在墙上弹出该点的垂直线即是该立管的位置。

2)管道的下料与预制。排水立管可根据楼层高度整段预制、安装。预制之前,应对管道进行下料。下料应量测预制管段的长度,即构造长度L,再考虑管件的尺寸l_1、l_2和管道插入承口的深度b,如图11.46所示,其下料长度l的计算公式为:

$$l=L-(l_1-l_2)-l_4+b \tag{11.3}$$

按计算的长度在地面进行管道下料和预制，预制时注意管道配件的方向，如排水立管靠近墙角时，检查口的方向朝外与横管管口呈45°角。各楼层管段打口连接后应编号存放，待接口强度达到要求后即可从下到上逐层安装。

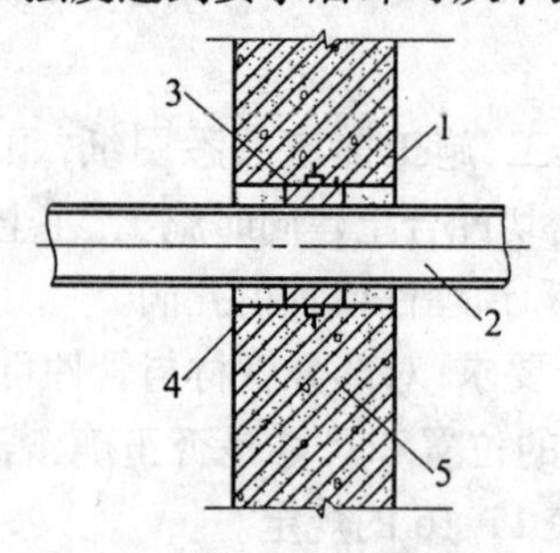

图 11.45　管道穿越地下室外墙

1—预埋件刚性套管；2—UPVC 排出管；3—防水胶泥；4—水泥砂浆；5—混凝土外墙

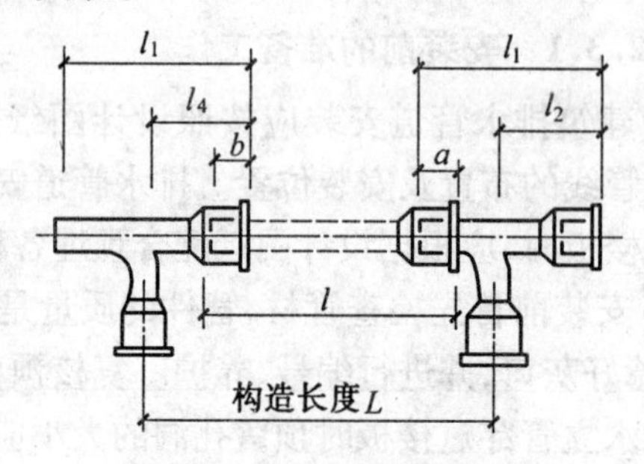

图 11.46　铸铁管下料尺寸

3）安装立管时，应两人配合进行，一个由上层楼板预留洞内用绳子往上拉，一个在下层往上托，将立管下部插入下层管承口内，在上层楼板洞内用木楔子配合找直找正，临时固定好。经检查无误后再捻口，依次往上装出屋顶。每层立管安装后，均应立即以管卡固定。堵洞时要隔层堵，先堵奇数楼层，再堵偶数层。操作时，先拆除木楔子，然后支模板、浇水，用不低于楼板混凝土强度等级的混凝土灌入并捣实堵严，下部应与楼板表面持平。

4）高层建筑中或管道井内的立管按设计要求用型钢做固定支架。考虑管道的热胀冷缩，应采用柔性接口，在承口处留出胀缩量。

(3)通气管的安装

通气管的安装方法与排水立管相同。只是通气管穿出屋面时，应与屋面工程配合进行。首先安装好通气管，然后将管道和屋面的接触处进行防水处理，如图 11.47 所示。

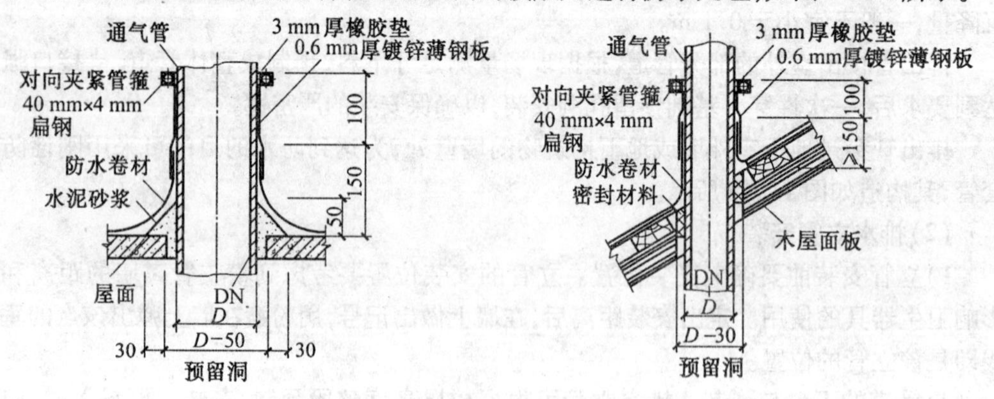

图 11.47　通气管伸出屋面安装示意图

(4)排水横支管与器具排水管安装底层排水横支管一般埋入地下，各楼层的排水横支管安装在楼板下。

横支管的安装同排水立管安装一样,先进行管道的预制后进行安装。底层排水横支管预制以所连接卫生器具的安装中心线,以已安装好的排出管斜三通及45°弯头承口内侧为基准量尺,确定各管段长度后绘制草图并在地面进行预制。图11.48所示为一建筑物底层排水横支管的预制草图。若横管过长时,可分段预制后与排出管连接。各楼层的排水横支管预制前,应测量卫生器具及其附件的实际距离,定出各三通和弯头等的尺寸距离,绘制草图进行预制。

安装横支管首先弹画出横管中心线,在楼板内安装托架或吊架并按横管的长度和规范要求的坡度调整好吊架的高度。吊装时,用绳子将管段按排列顺序从两侧水平吊起,放在吊架卡圈上临时卡稳,调整横管上三通口方向或弯头的方向及管道坡度,调好后方可收紧吊卡。然后进行接口连接,并随时将管口堵好,以免落入异物堵塞管道。

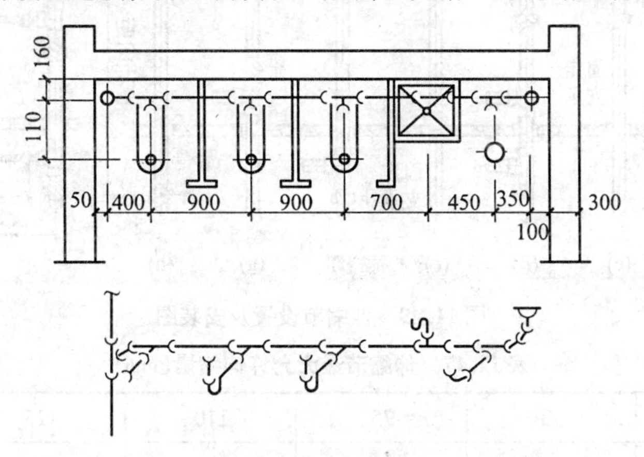

图11.48　底层排水横支管的预制示意图

生活污水铸铁管道的坡度必须符合设计要求,设计中未注明的应符合表10.7的规定。

器具排水管应实测下料长度。其中坐式大便器排水管应用不带承口的短管接至与地面相平处;蹲式大便器排水管应用承口短管;洗脸盆、洗涤盆、化验盆等器具排水管应用承口短管,短管中心至后墙的距离见卫生器具安装图。

横支管与器具排水管安装好后,应封闭管道与预留孔洞的间隙,并且保证所有预留洞封闭堵严。

2.塑料排水管的安装

硬聚氯乙烯塑料排水管(PVC-U)的安装方法基本同排水铸铁管,由于塑料排水管材的特殊性,安装时有以下特点:

(1)生活污水塑料管道的坡度必须符合设计要求,设计中未注明的,应符合表10.7的规定。

(2)伸缩管的安装

因塑料管的线膨胀系数较大,为防止管道因湿差产生的应力使管道产生变形或接头开裂漏水,在塑料排水管道上必须安装伸缩节。

排水立管和排水横支管上伸缩节的设置和安装应符合下列规定，如图 11.49 所示。排水横干管上设置和安装伸缩节见给水排水标准图集合订本 S3(上)。

1)当层高小于或等于 4 m 时，污水立管和通气立管应每层设一伸缩节，当层高大于 4 m 时，应根据管道设计伸缩量和伸缩节最大允许伸缩量计算确定。伸缩节最大允许伸缩量见表 11.17。

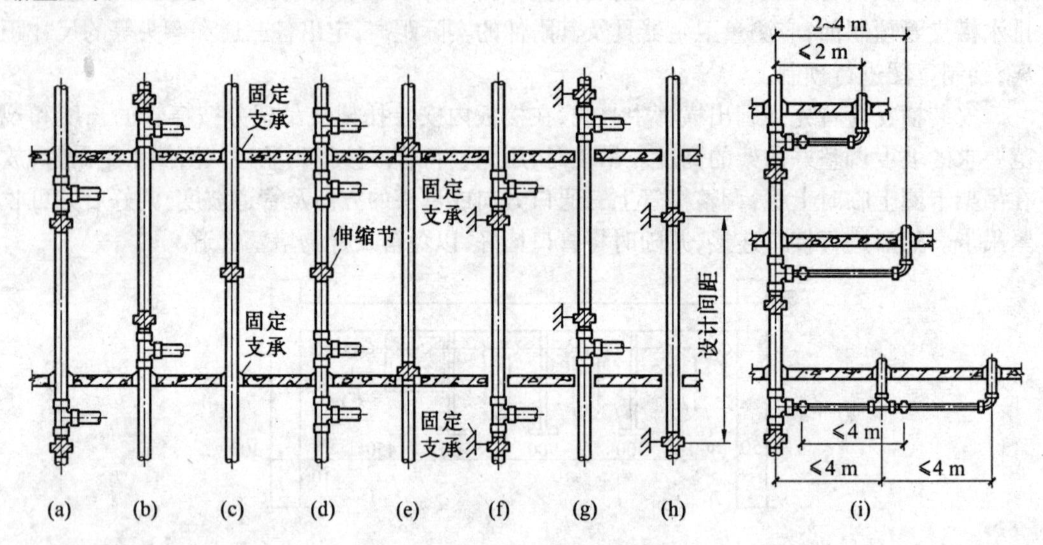

图 11.49　伸缩节设置及安装图

表 11.17　伸缩节最大允许伸缩量(mm)

管径/mm	50	75	110	125	160
最大允许伸缩量	12	15	20	20	25

2)伸缩节设置应靠近水流汇合管件并可按下列情况确定：排水支管在楼板下方接入时，伸缩节设置于水流汇合管件之下(如图 11.49(a)、(f)所示)；排水支管在楼板上方接入时，伸缩节设置于水流汇合管件之上(如图 11.49(b)、(g)所示)；立管上无排水支管接入时，伸缩节按设计间距置于楼层任何部位(如图 11.49(c)、(e)、(h)所示)；排水支管同时在楼板上、下方接入时，宜将伸缩节置于当层中间部位(如图 11.49(d)所示)。

3)污水横支管、器具通气管、环形通气管和汇合通气管上合流管件至立管的直线管段超过 2 m 时，应设伸缩节，伸缩节之间最大距离不得超过 4 m。横管上设置伸缩节应当置于水流汇合管件上游端(如图 11.49(i)、图 11.50 所示)。

4)立管在穿越楼层处为固定支承时，伸缩节不得固定；伸缩节处设固定支承时，立管穿越楼层处不得固定。

5)Ⅱ型伸缩节安装完毕，应将限位块拆除。

6)伸缩节插口应顺水流方向。

(3)管道支承件

水平横管和立管都应每隔适当距离设置支承件。支承件有钩钉、管卡、吊环及托架等，较小管径多用管卡和钩钉，大管径用吊环和托架。吊环一般吊于梁板下，托架常固定

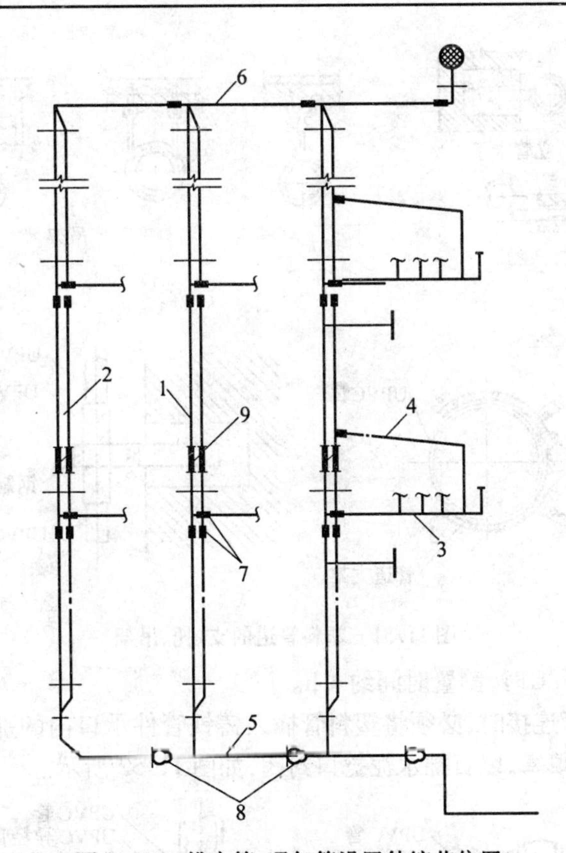

图 11.50　排水管、通气管设置伸缩节位置

1—污水立管;2—专用通气立管;3—横支管;4—环形通气管;5—污水横干管;6—汇合通气管;7—伸缩节;8—弹性密封圈伸缩节;9—H 管管件架

在墙或柱上,如图 11.51 所示。所使用的吊卡要与管径相配套,支承件的间距:立管外径为 50 mm 时不应大于 1.5 m;外径为 75 mm 及以上时应不大于 2.0 m。横管应不大于表 11.18的规定。

表 11.18　排水塑料管道支吊架最大间距(m)

管径/mm	50	75	110	125	160
立　管	1.2	1.5	2.0	2.0	2.0
横　管	0.5	0.75	1.1	1.3	1.6

(4)管道的连接

塑料管道与管件之间采用粘接连接。粘合前将承插口表面用棉纱等物擦拭干净,如表面沾有油污时,应用丙酮或汽油等清洁剂擦拭干净,否则会影响粘结强度和密封性能。在管材底部画出插入承口内深度的标记,为了确保有足够的粘接面,管子端部必须插到标记处。涂刷胶粘剂时,应先涂承口后涂插口,插口应涂刷到承口标记处,涂刷要迅速、均匀、不可漏刷。承口涂刷胶粘剂后,要立即插入承口底部,再将管子稍加左右转动、找正方向即可。将挤出承口的胶粘剂擦净。管道粘接后需静置的时间与环境温度有关,当环境温度为 15 ~40 ℃时,静置时间约 30 min;5 ~15 ℃时,静置时间约 1 h;-5 ~5 ℃时,静置

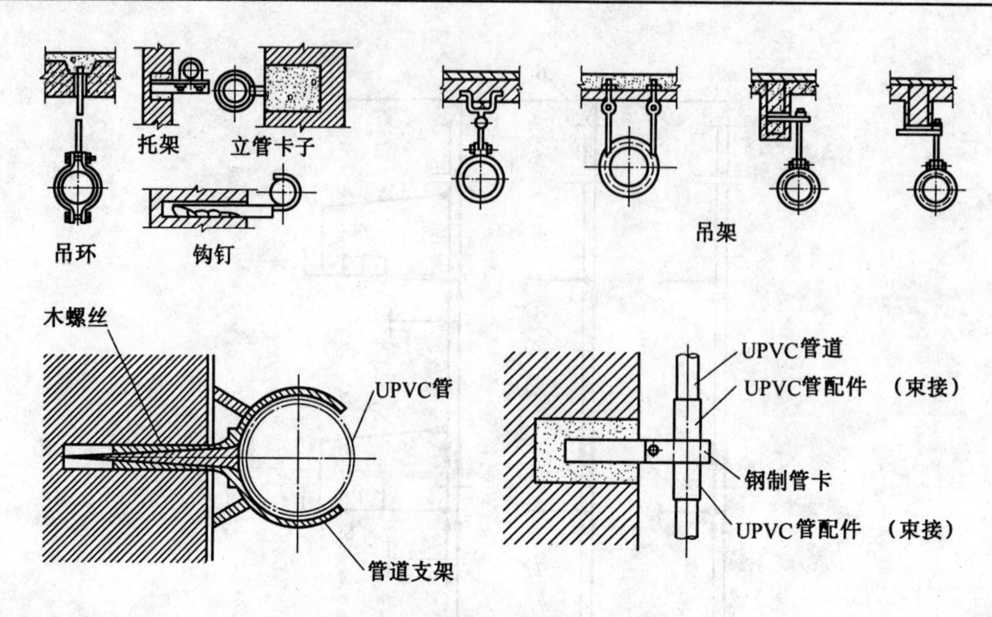

图 11.51　塑料管道的支、托、吊架

时间约 2 h；-20 ~ -5 ℃时，静置时间约 4 h。

塑料管与铸铁管连接时，必须将塑料管插入铸铁管件承口内的那一段的外壁用砂布打毛，其间隙用麻丝填塞，以石棉水泥捻口封闭，如图 11.52 所示。

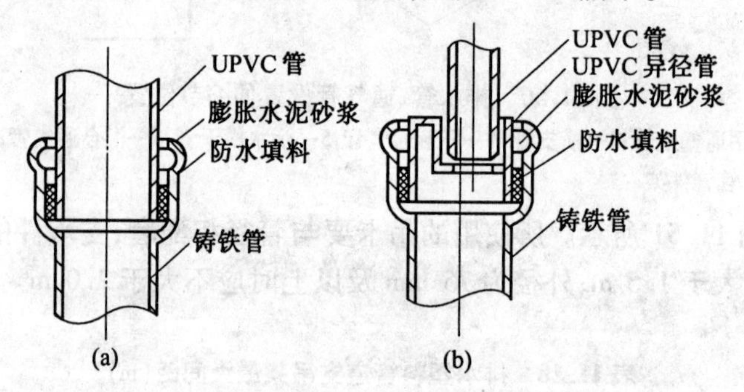

图 11.52　塑料排水管与排水铸铁管连接图

(5)设置阻火装置

为了防止火灾蔓延，高层建筑内明敷管道，当设计要求采取防止火灾贯穿措施时，应符合下列规定：

1)立管管径大于或等于 110 mm 时，在楼板穿越部位应设置阻火圈或长度不小于 500 mm的防火套管，且应在防火套管周围筑阻火圈(如图 11.53 所示)。

2)管径等于或大于 110 mm 的横支管与暗设立管相连时，墙体穿越部位应设置阻火圈或长度不小于 300 mm 的防火套管，且防火套管的明露部分长度不宜小于 200 mm(如图 11.54 所示)。

3)横干管穿越防火分区隔墙时，管道穿越墙体的两侧应设置防火圈或长度不小于 500 mm 的防火套管(如图 11.55 所示)。

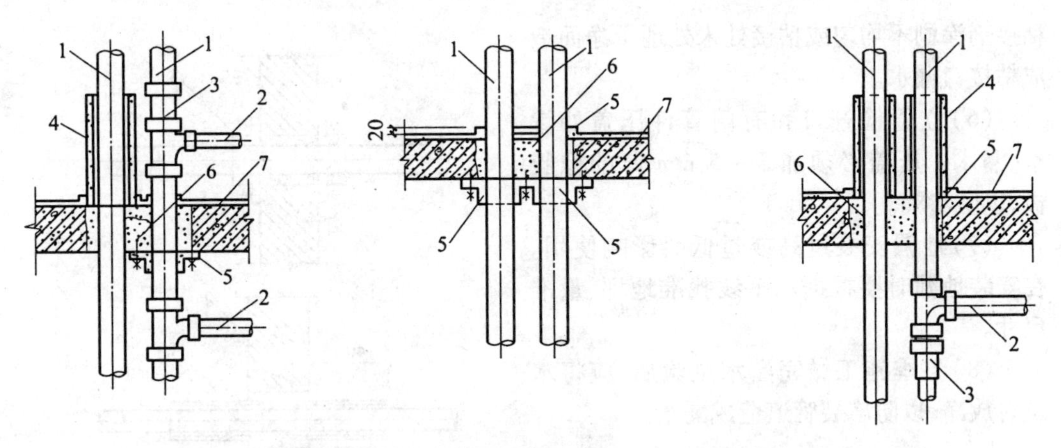

图 11.53　立管穿越楼层阻火圈、防火套管安装

1—UPVC 立管;2—UPVC 横支管;3—立管伸缩管;4—防火套管;5—阻火圈;6—细石混凝土二次嵌缝;7—混凝土楼板

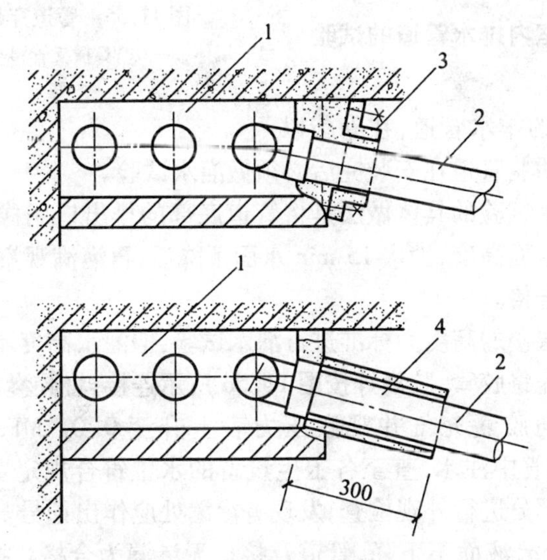

图 11.54　横支管接入管道井中立管

1—管道井;2—UPVC 横支管;3—阻火圈;4—防火套管

11.2.3.3　建筑室内排水管道安装时应注意的问题

(1)管道接口时要将接口和管内的泥土及污物清理干净,甩口应封好堵严。卫生器具的排水口在未通水前应堵好,存水弯排水丝堵可以以后安装。安装排水横管、水平干管及排出管应满足或大于最小坡度要求。

(2)管道安装前未认真检查管材、管件是否有裂纹、砂眼等缺陷,施工完毕又未进行灌水试验,将造成通水后管道漏水。

(3)管道预制或安装时,接口养护不好,强度不够而又过早受到振动,使接口产生裂纹而漏水。

(4)排水管的插口倾斜,造成灰口漏水,是因为预留口方向不准,灰口缝隙不均匀。

(5)塑料管接口处外观不清洁,是由于粘接后外溢的粘接剂未及时擦净。管道接口粘接剂涂刷不均匀或粘接处未处理干净而造成粘接口漏水。

(6)立管检查口和有门管件压盖处渗水、漏水。压盖必须加 3 ~ 5 mm 厚的橡胶板,以防渗漏。

(7)地漏安装过高或过低会影响使用。在安装地漏时要根据水平线找准地坪、量准尺寸。

(8)冬季施工做完灌水试验后,应将水及时放净,以防冻裂管道造成漏水。

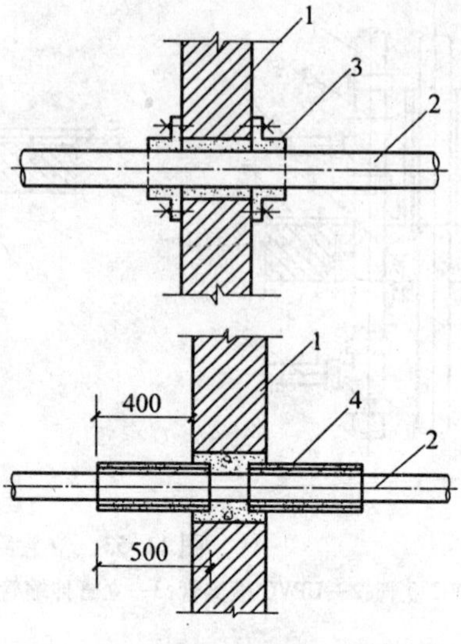

图 11.55　管道穿越防火分区隔墙

1—墙体;2—UPVC 横支管;3—阻火圈;4—防火套管

11.2.4　建筑室内排水管道的试验与质量验收

11.2.4.1　建筑室内排水管道的试验

1. 灌水试验

对于暗装或埋地的排水管道,在隐蔽以前必须做灌水试验。明装管道在安装完后必须做灌水试验。

埋地排水管道灌水试验的具体做法是将管道底部的排出口用橡皮塞堵塞后灌水,灌水高度应不低于底层地面高度,满水 15 min 水面下降后,再灌满观察 5 min,液面不下降、管道及接口无渗漏为合格。

楼层管道应以一层楼的高度为标准进行灌水试验,但灌水高度不能超过 8 m,接口不渗漏为合格。试验时先将胶管、胶囊等按图 11.56 所示连接,将胶囊由上层检查口慢慢送入至所测长度,然后向胶囊充气并观察压力表上升至 0.07 MPa 为止,最高不超过 0.12 MPa。由检查口向管中注水,直至各卫生设备的水位符合规定要求的水位为止。对排水管及卫生设备各部分进行外观检查,发现有渗漏处应作出记号。满水 15 min 水面下降后,再灌满观察 5 min,液面不下降、管道及接口无渗漏为合格。检验合格后接口可放水,胶囊泄气后水会很快排出,若发现水位下降缓慢时,说明该管内有垃圾、杂物,应及时清理干净。

2. 通球试验

为了保证工程质量,排水立管及水平干管管道均应做通球试验。通球一般用胶球,球径根据排水管直径按表 11.19 确定。通球一般先通水,按程序从上到下进行,通水以木堵为合格。通球时胶球从排水立管或水平干管顶端放入,并注入一定量的水,使胶球从底部随水顺利流出为合格。

表 11.19　通球试验球的球径　mm

排水管径	150	100	75
胶球球径	100	70	50

根据《建筑给水排水及采暖工程施工质量验收规范》规定,通球率必须达到 100%。

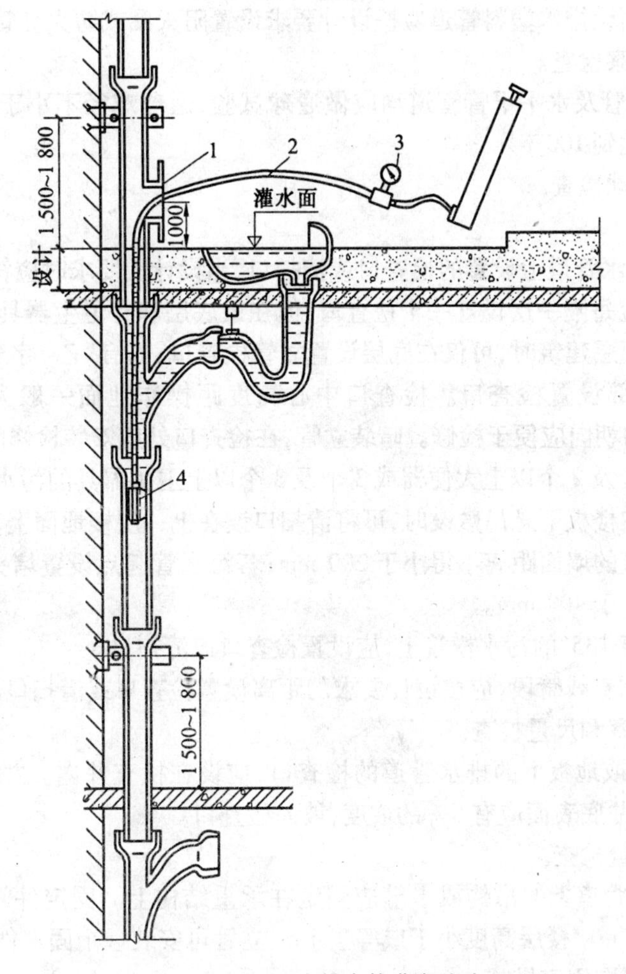

图 11.56　室内排水管灌水试验

1—检查口;2—胶管;3—压力表;4—胶囊

11.2.4.2　建筑排水管道安装的质量验收

《建筑给水排水及采暖工程施工质量验收规范》(GB 50242—2002)中,有关建筑内部排水系统安装有如下规定。

1. 主控项目

(1)隐蔽或埋地的排水管道在隐蔽前必须做灌水试验,其灌水高度应不低于底层卫生器具的上边缘或底层地面高度。

检验方法:满水 15 min 水面下降后,再灌满观察 5 min,液面不下降,管道及接口无渗漏为合格。

(2)生活污水管道的坡度必须符合设计或表 10.7 的规定。

检验方法:水平尺、拉线尺量检查。

(3)排水塑料管必须按设计要求及位置装设伸缩节。如设计无要求时,伸缩节间距不得大于 4 m。

高层建筑中明设排水塑料管道应按设计要求设置阻火圈或防火套管。

检验方法:观察检查。

(4)排水主立管及水平干管管道均应做通球试验,通球球径不小于排水管道管径的2/3,通球率必须达到100%。

检查方法:通球检查。

2. 一般项目

(1)在生活污水管道上设置的检查口或清扫口,当设计无要求时应符合下列规定:

1)在立管上应每隔一层设置一个检查口,但在最底层和有卫生器具的最高层必须设置检查口。如为两层建筑时,可仅在底层设置立管检查口;如有“乙”字弯管时,则在该层“乙”字弯管的上部设置检查口。检查口中心高度距操作地面一般为1 m,允许偏差±20 mm;检查口的朝向应便于检修。暗装立管,在检查口处应安装检修门。

2)在连接2个及2个以上大便器或3个及3个以上卫生器具的污水横管上应设置清扫口。当污水管在楼板下悬吊敷设时,可将清扫口设在上一层楼地面上,污水管起点的清扫口与管道相垂直的墙面距离不得小于200 mm;若污水管起点设置堵头代替清扫口时,与墙面距离不得小于400 mm。

3)在转角小于135°的污水横管上,应设置检查口或清扫口。

4)污水横管的直线管段,应按设计要求的距离设置检查口或清扫口。

检验方法:观察和尺量检查。

(2)埋在地下或地板下的排水管道的检查口,应设在检查井内。井底表面标高与检查口的法兰相平,井底表面应有5%的坡度,坡向检查口。

检验方法:尺量检查。

(3)金属排水管道上的吊钩或卡箍应固定在承重结构上。固定件间距:横管不大于2 m;立管不大于3 m。楼层高度小于或等于4 m,立管可安装一个固定件。立管底部的弯管处应设支墩或采取固定措施。

检验方法:观察和尺量检查。

(4)排水塑料管道支、吊架间距应符合表11.18的规定。

检验方法:观察和尺量检查。

(5)排水通气管不得与风道或烟道连接,且应符合下列规定:

1)通气管应高出屋面300 mm,但必须大于最大积雪厚度。

2)在通气管出口4 m以内有门、窗时,通气管应高出门、窗顶600 mm或引向无门、窗一侧。

3)在经常有人停留的平屋顶上,通气管应高出屋面2 m,并应根据防雷要求设置防雷装置。

4)屋顶有隔热层应从隔热层板算起。

检验方法:观察和尺量检查。

(6)安装未经消毒处理的医院含菌污水管道,不得与其他排水管道直接连接。

检验方法:观察检查。

(7)饮食业工艺设备引出的排水管及饮用水水箱的溢流管,不得与污水管道直接连接，应留出不小于 100 mm 的隔断空间。

检验方法：观察和尺量检查。

(8)通向室外的排水管，穿过墙壁或基础必须下返时，应采用 45°三通和 45°弯头连接，并应在垂直管段顶部设置清扫口。

检验方法：观察和尺量检查。

(9)由室内通向室外排水检查井的排水管，井内引入管应高于排出管或两管顶相平，并有不小于 90°的水流转角，如跌水落差大于 300 mm 可不受角度限制。

检验方法：观察和尺量检查。

(10)用于室内排水的水平管道与水平管道、水平管道与立管的连接，应采用 45°三通或 45°四通和 90°斜三通或 90°斜四通。

立管与排出管端部的连接，应采用两个 45°弯头或曲率半径不小于 4 倍管径的 90°弯头。

检验方法：观察和尺量检查。

(11)建筑室内排水管道安装的允许偏差应符合表 11.20 的相关规定。

表 11.20　建筑室内排水管道安装的允许偏差和检验方法

<table>
<tr><th>项次</th><th colspan="4">项　目</th><th>允许偏差/mm</th><th>检验方法</th></tr>
<tr><td>1</td><td colspan="4">坐　标</td><td>15</td><td rowspan="12">用水准仪(水平尺)、直尺、拉尺和尺量检查</td></tr>
<tr><td>2</td><td colspan="4">标　高</td><td>±15</td></tr>
<tr><td rowspan="10">3</td><td rowspan="10">横管纵横方向弯曲</td><td rowspan="2">铸铁管</td><td colspan="2">每 1 m</td><td>≤1</td></tr>
<tr><td colspan="2">全长(25 m 以上)</td><td>≤25</td></tr>
<tr><td rowspan="4">钢管</td><td rowspan="2">每 1 m</td><td>管径等于或小于 100 mm</td><td>1</td></tr>
<tr><td>管径大于 100 m</td><td>1.5</td></tr>
<tr><td rowspan="2">全长
(25 m 以上)</td><td>管径等于或小于 100 mm</td><td>≤25</td></tr>
<tr><td>管径大于 100 m</td><td>≤38</td></tr>
<tr><td rowspan="2">塑料管</td><td colspan="2">每 1 m</td><td>1.5</td></tr>
<tr><td colspan="2">全长(25 m 以上)</td><td>≤38</td></tr>
<tr><td rowspan="2">钢筋混凝土管、混凝土管</td><td colspan="2">每 1 m</td><td>3</td></tr>
<tr><td colspan="2">全长(25 m 以上)</td><td>≤75</td></tr>
<tr><td rowspan="6">4</td><td rowspan="6">立管垂直度</td><td rowspan="2">铸铁管</td><td colspan="2">每 1 m</td><td>3</td><td rowspan="6">吊尺和尺量检查</td></tr>
<tr><td colspan="2">全长(25 m 以上)</td><td>≤15</td></tr>
<tr><td rowspan="2">钢管</td><td colspan="2">每 1 m</td><td>3</td></tr>
<tr><td colspan="2">全长(25 m 以上)</td><td>≤10</td></tr>
<tr><td rowspan="2">塑料管</td><td colspan="2">每 1 m</td><td>3</td></tr>
<tr><td colspan="2">全长(25 m 以上)</td><td>≤10</td></tr>
</table>

学习任务十二　建筑室内排水工程设计训练

【教学目标】通过项目教学活动,培养学生能够独立进行收集及整理加工资料工作;能根据设计任务书,完成建筑室内排水工程设计工作;能进行设计计算及查阅设计手册,具备绘制建筑室内排水系统施工图的能力;培养学生良好的职业道德、自我学习能力、实践动手能力和分析、处理问题的能力,以及诚实、守信、善于沟通和合作的专业素养。

【知识目标】

1. 具备根据设计任务独立确定建筑室内排水系统方案的能力;
2. 具备建筑室内排水工程设计程序、方法和技术规范;
3. 掌握建筑室内排水工程设计计算方法。

【主要学习内容】

单元一　建筑室内排水工程设计指导书

12.1.1　设计的目的

通过建筑室内排水工程设计训练,能系统的巩固所学有关室内排水方面的理论知识,培养学生独立分析和解决问题,以及使用规范、设计手册和查阅参考资料的能力;训练制图、绘图和编写设计说明的技能;培养良好的设计道德和责任感,为今后奠定良好的工作技能基础。

12.1.2　设计内容

建筑室内排水系统设计的主要内容:选择排水体制;确定排水系统的形式和污水处理方法;排水管道水力计算及通气系统的计算;选择管材及管道安装;绘制排水系统的平面图及系统图。

12.1.3　设计指导书

12.1.3.1　了解工程概况和设计原始资料

(1)通过建筑施工图(建筑总平面图、各层平面图、立面图、剖面图),了解该建筑的位置、建筑面积、占地面积、层数、层高、各个房间的使用功能等,并了解室内最冷月平均气温。从结构施工图上了解其结构形式,墙、梁、柱的尺寸等。

(2)了解该城市生活污水处理情况,有无城市生活污水处理厂、城市排水管网的排水体制,了解建筑附近城市排水管网的位置、埋深、管径等。

12.1.3.2　确定方案

根据设计原始资料和有关的规范,考虑排系统的设计方案,对多个方案进行比较(适用范围、优点、缺点),并给出图式,确定采用的最佳方案。

12.1.3.3　管网布置及绘制草图

根据采用的方案进行各系统管网布置并绘制草图(排水平面图和系统图),以作为计算的依据和与其他专业(建筑、结构、暖通、电气等)配合时的依据。

12.1.3.4　计算

(1)根据建筑平面图卫生设备及排水点,绘出排水水管道平面布置图和排水管道系统图。

(2)排水横支管、横干管的计算,从最远排水点开始,以流量变化处为节点,进行节点编号。两个节点之间的管路作为计算管段,将计算管路划分成若干计算管段,并标出两节点间计算管段的长度。列出水力计算表,以便将每步计算结果填入表内。

(3)根据建筑的性质选用设计秒流量公式,计算各管段的设计秒流量。

①住宅、宿舍(Ⅰ类、Ⅱ类)、旅馆、宾馆、酒店式公寓、医院、疗养院、幼儿园、养老院、办公楼、商场、图书馆、书店、客运中心、航站楼、会展中心、中小学校教学楼、食堂或营业餐厅等建筑排水设计秒流量计算公式:

$$q_p = 0.12\alpha\sqrt{N_p} + q_{max}$$

②宿舍(Ⅲ类、Ⅳ类)、工业企业生活间、公共浴室、洗衣房、职工食堂或营业餐厅的厨房、实验室、影剧院、体育场馆等建筑排水设计秒流量计算公式:

$$q_u = \sum q_p n_0 b$$

(4)根据各设计管段的设计流量和允许流速,查水力计算表确定出各管段的管径、设计充满度、坡度。查水力计算表时,一定要明确选用的管材,查相应管材的水力计算表。

(5)排水立管计算按接纳排水当量数计算。

(6)立管底部和排出管计算,为排水通畅,立管底部和排出管应放大一号管径。

(7)通气管计算,按设计规范。

12.1.3.5　绘图

图纸的绘制应符合我国现行《给水排水制图标准》。根据草图绘制给水总平面图、各层排水平面图、轴测图、卫生间、厨房排水平面详图、剖面图。图纸中还应包含设计说明、施工说明、主要设备材料表及图例等。

(1)排水总平面图。应反映出室内管网与室外管网如何连接。内容有室外排水、具体平面位置和走向。图上应标注管径、地面标高、管道埋深和坡度、控制点坐标及管道布置间距等。

(2)各层平面布置图。表达各系统管道和设备的平面位置。通常采用的比例尺为1∶100,如管线复杂时可放大至1∶50。图中应标注各种管道、附件、卫生器具、排水设备和立管(立管应进行编号)的平面位置,以及管径和排水管道坡度等。通常是把各系统的管道绘制在同一张平面布置图上。当管线错综复杂,在同一张平面图上表达不清时,也可分别绘制各类管道平面布置图。

(3)排水详图。表达管线错综复杂的卫生间、厨房一般采用的比例尺为1∶50～1∶20,表达的内容同各层平面布置图。

(4)系统图。表达管道、设备的空间位置和相互关系。各类管道的轴测图要分别绘制。图中应标注管径、立管编号(与平面布置图一致)、管道和附件的标高,排水管道还应标注管道坡度,通常采用的比例尺为1∶100。设备宜单独绘制比例尺为1∶50～1∶20系统图。

(5)设计说明。表达各系统所采用的方案,以便施工人员施工。

(6)施工说明。用文字表达工程绘图中无法表示清楚的技术要求。

(7)设备、材料表。主要表示各种设备、附件、管道配件和管材的型号、规格、材质、尺寸和数量。供概预算和材料统计使用。

12.1.3.6　编制说明书

包括目录、摘要(可用中英文两种文字)、前言、设计原始资料、各系统方案选择、各系统计算过程、小结、主要参考文献等内容,按统一要求进行装订。

单元二　建筑室内排工程设计实例

12.2.1　设计任务

根据上级有关部门批准的任务书,拟在哈尔滨某大学拟建一栋普通8层住宅,总面积近4 800 m^2,每个单元均为2户,每户厨房内设洗涤盆1个,卫生间内设浴盆、洗脸盆、大便器(坐式)及地漏各1个。本设计任务是建筑单位工程中的给水(包括消防给水)、排水和热水供应等工程项目。

12.2.2　设计资料

1.建筑设计资料

建筑设计资料包括建筑物所在地建筑物所在地的总平面图(图3.1)、建筑剖面图(图3.2)、单元平面图(图3.3)和建筑各层平面图(图3.5、图3.6)。

本建筑物为8层,除顶层层高为3.0 m以外,其余各层层高均为2.8 m,室内、室外高差为0.9 m,哈尔滨地区冬季冻土深度为2.0 m。

2.小区给水排水资料

本建筑南侧的道路旁有市政给水干管作为该建筑物的水源,其口径为DN300,常年可提供的工作压力为150 kPa,管顶埋深为地面以下2.20 m。

城市排水管道在该建筑物的北侧,其管径为DN400,管内底距室外地坪2.20 m。

12.2.3　系统选择

该建筑排水系统采用合流制排放,即生活污水和生活废水通过一根排出管排向室外,经化粪池处理后排入城市排水管网。排水工程设计如图3.5、图3.6、图12.1所示。

排水系统由卫生器具、排水管道、通气管道、检查口、清扫口、室外检查井、化粪池等组成。排水管道得室外部分采用混凝土管，室内部分采用建筑排水硬聚氯乙烯（PVC-U）管粘接。

12.2.4　设计计算

该建筑由 3 个单元构成，3 个单元的排水系统完全相同，故只计算其中 1 个，如图 12.1所示。

系统 1 包括 16 个洗涤盆，排水当量为 2.0；16 个洗脸盆，排水当量为 0.75；16 个低水箱坐式大便器。排水当量为 6.0；16 个浴盆，排水当量为 3.0，则本系统的当量总数 $N_p=16\times(2.0+0.75+6.0+3.0)=188$，超过表 10.11 中允许负荷的卫生器具排水当量值，所以该系统排出管的管径及坡度需经计算确定。

1. 排水横支管管径和坡度的确定

（1）立管 PL1、PL3 各层横支管排水当量总数为 2.0，据表 10.11 确定其各层横支管管径为 DN50；据表 10.7 确定其各层横支管坡度为 0.035。

（2）立管 PL3、PL4 的各层横支管排水当量分别为：1-2 管段，$N_p=3.0+0.75=3.75$，据表10.11确定支管口径为 DN50，按表 10.7 确定支管坡度为 0.035；2-3 管段，$N_p=3.0+0.75+6.0=9.75$. 据表 10.11 确定支管口径为 DN100，按表 10.7 确定支管坡度为 0.02。

2. 立管管径的确定

（1）立管 PL1、PL3 管径的确定。该立管排水当量总数 $N_p=7\times2.0=14.0$，查表10.11，该立管口径为 DN50。

（2）立管 PL2、PL4 管径的确定。该立管排水当量总数为 $N_p=7\times(3.0+0.75+6.0)=68.25$ 按表 4.11 查得该立管口径为 DN100。

3. 排出管的管径和坡度的确定

（1）4-5 管段排水当量总数 $N_p=7\times(3.0+0.75+6.0)=68.25$，查表 10.11，可知该管段口径为 DN100，查表 10.7，可知坡度为 0.02。

（2）5-6 管段排水当量总数 $N_p=2\times7\times(3.0+0.75+6.0)=136.5$，超过表 10.11 中规定的允许负荷值，故需由计算确定其管径和坡度。

根据式（10.5），$q_p=0.12\alpha\sqrt{N_p}+q_{max}$，从表 10.6 查得住宅的 $\alpha=2.5$，q_{max}取低水箱坐式大便器的排水流量为 2.0 L/s，所以排水管的设计流量为

$$q_p/(\mathrm{L\cdot s^{-1}})=0.12\alpha\sqrt{N_p}+q_{max}=0.12\times2.5\times\sqrt{136.5}+2.0=5.51$$

根据$q_p-5.51$ L/s，查附录 6 可得管径应为 DN=125 mm，设计充满度 $h/D=0.5$，流速 $v=0.90$ m/s，坡度 $i=0.015$。

（3）6-7 管段排水当量总数为 $N_p=2\times8\times(3.0+0.75+2.0+6.0)=188$。

同上，$q_p/(\mathrm{L\cdot s^{-1}})=0.12\times2.5\times\sqrt{188}+2.0=6.12$。

根据$q_p=6.12$ L/s，查附录 6 可得管径应为 DN=150 mm，设计充满度 $h/D=0.6$，流速 $v=0.78$ m/s，坡度 $i=0.008$。

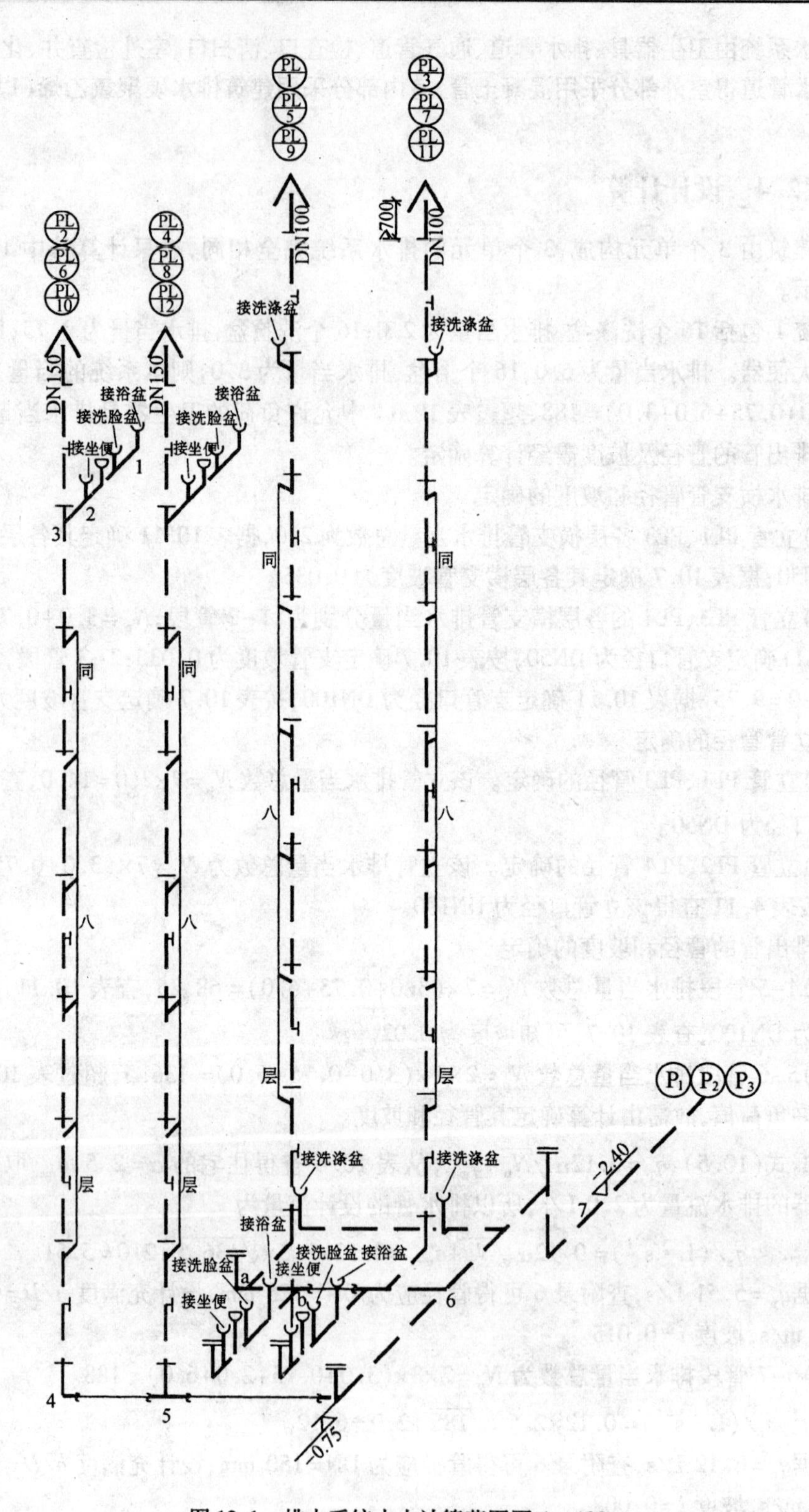

图 12.1　排水系统水力计算草图图 1∶100

(4)a-6 管段排水当量总数为 $N_p = 7\times2.0 = 14.0$,查表 10.11 可知,该管段口径为DN100,查表 10.7 可知,坡度 $i=0.02$。

(5)b-6 管段排水当量总数为 $N_p = 7\times2\times2.0+2\times(3.0+0.75+6.0) = 47.5$,查表 10.11 可知,该管段口径为 DN100,查表 10.7 可知,坡度为 $i=0.02$。

4. 通气管管径的确定

由于哈尔滨地区冬季平均气温低于-13 ℃,所以采用伞形通气帽,通气管口径比所处立管的口径大一个规格,即立管 PL1、PL2 通气管口径为 DN75,立管 PL2、PL4 通气管口径为 DN125。变径处从顶层天棚下 300 mm 处开始。

12.2.5　设计成果

1. 设计说明

设计说明见给水设计部分。

2. 图纸

首层排水平面图及二至八层排水平面图如图 3.5、图 3.6 所示,排水系统图如 12.2 所示。

技能训练

项目 1:卫生间排水系统图绘制

1. 实训目的

通过卫生间排水系统,使学生了解室内排水管道在平面图和系统图中的绘制方法,掌握排水管道绘制的基本技能。

2. 实训目的

卫生间排水系统绘制。

3. 实训准备

图板、丁字尺、三角板、铅笔。

4. 实训内容

根据图 12.3 给出的卫生间排水平面图,按照图 12.4 给出的 WL-1 系统图示例,完成 WL-2、WL-3、WL-4 系统图绘制;根据图 12.5 给出的卫生间平面图以及排水立管标出的位置,完成 WL-5、WL-6、WL-7、WL-8 所在卫生间的排水平面图和系统图的绘制。全部内容在一张 A3 图纸上完成。图纸要写仿宋字,要求线条清晰、主次分明、字迹工整、图面干净。

项目 2:多层住宅排水系统设计

1. 实训目的

通过住宅排水系统的设计,使学生了解室内排水系统的组成,熟悉排水平面图、排水系统图的画法,掌握排水管道流量计算、管径计算。

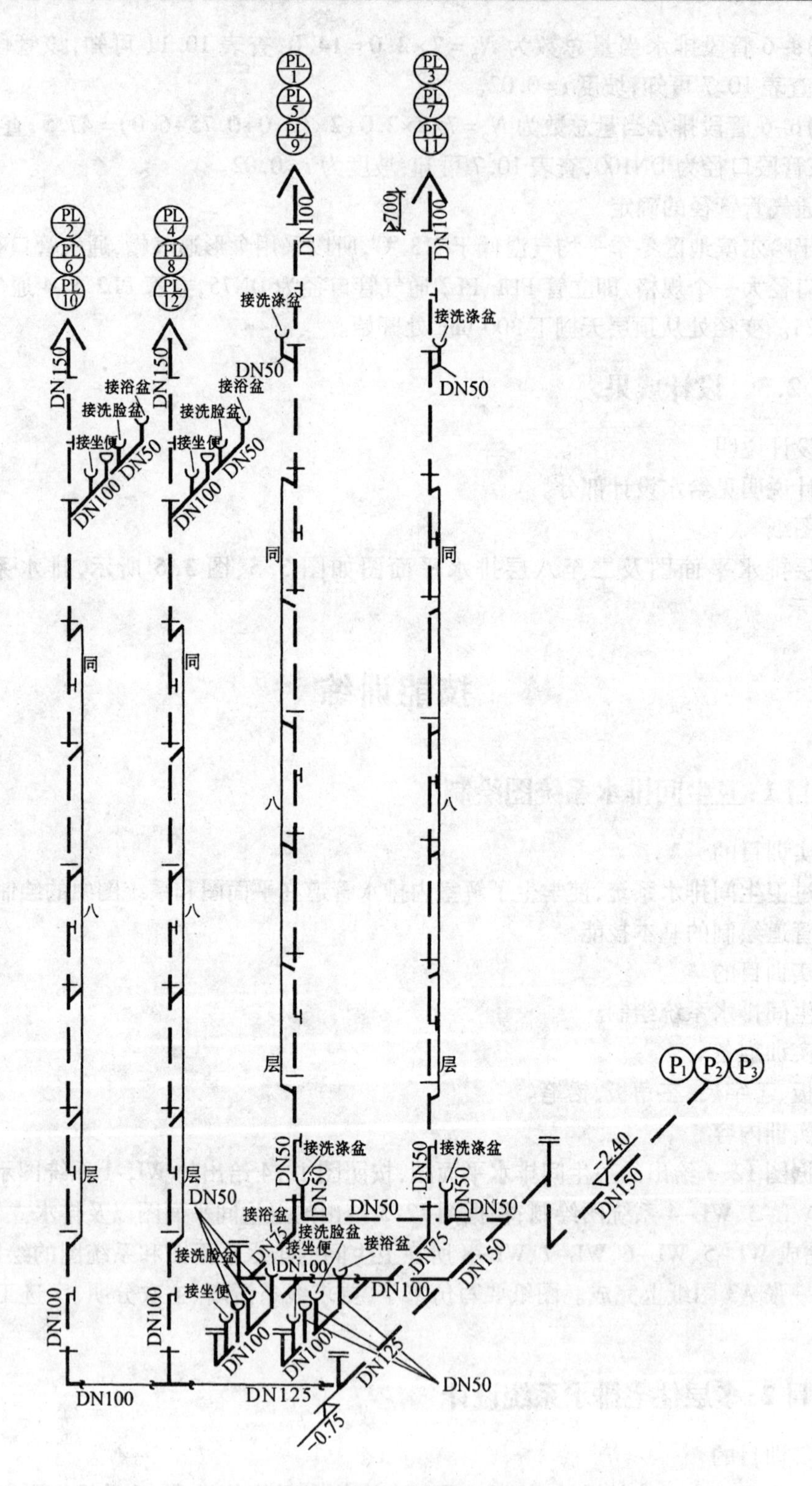

图 12.2　排水系统图 1∶100

2. 实训题目

学校所在地某七层住宅排水系统设计。

3. 实训准备

图板、丁字尺、三角板、铅笔、计算器、相关工具书等，涉及的数据按学校所在地区由学生自己搜集。

4. 实训内容

根据图3.11、图3.12、图3.13给出的建筑图，抄绘成条件图；然后绘制出一层排水平面图、二至六层排水平面图和排水系统图；根据水力计算步骤要求，进行水力计算，确定系统的设计秒流量，管径。

5. 提交成果

(1)图纸首页(包括图纸目录、图例、设计和施工说明、主要材料和设备表)；

(2)一层排水平面图；

(3)二至七层排水平面图；

(4)排水系统图；

(5)设计说明书(包括设计说明、设计步骤、水力计算草图、水力计算书、参考文献等)。

6. 实训要求

图纸部分统一用A3图纸手工绘制，设计说明书手工抄写。图纸要用仿宋字，要求线条清晰、主次分明、图面干净，说明书要求符合现行规范，方案合理、计算准确、字迹工整。

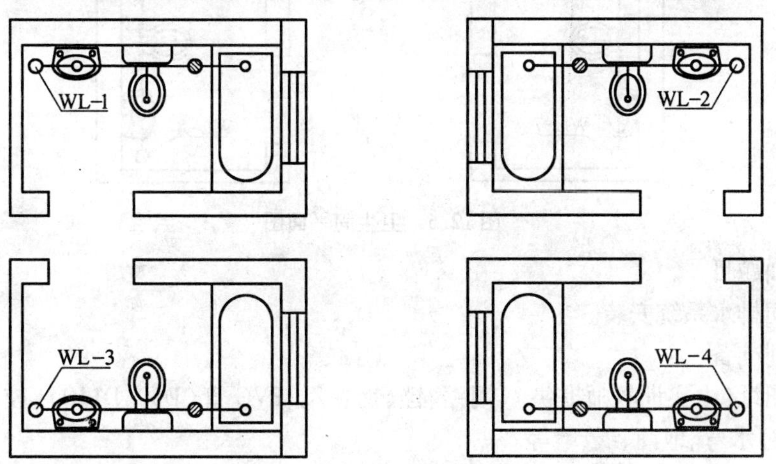

图12.3 卫生间排水平面图

项目3:卫生间排水系统安装

1. 实训目的

通过卫生间排水管道系统的安装，使学生了解排水塑料及管件规格，熟悉施工图纸，掌握塑料排水管道安装方法。

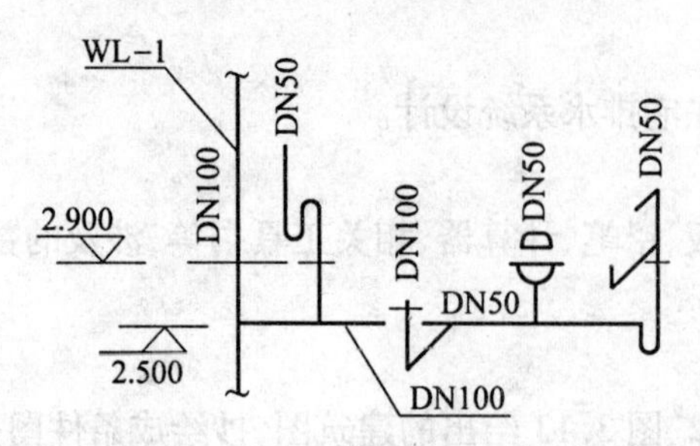

图 12.4　排水系统图(WL-1)

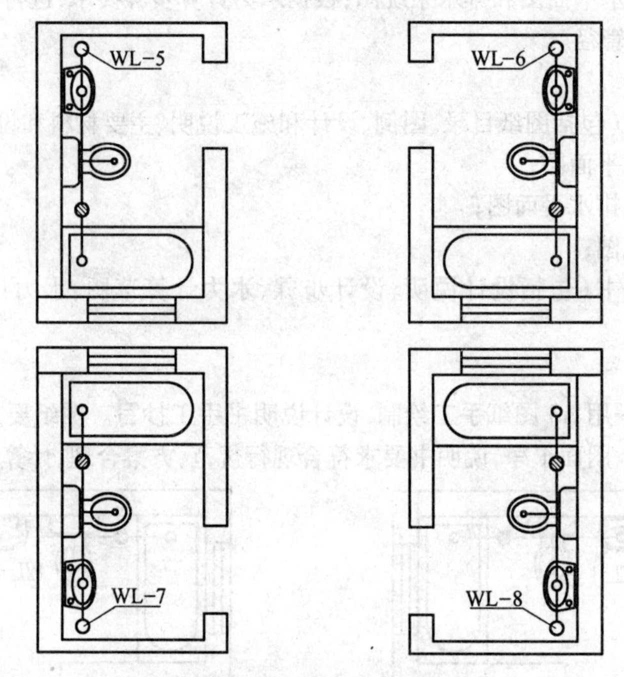

图 12.5　卫生间平面图

2. 实训题目

卫生间排水系统安装。

3. 实训准备

施工图纸(由实训教师提供)、钢锯、锉、钢卷尺、PVC 管(D50、D110)、胶粘剂、三通、弯头、S 型存水弯、地漏、纸、笔等。

4. 实训内容

排水塑料管、管件连接与安装。

5. 实训场地

建筑给水排水实训室。

6. 操作要求

(1)卫生间排水系统安装前,需认真阅读施工图;

(2)根据施工图要求选择好管材、管件和使用工具;

(3)在安装过程中注意工艺的正确性、合理性,操作过程中注意安全和文明施工。

7. 考核时间

60 分钟。

8. 考核分组

每 3 人为一工作小组。

9. 考核配分及评分标准

见表 12.1、表 12.2。

表 12.1　各部分分值和评价标准

序号	内　容	分值	评分标准	扣分	得分
1	审 图	20	发现问题全面,少发现一处错误扣 2 分		
2	改 图	20	准备应齐全正确,不充分者酌情扣分		
3	施工安装及质量验收	60	具体质检内容详见表 12.2		

表 12.2　施工安装及质量验收

序号	质检内容	配分	评分标准	扣分	得分
1	施工前材料、工具准备	5	准备不充分者酌情扣 1 分		
2	下料方法正确,尺寸正确(按板面上留 20 mm管头考虑、坡度 0.02、起点管顶净高 250 mm 左右,楼板按 100 mm 计算)	5	下料方法不正确扣 1 分		
			下料不准确扣 2 分		
3	工具使用规范,操作方法正确	15	机具操作不规范扣 1 分		
			操作方法不当扣 2 分		
4	管道清洁、做坡口、试插入、胶粘剂涂刷	15	管道不清洁扣 1 分		
			管道未做坡口扣 1 分		
			管道未试插入扣 1 分		
5	管件与管道连接方法正确,成功率高	10	连接方法错误扣 1 分		
			一次不成功者扣 2 分		
6	完成成果美观,管线平直	10	成果不美观扣 1 分		
			安装不坚固扣 1 分		
7	按时完成安装情况	5	每超过 5 分钟扣 1 分		
8	安全文明生产情况	3	视情节给予扣分		
备注	1. 检查时采用目测和直尺相结合; 2. 超过时间最多允许 20 分钟,并扣 4 分; 3. 扣分不受配分限制。				

项目 4:坐式大便器安装

1. 实训目的

通过坐式大便器安装,使学生了解坐式大便器规格,熟悉施工图纸,掌握坐式大便器安装方法。

2. 实训题目

坐式大便器安装。

3. 实训准备

施工图纸(由实训教师提供)、水暖工具、连体大便器套件、生料带、黄砂(代替水泥砂浆)、水平尺、纸、笔等。

4. 实训内容

坐式大便器安装。

5. 实训场地

建筑给水排水实训室。

6. 操作要求

(1)大便器安装前,需认真阅读施工图;

(2)根据施工图要求选择好管材、管件和使用工具;

(3)在安装过程中注意工艺的正确性、合理性,操作过程中注意安全和文明施工。

7. 考核时间

60 分钟。

8. 考核分组

每 3 人为一工作小组。

9. 考核配分及评分标准

见表 12.3、表 12.4。

表 12.3 各部分分值和评价标准

序号	内 容	分值	评分标准	扣分	得分
1	审图	20	发现问题全面,少发现一处错误扣 2 分		
2	改图	20	准备应齐全正确,不充分者酌情扣分		
3	施工安装及质量验收	60	具体质检内容详见表 12.4		

表 12.4 施工安装及质量验收

序号	质检内容	配分	评分标准	扣分	得分
1	对连体大便器套件进行外观检查、附件检查及合格证检查	10	不认真者扣 1 分		
			乱丢乱放者扣 1 分		
2	按说明书进行水箱内附件组装	15	不认真者扣 1 分		
			组装不准确扣 2 分		

续表 12.4

序号	质检内容	配分	评分标准	扣分	得分
3	按要求尺寸进行连体大便器试放(口对口试放,做标记后移开大便器)	10	未试放扣1分		
			未做标记扣2分		
			未考虑位置正确扣2分		
4	打孔、铺水泥砂浆(用黄砂代替)、稳固大便器、要四平八稳	15	安装操作不当扣2分		
			不四平八稳扣3分		
5	附件安装及进水管安装、调试	15	附件及进水管安装不当扣2分		
			未调试水位扣1分		
6	完成成果美观;平、稳、牢、准、不漏	15	成果不美观扣1分		
			安装不坚固扣1分		
7	按时完成安装情况	10	超过规定时间5分钟以内扣2分		
8	安全文明生产情况	10	视情节给予扣分		
备注	1. 检查时采用目测和直尺相结合; 2. 每超过5分钟扣2分,超过时间最多允许20分钟,并扣8分; 3. 扣分不受配分限制。				

复习与思考题

1. 给水排水施工图由哪几部分组成?
2. 如何识读给水排水施工图?
3. 建筑室内排水系统分为哪几类?
4. 建筑室内排水系统由哪些部分组成?
5. 建筑室内排水工程常用的管材有哪些? 各有何特点?
6. 存水弯、检查口、清扫口有哪几种? 其构造、作用和规格以及设置的条件如何?
7. 建筑室内排水管道布置与敷设要求有哪些?
8. 建筑排水硬聚氯乙烯管道布置与敷设要求有哪些?
9. 卫生器具排水支管上存水弯中水封的作用是什么?
10. 什么是排水定额和排水设计秒流量? 应如何考虑?
11. 在建筑室内排水横管水力计算中,为什么充满度、坡度、流速的大小有所规定?
12. 通气管系统作用是什么?
13. 伸顶通气管的管径应如何确定? 其伸出屋面高度应考虑哪些因素?
14. 简述化粪池的基本原理及其设置位置基本要求。
15. 简述建筑室内排水管道的安装过程及注意事项?
16. 怎样确定管段下料长度?
17. 建筑室内排水管道的灌水试验和通球试验怎样进行?

18. 怎样安装大便器?

19. 常见的洗脸盆有哪几种形式? 叙述其安装过程?

20. 简述建筑室内排水系统安装顺序?

21. 已知某市一宾馆,共有 50 个标准客房,每个客房卫生间内设冲洗水箱式大便器,普通水龙头式洗脸盆、浴盆一个。试确定该宾馆排水出户管的设计秒流量?(已知:大便器排水当量:4.5,排水流量 1.5 L/s;普通水龙头排水当量:0.75,排水流量 0.25 L/s;浴盆排水当量:3.0,排水流量 1.0 L/s;$\alpha=2.5$)

附　录

附录1　给水铸铁管水力计算表

q_s	DN50		DN75		DN100		DN150	
	v	i	v	i	v	i	v	i
1.0	0.53	0.173	0.23	0.023 1				
1.2	0.64	0.241	0.28	0.032 0				
1.4	0.74	0.320	0.33	0.042 2				
1.6	0.85	0.409	0.37	0.053 4				
1.8	0.95	0.508	0.42	0.065 9				
2.0	1.06	0.619	0.46	0.079 8				
2.5	1.33	0.949	0.58	0.119	0.32	0.028 8		
3.0	1.59	1.37	0.70	0.167	0.39	0.039 8		
3.5	1.86	1.86	0.81	0.222	0.45	0.052 6		
4.0	2.12	2.43	0.93	0.284	0.52	0.066 9		
4.5			1.05	0.353	0.58	0.082 9		
5.0			1.16	0.430	0.65	0.100		
5.5			1.28	0.517	0.72	0.120		
6.0			1.39	0.615	0.78	0.140		
7.0			1.63	0.837	0.91	0.186	0.40	0.024 6
8.0			1.86	1.09	1.04	0.239	0.46	0.031 4
9.0			2.09	1.38	1.17	0.299	0.52	0.039 1
10.0					1.30	0.365	0.57	0.046 9
11					1.43	0.442	0.63	0.055 9
12					1.56	0.526	0.69	0.065 5
13					1.69	0.617	0.75	0.076 0
14					1.82	0.716	0.80	0.087 1
15					1.95	0.822	0.86	0.098 8
16					2.08	0.935	0.92	0.111
17							0.97	0.125
18							1.03	0.139
19							1.09	0.153
20							1.15	0.169
22							1.26	0.202
24							1.38	0.241
26							1.49	0.283
28							1.61	0.328
30							1.72	0.377

注：q_s 以 L/s 计，管径 DN 以 mm 计，流速 v 以 m/s 计，压力损失 i 以 kPa/m 计。

附录2　给水钢管水力计算表

q_s	DN15		DN20		DN25		DN32		DN40		DN50		DN70		DN80		DN100	
	v	*i*	*v*	*i*	*v*	*i*	*v*	*i*	*v*	*i*	*v*	*i*	*v*	*i*	*v*	*i*	*v*	*i*
0.05	0.29	0.284																
0.07	0.41	0.518	0.22	0.111														
0.10	0.58	0.985	0.31	0.208														
0.12	0.70	1.37	0.37	0.288	0.23	0.086												
0.14	0.82	1.82	4.3	0.38	0.26	0.113												
0.16	0.94	2.34	0.50	0.485	0.30	0.143												
0.18	1.05	2.91	0.56	0.601	0.34	0.176												
0.20	1.17	3.54	0.62	0.72	0.38	0.213	0.21	0.05										
0.25	1.46	5.51	0.78	1.09	0.47	0.318	0.26	0.07	0.20	0.03								
0.30	1.76	7.93	0.93	1.53	0.56	0.442	0.32	0.10	0.24	0.05								
0.35			1.09	2.04	0.66	0.586	0.37	0.141	0.28	0.08								
0.40			1.24	2.63	0.75	0.748	0.42	0.17	0.32	0.08								
0.45			1.40	3.33	0.85	0.932	0.47	0.22	0.36	0.11	0.21	0.031						
0.50			1.55	4.11	0.94	1.13	0.53	0.26	0.40	0.13	0.23	0.037						
0.55			1.71	4.97	1.04	1.35	0.58	0.31	0.44	0.15	0.26	0.044						
0.60			1.86	5.91	1.13	1.59	0.63	0.37	0.48	0.18	0.28	0.051						
0.65			2.02	6.94	1.22	1.85	0.68	0.43	0.52	0.21	0.31	0.059						
0.70					1.32	2.14	0.74	0.49	0.56	0.24	0.33	0.068	0.20	0.020				
0.75					1.41	2.46	0.79	0.56	0.60	0.28	0.35	0.077	0.21	0.023				
0.80					1.51	2.79	0.84	0.63	0.64	0.31	0.38	0.085	0.23	0.025				
0.85					1.60	3.16	0.90	0.70	0.68	0.35	0.40	0.096	0.24	0.028				
0.90					1.69	3.54	0.95	0.78	0.72	0.39	0.42	0.107	0.25	0.0311				
0.95					1.79	3.94	1.00	0.86	0.76	0.43	0.45	0.118	0.27	0.0342				
1.00					1.88	4.37	1.05	0.95	0.80	0.47	0.47	0.129	0.28	0.0376	0.20	0.016		
1.10					2.07	5.28	1.16	1.14	0.87	0.56	0.52	0.153	0.31	0.0444	0.22	0.019		
1.20							1.27	1.35	0.95	0.66	0.56	0.18	0.34	0.0518	0.24	0.022		
1.30							1.37	1.59	1.03	0.76	0.61	0.208	0.37	0.0599	0.26	0.026		
1.40							1.48	1.84	1.11	0.88	0.66	0.237	0.40	0.0683	0.28	0.029		
1.50							1.58	2.11	1.19	1.01	0.71	0.27	0.42	0.0772	0.30	0.033		
1.60							1.69	2.40	1.27	1.14	0.75	0.304	0.45	0.0870	0.32	0.037		
1.70							1.79	2.71	1.35	1.29	0.80	0.340	0.48	0.0969	0.34	0.041		
1.80							1.90	3.04	1.43	1.44	0.85	0.378	0.51	0.107	0.36	0.046		

续表

q_g	DN15		DN20		DN25		DN32		DN40		DN50		DN70		DN80		DN100	
	v	i	v	i	v	i	v	i	v	i	v	i	v	i	v	i	v	i
1.90							2.00	2.39	1.51	1.61	0.89	0.418	0.54	0.119	0.38	0.051		
2.0									1.59	1.78	0.94	0.460	0.57	0.13	0.40	0.056	0.23	0.014
2.2									1.75	2.16	1.04	0.549	0.62	0.155	0.44	0.066	0.25	0.017
2.4									1.91	2.56	1.13	0.645	0.68	0.182	0.48	0.077	0.28	0.020
2.6									2.07	3.01	1.22	0.749	0.74	0.21	0.52	0.090	0.30	0.023
2.8											1.32	0.869	0.79	0.241	0.56	0.103	0.32	0.026
3.0											1.41	0.998	0.85	0.274	0.60	0.117	0.35	0.029
3.5											1.65	1.36	0.99	0.365	0.70	0.155	0.40	0.039
4.0											1.88	1.77	1.13	0.468	0.81	0.198	0.46	0.050
4.5											2.12	2.24	1.28	0.586	0.91	0.246	0.52	0.062
5.0											2.35	2.77	1.42	0.723	1.01	0.30	0.58	0.074
5.5											2.59	3.35	1.56	0.875	1.11	0.358	0.63	0.089
6.0													1.70	1.04	1.21	0.421	0.69	0.105
6.5													1.84	1.22	1.31	0.494	0.75	0.121
7.0													1.99	1.42	1.41	0.573	0.81	0.139
7.5													2.13	1.63	1.51	0.657	0.87	0.158
8.0													2.27	1.85	1.61	0.748	0.92	0.178
8.5													2.41	2.09	1.71	0.844	0.98	0.199
9.0													2.55	2.34	1.81	0.946	1.04	0.221
9.5															1.91	1.05	1.10	0.245
10.0															2.01	1.17	1.15	0.269
10.5															2.11	1.29	1.21	0.295
11.0															2.21	1.41	1.27	0.324
11.5															2.32	1.55	1.33	0.354
12.0															2.42	1.68	1.39	0.385
12.5															2.52	1.83	1.44	0.418
13.0																	1.50	0.452
14.0																	1.62	0.524
15.0																	1.73	0.602
16.0																	1.85	0.685
17.0																	1.96	0.773
20.0																	2.31	1.07

注：q_g 以 L/s 计，管径 DN 以 mm 计，流速 v 以 m/s 计，压力损失 i 以 kPa/m 计。

附录3 给水塑料管水力计算表

q_g	DN15		DN20		DN25		DN32		DN40		DN50		DN70		DN80		DN100	
	v	i	v	i	v	i	v	i	v	i	v	i	v	i	v	i	v	i
0.10	0.50	0.275	0.26	0.060														
0.15	0.75	0.564	0.39	0.123	0.23	0.033												
0.20	0.99	0.940	0.53	0.206	0.30	0.055	0.20	0.02										
0.30	1.49	0.193	0.79	0.422	0.45	0.113	0.29	0.040										
0.40	1.99	0.321	1.05	0.703	0.61	0.188	0.39	0.067	0.24	0.021								
0.50	2.49	4.77	1.32	1.04	0.76	0.279	0.49	0.099	0.30	0.31								
0.60	2.98	6.60	1.58	1.44	0.91	0.386	0.59	0.137	0.36	0.043	0.23	0.014						
0.70			1.84	1.90	1.06	0.507	0.69	0.181	0.42	0.056	0.27	0.019						
0.80			2.10	2.40	1.21	0.643	0.79	0.229	0.48	0.071	0.30	0.023						
0.90			2.37	2.96	1.36	0.792	0.88	0.282	0.54	0.088	0.34	0.029	0.23	0.018				
1.00					1.51	0.955	0.98	0.340	0.60	0.106	0.38	0.035	0.25	0.014				
1.50					2.27	1.96	1.47	0.698	0.90	0.217	0.57	0.072	0.39	0.029	0.27	0.012		
2.00							1.96	1.160	1.20	0.361	0.76	0.119	0.52	0.049	0.36	0.020	0.24	0.008
2.50							2.46	1.730	1.50	0.536	0.95	0.217	0.65	0.072	0.45	0.030	0.30	0.011
3.00									1.81	0.741	1.14	0.245	0.78	0.099	0.54	0.042	0.36	0.016
3.50									2.11	0.974	1.33	0.322	0.91	0.131	0.63	0.055	0.42	0.021
4.00									2.41	0.123	1.51	0.408	1.04	0.166	0.72	0.069	0.48	0.026
4.50									2.71	0.152	1.70	0.503	1.17	0.205	0.81	0.086	0.54	0.032
5.00											1.89	0.606	1.30	0.247	0.90	0.104	0.60	0.039
5.50											2.08	0.718	1.43	0.293	0.99	0.123	0.66	0.046
6.00											2.27	0.838	1.56	0.342	1.08	0.143	0.72	0.052
6.50													1.69	0.394	1.17	0.165	0.78	0.062
7.00													1.82	0.445	1.26	0.188	0.84	0.071
7.50													1.95	0.507	1.35	0.213	0.90	0.080
8.00													2.08	0.569	1.44	0.238	0.96	0.090
8.50													2.21	0.632	1.53	0.265	1.02	0.102
9.00													2.34	0.701	1.62	0.294	1.08	0.111
9.50													2.47	0.772	1.71	0.323	1.14	0.121
10.00															1.80	0.354	1.20	0.134

注：流量 q_g 以 L/s 计，管径 DN 以 mm 计，流速 v 以 m/s 计，压力损失 i 以 kPa/m 计。

附录4　喷头布置在不同场所时的布置要求

喷头布置场所	布置要求
除吊顶型喷头外，喷头与吊顶、楼顶间距	不宜小于7.5 cm，不宜大于15 cm
喷头布置在坡屋顶或吊顶下面	喷头应垂直于其斜面，间距按水平投影确定。但当屋面坡大于1∶3，而且在距屋脊75 cm范围内无喷头时，应在屋脊处增设一排喷头
喷头布置在梁、柱附近	对有过梁的屋顶或吊顶，喷头一般沿梁跨度方向布置在两梁之间，梁距大时，可布置成两排 当喷头与梁边的距离为20～180 cm时，喷头溅水盘与梁底距离对直立型喷头为1.7～34 cm；对下垂型喷头为4～46 cm（尽量减小梁对喷头喷洒面积的阻挡）
喷头布置在门窗口处	喷头距洞口上表面距离不大于15 cm；距墙面的距离宜为7.5～15 cm
在输送可燃物的管道内布置喷头时	沿管道全长间距不大于3 m均匀布置
输送易燃而有爆炸危险物品的管道	喷头应布置在该种管道外部的上方
生产设备上方布置喷头	当生产设备并列或重叠而出现隐蔽空间的时候 当其宽度大于1 m时，应在隐蔽空间增设喷头
仓库中布置喷头	喷头溅水盘距下方可燃物品堆垛不应小于90 cm；距难燃物品堆垛不应小于45 cm 在可燃物品或难燃物品堆垛之间应设一排喷头，且堆垛边与喷头的垂线水平距离不应小于30 cm
货架高度大于7 m的自动控制货架库房内布置喷头	屋顶下面喷头间距不应大于2 cm 货架内应分层布置喷头，垂直（高度）分层，当储存可燃物品时，不大于4 m，当储存难燃物品时，不大于6 m 此束喷头上应设集热板
舞台部位喷头布置	舞台葡萄架下应采用雨淋喷头 葡萄架以上为钢屋架时，应在屋面板下布置闭式喷头 舞台口和舞台与侧台、后台的隔墙上洞口处应设水幕系统
大型体育馆、剧院、食堂等净空高度大于8 m时	吊顶或顶板下可不设喷头
闷顶或技术夹层净高大于80 cm，且有可燃气体管道、电缆电线等	其内应设喷头
装有自动喷水灭火系统的建筑物、构筑物，与其相连的专用铁路线月台、通廊	应布置喷头

续表

喷头布置场所	布置要求
装有自动喷水灭火系统的建筑物、构筑物内：宽度大于 80 cm 的挑廊下；宽度大于 80 cm 的矩形风道或 $D>1$ m 的圆形风道下面	应布置喷头
自动扶梯、螺旋梯穿楼板部位	应设喷头或采用水幕分隔
吊顶、屋面板、楼板下安装边墙喷头	要求在其两侧 1 m 和墙面垂直方向 2 m 范围内不应设有障碍物 喷头与吊顶、楼板、屋面板的距离应为 10～15 cm，距边墙距离应为 5～10 cm
沿墙布置边墙型喷头	沿墙布置为中危险级时，每个喷头最大保护面积为 8 m^2；轻危险级为 14 m^2。中危险级时，喷头最大间距为 3.6 m；轻危险级为 4.0 m
	房间宽度不大于 3.6 m 可沿房间长向布置一排喷头；3.6～7.2 m 时应沿房间长向的两侧各布置一排喷头；大于 7.2 m 房间除两侧各布置一排边墙型喷头外，还应按附录 3 要求布置标准喷头

附录 5　热水管水力计算表（t=60℃，δ=1.0 mm，DN：mm）

流量		DN15		DN20		DN25		DN32		DN40		DN50		DN70		DN80		DN100	
L/h	L/s	R	v	R	v	R	v	R	v	R	v	R	v	R	v	R	v	R	v
360	0.10	169	0.75	22.4	0.35	5.18	0.2	1.18	0.12	0.484	0.084	0.129	0.051	0.032	0.03	0.011	0.02	0.003	0.012
540	0.15	381	1.13	50.4	0.53	11.7	0.31	2.65	0.17	1.09	0.125	0.29	0.076	0.072	0.045	0.025	0.031	0.006	0.018
720	0.20	678	1.51	89.7	0.7	20.7	0.41	4.72	0.23	1.94	0.17	0.515	0.1	0.127	0.06	0.045	0.041	0.011	0.024
1 080	0.30	1 526	2.26	202	1.06	46.6	0.61	10.6	0.35	4.26	0.25	1.16	0.15	0.287	0.09	0.101	0.061	0.025	0.036
1 440	0.40	2 713	3.01	359	1.41	82.9	0.81	18.9	0.47	7.74	0.33	2.06	0.2	0.51	0.12	0.179	0.082	0.045	0.048
1 800	0.50	4 239	3.77	560	1.76	129	1.02	29.5	0.53	12.1	0.42	3.22	0.25	0.796	0.15	0.28	0.1	0.058	0.06
2 160	0.60	—	—	807	2.21	186	1.22	42.5	0.7	17.4	0.5	4.64	0.31	1.15	0.18	0.403	0.12	0.098	0.072
2 520	0.70	—	—	1 099	2.47	254	1.43	57.8	0.82	23.7	0.59	6.31	0.36	1.56	0.21	0.549	0.14	0.133	0.084
2 880	0.80	—	—	1 435	2.82	332	1.63	75.5	0.93	31	0.67	8.24	0.41	2.04	0.24	0.717	0.16	0.174	0.096
3 600	1.0	—	—	2 242	2.53	518	2.04	118	1.17	48.4	0.84	12.9	0.51	3.18	0.3	1.12	0.2	0.272	0.12
4 320	1.2	—	—	—	—	746	2.44	170	1.4	69.7	1.00	18.5	0.61	4.59	0.36	1.61	0.24	0.393	0.14
5 040	1.4	—	—	—	—	1 016	2.85	231	1.64	94.9	1.17	25.2	0.71	6.24	0.42	2.19	0.29	0.537	0.17
5 760	1.6	—	—	—	—	1 326	3.26	302	1.87	124	1.34	32.9	0.81	8.15	0.48	2.87	0.33	0.698	0.19
6 480	1.8	—	—	—	—	—	—	382	2.1	157	1.51	41.7	0.92	10.3	0.54	3.63	0.37	0.883	0.22
7 200	2.0	—	—	—	—	—	—	472	2.34	194	1.67	51.5	1.02	12.7	0.6	4.48	0.41	1.09	0.24
7 920	2.2	—	—	—	—	—	—	520	2.45	213	1.71	56.8	1.07	14	0.63	4.94	0.43	1.2	0.25

续表

流量		DN15		DN20		DN25		DN32		DN40		DN50		DN70		DN80		DN100	
L/h	L/s	*R*	*v*	*R*	*v*	*R*	*v*	*R*	*v*	*R*	*v*	*R*	*v*	*R*	*v*	*R*	*v*	*R*	*v*
8 280	2.4	—	—	—	—	—	—	680	2.81	279	2.01	74.2	1.22	18.3	0.72	6.45	0.49	1.57	0.29
9 360	2.6	—	—	—	—	—	—	798	3.04	327	2.18	87	1.32	21.5	0.87	7.57	0.53	1.84	0.31
10 080	2.8	—	—	—	—	—	—	925	3.27	379	2.34	101	1.43	25	0.84	8.78	0.57	2.14	0.34
10 080	3.0	—	—	—	—	—	—	—	—	436	2.15	116	1.53	28.7	0.9	10.1	0.61	2.45	0.36
11 520	3.2	—	—	—	—	—	—	—	—	496	2.68	132	1.63	32.6	0.96	11.5	0.65	2.79	0.38
12 240	3.4	—	—	—	—	—	—	—	—	559	2.85	149	1.73	36.8	1.02	13	0.69	3.15	0.41
12 960	3.6	—	—	—	—	—	—	—	—	627	3.01	167	1.83	41.3	1.08	14.5	0.73	3.53	0.43
13 680	3.8	—	—	—	—	—	—	—	—	736	3.26	196	1.99	48.4	1.17	17	0.8	4.15	0.47
14 400	4.0	—	—	—	—	—	—	—	—	774	3.35	206	2.04	50.9	1.2	17.9	0.82	4.36	0.48
15 120	4.2	—	—	—	—	—	—	—	—	—	—	227	2.14	56.2	1.26	19.8	0.81	4.81	0.5
15 840	4.4	—	—	—	—	—	—	—	—	—	—	250	2.24	61.7	1.33	21.7	0.9	5.28	0.53
16 560	4.6	—	—	—	—	—	—	—	—	—	—	273	2.34	67.4	1.38	23.7	0.94	5.97	0.55
17 280	4.8	—	—	—	—	—	—	—	—	—	—	297	2.44	73.4	1.44	25.8	0.98	6.28	0.58
18 000	5.0	—	—	—	—	—	—	—	—	—	—	322	2.55	79.6	1.51	28	1.02	6.81	0.6
18 720	5.2	—	—	—	—	—	—	—	—	—	—	348	2.65	86.1	1.57	30.3	1.06	7.37	0.62
19 440	5.4	—	—	—	—	—	—	—	—	—	—	376	2.75	92.9	1.63	32.7	1.1	7.95	0.65
20 160	5.6	—	—	—	—	—	—	—	—	—	—	404	2.85	99.9	1.69	35.1	1.14	8.55	0.67
20 880	5.8	—	—	—	—	—	—	—	—	—	—	434	2.95	107	1.75	37.7	1.18	9.17	0.7
21 600	6.0	—	—	—	—	—	—	—	—	—	—	464	3.06	115	1.81	40.3	1.22	9.81	0.72
22 320	6.2	—	—	—	—	—	—	—	—	—	—	495	3.16	122	1.87	43	1.26	10.5	0.74
23 040	6.4	—	—	—	—	—	—	—	—	—	—	528	3.26	130	1.93	45.9	1.3	11.2	0.77
24 480	6.8	—	—	—	—	—	—	—	—	—	—	596	3.46	147	2.05	51.8	1.39	12.6	0.82
25 200	7.0	—	—	—	—	—	—	—	—	—	—	632	3.56	156	2.11	54.9	1.43	13.4	0.84
25 920	7.2	—	—	—	—	—	—	—	—	—	—	—	—	165	2.17	58.1	1.47	14.1	0.86
26 640	7.4	—	—	—	—	—	—	—	—	—	—	—	—	174	2.23	61.3	1.51	14.9	0.89
27 360	7.6	—	—	—	—	—	—	—	—	—	—	—	—	184	2.29	64.7	1.55	15.7	0.91
28 080	7.8	—	—	—	—	—	—	—	—	—	—	—	—	194	2.35	68.1	1.59	16.6	0.94
28 800	8.0	—	—	—	—	—	—	—	—	—	—	—	—	204	2.41	71.7	1.63	17.5	0.96
29 520	8.2	—	—	—	—	—	—	—	—	—	—	—	—	214	2.47	75.3	1.67	18.3	0.98

注:*R*—单位管长水头损失,mm/m;*v*—流速,m/s。

附录6　建筑内部排水铸铁管水力计算表(n=0.013)

坡度	工业废水(生产废水和生产污水)										生产废水					
	h/D=0.6				h/D=0.7						h/D=1.0					
	D=50		D=75		D=100		D=125		D=150		D=200		D=250		D=300	
	q	v	q	v	q	v	q	v	q	v	q	v	q	v	q	v
															53.00	0.75
0.003 5													35.40	0.72	57.30	0.81
0.004											20.80	0.66	37.80	0.77	61.20	0.87
0.005									8.85	0.68	23.25	0.74	42.25	0.86	68.50	0.97
0.006							6.00	0.67	9.70	0.75	25.50	0.81	46.40	0.94	75.00	1.06
0.007							6.50	0.72	10.50	0.81	27.50	0.88	50.00	1.02	81.00	1.15
0.008					3.80	0.66	6.95	0.77	11.20	0.87	29.40	0.94	53.50	1.09	86.50	1.23
0.009					4.02	0.70	7.36	0.82	11.90	0.92	31.20	0.99	56.50	1.15	92.00	1.30
0.01					4.25	0.74	7.80	0.86	12.50	0.97	33.00	1.05	59.70	1.22	97.00	1.37
0.012					4.64	0.81	8.50	0.95	13.70	1.06	36.00	1.15	65.30	1.33	106.00	1.50
0.015			1.95	0.72	5.20	0.90	9.50	1.06	15.40	1.19	40.30	1.28	73.20	1.49	119.00	1.68
0.02	0.79	0.46	2.25	0.83	6.00	1.04	11.0	1.22	17.70	1.37	46.50	1.48	84.50	1.73	137.00	1.94
0.025	0.88	0.72	2.51	0.93	6.70	1.16	12.30	1.36	19.80	1.53	52.00	1.65	94.40	1.92	153.00	2.17
0.03	0.97	0.79	2.76	1.02	7.35	1.28	13.50	1.50	21.70	1.68	57.00	1.82	103.50	2.11	168.00	2.38
0.035	1.05	0.85	2.98	1.10	7.95	1.38	14.60	1.60	23.40	1.81	61.50	1.96	112.00	2.28	181.00	2.57
0.04	1.12	0.91	3.18	1.17	9.50	1.47	15.60	1.73	25.00	1.94	66.00	2.10	120.00	2.44	194.00	2.75
0.045	1.19	0.96	3.38	1.25	9.00	1.56	16.50	1.83	26.60	2.06	70.00	2.22	127.00	2.58	206.00	2.91
0.05	1.25	1.01	3.55	1.31	9.50	1.64	17.40	1.93	28.00	2.17	73.50	2.34	134.00	2.72	217.00	3.06
0.06	1.37	1.11	3.90	1.44	10.40	1.80	19.00	2.11	30.60	2.38	80.50	2.56	146.00	2.98	238.00	3.36
0.07	1.48	1.20	4.20	1.55	11.20	1.95	20.60	2.28	33.10	2.56	87.00	2.77	158.00	3.22	256.00	3.64
0.08	1.58	1.28	4.50	1.66	12.00	2.08	22.00	2.44	35.40	2.74	93.00	2.96	169.00	3.44	274.00	3.88

续表

坡度	生产污水						生活污水											
	$h/D=0.8$						$h/D=0.5$								$h/D=0.6$			
	$D=200$		$D=250$		$D=300$		$D=50$		$D=75$		$D=100$		$D=125$		$D=150$		$D=200$	
	q	v	q	v	q	v	q	v	q	v	q	v	q	v	q	v	q	v
0.003					52.50	0.87												
0.0035			35.00	0.83	56.70	0.94												
0.004	20.60	0.77	37.40	0.89	60.60	1.01												
0.005	23.00	0.86	41.80	1.00	67.90	1.11											15.35	0.80
0.006	25.20	0.94	46.00	1.09	74.40	1.24											16.90	0.88
0.007	27.20	1.02	49.50	1.18	80.40	1.33									8.46	0.78	18.20	0.95
0.008	29.00	1.09	53.00	1.26	85.80	1.42									9.04	0.83	19.40	1.01
0.009	30.80	1.15	56.00	1.33	91.00	1.51									9.56	0.89	20.60	1.07
0.01	32.60	1.22	59.20	1.41	96.00	1.59							4.97	0.81	10.10	0.94	21.70	1.13
0.012	35.60	1.33	64.70	1.54	105.00	1.74					2.90	0.72	5.44	0.89	11.10	1.02	23.80	1.24
0.015	40.00	1.49	72.50	1.72	118.00	1.95			1.48	0.67	3.23	0.81	6.08	0.99	12.40	1.14	26.60	1.39
0.02	46.00	1.72	83.60	1.99	135.80	2.25			1.70	0.77	3.72	0.93	7.02	1.15	14.30	1.32	30.70	1.60
0.025	51.40	1.92	93.50	2.22	151.00	2.51	0.65	0.66	1.90	0.86	4.17	1.05	7.85	1.28	16.00	1.47	35.30	1.79
0.03	56.50	2.11	102.50	2.44	166.00	2.76	0.71	0.72	2.08	0.94	4.55	1.14	8.60	1.39	17.50	1.62	37.70	1.96
0.035	61.00	2.28	111.00	2.64	180.00	2.98	0.77	0.78	2.26	1.02	4.94	1.24	9.29	1.51	18.90	1.75	40.60	2.12
0.04	65.00	2.44	118.00	2.82	192.00	3.18	0.81	0.83	2.40	1.09	5.26	1.32	9.93	1.62	20.20	1.87	43.50	2.27
0.045	69.00	2.58	126.00	3.00	204.00	3.38	0.87	0.89	2.56	1.16	5.60	1.40	10.52	1.71	21.50	1.98	46.10	2.40
0.05	72.60	2.72	132.00	3.15	214.00	3.55	0.91	0.93	2.60	1.23	5.88	1.48	11.10	1.89	22.60	2.09	48.50	2.53
0.06	79.60	2.98	145.00	3.45	235.00	3.90	1.00	1.02	2.94	1.33	6.45	1.62	12.14	1.98	24.80	2.29	53.20	2.77
0.07	86.00	3.22	156.00	3.73	254.00	4.20	1.08	1.10	3.18	1.42	6.97	1.75	13.15	2.14	26.80	2.47	57.50	3.00
0.08	93.40	3.47	165.50	3.94	274.00	4.40	1.18	1.16	3.35	1.52	7.50	1.87	14.05	2.28	30.44	2.73	65.40	3.32

注：①单位：q—L/s；v—m/s；D—mm。

②工业废水栏内，生产污水仅适用于粗实线以下部分。

附录 7　塑料排水横管水力计算图

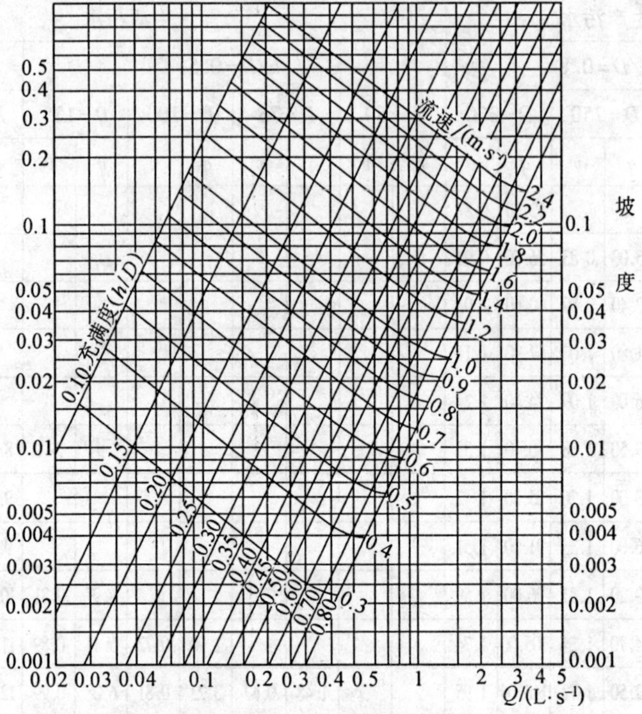

管径 50 mm×2 mm 横管计算图

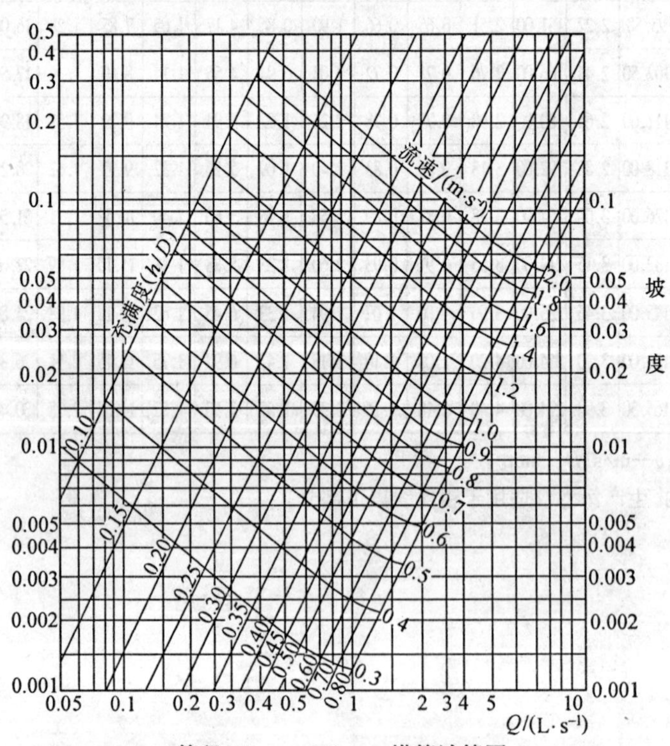

管径 75 mm×2.3 mm 横管计算图

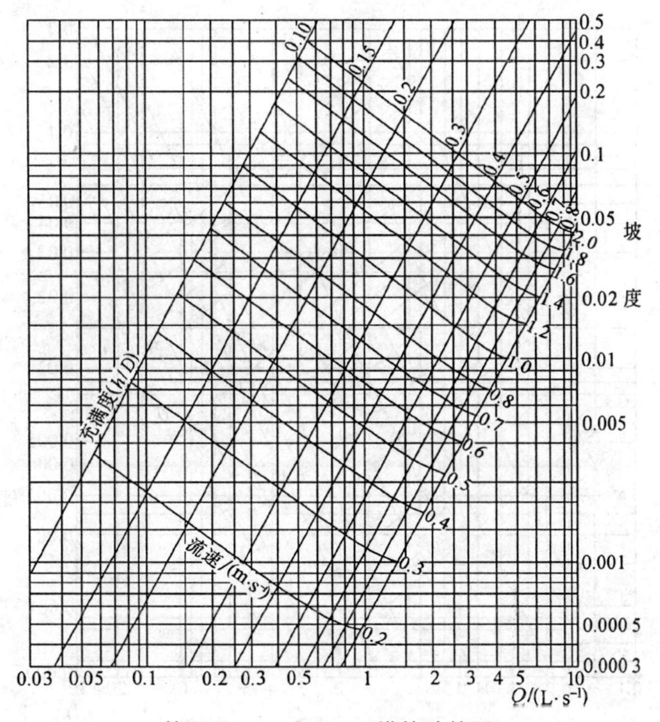

管径 90 mm×3.2 mm 横管计算图

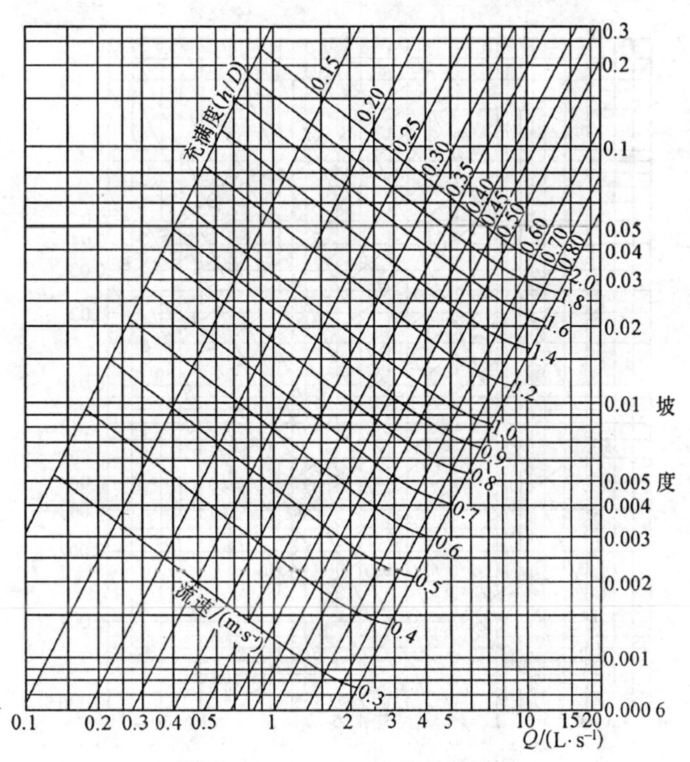

管径 110 mm×3.2 mm 横管计算图

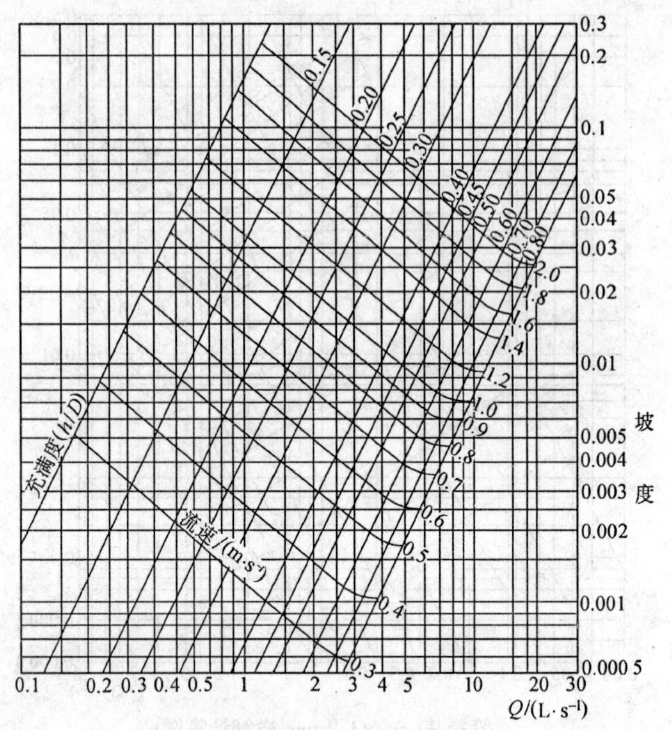

管径 125 mm×3.2 mm 横管计算图

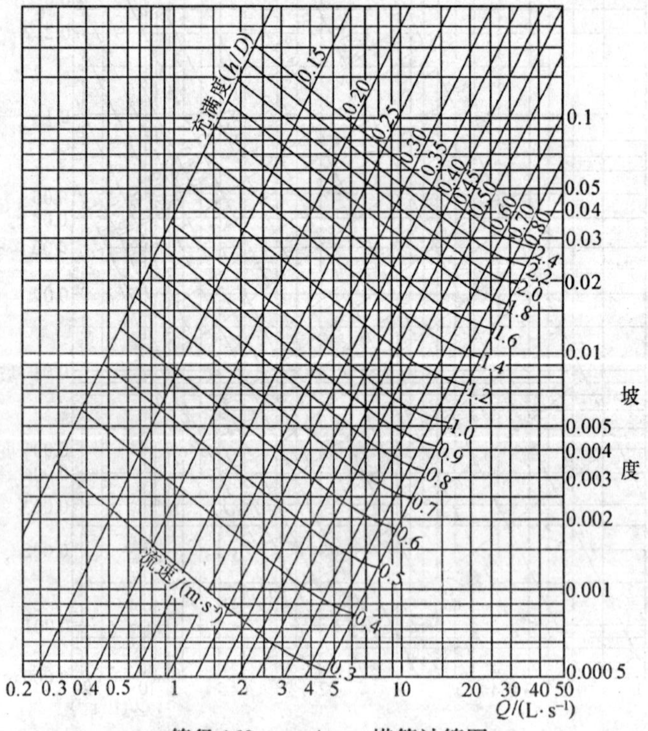

管径 160 mm×4 mm 横管计算图

附录8　建筑内部排水塑料管水力计算表(n=0.009)

坡度	h/D=0.5						h/D=0.6	
	d_e=50		d_e=75		d_e=110		d_e=160	
	q	v	q	v	q	v	q	v
0.002							6.48	0.60
0.004					2.59	0.62	9.68	0.85
0.006					3.17	0.75	11.86	1.04
0.007			1.21	0.63	3.43	0.81	12.80	1.13
0.010			1.44	0.75	4.10	0.97	15.30	1.35
0.012	0.52	0.62	1.58	0.82	4.49	1.07	16.77	1.48
0.015	0.58	0.69	1.77	0.92	5.02	1.19	18.74	1.65
0.020	0.66	0.80	2.04	1.06	5.79	1.38	21.65	1.90
0.026	0.76	0.91	2.33	1.21	6.61	1.57	24.67	2.17
0.030	0.81	0.98	2.50	1.30	7.10	1.68	26.51	2.33
0.035	0.88	1.06	2.70	1.40	7.67	1.82	28.63	2.52
0.040	0.94	1.13	2.89	1.50	8.19	1.95	30.61	2.69
0.045	1.00	1.20	3.06	1.59	8.69	2.06	32.47	2.86
0.050	1.05	1.27	3.23	1.68	9.16	2.17	34.22	3.01
0.060	1.15	1.39	3.53	1.84	10.04	2.38	37.49	3.30
0.070	1.24	1.50	3.82	1.98	10.84	2.57	40.49	3.56
0.080	1.33	1.60	4.08	2.12	11.59	2.75	43.29	3.81

注:表中单位 q—L/s;v—m/s;d_e—mm。

附录 9　粪便污水和生活废水合流排入化粪池最大允许实际使用人数表(污泥量为:每人每天 0.7 L)

污水量定额/(L·人$^{-1}$·d^{-1})	污水停留时间/h	污泥清挖周期/d	容积编号													隔墙过水孔高度代号
			1 号	2 号	3 号	4 号	5 号	6 号	7 号	8 号	9 号	10 号	11 号	12 号	13 号	
			有效容积/m^3													
			2	4	6	9	12	16	20	25	30	40	50	75	100	
1	2	3	4	5	6	7	8	9	10	11	12	13	14	15	16	17
500	12	90	7	14	21	32	43	57	71	89	107	143	178	268	357	
		180	6	13	19	29	39	52	64	81	97	129	161	242	322	
		360	5	11	16	24	32	43	54	67	81	108	135	202	270	
	24	90	4	8	11	17	23	30	38	47	57	75	94	141	189	
		180	4	7	11	16	21	29	36	45	54	71	89	134	178	
		360	3	6	10	14	19	32	32	40	48	64	81	121	161	
400	12	90	9	17	26	39	52	69	87	109	130	174	217	326	434	
		180	8	15	23	35	46	61	77	96	115	154	192	288	384	
		360	6	12	19	28	37	50	62	78	93	125	156	234	312	
	24	90	5	9	14	21	28	37	46	58	70	93	116	174	232	
		180	4	9	13	20	26	35	43	54	65	87	109	163	217	
		360	4	8	12	17	23	31	38	48	58	77	96	144	192	
300	12	90	11	22	33	50	67	89	111	139	166	222	277	416	555	
		180	10	19	29	43	57	76	95	119	143	190	238	356	475	
		360	7	15	22	33	44	59	74	92	111	148	185	277	369	
	24	90	6	12	18	27	36	48	61	76	91	121	151	227	303	*A*
		180	6	11	17	25	33	44	55	69	83	111	139	208	277	
		360	5	10	14	21	29	38	48	59	71	95	119	178	238	
250	12	90	13	26	39	58	77	103	129	161	193	258	322	483	644	
		180	11	22	32	49	65	86	108	135	162	216	270	404	539	
		360	8	16	24	37	49	65	81	102	122	163	203	305	407	
	24	90	7	14	21	32	43	57	71	89	107	143	178	268	357	
		180	6	13	19	29	39	52	64	81	97	129	161	242	322	
		360	5	11	16	24	32	43	54	67	81	108	135	202	270	
200	12	90	15	31	46	69	92	123	154	192	230	307	384	576	768	
		180	12	25	37	56	75	100	125	156	187	249	312	467	623	
		360	9	18	27	41	54	72	91	113	136	181	226	339	453	
	24	90	9	17	26	39	52	69	87	109	130	174	217	326	434	
		180	8	15	23	35	46	61	77	96	115	154	192	288	384	
		360	6	12	19	28	37	50	62	78	93	125	156	234	312	
150	12	90	19	38	57	86	114	152	190	238	285	380	475	713	950	
		180	15	30	44	66	89	118	148	185	221	295	369	554	738	
		360	10	20	31	46	61	82	102	128	153	204	255	383	510	*B*
	24	90	11	22	33	50	67	89	111	139	166	222	277	416	555	
		180	10	19	29	43	57	76	95	119	143	190	238	356	475	
		360	7	15	22	33	44	59	74	92	111	148	185	277	369	*A*
125	12	90	22	43	65	97	129	173	216	270	323	431	539	809	1 078	
		180	16	33	49	73	98	130	163	203	244	325	407	610	813	
		360	11	22	33	49	65	87	109	136	164	218	273	409	545	*B*
	24	90	12	25	37	56	75	100	125	156	187	250	312	468	624	
		180	11	22	32	49	65	86	108	135	162	216	270	404	539	*A*
		360	8	16	24	37	49	65	81	101	122	163	203	305	407	

续表

污水量定额/(L·人$^{-1}$·d^{-1})	污水停留时间/h	污泥清挖周期/d	容积编号													隔墙过水孔高度代号
			1号	2号	3号	4号	5号	6号	7号	8号	9号	10号	11号	12号	13号	
			有效容积/m^3													
			2	4	6	9	12	16	20	25	30	40	50	75	100	
1	2	3	4	5	6	7	8	9	10	11	12	13	14	15	16	17
100	12	90	25	50	75	112	150	199	249	312	374	499	623	935	1 246	A
		180	18	36	54	81	109	145	181	226	272	362	453	679	905	
		360	12	23	35	52	69	93	113	145	178	234	292	439	585	B
	24	90	15	31	46	69	92	123	154	192	230	307	384	576	768	A
		180	12	25	37	56	75	100	125	156	187	249	312	467	623	
		360	9	18	27	41	54	72	91	113	136	181	226	339	453	
50	12	90	36	72	109	163	217	290	362	453	543	724	905	1 358	1 810	B
		180	23	46	69	104	139	185	231	289	351	468	585	877	1 170	
		360	12	23	35	52	69	93	116	145	198	265	331	496	661	
	24	90	25	50	75	112	150	199	249	312	374	499	623	935	1 246	A
		180	18	36	54	81	109	145	181	226	272	362	453	679	905	
		360	12	23	35	52	69	93	116	145	175	234	292	439	585	
35	12	90	42	84	126	189	251	335	419	524	628	838	1 047	1 571	2 095	B
		180	23	46	69	104	139	185	231	289	385	513	641	962	1 282	
		360	12	23	35	52	69	93	116	145	198	265	331	496	661	
	24	90	31	61	92	138	184	245	307	383	460	613	766	1 150	1 533	A
		180	21	42	63	94	126	168	209	262	314	419	524	786	1 047	
		360	12	23	35	52	69	93	116	145	192	256	321	481	641	
25	12	90	46	93	139	208	278	370	463	579	702	936	1 170	1 755	2 340	B
		180	23	46	69	104	139	185	231	289	397	529	661	992	1 323	
		360	12	23	35	52	69	93	116	145	198	265	331	496	661	
	24	90	36	72	109	163	217	290	362	453	543	724	905	1 358	1 810	A
		180	23	46	69	104	139	185	231	289	351	468	585	887	1 170	
		360	12	23	35	52	69	93	116	145	198	265	331	496	661	
20	12	90	46	93	139	208	278	370	398	498	746	994	1 243	1864	2 485	
		180	23	46	69	104	139	185	231	289	397	529	661	992	1 323	
		360	12	23	35	52	69	93	116	145	198	265	331	496	661	
	24	90	40	80	119	179	239	318	398	498	597	796	995	1 493	1 990	
		180	23	46	69	104	139	185	231	289	373	497	621	932	1 243	B
		360	12	23	35	52	69	93	116	145	198	265	331	496	661	
10	12	90	46	93	139	208	278	370	463	579	794	1 058	1 323	1 984	2 645	
		180	23	46	69	104	139	185	231	289	397	529	661	992	1 323	
		360	12	23	35	52	69	93	116	145	198	265	331	496	661	
	24	90	46	93	139	208	278	370	463	579	794	994	1 323	1 984	2 645	
		180	23	46	69	104	139	185	231	289	397	529	661	992	1 323	
		360	12	23	35	52	69	93	116	145	198	265	331	496	661	

注:本表用于选定化粪池的有效容积编号及隔墙过水孔高度代号。

附录10　粪便污水单独排入化粪池最大允许实际使用人数表(污泥量为:每人每天0.4 L)

污水量定额/(L·人$^{-1}$·d^{-1})	污水停留时间/h	污泥清挖周期/d	容积编号													隔墙过水孔高度代号
			1号	2号	3号	4号	5号	6号	7号	8号	9号	10号	11号	12号	13号	
			有效容积/m^3													
			2	4	6	9	12	16	20	25	30	40	50	75	100	
1	2	3	4	5	6	7	8	9	10	11	12	13	14	15	16	17
30	12	90	62	124	186	279	372	496	620	774	929	1 239	1 549	2 323	3 098	*A*
		180	40	81	121	182	242	323	404	504	605	807	1 009	1 513	2 018	*B*
		360	20	41	61	91	122	162	203	253	347	463	579	868	1 157	
	24	90	42	85	127	190	254	338	423	529	635	846	1 058	1 586	2 115	*A*
		180	31	62	93	139	186	248	310	387	465	620	774	1 162	1 549	
		360	20	40	61	91	121	161	202	252	303	404	504	757	1 009	*B*
20	12	90	73	147	220	330	440	587	733	916	1 100	1 466	1 833	2 749	3 666	
		180	40	81	122	182	243	324	405	506	673	898	1 122	1 683	2 244	
		360	20	41	61	91	122	162	203	253	347	463	579	868	1 157	
	24	90	54	107	161	241	322	429	536	671	805	1 073	1 341	2 012	2 682	*A*
		180	37	73	110	165	220	293	367	458	550	733	916	1 375	1 833	*B*
		360	20	41	61	91	122	162	203	253	337	449	561	842	1 122	

注:本表用于选定化粪池的有效容积编号及隔墙过水孔高度代号。

附录11　化粪池标准图型号

附录11(a)　砖砌化粪池(不覆土)型号表

图集号	池号	有效容积/m^3	无地下水				有地下水			
			顶面不过汽车		顶面可过汽车		顶面不过汽车		顶面可过汽车	
			孔位*A*	*B*	*A*	*B*	*A*	*B*	*A*	*B*
92S213(一)	1	2	1-2A00	1-2B00	1-2A01	1-2B01	1-2A10	1-2B10	1-2A11	1-2B11
	2	4	2-4A00	2-4B00	2-4A01	2-4B01	2-4A10	2-4B10	2-4A11	2-4B11
	3	6	3-6A00	3-6B00	3-6A01	3-6B01	3-6A10	3-6B10	3-6A11	3-6B11
	4	9	4-9A00	4-9B00	4-9A01	4-9B01	4-9A10	4-9B10	4-9A11	4-9B11
	5	12	5-12A00	5-12B00	5-12A01	5-12B01	5-12A10	5-12B10	5-12A11	5-12B11
92S213(二)	6	16	6-16A00	6-16B00	6-16A01	6-16B01	6-16A10	6-16B10	6-16A11	6-16B11
	7	20	7-20A00	7-20B00	7-20A01	7-20B01	7-20A10	7-20B10	7-20A11	7-20B11
	8	25	8-25A00	8-25B00	8-25A01	8-25B01	8-25A10	8-25B10	8-25A11	8-25B11
	9	30	9-30A00	9-30B00	9-30A01	9-30B01	9-30A10	9-30B10	9-30A11	9-30B11
	10	40	10-40A00	10-40B00	10-40A01	10-40B01	10-40A10	10-40B10	10-40A11	10-40B11
	11	50	11-50A00	11-50B00	11-50A01	11-50B01	11-50A10	11-50B10	11-50A11	11-50B11

附录 11(b)　砖砌化粪池(覆土)型号表

图集号	池号	有效容积/m^3	无地下水				有地下水			
			顶面不过汽车		顶面可过汽车		顶面不过汽车		顶面可过汽车	
			孔位*A*	*B*	*A*	*B*	*A*	*B*	*A*	*B*
92S213(三)	1	2	1-2A00	1-2B00	1-2A01	1-2B01	1-2A10	1-2B10	1-2A11	1-2B11
	2	4	2-4A00	2-4B00	2-4A01	2-4B01	2-4A10	2-4B10	2-4A11	2-4B11
	3	6	3-6A00	3-6B00	3-6A01	3-6B01	3-6A10	3-6B10	3-6A11	3-6B11
	4	9	4-9A00	4-9B00	4-9A01	4-9B01	4-9A10	4-9B10	4-9A11	4-9B11
	5	12	5-12A00	5-12B00	5-12A01	5-12B01	5-12A10	5-12B10	5-12A11	5-12B11
92S213(四)	6	16	6-16A00	6-16B00	6-16A01	6-16B01	6-16A10	6-16B10	6-16A11	6-16B11
	7	20	7-20A00	7-20B00	7-20A01	7-20B01	7-20A10	7-20B10	7-20A11	7-20B11
	8	25	8-25A00	8-25B00	8-25A01	8-25B01	8-25A10	8-25B10	8-25A11	8-25B11
	9	30	9-30A00	9-30B00	9-30A01	9-30B01	9-30A10	9-30B10	9-30A11	9-30B11
	10	40	10-40A00	10-40B00	10-40A01	10-40B01	10-40A10	10-40B10	10-40A11	10-40B11
	11	50	11-50A00	11-50B00	11-50A01	11-50B01	11-50A10	11-50B10	11-50A11	11-50B11
	12	75	12-75A00	12-75B00	12-75A01	12-75B01	12-75A10	12-75B10	12-75A11	12-75B11
	13	100	13-100A00	13-100B00	13-100A01	13-100B01	13-100A10	13-100B10	13-100A11	13-100B11
92S213(五)	$12_{双}$	75	12-75A00	12-75B00	12-75A01	12-75B01	12-75A10	12-75B10	12-75A11	12-75B11
	$13_{双}$	100	13-100A00	13 100B00	13-100A01	13-100B01	13-100A10	13 100B10	13-100A11	13-100B11

附录 11(c)　钢筋混凝土化粪池(不覆土)型号表

图集号	池号	有效容积/m^3	无地下水				有地下水			
			顶面不过汽车		顶面可过汽车		顶面不过汽车		顶面可过汽车	
			孔位A	B	A	B	A	B	A	B
92S214(一)	1	2	1-2A00	1-2B00	1-2A01	1-2B01	1-2A10	1-2B10	1-2A11	1-2B11
	2	4	2-4A00	2-4B00	2-4A01	2-4B01	2-4A10	2-4B10	2-4A11	2-4B11
	3	6	3-6A00	3-6B00	3-6A01	3-6B01	3-6A10	3-6B10	3-6A11	3-6B11
	4	9	4-9A00	4-9B00	4-9A01	4-9B01	4-9A10	4-9B10	4-9A11	4-9B11
	5	12	5-12A00	5-12B00	5-12A01	5-12B01	5-12A10	5-12B10	5-12A11	5-12B11
92S214(二)	6	16	6-16A00	6-16B00	6-16A01	6-16B01	6-16A10	6-16B10	6-16A11	6-16B11
	7	20	7-20A00	7-20B00	7-20A01	7-20B01	7-20A10	7-20B10	7-20A11	7-20B11
	8	25	8-25A00	8-25B00	8-25A01	8-25B01	8-25A10	8-25B10	8-25A11	8-25B11
	9	30	9-30A00	9-30B00	9-30A01	9-30B01	9-30A10	9-30B10	9-30A11	9-30B11
	10	40	10-40A00	10-40B00	10-40A01	10-40B01	10-40A10	10-40B10	10-40A11	10-40B11
	11	50	11-50A00	11-50B00	11-50A01	11 50B01	11-50A10	11-50B10	11-50A11	11-50B11

附录11(d)　钢筋混凝土化粪池(覆土)型号表

图集号	池号	有效容积/m³	无地下水				有地下水			
			顶面不过汽车		顶面可过汽车		顶面不过汽车		顶面可过汽车	
			孔位A	B	A	B	A	B	A	B
92S214(三)	1	2	1-2A00	1-2B00	1-2A01	1-2B01	1-2A10	1-2B10	1-2A11	1-2B11
	2	4	2-4A00	2-4B00	2-4A01	2-4B01	2-4A10	2-4B10	2-4A11	2-4B11
	3	6	3-6A00	3-6B00	3-6A01	3-6B01	3-6A10	3-6B10	3-6A11	3-6B11
	4	9	4-9A00	4-9B00	4-9A01	4-9B01	4-9A10	4-9B10	4-9A11	4-9B11
	5	12	5-12A00	5-12B00	5-12A01	5-12B01	5-12A10	5-12B10	5-12A11	5-12B11
92S214(四)	6	16	6-16A00	6-16B00	6-16A01	6-16B01	6-16A10	6-16B10	6-16A11	6-16B11
	7	20	7-20A00	7-20B00	7-20A01	7-20B01	7-20A10	7-20B10	7-20A11	7-20B11
	8	25	8-25A00	8-25B00	8-25A01	8-25B01	8-25A10	8-25B10	8-25A11	8-25B11
	9	30	9-30A00	9-30B00	9-30A01	9-30B01	9-30A10	9-30B10	9-30A11	9-30B11
	10	40	10-40A00	10-40B00	10-40A01	10-40B01	10-40A10	10-40B10	10-40A11	10-40B11
	11	50	11-50A00	11-50B00	11-50A01	11-50B01	11-50A10	11-50B10	11-50A11	11-50B11
	12	75	12-75A00	12-75B00	12-75A01	12-75B01	12-75A10	12-75B10	12-75A11	12-75B11
	13	100	13-100A00	13-100B00	13-100A01	13-100B01	13-100A10	13-100B10	13-100A11	13-100B11
92S214(五)	$12_{双}$	75	12-75A00	12-75B00	12-75A01	12-75B01	12-75A10	12-75B10	12-75A11	12-75B11
	$13_{双}$	100	13-100A00	13-100B00	13-100A01	13-100B01	13-100A10	13-100B10	13-100A11	13-100B11

附录11(e)　砖砌化烘池进水管管内底埋置深度及占地尺寸

图集号	池号	进水管管内底埋深/m	占地尺寸/m					
			无地下水			有地下水		
			长	宽	深	长	宽	深
92S213(一)	1	0.55~0.95	3.07	1.43	2.45~2.85	3.53	1.89	2.35~2.75
	2	0.55~0.95	5.28	1.69	2.45~2.85	5.48	1.89	2.35~2.75
	3	0.55~0.95	5.23	1.94	2.65~3.05	5.67	2.38	2.55~2.95
	4	0.55~0.95	6.47	2.44	2.65~3.05	6.81	2.88	2.55~2.95
	5	0.55~0.95	6.47	2.44	3.15~3.55	6.81	2.88	3.05~3.45
92S213(二)	6	0.55~0.95	7.92	2.94	2.75~3.15	8.26	3.38	2.65~3.05
	7	0.55~0.95	7.92	3.44	2.75~3.15	8.26	3.88	2.65~3.05
	8	0.55~0.95	7.92	3.44	3.15~3.55	8.26	3.88	3.05~3.45
	9	0.55~0.95	7.92	3.44	3.55~3.95	8.26	3.88	3.45~3.85
	10	0.55~0.95	9.32	3.44	3.65~4.05	9.66	3.88	3.55~3.95
	11	0.55~0.95	10.92	3.44	3.65~4.05	11.26	3.88	3.55~3.95
92S213(三)	1	0.85~2.50	3.07	1.43	2.75~4.40	3.53	1.89	2.65~4.30
	2	0.85~2.50	5.28	1.69	2.75~4.40	5.48	1.89	2.65~4.30
	3	0.85~2.50	5.23	1.94	2.95~4.60	5.67	2.38	2.85~4.50
	4	0.85~2.50	6.47	2.44	2.95~4.60	6.81	2.88	2.85~4.50
	5	0.85~2.50	6.47	2.44	3.45~5.10	6.81	2.88	3.35~5.00

续表

图集号	池号	进水管管内底埋深/m	占地尺寸/m					
			无地下水			有地下水		
			长	宽	深	长	宽	深
92S213(四)	6	0.85~2.50	7.92	2.94	3.05~4.70	8.26	3.38	2.95~4.60
	7	0.85~2.50	7.92	3.44	3.05~4.70	8.26	3.88	2.95~4.60
	8	0.85~2.50	7.92	3.44	3.45~5.10	8.26	3.88	3.35~5.00
	9	0.85~2.50	7.92	3.44	3.85~5.50	8.26	3.88	3.75~5.40
	10	0.85~2.50	9.32	3.44	3.95~5.60	9.66	3.88	3.85~5.50
	11	0.85~2.50	10.92	3.44	3.95~5.60	11.26	3.88	3.85~5.50
	12	0.85~2.50	14.26	3.68	4.20~5.85	14.49	4.14	4.10~5.75
	13	0.85~2.50	15.46	4.18	4.20~5.85	15.69	4.64	4.10~5.75
92S213(五)	$12_{双}$	0.85~2.50	9.76	6.31	4.15~5.80	10.20	6.75	4.05~5.70
	$13_{双}$	0.85~2.50	11.56	6.31	4.15~5.80	12.00	6.75	4.05~5.70

附录 11(f)　钢筋混凝土化粪池进水管管内底埋置深度及占地尺寸

图集号	池号	进水管管内底埋深/m	占地尺寸/m（无地下水及有地下水）		
			长	宽	深
92S214(一)	1	0.50~0.95	2.90	1.35	2.30~2.75
	2	0.50~0.95	4.85	1.35	2.30~2.75
	3	0.50~0.95	4.80	1.60	2.50~2.95
	4	0.50~0.95	5.95	2.10	2.50~2.95
	5	0.50~0.95	5.95	2.10	3.00~3.45
92S214(二)	6	0.50~0.95	7.15	2.60	2.60~3.05
	7	0.50~0.95	7.15	3.10	2.60~3.05
	8	0.50~0.95	7.15	3.10	3.00~3.45
	9	0.50~0.95	7.15	3.10	3.40~3.85
	10	0.50~0.95	8.65	3.10	3.50~3.95
	11	0.50~0.95	10.15	3.10	3.50~3.95
92S214(三)	1	0.75~2.50	2.90	1.35	2.55~4.30
	2	0.75~2.50	4.85	1.35	2.55~4.30
	3	0.75~2.50	4.80	1.60	2.75~4.50
	4	0.75~2.50	5.95	2.10	2.75~4.50
	5	0.75~2.50	5.95	2.10	3.25~5.00
92S214(四)	6	0.75~2.50	7.15	2.60	2.85~4.60
	7	0.75~2.50	7.15	3.10	2.85~4.60
	8	0.75~2.50	7.15	3.10	3.25~5.00
	9	0.75~2.50	7.15	3.10	3.65~5.40
	10	0.75~2.50	8.55	3.10	3.75~5.50
	11	0.75~2.50	10.15	3.10	3.75~5.50
	12	0.75~2.50	13.35	3.20	4.00~5.75
	13	0.75~2.50	14.55	3.70	4.00~5.75
92S214(五)	$12_{双}$	0.75~2.50	9.00	5.80	3.85~5.60
	$13_{双}$	0.75~2.50	10.80	5.80	3.85~5.60

附录12　蒸汽管道管径计算表(δ=0.2 mm)

DN/mm	v/(m·s^{-1})	P(表压)/kPa													
		6.9		9.8		19.6		29.4		39.2		49		59	
		G/(kg·h^{-1})　R/(kPa·m^{-1})													
		G	R	G	R	G	R	G	R	G	R	G	R	G	R
15	10	6.7	114	7.8	136	11.3	193	14.9	256	18.4	317	21.8	374	25.3	435
	15	10.0	256	11.7	300	17.0	437	22.4	577	27.6	663	32.4	825	37.6	958
	20	13.4	44.6	15.0	535	22.7	780	29.8	1 020	30.8	1 260	43.7	1 500	50.5	1 730
20	10	12.2	78	14.1	80	20.7	184	27.1	174	33.5	216	39.8	256	46.0	295
	15	18.2	175	21.1	202	31.1	302	38.6	353	50.3	486	57.7	538	69.0	665
	20	24.3	310	28.2	369	41.4	535	54.2	670	67.0	862	79.6	1 024	92.0	1 180
25	15	29.4	131	34.4	154	50.2	325	65.8	294	81.2	362	96.2	439	111.0	497
	20	39.2	230	45.8	274	66.7	401	87.8	523	108.0	655	128.0	762	149.0	882
	25	49.0	356	57.3	426	83.3	618	110.0	817	136.0	1 020	161.0	1 190	186.0	1 380
32	15	51.6	92	60.2	108	88.0	158	115.0	206	142.0	248	169.0	270	195.0	357
	20	67.7	158	80.2	191	117.0	271	154.0	367	190.0	447	226.0	548	260.0	617
	25	85.6	250	100.0	296	147.0	443	193.0	574	238.0	697	282.0	832	325.0	964
	30	103.0	356	120.0	430	176.0	653	230.0	823	284.0	1030	338.0	1 210	390.0	1 380
40	20	90.6	138	105.0	160	154.0	233	202.0	308	249.0	359	283.0	415	343.0	524
	25	113.0	214	132.0	252	194.0	368	258.0	484	311.0	592	354.0	647	428.0	816
	30	136.0	312	158.0	361	232.0	530	306.0	680	374.0	855	444.0	1020	514.0	1180
	35	157.0	415	185.0	495	268.0	715	354.0	947	437.0	1 170	521.0	1 400	594.0	1 570
50	20	134.0	107	157.0	128	229.0	185	301.0	242	371.0	300	443.0	358	508.0	405
	25	168.0	169	197.0	197	287.0	287	377.0	370	465.0	470	554.0	561	636.0	637
	30	202.0	241	236.0	286	344.0	414	452.0	538	558.0	676	664.0	805	764.0	920
	35	234.0	327	270.0	390	400.0	565	530.0	939	650.0	930	776.0	1 100	885.0	1 240
70	20	257.0	71	299.0	85	437.0	123	572.0	162	706.0	196	838.0	236	970.0	271
	25	317.0	110	374.0	131	542.0	189	715.0	251	88.0	306	1 052.0	370	1 200.0	415
	30	380.0	157	448.0	188	650.0	274	858.0	360	1 060.0	446	1 262.0	532	1 440.0	547
	35	445.0	216	525.0	258	762.0	374	1 005.0	495	1 240.0	607	1 478.0	730	1 685.0	816
80	25	454	91	528	106	773	155	1 012	204	1 297	270	1 480	296	1 713	342
	30	556	135	630	152	926	223	1 213	291	1 498	360	1 776	425	2 053	484
	35	634	177	738	206	1082	304	1 415	396	1 749	490	2 074	580	2 400	671
	40	726	232	844	270	1 237	398	1 620	520	1 978	640	2 370	757	2 740	865
100	25	673	70	784	82	1149	121	1502	157	1 856	185	2 201	231	2 547	267
	30	808	102	940	118	1 377	174	1 801	226	2 220	280	2 640	331	3 058	384
	35	944	139	1 099	161	1 608	237	2 108	310	2 600	382	3 083	452	3 568	524
	40	1 034	166	1 250	208	1 832	307	2 396	400	2 980	500	3 514	587	4 030	667

注:1 mm H_2O=10 Pa。

附表 13　热媒管道水力计算表(水温 t=70～95℃　k=0.2 mm)

公称直径/mm		15		20		25		32		40	
内径/mm		15.75		21.25							
Q /(kJ·h^{-1})	G /(kJ·h^{-1})	R /(kPa·m^{-1})	v /(m·s^{-1})	R	v	R	v	R	v	R	v
1 047	10	0.5	0.016								
1 570	15	1.1	0.032								
2 093	20	1.9	0.030								
2 303	22	2.2	0.034								
2 512	24	2.6	0.037	0.6	0.020						
2 721	26	3.0	0.040	0.7	0.022						
2 931	28	3.5	0.043	0.8	0.024						
3 140	30	3.9	0.046	0.9	0.025						
3 350	32	4.4	0.049	1.0	0.027						
3 559	34	4.9	0.052	1.1	0.029						
3 768	36	5.5	0.056	1.2	0.031						
3 978	38	6.0	0.059	1.3	0.032						
4 187	40	6.7	0.062	1.45	0.034						
4 396	42	7.3	0.065	1.60	0.035						
4 606	44	7.9	0.069	1.75	0.037						
4 815	46	8.6	0.071	1.9	0.039						
5 024	48	9.3	0.074	2.05	0.040	0.6	0.025				
5 234	50	10.0	0.077	2.2	0.42	0.65	0.026				
5 443	52	10.8	0.080	2.35	0.044	0.7	0.027				
5 652	54	11.6	0.083	2.50	0.046	0.75	0.028				
6 071	56	12.4	0.087	2.7	0.047	0.8	0.029				
6 280	60	14.0	0.093	3.1	0.051	0.9	0.031				
7 536	72	19.6	0.112	4.3	0.061	1.2	0.037				
10 467	100	35.9	0.154	7.9	0.084	2.3	0.051	0.55	0.029		
14 654	140	66.8	0.216	14.6	0.118	4.2	0.072	1.01	0.041	0.51	0.031

附录14　热水管水力计算表(t=60℃　δ=1.0 mm)

流量		DN15 /mm		DN20		DN25		DN32		DN40		DN50		DN70		DN80		DN100	
L/h	L/s	R	v	R	v	R	v	R	v	R	v	R	v	R	v	R	v	R	v
360	0.10	1 690	0.75	224	0.35	51.8	0.2	11.8	0.12	4.84	0.084	1.29	0.051	0.32	0.03	0.11	0.02	0.03	0.012
540	0.15	3 810	1.13	504	0.53	117	0.31	26.5	0.17	10.9	0.125	2.9	0.076	0.72	0.045	0.25	0.031	0.06	0.018
720	0.20	6 780	1.51	897	0.7	207	0.41	472	0.23	194	0.17	5.15	0.1	1.27	0.06	0.45	0.041	0.11	0.024
1 080	0.30	15 260	2.26	2020	1.06	466	0.61	106	0.35	426	0.25	11.6	0.15	2.87	0.09	1.01	0.061	0.25	0.036
1 440	0.40	27 130	3.01	3 590	1.41	829	0.81	189	0.47	77.4	0.33	20.6	0.2	5.1	0.12	1.79	0.082	0.45	0.048
1 800	0.50	42 390	3.77	5 600	1.76	1290	1.02	295	0.53	121	0.42	32.2	0.25	7.96	0.15	2.8	0.1	0.58	0.06
2 160	0.60	—	—	8 070	2.21	1 860	1.22	425	0.7	174	0.5	46.4	0.31	11.5	0.18	4.03	0.12	0.98	0.072
2 520	0.70	—	—	10 990	2.47	2 540	1.43	578	0.82	237	0.59	63.1	0.36	15.6	0.21	5.49	0.14	1.33	0.084
2 880	0.80	—	—	14 350	2.82	3 320	1.63	755	0.93	310	0.67	82.4	0.41	20.4	0.24	7.17	0.16	1.74	0.096
3 600	1.0	—	—	22 420	3.53	5 180	2.04	1 180	1.17	484	0.84	129	0.51	31.8	0.3	11.2	0.2	2.72	0.12
4 320	1.2	—	—	—	—	7 460	2.44	1 700	1.4	697	1.00	185	0.61	459	0.36	161	0.24	3.93	0.14
5 040	1.4	—	—	—	—	10 160	2.85	2 310	1.64	949	1.17	252	0.71	62.4	0.42	21.9	0.29	5.34	0.17
5 760	1.6	—	—	—	—	13 260	3.26	3 020	1.87	1240	1.34	329	0.81	81.5	0.48	28.7	0.33	6.98	0.19
6 480	1.8	—	—	—	—	—	—	3 820	2.1	1 570	1.51	417	0.92	103	0.54	36.3	0.37	8.83	0.22
7 200	2.0	—	—	—	—	—	—	4 720	2.34	1 940	1.67	515	1.02	127	0.6	44.8	0.41	10.9	0.24
7 920	2.2	—	—	—	—	—	—	5 200	2.45	2 130	1.71	568	1.07	140	0.63	49.4	0.43	12	0.25
8 280	2.4	—	—	—	—	—	—	6 800	2.81	2 790	2.01	742	1.22	183	0.72	64.5	0.49	157	0.29
9 360	2.6	—	—	—	—	—	—	7 980	3.04	3 270	2.18	870	1.32	215	0.78	75.7	0.53	18.4	0.31
10 080	2.8	—	—	—	—	—	—	9 250	3.27	3 790	2.34	1 010	1.43	250	0.84	878	0.57	21.4	0.34
10 800	3.0	—	—	—	—	—	—	—	—	4 360	2.51	1 160	1.53	287	0.9	101	0.61	24.5	0.36
11 520	3.2	—	—	—	—	—	—	—	—	4 960	2.68	1 320	1.63	326	0.96	115	0.65	27.9	0.38
12 240	3.4	—	—	—	—	—	—	—	—	5 590	2.85	1 490	1.73	368	1.02	130	0.69	31.5	0.41
12 960	3.6	—	—	—	—	—	—	—	—	6 270	3.01	1 670	1.83	413	1.08	145	0.73	35.3	0.43
13 680	3.8	—	—	—	—	—	—	—	—	7 360	3.26	1 960	1.99	484	1.17	170	0.8	41.5	0.47
14 400	4.0	—	—	—	—	—	—	—	—	7 740	3.35	2 060	2.04	509	1.2	179	0.82	43.6	0.48
15 120	4.2	—	—	—	—	—	—	—	—	—	—	2 270	2.14	562	1.26	198	0.81	48.1	0.5
15 840	4.4	—	—	—	—	—	—	—	—	—	—	2 500	2.24	617	1.33	217	0.9	52.8	0.53
16 560	4.6	—	—	—	—	—	—	—	—	—	—	2 730	2.34	674	1.38	237	0.94	59.7	0.55
17 280	4.8	—	—	—	—	—	—	—	—	—	—	2 970	2.44	734	1.44	258	0.98	62.8	0.58
18 000	5.0	—	—	—	—	—	—	—	—	—	—	3 220	2.55	796	1.51	280	1.02	68.1	0.6
18 720	5.2	—	—	—	—	—	—	—	—	—	—	3 480	2.65	861	1.57	303	1.06	737	0.62
19 440	5.4	—	—	—	—	—	—	—	—	—	—	3 760	2.75	929	1.63	327	1.1	79.5	0.65
20 160	5.6	—	—	—	—	—	—	—	—	—	—	4 040	2.85	999	1.69	351	1.14	85.5	0.67
20 880	5.8	—	—	—	—	—	—	—	—	—	—	4 340	2.95	1 070	1.75	377	1.18	91.7	0.7
21 600	6.0	—	—	—	—	—	—	—	—	—	—	4 640	3.06	1 150	1.81	403	1.22	98.1	0.72
22 320	6.2	—	—	—	—	—	—	—	—	—	—	4 950	3.16	1 220	1.87	430	1.26	105	0.74
23 040	6.4	—	—	—	—	—	—	—	—	—	—	5 280	3.26	1 300	1.93	459	1.3	112	0.77
24 480	6.8	—	—	—	—	—	—	—	—	—	—	5 960	3.46	1 470	2.05	518	1.39	126	0.82
25 200	7.0	—	—	—	—	—	—	—	—	—	—	6 320	3.56	1 560	2.11	549	1.43	134	0.84
25 920	7.2	—	—	—	—	—	—	—	—	—	—	—	—	1 650	2.17	581	1.47	141	0.86
26 640	7.4	—	—	—	—	—	—	—	—	—	—	—	—	1 740	2.23	613	1.51	149	0.86
27 360	7.6	—	—	—	—	—	—	—	—	—	—	—	—	1 840	2.29	647	1.55	157	0.91
28 080	7.8	—	—	—	—	—	—	—	—	—	—	—	—	1 940	2.35	681	1.59	166	0.94
28 800	8.0	—	—	—	—	—	—	—	—	—	—	—	—	2 040	2.41	717	1.63	175	0.96
29 520	8.2	—	—	—	—	—	—	—	—	—	—	—	—	2 140	2.47	753	1.67	183	0.98

注:R—单位管长水头损失,kPa;v—流速,m/s。

附录15　排水管渠水力计算表

圆形断面 D=200 mm

h/D	i/‰													
	4		5		6		7		8		9		10	
	Q	v	Q	v	Q	v	Q	v	Q	v	Q	v	Q	v
0.10	0.40	0.25	0.45	0.28	0.50	0.30	0.54	0.33	0.57	0.35	0.61	0.37	0.64	0.39
0.15	0.95	0.32	1.06	0.36	1.16	0.39	1.26	0.42	1.34	0.45	1.42	0.48	1.50	0.51
0.20	1.71	0.38	1.91	0.43	2.09	0.47	2.26	0.50	2.41	0.54	2.56	0.57	2.70	0.60
0.25	2.66	0.43	2.98	0.49	3.26	0.53	3.62	0.58	3.76	0.61	4.00	0.65	4.21	0.69
0.30	3.81	0.48	4.26	0.54	4.67	0.59	5.05	0.54	5.39	0.68	5.72	0.72	6.03	0.76
0.35	5.11	0.52	5.71	0.58	6.26	0.64	6.76	0.63	7.22	0.74	7.67	0.78	8.08	0.82
0.40	6.56	0.56	7.34	0.62	8.04	0.69	8.60	0.74	9.28	0.79	9.85	0.84	10.4	0.88
0.45	8.11	0.59	9.07	0.66	9.94	0.72	10.7	0.78	11.5	0.84	12.2	0.89	12.8	0.94
0.50	9.73	0.62	10.9	0.69	11.9	0.76	12.9	0.82	13.8	0.88	14.6	0.93	15.4	0.98
0.55	11.4	0.64	12.7	0.72	14.0	0.79	15.1	0.85	16.1	0.91	17.1	0.97	18.0	1.02
0.60	13.1	0.66	14.6	0.74	16.0	0.81	17.3	0.89	18.5	0.94	19.6	1.00	20.7	1.05
0.65	14.7	0.68	16.5	0.76	18.0	0.83	19.5	0.90	20.8	0.96	22.1	1.02	23.8	1.08
0.70	16.3	0.69	18.2	0.78	20.0	0.86	21.6	0.92	23.0	0.98	24.1	1.04	25.8	1.10
0.75	17.7	0.70	19.8	0.79	21.8	0.86	23.6	0.93	25.1	0.99	26.6	1.05	28.1	1.11
0.80	19.0	0.71	21.3	0.79	23.3	0.87	25.2	0.93	26.9	1.00	28.6	1.06	30.1	1.12
0.85	20.0	0.70	22.4	0.79	24.6	0.86	26.6	0.93	28.4	1.00	30.1	1.06	31.7	1.12
0.90	20.7	0.70	23.2	0.78	25.4	0.85	27.5	0.92	29.3	0.99	31.1	1.05	32.8	1.10
0.95	20.9	0.68	23.4	0.76	25.6	0.83	27.7	0.90	29.6	0.96	31.1	1.02	33.1	1.07
1.00	19.5	0.62	21.8	0.69	23.3	0.76	25.8	0.82	27.5	0.88	29.2	0.93	30.8	0.98

h/D	i/‰													
	11		12		13		14		15		16		17	
	Q	v	Q	v	Q	v	Q	v	Q	v	Q	v	Q	v
0.10	0.67	0.41	0.70	0.43	0.73	0.45	0.76	0.46	0.78	0.48	0.81	0.50	0.83	0.51
0.15	1.57	0.53	1.64	0.55	1.71	0.58	1.77	0.60	1.84	0.62	1.90	0.61	1.96	0.67
0.20	2.83	0.63	2.96	0.66	3.08	0.69	3.19	0.71	3.31	0.74	3.43	0.76	3.52	0.79
0.25	4.42	0.72	4.61	0.75	4.80	0.78	4.98	0.81	5.16	0.84	5.33	0.87	5.49	0.90
0.30	6.32	0.80	6.60	0.83	6.87	0.87	7.13	0.90	7.39	0.93	7.63	0.96	7.86	0.99
0.35	8.48	0.86	8.85	0.90	9.21	0.94	9.56	0.97	9.90	1.01	10.2	1.04	10.5	1.07
0.40	10.9	0.93	11.4	0.97	11.8	1.01	12.3	1.05	12.7	1.08	13.1	1.12	13.6	1.15
0.45	13.5	0.98	14.0	1.02	14.6	1.07	15.2	1.11	15.7	1.15	16.2	1.18	16.7	1.22
0.50	16.1	1.03	16.9	1.07	17.6	1.12	18.2	1.16	18.9	1.20	19.6	1.24	20.1	1.28
0.55	18.9	1.07	19.7	1.11	20.5	1.16	21.3	1.20	22.1	1.26	22.8	1.29	23.5	1.33
0.60	21.7	1.10	22.6	1.15	23.6	1.20	24.5	1.24	25.3	1.26	26.2	1.33	27.0	1.37
0.65	24.4	1.13	25.5	1.18	26.6	1.23	27.5	1.27	28.5	1.32	29.5	1.36	30.4	1.40
0.70	27.0	1.15	28.2	1.20	29.4	1.26	30.5	1.30	31.6	1.34	32.6	1.39	33.6	1.43
0.75	29.5	1.17	30.7	1.22	32.0	1.27	33.2	1.31	34.4	1.36	35.5	1.41	36.6	1.45
0.80	31.6	1.17	32.9	1.22	34.3	1.27	35.6	1.32	36.9	1.37	38.1	1.41	39.2	1.46
0.85	33.3	1.17	34.7	1.22	26.2	1.27	37.6	1.32	38.9	1.37	40.1	1.41	41.4	1.46
0.90	34.4	1.16	35.9	1.21	37.4	1.26	38.8	1.30	40.2	1.36	41.6	1.40	42.8	1.44
0.95	34.7	1.13	36.2	1.17	37.7	1.22	39.1	1.27	40.5	1.31	41.8	1.36	43.1	1.40
1.00	32.3	1.03	33.7	1.07	35.1	1.12	36.4	1.16	37.7	1.20	38.9	1.34	40.1	1.28

注：流量 Q—L/s；流速 v—m/s；粗糙系数 n=0.014（以下同）。

圆形断面 D=250 mm

h/D	i/‰ 3		3.5		4		4.5		5		5.5		6	
	Q	v	Q	v	Q	v	Q	v	Q	v	Q	v	Q	v
0.10	064	0.25	0.69	0.27	0.74	0.29	0.79	0.31	0.83	0.32	0.87	0.34	0.91	0.35
0.15	1.49	0.32	1.60	0.35	1.71	0.37	1.82	0.39	1.92	0.42	2.01	0.44	2.10	0.46
0.20	2.68	0.38	2.89	0.41	3.09	0.44	3.28	0.47	3.46	0.49	3.63	0.52	3.79	0.54
0.25	4.19	0.44	4.52	0.47	4.83	0.50	5.13	0.53	5.40	0.56	5.67	0.59	5.92	0.62
0.30	5.99	0.48	6.48	0.52	6.91	0.56	7.33	0.59	7.73	0.62	8.11	0.65	8.47	0.68
0.35	8.02	0.52	8.68	0.57	9.25	0.60	9.83	0.64	10.3	0.68	10.9	0.71	11.3	0.74
0.40	10.3	0.56	11.1	0.61	11.9	0.65	12.6	0.69	13.3	0.73	14.0	0.76	14.6	0.80
0.45	12.7	0.59	13.8	0.64	14.7	0.69	15.6	0.73	16.4	0.77	17.2	0.81	18.0	0.84
0.50	15.3	0.62	16.5	0.67	17.6	0.72	18.7	0.76	19.7	0.80	20.7	0.84	21.6	0.88
0.55	17.9	0.65	19.3	0.70	20.7	0.75	21.9	0.79	23.1	0.84	24.3	0.88	25.3	0.92
0.60	20.5	0.67	22.2	0.72	23.7	0.77	25.1	0.82	26.5	0.86	27.8	0.90	29.0	0.94
0.65	23.1	0.69	25.0	0.74	26.7	0.79	28.3	0.84	29.8	0.88	31.3	0.93	32.7	0.97
0.70	25.6	0.70	27.7	0.75	29.5	0.80	31.3	0.85	33.0	0.90	34.7	0.94	36.2	0.99
0.75	27.9	0.71	30.2	0.76	32.2	0.81	34.1	0.86	36.0	0.91	37.8	0.96	39.4	1.00
0.80	29.9	0.71	32.3	0.77	34.5	0.82	36.6	0.87	38.6	0.92	40.5	0.96	42.3	1.00
0.85	31.5	0.71	34.1	0.77	36.3	0.82	38.6	0.87	40.7	0.92	42.7	0.96	44.6	1.00
0.90	32.6	0.70	35.2	0.76	37.6	0.81	39.9	0.86	42.0	0.90	44.1	0.95	46.1	0.99
0.95	32.9	0.68	35.5	0.74	37.9	0.79	40.2	0.84	42.4	0.88	44.5	0.92	46.5	0.96
1.00	30.6	0.62	33.0	0.67	35.3	0.72	37.4	0.76	39.5	0.80	41.4	0.84	43.2	0.88

h/D	i/‰ 6.5		7		8		9		10		11		12	
	Q	v	Q	v	Q	v	Q	v	Q	v	Q	v	Q	v
0.10	0.94	0.37	0.98	0.38	1.05	0.41	1.11	0.43	1.17	0.46	1.23	0.48	1.28	0.50
0.15	2.18	0.47	2.27	0.49	2.42	0.53	2.57	0.56	2.71	0.59	2.84	0.62	2.97	0.64
0.20	3.94	0.56	4.09	0.59	4.37	0.62	4.64	0.66	4.89	0.70	5.13	0.73	5.35	0.77
0.25	6.16	0.64	6.39	0.67	6.84	0.71	7.25	0.76	7.64	0.80	8.01	0.84	8.37	0.87
0.30	8.81	0.71	9.15	0.74	9.77	0.79	10.4	0.84	10.9	0.88	11.5	0.93	12.0	0.97
0.35	11.8	0.77	12.2	0.80	13.1	0.85	13.9	0.91	14.6	0.96	15.4	1.00	16.0	1.05
0.40	15.2	0.83	15.7	0.86	16.8	0.92	17.8	0.97	18.8	1.03	19.7	1.08	20.6	1.12
0.45	18.7	0.87	19.5	0.91	20.8	0.97	22.1	1.03	23.2	1.09	24.4	1.14	25.5	1.19
0.50	22.5	0.92	23.4	0.95	25.0	1.02	26.5	1.08	27.9	1.14	29.3	1.19	30.6	1.24
0.55	26.3	0.95	27.4	0.99	29.2	1.05	31.0	1.12	32.7	1.18	34.3	1.24	35.8	1.29
0.60	30.2	0.98	31.4	1.02	33.5	1.09	35.6	1.16	37.5	1.22	39.3	1.28	41.0	1.33
0.65	34.0	1.01	35.3	1.05	37.7	1.12	40.1	1.19	42.2	1.25	44.3	1.31	45.2	1.37
0.70	37.7	1.03	39.1	1.07	41.8	1.14	44.3	1.21	46.7	1.27	49.0	1.34	51.2	1.39
0.75	41.0	1.04	42.6	1.08	45.5	1.15	48.3	1.22	50.9	1.29	53.4	1.35	55.7	1.41
0.80	44.0	1.04	45.6	1.08	48.8	1.16	51.8	1.23	54.5	1.30	57.2	1.36	59.7	1.42
0.85	46.3	1.04	43.1	1.08	51.4	1.16	54.6	1.23	57.5	1.30	60.3	1.36	63.0	1.42
0.90	47.7	1.03	49.8	1.07	53.2	1.14	56.4	1.21	59.5	1.28	62.4	1.34	65.1	1.40
0.95	48.3	1.01	50.2	1.04	53.7	1.11	56.9	1.18	60.0	1.26	62.9	1.31	65.7	1.36
1.00	45.0	0.92	46.7	0.95	49.9	1.02	53.0	1.08	55.8	1.14	58.6	1.19	61.1	1.24

圆形断面 D=300 mm

h/D	i/‰													
	2.5		3		3.5		4		4.5		5		5.5	
	Q	v	Q	v	Q	v	Q	v	Q	v	Q	v	Q	v
0.10	0.95	0.26	1.04	0.28	1.12	0.30	1.20	0.33	1.27	0.35	1.34	0.36	1.41	0.38
0.15	2.21	0.33	2.42	0.36	2.61	0.39	2.79	0.42	2.96	0.45	3.12	0.47	3.27	0.49
0.20	3.98	0.40	4.36	0.43	4.71	0.47	5.03	0.50	5.34	0.53	5.63	0.56	5.91	0.59
0.25	6.22	0.45	6.82	0.49	7.36	0.53	7.86	0.57	8.35	0.60	8.80	0.64	9.23	0.67
0.30	8.90	0.50	9.75	0.55	10.5	0.59	11.2	0.63	11.9	0.67	12.6	0.70	13.2	0.74
0.35	11.9	0.54	13.1	0.59	14.1	0.64	15.1	0.68	16.0	0.73	16.8	0.76	17.7	0.80
0.40	15.3	0.58	16.8	0.64	18.1	0.69	19.3	0.73	20.5	0.78	21.6	0.82	22.7	0.86
0.45	18.9	0.61	20.7	0.67	22.4	0.73	23.9	0.77	25.4	0.82	26.7	0.87	28.1	0.91
0.50	22.7	0.64	24.9	0.70	26.9	0.76	28.7	0.81	30.5	0.86	32.1	0.91	33.7	0.95
0.55	26.6	0.67	29.1	0.73	31.5	0.79	33.6	0.84	35.7	0.90	37.6	0.94	39.6	0.99
0.60	30.5	0.69	33.4	0.76	36.1	0.82	38.6	0.87	40.9	0.92	43.1	0.97	45.3	1.02
0.65	34.3	0.70	37.6	0.77	40.7	0.84	43.4	0.89	46.1	0.95	48.6	1.00	51.0	1.05
0.70	38.0	0.72	41.7	0.79	45.0	0.85	48.1	0.91	51.0	0.97	53.8	1.02	56.4	1.07
0.75	41.4	0.73	45.4	0.80	49.0	0.86	52.4	0.92	55.6	0.98	58.6	1.03	61.5	1.08
0.80	44.4	0.73	48.6	0.80	52.6	0.87	56.1	0.93	59.6	0.98	62.8	1.04	65.9	1.09
0.85	46.8	0.73	51.3	0.80	55.4	0.87	59.2	0.92	62.8	0.98	66.2	1.03	69.4	1.08
0.90	48.4	0.72	53.0	0.79	57.3	0.86	61.2	0.91	65.0	0.97	68.4	1.02	71.8	1.07
0.95	48.8	0.70	53.5	0.77	57.8	0.83	61.7	0.89	65.5	0.94	69.0	0.99	72.4	1.04
1.00	45.4	0.64	49.8	0.70	53.8	0.76	57.4	0.81	60.9	0.86	64.2	0.91	67.4	0.95

h/D	i/‰													
	6		7		8		9		10		11		12	
	Q	v	Q	v	Q	v	Q	v	Q	v	Q	v	Q	v
0.10	1.47	0.40	1.59	0.43	1.70	0.46	1.80	0.49	1.90	0.52	1.99	0.54	2.08	0.56
0.15	3.42	0.51	3.69	0.56	3.94	0.59	4.19	0.63	4.41	0.66	4.63	0.70	4.83	0.73
0.20	6.17	0.61	6.66	0.66	7.12	0.71	7.55	0.75	7.96	0.79	8.35	0.83	8.72	0.87
0.25	9.64	0.70	10.4	0.75	11.1	0.80	11.8	0.85	12.4	0.90	13.0	0.94	13.6	0.99
0.30	13.8	0.77	14.9	0.83	15.9	0.89	16.9	0.95	17.8	1.00	18.7	1.05	19.5	1.09
0.35	18.5	0.84	19.9	0.90	21.3	0.97	22.6	1.03	23.8	1.08	25.0	1.13	26.1	1.18
0.40	23.7	0.90	25.6	0.97	27.4	1.04	29.0	1.10	30.6	1.16	32.1	1.22	33.5	1.27
0.45	29.3	0.95	31.7	1.03	33.8	1.10	35.9	1.16	37.8	1.23	39.7	1.29	41.4	1.34
0.50	35.2	1.00	38.0	1.08	40.6	1.15	43.1	1.22	45.4	1.29	47.6	1.35	49.7	1.41
0.55	41.2	1.03	44.5	1.12	47.6	1.19	50.5	1.27	53.2	1.34	55.8	1.40	58.2	1.46
0.60	47.3	1.07	51.1	1.15	54.5	1.23	57.9	1.31	61.0	1.38	64.0	1.45	66.8	1.51
0.65	53.2	1.09	57.5	1.18	61.4	1.26	65.2	1.34	68.7	1.41	72.1	1.48	75.2	1.55
0.70	58.9	1.12	63.6	1.20	68.0	1.29	72.2	1.37	76.0	1.44	79.8	1.51	83.3	1.58
0.75	64.2	1.13	69.3	1.22	74.1	1.30	78.6	1.38	82.8	1.46	86.9	1.53	90.7	1.59
0.80	68.8	1.14	74.3	1.23	79.4	1.31	84.2	1.39	88.8	1.47	93.1	1.54	97.2	1.60
0.85	72.5	1.13	78.3	1.22	85.7	1.31	8.88	1.39	93.6	1.46	98.2	1.53	102.5	1.60
0.90	75.0	1.12	81.0	1.21	86.5	1.29	91.9	1.37	96.8	1.45	101.5	1.52	106.0	1.58
0.95	75.6	1.09	81.7	1.18	87.3	1.26	92.6	1.34	97.6	1.41	102.4	1.48	106.9	1.54
1.00	70.4	1.00	76.0	1.08	81.2	1.15	86.2	1.22	90.8	1.29	95.3	1.35	99.5	1.41

圆形断面 D=350 mm

h/D	i/‰													
	2		2.5		3		3.5		4		4.5		5	
	Q	v	Q	v	Q	v	Q	v	Q	v	Q	v	Q	v
0.10	1.28	0.26	1.43	0.29	1.57	0.31	1.69	0.34	1.81	0.36	1.92	0.38	2.02	0.40
0.15	2.97	0.33	3.33	0.37	3.64	0.40	3.94	0.44	4.20	0.46	4.46	0.49	4.70	0.52
0.20	5.36	0.39	5.99	0.44	6.57	0.48	7.10	0.52	7.58	0.55	8.05	0.59	8.48	0.62
0.25	8.38	0.45	9.37	0.50	10.3	0.55	11.1	0.59	11.8	0.63	12.6	0.67	13.2	0.70
0.30	12.0	0.49	13.4	0.55	14.7	0.60	15.9	0.65	16.9	0.70	18.0	0.74	18.9	0.78
0.35	16.1	0.54	18.0	0.60	19.7	0.66	21.3	0.71	22.7	0.76	24.1	0.80	25.4	0.85
0.40	20.6	0.57	23.1	0.64	25.3	0.70	27.3	0.76	29.2	0.81	31.0	0.86	32.6	0.91
0.45	25.5	0.61	28.5	0.68	31.3	0.74	33.8	0.80	36.0	0.86	38.3	0.91	40.8	0.96
0.50	30.6	0.64	34.2	0.71	37.5	0.78	40.5	0.84	43.3	0.90	45.9	0.95	48.4	1.01
0.55	35.8	0.66	40.1	0.74	43.9	0.81	47.5	0.88	50.7	0.93	53.8	0.99	56.7	1.05
0.60	41.1	0.68	46.0	0.76	50.4	0.84	54.4	0.90	58.1	0.96	61.7	1.02	65.0	1.08
0.65	46.3	0.70	51.8	0.78	56.7	0.86	61.3	0.93	65.4	0.99	69.5	1.05	73.2	1.11
0.70	51.2	0.71	57.3	0.80	62.8	0.87	67.8	0.94	72.4	1.01	76.9	1.07	81.0	1.13
0.75	55.8	0.72	62.4	0.81	68.4	0.88	73.9	0.95	78.9	1.02	83.8	1.08	88.3	1.14
0.80	59.8	0.73	66.9	0.81	73.3	0.89	79.2	0.96	84.6	1.03	87.8	1.09	94.6	1.15
0.85	63.1	0.72	70.5	0.81	77.3	0.89	83.5	0.96	89.2	1.02	94.7	1.09	99.7	1.14
0.90	65.2	0.72	72.9	0.80	79.9	0.88	86.4	0.95	92.2	1.01	97.9	1.07	103.1	1.13
0.95	65.8	0.70	73.6	0.78	80.6	0.85	87.1	0.92	93.0	0.98	98.7	1.05	104.0	1.10
1.00	61.2	0.64	68.5	0.71	75.0	0.78	81.0	0.84	86.5	0.90	91.9	0.95	96.8	1.01

h/D	i/‰													
	5.5		6.0		7		8		9		10		11	
	Q	v	Q	v	Q	v	Q	v	Q	v	Q	v	Q	v
0.10	2.12	0.42	2.22	0.44	2.39	0.48	2.56	0.51	2.71	0.54	2.86	0.57	3.00	0.60
0.15	4.93	0.55	5.15	0.57	5.57	0.62	5.95	0.66	6.31	0.70	6.65	0.74	6.98	0.77
0.20	8.90	0.65	9.29	0.68	10.0	0.74	10.7	0.78	11.4	0.83	12.0	0.87	12.6	0.92
0.25	13.9	0.74	14.5	0.77	15.7	0.83	16.7	0.89	17.8	0.95	18.7	1.00	19.7	1.05
0.30	19.9	0.82	20.8	0.86	22.4	0.92	24.0	0.99	25.4	1.05	26.8	1.10	28.1	1.16
0.35	26.6	0.89	27.8	0.93	30.1	1.00	32.1	1.07	34.1	1.14	35.9	1.20	37.7	1.26
0.40	34.2	0.95	35.8	1.00	38.6	1.07	41.2	1.15	43.8	1.22	46.1	1.28	48.4	1.35
0.45	42.3	1.01	44.2	1.05	47.7	1.14	51.0	1.20	54.1	1.29	57.0	1.36	59.8	1.42
0.50	50.8	1.06	53.1	1.10	57.3	1.19	61.2	1.27	65.0	1.35	68.5	1.42	71.8	1.49
0.55	59.5	1.10	62.1	1.15	67.1	1.24	71.7	1.32	76.1	1.40	80.2	1.48	84.1	1.55
0.60	68.2	1.13	71.3	1.18	77.0	1.28	82.2	1.36	87.3	1.45	92.0	1.53	96.5	1.60
0.65	76.8	1.16	80.2	1.21	86.7	1.31	92.6	1.40	98.3	1.48	103.6	1.56	108.6	1.64
0.70	85.0	1.18	88.8	1.23	95.9	1.33	102.5	1.42	108.5	1.51	114.6	1.59	120.2	1.67
0.75	92.6	1.20	96.8	1.25	101.5	1.35	111.6	1.44	118.5	1.53	124.9	1.61	131.0	1.69
0.80	99.3	1.20	103.7	1.26	112.0	1.36	119.6	1.45	127.0	1.54	133.8	1.62	140.0	1.70
0.85	104.7	1.20	109.3	1.25	118.1	1.36	126.1	1.45	133.9	1.54	141.1	1.62	148.0	1.70
0.90	108.3	1.19	113.1	1.24	122.1	1.34	130.4	1.43	138.5	1.52	145.9	1.60	153.0	1.68
0.95	109.2	1.16	114.0	1.21	123.1	1.30	131.5	1.39	139.6	1.48	147.1	1.56	154.3	1.63
1.00	101.6	1.06	106.1	1.10	114.6	1.19	122.4	1.27	129.9	1.36	136.9	1.42	143.6	1.49

圆形断面 D=400 mm

h/D	i/‰													
	1.5		1.6		1.8		2		2.5		3		3.5	
	Q	v	Q	v	Q	v	Q	v	Q	v	Q	v	Q	v
0.10	1.58	0.24	1.63	0.25	1.73	0.26	1.82	0.28	2.04	0.31	2.24	0.34	2.42	0.37
0.15	3.68	0.31	3.80	0.32	4.03	0.34	4.25	0.36	4.75	0.40	5.21	0.44	5.62	0.48
0.20	6.63	0.37	6.85	0.38	7.26	0.41	7.65	0.43	8.56	0.48	9.38	0.52	10.1	0.57
0.25	10.3	0.42	10.7	0.44	11.3	0.46	12.0	0.49	13.4	0.54	14.7	0.60	15.8	0.64
0.30	14.8	0.47	15.3	0.48	16.2	0.51	17.1	0.54	19.1	0.60	21.0	0.68	22.6	0.72
0.35	19.8	0.51	20.5	0.52	21.7	0.55	22.9	0.58	25.6	0.65	28.1	0.72	30.3	0.77
0.40	25.5	0.54	26.3	0.56	27.9	0.59	29.4	0.63	32.9	0.70	36.1	0.77	39.0	0.83
0.45	31.5	0.57	32.6	0.59	34.5	0.63	36.4	0.66	40.7	0.74	44.6	0.81	48.2	0.88
0.50	37.8	0.60	39.1	0.62	41.4	0.66	43.7	0.70	48.8	0.78	53.5	0.85	57.8	0.92
0.55	44.3	0.63	45.8	0.65	48.5	0.69	51.2	0.72	57.2	0.81	62.7	0.89	67.7	0.96
0.60	50.8	0.65	52.5	0.67	55.6	0.71	58.7	0.75	65.6	0.83	71.9	0.91	77.7	0.99
0.65	57.2	0.66	59.1	0.68	62.7	0.72	66.1	0.76	73.9	0.85	81.0	0.94	87.5	1.01
0.70	63.3	0.67	65.4	0.70	69.3	0.74	73.1	0.78	81.8	0.87	89.6	0.95	96.8	1.03
0.75	69.0	0.68	71.3	0.71	75.6	0.75	79.7	0.79	89.1	0.88	97.6	0.97	105.5	1.04
0.80	73.9	0.69	76.4	0.71	81.0	0.75	85.4	0.79	95.5	0.89	104.6	0.97	113.0	1.05
0.85	77.9	0.68	80.5	0.71	85.4	0.75	90.0	0.79	100.7	0.88	110.3	0.97	119.2	1.05
0.90	80.6	0.68	83.3	0.70	88.3	0.74	93.1	0.78	104.1	0.87	114.1	0.96	123.3	1.03
0.95	81.3	0.66	84.0	0.68	89.0	0.72	93.9	0.76	105.0	0.85	115.1	0.93	124.3	1.01
1.00	75.6	0.60	78.2	0.62	82.8	0.66	87.3	0.70	97.7	0.78	107.1	0.85	115.7	0.92

h/D	i/‰													
	4		4.5		5		6		7		8		9	
	Q	v	Q	v	Q	v	Q	v	Q	v	Q	v	Q	v
0.10	2.58	0.39	2.74	0.42	2.88	0.44	3.16	0.48	3.41	0.52	3.65	0.56	3.87	0.59
0.15	6.00	0.51	6.37	0.54	6.72	0.57	7.36	0.62	7.95	0.67	8.49	0.72	9.02	0.76
0.20	10.8	0.60	11.5	0.64	12.1	0.68	13.3	0.74	14.3	0.80	15.3	0.85	16.2	0.91
0.25	16.9	0.69	17.9	0.73	18.9	0.77	20.7	0.84	22.4	0.91	23.9	0.97	25.4	1.03
0.30	24.2	0.76	25.7	0.81	27.0	0.85	29.6	0.94	32.0	1.01	34.2	1.08	36.3	1.15
0.35	32.4	0.83	34.4	0.88	36.2	0.93	39.7	1.01	42.9	1.09	45.8	1.17	48.7	1.24
0.40	41.6	0.89	44.2	0.94	46.6	0.99	51.0	1.09	55.1	1.17	58.9	1.25	62.5	1.33
0.45	51.4	0.94	54.6	1.00	57.5	1.05	63.1	1.15	68.1	1.24	72.8	1.33	77.2	1.41
0.50	61.7	0.98	65.6	1.04	69.1	1.10	75.7	1.21	81.8	1.30	87.3	1.39	92.7	1.48
0.55	72.3	1.02	76.8	1.08	80.9	1.14	88.7	1.25	95.8	1.36	102.3	1.44	108.6	1.53
0.60	82.9	1.05	88.1	1.12	92.8	1.18	101.7	1.29	109.9	1.41	117.3	1.49	124.6	1.58
0.65	93.4	1.08	99.2	1.15	104.5	1.21	114.5	1.32	123.7	1.43	132.1	1.53	140.2	1.62
0.70	103.4	1.10	109.8	1.17	115.6	1.23	126.8	1.35	136.9	1.46	146.2	1.55	155.2	1.65
0.75	112.6	1.11	119.7	1.18	126.0	1.25	138.1	1.37	149.1	1.48	159.3	1.58	169.1	1.67
0.80	120.7	1.12	128.1	1.19	135.0	1.25	148.0	1.37	159.8	1.48	170.7	1.58	181.2	1.68
0.85	127.2	1.12	135.1	1.19	142.3	1.25	156.0	1.37	168.5	1.48	180.0	1.58	191.1	1.68
0.90	131.6	1.10	139.7	1.17	147.2	1.24	161.4	1.35	174.3	1.46	186.2	1.56	197.6	1.66
0.95	132.7	1.08	140.9	1.14	148.4	1.20	162.8	1.32	175.7	1.43	187.7	1.52	199.3	1.62
1.00	123.5	0.98	131.1	1.04	138.1	1.10	151.4	1.21	163.5	1.30	174.7	1.39	185.1	1.48

附录16　给水管道设计秒流量计算表

U_0	1.0		1.5		2.0		2.5		3.0		3.5	
N_g	U/%	q/(L·s^{-1})	U/%	q/(L·s^{-1})	U/%	q/(L·s^{-1})	U/%	q/(L·s^{-1})	U/%	q/(L·s^{-1})	U/%	q/(L·s^{-1})
1	100.00	0.20	100.00	0.20	100.00	0.20	100.00	0.20	100.00	0.20	100.00	0.20
2	70.94	0.28	71.20	0.28	71.49	0.29	71.78	0.29	72.08	0.29	72.39	0.29
3	58.00	0.35	58.30	0.35	58.62	0.35	58.96	0.35	59.31	0.36	59.66	0.36
4	50.28	0.40	50.60	0.40	50.94	0.41	51.30	0.41	51.66	0.41	52.03	0.42
5	45.01	0.45	45.34	0.45	45.69	0.46	46.06	0.46	46.43	0.46	46.82	0.47
6	41.12	0.49	41.45	0.50	41.81	0.50	42.18	0.51	42.57	0.51	42.96	0.52
7	38.09	0.53	38.43	0.54	38.79	0.54	39.17	0.55	39.56	0.55	39.96	0.56
8	36.65	0.57	35.99	0.58	36.36	0.58	36.74	0.59	37.13	0.59	37.53	0.60
9	33.63	0.61	33.98	0.61	34.35	0.62	34.73	0.63	35.12	0.63	35.33	0.64
10	31.92	0.64	32.27	0.65	32.64	0.65	33.03	0.66	33.42	0.67	33.83	0.68
11	30.45	0.67	30.80	0.68	31.17	0.69	31.56	0.69	31.96	0.70	32.36	0.71
12	29.17	0.70	29.52	0.71	29.89	0.72	30.28	0.73	30.68	0.74	31.09	0.75
13	28.04	0.73	28.39	0.74	28.76	0.75	29.15	0.76	29.55	0.77	29.96	0.78
14	27.03	0.76	27.38	0.77	27.76	0.78	28.15	0.79	28.55	0.80	28.96	0.81
15	26.12	0.78	26.48	0.79	26.85	0.81	27.24	0.82	27.64	0.83	28.05	0.84
16	25.30	0.81	25.66	0.82	26.03	0.83	26.42	0.85	26.83	0.86	27.24	0.87
17	24.56	0.83	24.91	0.85	25.29	0.86	25.68	0.87	26.08	0.89	26.49	0.90
18	23.88	0.86	24.23	0.87	24.61	0.89	25.00	0.90	25.40	0.91	25.81	0.93
19	23.25	0.88	23.60	0.90	23.98	0.91	24.37	0.93	24.77	0.94	25.19	0.96
20	22.67	0.91	23.02	0.92	23.40	0.94	23.79	0.95	24.20	0.97	24.61	0.98
22	21.63	0.95	21.98	0.97	22.36	0.98	22.75	1.00	23.16	1.02	23.57	1.04
24	20.72	0.99	21.07	1.01	21.45	1.03	21.85	1.05	22.25	1.07	22.66	1.09
26	19.92	1.04	20.27	1.05	20.65	1.07	21.05	1.09	21.45	1.12	21.87	1.14
28	19.21	1.08	19.56	1.10	19.94	1.12	20.33	1.14	20.74	1.16	21.15	1.18
30	18.56	1.11	18.92	1.14	19.30	1.16	19.69	1.18	20.10	1.21	20.51	1.23
32	17.99	1.15	18.34	1.17	18.72	1.20	19.12	1.22	19.52	1.25	19.94	1.28
34	17.46	1.19	17.81	1.21	18.19	1.24	18.59	1.26	18.99	1.29	19.41	1.32
36	16.97	1.22	17.33	1.25	17.71	1.28	18.11	1.30	18.51	1.33	18.93	1.36
38	16.53	1.26	16.89	1.28	17.27	1.31	17.66	1.34	18.07	1.37	18.48	1.40
40	16.12	1.29	16.48	1.32	16.86	1.35	17.25	1.38	17.66	1.41	18.07	1.45

续表

U_0	1.0		1.5		2.0		2.5		3.0		3.5	
42	15.74	1.32	16.09	1.35	16.47	1.38	16.87	1.42	17.28	1.45	17.69	1.49
44	15.38	1.35	15.74	1.39	16.12	1.42	16.52	1.45	16.92	1.49	17.34	1.53
46	15.05	1.38	15.41	1.42	15.79	1.45	16.18	1.49	16.59	1.53	17.00	1.56
48	14.74	1.42	15.10	1.45	15.48	1.49	15.87	1.52	16.28	1.56	16.69	1.60
50	14.45	1.45	14.81	1.48	15.19	1.52	15.58	1.56	15.99	1.60	16.40	1.64
55	13.79	1.52	14.15	1.56	14.53	1.60	14.92	1.64	15.33	1.69	15.74	1.73
60	13.22	1.59	13.57	1.63	13.95	1.67	14.35	1.72	14.76	1.77	15.17	1.82
65	12.71	1.65	13.07	1.70	13.45	1.75	13.84	1.80	14.25	1.85	14.66	1.91
70	12.26	1.72	12.62	1.77	13.00	1.82	13.39	1.87	13.80	1.93	14.21	1.99
75	11.85	1.78	12.21	1.83	12.59	1.89	12.99	1.95	13.39	2.01	13.81	2.07
80	11.49	1.84	11.84	1.89	12.22	1.96	12.62	2.02	13.02	2.08	13.44	2.15
85	11.15	1.90	11.51	1.96	11.89	2.02	12.28	2.09	12.69	2.16	13.10	2.23
90	10.85	1.95	11.20	2.02	11.58	2.09	11.98	2.16	12.38	2.23	12.80	2.30
95	10.57	2.01	10.92	2.08	11.30	2.15	11.70	2.22	12.10	2.30	12.52	2.38
100	10.31	2.06	10.66	2.13	11.04	2.21	11.44	2.29	11.84	2.37	12.26	2.45
110	9.84	2.17	10.20	2.24	10.58	2.33	10.97	2.41	11.38	2.50	11.79	2.59
120	9.44	2.26	9.79	2.35	10.17	2.44	10.56	2.54	10.97	2.63	11.38	2.73
130	9.08	2.36	9.43	2.45	9.81	2.55	10.21	2.65	10.61	2.76	11.02	2.87
140	8.76	2.45	9.11	2.55	9.49	2.66	9.89	2.77	10.29	2.88	10.70	3.00
150	8.47	2.54	8.83	2.65	9.20	2.76	9.60	2.88	10.00	3.00	10.42	3.12
160	8.21	2.63	8.57	2.74	8.94	2.86	9.34	2.99	9.74	3.12	10.16	3.25
170	7.98	2.71	8.33	2.83	8.71	2.96	9.10	3.09	9.51	3.23	9.92	3.37
180	7.76	2.79	8.11	2.92	8.49	3.06	8.89	3.20	9.29	3.34	9.70	3.49
190	7.56	2.87	7.91	3.01	8.29	3.15	8.69	3.30	9.09	3.45	9.50	3.61
200	7.38	2.95	7.73	3.09	8.11	3.24	8.50	3.40	8.91	3.56	9.32	3.73
220	7.05	3.10	7.40	3.26	7.78	3.42	8.17	3.60	8.57	3.77	8.99	3.95
240	6.76	3.25	7.11	3.41	7.49	3.60	7.88	3.78	8.29	3.98	8.70	4.17
260	6.51	3.28	6.86	3.57	7.24	3.76	7.63	3.97	8.03	4.18	8.44	4.39
280	6.28	3.52	6.63	3.72	7.01	3.93	7.40	4.15	7.81	4.37	8.22	4.60
300	6.08	3.65	6.43	3.86	6.81	4.08	7.20	4.32	7.60	4.56	8.01	4.81
320	5.89	3.77	6.25	4.00	6.62	4.24	7.02	4.49	7.42	4.75	7.83	5.01

续表

U_0	1.0		1.5		2.0		2.5		3.0		3.5	
340	5.73	3.89	6.08	4.13	6.46	4.39	6.85	4.66	7.25	4.93	7.66	5.21
360	5.57	4.01	5.93	4.27	6.30	4.54	6.69	4.82	7.10	5.11	7.51	5.40
380	5.43	4.13	5.79	4.40	6.16	4.68	6.55	4.98	6.95	5.29	7.36	5.60
400	5.30	4.24	5.66	4.52	6.03	4.83	6.42	5.14	6.82	5.46	7.23	5.79
420	5.18	4.35	5.54	4.65	5.91	4.96	6.30	5.29	6.70	5.63	7.11	5.97
440	5.07	4.46	5.42	4.77	5.80	5.10	6.19	5.45	6.59	5.80	7.00	6.16
460	4.97	4.57	5.32	4.89	5.69	5.24	6.08	5.60	6.48	5.97	6.89	6.34
480	4.87	4.67	5.22	5.01	5.59	5.37	5.98	5.75	6.39	6.13	6.79	6.52
500	4.78	4.78	5.13	5.13	5.50	5.50	5.89	5.89	6.29	6.29	6.70	6.70
550	4.57	5.02	4.92	5.41	5.29	5.82	5.68	6.25	6.08	6.69	6.49	7.14
600	4.39	5.26	4.74	5.68	5.11	6.13	5.50	6.60	5.90	7.08	6.31	7.57
650	4.23	5.49	4.58	5.95	4.95	6.43	5.34	6.94	5.74	7.46	6.15	7.99
700	4.08	5.72	4.43	6.20	4.81	6.73	5.19	7.27	5.59	7.83	6.00	8.40
750	3.95	5.93	4.30	6.46	4.68	7.02	5.07	7.60	5.46	8.20	5.87	8.81
800	3.84	6.14	4.19	6.70	4.56	7.30	4.95	7.92	5.35	8.56	5.75	9.21
850	3.73	6.34	4.08	6.94	4.45	7.57	4.84	8.23	5.24	8.91	5.65	9.60
900	3.64	6.54	3.98	7.17	4.36	7.84	4.75	8.54	5.14	9.26	5.55	9.99
950	3.55	6.74	3.90	7.40	4.27	8.11	4.66	8.85	5.05	9.60	5.46	10.37
1 000	3.46	6.93	3.81	7.63	4.19	8.37	4.57	9.15	4.97	9.94	5.38	10.75
1 100	3.32	7.30	3.66	8.06	4.04	8.88	4.42	9.73	4.82	10.61	5.23	11.50
1 200	3.09	7.65	3.54	8.49	3.91	9.38	4.29	10.31	4.69	11.26	5.10	12.23
1 300	3.07	7.99	3.42	8.90	3.79	9.86	4.18	10.87	4.58	11.90	4.98	12.95
1 400	2.97	8.33	3.32	9.30	3.69	10.34	4.08	11.42	4.48	12.53	4.88	13.66
1 500	2.88	8.65	3.23	9.69	3.60	10.80	3.99	11.96	4.38	3.15	4.79	14.36
1 600	2.80	8.96	3.15	10.07	3.52	11.26	3.90	12.49	4.30	13.76	4.70	15.05
1 700	2.73	9.27	3.07	10.45	3.44	11.71	3.83	13.02	4.22	14.36	4.63	15.74
1 800	2.66	9.57	3.00	10.81	3.37	12.15	3.76	13.53	4.16	14.96	4.56	16.41
1 900	2.59	9.86	2.94	11.17	3.31	12.58	3.70	14.04	4.09	15.55	4.49	17.08
2 000	2.54	10.14	2.88	11.53	3.25	13.01	3.64	14.55	4.03	16.13	4.44	17.74
2 200	2.43	10.70	2.78	12.22	3.15	13.85	3.53	15.54	3.93	17.28	4.33	19.05
2 400	2.34	11.23	2.69	12.89	3.06	14.67	3.44	16.51	3.83	18.41	4.24	20.34

续表

U_0	1.0		1.5		2.0		2.5		3.0		3.5	
2 600	2.26	11.75	2.61	13.55	2.97	15.47	3.36	17.46	3.75	19.52	4.16	21.61
2 800	2.19	12.26	2.53	14.19	2.90	16.25	3.29	18.40	3.68	20.61	4.08	22.86
3 000	2.12	12.75	2.47	14.81	2.84	17.03	3.22	19.33	3.62	21.69	4.02	24.10
3 200	2.07	13.22	2.41	15.43	2.78	17.79	3.16	20.24	3.56	22.76	3.96	25.33
3 400	2.01	13.69	2.36	16.03	2.73	18.54	3.11	21.14	3.50	23.81	3.90	26.54
3 600	1.96	14.15	2.13	16.62	2.68	19.27	3.06	22.03	3.45	24.86	3.85	27.75
3 800	1.92	14.59	2.26	17.21	2.63	20.00	3.01	22.91	3.41	25.90	3.81	28.94
4 000	1.88	15.03	2.22	17.78	2.59	20.72	2.97	23.78	3.37	26.92	3.77	30.13
4 200	1.84	15.46	2.18	18.35	2.55	21.43	2.93	24.64	3.33	27.94	3.73	31.30
4 400	1.80	15.88	2.15	18.91	2.52	22.14	2.90	25.50	3.29	28.95	3.69	32.47
4 600	1.77	16.30	2.12	19.46	2.48	22.84	2.86	26.35	3.26	29.96	3.66	33.64
4 800	1.74	16.71	2.08	20.00	2.45	23.53	2.83	27.19	3.22	30.95	3.62	34.79
5 000	1.71	17.11	2.05	20.54	2.42	24.21	2.80	28.03	3.19	31.95	3.59	35.94
5 500	1.65	18.10	1.99	21.87	2.35	25.90	2.74	30.09	3.13	34.40	3.53	38.79
6 000	1.59	19.05	1.93	23.16	2.30	27.55	2.68	32.12	3.07	36.82	N_g=5 714	
6 500	1.54	19.97	1.88	24.43	2.24	29.18	2.63	34.13	3.02	39.21	u=3.5%	
6 667									3.00	40.00	q=40.00	
7 000	1.49	20.88	1.83	25.67	2.20	30.78	2.58	36.11				
7 500	1.45	21.76	1.79	26.88	2.16	32.36	2.54	38.06				
8 000	1.41	22.62	1.76	28.08	2.12	33.92	2.50	40.00				
8 500	1.38	23.46	1.72	29.26	2.09	35.47						
9 000	1.35	24.29	1.69	30.43	2.06	36.99						
9 500	1.32	25.10	1.66	31.58	2.03	38.50						
10 000	1.29	25.90	1.64	32.72	2.00	40.00						
11 000	1.25	27.46	1.59	34.95								
12 000	1.21	28.97	1.55	37.14								
13 000	1.17	30.45	1.51	39.29								
14 000	1.14	31.89	N_g=13 333									
15 000	1.11	33.31	u=1.5									
16 000	1.08	34.69	q=40									
17 000	1.06	36.05										
18 000	1.04	37.39										
19 000	1.02	38.70										
20 000	1.00	40.00										

续表 16

U_0	1.0		1.5		2.0		2.5		3.0		3.5	
U_0	4.0		4.5		5.0		6.0		7.0		8.0	
N_g	U/%	q/(L·s^{-1})	U/%	q/(L·s^{-1})	U/%	q/(L·s^{-1})	U/%	q/(L·s^{-1})	U/%	q/(L·s^{-1})	U/%	q/(L·s^{-1})
1	100.00	0.20	100.00	0.20	100.00	0.20	100.00	0.20	100.00	0.20	100.00	0.20
2	72.70	0.29	73.02	0.29	73.33	0.29	73.98	0.30	74.64	0.30	75.30	0.30
3	60.02	0.36	60.38	0.36	60.75	0.36	61.49	0.37	62.24	0.37	63.00	0.38
4	52.41	0.42	52.80	0.42	53.18	0.43	53.97	0.43	54.76	0.44	55.56	0.44
5	47.21	0.47	47.60	0.48	48.00	0.48	48.80	0.49	49.62	0.50	50.45	0.50
6	43.35	0.52	43.76	0.53	44.16	0.53	44.98	0.54	45.81	0.55	46.65	0.56
7	40.36	0.57	40.76	0.57	41.17	0.58	42.01	0.59	42.85	0.60	43.70	0.61
8	37.94	0.61	38.35	0.61	38.76	0.62	39.60	0.63	40.45	0.65	41.31	0.66
9	35.93	0.65	36.35	0.65	36.76	0.66	37.61	0.68	38.46	0.69	39.33	0.71
10	34.24	0.68	34.65	0.69	35.07	0.70	35.92	0.72	36.78	0.74	37.65	0.75
11	32.77	0.72	33.19	0.73	33.61	0.74	34.46	0.76	35.33	0.78	36.20	0.80
12	31.50	0.76	31.92	0.77	32.34	0.78	33.19	0.80	34.06	0.82	34.93	0.84
13	30.37	0.79	30.79	0.80	31.22	0.81	32.07	0.83	32.94	0.86	33.82	0.88
14	29.37	0.82	29.79	0.83	30.22	0.85	31.07	0.87	31.94	0.89	32.82	0.92
15	28.47	0.85	28.89	0.87	29.32	0.88	30.18	0.91	31.05	0.93	31.93	0.96
16	27.65	0.88	28.08	0.90	28.50	0.91	29.36	0.94	30.23	0.97	31.12	1.00
17	26.91	0.91	27.33	0.93	27.76	0.94	28.62	0.97	29.50	1.00	30.38	1.03
18	26.23	0.94	26.65	0.96	27.08	0.97	27.94	1.01	28.82	1.04	29.70	1.07
19	25.60	0.97	26.03	0.99	26.45	1.01	27.32	1.04	28.19	1.09	29.08	1.10
20	25.03	1.00	25.45	1.02	25.88	1.04	26.74	1.07	27.62	1.10	28.50	1.14
22	23.99	1.06	24.41	1.07	24.84	1.09	25.71	1.13	26.58	1.17	27.47	1.21
24	23.08	1.11	23.51	1.13	23.94	1.15	24.80	1.19	25.68	1.23	26.57	1.28
26	22.29	1.16	22.71	1.18	23.14	1.20	24.01	1.25	24.98	1.29	25.77	1.34
28	21.57	1.21	22.00	1.23	22.43	1.26	23.30	1.30	24.18	1.35	25.06	1.40
30	20.93	1.26	21.36	1.28	21.79	1.31	22.66	1.36	23.54	1.41	24.43	1.47
32	20.36	1.30	20.78	1.33	21.21	1.36	22.08	1.41	22.96	1.47	23.85	1.53

续附录16

U_0	1.0		1.5		2.0		2.5		3.0		3.5	
34	19.83	1.35	20.25	1.38	20.68	1.41	21.55	1.47	22.43	1.53	23.32	1.59
36	19.35	1.39	19.77	1.42	20.20	1.45	21.07	1.52	21.95	1.58	22.84	1.64
38	18.90	1.44	19.33	1.47	19.76	1.50	20.63	1.57	21.51	1.63	22.40	1.70
40	18.49	1.48	18.92	1.51	19.35	1.55	20.22	1.62	21.10	1.69	21.99	1.76
42	18.11	1.52	18.54	1.56	18.97	1.59	19.84	1.67	20.72	1.74	21.61	1.82
44	17.76	1.56	18.18	1.60	18.61	1.64	19.48	1.71	20.36	1.79	21.25	1.87
46	17.43	1.60	17.85	1.64	18.28	1.68	19.15	1.76	20.03	1.84	20.92	1.92
48	17.11	1.64	17.54	1.68	17.97	1.73	18.84	1.81	19.72	1.89	20.61	1.98
50	16.82	1.68	17.25	1.73	17.68	1.77	18.55	1.86	19.43	1.94	20.32	2.03
55	16.17	1.78	16.59	1.82	17.02	1.87	17.89	1.97	18.77	2.07	19.66	2.16
60	15.59	1.87	16.02	1.92	16.45	1.97	17.32	2.08	18.20	2.18	19.08	2.29
65	15.08	1.96	15.51	2.02	15.94	2.07	16.81	2.19	17.69	2.30	18.58	2.42
70	14.63	2.05	15.06	2.11	15.49	2.17	16.36	2.29	17.24	2.41	18.13	2.54
75	14.23	2.13	14.65	2.20	15.08	2.26	15.95	2.39	16.83	2.52	17.72	2.66
80	13.86	2.22	14.28	2.29	14.71	2.35	15.58	2.49	16.46	2.63	17.35	2.78
85	13.52	2.30	13.95	2.37	14.38	2.44	15.25	2.59	16.13	2.74	17.02	2.89
90	13.22	2.38	13.64	2.46	14.07	2.53	14.94	2.69	15.82	2.85	16.71	3.01
95	12.94	2.46	13.36	2.54	13.79	2.62	14.66	2.79	15.54	2.95	16.43	3.12
100	12.68	2.54	13.10	2.62	13.53	2.71	14.40	2.88	15.28	3.06	16.17	3.23
110	12.21	2.69	12.63	2.78	13.06	2.87	13.93	3.06	14.81	3.26	15.70	3.45
120	11.80	2.83	12.23	2.93	12.66	3.04	13.52	3.25	14.40	3.46	15.29	3.67
130	11.44	2.98	11.87	3.09	12.30	3.20	13.16	3.42	14.04	3.65	14.93	3.88
140	11.12	3.11	11.55	3.23	11.97	3.35	12.84	3.60	13.72	3.84	14.61	4.09
150	10.83	3.25	11.26	3.38	11.69	3.51	12.55	3.77	13.43	4.03	14.32	4.30
160	10.57	3.38	11.00	3.52	11.43	3.66	12.29	3.93	13.17	4.21	14.06	4.50
170	10.34	3.51	10.76	3.66	11.19	3.80	12.05	4.10	12.93	4.40	13.82	4.70
180	10.12	3.64	10.54	3.80	10.97	3.95	11.84	4.26	12.71	4.58	13.60	4.90
190	9.92	3.77	10.34	3.93	10.77	4.09	11.64	4.42	12.51	4.75	13.40	5.09
200	9.74	3.89	10.16	4.06	10.59	4.23	11.45	4.58	12.33	4.93	13.21	5.28
220	9.40	4.14	9.83	4.32	10.25	4.51	11.12	4.89	11.99	5.28	12.88	5.67
240	9.12	4.38	9.54	4.58	9.96	4.78	10.83	5.20	11.70	5.62	12.59	6.04

续表

U_0	1.0		1.5		2.0		2.5		3.0		3.5	
260	8.86	4.61	9.28	4.83	9.71	5.05	10.57	5.50	11.45	5.95	12.33	6.41
280	8.63	4.83	9.06	5.07	9.48	5.31	10.34	5.79	11.22	6.28	12.10	6.78
300	8.43	5.06	8.85	5.31	9.28	5.57	10.14	6.08	11.01	6.61	11.89	7.14
320	8.24	5.28	8.67	5.55	9.09	5.82	9.95	6.37	10.83	6.93	11.71	7.49
340	8.08	5.49	8.50	5.78	8.92	6.07	9.78	6.65	10.66	7.25	11.54	7.84
360	7.92	5.70	8.34	6.01	8.77	6.31	9.63	6.93	10.50	7.56	11.38	8.19
380	7.78	5.91	8.20	6.23	8.63	6.56	9.49	7.21	10.36	7.87	11.24	8.54
400	7.65	6.12	8.07	6.46	8.49	6.80	9.35	7.48	10.23	8.18	11.10	8.88
420	7.53	6.32	7.95	6.68	8.37	7.03	9.23	7.76	10.10	8.49	10.98	9.22
440	7.41	6.52	7.83	6.89	8.26	7.27	9.12	8.02	9.99	8.79	10.87	9.56
460	7.31	6.72	7.73	7.11	8.15	7.50	9.01	8.29	9.88	9.09	10.76	9.90
480	7.21	6.92	7.63	7.32	8.05	7.73	8.91	8.56	9.78	9.39	10.66	10.23
500	7.12	7.12	7.54	7.54	7.96	7.96	8.82	8.82	9.69	9.69	10.56	10.56
550	6.91	7.60	7.32	8.06	7.75	8.52	8.61	9.47	9.47	10.42	10.35	11.39
600	6.72	8.07	7.14	8.57	7.56	9.08	8.42	10.11	9.29	11.15	10.16	12.20
650	6.56	8.53	6.98	9.07	7.40	9.62	8.26	10.74	9.12	11.86	10.00	13.00
700	6.42	8.98	6.83	9.57	7.26	10.16	8.11	11.36	8.98	12.57	9.85	13.79
750	6.29	9.43	6.70	10.06	7.13	10.69	7.98	11.97	8.85	13.27	9.72	14.58
800	6.17	9.87	6.59	10.54	7.01	11.21	7.86	12.58	8.73	13.96	9.60	15.36
850	6.06	10.30	6.48	11.01	6.90	11.73	7.75	13.18	8.62	14.65	9.49	16.14
900	5.96	10.73	6.38	11.48	6.80	12.24	7.66	13.78	8.52	15.34	9.39	16.91
950	5.87	11.16	6.29	11.95	6.71	12.75	7.56	14.37	8.43	16.01	9.30	17.67
1 000	5.79	11.58	6.21	12.41	6.63	13.26	7.48	14.96	8.34	16.69	9.22	18.43
1 100	5.64	12.41	6.06	13.32	6.48	14.25	7.33	16.12	8.19	18.02	9.06	19.94
1 200	5.51	13.22	5.93	14.22	6.35	15.23	7.20	17.27	8.06	19.34	8.93	21.43
1 300	5.39	14.02	5.81	15.11	6.23	16.20	7.08	18.41	7.94	20.65	8.81	22.91
1 400	5.29	14.81	5.71	15.98	6.13	17.15	6.98	19.53	7.84	21.95	8.71	24.38
1 500	5.20	15.60	5.61	16.84	6.03	18.10	6.88	20.65	7.74	23.23	8.61	25.84
1 600	5.11	16.37	5.53	17.70	5.95	19.04	6.80	21.76	7.66	24.51	8.53	27.28
1 700	5.04	17.13	5.45	18.54	5.87	19.97	6.72	22.85	7.58	25.77	8.45	28.72
1 800	4.97	17.89	5.38	19.38	5.80	20.89	6.65	23.94	7.51	27.03	8.38	30.15

续表

U_0	1.0		1.5		2.0		2.5		3.0		3.5	
1 900	4.90	18.64	5.32	20.21	5.74	21.80	6.59	25.03	7.44	28.29	8.31	31.58
2 000	4.85	19.38	5.26	21.04	5.68	22.71	6.53	26.10	7.38	29.53	8.25	33.00
2 200	4.74	20.85	5.15	22.67	5.57	24.51	6.42	28.24	7.27	32.01	8.14	35.81
2 400	4.65	22.30	5.06	24.29	5.48	26.29	6.32	30.35	7.18	34.46	8.04	38.60
2 600	4.56	23.73	4.98	25.88	5.39	28.05	6.24	32.45	7.10	36.89	N_g=2 500	
2 800	4.49	25.15	4.90	27.46	5.32	29.80	6.17	34.52	7.02	39.31	u=8.0%	
3 000	4.42	26.55	4.84	29.02	5.25	31.53	6.10	36.59	N_g=2857		q=40.00	
3 200	4.36	27.94	4.78	30.58	5.19	33.24	6.04	38.64	u=7.0%			
3 400	4.31	29.31	4.72	32.12	5.14	34.95	N_g=3 333		q=40.00			
3 600	4.26	30.68	4.67	33.64	5.09	36.64	u=6.0%					
3 800	4.22	32.03	4.63	35.16	5.04	38.33	q=40.00					
4 000	4.17	33.38	4.58	36.67	5.00	40.00						
4 200	4.13	34.72	4.54	38.17								
4 400	4.10	36.05	4.51	39.67								
4 600	4.06	37.37	N_g=4 444									
4 800	4.03	38.69	u=4.5%									
5 000	4.00	40.00	q=40.00									

参考文献

[1] GB/T 50106—2001 建筑给水排水制图标准[S]. 北京:中国计划出版社,2001.

[2] GB 50015—2003 建筑给水排水设计规范[S]. 北京:中国计划出版社,2009.

[3] GB 50016—2006 建筑设计防火规范[S]. 北京:中国计划出版社,2006.

[4] GB 50045—95 高层民用建筑设计防火规范(2005 年版)[S]. 北京:中国计划出版社,2005.

[5] GB 50084—2001 自动喷水灭火系统设计规范(2005 年版)[S]. 北京:中国计划出版社, 2005.

[6] GB 50242—2002 建筑给水排水及采暖工程施工质量验收规范[S]. 北京:中国建筑工业出版社,2002.

[7] GB 50261—2005 自动喷水灭火系统施工及验收规范[S]. 北京:中国计划出版社,2005.

[8] 陆耀宗,姜文源,胡鹤均,等. 建筑给水排水设计手册[M]. 北京:中国建筑工业出版社,1992.

[9] 张宝军,陈思荣. 建筑给水排水工程[M]. 3 版. 武汉:武汉理工大学出版社,2008.

[10] 谷峡. 建筑给水排水工程[M]. 3 版. 哈尔滨:哈尔滨工业大学出版社,2009.

[11] 邢国清. 建筑给水排水系统安装[M]. 北京:中国建筑工业出版社,2006.

[12] 邓爱华. 建筑给排水实训指导[M]. 北京:科学出版社,2003.

[13] 张振迎. 建筑设备安装技术与实例[M]. 北京:化学工业出版社,2009.

[14] 刘强,李亚峰,蒋白懿. 给水排水工程识图[M]. 北京:化学工业出版社,2008.

[15] 吴耀伟. 暖通施工技术[M]. 北京:中国建筑工业出版社,2005.

[16] 贾历平. 建筑给水排水工程施工方案编制指导与范例精选[M]. 北京:机械工业出版社,2009.

[17] 刘东辉,韩莹,陈宝全. 建筑水暖电施工技术与实例[M]. 北京:化学工业出版社,2009.

[18] 吴国忠. 建筑给水排水与供暖管道工程施工技术[M]. 北京:中国建筑工业出版社,2010.

[19] 李亚峰,尹士君. 给水排水工程专业毕业设计指南[M]. 北京:化学工业出版社,2003.

[20] 宋波. 给水排水及采暖工程施工与验收手册[M]. 北京:中国建筑工业出版社,2007.